Jetzt helfe ich mir selbst

Umschlagentwurf und Buchgestaltung: Siegfried Horn.
Titelbild: Opel.

ISBN – 3 – 613 – 01160 – 3

Auflage Nr. 103 094
Copyright © by Motorbuch Verlag, Postfach 103 473, 7000 Stuttgart 10;
ein Unternehmen der Paul-Pietsch-Verlage GmbH & Co.
Sämtliche Rechte der Verbreitung – in jeglicher Form und Technik – sind vorbehalten.
Die in diesem Buch enthaltenen Ratschläge werden nach bestem Wissen
und Gewissen erteilt, jedoch unter Ausschluß jeglicher Haftung.
Manuskriptbearbeitung: Redaktion Dipl.-Ing. Dieter Korp, Zeisigweg 1, 7250 Leonberg 7.
Änderungen durch Weiterentwicklung an den beschriebenen Fahrzeugmodellen
nach Drucklegung dieser Auflage sind möglich.
Fotos: Haeberle 3, Lautenschlager 2, Opel 3, Schmarbeck 175, Thaer 1.
Zeichnungen: autopress 2, Bosch 1, Continental 1, Haeberle 1, Lautenschlager 3, Opel 87, Pierburg 6, Pirelli 1, VW 3,
Weber 1, Archiv Verfasser 3.
Schaltpläne: Opel.
Satz und Druck: Staib + Mayer Vereinigte Druckereien, 7000 Stuttgart 1.
Buchbinderische Verarbeitung: Verlagsbuchbinderei Wilhelm Nething, 7315 Weilheim.
Printed in Germany.

Dieter Korp
Wolfgang Schmarbeck

Opel Kadett E

ab September '84
alle Modelle
ohne Cabrio, GSi und Diesel

Jetzt helfe ich mir selbst

Motorbuch Verlag Stuttgart

Inhaltsverzeichnis

Sie finden in diesem Buch

Vorwort

So bleibt das Auto mobil

Wer ein Auto kauft, gibt viel Geld aus. In den meisten Fällen weiß aber der neue Besitzer nicht, was er da alles eingekauft hat. Ihm bleibt verborgen, was ihm nun an großen und kleinen Verbesserungen, an neuer und interessanter Technik gehört, was ihm nützt und was ihm durch eigene Hilfe das Fahrerleben erleichtert.

Mit der neuen Konzeption dieser Buchreihe werden alle diese Fragen beantwortet, nicht zuletzt deswegen, um einem Mangel abzuhelfen: Autos werden von Modell zu Modell teurer und technisch aufwendiger, aber dem Auto werden nur ungenügende Informationen über sein neues Innenleben mitgegeben.

Dieser Band bietet daher die nötige Produkt-Information, und zwar auch für jene, die nicht unbedingt selbst Hand anlegen möchten. Natürlich wird der traditionelle Zweck dieser Buchreihe nicht vergessen: Selbsthilfe – und auch dafür gibt es ja nach wie vor wichtige Gründe. Wir denken nur an unvermutete Pannen, zumal bei Auslandsreisen, fern den heimatlichen Stützpunkten. Oder an die gedehnten Inspektionsintervalle, die zu mancher Vernachlässigung am Auto führen können. Auch ist es gut, bei Werkstattbesuchen ein bißchen mitreden zu können.

Ob Frau oder Mann, jeder kann mehr, als er glaubt. Auch am Auto gibt es einfache und notwendige Handgriffe, die nicht schwerer sind als solche im täglichen Leben. Und man kann sich nach Belieben steigern.

Mit diesem Handbuch können Sie eine ganze Menge Kosten einsparen. Mit einer Fülle von Wartungs- und Reparaturbeschreibungen sagen wir, wie Sie vorgehen können. Und wenn das Auto wirklich einmal in die Werkstatt muß, verhelfen Ihnen die Beschreibungen zur Sachkenntnis für eine klare Auftragserteilung.

Damit Sie sich in diesem Band leicht zurechtfinden, bieten Ihnen die ausführlichen Inhaltsangaben auf den vorangegangenen Seiten und das Stichwortverzeichnis auf Seite 270 eine sofortige Orientierungshilfe. Auch die Textgestaltung auf den einzelnen Buchseiten kommt Ihren Interessen entgegen: Passagen, die der Information dienen, sind stets einspaltig gedruckt, während reine Arbeitsschritte generell zweispaltig erscheinen.

Der vorliegende Band befaßt sich mit den seit 1984 hergestellten Modellen des Kadett E, ausgenommen das Cabrio, die GSi-Modelle und die Diesel-Varianten. Dabei ergeben die häufigen Änderungen im Opel-Programm eine bisher unübliche technische Vielfalt, die besonders bei den Motoren, Zündsystemen und Gemischaufbereitungsanlagen zu erkennen ist. Wir bieten dazu übersichtliche Beschreibungen an.

Für die Mithilfe, das umfangreiche Material für dieses Buch zusammenzustellen, bedanken wir uns bei Mitarbeitern bei Opel, in Werkstätten und anderen Bereichen des Automobils. Ihr Rat* und ihr Wissen haben uns bei der Arbeit in hohem Maß geholfen.

Die Verfasser

* Sollten Sie übrigens mit Ihrem Kadett noch spezielle Erfahrungen gemacht haben oder einen ergänzenden Tip geben können, wenden Sie sich bitte schriftlich an uns. Die Redaktionsadresse finden Sie im Impressum auf Seite 2.

Teilnahme

Reparaturen lassen sich häufig nur unter Verwendung neuer Teile durchführen. Manche Selbsthilfe muß aber verärgert unterbrochen werden, weil man nicht rechtzeitig alle notwendigen Ersatzteile besorgt hat.

Welche Teile werden gebraucht?

Zuerst sollten Sie feststellen, was Sie an Ersatzteilen haben müssen. Neben den direkt betroffenen Teilen benötigen Sie womöglich noch Dichtungen, passende Sicherungsringe und spezielle Muttern. Im Ersatzteillager weiß man das gewöhnlich und sucht mit heraus, was in dem Fall nötig ist.

Reparaturen, deren tatsächlicher Umfang sich erst im Lauf der Zerlegung herausstellt, sollten Sie zeitlich so legen, daß Sie im Notfall die benötigten Teile noch im Ersatzteillager erhalten. Nur manche Werkstätten verkaufen auch samstags Teile, und dann nur am Morgen; entsprechend ist der Andrang der Autobastler.

Beachten Sie aber, daß auch im Ersatzteillager der Werkstatt nicht alle Teile vorrätig sind. Weniger gängige Teile müssen erst bestellt werden, was einen oder zwei Tage in Anspruch nehmen kann.

Das richtige Ersatzteil

Opel hat den Kadett schon etliche Jahre im Programm, und es gibt eine ganze Reihe von Varianten davon. Beim Teilekauf müssen Sie deshalb genau den Typ, das Baujahr (Erstzulassung), die Fahrgestellnummer und eventuell auch die Motornummer angeben.

Auch innerhalb einer Produktionsserie können an Bauteilen Detailänderungen eingetreten sein. Falls Sie das ausgebaute Altteil nicht mitgebracht haben, überzeugen Sie sich noch im Ersatzteillager von der Richtigkeit des neuen Teils. Im Zweifelsfall sollte ein Umtausch offengehalten werden.

Original Opel-Teile oder Fremdteile?

Beim Opel-Service kann man sämtliche Teile des Kadett erhalten. Aber Sie sind nicht gezwungen, ausschließlich dort zu kaufen.

Manche Teile werden von denselben Herstellern, die an Opel liefern, in gleicher Qualität über Warenhäuser oder über den Zubehörhandel vertrieben. Ölfilter und Zündkerzen sind z. B. solche Artikel.

Lieferprogramm des Zubehörhandels

Beispielsweise folgende Teile können Sie dort erwerben: Anlasser, Bremsleitungen, Bremsschläuche, Filter, Gelenkwellen, Glühlampen, Hauptbremszylinder, Keilriemen, Kupplung komplett, Lack, Lichtmaschine, Motordichtungen, Radbremszylinder, Reparaturbleche, Scheibenwischer, Scheinwerfer, Stoßdämpfer, Verteiler, Verteilerdeckel, Zündkabel, Zündkerzen, Zündkerzenstecker und vieles mehr.

Vorsicht bei Bremsbelägen und Auspuffanlagen

Für die richtige Bremskraftverteilung auf die Vorder- und Hinterräder ist die Mischung des Bremsbelagmaterials entscheidend. Die Kennummer dieser Mischung ist in der »Allgemeinen Betriebserlaubnis« (ABE) des Kadett festgehalten und darf nicht verändert werden. Falls das Fahrzeug nach einem schweren Unfall begutachtet wird und sich dabei eine nicht freigegebene Belagsorte herausstellt, kann sich dies zu Ihren Ungunsten auswirken.

Auch bei Auspuffanlagen ist Vorsicht geboten. Sie sind in Deutschland nur dann zugelassen, wenn sie eine ABE besitzen. Dann steht auf dem Schalldämpfer beispielsweise »ABE-Nr. KBA 20 150«. Kontrollieren Sie das, denn mit einem Auspuff ohne Betriebserlaubnis gibt es Ärger beim TÜV.

Opel offeriert keine aufgearbeiteten Austauschteile. Vielmehr werden Ersatzteile jeweils aus der neuesten Produktion geliefert, einschließlich der eventuell vorgenommenen Verbesserungen. Für Modelle, die schon einige Jahre alt sind, kann man passende Teile über den Opel-Service bestellen lassen.

Bei Opel nur Neuteile

Der Teile-Motor ist ebenfalls neu und wird ohne Anbauteile geliefert. Er besteht aus Zylinderblock mit Kolben, Pleuelstangen, Kurbel- und Nockenwelle einschließlich sämtlicher Lager, Kurbel- und Nockenwellenrad, Dichtungen und Ölpumpe. Die brauchbaren Teile des Altmotors, wie Ölwanne, Vergaser, Zündverteiler usw., werden ebenso übernommen wie der Zylinderkopf.

Der Opel-Teilemotor

Der Zubehörhandel bietet eine Reihe von Austauschteilen an, darüber hinaus auch Bosch über seine Autoelektrik-Werkstätten. Bei einem Motorschaden ist es interessant zu wissen, daß sich manche Firmen auf die Motorinstandsetzung spezialisiert haben und teilweise auch Motoren bzw. Teilmotoren im Tausch anbieten. Vertrauenswürdige Unternehmen haben sich im Verband der Motorinstandsetzungsbetriebe e. V., Goldene Pforte 1, 5800 Hagen, zusammengeschlossen. Dort können Sie ein Anschriftenverzeichnis anfordern.
Für die Instrumente im Armaturenbrett gibt es von VDO einen Reparaturdienst. VDO unterhält eigene Werkstätten, Anschriften erhalten Sie von VDO Adolf Schindling AG, Postfach 6140, 6231 Schwalbach.

Austauschteile anderer Hersteller

Beim Kauf gebrauchter Ersatzteile vom Autoverwerter läßt sich manchmal Geld sparen. Zuvor sollten Sie sich allerdings erkundigen, was das gesuchte Teil neu kostet. Sonst zahlen Sie möglicherweise zu viel. Das gebrauchte Teil darf allenfalls halb so teuer wie das Neuteil sein. Ein Verschleißteil darf nicht mehr als ein Viertel des Neupreises kosten. Gebrauchte Verschleißteile lohnen sich nach unseren Erfahrungen ohnehin nur dann, wenn das Fahrzeug bald verkauft werden soll. Falls das entsprechende Ersatzteil bei der Autoverwertung noch im Wagen eingebaut ist, sollten Sie vor dem eigenhändigen Ausbau den Preis klären. Manche Schrotthändler haben eigenartige »Tagespreise«, und es kann eine böse Überraschung geben. Überprüfen Sie, ob das Gebrauchtteil wirklich besser ist als das bisher im Wagen eingebaute. Außerdem müssen Sie kontrollieren, ob es tatsächlich an Ihren eigenen Kadett paßt. Im Laufe der Modellpflege werden nämlich ständig Änderungen vorgenommen, und ältere Teile sind nicht immer gegen neuere austauschbar.
Es kann sich auch lohnen, bei der Opel-Werkstatt nach gebrauchten Teilen zu fragen. Die fallen dort manchmal aus einem ausgeschlachteten Unfallwagen an.

Gebrauchte Ersatzteile

Nur an diesen Punkten dürfen Wagenheber angesetzt werden; 1 – Aufnahme für Werkstattwagenheber; 2 – Aufnahme für Bordwagenheber.

Tatort

Nicht jeder Platz eignet sich dazu, ein Auto zu pflegen und zu warten. Rasenflächen und weicher Untergrund sind keine Reparaturplätze: Arbeitsspuren bleiben bestimmt zurück, heruntergefallene Kleinteile sind kaum auffindbar, und das Fahrzeug läßt sich nicht sicher aufbocken.

Der Pflegeplatz Am vorteilhaftesten ist natürlich eine Garage, die ausreichend breit und gut beleuchtet ist. Bei günstigem Wetter eignet sich genauso eine ebene Fläche mit festem Boden im Freien. Nötigenfalls sollte man diesen Platz vor der Arbeit sauberkehren, um sich nicht im Schmutz herumwälzen oder heruntergefallene Schrauben unter Blättern suchen zu müssen.
Gegen abtropfendes Benzin und Öl schützt eine Plastikfolie, die auf dem Boden mit Steinen beschwert wird. Asphalt kann im Sommer so weich sein, daß Hebe- und Abstützwerkzeuge darin Löcher hinterlassen.
Falls sich ein Wasserablauf in der Nähe befindet, sollten Sie ihn während der Arbeit abdecken, sonst verschwinden garantiert Kleinteile darin.
Falls Ihnen eine Montagegrube zur Verfügung steht, gilt es folgendes zu beachten: Benzin- und andere Dämpfe können sich in einer schlecht belüfteten Grube sammeln. Vorsicht mit offenem Feuer und beim Rauchen! Ebenso sammeln sich die Auspuffgase in der Grube – bei laufendem Motor herrscht also Vergiftungsgefahr.

Fingerzeig: *Nicht selten bleiben nach der Arbeit Ölspuren auf dem Boden zurück. Dagegen hilft fürs erste ein scharfer Haushaltsreiniger oder Geschirrspülmittel. Besser sind spezielle Ölfleck-Entferner, wie sie z. B. von der Take GmbH, Trumppstraße 2, 8000 München 50 angeboten werden.*

Wagen immer abstützen! Wagenheber sind – wie ihr Name schon sagt – nur dazu da, das Fahrzeug anzuheben. Das gilt für Bordwagenheber, Scherenwagenheber, hydraulischen Stempelwagenheber und Rangierwagenheber. Sie sind keinesfalls eine ausreichende Abstützung für Arbeiten an der Wagenunterseite. Lassen Sie es auch in der größten Eile nie an der fachgerechten Abstützung des aufgebockten Fahrzeugs fehlen. Sonst kann die eigenhändige Reparatur das Leben kosten.
Zum richtigen Abstützen gehört natürlich auch das Unterlegen der Räder mit Steinen oder Holzkeilen, damit der Wagen beim Anheben nicht wegrollen kann.

Womit abstützen? **Hohlblocksteine** haben sich als preisgünstige Abstützmöglichkeit erwiesen. Sie dürfen allerdings nicht feucht oder rissig sein, sonst könnten sie unter Belastung in sich zusammenbrechen. Zwischen Stein und Karosserie muß ein Brett gelegt werden, damit sich die Last gleichmäßig über den ganzen Stein verteilen kann.
Der Hohlblockstein selbst muß senkrecht auf ebenem und tragfähigem Grund (Beton oder Asphalt) stehen. Ungeeignet ist weicher Boden oder Rasen.
Unterstellblöcke stellen eine ideale Ergänzung zum Rangierwagenheber dar. Bei allen anderen Hebern – aber auch bei seitlich angesetztem Rangierheber – besteht allerdings die Gefahr, daß der auf der gegenüberliegenden Seite angesetzte Dreibeinbock einfach zur Seite weggedrückt wird. Am günstigsten steht der Bock, wenn eines seiner Beine nach außen und zwei zur Wagenmitte hin zeigen. Beachten Sie beim Kauf, daß die Böcke keine zu kleine Standfläche haben sollten.
Kontrollieren Sie beim Ansetzen eines Unterstellbocks, ob das Blech nirgendwo eingedrückt werden kann. Günstig ist ein zusätzlich eingelegtes Kantholz, wie im Bild rechts gezeigt.

Auffahrrampen sind die schnellste Aufbockmöglichkeit, da kein Wagenheber gebraucht wird. Auch steht der Wagen dann absolut sicher. Wichtig ist, daß die Rampen einerseits eine genügend hohe seitliche Absicherung und nach vorn einen Überfahrschutz haben, andererseits aber auch von einem Fahrzeug mit Frontspoiler befahren werden können. Als zusätzliche Sicherung des Wagens sollte in der Standfläche eine Mulde für die Räder vorhanden sein. Die billigen Ausführungen genügen diesen Anforderungen oft nicht.

Es gibt verschiedene Wagenhebertypen mit unterschiedlicher Belastbarkeit und entsprechenden Preisdifferenzen. Ansatzstellen für die Wagenheber siehe Bild Seite 9.

Wagenheber

Bordwagenheber: Wenn er bei einem alten Fahrzeug angesetzt wird, dessen Türschweller bereits durch Rost geschwächt sind, ist Vorsicht geboten. Er darf immer nur auf festen Untergrund gestellt werden.

Scherenwagenheber: Hiervon ist nur eine stabile Ausführung mit breitem Fuß und möglichst langer Kurbel ratsam.

Mechanischer Teleskopspindel-Wagenheber: Nur noch selten anzutreffende Bauart, jedoch mit hoher Belastbarkeit. Stabil und unfallsicher durch äußerst grobe Verzahnung von Ritzel und Spindel. Die sehr langsamen Hebe- und Senkvorgänge sind konstruktionsbedingt.

Hydraulischer Stempelwagenheber: Es gibt preiswerte Ausführungen. Sein Vorteil ist es, daß der Wagen sehr schnell angehoben werden kann. Vor dem Kauf die Hubhöhe kontrollieren: Bei zu kurzem Hub werden die Räder nicht genügend vom Boden abgehoben. Ein zu großer Heber läßt sich nicht unter dem Wagenboden ansetzen.

Rangierwagenheber: Als noch praktischer erweist sich ein solcher Heber, wenn er ein zusätzliches Pedal zum Hochpumpen hat. Für den Heimwerker gut geeignet ist ein kurzer, kleiner Rangierheber, der sich leicht verstauen läßt. Aber es ist zu beachten, daß sich ein Heber mit zu kleinen Rädern unter Last kaum noch rangieren läßt und daß die Befestigung der Deichsel den Rangiervorgängen standhält.

Fingerzeig: *Ein Hartholzbrett, mindestens 20×20×3 cm, zwischen Kopf des Wagenhebers (ausgenommen: Bordwagenheber) und Wagenboden plaziert, verteilt besser die Last und verhindert mögliche Beschädigungen der Fahrzeugunterseite.*

Ohne einen geeigneten Platz zum Autobasteln werden alle guten Vorsätze blockiert, und zur Winterzeit schraubt ohnehin niemand ohne Not im Freien. Sie können sich dann aber in einer Mietwerkstatt einquartieren. Dort gibt es Hebebühnen, Gruben sowie teilweise auch Spezialwerkzeug, und die Arbeitsräume sind winters beheizt. Mit freien Plätzen in der Mietwerkstatt ist unter der Woche eher zu rechnen als am Wochenende, wenn alle Autobastler zum Werkzeug greifen.

Die Miet-werkstatt

Die Rechnung muß aber auch in der Mietwerkstatt stimmen; Sie müssen Ihre Zeit scharf kalkulieren. Nur wenn die Arbeit flott von der Hand geht und evtl. ein Helfer mitarbeitet, lohnt sich die Eigenarbeit. Wenn Sie eine umfangreiche Reparatur erstmals selbst ausführen, kann das Experiment durch die Summe der angesammelten Stunden teurer werden als der Arbeitspreis in der Fachwerkstatt.

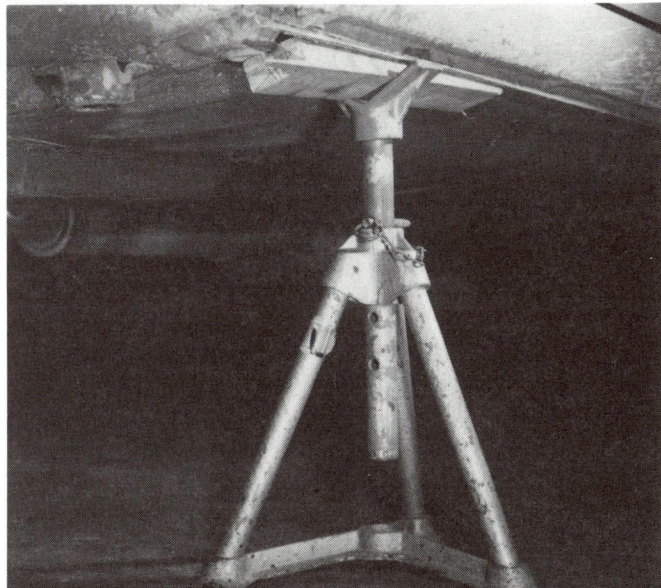

Der Unterstellbock wurde hier mit einem lastverteilenden Brett angesetzt, damit keine Dellen ins Blech gedrückt werden.

Tourist

Ähnlich wie in dem hier gezeigten Motorraum mit 13 S-Motor sieht es bei den anderen Kadett-Modellen mit Vergasermotor aus. Es bedeuten: 1 – Federbein; 2 – Zahnriemenabdeckung; 3 – Lichtmaschine; 4 – Kraftstoffpumpe; 5 – Nockenwellengehäusedeckel; 6 – Ansaugkrümmer; 7 – Vergaser; 8 – Lenkungsdämpfer; 9 – Servobremse; 10 – Bremsflüssigkeitsbehälter; 11 – Hauptbremszylinder; 12 – Ausgleichbehälter; 13 – Scheibenwaschwasserbehälter; 14 – Durchlaufmeßgerät; 15 – Kraftstoffzulauf; 16 – Zündkerze 1. Zylinder; 17 – Auspuffkrümmer mit Abschirmung für Ansaugluftvorwärmung; 18 – Öleinfüllstutzen; 19 – Ölfilter; 20 – Ölpeilstab; 21 – Zündverteiler; 22 – Kühlerventilator; 23 – Batterie; 24 – Zündspule.

Vollblut

In Ergänzung des nebenstehenden Bildes sehen Sie hier den Einspritzmotor des Kadett 1.8 i mit LU-Jetronic. Bezeichnet sind: 1 – Luftmengenmesser; 2 – Zusatzluftschieber; 3 – Drosselklappenschalter; 4 – Verteilerrohr; 5 – Gasgestänge; 6 – Druckregler; 7 – Unterdruckschlauch; 8 – Einspritzventil für 4. Zylinder; 9 – Luftfiltergehäuse; 10 – Thermostat; 11 – Kurbelgehäuseentlüftung; 12 – Nockenwellengehäuse; 13 – Zylinderkopf; 14 – Ölpeilstab; 15 – Zündkabel; 16 – Kupplungsseilzug.

Planmäßig

Ohne Pflege und Wartung kann man von einem Auto weder Zuverlässigkeit noch Fahrsicherheit erhoffen. Opel hat in einem Inspektionssystem die notwendigen Kontroll- und Wartungsarbeiten zusammengestellt, damit die Einsatzbereitschaft des Wagens ständig erhalten bleibt.

Der Wartungsplan

Für die Wartung Ihres Opel liegt der Werkstatt eine Liste von Inspektionspunkten vor, die identisch ist mit der Aufstellung auf der Rückseite der Schecks im Kundendienst-Scheckheft. Auf dieser Zusammenstellung basiert der Wartungsplan unseres Buches.
Damit Sie zu unserem **Wartungsplan** während der Arbeit nicht ständig zurückblättern müssen, haben wir ihn **in der vorderen Buchklappe** abgedruckt. So haben Sie ihn ständig vor Augen und können die Arbeiten Punkt für Punkt erledigen.
Ganz zu Anfang finden Sie eine Anzahl von Arbeiten unter der Überschrift »Ständige Kontrollen«. Diese Wartungspunkte lassen sich in kein Kilometerintervall pressen.

Zeit- oder Kilometer-Intervalle?

Auch ein nicht benutztes Fahrzeug altert. Wenn Sie ihren Kadett nur relativ wenig fahren, weil er etwa als Zweitwagen dient, sollten Sie nicht das volle 15 000-km-Intervall ausnutzen. Besser führen Sie dann diese Pflegearbeiten in jährlichen Abständen aus.
Falls der Wagen einmal eine Zeit lang harten Beanspruchungen ausgesetzt wurde, kann es ratsam sein, den nächsten Termin zur Inspektion etwas vorzuverlegen.

Wer soll was machen?

Die meisten Wartungsarbeiten am Kadett können Sie selbst ausführen. Das entsprechende Wissen hierzu liefert unser Handbuch. Wenn dennoch Werkstatt oder Tankstelle den einen oder anderen Wartungspunkt rationeller erledigen können, so haben wir das im Wartungsplan vermerkt. Die »Selbsthelfer-Ampel« weist Ihnen dabei den richtigen Weg:
Grün: Freie Fahrt für den Selbsthelfer. Diese Arbeit können Sie mit den Kenntnissen aus diesem Buch fachgerecht durchführen und Geld sparen.
Gelb: Die Arbeit ist zwar nicht schwierig, doch es fehlen meist die nötigen Einrichtungen. In diesem Fall sind Sie an der Tankstelle am besten aufgehoben.
Rot: Halt, hier lassen Sie am besten die Werkstatt ran. Spezielle Werkzeuge oder Meßgeräte sind erforderlich. Der Aufwand an Eigenarbeit lohnt sich nicht, weil die Werkstatt wesentlich schneller arbeitet oder weitergehende Kenntnisse erforderlich sind.

Einschränkungen innerhalb der Garantiezeit

Solange Ihr Wagen noch kein Jahr alt ist oder wenn wesentliche Bauteile erneuert wurden, sollen die entsprechenden Wartungsarbeiten termingerecht von einem Opel-Service erledigt werden. Wird diesem Verlangen des Werks nicht entsprochen, können auch berechtigte Garantieansprüche abgelehnt werden.

Fettpolster

Wesentlichste Aufgabe des Öls ist es, Gleitflächen und Lager zu schmieren. Aber es soll auch die Kolbenringe feinabdichten, Reibungs- und Verbrennungswärme abführen sowie Abrieb und Rückstände binden. Ob beim Kaltstart oder bei Dauervollgas, die Erwartungen sind die gleichen.

Motorölstand prüfen
Ständige Kontrolle

Der Ölpeilstab sollte alle 500 km gezogen werden, am besten bei jedem Volltanken. Wichtig ist die Ölstandkontrolle besonders in der Einfahrzeit, bei einem älteren Motor mit erhöhtem Ölverbrauch und allgemein vor Antritt einer größeren Fahrt.
Der Ölstab sitzt vorn im Motorraum in einem Führungsrohr.

■ Wagen auf waagrechtem Untergrund abstellen.
■ Nach dem Abstellen des vorher warmgefahrenen Motors mindestens fünf Minuten warten, damit alles Öl in die Ölwanne abtropfen kann. Besser ist die Kontrolle vor dem ersten Start bei noch kaltem Motor.
■ Peilstab ziehen, mit sauberem, fussel-freien Lappen oder Papiertuch abwischen, bis zum Anschlag wieder hineinschieben, kurz warten und erneut herausziehen.
■ An der Peilstabspitze können Sie nun den Ölstand ablesen.
■ Reicht die Schmiermittelmenge nur noch bis zur unteren Markierung, muß Motoröl nachgefüllt werden.

Fingerzeige: *Wenn Sie über den Ölverbrauch Ihres Kadett genau Buch führen wollen, sollten Sie immer an derselben Stelle messen; am besten vor dem ersten Start. Sie brauchen dann nicht einmal den Peilstab abzuwischen, da über Nacht aller Schmiersaft in die Ölwanne zurückgetropft ist.*
Lassen Sie sich nicht vom verkaufstüchtigen Tankwart verunsichern: Hochwertiges Motoröl wird schon nach kurzer Laufzeit dunkel. Es hält anfallenden Schmutz und Abrieb in der Schwebe. Es ist jedoch kein Zeichen, daß das Öl gewechselt werden müßte.

Öl nachfüllen

Die Ölmenge zwischen oberer und unterer Peilstabmarke beträgt bei den 1,2-l- und 1,3-l-Motoren: 0,75 Liter, bei den 1,6-l-, 1,8-l- und 2-l-Motoren: 1 Liter.
Unter die untere Marke sollte der Ölstand nicht sinken. Ein viertel Liter zu wenig ist für den

Motoröl soll nachgefüllt werden, wenn der Ölstand bis zur Minimum-Marke abgesunken ist. Die Füllmenge zwischen Minimum- und Maximum-Markierung auf dem Peilstab beträgt je nach Motor 0,75 oder 1 Liter (siehe Abschnitt »Öl nachfüllen«). Nach der Ölstandsprüfung muß der Peilstab fest in das Peilstabloch am Motor gedrückt werden.

Motor noch nicht gefährlich (Sicherheitstoleranz). Fehlt aber mehr Öl und wird der Wagen scharf gefahren, kann der Öldruck bedrohlich fallen. Das zeigt die Öldruck-Kontrolleuchte auch sofort an.

Dagegen hat aber auch zu viel Öl im Motor keinen Sinn, die Mehrmenge wird eher verbraucht. Verölte Zündkerzen, ein über die Kurbelgehäuse-Entlüftung verstopfter Luftfiltereinsatz und verklebte Bohrungen im Vergaser sind die Folge, verbunden mit Leistungsabfall.

Bei welchem Ölstand Sie nachfüllen sollten, hängt von Ihrer Fahrweise ab:

☐ Bei gemäßigtem Fahrstil genügt Nachfüllen, wenn das Niveau an der unteren Peilstabmarke angelangt ist.

☐ Für scharfe Fahrweise empfiehlt sich Auffüllen, wenn der Ölstand im unteren Drittel oder Viertel zwischen den beiden Peilstabmarken steht. Die etwas größere Ölmenge kann die Kühlungsaufgaben besser erfüllen.

Fingerzeig: *Öl wird selten in Halbliter-Dosen verkauft, sondern in Liter-Dosen, die sich nicht wieder verschließen lassen. Wenn Sie preisgünstiges Öl in größeren Gebinden gekauft haben, sollten Sie einen kleinen, mineralölbeständigen Kanister abfüllen und in den Kofferraum stellen. Den Rest einer angebrochenen Liter-Dose gießen Sie ebenfalls in einen solchen Behälter als Reserve für unterwegs. So können Sie fein dosiert nachfüllen.*

Darf man Öle mischen?

Die Ölsorten aller Hersteller lassen sich gefahrlos untereinander mischen, auch Einbereichs- mit Mehrbereichsölen (siehe nächste Seite). Diese Mischbarkeit ohne schädliche Folgen ist eine Grundforderung der internationalen Öl-Normen. Zwar werden spezifische Eigenschaften eines bestimmten Öls durch die Vermischung mit anderem Motoröl möglicherweise leicht beeinträchtigt, da jede Ölmarke ihre eigene Additivkombination besitzt, die Schmierwirkung jedoch ist nie gefährdet.

Opel überläßt dem jeweiligen Öl-Hersteller die Verantwortung zur Eignung seiner Ölsorten. Synthetische Öle und speziell legierte Rennöle können bei der Mischung mit herkömmlichem Öl eine untaugliche Kombination ergeben, und ein Motorschaden ist dann möglich.

Ölverbrauch

Ein gewisser Ölverbrauch ist völlig normal, denn Motoröl verbrennt bei seiner Schmiertätigkeit. Gut eingefahrene Motoren kommen mit **0,2 Liter auf 1000 km** aus. Opel bezeichnet **0,5 Liter auf 1000 km** als **normal**, und **1,5 Liter je 1000 km** gilt als **höchstzulässiger Wert**.

Wieviel der Motor verbraucht, hängt von folgenden Umständen ab:

☐ Ölüberfüllung bewirkt höheren Verbrauch, denn die Kurbelgehäuse-Entlüftung bläst das Zuviel wieder zum Motor hinaus.

☐ Dünnflüssiges Öl verbrennt schneller als dickflüssiges. Einbereichsöl wird in heißem Zustand dünn wie Wasser, Mehrbereichsöl bleibt dickflüssiger. Letzteres kann vor allem bei Langstreckenfahrern den Ölverbrauch senken.

☐ Motoröl – vor allem Mehrbereichsöl –, das zu lange im Motor bleibt, hat einen höheren Nachfüllbedarf.

☐ Scharfe Fahrweise treibt außer dem Kraftstoffkonsum auch den Ölverbrauch in die Höhe. Besonders stark wirkt sich aus, wenn der neue Motor sofort voll belastet wurde.

☐ In der Einlaufzeit braucht der Motor etwas mehr Schmiermittel.

Opel hat für alle Kadett-Modelle diese Viskositätsauswahl des Motoröls in Abhängigkeit von der Außentemperatur getroffen.
A – Einbereichsöle,
B – Mehrbereichsöle,
C – Leichtlauföle.

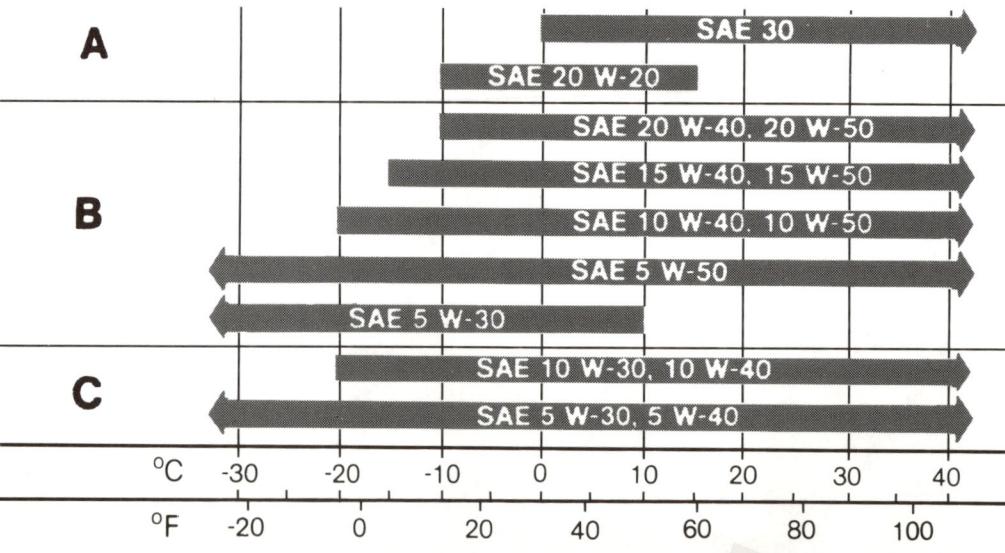

☐ Motorundichtigkeiten. Kontrollieren Sie, wie ab Seite 32 beschrieben.
☐ Defekt im Motor; z. B. Ventilschaftabdichtungen defekt, Spiel zwischen Ventilführung und Ventilschaft zu groß, Kolbenringe falsch eingebaut oder schadhaft, beschädigte Zylinderwand durch Kolbenfresser.

Ihr Motor verbraucht kein Öl?

Im winterlichen Kurzstreckenbetrieb kann es vorkommen, daß der Ölstand zwischen den Messungen überhaupt nicht abnimmt oder gar ansteigt. Das ist kein Grund zur Freude, denn dann ist das Motoröl durch Kraftstoff und Kondenswasser verdünnt. Diese in ihrer Schmiereigenschaft wesentlich beeinträchtigte Ölfüllung sollte durch eine regelmäßige, längere Fahrt »aufgekocht« werden, damit die Kondensate verdunsten. Sofort anschließend den Ölstand kontrollieren, da der Pegel durch die verdunsteten Benzin-/Wasser-Anteile erheblich absinkt! Bei extremem Stadtbetrieb ohne zwischenzeitliche Langstreckenfahrt sollten Sie das Öl vor den üblichen Intervallen wechseln; evtl. schon nach 3000 km oder vier Monaten.
Im Winter rechnet man mit einem Kraftstoffanteil im Öl von 2–5 %, wobei ein Einspritzmotor durch die besser dosierte Kaltstartanreicherung weniger Benzin im Motoröl hat.

Die richtige Ölsorte

Für die Kadett-Motoren schreibt Opel ein Marken-HD-Öl vor, das nach dem API-System mit SF bezeichnet wird. Neben diesen Bezeichnungen vom **A**merikanischen **P**etroleum **I**nstitut gibt es noch weitere von der Vereinigung europäischer Autohersteller (CCMC), **G**eneral **M**otors und dem US-Militär (MIL).

Die Ölspezifikation

☐ API SF
☐ CCMC-G2 oder CCMC-G3
☐ GM 6048-M
☐ MIL-L-46152A oder MIL-L-46 152 B
Bei solcherart gekennzeichnetem Öl können Sie unbesorgt zugreifen, auch wenn es wesentlich billiger ist als ein gleichartiges bekannten Markenöl.

Zähflüssigkeit des Öls

Das Fließverhalten des Öls – also die Dick- bzw. Dünnflüssigkeit – bestimmt, ob:
☐ der Anlasser den kalten Motor durchdrehen kann;
☐ alle Schmierstellen nach dem Kaltstart sofort versorgt werden;
☐ bei hohen Temperaturen und Drehzahlen der Schmierfilm nicht abreißt.
Die amerikanische **S**ociety of **A**utomotive **E**ngineers hat die Öle entsprechend ihrer Zähflüssigkeit in Klassen eingeteilt. Die reichen vom dünnflüssigen **W**interöl SAE 5 W, 10 W, 15 W über die Zwischenstufe SAE 20 W/20 zu den dickflüssigen Sommerölen SAE 30, 40 und 50.
☐ Am billigsten ist Einbereichsöl. Für einwandfreie Motorschmierung muß es entsprechend der Jahreszeit dick- oder dünnflüssiger sein. Das bedeutet, daß im Herbst Winteröl und im Frühjahr Sommeröl in den Motor gefüllt werden muß.
☐ Wesentlich aufwendiger in der Herstellung und deshalb auch viel teurer ist Mehrbereichsöl. Es besitzt Viskositätsindex-(VI-)Verbesserer – lange Molekülketten, die beim Erhitzen quellen und beim Abkühlen wieder schrumpfen. Das Öl kann sich damit den Temperaturen elastisch anpassen und mehrere Viskositätsklassen überspannen. Ein Öl SAE 15 W-40 entspricht bei einer Temperatur von −15°C der Zähflüssigkeitsklasse 15 W und bei 100°C der Klasse 40.

Welches Öl kaufen?

Bei welchen Temperaturen unsere Motoren welche Öl-Zähflüssigkeit verlangen, zeigt die Tabelle links. Der Blick in Tabelle zeigt, daß Opel ausdrücklich auch das preiswertere Einbereichsöl freigegeben hat. Das ist eine ausgesprochene Sparmöglichkeit, wenn Sie Ihren Wagen nicht dauernd bis zur Leistungsgrenze beanspruchen.
Einbereichsöle sind nicht schlechter als Mehrbereichsöle, aber sie können nur geringere Temperaturspannen überbrücken. Deshalb ist in der kalten Jahreszeit ein Mehrbereichsöl günstiger, das einerseits sicheren Motorstart bei Frost und andererseits volle Schmierwirkung auch bei Vollgas-Autobahnfahrt gewährleistet. In der warmen Jahreszeit genügt das Einbereichsöl dagegen durchaus.
Die Preisspanne für Motoröl bewegt sich von 3 DM bis über 20 DM. Doch der Preis ist kein Qualitätsmerkmal. Achten Sie vielmehr auf die richtige Ölspezifikation, siehe oben.

Leichtlauföle

Leichtlauf- oder Benzinsparöle sind teurer als herkömmliche Mehrbereichsöle. Die in kaltem Zustand sehr dünnflüssigen Leichtlauf-Schmierstoffe verringern vor allem in der Warmlauf-

Zum Ablassen des Motoröls sollte der Wagen über einer Grube stehen. Dann befindet sich die Ablaßöffnung in der zum Auslaufen des Öls günstigen Position.

phase und im Kurzstreckenverkehr die innere Reibung im Motor, setzen ihm also weniger Widerstand entgegen. Man kann realistisch mit einer Benzinverbrauchs-Einsparung von rund 3% rechnen. Diese Ersparnis macht sich nur bei einem Motor bezahlt, der einen geringen Ölverbrauch hat.

Synthetische Öle Derartige Schmierstoffe zählen zu den teuersten überhaupt. Sie sind besonders alterungsbeständig und hoch belastbar. Im Alltagsbetrieb sind sie nach unserer Auffassung allerdings nicht erforderlich.

Zusätze für das Motoröl? Innerhalb der Garantiezeit wird von der Verwendung jeglicher Zusatzmittel abgeraten. Auch im Kulanzfall könnte es Schwierigkeiten geben.
Die von den Herstellern derartiger Zusätze versprochenen Vorteile lassen sich schwerlich nachprüfen. Ebenso ist kaum zu ermitteln, ob solche regelmäßigen Mehrkosten überhaupt lohnend sind.

Wie oft Öl wechseln? Gemäß dem Inspektionssystem von Opel soll das Motoröl halbjährlich, spätestens nach 15 000 km gewechselt werden. Diese Intervale müssen sich nicht unbedingt mit der jeweiligen Jahresinspektion decken.
Auch ein Langstreckenfahrer sollte die 15 000 km-Grenze einhalten, da sich unter ungünstigen Bedingungen vermehrt Ölschlamm absetzen kann. Wer den Kadett hauptsächlich im Kurzstreckenverkehr fährt, sollte den Ölwechsel wesentlich früher vornehmen. Ständiger Stadtverkehr in der kalten Jahreszeit kann die Eigenschaften des Öls bereits nach vier Monaten derart beeinträchtigen, daß dann eine Erneuerung nötig ist.
Wer ein Einbereichsöl verwendet, muß ohnehin an den jahreszeitlichen Wechsel denken – im Frühjahr und Herbst –, damit das Öl den Start- bzw. Außentemperaturen angepaßt ist.

Der Austausch des Ölwechselfilters wird von der Unterseite des Wagens aus vorgenommen.

☐ Das Motoröl soll bei betriebswarmem Motor gewechselt werden, damit es allen Schmutz beim Auslaufen herausschwemmt.

☐ Das beim Ölwechsel anfallende Altöl muß ordnungsgemäß beseitigt werden. Wer es einfach ins Erdreich versickern läßt, vergräbt oder in die Kanalisation schüttet, gefährdet die Trinkwasserversorgung und muß mit hohen Strafen rechnen. Altöl kann man kostenlos dort abgeben, wo man Motoröl kauft, oder bei einer Altölsammelstelle. Deren Adresse erfahren Sie von der Gemeindeverwaltung, der örtlichen Polizei oder einer Autoclub-Geschäftsstelle.

☐ In Werkstätten kostet der Ölwechsel nach unseren Erfahrungen das meiste Geld, weil nur sehr teure Ölsorten vorrätig sind. Außerdem ist der Motor oft schon wieder kalt, bis das alte Öl abgelassen wird. Und manche Werkstätten berechnen die Arbeit für den Ölwechsel zusätzlich.

☐ An Tankstellen kommt der Wagen meist sofort dran. Sie können auch ein billigeres Öl aus dem Tankstellen-Verkaufsprogramm auswählen, und im Ölpreis ist die Arbeit des Tankwarts inbegriffen.

☐ Gegen den SB-Ölwechsel mit einem Absauggerät an der Tankstelle bestehen keine Bedenken, vorausgesetzt, der Ölfilter wird bei jedem 15 000-km-Intervall ebenfalls ausgetauscht. Das ist im Motorraum von oben her möglich.

☐ Ölwechsel zu Hause lohnt sich nur, wenn Sie das Öl preiswert im Zubehörhandel, Großmarkt, Warenhaus oder durch gute Beziehungen billiger kaufen können. An der Tankstelle müssen Sie nach den etwas günstigeren SB- oder Mitnahmeölen fragen.

☐ Ölfilter bei den **1,2-l- und 1,3-l-Motoren bis Motor-Nr. 13-1486846 (44 kW)** bzw. **13-19389114 (55 kW)** haben ein **¾-Zoll-Gewinde** und tragen die Opel-Nr. 650 400.

☐ Bei den **1,3-l-Motoren ab Nr. 13-1486847 (44 kW)** bzw. **13-19389115 (55 kW)** sowie bei den **1,6-l- bis 2-l-Motoren** ist das **Gewinde M 18×1,5 mm** vorhanden, die Opel-Nr. des Ölfilters lautet 650 401.

Auf diesen Unterschied müssen Sie achten, wenn Sie den Filterwechsel selbst vornehmen wollen. Im Kaufhaus und an der Tankstelle gibt es Ölfilter verschiedener Hersteller. Auf der Verpackung sind Fahrzeugtyp und Motor angegeben, für die der Ölfilter bestimmt ist.

	Motoröl Menge mit Fliterwechsel	Motoröl Menge ohne Filterwechsel
1,2-l-Motor	2,5 Liter	2,25 Liter
1,3-l-Motoren	3,0 Liter	2,75 Liter
1,6-l- und 1,8-l-Motoren	3,25 Liter	3,0 Liter
2,0-l-Motoren	4,0 Liter	3,75 Liter

☐ Zum Ölwechsel brauchen Sie die aus der Tabelle ersichtliche Ölmenge,

☐ einen neuen Dichtring für die Ölablaßschraube,

☐ beim turnusmäßigen Ölwechsel einen passenden Ölfilter, siehe vorigen Abschnitt.

■ Fahrzeug warmfahren.

■ Wagen vorn und rüttelsicher aufbocken.

■ Kleine Wanne oder einen genügend großen, aufgeschnittenen Plastik-Ölkanister unterstellen.

■ Ablaßschraube mit Ringschlüssel SW 19 öffnen, Öl auslaufen lassen. Vorsicht, es ist heiß!

■ Ölfilter mit einem geeigneten Bandschlüssel lösen. Bei sehr festsitzendem Filter einen scharfen Schraubenzieher durch das Blechgehäuse des Filters treiben (Vorsicht, heißes Öl läuft aus) und Filter mit dem Schraubenzieher losdrehen.

■ Dichtring am neuen Ölfilter mit etwas Fett einreiben. Kein Öl nehmen, das bei der Sichtkontrolle zum Schluß oft fälschlicherweise für austretendes Öl gehalten wird.

■ Filter ohne irgendwelches Werkzeug von Hand festdrehen.

■ Ölablaßschraube sauberreiben und mit neuem Dichtring eindrehen; nicht anknallen, sonst wird das Führungsgewinde in der Ölwanne beschädigt.

■ Nach dem Öleinfüllen Motor kurz laufen lassen, Öldichtheit kontrollieren.

Bei den Wagen bis 1,3 l Hubraum befindet sich die Kontrollschraube für den Ölstand an der linken Seite des Getriebegehäuses, bei den anderen Modellen an der rechten Seite.

Schalt- und Ausgleich- getriebe

Schalt- und Ausgleichgetriebe haben eine gemeinsame Ölfüllung. Das Schmiermittel wird nicht wie im Motor verbraucht, sondern kann allenfalls durch undichte Stellen austreten. Deswegen muß vorbeugend eine Sichtkontrolle erfolgen, siehe Seite 123. Normalerweise ist eine Ölstandskontrolle nicht nötig.

Ölstand im Schalt- und Ausgleich- getriebe prüfen

Die Kontroll- und Einfüllschraube sitzt beim 1,2-Liter- und 1,3-Liter-Kadett in Fahrtrichtung links in halber Höhe im Getriebegehäuse, bei allen anderen Modellen rechts hinten.
- Fahrzeug waagrecht aufbocken.
- Innensechskantschraube SW 8 herausdrehen.
- Läuft nun bereits etwas Getriebeöl heraus, stimmt der Ölstand.
- Andernfalls Finger in das Schraubengewinde stecken und fühlen, ob die Schmierflüssigkeit bis kurz unterhalb an die Öffnung heranreicht.
- Bei größerem Ölmangel an der Tankstelle oder in der Werkstatt die vorgeschriebene Getriebeölsorte einfüllen lassen.

Fingerzeige: *Getriebeöl für das gelegentliche Nachfüllen zu Hause zu lagern lohnt sich nur, wenn Sie es in einer wieder verschließbaren Dose mit nicht mehr als 1 Liter Inhalt kaufen können.*
Das eigenhändige Einfüllen des sehr zähflüssigen Getriebeöls durch die seitliche Getriebeöffnung ist mit Heimwerkermitteln eine gehörige Geduldsprobe. Geeignet sind ein Trichter mit abgewinkeltem Auslauf oder eine Flasche aus Weichplastik mit gebogenem Mundstück, mit der man das vorher erwärmte Öl durch Zusammendrücken der Flasche einpumpen kann.

Die richtige Getriebeölsorte

Die Dauerfüllung im Schalt- und Ausgleichgetriebe wird nur nach einer Getriebereparatur erneuert. Da das Getriebeöl hohen Drücken ausgesetzt wird, schreibt Opel Öle der Zähflüssigkeitsklasse SAE 80 vor. Sie sollen folgender Spezifikation entsprechen:
- ☐ API GL 4
- ☐ GM-4753 M
- ☐ MIL-L-2105 (A)

Bei Opel wird das Öl unter den Nummern 1940 750 (90 001 777) und 1940 759 (90 188 629) geführt.

Ölstand im automatischen Getriebe prüfen
Wartung Nr. 8

Die Getriebeautomatik (einschließlich Ausgleichgetriebe) ist mit einer synthetischen Flüssigkeit namens **A**utomatic **T**ransmission **F**luid befüllt. ATF dient als Schmiermittel und zur Steuerung des hydraulischen Drucks im Getriebe. Wegen dieser besonderen Aufgaben darf nur das Spezialöl mit der Bezeichnung Dexron® D (mit einer nachfolgenden Kontrollzahl) verwendet werden, bei Opel unter der Nummer 1940 691 (90 020 172) geführt. Falsche Flüssigkeit bewirkt schwere Schäden im Getriebe!
- Fahrzeug waagrecht abstellen, Handbremse anziehen, Wählhebel in Stellung »P« legen, Motor im Leerlauf drehen lassen.
- **Bei kaltem Getriebe** (Außentemperatur unter + 35° C) die Prüfung nach einer Minute Motorlauf vornehmen. Spätestens nach einer weiteren Minute muß die Kontrolle beendet sein.

Hinten im Motorraum ragt der Öleinfüllstutzen mit dem Meßstab für das automatische Getriebe senkrecht nach oben. Bei der Ölstandskontrolle muß der Wagen eben stehen und der Motor im Leerlauf laufen. Dabei muß der Wahlhebel auf »P« stehen. Je nachdem, ob der Motor noch kalt oder bereits betriebswarm ist, muß der Ölstand an der betreffenden Seite des Meßstabes abgelesen werden. Für den kalten Zustand sind Markierungen der Seite mit »+20°« zutreffend, bei warmem Zustand liest man auf der Seite mit »+94°« ab. Die Höchstgrenze, durch die jeweilige obere Markierungslinie angegeben, darf beim Nachfüllen des Öls nie überschritten werden. Auf peinlichste Sauberkeit ist zu achten, und zum Abwischen des Meßstabes nur faserfreie Lappen verwenden!

■ Peilstab – in Fahrtrichtung links hinter dem Motor – aus dem Führungsrohr herausziehen. Er darf nur mit einem absolut sauberen, nicht fasernden Tuch abgewischt werden.
■ Peilstab einschieben und erneut herausziehen. Auf der mit »+ 20° C« beschrifteten Seite muß sich der Ölstand an der Marke »MAX« abzeichnen. 5 mm darunter beträgt die **Nachfüllmenge 0,25 Liter.**
■ **Bei betriebswarmem Getriebe** (nach Autobahnfahrt von wenigstens 20 km oder vergleichbarer Fahrt auf anderen Straßen) den Ölstand auf der Peilstabseite mit »+ 94° C« ablesen. Er muß zwischen den

Marken »MIN« und »MAX« stehen. Die **Nachfüllmenge** zwischen beiden Markierungen beträgt **0,5 Liter**.
■ Es muß klare Flüssigkeit sichtbar sein. Ist sie dunkelbraun oder schwarz, liegt ein Getriebeschaden vor.
■ Bei zu niedrigem Flüssigkeitsstand sollte nicht einfach ATF nachgefüllt werden, sondern das Getriebe auf Undichtigkeiten hin kontrolliert werden. Notwendige Abdichtarbeiten sollten Sie der Werkstatt überlassen.
■ ATF durch einen sauberen Trichter in das Führungsrohr für den Peilstab nachfüllen.
■ Auch zu hoher Ölstand kann einen Getriebeschaden verursachen.

Bei normalem Fahrbetrieb sieht das Inspektionssystem einen Ölwechsel nach 60 000 km vor. Wird der Kadett vorwiegend im Kurzstreckenbetrieb, häufig mit Anhänger oder im Gebirge gefahren, soll schon nach 45 000 km der Flüssigkeitswechsel erfolgen. Da zu dieser Arbeit die Getriebeölwanne abmontiert und das Ölsieb gereinigt werden muß, ist diese Arbeit dem Opel-Service zu überlassen.

Der Vorratsbehälter für die Flüssigkeit der Servolenkung sitzt im Motorraum vorn, links am Motor. Zu Ihrer eigenen Sicherheit sollten Sie regelmäßig, etwa bei jeder zweiten Kontrolle des Motorölstands, den Flüssigkeitsstand in diesem Behälter kontrollieren.

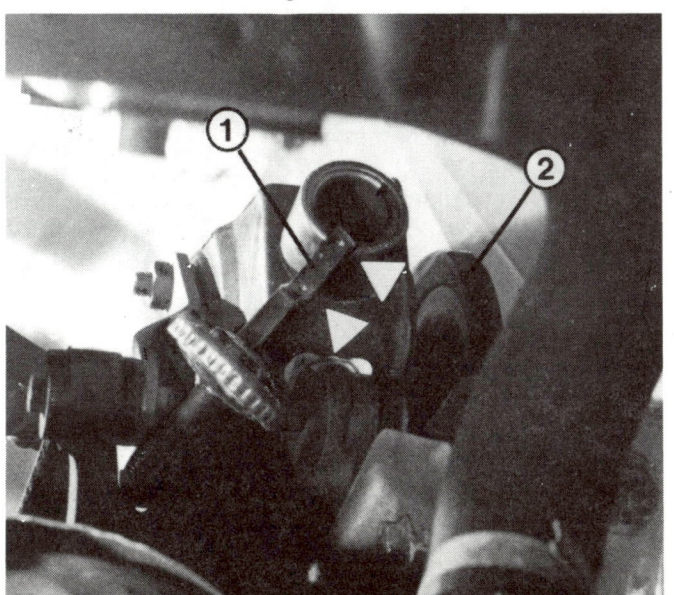

Öl des automatischen Getriebes wechseln
Wartung Nr. 29

Ölstand in der Servolenkung prüfen
Ständige Kontrolle

Die Pumpe für die Servolenkung sitzt im Motorraum vorne rechts. An ihrem Verschlußdeckel ist ein Meßstab (1) angebracht, an dem der Ölstand abgelesen werden kann. Die Pumpe wird über einen Keilriemen (2) von der Kurbelwelle angetrieben.

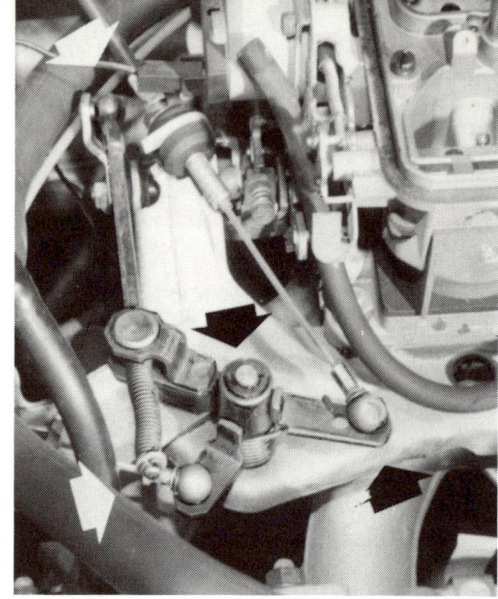

Hier sind der Gaszug und die Gelenke des Betätigungsgestänges zu sehen. Bild links: Vergaser Varajet, Bild rechts: Multec-Zentraleinspritzung. Wo Fett aufgetragen werden soll, zeigen die Pfeile.

Eingefüllt ist die gleiche Flüssigkeit wie in der Getriebeautomatik, siehe Seite 20.

■ Prüfung bei stehendem Motor vornehmen.

■ Verschlußdeckel vom Behälter abschrauben. Der mit dem Deckel verbundene Peilstab trägt die Markierungen »ADD« und »FULL«.

■ **Bei kaltem Motor** darf der Ölstand **nicht unter ADD** absinken.

■ **Bei betriebswarmem Motor** soll der Ölstand **bis FULL** reichen.

■ Fehlende Menge nachfüllen. Flüssigkeitsverlust ist jedoch Zeichen einer Störung, die baldigst beim Opel-Service erkundet werden muß.

■ Beachten Sie, daß bei geöffnetem Vorratsbehälter kein Schmutz hineinfällt. Das könnte Funktionsstörungen zur Folge haben.

Gasgestänge fetten
Wartung Nr. 9

■ Von einem Helfer bei stehendem Motor das Gaspedal durchtreten lassen.

■ An allen sich dabei bewegenden Gelenken und Lagerstellen den eventuell anhaftenden Schmutz abreiben.

■ An den gleichen Stellen etwas Öl ansprühen oder Fett anbringen, während der Helfer das Gaspedal mehrmals bewegt.

■ Nicht die Wellen und Lagerungen am Vergaser schmieren, sie werden sonst von dem intensiver haftenden Schmutz vorzeitig ausgeschlagen.

Türscharniere ölen
Wartung Nr. 11

■ Staubkappe auf den Türscharnieren abhebeln und Öl in das Scharnier tropfen lassen. Tür mehrmals hin- und herschwenken, ablaufendes Schmiermittel abwischen.

■ Die Heckklappenscharniere mit etwas Öl besprühen. Vorsicht, daß dabei die Innenverkleidung nichts abbekommt.

Was noch zu schmieren ist

Der Inspektionsplan von Opel sieht keine weiteren Schmierarbeiten am Kadett vor. Aber die Erfahrung hat gelehrt, daß manches mit einer gelegentlichen Schmierration gängig gehalten wird und somit weder quietscht noch klemmt oder reißt. Dabei gilt folgende Regel: An Scharnieren oder Gelenken mit engen Durchgängen, in die kein Fett eindringen kann, ist Öl oder Schmierspray günstiger. Gegeneinander reibende Flächen werden besser gefettet oder mit einer Schmierpaste behandelt, da diese Gleitstoffe besser haften.

Schließzylinder

■ Sprühen Sie spätestens zu Beginn der kalten Jahreszeit etwas Rostlöser-Isolierspray in den Schlüsselschlitz. Es schmiert, verdrängt Feuchtigkeit und schützt vor Rost sowie Einfrieren im Winter.

Motorhaube

■ Entriegelungszug der Motorhaube von einem Helfer im Wageninnern ziehen lassen. An der Stelle, wo der Seilzug aus der Umhüllung kommt, etwas Fett anstreichen und durch mehrmalige Hebelbewegung in die Zugumhüllung ziehen.

■ Motorhaubenschloß und Schließzapfen mit etwas Fett bestreichen oder Schmierspray auftragen.

■ Die gut zugänglichen Motorhaubenscharniere erhalten etwas Öl oder Schmierspray.

Schlußfolgerungen

Möchten Sie den Zustand Ihres eigenen oder eines Wagens, den Sie kaufen wollen, beurteilen, sollten Sie nach einer Checkliste vorgehen.

Startwilligkeit: Der kalte Opel-Motor muß spontan anspringen, bei warmer Maschine kann es dagegen einige Sekunden dauern – das ist normal.

Kontrollampen: Verlöschen Lade- und Öldruckkontrollampe nach dem Start?

Leerlauf: Nach dem Anspringen darf der Motor nicht wieder absterben, die Leerlaufdrehzahl (bei kalter Maschine durch Handchoke oder Startautomatik erhöht) soll nicht schwanken.

Motorlauf: Dreht der Motor sauber und rund? Macht der Motor Geräusche, etwa Rasseln, Ticken, Klopfen? Auch den warmgefahrenen Motor und beim Beschleunigen darauf prüfen. Bei nicht einwandfreiem Motorlauf Kompressionsdruck messen, Zündanlage und deren Einstellung kontrollieren, Vergaser bzw. Einspritzanlage überprüfen.

Betätigung: Das Pedal muß sich leicht und ruckfrei niedertreten lassen, es darf kein Spiel vorhanden sein. Geräusche bei durchgetretenem Pedal deuten auf ein defektes Aurücklager.

Funktion: Bei völlig niedergedrücktem Pedal muß sich der Rückwärtsgang ohne Kratzen einlegen lassen, sonst trennt die Kupplung nicht einwandfrei. Verschleißprüfung: Handbremse fest anziehen, 3. Gang einlegen, etwas Gas geben und Kupplungspedal langsam kommen lassen. Wird der Motor jetzt abgewürgt, ist die Kupplung in Ordnung.

Schaltung: Bei korrekt eingestelltem Schalthebel müssen sich die Gänge einwandfrei durchschalten lassen.

Funktion: Bei einwandfreier Synchronisation lassen sich die Vorwärtsgänge während der Fahrt ohne Kratzgeräusche einlegen. Mahlende oder singende bis heulende Geräusche in einzelnen Gängen lassen abgenutzte Zahnräder erkennen. Treten die Geräusche in allen Gangstufen auf, liegt evtl. Ölmangel vor, oder das Differential ist verschlissen. »Klack-Klack«-Geräusche beim Beschleunigen und im Schubbetrieb weisen auf defekte Gelenke der Antriebswellen.

Lenkeigenschaften: Läuft das Fahrzeug auf ebener Fahrbahn auch bei losgelassenem Lenkrad sauber geradeaus? Wenn die Vorderreifen nicht unterschiedlich abgenutzt sind, liegt der Fehler an der Vorderachseinstellung. Geht die Lenkung nach Kurven wieder selbsttätig in Geradeausstellung zurück?

Vibrationen: Zittert das Lenkrad oder schlägt es deutlich aus? Evtl. ist eine Felge beschädigt. Ab etwa 80 km/h sind schlecht ausgewuchtete Reifen für die Lenkunruhe verantwortlich.

Bremsprobe: Zuerst eine Vollbremsung aus **Schrittgeschwindigkeit!** Am Gummiabrieb auf der Straße sehen Sie bei gleich langen Spuren, daß die Bremsen gleichmäßig ziehen. Gleiche Prüfung mit der Handbremse. Für die Prüfung der Fußbremse bei höherer Geschwindigkeit brauchen Sie eine ebene Strecke. Nun aus etwa 50 km/h bei losgelassenem Lenkrad, aber mit greifbereiten Händen **zuerst sanft** und **dann scharf** bis zum Stillstand abbremsen. Zieht der Wagen etwa nach links, ist eine der rechten Radbremsen nicht in Ordnung.

Gängigkeit: Lassen Sie den Wagen ein schwaches Gefälle im Leerlauf hinunterrollen: Sind die Räder freigängig, machen Sie die Handprobe: Ist eine Felge auf der einen Wagenseite wärmer als auf der anderen Seite? Ursachen können sein: Ein verklemmter Bremssattel, schwergängige hintere Trommelbremsen oder zu stramm eingestellte bzw. schadhafte Radlager.

Die Probefahrt
Wartung Nr. 23
Motor

Kupplung

Getriebe

Lenkung

Bremsen

Treibsätze

In den Kadett-Modellen ist eine Vielzahl von Motoren vertreten. Sie weisen zwei Grundkonstruktionen auf:

☐ Der bis 1985 eingesetzte 12-SC-Motor besitzt eine seitlich am Zylinderblock liegende Nockenwelle. Dafür gibt es die Bezeichnung **OHV-Motor** (englisch: over head valves = Über-Kopf-Ventile).

☐ Bei allen anderen Motoren befindet sich die Nockenwelle im Zylinderkopf. Dieses moderne Konzept mit obliegender Nockenwelle heißt **OHC-Motor** (over head camshaft = Über-Kopf-Nockenwelle). Die Triebwerke unterscheiden sich im wesentlichen durch ihre verschiedene Größe.

Jeder der Vierzylinder-Reihenmotoren ist quer eingebaut. Für die Lagebestimmung einzelner Bauteile gilt:

☐ Die Vorderseite des Motors befindet sich in Fahrtrichtung rechts. Demnach ist seine linke Seite im Motorraum vorn und die rechte hinten.

Blick in den Motorraum

Innerhalb der Baureihe haben sechs Motortypen einen Vergaser, und sieben Motoren sind mit einer Einspritzanlage ausgerüstet. Diese unterschiedlichen Arten der Gemischaufbereitung (Näheres siehe Tabellen Seite 79 und 98) lassen sich so erkennen:

☐ Die Vergasermotoren besitzen ein rundes Luftfiltergehäuse.

☐ Bei Motoren mit Zentraleinspritzung ist ein gleichartiger Luftfilter vorhanden, das Gehäuse des Einspritzsystems darunter ist aber voluminöser als ein Vergaser.

☐ Zu einem Motor mit Mehrfach-Einspritzanlage gehört ein rechteckiges Luftfiltergehäuse rechts im Motorraum.

Zur genauen Bestimmung des Motortyps dient die auf dem Kurbelgehäuse hinten links eingeschlagene Motornummer, der jeweils die Typenbezeichnung vorangesetzt ist.

Folgende Motoren sind in diesem Band beschrieben:

Modell	1,2 S	1,3 N	1,3 N	1,3 i	1,3 S	1,6 i	1,6 i	1,6 S
Motor	12 SC	13 N	E 13 NB	C 13 N	13 S	C 16 LZ	E 16 NZ	16 SV
Hubraum cm^3	1187	1281	1281	1281	1281	1587[1]	1587[1]	1587[1]
Leistung kW/PS	40/55	44/60	44/60	44/60	55/75	55/75	55/75	60/82
Bauzeit	9.84–8.85	9.84–5.86	ab 5.86	ab 8.86	9.84–8.87	9.86–8.87	ab 9/87	ab 8.86

Modell	1,6 S	18 S	1,8 i	1,8 i	1,8 i	2,0 i	2,0 i	
Motor	16 SH	E 18 NV	C 18 NT	C 18 NE	18 E	C 20 NE	20 SEH	
Hubraum cm^3	1587[2]	1771	1771	1771	1771	1998	1998	
Leistung kW/PS	66/90	62/84	66/90	74/100	85/115	85/115	95/130	
Bauzeit	9.84–8.86	ab 3/87	7.85–8.85	8.85–8.86	9.84–3.86	ab 8.86	ab 8.86	

[1] Bohrung/Hub mm: 79/81,5
[2] Bohrung/Hub mm: 80/79,5

Nicht nur bei der Ersatzteil-beschaffung ist die Motor-nummer wichtig. Auch beim Kauf eines Gebrauchtwa-gens sollte man überprüfen, ob das richtige Triebwerk eingebaut ist. Die ersten bei-den Zahlen (mit anschließen-den Buchstaben) klären darüber auf.

Die meisten dieser Motoren sind auch im Parallel-Modell Astra (England) und in der Baureihe Ascona vertreten. Die 1,3-l-Motoren findet man auch im Opel Corsa, die 1,8-l- und 2-l-Motoren im Opel Omega. Außerdem gibt es gleichartige Motoren für den Export, jedoch mit Abweichun-gen entsprechend den jeweiligen nationalen Bestimmungen und mit zusätzlichen Bezeich-nungen.

Der Motor steht quer vor der Vorderachse, und darunter ist das Getriebe mit dem nach hinten ausladenden Differential angeordnet. Somit befindet sich der Motorschwerpunkt vor der Vor-derachse, was für die Belastung der Antriebsräder von Bedeutung ist.

Nachfolgend sind die wichtigsten Einzelteile des Motors und deren Funktion beschrieben. Anschließend werden die Wartungs- und Reparaturarbeiten behandelt.

Die aus Leichtmetall bestehenden Kolben besitzen eine Stahleinlage zur Verringerung der Wärmedehnung. Im oberen Drittel eines Kolbens sind drei Kolbenringe elastisch in entspre-chenden Nuten angeordnet. Sie drücken federnd gegen die Zylinderwand. Die beiden oberen Verdichtungsringe verwehren dem Gasgemisch den Weg aus dem Verbrennungsraum nach unten ins Kurbelgehäuse. Der untere Ölabstreifring verhindert, daß zu viel Schmieröl vom Kurbelgehäuse in den Brennraum gelangt.

Im Kolbenboden sind zwei Mulden vorhanden. Diese ermöglichen den Ventilen genügend Bewegungsfreiheit.

Die Zylinder, in denen die Kolben auf und ab laufen, sind in das Graugußmaterial des Motorblocks eingearbeitet. Die Zylinderbohrungen sind im Kreuzschliff gehont (geschliffen). Aber die Wandungen sind nicht absolut glatt, weil an ihnen das zur Schmierung notwendige Öl haften muß. Die 2-l-Motoren besitzen einen in Dünngußtechnik hergestellten Zylinderblock. Beim Motor 12 SC haben die Bohrungen und die zugehörigen Kolben identische Maße, bei den

Die Einzelteile des Motors

Kolben und Zylinder

Links: Querschnitt des 1,2-Liter-Motors.
1 – Ventil;
2 – Zündkerze;
3 – Kolben;
4 – Pleuel;
5 – Zündverteiler;
6 – Nockenwelle;
7 – Ölpumpe;
8 – Ölwanne;
9 – Ölwechselfilter.
Rechts: Längs-schnitt des 1,2-Liter-Motors.
1 – Ventil; 2 – Was-serpumpe;
3 – Keilriemen;
4 – Kurbelwellen-riemen-scheibe;
5 – Kipphebel;
6 – Stoßstange;
7 – Nockenwelle;
8 – Zylinder;
9 – Kurbelwelle;
10 – Kolben.

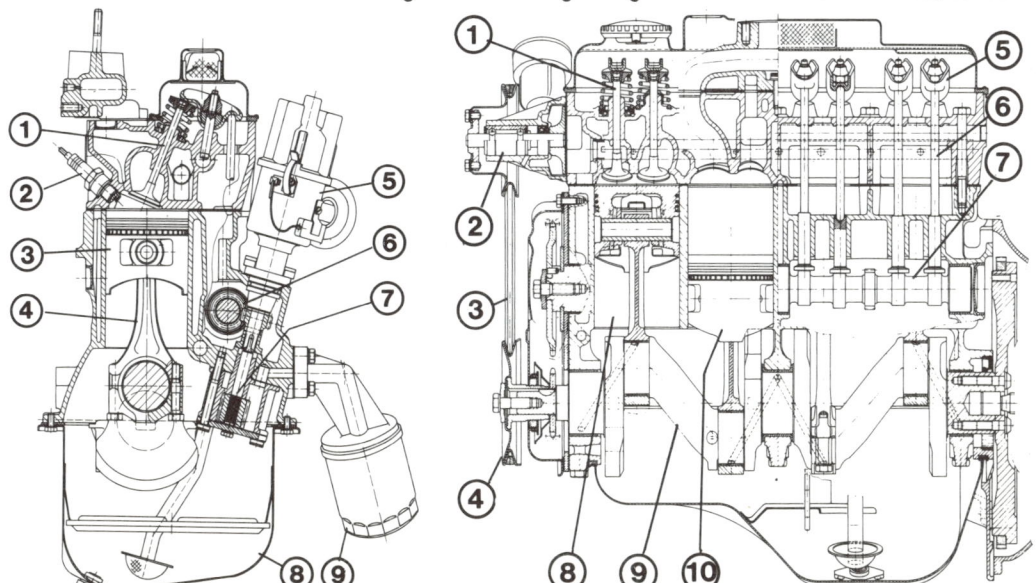

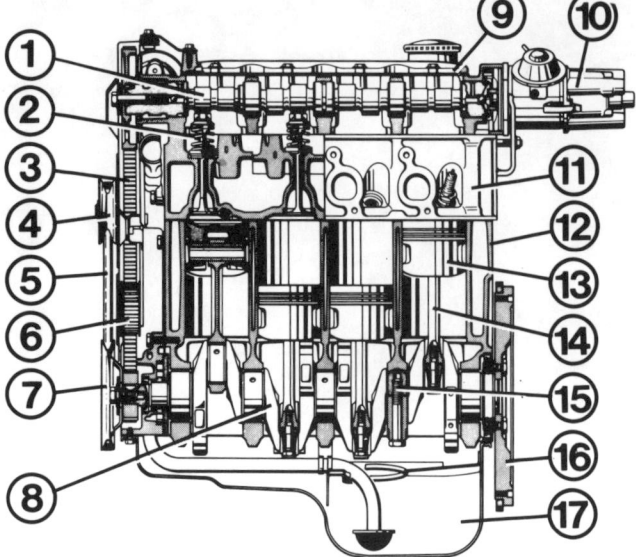

Längsschnitt des 1,3-Liter-Motors (nahezu identisch mit dem 1,6-Liter-Motor).
1 – Nockenwelle; 2 – Ventilfeder; 3 – Zahnriemen;
4 – Riemenscheibe der Lichtmaschine; 5 – Keilriemen;
6 – Riemenscheibe der Wasserpumpe; 7 – Kurbelwellenriemenscheibe; 8 – Kurbelwelle; 9 – Nockenwellengehäusedeckel; 10 – Zündverteiler; 11 – Zylinderkopf;
12 – Zylinderblock; 13 – Kolben; 14 – Pleuelstange;
15 – Hauptlager;
16 – Schwungrad; 17 – Ölwanne.

anderen Motoren ist die Bohrung jeweils um 0,02 mm weiter als der Kolbendurchmesser. Bei Motorüberholungen können die Zylinderlaufbahnen – je nach Grad des Verschleißes – um mehrere hundertstel Millimeter ausgeschliffen werden. Für jedes Schleifmaß gibt es passende Kolben.

Die Kurbelwelle Aufgabe der Kurbelwelle ist es, die geradlinige Bewegung der in den Zylindern auf und ab laufenden Kolben in eine Drehbewegung umzusetzen. Zur Verbindung der Kolben mit der Kurbelwelle dienen an beiden Enden drehbar gelagerte Pleuelstangen.

Die einzelnen Kröpfungen der Kurbelwelle sind bei Vierzylinder-Motoren um 180° zueinander versetzt, wobei die Kurbeln für den 1. und 4. Zylinder sowie für den 2. und 3. Zylinder gleich ausgerichtet sind. Für vibrationsarmen Lauf sitzen in Gegenrichtung der Kurbelzapfen unwuchtausgleichende Gegengewichte.

Um ein Durchbiegen der Kurbelwelle im Betrieb zu vermeiden, ist sie an fünf Stellen im Motorblock gelagert. Jede Kurbel, auf der eine Pleuelstange sitzt, ist demnach auf beiden Seiten durch ein Kurbelwellenlager gestützt.

Auch die Lagerzapfen der Kurbelwelle und deren Pleuellagerzapfen können nachgeschliffen werden, und zwar im Durchmesser wie in der Breite. Den geänderten Maßen entsprechend stehen passende Lagerschalen als Ersatzteil zur Verfügung.

Am hinteren Ende der Kurbelwelle sitzt eine Scheibe mit dem Zahnkranz für das Ritzel des Anlassers. Das ist entweder die Schwungscheibe, auf welche die Kupplung und damit die Verbindung zum Getriebe montiert ist, oder die Mitnehmerscheibe, an die der Drehmomentwandler der Getriebeautomatik geschraubt ist. Am vorderen Kurbelwelleende des Motors 12 SC sitzt die Riemenscheibe zum Antrieb von Wasserpumpe und Lichtmaschine. Bei den OHC-Motoren sind hier das Antriebsrad für den Zahnriemen und ebenfalls Keilriemenscheiben, ferner sitzt vorn auf der Kurbelwelle noch die Ölpumpe.

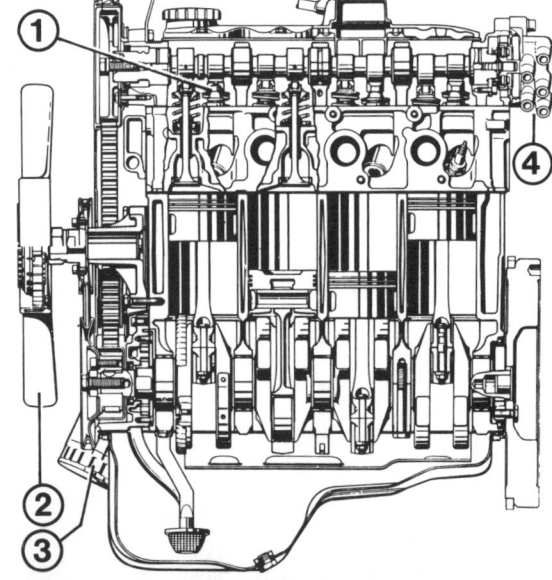

Längsschnitt des 2-Liter-Motors. 1 – Hydraulischer Ventilspielausgleicher;
2 – Lüfter; 3 – Ölfilter;
4 – Verteiler für vollelektronische Zündung.

Die vier Pleuel sind zusammen mit je zwei Lagerschalenhälften auf ihren Zapfen der Kurbelwelle montiert. Die Verbindung zwischen Pleuel und Kolben besteht aus einem Kolbenbolzen. Dieser wird bei erhitzter Pleuelstange in das Pleuelauge und zugleich in das Kolbenbolzenauge eingesetzt. Dadurch sitzt er im Pleuel fest und im Kolben drehbar.

Pleuel gibt es in sechs Gewichtsgruppen. Der Gewichtsunterschied der vier Pleuel darf untereinander maximal 8 g betragen. Bei den leichteren Pleuelstangen der 2-l-Motoren sind die Unterschiede geringer.

Die Pleuel

Im Zylinderkopf sind die Ventile angeordnet. Bei den OHC-Motoren besteht er wegen besserer Wärmeleitfähigkeit und aus Gewichtsgründen aus Leichtmetall. Die Ventilsitze sind bei erhitztem Zylinderkopf eingesetzt und dadurch nach dem Abkühlen fest eingeschrumpft.

Die Zündkerzen sind jeweils direkt in eingeschnittene Gewinde im Zylinderkopf eingeschraubt. Dieses Gewinde kann beim Leichtmetallkopf beschädigt werden, wenn eine Zündkerze zu fest angezogen oder schräg angesetzt und mit Gewalt eingedreht wird.

☐ Die Nockenwelle ist im OHV-Motor dreimal gelagert und liegt in Längsrichtung links neben den Zylindern im Zylinderblock. Sie wird von der Kurbelwelle über eine Kette angetrieben. Ihrerseits betätigt die Nockenwelle über einen Exzenter mit Stößel die Benzinpumpe, ferner eine schräg stehende Welle, an deren oberen Ende der Zündverteiler und unten die Ölpumpe angetrieben werden.

☐ Bei den OHC-Motoren sitzt die Nockenwelle oben längs im Zylinderkopf. Sie ist fünfmal gelagert. Ihren Antrieb besorgt die Kurbelwelle über einen Zahnriemen. Auch sie treibt bei Vergasermotoren die mechanische Benzinpumpe an, außerdem – an ihrem hinteren Ende – über einen Mitnehmer den Zündverteiler.

Mit ihren eiförmigen Nocken bewirkt die Nockenwelle, daß die Ventile bei bestimmten Kolbenstellungen öffnen und schließen. Form und Anordnung der Nocken bestimmen die Ventilsteuerzeiten.

☐ Zur Ventilbetätigung im OHV-Motor hebt ein Nocken jeweils einen Stößel und den darüber sitzenden Kipphebel an. Dabei drückt das andere Ende des Kipphebels gegen die Kraft der Ventilfeder auf sein Ventil. So wird ein Spalt zwischen Ventilteller und Ventilsitz frei, das Ventil öffnet. Beim Weiterdrehen des Nockens drückt die Ventilfeder das Ventil wieder in Schließstellung.

☐ Die ebenfalls »hängenden« Ventile des OHC-Motors werden auf kürzerem Übertragungsweg gesteuert. Die Nocken drücken auf die Schwinghebel – eine Art Zwischenlager – und über diese auf die Ventile.

Die Ventile im OHV-Zylinderkopf hängen schräg in einer Reihe. Gemischeinlaß und -auslaß befinden sich auf der rechten Seite (im Motorraum hinten).

Beim OHC-Motor sind die Einlaß- und Auslaßventile im Zylinderkopf zueinander versetzt angeordnet, und jeweils ihnen gegenüber sind Hydrostößel (hydraulische Ventilspielausgleicher) eingesetzt. Diese Hydrostößel gleichen Längenänderungen der Ventile aus, die durch Temperatureinflüsse und Verschleiß auftreten. Die Wirkung des Hydrostößels überträgt sich auf das Ventil über den Schwinghebel. Somit ist eine spielfreie Arbeit des ganzen Ventiltriebs gesichert, und es entfällt das sonst notwendige Nachstellen des Ventilspiels.

Zylinderkopf und Nockenwelle

Links: Zum Kurbeltrieb einschließlich der Kolben gehören folgende Teile:
1 – Kolben;
2 – Kolbenbolzen;
3 – Kolbenringe;
4 – Pleuel;
5 – Lagerschale;
6 – Schwungrad mit Zahnkranz für Anlasser;
7 – Kurbelwelle;
8 – Lagerbock;
9 – Schraube für Lagerbock.
Rechts: Hier ist der Aufbau des Zylinderkopfes dargestellt. Bezeichnet sind: 1 – Nockenwellengehäusedeckel; 2 – Dichtung; 3 – Nockenwellengehäuse; 4 – Nockenwelle; 5 – Ventilfeder; 6 – Zylinderkopf; 7 – Ventil; 8 – Zahnriemen.

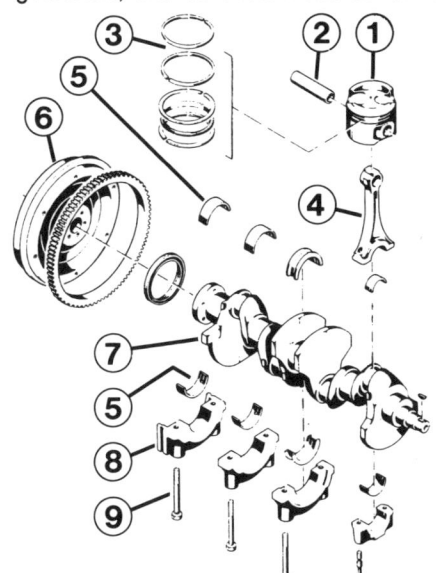

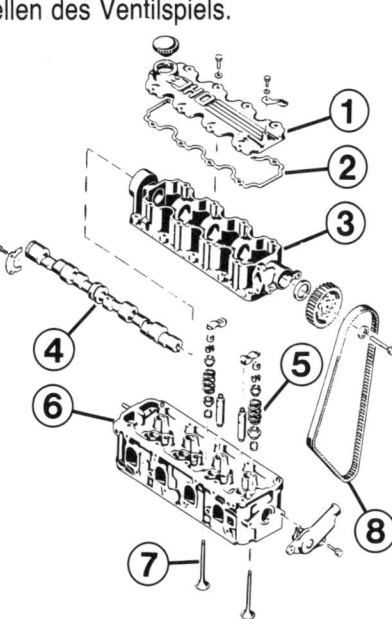

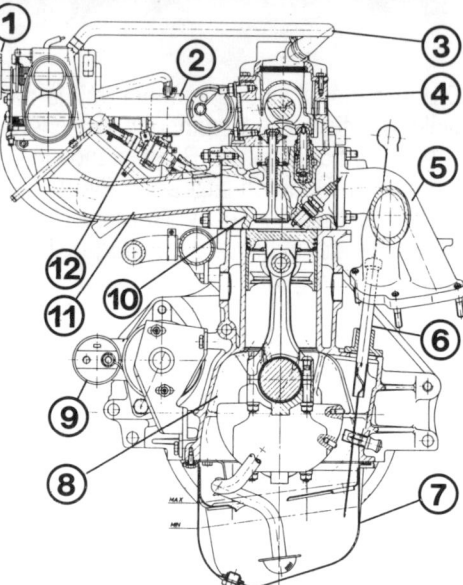

In diesem Querschnitt des 1,8-Liter-Einspritzmotors sind bezeichnet: 1 – Drosselklappenhebel; 2 – Druckregler; 3 – Entlüftungsschlauch; 4 – Nockenwellengehäuse; 5 – Auspuffkrümmer; 6 – Führungsrohr für Ölpeilstab; 7 – Ölwanne; 8 – Kurbelgehäuse; 9 – Magnetschalter des Anlassers; 10 – Zylinderkopf; 11 – Saugrohr; 12 – Einspritzventil.

Zudem befindet sich der Gemischeinlaß auf der rechten Seite im Zylinderkopf, die Auslaßkanäle sind auf der linken Seite. Entsprechend diesem Querstromprinzip haben auch die Einlaß- und Auslaßventile ihre Position.

Allgemein werden die Ventile in legierten Graugußführungen bewegt, welche im Zylinderkopf eingepreßt sind. Oberhalb jeder Führung ist eine Ventilschaftabdichtung aufgesetzt. Alle Auslaßventile verfügen über »Roto Caps« (Ventildrehvorrichtungen). Sie drehen das Ventil bei jedem Hub um einige Grad, womit das Einschlagen der Sitzfläche und dadurch Kompressionsverlust hinausgezögert wird.

Die Ventilsteuerung

Im Kadett arbeitet ein Viertaktmotor, der das Gemisch aus Kraftstoff und Luft ansaugt, verdichtet, zündet und die verbrannten Gase wieder ausstößt. Fürs Ansaugen der Frischgase und das Ausschieben der Altgase bleibt dem ventilgesteuerten Verbrennungsmotor nur wenig Zeit. Weder kann die Nockenwelle die Ventile schlagartig öffnen noch vermögen sie die Ventilfedern derartig schnell zu schließen. Deshalb sind die Nocken so geformt, daß das Einlaßventil bereits gegen Ende des Auslaßtakts öffnet und erst dann schließt, wenn der Kolben nach Beendigung des Ansaughubs wieder verdichtend aufwärtsstrebt. Das Auslaßventil öffnet schon vor Abschluß des Arbeitstakts und schließt erst, wenn der Kolben bereits wieder Frischgas ansaugt. Beide Ventile sind deshalb einen Sekundenbruchteil gleichzeitig geöffnet, wenn der Kolben im Oberen Totpunkt (OT) vom Ausstoßen zum Ansaugen umkehrt. Diese Zeitspanne wird mit Ventilüberschneidung bezeichnet.

Rollenkette im OHV-Motor

Geschützt vom Steuergehäusedeckel läuft über die Zahnräder von Kurbelwelle und Nockenwelle eine einfache Rollenkette. Sie wird vom Motoröl geschmiert. Damit die nicht völlig stramm eingebaute Kette dennoch unter Spannung steht und im Betrieb nicht „schlägt", drückt ein vom Öldruck abhängiger Kettenspanner von rechts gegen die aufwärts laufende Kette. Die im

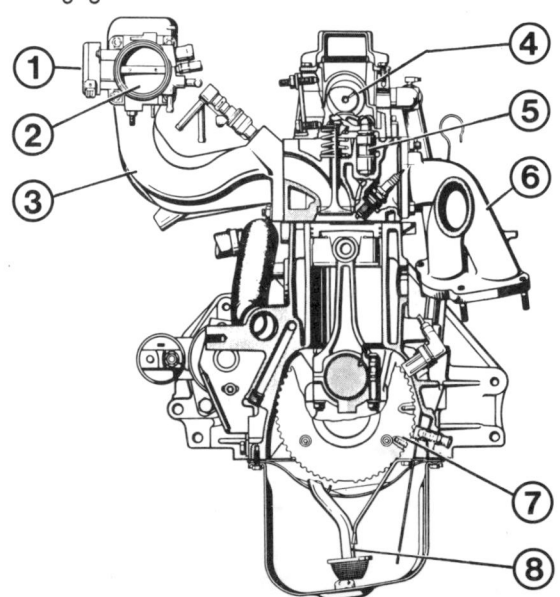

Querschnitt des 2-Liter-Motors mit Motronic-Einspritzsystem. 1 – Drosselklappenschalter; 2 – Drosselklappe; 3 – Ansaugrohr; 4 – Nockenwelle; 5 – hydraulischer Ventilspielausgleicher; 6 – Auspuffkrümmer; 7 – induktiver Impulsgeber; 8 – Ölsiebrohr.

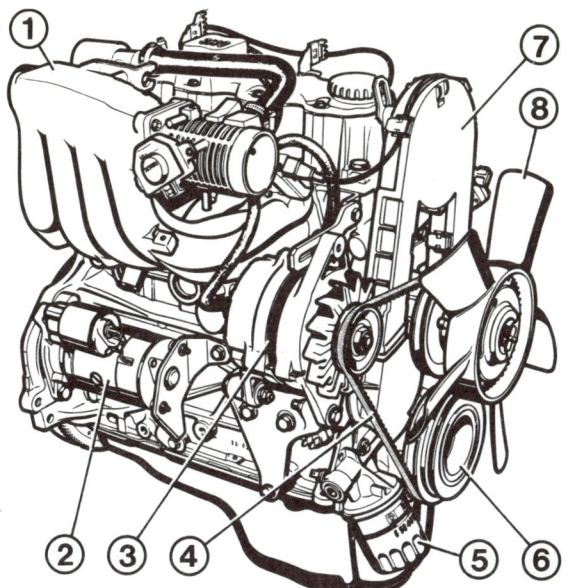

Ansicht des 2-Liter-Motors von vorn rechts. 1 – Ansaugkrümmer; 2 – Anlasser; 3 – Drehstrom-Generator; 4 – Keilriemen; 5 – Ölfilter; 6 – Kurbelwellenriemenscheibe; 7 – Zahnriemenabdeckkung; 8 – Lüfter.

Uhrzeigersinn betätigte Kette wird auf der linken Motorseite durch das Kurbelwellenrad heruntergezogen.

Für die obenliegende Nockenwelle dient der von der Kurbelwelle in Bewegung gesetzte Zahnriemen als geräuscharmes Antriebselement. Der gezähnte Gummiriemen mit Stahldrahteinlage arbeitet verschleißfrei, zumal die Gummimischung des Zahnriemens auch für eine Trockenschmierung des Zahnriemens sorgt.

Außerdem treibt der Zahnriemen die Wasserpumpe an, die durch ihren exzentrischen Einbau zugleich als Spannvorrichtung dient.

Zahnriemen am OHC-Motor

Die Dichtung zwischen Motorblock und Zylinderkopf muß dafür sorgen, daß die Verbrennungsräume und die Kanäle für das Kühlmittel voneinander getrennt bleiben, wobei sie auch kein Schmieröl hindurchlassen darf. Sie muß hohen Temperatur- und Druckschwankungen widerstehen.

Bei den Kadett-Motoren handelt es sich um eine »setzarme« Zylinderkopfdichtung. Deshalb müssen bei der Montage des Zylinderkopfes die Zylinderkopfschrauben unter Einhaltung besonderer Arbeitsfolgen angezogen werden.

Die Zylinderkopfdichtung

Im Motor verlangen eine Reihe von Lagerstellen und Reibpartnern nach Schmierung. Das Motoröl muß dorthin unter Druck gepumpt werden – von der Ölpumpe. Sie saugt das Öl über ein siebbewehrtes Rohr an und drückt es in den Hauptstromfilter. Ist das Filterpapier von Schmutz zugesetzt, weil die Filterpatrone nicht rechtzeitig gewechselt wurde, dann öffnet ein Sicherheitsventil.

So wird der Filter umgangen, und die Ölversorgung ist sichergestellt. Allerdings bewirkt ungefiltertes Motoröl höheren Verschleiß an den Lagerstellen. Vom Filter aus gelangt das Öl

Das Schmiersystem

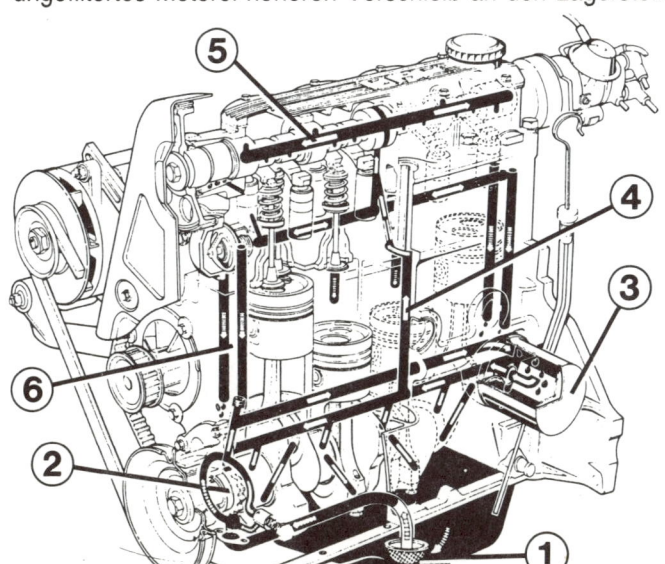

Kreislauf des Öls im Motor. Es durchläuft folgende Bauteile:
1 – Ölwanne mit Ölsieb;
2 – Ölpumpe (auf Kurbelwelle); 3 – Ölwechselfilter;
4 – Steigleitung; 5 – Nockenwelle; 6 – Leitungen für ablaufendes Öl.

In dem System der Motorschmierung bedeuten:
1 – Ölpumpe; 2 – Ölfilter; 3 – Druckregelventil;
4 – Öldruckschalter; 5 – Nockenwelle und
Ventilspielausgleicher.

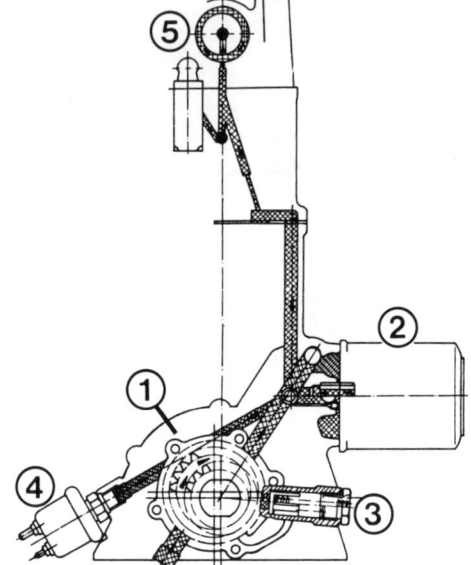

über Bohrungen zu den Schmierstellen der Kurbelwelle, außerdem in den Zylinderkopf und zur Nockenwelle.
Durch andere Bohrungen fließt das Öl zurück in die Ölwanne, wo es erneut angesaugt wird.

Die Ölpumpe

Die Ölpumpe des OHV-Motors wird über die gleiche Welle, die auch zur Betätigung des Zündverteilers dient, von der Nockenwelle angetrieben. Sie besitzt zwei ineinander kämmende Zahnräder, die das Öl unter Druck setzen. Nach Ausbau der Ölwanne läßt sich die Ölpumpe relativ einfach abbauen.

Dagegen läuft vorn auf der Kurbelwelle der OHC-Motoren ein exzentrisch angeordnetes Zahnrad in einem etwas größeren Kranz mit Innenverzahnung ab. Dadurch entsteht ein dauernd umlaufender, sichelförmiger Freiraum, der dieser Pumpe den Namen gab: Sichelpumpe.

Eine derartige Ölpumpe erbringt bereits bei niedriger Drehzahl eine gute Förderleistung, dazu auch beim Heißleerlauf einen ausreichenden Öldruck. Abhängig von der Drehzahl wird der Öldruck noch von einem links vorn am Motorblock zugänglichen Druckregelventil gesteuert.

Öltemperaturen

Ausschlaggebend für das Wohlbefinden des Motors ist die Öltemperatur. Allerdings besitzen die Kadett-Modelle serienmäßig kein Ölthermometer, an dem sich ablesen läßt, wie es um den Wärmehaushalt des Motors bestellt ist. Normalerweise wird die Temperatur am Ölfilterflansch oder in der Ölwanne gemessen; dort ist das Öl am kühlsten. Dagegen können an den Kolbenringen Temperaturen bis 300° C auftreten. Falls Sie nachträglich ein Ölthermometer eingebaut haben: Gemäß Opel darf die Temperatur bei extremen Bedingungen 150° C betragen, gemessen in der Ölwanne, 1 cm über deren Boden. Dabei ist allerdings die Verwendung eines tatsächlich hochwertigen Motoröls Voraussetzung, das dann noch ausreichende Schmierwirkung besitzt.

Das Druckregelventil (Pfeil) sitzt am Motor unten, links an der Frontseite. Die Riemenscheibe ist mit der Kurbelwelle verschraubt.

Gefährlicher als hohe Temperaturen sind zu niedrige Werte. Bei weniger als 60°C sind die Öl-Additive nicht voll wirkungsfähig, was erheblich höheren Verschleiß zur Folge hat. Deshalb sollten Sie nach Möglichkeit den Motor nach dem Kaltstart nicht über 3500/min drehen lassen, bis das Öl etwa 60°C erreicht hat. Für unsere Modelle ohne Ölthermometer gilt als Anhaltspunkt, daß das Motoröl gegenüber dem Kühlmittel etwa doppelt so lange braucht, bevor es seine Betriebstemperatur erreicht hat.

Der Öldruck

Der Öldruck bei einer Öltemperatur von 60°C und bei einer Kühlmitteltemperatur von 80°C soll folgende Werte erreichen:

☐ Bei **2000/min** des Motors **mindestens 2 bar**,
☐ im **Leerlauf mindestens 0,3 bar**.

Das läßt sich freilich nur kontrollieren, wenn Sie nachträglich entsprechende Meßinstrumente eingebaut oder angeschlossen haben. Serienmäßig gibt es nur eine annähernde Kontrollmöglichkeit über den Öldruckschalter, der im Betrieb die Warnleuchte im Armaturenbrett bei ungenügendem Druck aufleuchten läßt. Beim 1,2-Liter-Motor ist das Kurzschlußventil bei abgeschraubtem Ölfilterelement zu erreichen, wo es außermittig im Flansch für den Filter sitzt. Es öffnet bei verstopftem Filter den Weg für den Ölfluß, der dann ungefiltert durch den Motor geschickt wird.
Dieser Öldruckschalter sitzt bei den 1,3-Liter-Motoren rechts vorn, bei den größeren Motoren rechts hinten. Anstelle dessen kann nachträglich ein Ölmanometer bzw. dessen Anschluß eingeschraubt werden.
Zu hoch darf jedoch der Öldruck auch nicht sein. Das Druckregelventil erweitert den Weg zur Saugseite, wenn der Druck durch kaltes oder sehr zähflüssiges Öl zu hoch ansteigt. Zur Öldruckkontrolle ist auf Seite 240 noch mehr gesagt.

Die Kurbelgehäuse-Entlüftung

Auch ein gesunder Motor bläst in der Minute mehr als 50 Liter Verbrennungsgase an den Kolbenringen vorbei ins Kurbelgehäuse. Damit die Dichtungen des Motors nicht zu stark beansprucht werden oder gar Teile des Motors reißen, muß der Druck aus dem Motor entweichen können. Das geschieht über die Kurbelgehäuse-Entlüftung. Die giftigen Gase aus dem Motorinnern werden zum Schutz der Umwelt in das Luftfiltergehäuse und zum Ansaugstutzen zurückgeleitet. Von dort werden die Gase zur vollständigen Verbrennung nochmals vom Motor angesaugt.
Der Entlüftungsschlauch ist oben am Zylinderkopfdeckel befestigt. Gelegentlich können Sie kontrollieren, ob sich in diesem Schlauch Ölrückstände gebildet haben. Man kann sie mit Benzin auswaschen.

Fingerzeig: *Bläst der Motor kräftig Öldunst zur Kurbelgehäuse-Entlüftung hinaus, sind die Kolben und Zylinder schon erheblich verschlissen.*

Einfahren des neuen Motors

Zylinderwände wie auch Kolben mit Kolbenringen weisen im Neuzustand an den Oberflächen eine mikroskopische Rauhigkeit auf. Erst der Einlaufvorgang kann diese kleinen Unebenheiten beseitigen, so daß die Teile gut gegeneinander abdichten. Zu flottes Hochdrehen des neuen oder überholten Motors kann zu winzigen Freßstellen am Metall führen, die unter Umständen einen fatalen Kolbenfresser nach sich ziehen.
Im Hinblick auf die Motorlebensdauer tun Sie also gut daran, die Hinweise von Opel für die erste Betriebszeit zu beachten. Während der ersten 1000 km gilt als höchste Drehzahl 4000/min. Das entspricht etwa maximalen Geschwindigkeiten (in km/h) in den einzelnen Gängen:

Schaltgetriebe		Getriebeautomatik	
1. Gang	30	Fahrstufe 1	45
2. Gang	55	Fahrstufe 2	85
3. Gang	85	Fahrstufe D	125
4. Gang	115		
5. Gang	125		

Während der Einlaufzeit fühlt sich der Motor auf Landstraßen am wohlsten. Dort fährt man mit wechselnden Geschwindigkeiten und kann fleißig schalten. So wird man auch bei Beachten der anfänglich empfohlenen Höchstgeschwindigkeiten nicht zum Verkehrshindernis. Ab 1500 km darf der Motor auch ruhig einmal hochgedreht werden. Dazu eignen sich besonders Autobahngefälle: Bergab mit relativ hohen Motordrehzahlen, ohne den Motor gleichzeitig stark zu belasten. Allerdings muß die Maschine dazu richtig durchgewärmt sein, wie auch später nur bei erreichter Betriebstemperatur herzhaft beschleunigt werden sollte.

Bis der Motor richtig eingefahren ist, vergehen wenigstens 3000 km. Bei überwiegendem Stadtverkehr dauert es bestimmt viel länger.

Fingerzeig: *Was hier für den neuen Motor gesagt wurde, gilt erst recht für ein überholtes Triebwerk, das erfahrungsgemäß noch empfindlicher auf falsche Einfahrweise reagiert.*

Die Motor-Lebensdauer

Die nachstehend genannten Kilometerleistungen stellen nur Anhaltspunkte dar. Je nach Fahrweise und Pflege werden Sie den unteren Wert erreichen oder den oberen Wert überschreiten:

☐ 1,2- und 1,3-Liter-Motoren: 100 000–130 000 km.
☐ 1,6- bis 2-Liter-Motoren: 100 000–150 000 km.

Der Fahrer entscheidet durch seinen Umgang mit der Maschine, ob der Exitus schon früh erfolgt oder 150 000 km oder mehr auf den ersten Motor kommen. Von entscheidender Bedeutung ist hierbei die Motoröltemperatur. Während die Kühlmittel-Temperaturanzeige schon relativ früh Betriebsbereitschaft signalisiert, ist das Motoröl frühestens nach etwa zehn Minuten Fahrt völlig einwandfrei schmierfähig.

Nach wochenlangem Kurzstreckenverkehr ist es ebenfalls nicht ratsam, gleich voll aufs Gaspedal zu treten. Bei den langen Leerlaufminuten in der Stadt bilden sich in den Brennräumen und an den Ventilen Ablagerungen, die bei voller Betriebstemperatur und zügiger, aber nicht scharfer Fahrt langsam abgebrannt werden sollen.

Für Fahrzeuge mit Drehzahlmesser: Das entspricht 4000–5000/min. Ideal ist auch hier wieder die Fahrt auf der Landstraße.

Nenn- und Höchstdrehzahl

Ein Verbrennungsmotor gibt seine höchste Leistung bei einer bestimmten Drehzahl ab. Das ist die sogenannte Nenndrehzahl. Über diese hinauszudrehen bringt keine Mehrleistung. Allerdings kann unter günstigen Umständen durch höhere Motordrehzahl und vermehrte Radumdrehungen eine höhere Geschwindigkeit erreicht werden.

Unsere Motoren sind durchaus drehzahlfest. Die Ventile werden bei den OHC-Motoren über die Schwinghebel direkt von der obenliegenden Nockenwelle betätigt. Dabei werden nur geringe Massen in Bewegung gesetzt, was hohe Drehzahlen ohne Gefahr für den Ventiltrieb gestattet. Als höchstzulässige Drehzahl gelten etwa folgende Werte.

Motor	12 SC	13 N	E 13 NB	C 13 N	13 S	C 16 LZ	16 SV
Höchstdrehzahl 1/min	6000	6600	6600	6000	6600	6000	6600

Motor	16 SH	E 16 NZ	C 18 NT	C 18 NE	18 E	E 18 NV	C 20 NE	20 SEH
Höchstdrehzahl 1/min	6600	6000	6600	6600	6600	6200	6400	6400

Hierbei handelt es sich um die »Betriebsdrehzahl«, die selbst über längere Zeit für den Motor ungefährlich ist. Wer noch weiter hochdreht, kommt in den Bereich der Überdrehzahlen. Der Motor brummt dann unüberhörbar, verursacht durch Schwingungen der Kurbelwelle in ihren Lagern. Jedoch darf der masseträge Ventiltrieb des OHV-Motors 12 SC nicht überstrapaziert werden, nur kurzzeitig sind 6200 /min erlaubt.

Damit Sie über die Motordrehzahlen informiert sind, besitzen verschiedene Modellversionen serienmäßig einen Drehzahlmesser. Ein solches Instrument hat allerdings eine gewisse Voreilung – im oberen Skalenbereich bis zu 5%. 6000/min auf dem Tourenzähler sind demzufolge oft lediglich echte 5700/min.

Den Motor sichtprüfen

■ Betrachten Sie den Motor von oben und unten.

■ Geringfügig ölfeuchte Stellen sind nicht bedenklich, alle Motoren »schwitzen« gelegentlich etwas Schmiermittel aus.

■ Ölflecken unter dem geparkten Wagen

und deutlichem Ölnässen sollten Sie aber auf den Grund gehen.

■ Motor mit einem Dampfstrahlgerät oder Motorreiniger säubern.

■ Nach einer Probefahrt von wenigen Kilometern wird kontrolliert.

Mögliche Leckstellen

Auf diese Stellen am Motor sollen Sie Ihr Augenmerk richten sollen:
☐ Abdichtung der Kurbelwelle
☐ Abdichtung des Steuergehäusedeckels beim 1,2-Liter-Motor
☐ Abdichtung der Nockenwelle (von Zahnriemenschutz verdeckt) bei allen anderen Motoren
☐ Dichtung für Benzinpumpenfuß
☐ Dichtung für Zündverteilerfuß
☐ Öldruckschalter
☐ Ölfilterhalter und Filtergehäuse
☐ Ölwanne
☐ Zylinderkopfdeckeldichtung
☐ Zylinderkopfdichtung

Fingerzeig: *Tritt Öl an den Verschraubungen aus, können Sie kontrollieren, ob Schrauben locker sind. Aber nicht mit Kraft »anknallen«. Folgende Drehmomente gelten: Kraftstoffpumpe 15 Nm, Öldruckschalter 30 Nm, Ölpumpengehäuse 6 Nm. Die Ölwannenschrauben dürfen nicht nachgezogen werden.*

Kompressionsdruck messen

Die Messung des Kompressionsdrucks in den Motorzylindern gibt Aufschluß darüber, ob Ventile und Kolbenringe noch gut abdichten. Leistung, Kaltstartverhalten sowie Öl- und Kraftstoffverbrauch unseres Motors hängen davon ab.

■ Motor warmfahren. Die Kolbenringe dichten bei warmem Öl besser ab.
■ Zum Schutz der Transistorzündung: Relaisstecker am Steuerrelais abziehen. *s. S. 174*
■ Alle Zündkerzen herausschrauben.
■ Gummikonus des Druckprüfers auf das Kerzenloch des 1. Zylinders (in Fahrtrichtung der erste rechts) pressen oder Anschlußleitung ins Zündkerzengewinde schrauben.
■ Handbremse anziehen, Schalthebel in Leerlauf bzw. Getriebeautomatik-Wählhebel in Stellung »P« drücken.
■ Von Helfer Gaspedal voll durchtreten lassen. So erhalten die Zylinder ihre größte Füllung.
■ Mit dem Anlasser den Motor etwa fünf Sekunden durchdrehen lassen.
■ Meßwert ablesen und notieren. Bei einem Druckschreiber mit Meßkärtchen weiterschalten für den nächsten Zylinder.

Zu niedrige Druckwerte

Kompressionsdruckwerte zwischen 9 und 12 bar signalisieren einen guten Motorzustand. Liegen die Werte unter 7 bar, ist der Motor überholungsbedürftig. In Opel-Werkstätten wird als Maßgabe 1 bar Unterschied von Zylinder zu Zylinder erlaubt.
Gleichmäßig niedriger Kompressionsdruck ist nicht unbedingt ein Alarmzeichen; Ursache können Meßtoleranzen zwischen verschiedenen Prüfgeräten sein. Bedenklich ist es dagegen, wenn zwischen den vier Meßwerten für die Zylinder Unterschiede von mehr als 3 bar bestehen.

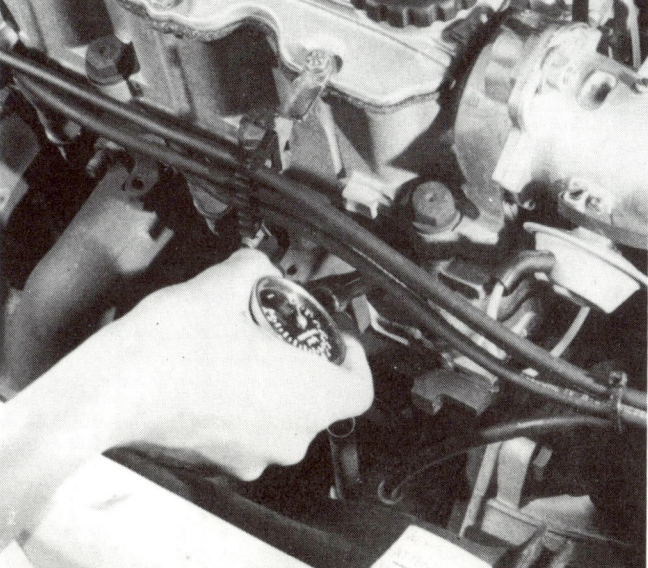

Beim Messen des Kompressionsdrucks muß das Prüfgerät absolut dicht mit dem Zündkerzenloch abschließen.

Der Hubraum (2) erstreckt sich vom oberen (1) bis zum unteren Totpunkt (3). Zwischen dem OT, der im rechten Zylinder gerade durch den Kolbenboden begrenzt wird, und der Wölbung des Zylinderkopfes (5) liegt der Brennraum (4).

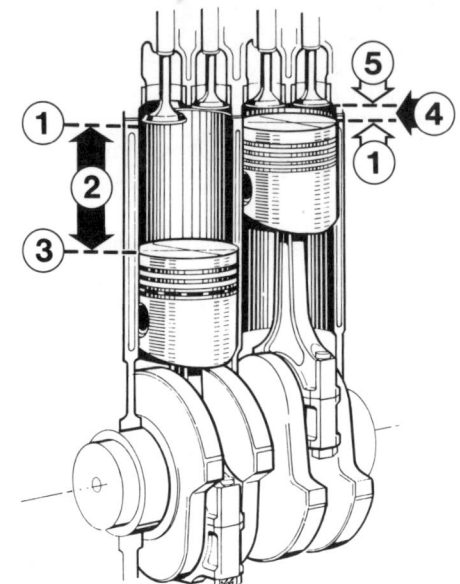

Das kann bedeuten:
- ☐ Kolben- und Kolbenringverschleiß
- ☐ Festsitzende Kolbenringe durch Rückstandsbildung
- ☐ Unrunde Zylinder als Folgeerscheinung von Kolbenklemmern
- ☐ Ablagerungen an den Ventilschäften oder -sitzen durch Verbrennungs- bzw. Schmierölrückstände
- ☐ Eingeschlagene Ventile
- ☐ Verbrannte Ventile durch zu knappes Ventilspiel

Fingerzeig: *In den meisten Fällen sind undichte Ventile die Ursache für mangelhaften Kompressionsdruck und damit geringere Motorleistung. Abhilfe bringt entweder Einschleifen der Ventile oder die Überholung des Zylinderkopfes.*

Fehlersuche

Um bei zu niedrigem Kompressionsdruck den Fehler lokalisieren zu können, wendet man folgenden Trick an: Ins Zündkerzenloch mit einer Spritzkanne etwas zähflüssiges Öl träufeln und Kompressionsdruck nochmals messen.
- ☐ Sind die Werte weiterhin schlecht, liegt es an den Ventilen.
- ☐ Erhalten Sie höhere Druckwerte, liegt es an den Kolbenringen und vielleicht auch an den Zylindern. Das eingefüllte Öl hat kurzfristig zwischen Kolben und Zylinderwänden besser abgedichtet, so daß das komprimierte Gas kaum noch entweichen konnte.

Fingerzeig: *Der Kompressionsdruck ist nicht zu verwechseln mit dem Verdichtungsverhältnis (siehe Seite 65). Das Verdichtungsverhältnis ist bei der Konstruktion festgelegt durch den Kolbenhub, die Ausformung des Kolbenbodens und das Volumen des Verbrennungsraumes. Dagegen variiert der Kompressions- oder Verdichtungsdruck je nach Motorzustand.*

Der Druckverlusttest

Genauere Erkenntnisse liefert der Druckverlusttest, den manche Werkstätten durchführen können. Das Testgerät besteht aus zwei Kammern, wobei in einer ein gleichbleibender Druck herrscht. Die zweite Kammer ist über einen Schlauch zur Zündkerzenbohrung mit dem Verbrennungsraum, durch eine Düse mit der ersten Kammer und außerdem mit einer Anzeigeskala verbunden.
Verliert der geprüfte Brennraum Druck, wird dies auf der Skala angezeigt. Eine größere Leckstelle läßt sich durch Abhorchen erkennen:
- ☐ Blasgeräusche am Auspuff lassen auf ein undichtes Auslaßventil schließen.
- ☐ Strömt Druckluft aus dem Luftfiltergehäuse, ist das Einlaßventil defekt.
- ☐ Bei einer defekten Zylinderkopfdichtung oder einem Riß im Zylinderkopf gelangt Druckluft durch das benachbarte Zündkerzenloch oder aus dem geöffneten Kühlmittel-Ausgleichbehälter ins Freie.
- ☐ Verschlissene Zylinderwände, Kolbenlaufbahnen oder Kolbenringe lassen Druck ins Kurbelgehäuse strömen und am geöffneten Öleinfüllstutzen oder am Rohr für den Ölpeilstab austreten.

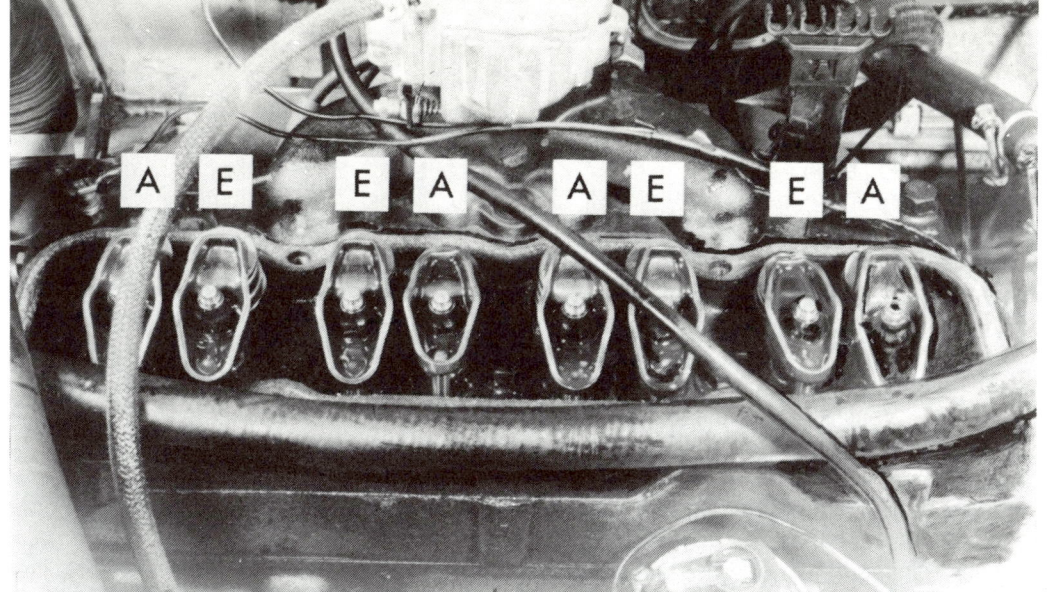

Das Ventilspiel

Die einzelnen Teile des Ventiltriebs, vor allem aber die Ventilschäfte, dehnen und längen sich bei Erwärmung des Motors. Deshalb muß – damit auch bei warmem Motor die Ventile trotz ihrer länger gewordenen Schäfte richtig abdichten können – etwas »Luft« oder »Spiel« zwischen den Kipphebeln und Ventilschaftenden etwas »Spiel« vorhanden sein. Falsches Ventilspiel hat Folgen:

☐ Bei **zu kleinem Ventilspiel** liegen die Ventilteller nicht satt auf ihren Sitzflächen auf. Die sehr heiß werdenden Auslaßventile können dadurch ihre Wärme nicht mehr an die Sitze abgeben. Die Ränder der Ventilteller verformen sich und reißen ein. Der Kompressionsdruck entweicht, der Motor verliert Leistung, springt schlechter an und verbraucht mehr Kraftstoff.

☐ Ist das **Ventilspiel zu groß,** öffnen die Ventile später als normal, die Zylinder werden schlechter gefüllt, und der Motor kommt nicht auf volle Leistung. Der Verschleiß an den Kipphebeln und Ventilschaftenden wird größer. Das wird durch ein lauteres Ventiltriebsgeräusch hörbar.

Zur Vermeidung solcher schädlichen Auswirkungen muß das Ventilspiel beim OHV-Motor regelmäßig überprüft werden. Auch nach Arbeiten am Zylinderkopf ist das Ventilspiel einzustellen.

Das Ventilspiel des 12 SC-Motors soll im betriebswarmen Zustand (80° C Kühlmittel- und 60° Öltemperatur) bei den **Einlaßventilen 0,15 mm** und bei den **Auslaßventilen 0,25 mm** betragen.
Die Position der Ventile zeigt das Bild oben. Die Korrektur des Ventilspiels erfolgt durch Drehen der selbstsichernden Kipphebelmutter mit einem Rohr- oder Steckschlüssel SW 15. Zum Messen des Ventilspiels wird eine Fühllehre mit Lehrenblättern von 0,05 mm bis 0,30 mm benötigt.

Ventilspiel kontrollieren und einstellen
Wartung Nr. 2

Das Ventilspiel wird geprüft, indem eine Fühlerblattlehre (1) zwischen Ventilschaft und Kipphebel geschoben wird.
Das Nachstellen – Vergrößern oder Verringern des Spiels – geschieht mittels eines von oben auf die Einstellschraube gesetzten Steckschlüssels (2). Diese Schraube ist selbstsichernd.

- Motor warmfahren.
- Luftfiltergehäuse abbauen.
- Zylinderkopfhaube abbauen.
- Zum Schutz gegen Spritzöl ein Stück Pappe (etwa 50 × 320 mm) zwischen der Dichtfläche der Zylinderkopfhaube und den Stößeln einsetzen.
- Motor starten und im Leerlauf drehen lassen.
- Füllehrenblatt mit der Stärke, die für das betreffende Ventil vorgeschrieben ist, zwischen Kipphebel und Ventilschaftende füh-

ren. Es soll sich bei korrektem Spiel saugend bewegen lassen.
- Läßt sich die Fühllehre nicht dazwischen einführen, ist das Spiel zu klein. Die Kipphebelmutter etwas links herum drehen.
- Bei zu großem Spiel die Mutter rechts herum drehen.
- Nach Kontrolle bzw. Einstellen aller Ventile die Zylinderkopfhaube mit möglichst neuer Dichtung anschrauben.
- Luftfiltergehäuse montieren.

Motor durchdrehen

Zu manchen Arbeiten muß man den Motor entweder in eine bestimmte Stellung bringen oder durchdrehen. Hierzu gibt es folgende Möglichkeiten:
- Falls genügend ebene Fläche zur Verfügung steht, den Wagen bei eingelegtem 4. Gang entsprechend vorschieben.
- Oder den Opel wie zu einem Radwechsel einseitig vorn aufbocken, 4. Gang einlegen und das freihängende Vorderrad durchdrehen, wodurch der Motor bewegt wird.
- Oder Zündkerzen herausschrauben (der Motor läßt sich dann leichter durchdrehen)

und mit einem an der Kurbelwellen-Keilriemenscheibe angesetzten gekröpften Ringschlüssel drehen.
- Keinesfalls darf an der Befestigungsschraube für das Nockenwellen-Zahnriemenrad gedreht werden, sonst könnte beim OHC-Motor der Zahnriemen überspringen.

Zylinder 1 auf Zündzeitpunkt stellen

Beim Viertaktmotor kommt der Kolben während der vier Arbeitstakte zweimal in den Oberen Totpunkt (OT): Einmal beim Zünden des angesaugten Gemisches und zum zweiten Mal nach dem Ausstoßen der Altgase mit anschließend beginnendem Wiederansaugen von Kraftstoff/Luft-Gemisch. Üblicherweise wird bei verschiedenen Einstellarbeiten die Stellung während des Zündzeitpunktes gebraucht.
- **OHV-Motor** so weit drehen, bis die Kerbe an der Kurbelwellen-Riemenscheibe in kürzester Entfernung zu der Markierung am Steuergehäusedeckel steht (siehe Foto unten).
- Dabei muß im Bosch-Zündverteiler der Verteilerläufer (gegenüber der Unterdruckdose) zeigen. Beim Delco-Remy-Verteiler zeigt der Läufer auf die Befestigungsschraube der Masse-Verbindung.
- **OHC-Motor** so weit drehen, bis die Kerbe an der Kurbelwellen-Riemenscheibe in

kürzester Entfernung zum Zeiger am Ölpumpengehäuse steht.
- Dann zeigt der Zündverteiler oder (bei abgezogenem Finger) die Nut der Verteilerwelle auf die Markierung am Rand des Zündverteilers. Dazu jeweils das Foto Seite 37 oben.
- Bei dieser Stellung deckt sich die Markierung auf dem Nockenwellenrad mit der Marke am Nockenwellengehäuse.

Zündzeitpunktmarkierung beim 1,2-Liter-Motor. Vorn am Motor auf dem Steuergehäusedeckel befindet sich eine Wulst, die als Markierung für die Zündeinstellung dient. Wenn die Kerbe bzw. der kleine Nocken auf der Keilriemenscheibe den geringsten Abstand zu jener Wulst einnimmt, steht der Kolben des 1. Zylinders in OT, was somit die Überprüfung des Zündzeitpunktes ermöglicht.

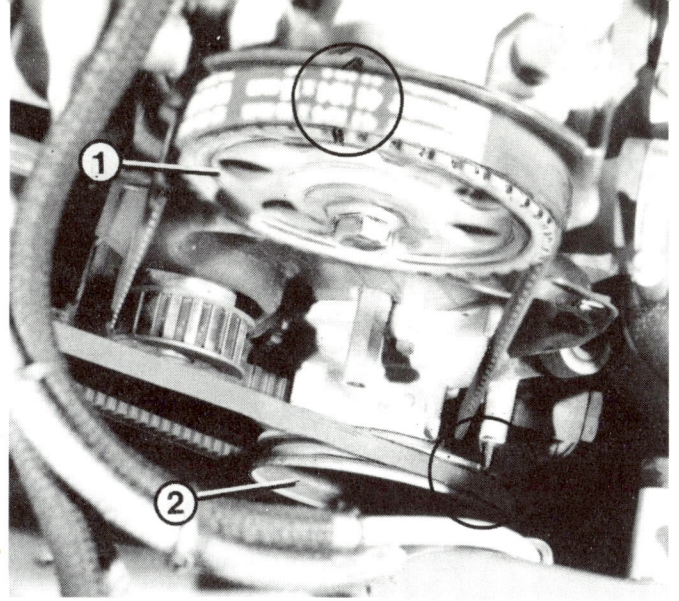

Die richtige Einstellung, in der der Kolben des 1. Zylinders bei den OHC-Motoren auf »Zünd-OT« steht, zeigt dieses Bild.
Die Markierung auf dem Nockenwellenrad deckt sich mit der Marke am Gehäuse (1). Wenn sich das Nockenwellenrad in der abgebildeten Stellung befindet, muß die Kerbe auf der Riemenscheibe deckungsgleich mit dem Zeiger am Gehäuse sein (2).

Die Ventilsteuerung des OHV-Motors erfolgt mittels Kette. Sie versetzt die Nockenwelle in die halbe Umdrehungszahl der Kurbelwelle.

Der Dichtring im Gehäusedeckel soll beim Einbau mit Molybdändisulfidpaste bestrichen sein. Falls er porös oder beschädigt ist, muß er ersetzt werden. Dazu den Deckel mit der Außenseite nach unten auf ein Rohrstück legen, als Unterlage für die Ringumgebung. Der Ring läßt sich mit einem schräg angesetzten Durchschläger von innen nach außen heraustreiben.
Neuen Dichtring 24 Stunden in Motoröl legen. Dann den Ring zur Oberfläche des Deckels (von außen) bündig mit einer Presse eindrücken (lassen), wie zum Bild unten links erläutert.

Steuergehäusedeckel aus- und einbauen

■ Keilriemen abnehmen, siehe Seite 201.
■ Schraube der Kurbelwellen-Riemenscheibe herausdrehen, Riemenscheibe abnehmen.
■ Steuergehäusedeckel abschrauben.
■ Korkdichtung und ihre Reste von der Gehäusedichtfläche entfernen.
■ Deckel mit etwas eingefetteter, neuer Korkdichtung zusammen mit der Riemenscheibe einsetzen, die Deckelschrauben handfest eindrehen.

■ Riemenscheibe wieder abnehmen und die Deckelschrauben über Kreuz festschrauben.
■ Riemenscheibenschraube mit 40 Nm festziehen.
■ Keilriemen auflegen und spannen, siehe Seite 200.

■ Steuergehäusedeckel abbauen.
■ Beide Schrauben des Kettenspanners herausdrehen und denselben vorsichtig abnehmen.

■ Alle Teile auf Schäden und Verschleiß prüfen. Bei jeglicher Beanstandung muß der komplette Kettenspanner-Zusammenbau ersetzt werden.

Kettenspanner prüfen

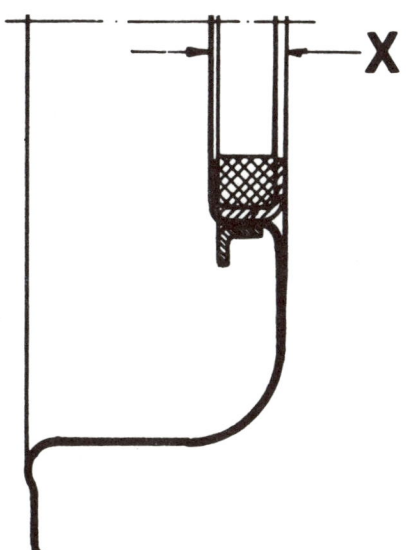

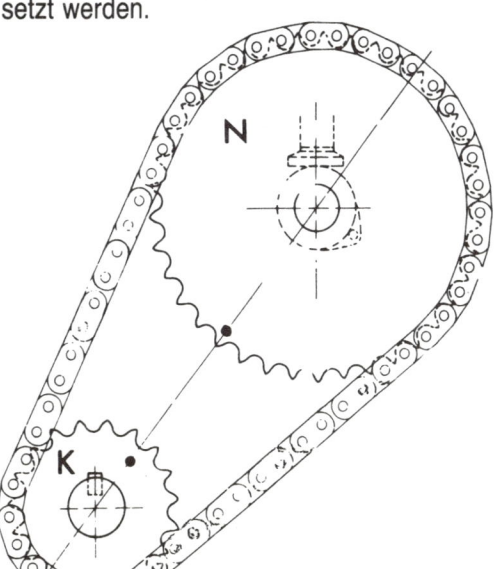

Links die Einpresstiefe des Dichtringes im Steuergehäusedeckel:
X = 9 − 0,25 mm.
Rechts die Stellung der Steuerräder. Bei richtiger Einstellung befinden sich die Körnerzeichen auf den Rädern in kürzestem Abstand voneinander. N = Nockenwellenrad, K = Kurbelwellenrad.

Steuerräder aus- und einbauen

- Steuergehäusedeckel abbauen.
- Kurbelwelle drehen, bis die Markierungen auf den Steuerrädern sich gegenüberstehen.
- Steuerkette außen mit Farbe markieren, um sie beim Einbau in gleicher Zugrichtung auflegen zu können.
- Kettenspanner ausbauen.
- Nockenwellenrad blockieren und dessen Befestigungsschraube herausdrehen.
- Sicherungskeil vom Kurbelwellenzapfen abnehmen, beide Steuerräder mit der Kette (ohne Werkzeug) abziehen. Den Motor nicht mehr durchdrehen.
- Verschleiß eines Steuerrades zwingt zum Ersatz beider Räder. Die Kette kann allein ausgetauscht werden.
- Beide Steuerräder ohne Kette aufstecken, die Markierungen müssen sich gegenüberstehen.
- Ohne Kurbel- oder Nockenwelle zu verdrehen, das Nockenwellenrad abziehen, Kette über das Kurbelwellenrad legen und auf den Zähnen des Nockenwellenrades einhängen.
- Nockenwellenrad mit der Kette auf die Welle schieben, dabei die Einstellung kontrollieren.
- Sicherungskeil einsetzen.
- Schraube mit Sicherungsscheibe des Nockenwellenrades mit 40 Nm festziehen.
- Ölschleuderscheibe mit offener Seite nach vorn auf den Kurbelwellenzapfen schieben.
- Kettenspanner und Steuergehäusedeckel einbauen.

Arbeiten am Zahnriemen

Bei den OHC-Motoren wird die Ventilsteuerung durch den Zahnriemen besorgt. Er bewegt die Nockenwelle mit halber Umdrehungszahl der Kurbelwelle und treibt außerdem die Wasserpumpe an.

Zahnriemenabdeckung abnehmen

- Falls der Zahnriemen ersetzt werden soll, zuerst den Keilriemen abnehmen, siehe Seite 201.
- Drei Sechskantschrauben zur Befestigung der Zahnriemenabdeckung herausschrauben. Die unteren Schrauben lassen sich bei völlig nach rechts eingeschlagener Lenkung lösen.
- Beim Einbau werden die Schrauben mit 10 Nm angezogen.

Zahnriemenzustand prüfen

- Zahnriemenabdeckung abnehmen.
- Der gezähnte Riemen darf nicht verölt oder rissig sein.
- Die Flanken der Verzahnung müssen intakt sein und dürfen keine Abnutzungserscheinungen zeigen.
- Damit Sie den Riemen auf seiner gesamten Länge begutachten können, den Motor durchdrehen, siehe Seite 36.
- Einen beschädigten Zahnriemen unbedingt ersetzen.

Zahnriemenspannung kontrollieren

- Zahnriemenabdeckung abnehmen.
- Die Spannung wird an der längsten freilaufenden Stelle des Zahnriemens geprüft.
- Der kalte Zahnriemen muß sich bei richtiger Spannung zwischen Nockenwellen- und Kurbelwellenantriebsrad nur mit dem Daumen um 90° (= rechter Winkel) in sich verdrehen lassen.

Fingerzeig: *Ein Pfeifgeräusch nach dem Kaltstart, das mit höheren Drehzahlen kräftiger wird, deutet auf einen zu strammen Zahnriemen hin.*

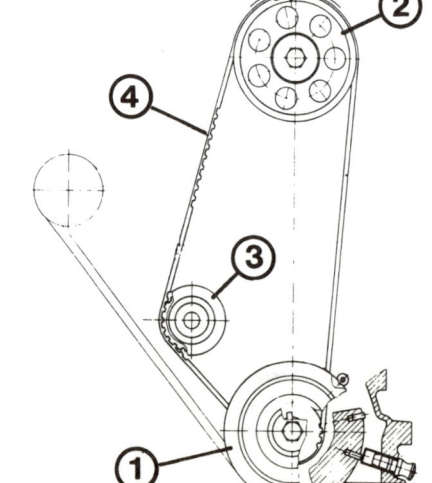

Von der Kurbelwelle (1) wird der Zahnriemen (4) und somit das Steuerrad der Nockenwelle (2) angetrieben. Gleichzeitig läuft der Zahnriemen über das Antriebsrad der Wasserpumpe (3), die zur Spannung des Riemens in ihrer Stellung versetzt werden kann.

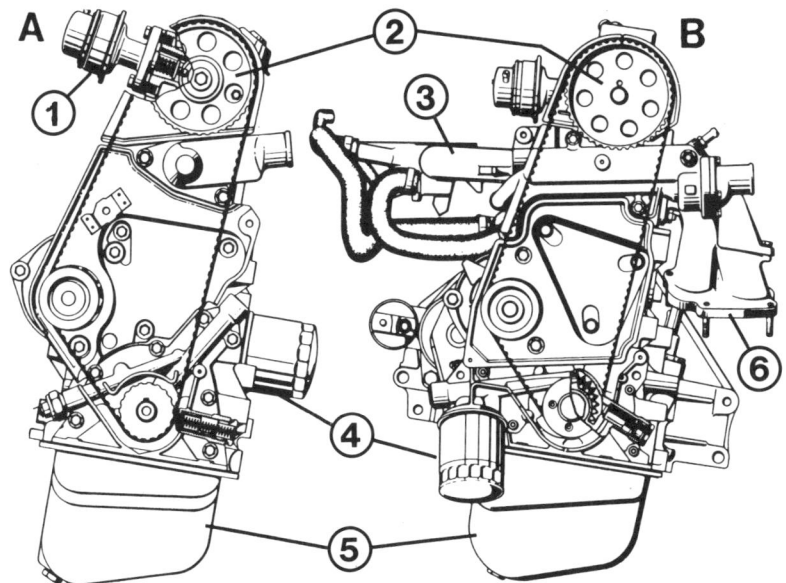

Hier sind die Querschnitte (Ansicht von vorn) der Motoren 13 und 16 (A und B) gegenübergestellt, wobei ihr ähnlicher Aufbau erkennbar ist. Bezeichnet sind:
1 – Kraftstoffpumpe; 2 – Nockenwellenrad; 3 – Saugrohr; 4 – Ölfilter; 5 – Ölwanne; 6 – Auspuffkrümmer.

■ Drei Befestigungsschrauben der Wasserpumpe lösen.

■ Exzentrisch gelagerte Wasserpumpe drehen, dazu 41-mm-Gabelschlüssel auf den Außensechskant hinter der Wasserpumpenriemenscheibe ansetzen. Drehen im Uhrzeigersinn bedeutet Spannen des Zahnriemens.

■ Kolben des 1. Zylinders auf Zündzeitpunkt stellen, siehe Seite 36.

■ Zahnriemenabdeckung abnehmen.

■ Keilriemen abnehmen, siehe Seite 201.

■ Bei 1,3-Liter-Motor Befestigungsschraube der Kurbelwellen-Riemenscheibe herausdrehen, Riemenscheibe abnehmen.

■ Bei übrigen Motoren den Schwingungsdämpfer vom Zahnriemenantrieb abbauen, dazu vier Schrauben herausdrehen.

■ Drei Schrauben der Wasserpumpe lösen und Zahnriemen abnehmen.

■ Neuen Zahnriemen auflegen. Dabei Einstellmarken (Bild Seite 37) beachten.

■ Zahnriemen spannen, wie vorher beschrieben.

■ Diese Eigenarbeit ist nur ein Behelf. Zur genauen Einstellung verfügt die Opel-Werkstatt über ein Prüfgerät, das auf den Zahnriemen zwischen Wasserpumpen- und Nockenwellenrad angesetzt wird.

■ Schraube für die Keilriemenscheibe mit Sicherungsmasse einsetzen und mit 55 Nm festziehen.

■ Schrauben für den Schwingungsdämpfer mit 150 Nm festziehen.

■ Keilriemen auflegen und spannen, siehe Seite 200.

■ Zahnriemenabdeckung anschrauben.

■ War der Zylinderkopf abgenommen, müssen die Steuerzeiten in jedem Fall eingestellt werden.

■ Bei Fahrzeugen mit Multec-Zentraleinspritzung ist die Grundeinstellung des Zündzeitpunktes zu überprüfen.

Zahnriemenspannung einstellen

Zahnriemen auswechseln

Steuerzeiten einstellen

Bei dieser Arbeit werden Kurbel- und Nockenwelle so gedreht, daß die Kolben in ihrer obersten Stellung nicht gegen noch oder schon wieder geöffnete Ventile stoßen. Falsche Steuerzeiten verursachen mangelhafte Leistung und können einen Motorschaden zur Folge haben. Deshalb ist bei der Einstellung äußerste Sorgfalt angebracht.

■ Zahnriemen ist abgenommen.

■ Nockenwellen-Zahnriemenrad so drehen, daß die Markierung an der Außenseite des Rades mit der Markierung oben am Nockenwellengehäuse genau fluchtet. Dabei darf kein Kolben im OT stehen, sonst können beim Drehen der Nockenwelle Ventile oder Kolbenböden beschädigt werden.

■ Kurbelwelle drehen, bis die Kerbe am Rand der Riemenscheibe sich im kürzesten Abstand zum Zeiger am Ölpumpengehäuse befindet.

■ Zahnriemen auflegen, dabei die Stellung von Nocken- und Kurbelwelle nicht mehr verändern.

■ Zahnriemen spannen.

■ Verteilerdeckel abnehmen und prüfen, ob der Verteilerfinger auf die Aussparung im Verteilergehäuserand zeigt.

■ Wenn nicht, Verteilerhalteschraube lösen und Verteiler so drehen, bis Verteilerfinger und Aussparung übereinstimmen. Eventuell Zündverteiler herausnehmen und neu einsetzen, siehe Seite 215.

Ein Schaden am Motor muß die Haushaltskasse nicht gleich plündern. Unsere Liste soll Ihnen helfen, die wirtschaftlichste Methode herauszufinden, wie Sie Ihrem Opel wieder auf die Sprünge helfen können:

☐ Der Motor wird selbst repariert. Das lohnt sich bei Schäden im Bereich der Zylinderkopfdichtung, Ventile und evtl. Pleuellager. Die Reparaturen, die Sie dabei mit etwas Geschick und Geduld selbst ausführen können, sind hier im Buch beschrieben. Nicht sinnvoll ist der Einbau neuer Lager an einer Kurbelwelle mit Riefen oder der Wechsel von Kolben bzw. Kolbenringen bei Zylindern mit Laufspuren. Das sind Arbeiten für eine Motorinstandsetzungsfirma.

☐ Der Motor wird selbst teilweise zerlegt und dann zu einem Motor-Reparateur gebracht, der den eigentlichen Schaden behebt. Beispiel: Der Motor wird selbst ausgebaut, der Zylinderkopf abgenommen, und die Werkstatt lagert die Kurbelwelle neu. Wichtig ist hier allerdings ein Kostenvergleich.

☐ Komplett- oder Teilüberholung des Motors durch eine Motorinstandsetzungsfirma. Viele Werkstätten dieser Branche haben sich zu einer Gütegemeinschaft zusammengeschlossen: Verband der Motorinstandsetzungsbetriebe e. V., Goldene Pforte 1, 5800 Hagen. Sie garantieren Motorreparaturen nach bestimmten Qualitätsrichtlinien.

☐ Kauf eines Teile-Motors bei einer Opel-Werkstatt oder Instandsetzungsfirma. Der Teile-Motor besteht aus Motorblock mit Kolben, Pleuelstangen, Kurbel- und Nockenwelle mit sämtlichen Lagern, Kurbel- und Nockenwellenrad, Ölpumpe und einem Satz Dichtungen. Zylinderkopf, Ölwanne, Vergaser, Zündverteiler und Nebenaggregate werden von dem alten Motor übernommen. Letzterer wird zurückgegeben. Die Montagearbeiten sind umfangreich, deshalb rechtzeitig prüfen und kalkulieren, ob nicht besser die Werkstatt in Anspruch genommen wird.

☐ Kauf eines kompletten Austauschmotors bei einem Opel-Dienst, der dort möglicherweise angeboten wird. Er lohnt sich aber bei einem älteren oder schlecht erhaltenen Fahrzeug nicht mehr.

☐ Ein gebrauchter Motor von der Autoverwertung. Achten Sie dann aber genau auf die Kenndaten des Motors (Seite 24), damit Sie kein falsches Triebwerk einbauen. Angegebene Kilometerlaufleistungen sind mit einer gewissen Skepsis zu betrachten. Günstig ist es, wenn Sie den Motor noch im eingebauten Zustand laufen hören können. Seriöse Firmen geben eine Garantie auf die Motoren oder legen ein (hoffentlich echtes) Kompressionsdiagramm vor.

**Störungs-
beistand**

**Zylinderkopf-
dichtung**

Ein Schaden an der Zylinderkopfdichtung tritt meist als Folge von Überhitzung auf, also beim Fahren mit zu wenig Kühlmittel. Auch falsch angezogene Zylinderkopfschrauben können die Ursache sein.

Erkennungsmerkmal	Ursache/Besonderheiten
A Kühlflüssigkeitsstand nimmt laufend ab	Kühlmittel gelangt in sehr geringer Menge in die Brennräume. Die Erscheinung kann sich ohne weitere Merkmale über längere Zeit hinziehen
B Beträchtlicher Kühlmittelverlust. Der Wagen zieht bei warmgefahrenem Motor einen weißen Abgasschleier hinter sich her	Kühlmittel dringt in erheblicher Menge in einen Verbrennungsraum, verdampft dort und entweicht als weiße Schwaden zum Auspuff hinaus
C Aus dem geöffneten Ausgleichbehälter steigen Luftblasen auf oder beim Öffnen des Verschlußdeckels sprudelt eine größere Menge Kühlmittel heraus	Verbrennungsgase werden ins Kühlsystem gedrückt. Aus der Einfüllöffnung riecht es nach Abgasen
D Buntschillernde Verfärbung an der Oberfläche des Kühlmittels	Öl aus dem Schmierkreislauf gelangt ins Kühlsystem
E Gräulich aussehende Emulsion am herausgezogenen Ölpeilstab oder Öl von Wasserbläschen durchsetzt	Kühlflüssigkeit ist ins Schmieröl geraten. Achtung: Wasser im Motoröl kann einen Lagerschaden verursachen Zylinderkopfdichtung sofort wechseln (lassen). Wagen zur Reparatur abschleppen

Fingerzeig: *Wenn Sie am Außenrand der Zylinderkopfdichtung verdächtige Spuren entdecken, sollten Sie das Triebwerk mit Kaltreiniger abwaschen. Dann nach einer Probefahrt kontrollieren, ob die Flüssigkeit wirklich an der Zylinderkopfdichtung oder (im Reparaturfall billiger) am Ventildeckel, der Kurbelgehäuse-Entlüftung bzw. einem Kühlmittelschlauch austritt.*

Zu den nachfolgend beschriebenen Arbeiten ist ein Drehmomentschlüssel unerläßlich. Ausgebaute Teile reinigen, auf Verschleiß prüfen und für den Einbau der Reihe nach ablegen.

Der Zylinderkopf darf nur bei kaltem Motor abgebaut werden, denn ein warmer Zylinderkopf kann sich nach dem Abbau verziehen.

■ Minuskabel von der Batterie abnehmen.
■ Luftfilter ausbauen (Seite 77 bzw. 98).
■ Kühlflüssigkeit ablassen und auffangen (Seite 59). Beim Motor 12 SC auch den Ablaßstopfen am Motorblock herausdrehen,
■ Kühlmittelschlauch am Thermostat abbauen, beim 12 SC auch an der Wasserpumpe.
■ Drahtzüge am Vergaser lösen.
■ Unterdruckschläuche am Vergaser bzw. am Drosselklappenstutzen des Einspritzmotors abnehmen.
■ Kabel am Leerlauf-Abschaltventil des Vergasers abziehen.
■ Vergaser und Saugrohr des Motors 12 SC abbauen.
■ Kugelgelenk des Übertragungshebels am Einspritzmotor abdrücken.
■ Kraftstoffleitungen an der Benzinpumpe bzw. an der Einspritzanlage abnehmen.
■ Unterdruck- und Heizungsschlauch am Saugrohr lösen.
■ Kabel des Temperaturfühlers am Saugrohr abziehen.
■ Die Zündkerzenkabel und Klemme 1 von der Zündspule abziehen.
■ Unterdruckschlauch am Zündverteiler abziehen.
■ Zündverteiler der OHC-Motoren ausbauen (Seite 215).
■ Bei Katalysator: Kabelverbindung zur Lambda-Sonde im Motorraum trennen.
■ Bei Zentraleinspritzung Kabel an Einspritzventil, Leerlauffüllungs-Schrittmotor und Temperaturfühler abziehen.

■ Bei Jetronic oder Motronic Kabelstecker am Drosselklappenschalter und Temperaturfühler abziehen.
■ Schlauchschellen am Verteilerrohr lösen, Verteilerrohr von den Schlauchleitungen der Einspritzventile abziehen.
■ Stecker von den Einspritzventilen abziehen.
■ Je zwei Schrauben an den Haltern der Einspritzventile lösen, die Ventile vorsichtig herausziehen.
■ Beim 12 SC den Auspuffkrümmer am Zylinderkopf abbauen, zur Seite drücken und festbinden.
■ Bei den anderen Motoren das Auspuffrohr am Krümmer abschrauben.
■ Keilriemen abnehmen (Seite 201).
■ Zahnriemenabdeckung abnehmen (Seite 38).
■ Kolben des 1. Zylinders auf OT stellen (Seite 36).
■ Zahnriemen entspannen und abnehmen.
■ Beim 12 SC die Zylinderkopfhaube abbauen, Ventileinstellmuttern lösen und die Stößelstangen herausziehen.
■ Zylinderkopfschrauben in umgekehrter Reihenfolge wie in der Zeichnung 42 gezeigt lösen: Zuerst ¼ Umdrehung, im nächsten Arbeitsgang ½ Umdrehung lockern, danach vollständig herausdrehen.
■ Nockenwellengehäuse abheben.
■ Zylinderkopf abheben.
■ Zylinderkopfdichtung entfernen.

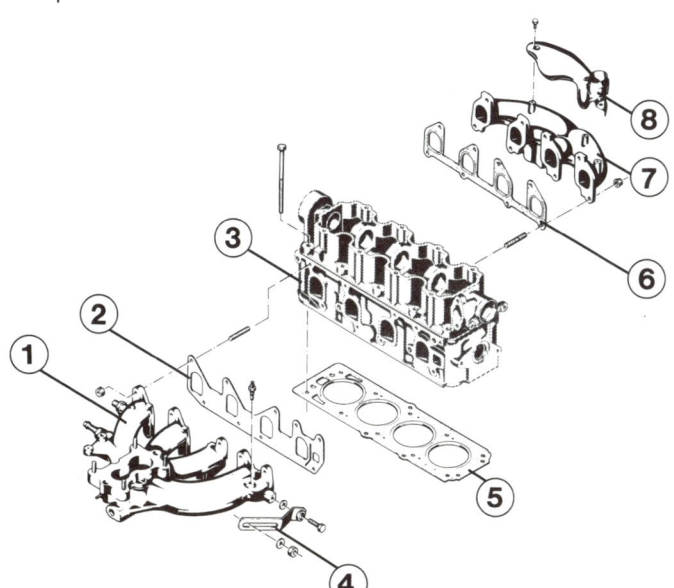

Anordnung des Ansaug- und des Auspuffkrümmers, hier am 1,3-Liter-Motor. Es sind bezeichnet: 1 – Ansaugkrümmer; 2 – Dichtung für Ansaugkrümmer; 3 – Zylinderkopf; 4 – obere Halterung für Lichtmaschine; 5 – Zylinderkopfdichtung; 6 – Dichtung für Auspuffkrümmer; 7 – Auspuffkrümmer; 8 – Stutzen für Ansaugluftvorwärmung.

Um den demontierten Zylinderkopf des 1,2-Liter-Motors wieder aufzuschrauben, sind die Zylinderkopfschrauben in der Reihenfolge der Zahlen nacheinander anzuziehen, und zwar hintereinander in vier Arbeitsgängen (siehe Beschreibung auf dieser Seite).

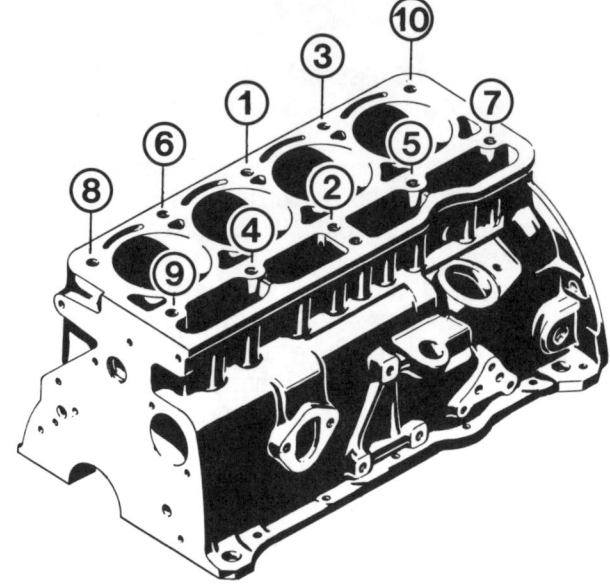

Zylinderkopf prüfen

Die Dichtflächen am Motorblock und am Zylinderkopf müssen absolut sauber sein. Nicht mit hartem Werkzeug auf den weichen Dichtflächen des Zylinderkopfes kratzen, keine Riefen verursachen.

Zylinderkopf auf Verzug prüfen. Stahllineal längs und quer auf die Dichtfläche legen, dazwischen auftretenden Lichtspalt mit Fühlerlehre messen. Über die gesamte Länge des Zylinderkopfes darf die Unebenheit 0,05 mm nicht überschreiten. Auf jeweils 150 mm Länge sind bis zu 0,015 mm Unebenheit zulässig. Die Gesamthöhe des Zylinderkopfes zwischen oberer und unterer Dichtfläche soll 96 ± 0,1 mm (Motor 12 SC: 81 ± 0,25 mm) betragen.

Bei Unebenheiten bis zum doppelten Wert wie angegeben muß der Zylinderkopf vor der Montage plangeschliffen werden. Bei größerer Unebenheit soll ein neuer Zylinderkopf eingebaut werden.

Zylinderkopf montieren

■ Für den Motor 12 SC aus zwei abgesägten Zylinderkopfschrauben Führungsstifte herstellen und in die Bohrungen für die Zylinderkopfschrauben links vorn und rechts hinten eindrehen. Sie werden nach Aufsetzen des Zylinderkopfes wieder entfernt.

■ Neue Zylinderkopfdichtung auflegen, kein Dichtungsmittel verwenden.

■ Zylinderkopf aufsetzen.

■ Dichtflächen von Zylinderkopf und Nockenwellengehäuse mit Dichtmittel bestreichen, Nockenwellengehäuse aufsetzen.

■ Sämtliche Zylinderkopfschrauben ein-

drehen und in der gezeigten Reihenfolge festziehen:

■ 1. Durchgang mit **25 Nm**.

■ Beim 2. Durchgang die Schrauben in gleicher Reihenfolge um 60° **weiterdrehen**, dazu starren Schlüssel und Winkel mit Gradeinteilung benutzen.

■ Beim 3. Durchgang die Schrauben nochmals um 60° **weiterdrehen**.

■ Im 4. Durchgang bei **1,2-Liter und 1,3-Liter-Motoren** um 30° **weiterdrehen**, bei **1,6-Liter- bis 2-Liter-Motoren** um 60° **weiterdrehen**.

Die Anzugsreihenfolge der Zylinderkopfschrauben bei den OHC-Motoren gemäß der hier gezeigten Numerierung muß unbedingt eingehalten werden. Die einzelnen Arbeitsgänge sind auf dieser Seite beschrieben. Zum Ausbau des Zylinderkopfes werden die Schrauben in umgekehrter Reihenfolge gelöst.
S – Stirnseite des Motors.

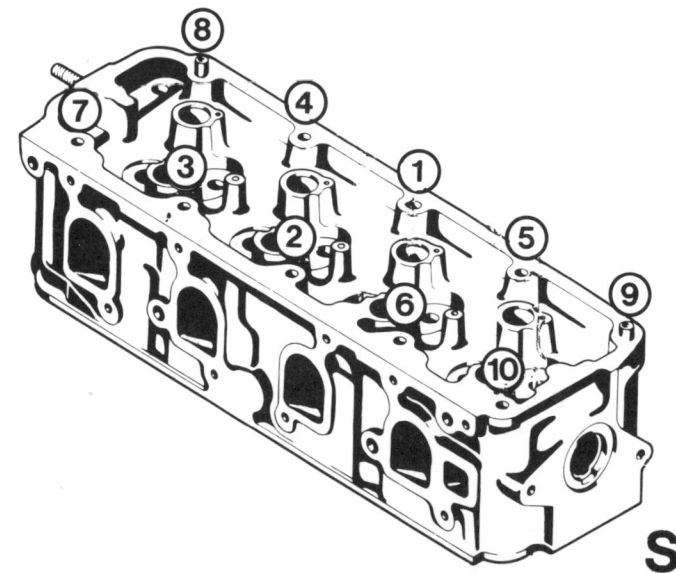

S

■ Im Motor 12 SC die vorher mit Öl benetzten Stößelstangen einsetzen, Kipphebel aufsetzen und ihre Muttern handfest aufschrauben.
■ Ventilspiel des **kalten** 12 SC-Motors einstellen, siehe Seite 35.
■ Alle Kabel- und Schlauchverbindungen wieder herstellen.
■ Zahnriemen auflegen und spannen (Seite 39).
■ Zahnriemenabdeckung anbringen.
■ Keilriemen auflegen und spannen (Seite 200).
■ Auspuffrohr befestigen.
■ Beim 12 SC Saugrohr und Vergaser einbauen. Zylinderkopfhaube mit neuer Dichtung aufsetzen.
■ Gas- und Starterzug befestigen, eventuell einstellen (Seite 93).

■ Einspritzventile einbauen (Seite 110).
■ Luftfiltergehäuse einbauen (Seite 77 bzw. 98).
■ Kühlmittel einfüllen.
■ Ölstand kontrollieren.
■ Minuskabel an Batterie anschließen.
■ Motor warmlaufen lassen, danach die Zylinderkopfschrauben in der vorherigen Reihenfolge um **30° bis 50° nachziehen**. Nochmals dürfen die Schrauben nicht nachgezogen werden.
■ Zündeinstellung kontrollieren (Seite 221).
■ Leerlaufeinstellung kontrollieren (Seite 89 bzw. 108).
■ Kühlmittelstand kontrollieren.
■ Ventilspiel des betriebswarmen 12 SC-Motors prüfen (Seite 35).

Ventile ausbauen

Zum Ausbau der Ventile müssen deren Federn niedergedrückt werden. Am besten eignet sich dazu ein Ventilheber. Hat man dieses Werkzeug nicht, sollte man davon absehen, wie früher üblich mit zwei Schraubenziehern zu hantieren (Verletzungsgefahr, Beschädigungen am Zylinderkopf). Wir empfehlen folgendes:
Für den eigenhändigen Einbau nehmen Sie einen Bohrständer von der Heimwerker-Bohrmaschine. Mit diesem und einem passend zurechtgesägten Rohrstück von etwas geringerem Durchmesser als jenem der Ventilfederteller können Sie die Federn gefahrlos zusammenpressen. Aus diesem Rohr muß am unteren Ende ein genügend großes Stück herausgesägt werden, durch das Sie die Haltekeile der Ventile einsetzen können.
Sie können sich auch mit einem Rohrstück (Durchmesser kleiner als Federteller) behelfen. Es wird bündig auf den Federteller gesetzt. Bei einem Hammerschlag auf das Rohr springen die Ventilkegelhälften aus dem Sitz am Ventilschaft und werden im Rohr aufgefangen.

■ Zylinderkopf abbauen und ohne Nockenwellengehäuse auf ebene, saubere Arbeitsplatte legen, Brennräume nach unten.
■ Bei Motor 12 SC die Kipphebel, bei allen anderen Motoren Schwinghebel, Druckstücke und Ventilspielausgleicher abnehmen.
■ Schwinghebel und Druckstücke abnehmen.
■ In den Brennraum, dessen Ventile ausgebaut werden sollen, einen festen Lappenballen packen oder passendes Weichholzstück einlegen. So wird das Ausweichen des Ventils beim Druck von oben verhindert.
■ Ventilfeder niederdrücken und Ventilkegelhälften entnehmen, wie oben beschrieben.
■ Ventilfeder abnehmen.

■ Ventildrehvorrichtung am Auslaßventil, Stahlscheibe am Einlaßventil, das Ventil sowie Ventilschaftabdichtung abnehmen.
■ Alle Teile in ihrer Zusammengehörigkeit und Reihenfolge ablegen.
■ Ventilteller von Ablagerungen reinigen.
■ Weist der Ventilteller Beschädigungen auf?
■ Defekte Ventile ersetzen.
■ Ventilfedern mit Bohrständer und Rohrstück zusammendrücken. Dabei muß der Zylinderkopf auf ebener Holzunterlage aufliegen.
■ Von Helfer die Ventilkegelhälften einsetzen lassen.

Ventile einschleifen

□ Die Ventile können ein- bis zweimal nachgeschliffen werden. Der Tellerrand besonders der Auslaßventile darf aber nicht zu dünnflächig werden, sonst verbrennt er zu schnell.
□ Bei exakter Ventilbearbeitung muß der Winkel des Ventiltellers 44° und der vom Ventilsitz 45° betragen. Das kann nur die Werkstatt genau ausführen.
□ Das Ventilschaftende darf nicht nachgeschliffen werden. Der Überstand des Ventilschaftes aus der Oberfläche des Zylinderkopfes beträgt beim 1,2-Liter- und 1,3-Liter-Motor 14,4 mm, bei den anderen Motoren 18,25–18,45 mm.
Wenn die kegelige Ventilsitzfläche keine zu großen Verschleiß- oder Verbrennungsspuren aufweist, kann man die Ventile einschleifen und so wieder für ausreichenden Kompressions-

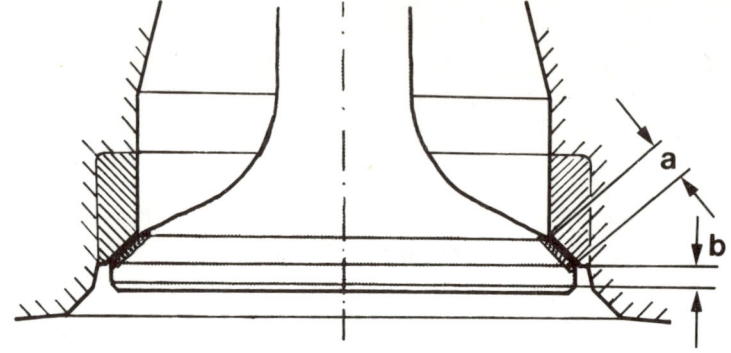

Wichtige Maße zum Einschleifen der Ventile: Die Randdicke »b« soll beim Einlaßventil nicht geringer als 0,5 mm sein. Beim Auslaßventil wird sie dagegen nicht gemessen. Die ringförmige Dichtfläche soll nach dem Einschleifen eine Breite »a« von etwa 1,5 mm beim Einlaßventil und von etwa 1,8 mm beim Auslaßventil haben.

druck sorgen. Sie brauchen zu dieser Arbeit Ventilschleifpaste und einen sogenannten Ventilsauger – beides vom Autozubehörhandel.

■ Ventile ausbauen.

■ Der Ventilsitz im Zylinderkopf soll jetzt eigentlich mit einem Fräser nachgearbeitet werden. In den meisten Fällen genügt Nachschleifen allein vollkommen, wenn der Sitz keinen größeren Schaden genommen hat.

■ Dichtfläche am Ventil mit Schleifpaste bestreichen.

■ Ventil wieder in den Zylinderkopf einsetzen, dabei darf an die Ventilführung keine Paste geraten.

■ Ventilsauger auf dem Ventilteller ansetzen und so lange hin und her drehen, bis sich die Dichtfläche hell glänzend vom umgebenden Metall abhebt.

■ Fertig geschliffenes Ventil gründlich von sämtlichen Resten der Schleifpaste säubern und wieder in seine Führung einsetzen.

Ventilschaft-abdichtungen ersetzen

Vornehmlich im Schiebebetrieb des Motors und beim Gasgeben nach längeren Leerlaufzeiten kann bei älteren Motoren starker bläulich gefärbter Auspuffrauch auftreten. In nahezu allen Fällen rührt das von versprödeten Ventilschaftabdichtungen her. Das Motoröl kann ungehindert vom Zylinderkopf aus entlang der Ventilschäfte in den Brennraum gelangen. Dort wird es dann verbrannt, und so entstehen die lästigen Rauchschwaden.

■ Ventilschaftabdichtung mit zwei Schraubenziehern von Ventilführung und Ventilschaft abhebeln.

■ Montagehülse (liegt neuen Ventilschaftabdichtungen bei) passend zuschneiden und auf das Ventilschaftende schieben.

■ Ventilschaftabdichtung über die Hülse auf die Ventilführung schieben.

■ Hülse abnehmen.

Ventilführungen kontrollieren

Zu hoher Ölverbrauch kann auch an verschlissenen Ventilführungen liegen. Den Verschleiß kann nur die Werkstatt einwandfrei feststellen. Dort wird man die Führungen entweder bis zur nächsten Übergröße aufreiben und Ventile mit Übermaß am Schaft einbauen oder man wird die Führung erneuern.

Hydraulische Ventilspiel-ausgleicher

Die Ventilspielausgleicher der OHC-Motoren (auch »Hydrostößel« genannt) bewirken ein spielfreies Arbeiten des Ventiltriebs, indem sie durch Temperaturschwankungen und Verschleiß auftretende Längenänderungen ausgleichen. Deshalb ist kein Nachstellen des Ventilspiels wie beim Motor 12 SC notwendig.

Der Ausgleicher wird vom Drucköl versorgt, das bei geschlossenem Ventil die Expansionsfeder unterstützt. Bei öffnendem Ventil bewirkt die Kraft der Ventilfeder einen Druckanstieg im Ausgleicher, er wird steif. Spielkorrekturen ergeben sich durch die Möglichkeit, Öl wieder entweichen zu lassen. Nachströmendes Öl gleicht diese gezielten Leckverluste aus. Siehe Zeichnung rechts oben.

Störungs-beistand
Hydraulische Ventilspiel-ausgleicher

Erkennungsmerkmal	Ursache
A Hartes Klopfgeräusch	Verharzung, Verkohlung, verklemmte Schmutz- oder Metallabriebteile im Öl
B Mäßiges Klopfgeräusch	Undichter Sitz des Kugelventils
C Zeitweilige Klickgeräusche	Kurzzeitig klemmt kleinstes Schmutzteilchen zwischen Kugel und Kugelsitz, Kugel ist unrund
D Drehzahl-Leistungsverlust	Zu schneller Ölabfluß im Stößel, Kolben preßt im Gehäuse, Kugelventil ist undicht, Verschmutzung

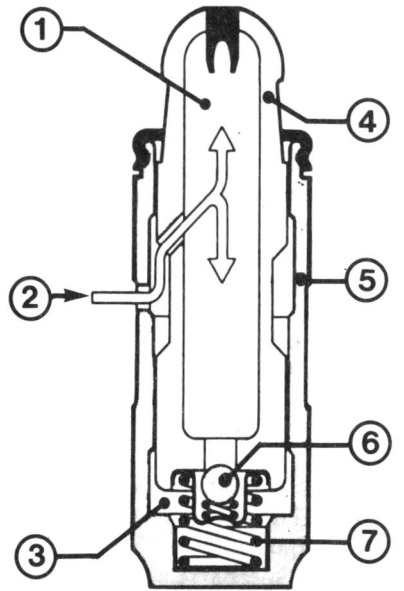

Aufbau des hydraulischen Spielausgleichers (Hydrostö-ßel): 1 – Ölreservoir; 2 – Ölzufuhr; 3 – Druckkammer; 4 – Kolben (beweglich); 5 – Druckzylinder (feststehend); 6 – Kugelventil; 7 – Expansionsfeder.

■ Zylinderkopf ausbauen.
■ Betreffenden Schwinghebel abnehmen.
■ Ventilspielausgleicher herausziehen.
■ Neuen Ventilspielausgleicher einsetzen, Schwinghebel aufsetzen.

■ Gegenüber den bei früheren Motoren verwendeten Hydrostößeln ist keine Einstellung des Ventilspielausgleichers nötig.

Ventilspiel-ausgleicher ersetzen

Nockenwelle ersetzen

Bei Ersatz der Nockenwelle im OHV-Motor müssen gewöhnlich auch neue Lager eingepreßt werden. Diese gibt es als Ersatzteil nur vorgebohrt und müssen auf das entsprechende Maß aufgerieben werden. Eine derartige Arbeit ist mit Heimwerkermitteln kaum möglich.
Beim Einbau einer neuen Nockenwelle in einen OHC-Motor müssen auch die Schwinghebel ersetzt werden. Die Gleitflächen der Nockenwelle und der Schwinghebel sind mit MoS_2-Gleitpaste einzureiben.

■ Zylinderkopf ausbauen (Seite 41) und auf Holzunterlage legen.
■ Nockenwellengehäusedeckel abbauen.
■ Nockenwellenrad abschrauben, dabei die Nockenwelle zwischen Einlaßnocken des 3. Zylinders und Lagerstelle mit Maulschlüssel festhalten.
■ Zündverteiler vom Nockenwellengehäuse abschrauben.
■ Kraftstoffpumpe abschrauben.
■ Begrenzungsscheibe für die Nockenwelle lösen.

■ Nockenwelle nach hinten aus dem Gehäuse herausziehen.
■ Dichtring aus dem Gehäuse heraushebeln.
■ Beim Einbau beachten: Zündverteiler so einsetzen, daß die Nut in der Verteilerwelle auf die Markierung am Verteilergehäuse zeigt.
■ Für die Kraftstoffpumpe neuen Dichtring verwenden. Kraftstoffpumpe mit 15 Nm, Nockenwellenrad mit 45 Nm festziehen.
■ Zum Einlaufen der neuen Nockenwelle

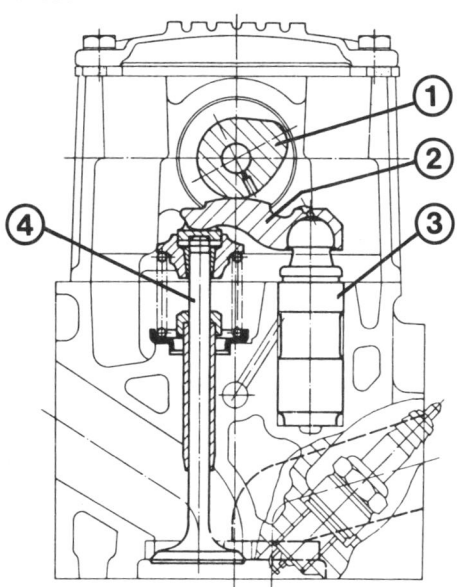

Teile des Ventiltriebs beim 1,3- und 1,6-Liter-Motor: 1 – Nockenwelle; 2 – Schlepphebel; 3 – Hydrostößel (Ausgleicher); 4 – Ventil.

Hier wurde der Nockenwellenge-häusedeckel (1) abgeschraubt. Die Dichtung (2) darf dabei nicht be-schädigt werden, sonst ist sie zu er-setzen. Im Gehäu-se sieht man die Nockenwelle (3).

Motoröl der Spezifikation SF, Klasse 15 W-40 benutzen, Ölwechsel nach 1000 km. Den Ein-lauf-Vorgang unbedingt so beginnen:
■ 1. Stufe: 1 Minute bei 2000/min.
■ 2. Stufe: 1 Minute bei 1500/min.
■ 3. Stufe: 1 Minute bei 3000/min.
■ 4. Stufe: 1 Minute bei 2000/min.
■ Anfangs ist Leerlauf über längere Zeit zu vermeiden, den Motor aber auch nicht zu hoch drehen.

Lagerschäden

Klopfgeräusche aus dem Motorraum, die mit wärmer werdendem Öl lauter werden, sind Anzeichen für einen Lagerschaden.

Ursachen

□ Mangelnde Schmierung durch zu niedrigen Ölstand.
□ Wasser im Motoröl als Folge einer defekten Zylinderkopfdichtung.
□ Zu hohe Drehzahlen bei kaltem Motor und daher zähflüssigem Öl.
□ Abgerissener Schmierfilm bei hohen Öltemperaturen, evtl. durch falsche Ölviskosität.

Pleuel- oder Hauptlager defekt?

Fast immer sind die Gleitlager der Pleuel defekt. Ganz selten liegt der Schaden an den Hauptlagern der Kurbelwelle. Normalerweise bedeutet ein Lagerschaden eine umfangreiche Motorreparatur. Wenn Sie ein defektes Pleuellager aber bereits im Frühstadium erkennen, kann der Austausch der Lagerschalen genügen. Voraussetzung ist, daß die Zapfen der Kurbelwelle noch keine Beschädigung ihrer Oberfläche aufweisen. So läßt sich der Lagerscha-den erkennen:

■ Motor im Stand auf mittlere Drehzahlen bringen, Gas zurücknehmen. Mit abfallender Drehzahl taucht ein leichtes Klopfgeräusch auf, etwa »nack-nack-nack-nack«.
■ Dieses leichte Klopfen kann auch nach dem Hochschalten beim Beschleunigen hör-bar werden.
■ Dann möglichst nicht mehr weiterfahren.

Der Schaden kann sich verschlimmern und ist dann mit Eigenmitteln nicht mehr zu repa-rieren.
■ Hartes »klack-klack-klack-klack« beim Hochdrehen des Motors, das bei zurückge-nommenem Gaspedal leiser oder sogar un-hörbar wird, ist das Merkmal eines kapitalen Lagerschadens.

Defektes Lager lokalisieren

■ Bei den Kadett-Modellen ab 1,3 Liter Hubraum aufwärts **mit Transistorzündanla-ge** dürfen bei der nachfolgenden Prüfung die Zündkabel und -kerzenstecker nur bei abge-schalteter Zündung angefaßt werden. Die Zündspannung ist bei der TSZ bzw. VEZ lebensgefährlich hoch. Außerdem darf der Motor nie laufen, solange ein Zündkerzen-stecker von der Kerze abgezogen ist, sonst kann das TSZ-Schaltgerät Schaden nehmen.
■ Einen Kerzenstecker abziehen. Statt der Zündkerze einen Nagel, Schraubenzieher oder eine Reservekerze in den losen Stecker drücken. Diese Hilfskonstruktion fest an Mas-se legen – am besten mit einem Starthilfeka-bel festklemmen.
■ Einen Kerzenstecker abziehen.
■ Motor von einem Helfer starten und hochdrehen lassen.
■ Läßt das Klopfgeräusch bei einem abge-zogenen Stecker nach, ist an diesem Zylinder das Lager defekt.
■ Motor abstellen, Kerzenstecker aufdrük-ken und nächsten Zylinder prüfen.

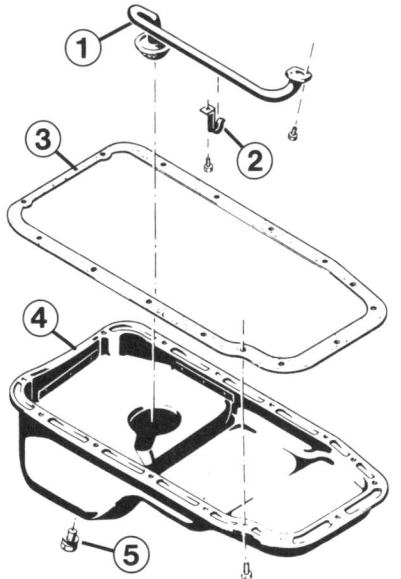

Zur Ölwanne gehören folgende Teile: 1 – Ölsieb mit Saugrohr; 2 – Halter für Saugrohr; 3 – Dichtung; 4 – Ölwanne; 5 – Ölabschlußschraube.

Fahren mit defektem Lager

Ein schwerer Lagerschaden muß nicht unbedingt das sofortige Ende der Fahrt bedeuten. Nachdem die Kurbelwelle auf jeden Fall in Mitleidenschaft gezogen wurde und eine größere Motorreparatur erforderlich wird, können Sie auch einige Kilometer mit dem Motor weiterfahren, um in die Werkstatt oder nach Hause zu kommen.

Dazu legen Sie den Zylinder mit dem defekten Lager lahm: Zündkerze herausdrehen; dadurch entfällt die Belastung des Lagers durch den verdichtenden Kolben. Aber das betreffende Kerzenkabel darf nicht frei in der Luft hängen, weil dann auch noch die Transistorzündung ausfallen würde. Deshalb den Kerzenstecker vom Kabel abschrauben, das Kabelende ein Stück abisolieren und unter eine Schraube am Motor (z. B. Nockenwellen-Gehäusedeckel) klemmen. Mit den verbliebenen Zylindern können Sie allerdings nicht mehr das gewohnte Tempo anschlagen. Der Motor soll höchstens bis in mittlere Drehzahlen hochgedreht werden.

Fingerzeige: *Bei laufendem Motor und ausgebauter Zündkerze verursacht die durch das Zündkerzenloch vom Kolben angesaugte und wieder herausgedrückte Luft ein pfeifend-knallendes Geräusch. Das darf Sie nicht irritieren.*

Bei einem ursprünglich noch guten Motor kann die unbesorgte Weiterfahrt einen größeren Schaden verursachen. Durch Abrieb von Gleitlagermaterial kann das defekte Lager fressen und im schlimmsten Fall das Pleuel brechen.

Pleuellager ersetzen

Für diese Reparatur brauchen Sie Pleuellagerschalen, die es als Ersatzteile im »Normalmaß« und in zwei »Untermaßstufen« gibt. Deswegen ist nach dem Ausbau das notwendige Maß genauestens zu ermitteln. Außerdem wird eine neue Ölwannendichtung gebraucht.

■ Wagen aufbocken, besser über Arbeitsgrube fahren.

■ Ölwanne abbauen.

■ Kurbelwelle so drehen, daß zwei Kolben in UT stehen, also die Pleuellager von Zylinder 1 und 4 oder von 2 und 3 unten sind.

■ Pleuellagerdeckelmuttern abschrauben.

■ Lagerdeckel abnehmen und so ablegen, daß Reihenfolge und -stellung beim Einbau eingehalten werden können.

■ Untere Lagerschale abnehmen.

■ Kurbelwelle ein kleines Stück weiter- und dann zurückdrehen.

■ Am Pleuel eines um etwa 10 mm höher geschobenen Kolbens die obere Lagerschale abnehmen. Dazu die Unterkante der Schale mit einem Schraubenzieher nach oben drücken. Sie rutscht um den Kurbelwellenzapfen herum und kann abgenommen werden.

■ Obere Lagerschale auf den Kurbelwellenzapfen legen und in die Position zum Pleuel bringen.

■ Kurbelwelle langsam drehen, bis Lagerzapfen mit Lagerschale richtig am Pleuel anliegen.

■ Untere Lagerschale in den Lagerdeckel legen.

■ Deckel mit Schale über die Pleuelschrauben schieben, Muttern festdrehen: Bei 1,2-Liter-Motor mit 27 Nm, bei den 1,3-Liter-Motoren mit 25 Nm, bei den übrigen Motoren mit 50 Nm.

■ Kurbelwelle um 180° drehen und die Arbeit an den beiden anderen Zylindern wiederholen.

■ Ölwanne befestigen.

■ Motoröl einfüllen.

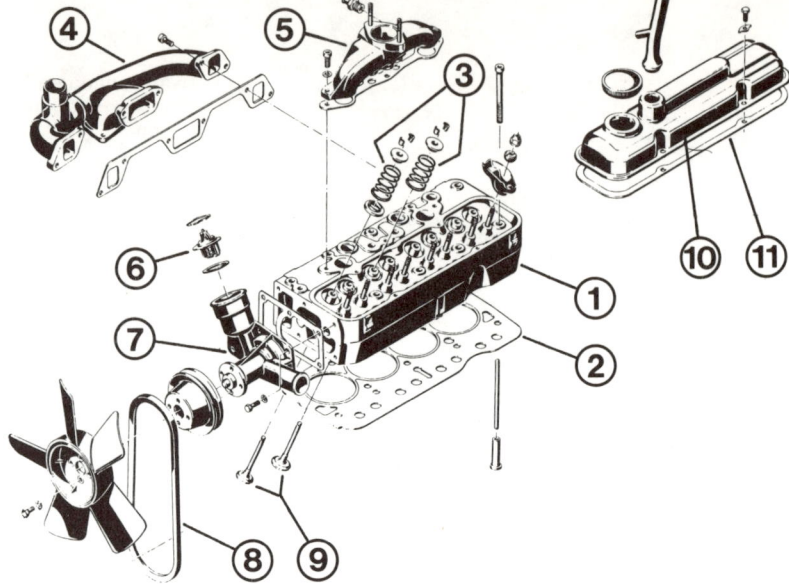

Der Zylinderkopf des Motors 12 SC und seine Anbauteile: 1 – Zylinderkopf; 2 – Zylinderkopfdichtung; 3 – Ventilfedern; 4 – Auspuffkrümmer; 5 – Ansaugkrümmer; 6 – Thermostat; 7 – Wasserpumpe; 8 – Keilriemen; 9 – Ventile; 10 – Zylinderkopfhaube; 11 – Dichtung.

Motor aus- und einbauen

Der Motor kann ohne Getriebe ausgebaut werden. Dazu brauchen Sie einen Flaschenzug, den Sie in ausreichender Höhe stabil aufhängen müssen. Zu dieser Arbeit gehört einiges Fachwissen und möglichst ein ebenfalls praktisch erfahrener Helfer.

Vergasermotor ausbauen

■ Beide Polklemmen der Batterie lösen.
■ Luftfilter abbauen.
■ Kühlflüssigkeit ablassen (Seite 59).
■ Kühlmittelschlauch am Thermostat, beim Motor 12 SC auch an der Wasserpumpe abbauen.
■ Heizungsschläuche beim 12 SC an der Wasserpumpe, bei den anderen Motoren vom Saugrohr und Kühlmittelrohr trennen.
■ Kraftstoffsaug- und Rücklaufleitung markieren und an Kraftstoffpumpe bzw. Vergaser abbauen.
■ Drahtzüge am Vergaser lösen.
■ Schläuche am Deckel der Startautomatik abbauen.
■ Unterdruckschlauch für den Bremskraftverstärker abziehen bzw. abschrauben.
■ Mehrfachstecker des Motorkabelsatzes (am linken Stoßdämpferdom) trennen.
■ Elektrische Leitungen an Zündspule und Zündverteiler abziehen.

■ Kabel am Öldruckschalter abnehmen.
■ Kabel für Rückfahrscheinwerfer am Getriebe abziehen.
■ Beim Motor 12 SC das Auspuffrohr am Krümmer abschrauben.
■ Fahrzeug anheben bzw. aufbocken.
■ Bei den OHC-Motoren das vordere Auspuffrohr komplett ausbauen.
■ Getriebeantriebswelle herausziehen (Seite 119).
■ Wenn vorhanden, Abdeckblech der Kupplung abschrauben.
■ Untere Befestigungsschrauben für das Kupplungsgehäuse am Motorblock herausdrehen.
■ Fahrzeug wieder absenken.
■ Motor vorn und hinten am Flaschenzug anseilen. Das Seil leicht spannen.
■ Ausgleichgetriebe mit Wagenheber unterstützen, Holz zwischen Heber und Getriebe legen, leicht anheben.

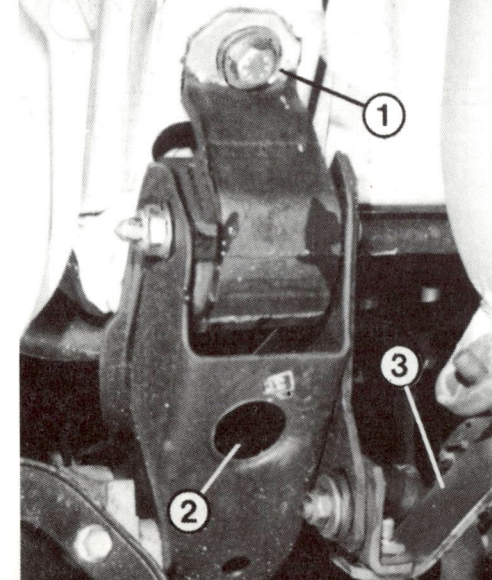

Links: Motoraufhängung hinten mit Dämpfungsblock. 1 – Befestigungsschraube; 2 – Durch dieses Montageloch ist die andere Befestigungsschraube erreichbar; 3 – Halter für den Auspuff. Das rechte Bild zeigt den Motorhalter vorn rechts.

■ Motoraufhängung vorn rechts abbauen.
■ Obere Schrauben des Kupplungsgehäuses am Motorblock herausdrehen.

■ Bei Zentraleinspritzung die Kabelstecker vom Einspritzventil, Leerlauffüllungs-Schrittmotor und Temperaturfühler (am Ansaugkrümmer) abziehen.
■ Unterdruckschlauch am Einspritzgehäuse abbauen.
■ Schläuche für Kraftstoffzulauf und -rücklauf abziehen.
■ Bei Jetronic oder Motronic elektrische Leitungen vom Drosselklappenschalter, Luftmengenmesser, Temperaturfühler und Zusatzluftschieber abziehen.

■ Sinngemäß wird in umgekehrter Reihenfolge des Ausbaus vorgegangen.
■ Zum Einbau der Getriebeantriebswelle siehe Seite 119.
■ Züge am Vergaser spannungsfrei montieren.

■ Motor vom Kupplungsgehäuse abdrücken und nach oben herausziehen.

■ Luftführungsschlauch zwischen Drosselklappenstutzen und Luftmengenmesser ausbauen.
■ Verteilerrohr und Schlauchleitungen der Einspritzventile abbauen.
■ Kraftstoffleitung trennen und gegen Schmutz verschließen.
■ Schläuche am Zusatzluftschieber abbauen.
■ Entlüftungsschlauch auf dem Nockenwellengehäuse abbauen.
■ Drosselklappenbetätigung trennen.

Spezielle Arbeiten am Einspritzmotor

■ Kühlsystem befüllen und entlüften (Seite 60).
■ Einzustellen sind: Leerlaufdrehzahl und CO-Gehalt (Seite 89 und 108), Zündzeitpunkt (Seite 221).

Einbau

Bauteile	Drehmoment in Nm	
	OHV-Motor	OHC-Motor
Kupplungsgehäuse an Motorblock oben	75	75
Kupplungsgehäuse an Motorblock unten	75	40
Motoraufhängung vorn rechts	70	40
Saugrohr an Auspuffkrümmer	23	–
Anlasser an Zylinderblock	23	–
Anlasser an Zylinderblock – 1,3-Liter-Motoren – 1,6- bis 2-Liter-Motoren	– –	25 45

Anzugs-drehmomente

Mäßigung

Der Motor stößt die verbrannten und noch relativ energiereichen Gase lautstark aus. Zum Dämpfen dieser Geräusche dient die Auspuffanlage, die aus praktischen Gründen unter dem Wagenboden verlegt ist.

Auspuff-Lebensdauer

Bei der Verbrennung von Benzin entsteht u. a. Wasser, das die Zerrostung der Auspuffanlage von innen heraus fördert. Die Auspuffkorrosion nimmt mit sinkender Abgastemperatur zu. Langstreckenbetrieb mit voll durchgewärmtem Motor und heißen Abgasen setzt der Auspuffanlage kaum zu. Anders dagegen andauernde Stadtfahrten mit meist unterkühltem Triebwerk. Am geringsten betroffen ist das (Doppel-)Rohr vorn, wo die Verbrennungsgase noch zwischen 800 und 1000°C heiß einströmen. In den Schalldämpfern und Rohren kühlen sie zunehmend ab und sind am Auspuffendrohr noch 150–300°C warm. Das bewirkt, daß im letzten Schalldämpfer das meiste Kondenswasser auftritt. Es vermischt sich mit Verbrennungsrückständen zu aggressiven Säuren und läßt das Auspuffblech von innen nach außen durchrosten.
Die vorderen Teile der Auspuffanlage sind bei Langstreckenfahrten durch Temperaturspannungen gefährdet, wenn bei Regen das heiße Blech ständig kalten Duschen ausgesetzt ist. Dann kann das Material reißen oder brechen.
Unabhängig von der Fahrweise fördern Spritz- und Salzwasser den Rostfraß von außen. Steinschlag oder Aufsetzen auf hartem Untergrund wirkt ebenso lebensverkürzend wie Schwingungen durch defekte oder fehlende Aufhängungsgummis bzw. eine schadhafte Motoraufhängung.

Die Teile der Auspuffanlage

Die Auspuffanlage besteht aus einem vorderen Rohr (je nach Motor Einfach- oder Doppelrohr), dem vorderen Schalldämpfer mit beiderseits angesetzten Rohren und dem Nachschalldämpfer mit Endrohr. Die Teile sind miteinander verschraubt bzw. zusammengeschweißt.
Beim Kadett mit Katalysator ist ein solcher anstelle des Vorschalldämpfers eingebaut.
In der folgenden Tabelle haben wir die zu den einzelnen Kadett-Modellen gehörenden Auspuffteile im Hinblick auf Durchmesser und Stärke geordnet. Diese Angaben sind für die Ersatzteilbeschaffung wichtig.

		1,2-l-Motor	1,3-l-Motor	1,6-l- bis 2-l-Motoren
Auspuffkrümmer		Einkanal	Zweikanal	Zweikanal
Einfachrohr	mm	45 × 1,5	–	–
Zwillingsrohr	mm	–	41 × 1,5	45 × 2,0
– am Gelenkflansch	mm	–	45 × 1,5	45 × 2,0
Hauptrohr	mm	45×1,5 (Caravan 45×2,0)	45 × 1,5	
Endrohr	mm	45 × 1,5	45 × 1,5	45 × 1,5

Auspuffanlage kontrollieren
Wartung Nr. 16

Die Auspuffanlage ist mit dem Auspuffkrümmer des Motors verschraubt. Zwischen dem vorderen Rohr und dem Rohr des Vorschalldämpfers befindet sich bei Fahrzeugen ab 1,3 Liter aufwärts ein Gelenkflansch. Am Fahrzeugboden hängt die Anlage frei schwingend in Gummischlaufen bzw. in Halterungen mit Dämpfungsgummis.

■ Haltegummis und Dämpfungsgummis auf Brüchigkeit, Einrisse oder sonstige Schäden überprüfen, ggf. ersetzen.

■ Verschraubungen am Auspuffkrümmer, an der Halterung und am Gelenkflansch auf festen Sitz kontrollieren, aber nicht mit Gewalt »anknallen«.

■ Mit einem Lappen in der Hand bei laufendem Motor das Auspuffendrohr zuhalten. Der Motor muß nach kurzer Zeit stehenbleiben.

■ Hören Sie zischende Geräusche und läuft der Motor ungestört weiter, ist die Anlage an der Geräuschstelle undicht.

■ Ein dumpferer Auspuffton als gewöhnlich und Knallen im Schiebebetrieb weist auf einen durchgerosteten Auspuff hin.

Beim 1,2-Liter-Motor ist ab Werk das vordere Auspuffrohr mit dem Vorschalldämpfer zusammengebaut. Ebenso sind bei Fahrzeugen ab 1,3 Liter Vorschalldämpfer und mittleres Auspuffrohr als Zusammenbau montiert. Zur Reparatur gibt es jeweils beide Teile nur getrennt als Ersatzteil.

Reparaturen an einer durchgerosteten Auspuffanlage sind meist nur kurzer Erfolg beschieden. Auf rostgeschwächtem Blech kann nicht mehr geschweißt werden. Auspuffkitt und Bandagen sind zwar recht dauerhaft, aber das Blech bricht bald neben der Reparaturstelle aus.

Ganz selten sind beide Schalldämpfer gleichzeitig austauschreif. Hat man einen Schalldämpfer ersetzt, gibt boshafterweise wenige Monate später der andere den Geist auf. Werkstätten wechseln die Auspuffanlage gleich komplett aus. Das empfehlen wir nicht so unbesehen:

■ Klopfen Sie den ausgebauten, noch intakten Schalldämpfer mit einem Hammer rundum gründlich ab, auch an den Stirnseiten. Dabei nicht zu zaghaft hämmern.

■ Klingt es bei jedem Schlag hell, ist das Blech noch gesund.

■ Wird das Klopfgeräusch an manchen Stellen dumpfer, ist die Außenhaut bereits geschwächt und wird bald durchbrechen; besonders wenn die salzhaltige kalte Jahreszeit herrscht.

■ Für den Ersatzteilkauf gilt, daß Dichtung(en), Schrauben und Muttern durch neue ersetzt werden müssen.

■ Zu allen Arbeiten an der Auspuffanlage muß der Wagen absolut rüttelsicher aufgebockt sein, daß er nicht kippen kann – auch bei heftigem Drehen oder Zerren an den Rohren.

■ Wenn sich beim Demontieren eine Verschraubung nicht lösen läßt, sollten Sie sie durch Überdrehen abreißen. Beim Einbau werden grundsätzlich neue Schrauben und Muttern verwendet.

■ Gummischlaufen sicherheitshalber ebenfalls gleich ersetzen.

■ Halter am vorderen Auspuffrohr – soweit vorhanden – abschrauben.

■ Befestigungsschrauben am Flansch des Auspuffkrümmers herausdrehen.

■ Auspuffanlage aus den Gummihalterungen aushängen.

■ Das mittlere Auspuffrohr vor dem hinteren Schalldämpfer durchsägen.

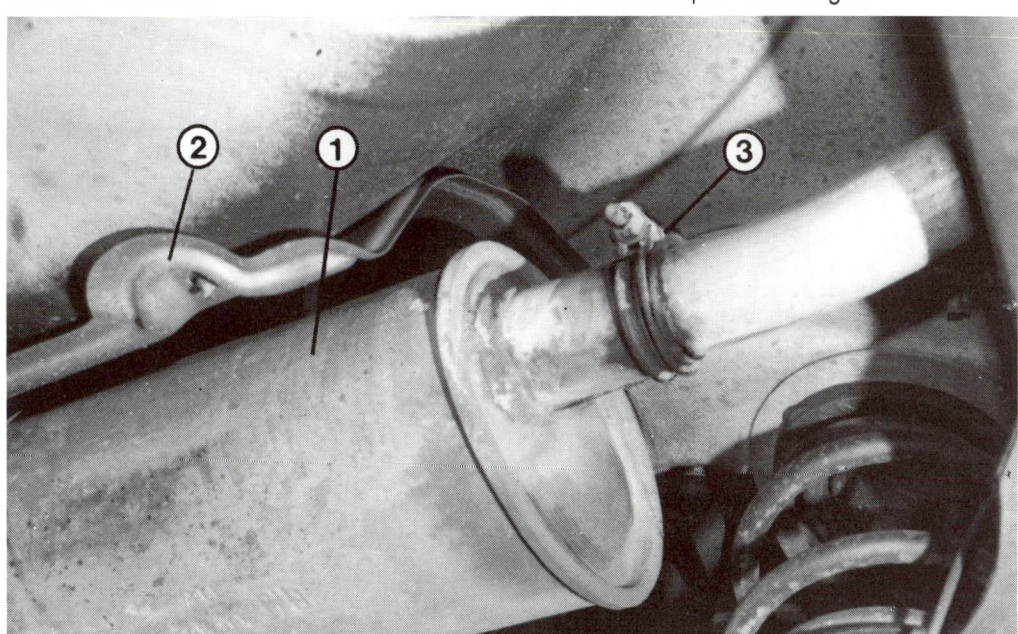

Über dem ersten Schalldämpfer (1) ist zur Wärmedämmung ein Abschirmblech (2) unter dem Wagenboden angeschraubt. Die Aufhängungsgummis (3) dürfen nicht beschädigt sein.

Links: Die Verbindung zwischen dem vorderen Auspuffrohr (1) und dem Rohr zum Vorschalldämpfer (2) besteht aus einem Gelenkflasch mit eingesetztem Graphitring (1) und Schrauben mit Druckfedern.

Rechts: Die Aufhängung am hinteren Schalldämpfer (1) ist durch umgebogene Blechzungen (2) gesichert.

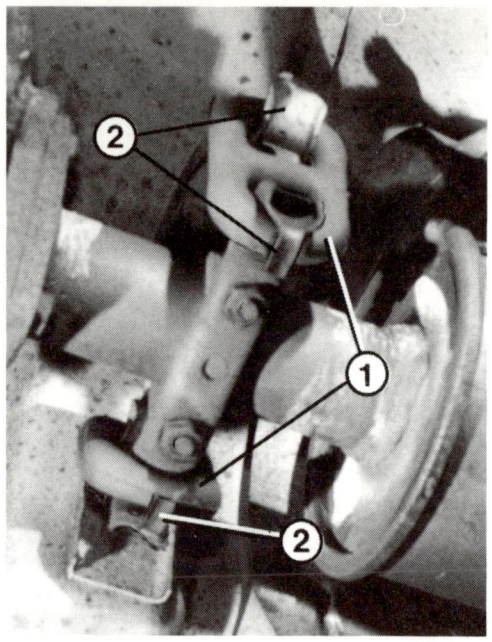

Auspuffanlage einbauen

■ Dichtfläche am Auspuffkrümmer reinigen.

■ Die Gewinde der Verschraubungen mit Kupferfett bestreichen. Dann lassen sie sich beim nächsten Mal leichter lösen.

■ Vorderes Auspuffrohr am Auspuffkrümmer anschrauben.

■ Vorschalldämpfer mit mittlerem Auspuffrohr in den Dämpfungsringen einhängen.

■ Eventuell beschädigten Anschlagpuffer über dem Vorschalldämpfer ersetzen.

■ Beim 1,2-l-Motor den Vorschalldämpfer mit dem vorderen Auspuffrohr zusammenstecken und neue Klemmschelle montieren. Nur bei der Ausführung ab Werk ist die Anlage an dieser Stelle nicht getrennt.

■ Im Gelenkflansch neuen Graphitring einsetzen, Schrauben mit Druckfedern unter den Schraubenköpfen befestigen.

■ Hinteren Auspufftopf mit Endrohr auf das mittlere Auspuffrohr schieben und aufhängen, neue Klemmschelle montieren.

■ Blechzungen an der hinteren Gummiaufhängung durch Umbiegen sichern.

■ Während der einzelnen Arbeitsgänge beobachten, daß die Anlage spannungsfrei ausgerichtet ist. Die Gummischlaufen bzw. Halterungen müssen unter gleichmäßigem Zug stehen, andernfalls die Anlage neu ausrichten.

■ Für die Verschraubungen bestehen keine Drehmomentvorschriften. Sie dürfen aber nicht zu fest angezogen werden.

Luftverbesserer

Wenn der Kraftstoff im Motor verbrannt wird, entstehen harmlose Verbrennungsprodukte, aber auch aggressive bzw. giftige chemische Verbindungen.

Benzin besteht im wesentlichen aus den Elementen Kohlenstoff und Wasserstoff. Wenn der Kraftstoff im Motor verbrannt wird, verbindet sich der Kohlenstoff mit dem Luftsauerstoff zu **Kohlendioxid** (chemische Kurzformel CO_2), und der Wasserstoff vereinigt sich mit Sauerstoff zu **Wasserdampf** (H_2O).

Was stößt der Motor aus?

Diese Verbrennungsprodukte bilden sich, wenn Luft und Kraftstoff im optimalen Verhältnis (14,6 : 1) gemischt sind. Das ist leider fast nie der Fall. Deshalb entstehen auch Schadstoffe:

☐ **Kohlenmonoxid (CO)** ist wohl die bekannteste Verbindung, denn der CO-Gehalt wird bei der Abgas-Sonderuntersuchung bzw. bei der Hauptuntersuchung (TÜV) gemessen. Es entsteht um so mehr, je fetter, also kraftstoffreicher das Benzin/Luft-Gemisch ist.

☐ Unverbrannte **Kohlenwasserstoffe** (HC) entstehen, wenn die von der Zündkerze entzündete Flammenfront an kalten Wandungen und engen Winkeln im Brennraum erlöscht. Zu fettes oder zu mageres Gemisch erhöht den Ausstoß der Kohlenwasserstoffe.

☐ **Stickoxide** (NO_x) bilden sich vor allem durch den zu über ¾ in der Verbrennungsluft enthaltenen Stickstoff. Ihr Anteil ist besonders hoch bei einer Auslegung des Motors für geringen Kraftstoffverbrauch und niedrigen CO- sowie HC-Ausstoß: Hohe Verbrennungstemperaturen und mageres Kraftstoff/Luft-Gemisch.

☐ **Bleiverbindungen** werden dem herkömmlichen, bleihaltigen Kraftstoff als Antiklopfmittel zugesetzt, siehe Seite 66. Rund 75% davon werden zum Auspuff hinausgeblasen.

☐ **Schwefeldioxid (SO_2)** bildet sich bei den hier im Buch nicht behandelten Dieselmotoren.

☐ Kohlenmonoxid ist giftig und kann beim Einatmen in geschlossenen Räumen zum Tod führen. In der Luft verbindet sich das Kohlenmonoxid relativ schnell mit Sauerstoff zu dem ungefährlichen Kohlendioxid (CO_2).

Was ist wie gefährlich?

☐ Die Kohlenwasserstoff-Verbindungen sind der Übersichtlichkeit wegen zusammengefaßt, wobei die Bandbreite von harmlos bis möglicherweise krebserregend reicht. In der Luft sind die Kohlenwasserstoffe mit den Stickoxiden für Bildung von Smog (schwer auflösbare Abgasnebelwolken) verantwortlich.

☐ Stickoxide können bei Konzentration zu Reizungen der Atmungsorgane führen.

☐ Die Bleiverbindungen lagern sich in der Umgebung ab und werden u. a. mit der Nahrung im Körper aufgenommen, aber nicht mehr ausgeschieden. Das ist bei höheren Konzentrationen gesundheitsgefährlich.

Zur Verringerung der Abgasgifte gibt es folgende Wege:

Abgas-Entgiftung

☐ Abgasrückführung: Eine vergleichsweise einfache, aber zur Verminderung der Stickoxide wirksame Maßnahme. Aus dem Abgasstrom wird durch ein ventilgeregeltes System bei Lastzuständen des Motors ein Teil abgezweigt und ins Ansaugrohr zurückgeleitet. Da das Abgas kaum noch verbrennungsfähige Stoffe enthält, bewirkt dies eine Absenkung der Temperaturen im Verbrennungsraum und damit eine Verringerung des Stickoxidanteils.

☐ Kennfeld-Steuerung und Schubabschaltung: Siehe Seite 66 »Die Euronorm-Motoren«.

☐ Katalysator: Hier wird das Abgas wesentlich wirkungsvoller nachverbrannt. Nach dem heutigen technischen Stand ist der sogenannte Dreiweg-Katalysator die erfolgversprechendste Ausführung.

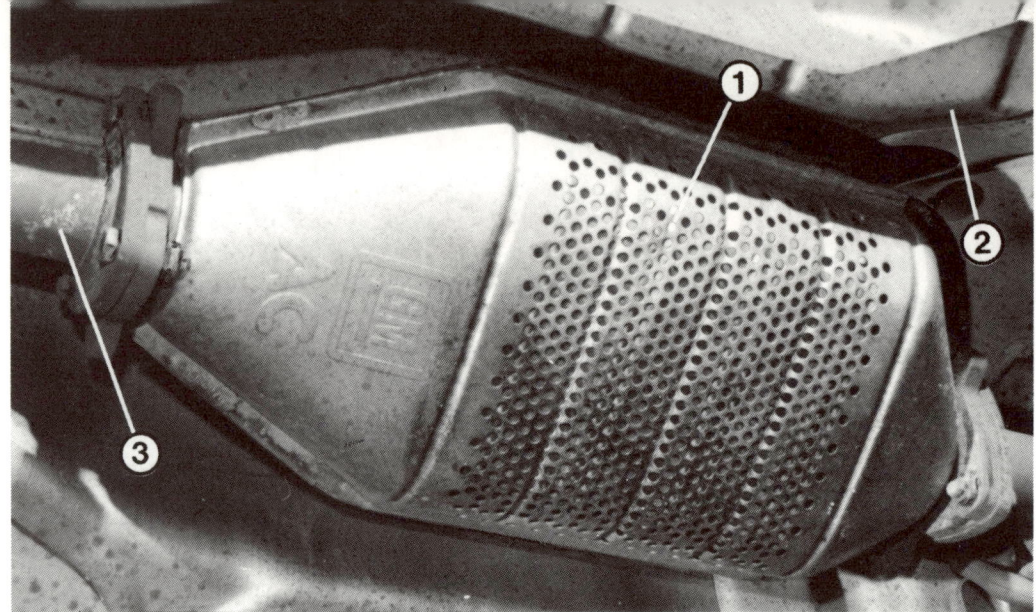

Dieses Bild zeigt den vielbesprochenen Katalysator (1), dessen Eigenschaften man sich durch die auf Seite 55 aufgezählten Vorsichtsregeln erhalten sollte.
Vor der Hitzeabstrahlung gegen den Wagenboden schützt ein Abschirmblech (2).
Im vorderen Auspuffrohr (3) ist die Lamda-Sonde eingeschraubt, siehe Bilder unten.

Die Bezeichnung »Dreiweg« besagt, daß die drei Schadstoffe Kohlenmonoxid, Kohlenwasserstoffe und Stickoxide gleichzeitig nachbehandelt werden.

Katalysator und Lambda-Sonde

»Katalysator« ist ein Stoff oder in unserem Fall ein Bauteil, das eine chemische Reaktion bei niedrigeren Temperaturen als im Normalfall nötig einleitet oder beschleunigt. Dabei bleibt der Katalysator chemisch unverändert.

Der Katalysator sieht ähnlich aus wie ein Auspufftopf. Darin sitzt ein Keramikkörper, der aus vielen kleinen Zellen besteht. Die so vergrößerte Oberfläche des Keramikkörpers ist mit einer dünnen Edelmetallschicht belegt, bestehend aus jeweils rund 2 Gramm Palladium, Platin und Rhodium.

Zum geregelten Dreiweg-Katalysator gehört die sogenannte Lambda-Sonde. Sie sitzt im Auspuffkrümmer (Bilder unten) und mißt den Sauerstoffanteil im Abgas. Entsprechend den Meßwerten gibt sie dem elektronischen Steuergerät der Benzineinspritzung (siehe Seite 101) den Befehl zum Anreichern oder Abmagern des Kraftstoff/Luft-Gemisches. Das geschieht in rasch wechselnder Folge: Luftüberschuß zur Verbrennung der Kohlenwasserstoffe, Luftmangel zur Verringerung der Stickoxide. Die aus dieser Mischung entstehenden Abgase gelangen in den Katalysator, wo eine nahezu vollständige Umwandlung in ungefährliche Stoffe, wie Kohlendioxid, Wasserdampf und Stickstoff, erfolgt. Im einzelnen beträgt die Verringerung der Schadstoffe: Kohlenmonoxid 85%, Kohlenwasserstoffe 80%, Stickoxide 70%. Dabei ist berücksichtigt, daß der Katalysator mit zunehmender Laufleistung einen Teil seiner Wirkung einbüßt.

Arbeitstemperaturen

Ehe der Katalysator arbeiten kann, muß er eine »Anspringtemperatur« von etwa 300°C haben. Die sind bereits nach 25–80 Sekunden erreicht; im Stadtverkehr können aber auch drei Minuten vergehen, ehe die notwendige Temperatur erreicht ist.

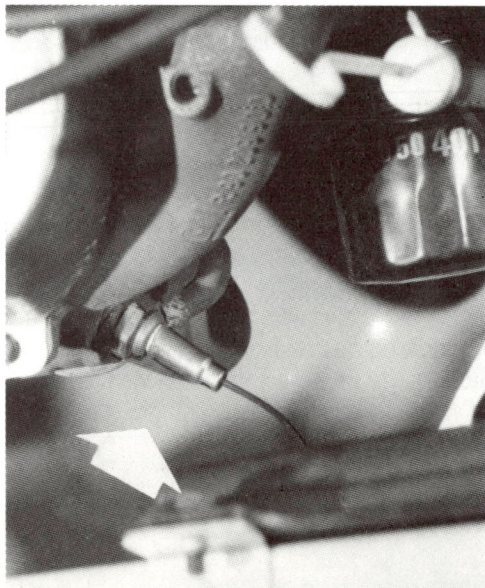
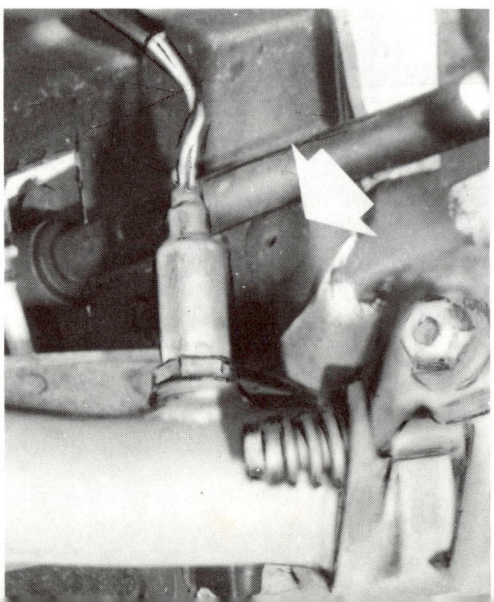

Links: Die Lambda-Sonde des Motors C 13 N ist, im Motorraum von oben sichtbar, im Auspuffkrümmer eingeschraubt.
Rechts: Bei den 1,8- und 2-Liter-Motoren sitzt sie im vorderen Auspuffrohr vor dem Gelenkflansch.

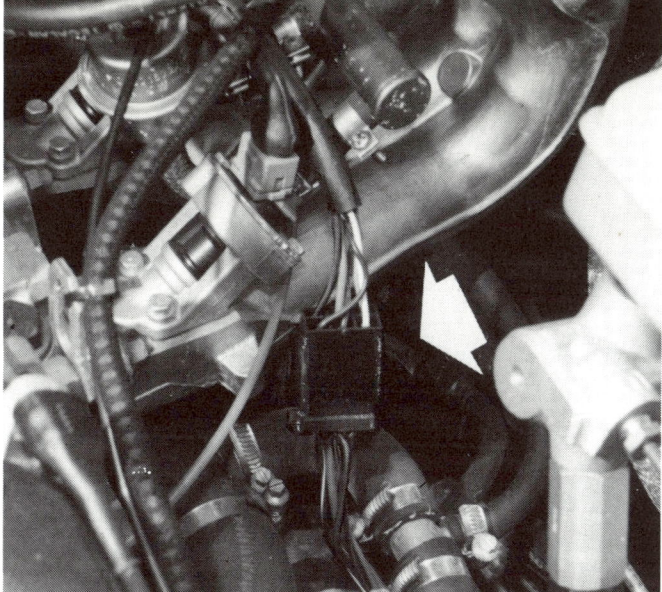

Kabelstecker für die Lambda-Sonde beim Kadett 1.8 i.

Für schnelles »Einschalten« wird die Lambda-Sonde elektrisch beheizt.
Katalysator und Lambda-Sonde sind allerdings überhitzungsempfindlich. Steigen die Temperaturen im Katalysator über 900°C, setzt eine verstärkte Alterung ein, ab 1200°C wird seine Wirksamkeit auf Dauer zerstört. Ähnliches gilt für die Lambda-Sonde.

Der Katalysator kann nur mit bleifreiem Benzin seine Wirkung entfalten. Die Bleianteile im herkömmlichen Benzin verstopfen die Keramikzellen und gehen mit den Edelmetallen chemische Verbindungen ein. Der Katalysator wird »vergiftet« und muß nach mehrmaliger Bleibenzin-Betankung ersetzt werden.
Mit zunehmender Laufleistung dauert es länger, ehe Katalysator und Lambda-Sonde »anspringen«. Da die Abgas-Gesetzgebung verlangt, daß beide Teile bei einer Laufleistung von 80 000 km die strengen US-Abgas-Normen immer noch einhalten müssen, können Sie davon ausgehen, daß der Katalysator und die Lambda-Sonde so lange wie der Motor halten.

Lebensdauer

In der Betriebsanleitung sind zahlreiche Hinweise für Katalysator-Fahrzeuge aufgeführt. Besonders gefährlich ist unverbranntes Gemisch, das sich im heißen Katalysator entzündet und so die Temperaturen in gefährliche Höhen ansteigen läßt. Wir greifen nur die wichtigsten Punkte heraus:
☐ Das Anrollenlassen, Anschieben oder Anschleppen ist problemlos, wenn der Anlasser wegen einer leeren Batterie den Motor nicht zum Laufen bringt.
☐ Lassen Zündaussetzer oder Fehlzündungen auf einen Defekt an der Zündanlage schließen, diese sofort überprüfen (lassen).
☐ Bei einem Lagerschaden nicht mit einem totgestellten Zylinder fahren, was ohne Katalysator problemlos möglich ist.
Außerdem:
☐ Im Hochsommer nach wochenlanger Trockenheit beim Parken den Wagen nicht über trockenem Laub, Heu o.ä. abstellen. Unter besonders ungünstigen Umständen könnte es zu einer Entzündung kommen.
☐ Beim Auftragen von Unterbodenschutz darf nichts davon an den Katalysator geraten.
☐ Kontrollieren Sie gelegentlich bei aufgebocktem Fahrzeug, ob die Hitzeschutzbleche nicht beschädigt oder verloren gegangen sind.

Vorsichtsmaßnahmen beim Katalysator-Kadett

Wenn eine längere Reise in ein Land bevorsteht, wo ausschließlich bleihaltiger Kraftstoff erhältlich ist, sollten Sie sich auf keine Experimente einlassen. Der Austausch des bleivergifteten Katalysators wird eine teure Angelegenheit. Deshalb muß dann das herkömmliche Auspuffrohr (siehe Seite 50) gekauft und anstelle des Katalysators eingebaut werden. Die Lambda-Sonde wird abgeklemmt, ebenfalls ausgebaut und die Öffnung mit einem Stopfen verschlossen. Vor der Rückumrüstung auf Katalysatorbetrieb muß der Wagen eine zeitlang – mit etwa 3 bis 4 Tankfüllungen – bleifrei gefahren werden, um Tank und Ansaugsystem vom Blei zu befreien. Damit vermeidet man Schädigungen des Katalysators.

Fahrten ins Ausland

Erfrischung

Durch die Verbrennung des Kraftstoff/Luft-Gemisches entstehen im Triebwerk sehr hohe Temperaturen. Diese Wärme muß abgeführt werden, sonst gehen durch Wärmedehnung Kolben und Lager fest, und der Motor gibt seinen Geist auf.

So wird gekühlt

Ständig wird durch den Motor Wasser gepumpt. Das besorgt mit einem kleinen Schaufelrad die Wasserpumpe, angetrieben beim 1,2-Liter-Motor über den Keilriemen, bei allen größeren Kadett-Motoren über den Zahnriemen. Das Kühlmittel fließt einerseits durch den Motor und andererseits durch den Kühler. Dort wirkt Luft als abkühlendes Element – entweder als Fahrtwind oder durch den Kühlerventilator forciert.

Ein weiterer Wasserweg führt zum Heizkörper (Radiator), wo das aufgeheizte Kühlmittel während der kalten Jahreszeit für angenehme Temperaturen im Innenraum sorgt. Zusätzlich mit Warmwasser versorgt wird die Startautomatik des Vergasers Pierburg 2 E 3 (siehe Seite 86). Natürlich ist auch für den Rücklauf der Flüssigkeit gesorgt, so daß ein ständiger Kreislauf möglich ist.

Da zuviel Kühlung aber auch schädlich wäre, regelt ein Thermostat den Kühlwasserstrom. Er sorgt dafür, daß der Motor schnell auf Betriebstemperatur kommt, aber unter Last nicht überhitzt, siehe dazu Seite 60.

Überdruck-Kühlsystem

Die Kühlanlage faßt je nach Motor und Getriebeart unterschiedliche Flüssigkeitsmengen:

Motor	Inhalt des Kühlsystems in Liter
1,2-Liter	5,7
1,3-Liter	7,0
1,6-Liter	7,7 (Modell 1,6 i : 7,5)
1,8- und 2,0-Liter	7,5

Diese doch recht geringe Wassermenge würde bei einer scharfen Autobahnfahrt oder einem Paßaufstieg im Hochgebirge nicht ausreichen, wäre das Kühlsystem nicht unter Druck gesetzt. In der Kühlanlage herrscht bei Betriebstemperatur ein Überdruck von 1,2–1,35 bar. Das erhöht den Wasser-Siedepunkt von 100°C auf etwa 125°C. So kann die für den Motor betriebsgünstige Kühlmitteltemperatur von etwa 110°C ohne »Kochgefahr« eingehalten werden, und das unter Druck gesetzte Wasser nimmt auch mehr Wärme auf.

Verantwortlich für ein gutes »Arbeitsklima« des Motors sind:

☐ Der Verschlußdeckel auf dem Ausgleichbehälter, der den Druck reguliert

☐ Der Thermostat, der nach dem Kaltstart die Kühlflüssigkeit nicht gleich durch den Kühler strömen läßt, sondern erst mit steigender Temperatur.

Stand der Kühlflüssigkeit prüfen

Ständige Kontrolle

Der Kühler besitzt keinen herkömmlichen Verschluß, der Stand des Kühlmittels läßt sich von außen am Ausgleichbehälter erkennen. Dieser ist über zwei Schläuche mit dem Kühlsystem verbunden.

■ Bei kaltem Motor muß sich der Kühlmittelstand an der Markierung »KALT« des Ausgleichbehälters abzeichnen.

■ Warmes Wasser dehnt sich aus und steht dann höher als kaltes.

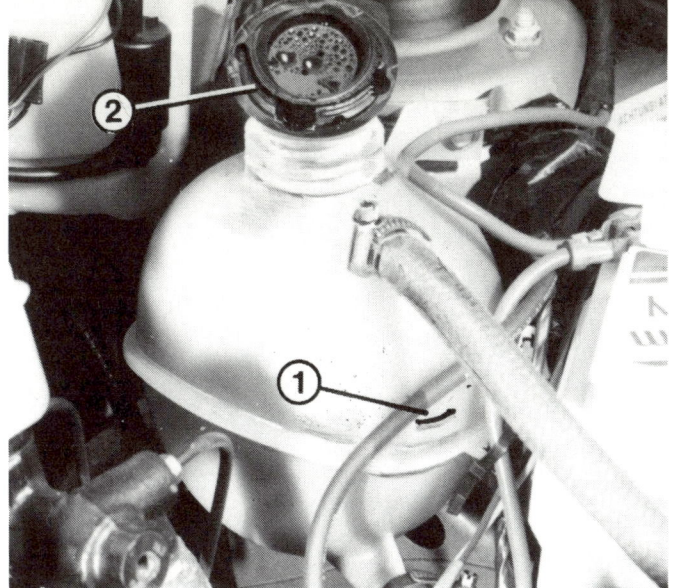

Im Ausgleichbehälter soll der Kühlmittelstand nicht unter die Markierung (1) fallen. Der Verschlußdeckel (2) braucht zur Kontrolle nicht abgenommen zu werden.

Kühlmittel auffüllen

Verlust von Kühlflüssigkeit ist das Zeichen für eine Störung oder einen Defekt. Das Kühlmittel wird nicht verbraucht und kann im geschlossenen Kühlsystem auch nicht verdampfen oder verdunsten. Was Sie bei Kühlflüssigkeitsverlust tun sollten, steht auf Seite 58.

■ Wird nur Wasser nachgefüllt, verdünnen Sie den Frostschutz allmählich. Deshalb evtl. gleich etwas Gefrierschutzmittel zusätzlich eingießen.
■ Nicht über die obere Markierung nachfüllen. Das Kühlmittel dehnt sich bei Erwärmung aus, und die Mehrmenge entweicht aus dem System.
■ Kleinere Flüssigkeitsmengen gießt mar

sowohl bei warmem wie kaltem Motor ein.
■ Bei erheblichem Wasserverlust und heißer Maschine kein kaltes Wasser nachfüllen. Durch den »Kälteschock« kann sich der Zylinderkopf verziehen oder der Motorblock reißen.
■ Bei heißem Motor den Verschluß vorsichtig mit einem Lappen öffnen, Verbrühungsgefahr!

Das Gefrierschutzmittel

Im Kühlsystem sorgt nicht allein klares Wasser für die notwendige Abkühlung des Motors, sondern eine Mischung von Frost- und Korrosionsschutz sowie Wasser. Man spricht daher genauer von Kühlflüssigkeit oder Kühlmittel. Das Mischungsverhältnis beträgt für mitteleuropäische Verhältnisse 2:3, in nordischen Ländern dagegen 1:1. In unseren Breiten sollte der Frostschutz bis −30° C reichen:

Motor	Frostschutz (Liter)	Wasser (Liter)
1,2-Liter	2,7	3,2
1,3-Liter	3,1	3,9
1,6-Liter	3,4	4,3
1,8- und 2,0-Liter	3,3	4,2

Als Frostschutz dient gewöhnlich Äthylenglykol – eine giftige Flüssigkeit auf Alkoholbasis, die nicht verdampft oder verdunstet. Ebenso wichtig wie der Gefrierschutz ist auch der Korrosionsschutz. Er verhindert, daß sich im Kühlsystem Kesselstein, Rost und andere Korrosionsprodukte bilden. Das werksseitig eingefüllte Kühlmittel mit Korrosionsschutz soll deshalb auch nicht im Frühjahr abgelassen werden, sondern verbleibt ganzjährig in der Kühlanlage.
In den Opel-Werkstätten wird das eigene Frostschutzmittel mit der General-Motors-Spezifikation GM L 6368 verwendet. Wir sind in diesem Punkt nicht so markengläubig und würden jedes Gefrierschutzmittel nehmen, das auch eine Korrosionsschutzbeimischung enthält. Die Produkte verschiedener Hersteller lassen sich ohnehin gefahrlos untereinander mischen. Am günstigsten ist der Frostschutz aus dem Faß der Tankstelle. Lesen Sie aber sicherheitshalber noch die entsprechende Mischungstabelle des jeweiligen Herstellers durch.

Frostschutz prüfen

Zum Nachprüfen der Kühlmittel-Frostfestigkeit brauchen Sie einen Hebe-Messer (Spindel, Aräometer). Damit wird das spezifische Gewicht der Flüssigkeit gemessen. Durch unterschiedliche Zugabe von Korrosionsschutzmitteln sind die spezifischen Gewichte der einzelnen

Im Bild auf Seite 254 ist zu sehen, wie die vordere Verkleidung abgebaut werden kann. Das ist zur äußeren Reinigung des Kühlers erforderlich. Die Lamellen des Kühlers sind besonders eng und trotz Ziergitter tritt schnell eine äußere Verschmutzung speziell durch Insektenleichen ein. Die Kühlwirkung wird dadurch erheblich beeinträchtigt. Durchblasen mit Preßluft oder Wasserstrahl von der Rückseite her schaffen dann kaum Abhilfe, gleichzeitiges Benutzen einer harten Bürste ist erfolgversprechender.

Frostschutzprodukte nicht gleich. Für eine absolut genaue Messung brauchen Sie eine auf das eingefüllte Gefrierschutzmittel abgestimmte Spindel. Im Zweifelsfall ziehen Sie vom ermittelten Wert eine Meßtoleranz von 2–3°C ab.

■ Etwas Kühlmittel aus dem Ausgleichbehälter ansaugen. Die Spindel muß frei schwimmen können.
■ Je nach spezifischem Gewicht der Flüssigkeit taucht die Spindel ein.

■ An der Skala ablesen, bis zu welcher Temperatur der Frostschutz reicht.
■ Manche Gefrierschutzprüfer haben Zeiger, an denen die Frostfestigkeit abgelesen werden kann.

Frostschutzkonzentration einstellen

Meist stellt sich heraus, daß die Konzentration des Gefrierschutzmittels nicht mehr völlig ausreicht. Dann muß etwas Frostschutz nachgefüllt werden. Über den Daumen gepeilt etwa ein ¾ Liter für einen um 10°C erweiterten Gefrierschutz.

■ Wanne unter den Kühler stellen.
■ Wasserschlauch unten am Kühler abnehmen, 1 bis 2 Liter Kühlmittel ablassen.
■ Schlauch wieder montieren.

■ Entsprechende Menge unverdünnten Frostschutz eingießen und mit der aufgefangenen Kühlflüssigkeit nachfüllen.

Fingerzeig: *Angebrochenes Gefrierschutzmittel altert, wenn es offen herumsteht. Deshalb in ein verschließbares Gefäß umfüllen, dieses beschriften und vor Kinderhänden gesichert aufbewahren. Frostschutzmittel ist giftig!*

Kühlsystem auf Dichtheit prüfen

■ Schläuche am Kühler und Motor dicht, auch die dünneren zum Ausgleichbehälter und zur Startautomatik beim Vergaser 2 E 3.
■ Schläuche rissig? Durch Kneten feststellen, ob die Wasserschläuche hart und spröde sind – dann umgehend austauschen.
■ Sitzen die Schlauchenden nicht zu knapp auf ihren Stutzen?
■ Sind die Spannschrauben der Schlauchschellen festgezogen?
■ Verrostete Schlauchschellen können unvermutet und bei vollem Betriebsdruck im Kühlsystem nachgeben. Auswechseln!
■ Die Werkstatt kontrolliert die Dichtheit der Kühlanlage mit einer speziellen Handluftpumpe mit Druckmesser.
■ Dieses Gerät wird auf die Ausgleichbehälteröffnung gesetzt und ein Druck von 1 bar aufgepumpt.
■ Fällt der Skalenzeiger nicht innerhalb von ein bis zwei Minuten, ist das Kühlsystem dicht.

Der Kühler

Bei dem aus Aluminium bestehenden Querstrom-Kühler sind die Rohre für den Wasserdurchfluß waagrecht angeordnet. Zur Vergrößerung der Kühlfläche sitzen zwischen den Rohren senkrechte Blechrippen.

Bei Verdacht auf einen undichten Kühler sollten Sie in der Werkstatt die oben beschriebene Druckprüfung durchführen lassen. Bei einem offenkundigen Defekt können Sie den Kühler auch gleich selbst ausbauen und zur Reparatur bringen. Es gibt spezielle Kühlerwerkstätten (Branchentelefonbuch!), oder vielleicht befindet sich in Ihrer Nähe eine Kühlerfabrik, die ebenfalls Reparaturen durchführt.

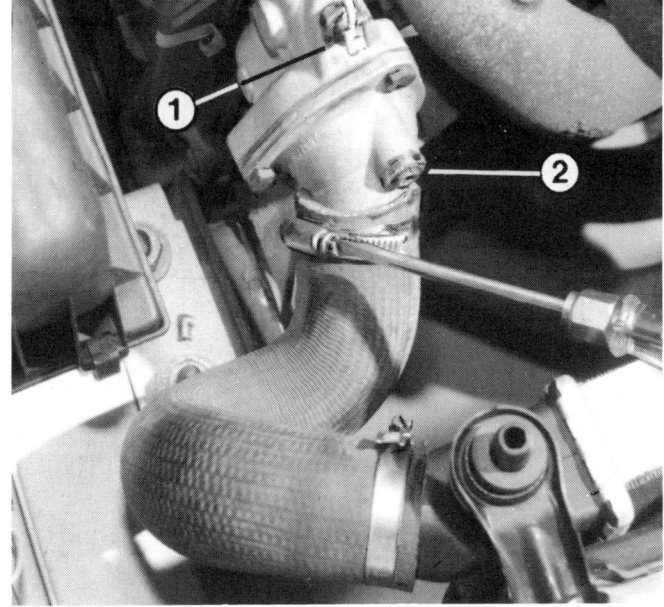

Der Schraubendreher ist auf die Spannschraube einer Schlauchschelle angesetzt. Sie darf nicht zu stramm angezogen werden. Im Thermostatgehäuse der 1,6- und 1,8-Liter-Motoren sind der Thermofühler (1) und die Entlüftungsschraube (2) eingesetzt.

Fingerzeig: *Unsere Modelle mit Thermostat und thermostatisch gesteuertem Kühlerventilator erreichen ihre Betriebstemperatur ausgesprochen schnell. Eine Abdeckung am Kühlergrill bringt da keine Verbesserung, sondern birgt eher die Gefahr, daß der Motor bei voller Belastung auf der Autobahn bereits bei Temperaturen um den Gefrierpunkt überhitzen kann. Sinnvoll ist eine Kühlerabdeckung erst unter −20°C, also in skandinavischen Ländern.*

Kühlmittelschläuche erneuern

Besorgen Sie als Ersatz Originalschläuche in der richtigen Bogenform und grundsätzlich neue Schlauchschellen.

■ Kühlmittel ablassen und auffangen.

■ Schlauchschellen lösen, Schläuche abziehen.

■ Festsitzende Schlauchenden mit einem Schraubenzieher lockern, den man zwischen Schlauch und Stutzen schiebt und dann vorsichtig hebelt.

■ Neue Schläuche weit genug auf die Stutzen schieben, damit sie nicht wieder abrutschen können.

■ Schraubschellen nicht mit Gewalt anziehen, sonst wird das Gewinde überdreht.

Kühler reinigen

Vor und nach dem Sommerhalbjahr sollten die Kühlerlamellen von den dort festgesetzten Insektenleichen gesäubert werden, sonst wird die Kühlwirkung verschlechtert.

■ Kühlergrill ausbauen (Seite 254).

■ Elektroventilator mit Luftfangtrichter abnehmen (Seite 64).

■ Angetrocknete Insektenreste mit einem eiweißlösenden Mittel einsprühen, z. B. »Summer Screen« von Holt.

■ Nach einer gewissen Einwirkzeit von der Kühlerrückseite her abspülen. Durch die Küh-

lerlamellen mit nicht zu starkem Strahl spritzen. Hartes Bürsten oder scharfes Werkzeug kann die Kühlerlamellen beschädigen.

■ Spezielle Reinigungsmittel für das Kühlerinnere sind bei ausschließlicher Verwendung von Frostschutz mit Korrosionsschutzmittel nicht erforderlich.

Kühlflüssigkeit ablassen

■ Verschlußdeckel des Ausgleichbehälters abschrauben.

■ Wanne zum Auffangen des Kühlmittels unterstellen.

■ Schlauch am unteren Stutzen des Kühlers lösen und abziehen. Bei Reparaturen am Kühler oder an der Heizung genügt diese Entleerung.

■ Kühlmittelschlauch an der Wasserpumpe abmontieren.

■ Zur vollständigen Entleerung des Motors 12 SC an der rechten Seite des Motorblocks den Ablaßstopfen herausdrehen.

■ Bei den anderen Motoren auch den oberen Schlauch am Thermostatgehäuse abziehen.

■ Mußte das Kühlmittel wegen einer Reparatur abgelassen werden, kann man es anschließend wieder verwenden.

Fingerzeig: *Kühlerfrostschutzmittel ist giftig, es darf deshalb nicht einfach in die Kanalisation geschüttet werden. Stattdessen in ein gesondertes Gefäß füllen und zum Sondermüll geben (Annahmestelle von der Gemeindeverwaltung erfragen).*

Kühlsystem neu befüllen und entlüften

■ Zuerst Frostschutzmittel, dann möglichst kalkarmes Wasser einfüllen (Mischungsverhältnis siehe Seite 57).

■ Der Flüssigkeitsspiegel soll etwas über der Markierung »KALT« (Bild Seite 56) stehen.

■ Zum Entlüften des Kühlsystems den Motor im Leerlauf drehen lassen.

■ Beim Motor 12 SC die Schelle des Heizungsschlauches lösen, bis Kühlmittel austritt, dann die Schelle wieder festziehen.

■ Bei den anderen Motoren den Temperaturfühler auf dem Ansaugkrümmer herausdrehen (Bild Seite 239) und weiter Kühlmittel eingießen, bis dieses ohne Luftblasen aus der Öffnung tritt. Temperaturfühler wieder einschrauben, Kabelschuh aufstecken.

■ Verschluß des Ausgleichbehälters festdrehen.

■ Motor laufen lassen und alle Schlauchanschlüsse auf Dichtheit prüfen.

Kühler ausbauen

■ Schlauch vom unteren Kühlerstutzen lösen.

■ Kühlmittel zur Wiederverwendung auffangen.

■ Oberen Schlauch am Kühler lösen.

■ Schlauch zum Ausgleichbehälter am Kühler lösen.

■ Die Kabelstecker am Lüftermotor und am Temperaturschalter abziehen.

■ Beide Halteschrauben oben herausdrehen.

■ Kühler mit Luftfangtrichter und Ventilator nach oben herausziehen.

■ Luftfangtrichter abschrauben.

Der Thermostat
Kleiner und großer Kreislauf

Damit der Motor schnell auf seine Betriebstemperatur kommen kann, wurde das Kühlsystem in einen kleinen und einen großen Kreislauf aufgeteilt:

☐ Nach dem Kaltstart zirkuliert das Kühlmittel im »kleinen« Kreislauf von der Wasserpumpe zum Motorblock sowie in den Zylinderkopf und wieder zurück zur Wasserpumpe. Vom kleinen Kreislauf mitversorgt wird der Heizungs-Wärmetauscher und die eventuell vorhandene Startautomatik am Vergaser.

☐ Erst wenn die Kühlflüssigkeit eine bestimmte Temperatur erreicht hat, wird der Kühler zum Abkühlen des Heißwassers gebraucht.

☐ Das Zuschalten des Kühlers besorgt der Thermostat oder Kühlwasserregler. Er öffnet aber nicht einfach einen Verbindungsschlauch zwischen Motor und Kühler, sondern kaltes Wasser aus dem Kühler wird vorgemischt mit bereits erwärmtem aus dem kleinen Kreislauf.

☐ Durch diese allmähliche Kaltwasserbeimischung wird der sogenannte Kälteschock für den Motor vermieden. Das unten abfließende kalte Wasser zieht heißes Kühlmittel oben in den Kühler nach. Dort wird es beim Zug durch die Kühlerlamellen abgekühlt. Gleichzeitig mit dem Hinzuschalten des Kühlers wird der »Kurzschluß-Kreislauf« geschlossen.

Funktion des Thermostats

☐ Das »Umschalten« des Thermostats bewirkt eine mit Spezialwachs gefüllte Büchse und der daran befestigte Ventilteller. Bei Erwärmung des Kühlmittels verflüssigt sich das Wachs und dehnt sich dabei aus. Zwangsläufig öffnet es durch das größere Volumen den Ventilteller.

☐ Solange die Wassertemperatur steigt, wird vom Thermostat der Kaltwasserzufluß aus dem Kühler zunehmend geöffnet und gleichzeitig der Kurzschluß-Kreislauf geschlossen.

☐ Sinkt während der Fahrt die Wassertemperatur wieder unter die gewünschte Betriebstemperatur, drückt eine Feder am Thermostat den Ventilteller wieder in Richtung »Zu« und sperrt den Kühlerdurchfluß so lange, bis das Kühlmittel wieder genügend warm ist.

Der Thermostat sitzt beim 1,2-Liter-Motor im oberen Hals der Wasserpumpe vorn am Zylinderkopf, bei den 1,3-Liter-Motoren an der Stirnseite hinter der Zahnriemenabdeckung, bei den größeren Motoren an der Stirnseite links.

Störungen am Thermostat

☐ Ablagerungen aus dem Kühlsystem setzen sich zwischen dem Ventilteller und seinem Sitz fest. Der Thermostat kann dann bei niedrigen Wassertemperaturen nicht mehr völlig schließen, aufgeheiztes Kühlmittel strömt sofort durch den Kühler.

☐ Erkennungsmerkmale: Die Temperaturanzeige klettert langsamer in die Höhe, und die Heizwirkung setzt später als üblich ein.

☐ Folgen: Meßbarer Schaden entsteht zunächst nicht, wenn Sie so weiterfahren, aber der Motor läuft unnötig lange im unterkühlten Bereich.

☐ Gefährlich für den Motor ist, wenn Wachs aus der Thermostatbüchse austritt und der verbliebene Rest die Büchse nicht mehr aufdrücken kann. Dann bleibt das Ventil geschlossen.

☐ Erkennungsmerkmal: Die Nadel der Temperaturanzeige steht im hohen Bereich.

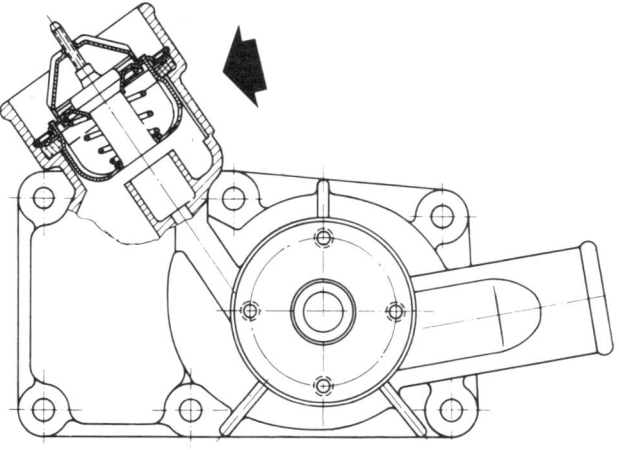

Im oberen Hals der Wasserpumpe ist beim 1,2-Liter-Motor der Thermostat eingesetzt.

☐ Folgen: Wer so weiterfährt, erhält die Quittung in Form einer durchgebrannten Zyiinderkopfdichtung und eines verzogenen Zylinderkopfes.

☐ Hier hilft nur der Ausbau des Thermostats oder Abschleppen.

Thermostat ausbauen

Einen defekten Thermostat am 1,3-l-Motor unterwegs auszubauen ist problematisch, weil er nicht gut zugänglich ist. Außerdem dauert es bei heißem Motor lange, ehe mit der Arbeit begonnen werden kann, ohne Gefahr zu laufen, daß man sich die Hände verbrüht. Beim Einbau eines neuen Thermostats soll auch der Dichtring für den Thermostat erneuert werden.

■ Beim **1,2-l-Motor** etwa 1 Liter Kühlmittel auffangen.

■ Wasserschlauch am oberen Hals der Wasserpumpe lösen und zur Seite drücken.

■ Spannfeder für den Thermostat mit einem Schraubenzieher aus der Ringnut hebeln.

■ Thermostat herausnehmen.

■ Neuen Thermostat mit neuem Dichtring einsetzen, der Pfeil auf dem Steg zeigt nach oben.

■ Beim **1,3-l-Motor** den oberen Wasserschlauch am Thermostatgehäuse und Kühler abbauen, Kühlmittel auffangen.

■ Zahnriemenschutz abbauen (Seite 38).

■ Beide Schrauben des Thermostatgehäuses herausdrehen, Gehäuse abnehmen.

■ Neuen Thermostat in die Aussparungen im Zylinderkopf einsetzen.

■ Bei den **1,6-l- bis 2-l-Motoren** den Verschlußdeckel des Ausgleichbehälters abnehmen.

■ Luftfilter vom Vergaser abbauen (Seite 77).

■ Deckel mit angeschlossenem Wasserschlauch am Thermostatgehäuse abschrauben, Kühlmittel auffangen.

■ Thermostat herausnehmen.

■ Beim Zusammenbau neue Dichtung für das Gehäuse verwenden. Schrauben nicht zu fest anziehen.

Thermostat prüfen

Mit einem Einmachthermometer können Sie selbst kontrollieren, ob der Kühlwasserregler bei der vorgeschriebenen Temperatur öffnet. Öffnungsdaten und Kennzeichnung hängen von der Motorversion ab:

Im Gegensatz zum 1,3-Liter-Motor ist das hier gezeigte Thermostatgehäuse an den 1,6- bis 2-Liter-Motoren bequem zugänglich. Der Ausbau ist auf der dieser Seite beschrieben.

Motor	Öffnungsbeginn	Öffnungsende	Kennzeichnung
1,2-Liter	91° C	107° C	102
1,3-Liter	92° C	107° C	92
1,6 bis 2-Liter	91° C	103° C	91 C 195 F

■ Thermostat ausbauen.
■ Kühlwasserregler in einen Topf mit Wasser hängen und Wasser erhitzen.
■ Kontrollieren, ob das Ventil bei den genannten Temperaturen von seinem Sitz abhebt.
■ Wenn möglich, noch den Öffnungshub messen.

Die Wasserpumpe

Die Kühlflüssigkeit wird von der Wasserpumpe im Kreislauf gehalten. Sie sitzt bei allen Motoren an deren Stirnseite.
Die Wasserpumpe ist wartungsfrei. Aber sie kann undicht werden, oder mahlende Geräusche lassen auf schadhafte Lager schließen.
■ Kühlmittel ablassen und auffangen.
■ Beim **1,2-l-Motor** beide Kühlmittelschläuche und den Heizungsschlauch an der Wasserpumpe abbauen.
■ Keilriemen abnehmen (Seite 201).
■ Schrauben der Pumpenriemenscheibe lösen und Riemenscheibe abnehmen.
■ Wasserpumpe abschrauben.
■ Dichtfläche reinigen.
■ Beim Einbau neue Dichtung mit etwas Fett auflegen.
■ Befestigungsschrauben der Pumpe mit 8 Nm festziehen.
■ Keilriemen spannen (Seite 200).
■ Bei den **1,3- bis 2-l-Motoren** den Kolben des 1. Zylinders auf Zündzeitpunkt stellen, siehe Seite 36.

■ Keilriemen der Lichtmaschine abnehmen (Seite 201).
■ Zahnriemenabdeckung abbauen.
■ Zahnriemen ausbauen (Seite 39).
■ Hinteres Zahnriemen-Abdeckblech abschrauben.
■ Wasserpumpe abschrauben.
■ Beim Einbau die Pumpe mit neuem Dichtring einsetzen.
■ Schrauben für die Pumpe nur handfest eindrehen.
■ Zahnriemen montieren (Seite 39).
■ Schrauben für die Pumpe am 1,3-l-Motor mit 8 Nm festziehen, bei den größeren Motoren mit 25 Nm.
■ Keilriemen auflegen und spannen (Seite 200).

Der Kühlerventilator

Die Kadett-Motoren besitzen einen elektrisch angetriebenen Kühlerventilator, der nur bei Bedarf zuschaltet. Das spart nicht zuletzt Motorleistung.
Unten am Kühler ist ein temperaturempfindlicher Schalter eingeschraubt. Wenn er »spürt«, daß

Eine Störung des Lüftermotors läßt sich einkreisen, wie auf dieser Seite oben beschrieben. Dazu Kabelstecker (Pfeil) abziehen.

Links: Der Thermoschalter ist seitlich am Kühler eingeschraubt.
Rechts: Bei automatischem Getriebe sind am Kühler zusätzliche Kühlleitungen abgeschlossen.

die an ihm vorbeirauschende Flüssigkeit nach Durchfluß des Kühlers noch zu heiß ist, schaltet er den Ventilator ein. Ebenso schaltet er den Elektroventilator wieder aus, wenn die Temperatur unten im Kühler auf einen bestimmten Wert abgesunken ist.

Der Thermoschalter schaltet bei ca. 97°C ein, bei ca. 93°C schaltet er aus.

Bei der Einschalttemperatur schließt der Kontakt im Schalter den Stromkreis des Kühlerventilators, und dieser läuft an. Der Elektrolüfter erhält Dauerstrom, so daß der Propeller auch nach Abschalten der Zündung noch weiterlaufen kann.

Vorsicht beim Hantieren im Motorraum: Bei heißgefahrenem Triebwerk kann der Ventilator nochmals unvermittelt loslaufen!

Die Spannung für den Kühlerventilator wird dem Thermoschalter über die Sicherung 11 zugeleitet.

Ein ausgefallener Lüftermotor kann zu hohe Kühlmitteltemperatur verursachen; allerdings nur bei längerem Motorleerlauf oder einer Paßauffahrt im Gebirge.

Ein streikender Ventilator muß aber nicht das Ende der Fahrt bedeuten:

☐ Nachdem der Motor einigermaßen abgekühlt ist, kann man mit mittleren Drehzahlen und einigermaßen zügigem Tempo die nächste Werkstatt anlaufen. Dabei die Temperaturanzeige im Auge behalten.

☐ Leerlauf und Schleichfahrt dagegen sind für den Motor gefährlich. Da strömt kaum ein kühlender Lufthauch durch die Kühlerlamellen.

Störungen am Kühlerventilator

■ Ziehen Sie am Thermoschalter die beiden aufgesteckten Kabel bzw. den Doppelstecker ab.

■ Halten Sie die Steckkontaktzungen zusammen oder überbrücken Sie die Kabelstecker mit einem Stück Draht.

■ Wenn jetzt der Ventilator losbraust, ist der hierbei aus dem Stromkreislauf herausgenommene Thermoschalter defekt.

■ Zur Weiterfahrt die losen Kabelstecker durch einen sogenannten Verteilerstecker, in den beide Kabelschuhe eingesteckt werden können, verbinden. Oder die Kabelbrücke im Doppelstecker gut festklemmen.

■ Damit die locker hängenden Kabel keinen Unfug stiften können, umklebt man sie kurzschlußsicher mit Klebeband oder Heftpflaster.

■ Half die Überbrückung des Thermoschalters nicht weiter, kontrollieren Sie, ob die Sicherung 11 defekt ist.

■ Bei intakter Sicherung wird der Lüftermotor überprüft:

■ Kabelstecker abziehen und stattdessen am Kontakt der braun/weißen Leitung Hilfskabel zum Batterie-Pluspol legen. Die Steckverbindung für das braune Kabel wird direkt mit dem Minuspol verbunden.

■ Dreht sich der Propeller immer noch nicht, ist der Ventilatormotor defekt – austauschen.

■ Läuft der Ventilator jedoch, müssen die

Störungssuche

Kabelstecker sowie sämtliche Kabelverbindungen von Thermoschalter und Elektrolüfter überprüft werden.

■ Auch mit direkt von der Batterie gespeistem Kühlerventilator können Sie unbesorgt weiterfahren.

Fingerzeig: *Bei allen Notschaltungen muß am Ende der Fahrt eine der Kabelverbindungen getrennt werden, sonst läuft der Lüftermotor so lange, bis die Batterie leer ist.*

Lüftermotor ausbauen

■ Mehrfachstecker vom Lüftermotor abziehen.
■ Luftfangtrichter mit Lüftermotor vom Kühler herausziehen und abnehmen.

■ Drei Muttern abschrauben und Lüftermotor vom Luftfangtrichter abnehmen.

Störungs-beistand
Kühlsystem

Die Störung	– ihre Ursache	– ihre Abhilfe
A Temperatur-Anzeigenadel steht im roten Bereich	1 Zu wenig Flüssigkeit im Kühlsystem	Auffüllen, notfalls aus der Scheibenwaschanlage
	2 Kabel zur Temperaturanzeige hat Massekontakt	Kabel am Temperaturfühler abziehen, Zeiger muß zurückgehen sonst Masseschluß; Kabelverlauf kontrollieren
	3 Thermostat öffnet den Kaltwasserzufluß aus dem Kühler nicht (Kühler kalt)	Thermostat ausbauen und ohne ihn weiterfahren oder Wagen abschleppen lassen
	4 Kühlerventilator schaltet nicht ein	Siehe »Störungssuche« 63
	5 Überdruckventil im Verschlußdeckel defekt	Deckel prüfen (lassen), ggf. austauschen
	6 Kühlerlamellen zugesetzt	Kühler reinigen
B Temperaturanzeige spricht sehr langsam an, schwache Heizleistung	Thermostat schließt nicht völlig, aufgeheiztes Kühlwasser strömt zu früh durch den Kühler	Thermostat säubern, ggf. ersetzen

Energiewirtschaft

Kraftstoff und Verbrauch geben ein beliebtes Thema ab. Nicht immer ist das Wissen darum perfekt, deshalb hier einige Informationen.

Normal- oder Superbenzin?

Die Bezeichnungen »Normal« und »Super« stimmen eigentlich nicht, denn beide Kraftstoffarten sind z. B. im Reinheitsgrad und im Verdampfungsverhalten gleich. Das wesentliche Unterscheidungsmerkmal ist die Klopffestigkeit. Sie wird durch die Oktanzahl gekennzeichnet und liegt bei Super höher als bei Normalbenzin.
Superkraftstoff kann höhere Kompressionsdrücke aushalten, ohne sich selbst zu entzünden, was sonst zu Motorklopfen führt, siehe nächste Seite. Beim Verdichten erwärmt sich jedes Gas, auch das Kraftstoff/Luft-Gemisch. Sie kennen das vielleicht von der Fahrrad-Luftpumpe beim Aufpumpen eines Reifens. Mit höherem Kompressionsverhältnis kann es also um so leichter zu Selbstzündungen im Verbrennungsraum kommen, wenn der Kraftstoff nicht klopffest genug ist. Je nach Verdichtungsverhältnis brauchen die Motoren Normal- oder Superbenzin.

Motor	12 SC	13 N	E 13 NB	C 13 N	13 S	C 16 LZ	16 SV	
Verdichtung	9,0	8,2	8,2	9,0	9,2	8,6	10,2	
Kraftstoffanspruch	98	91	91	91	98	95 (91)	98 (95)	
Kraftstoffsorte	S	N	N	N	S	S (N)	S	
verbleit	+	(+) oder	(+) oder		+		+ oder	
unverbleit		+	+	+		+	+	

Motor	16 SH	E 16 NZ	C 18 NT	C 18 NE	18 E	E 18 NV	C 20 NE	20 SEH
Verdichtung	9,2	9,2	8,9	8,9	9,5	9,2	9,2	10,0
Kraftstoffanspruch ROZ	98	95 (91)	91	91	98	95 (91)	95 (91)	98 (95)
Kraftstoffsorte	S	S (N)	N	N	S	S (N)	S (N)	S
verbleit	+				+			+ oder
unverbleit		+	+	+		+	+	+

Der Verkauf von verbleitem Normalbenzin ist jedoch seit Anfang 1988 in der Bundesrepublik verboten. Diese Kraftstoffart wird in obiger Tabelle weiterhin erwähnt, weil sie im Ausland verfügbar sein kann.

Bleifreies Benzin

Das »Blei« im Kraftstoff dient nicht nur als Klopfbremse, wie im nächsten Abschnitt beschrieben. An den Ventilsitzen der Auslaßventile wirkt es außerdem wie ein Puffer – es federt den Aufschlag des Ventils beim Schließen ab. Mit bleifreiem Benzin ist dieser Dämpfeffekt nicht gegeben.
☐ **Bleifrei Normal** kann uneingeschränkt in den Motoren 13 N, E 13 NB, C 13 N und C 18 NE gefahren werden.

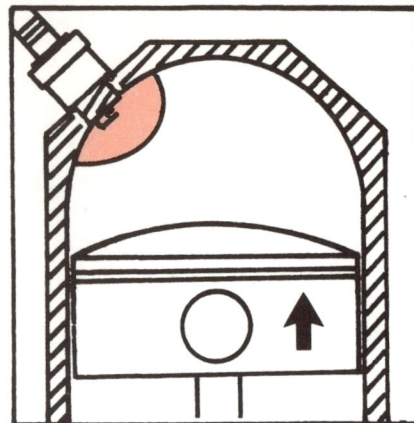 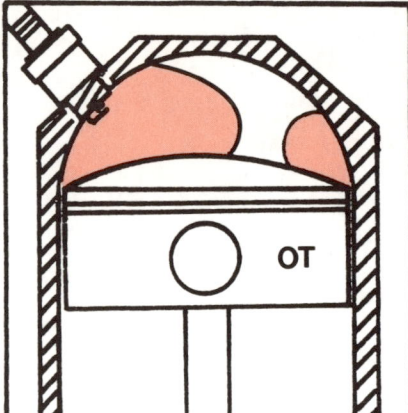 

Der Motor klopft. Zusätzlich zu dem von der Zündkerze entflammten Gemisch entzündet sich in einer Ecke des Verbrennungsraumes ein Gemischrest. Das ergibt bei der Abwärtsbewegung des Kolbens eine unkontrollierte Detonation.

☐ **Bleifrei Super** ist in den niedriger verdichteten Motoren nicht erforderlich.

☐ **Euro-Super** ist bleifreier Kraftstoff mit 95 ROZ und für die Motoren C 16 LZ bzw. NZ, E 16 NZ, E 18 NV und C 20 NE uneingeschränkt geeignet. Wegen der Kennfeldanpassung (siehe Seite 222) können im Ausnahmefall auch die Motoren 16 SV und 20 SEH damit betrieben werden.

☐ **Bleifreies Benzin** ist für einen Opel **mit serienmäßigem oder nachgerüstetem Katalysator zwingend vorgeschrieben,** da sonst der Katalysator »vergiftet« wird, siehe Seite 55.

Fingerzeige: *Die Motoren 12 SC, 13 SC, 16 SV, 16 SH, 18 E und 20 SEH kommen aufgrund ihrer hohen Verdichtung nicht mit dem bleifreien »Euro-Super« aus, das lediglich 95 ROZ aufweist. Für diese Motoren gibt es seit Anfang 1989 aber Super bleifrei mit 98 ROZ. Falls dieser Kraftstoff nicht verfügbar ist, müssen sie weiterhin mit bleihaltigem Super gefahren werden. Eine Umrüstung auf niedrigere Verdichtung ist nicht vorgesehen.*
Mit verbleitem Benzin gibt es eine einfache Kontrolle, ob der Motor verbrauchsgünstig läuft. Dann muß das Auspuffendrohr nach Langstreckenfahrt mittelgrau bis -braun sein. Bei hoch verbleiten Kraftstoffen im Ausland ist die Färbung hellgrau. Mit bleifreiem Sprit entfällt diese Kontrollmöglichkeit; das Endrohr ist innen immer schwarz.

Die Euronorm-Motoren

Nach der europäischen Schadstoffausstoß-Regelung erfüllen folgende Motoren die Bedingungen der Stufe C (»bedingt schadstoffarm«): E 13 NB, E 16 NZ und E 18 NV. Bei diesen Euronorm-Motoren arbeiten Zündung und Gemischaufbereitung mit elektronischer Kennfeld-Steuerung sowie Schubabschaltung, jedoch ohne Katalysator.

Die Kraftstoffqualität

Die Klopffestigkeit eines Kraftstoffes – und damit seine Qualität – hängt zum einen von der Güte und der Verarbeitung des verwendeten Rohöls ab. Zum anderen wird die Klopffestigkeit durch sogenannte Klopfbremsen gesteigert, bei dem herkömmlichen bleihaltigen Benzin dient hierzu das hochgiftige Blei-Tetraäthyl.
Zur Kennzeichnung der Klopffestigkeit dient die Oktanzahl. Das ist eine Vergleichsgröße, die in einem speziellen Prüfmotor mit bestimmten Meßkraftstoffen ermittelt wird. Häufig genannt ist die »Research-Oktanzahl«, kurz ROZ. Seltener findet man dagegen die eigentlich aussagekräftigere »Motor-Oktanzahl« oder MOZ. Die hierzulande geforderten Mindest-Oktanwerte für Kraftstoff sind vom Deutschen Institut für Normung in DIN-Normen festgehalten.

Verbleiter Kraftstoff nach DIN 51 600 Super		Unverbleiter Kraftstoff nach DIN 51 607					
		Normal		Super		Super plus	
ROZ	MOZ	ROZ	MOZ	ROZ	MOZ	ROZ	MOZ
98	88	91	82,5	95	85	98	88

Die Motoren 12 SC, 13 S, 16 SH und 18 E sind ursprünglich für den Betrieb mit verbleitem Superbenzin ausgelegt. Dennoch ist bleifreier Kraftstoff zulässig, wenn nach viermaligem Betanken mit Super bleifrei eine Tankfüllung mit verbleitem Super erfolgt. Dabei ist es ratsam, die Zündeinstellung (siehe ab Seite 219) zu kontrollieren und eventuell den Zündzeitpunkt bis zu 5° zurückzunehmen.

In vielen europäischen Ländern sind die Kraftstoffe durch höheren Bleigehalt genauso oder zumindest fast so klopffest wie in der Bundesrepublik. Schwierigkeiten können auftreten in Frankreich, Griechenland, Italien, Österreich, Portugal, Spanien sowie in Ostblockländern. Da sich die Kraftstoffqualitäten jedoch laufend ändern, sollten Sie vor einem Auslandsaufenthalt bei einer Autoclub-Geschäftsstelle die aktuellen Werte erfragen.

Sind Oktanzahlprobleme zu erwarten, müssen Sie Ihre Fahrweise darauf einstellen. Fahren Sie zurückhaltend und beschleunigen Sie nur mäßig. Die Motordrehzahlen sollten 4800/min nicht überschreiten.

Benzinqualität im Ausland

Bei hierzulande verkauften Kraftstoffen ohne DIN-Kennzeichnung oder im Ausland kann sich Motorklingeln oder -klopfen bemerkbar machen. Normalerweise verbrennt das Kraftstoff/Luft-Gemisch im Zylinder auf »Befehl« des Zündkerzenfunkens. Ein »klingelfreudiger« Kraftstoff kann es aber nicht erwarten, bis ihn der Zündfunke restlos entflammt hat. Er detoniert von selbst durch den hohen Druck und die große Hitze zum Teil schon in einer Ecke des Verbrennungsraumes. Dabei knallt er der von der Zündkerze auf ihn zueilenden Flammenfront entgegen. Das gibt einen gewaltigen Druckanstieg im Zylinder. Der Kolben erhält einen Schlag auf den Boden und leitet ihn über sein Pleuel an die Lager der Kurbelwelle weiter.

Tritt dieser Effekt bei hohen Motordrehzahlen auf, werden die harten Verbrennungsgeräusche von den Fahrgeräuschen übertönt. Das ist für den Motor ausgesprochen gefährlich. Dieses Hochdrehzahlklopfen bewirkt eine erhebliche Motorüberhitzung. Bis aber die Kühlmittelanzeige anspricht, ist es meist zu spät, und ein oder mehrere Kolbenböden sind bereits geschmolzen. Bekannter, weil besser zu hören, ist das Beschleunigungsklingeln. Es macht sich bemerkbar, wenn Sie mit nicht genügend klopffestem Kraftstoff aus niedrigen Drehzahlen heraus voll beschleunigen. Diese Klingelerscheinungen schaden dem Motor kaum.

Klingeln und Klopfen

Zum Thema Spritsparen hört man bisweilen Widersprüchliches. Was den Fahrstil angeht, haben neuere Erkenntnisse frühere Auffassungen widerlegt:

☐ Verbrauchsgünstig fahren Sie nach der einfachen Formel: Je niedriger die Drehzahl, desto niedriger der Verbrauch. Das leuchtet ein, wenn man sich vor Augen hält, daß z. B. ein 1,6-Liter-Motor für einen kompletten Arbeitstakt (verteilt auf zwei Kurbelwellenumdrehungen) 1,6 Liter Gemisch verbraucht. Theoretisch benötigt der Motor im 3. Gang bei 4000/min 3200 Liter Kraftstoff/Luft-Gemisch; bei gleicher Geschwindigkeit im 4. Gang dagegen nur 2260 Liter.

☐ Da ein Motor seinen geringsten spezifischen Verbrauch nicht nur bei relativ geringer Drehzahl, sonder auch bei hoher Last erreicht, sollten Sie kräftig beschleunigen und möglichst früh hochschalten. Nicht zaghaft aufs Gaspedal treten.

Eine derartige Fahrweise war lange Zeit als Motorquälerei verpönt. Doch mittlerweile weiß man, daß heutige Motoren auch dann noch optimal geschmiert werden, wenn unsinnigerweise aus Leerlaufdrehzahl im höchsten Gang heraus beschleunigt wird.

☐ Ist die gewünschte Geschwindigkeit erreicht, schalten Sie in den höchstmöglichen Gang und lassen den Opel mit wenig Gas rollen.

☐ Flott drehen soll der Motor eigentlich nur, wenn es die Verkehrssituation erfordert, also beim Überholen oder beim Einspuren in den fließenden Verkehr.

☐ Unsere Motoren sind bei 2000/min hinreichend durchzugskräftig. Lassen Sie deshalb den Motor möglichst nur so weit drehen, daß Sie im nächsthöheren Gang aus ca. 2000/min weiterbeschleunigen können.

☐ Bei jedem längeren Halt den Motor abstellen, z. B. vor einer Baustellenampel, Eisenbahnschranke oder im Verkehrsstau. Bereits ab fünf Sekunden Wartezeit haben Sie Benzin gespart.

☐ Auf richtigen Luftdruck achten, besonders vor Autobahnfahrt (siehe Seite 164). Zu niedriger Luftdruck erhöht den Rollwiderstand.

So fahren Sie sparsam

Die zur Sonderausstattung gehörende »Econ«-Anzeige soll über den momentanen Verbrauch informieren. Das Gerät reagiert auf die Unterdruckverhältnisse im Ansaugrohr, ist also von der Gaspedalstellung abhängig. Bei großem Unterdruck (nahezu geschlossene Drosselkappe) steht die Anzeigenadel im schwarzen, wirtschaftlichen Bereich, bei geringem Unterdruck (geöffnete Drosselkappe) wird der rote, unwirtschaftliche Betrieb angezeigt. Verbrauchsgünstige Drehzahlbereiche in den einzelnen Gängen werden nicht signalisiert.

Das Econometer

Treibstofftransport

Tank, Kraftstoffleitungen und Benzinpumpe dienen dem Nahrungsnachschub für den Motor. Störungen daran sind ziemlich selten, aber wenn man daran arbeitet, ist die Feuergefährlichkeit der Anlage zu beachten.

Fingerzeig: *Bevor Sie irgendwelche Arbeiten an der Kraftstoffanlage beginnen, müssen Sie unbedingt das Batterie-Massekabel abnehmen. Unbeabsichtigte elektrische Verbindungen können zu gefährlicher Funkenbildung führen.*

Der Tank

Er sitzt gut geschützt unter den Rücksitzen, auch ein Heckaufprall kann ihm kaum etwas anhaben. Opel verwendet für den Tank verbleites Stahlblech. Somit besteht besonders innen keine Korrosionsgefahr.

Kraftstoff ablassen

Der Tank besitzt keine Ablaßschraube. Da Kraftstoffzu- und -rücklauf an der Unterseite sitzen, muß der Wagen hinten angehoben oder über eine Grube gefahren werden.
- Sauberes Gefäß für den auslaufenden Kraftstoff bereitstellen.
- Am Tankauslaufstutzen die Schlauchschellen lockern, Schlauchstücke abziehen.
- Kraftstoff in das Gefäß ablaufen lassen. Es bleiben 2,5 Liter Rest im Tank.
- Anschlußstutzen mit einem Stopfen verschließen oder Schlauchstücke abklemmen.

Tank ausbauen

Die Beschreibung bezieht sich auf die Limousine. Beim Caravan sind Ausbau von Teilen der Auspuffanlage und des Handbremsseils nicht erforderlich.
- Tankdeckel abnehmen
- Beim Caravan das Einfüllrohr von der Seitenwand abschrauben.
- Kraftstoff ablassen. Beim Einspritzmotor die Saugleitung zur Kraftstoffpumpe am Tankmeßgerät lösen.
- Bei OHC-Motoren den Vorschalldämpfer mit Rohr am Gelenkflansch vom vorderen Auspuffrohr abschrauben.
- Vorschall- und Nachschalldämpfer am Unterbau aushängen und die Anlage zur linken Seite schwenken.
- Beim OHV-Motor vorderes Auspuffrohr vom Krümmer abschrauben.
- Kabel vom Tankmeßgerät abziehen.
- Gewindelänge am Handbremsseil messen und merken, Mutter abschrauben, Handbremsseil aus den Haltern an Unterbau und Tank aushängen und nach hinten weghängen. Einbau siehe Seite 159.
- Schraube für das Einfüllrohr am Bodenblech herausdrehen.
- Schlauchschellen für das Einfüllrohr mit Überlaufleitung lösen, Rohr vom Einfüllstutzen abziehen.
- Langen Entlüftungsschlauch aus den Haltern an Einfüllstutzen und Tank abnehmen.
- Tank von Hilfsperson festhalten lassen oder mit Wagenheber und Brettern unterbauen.
- Schrauben der Haltebänder für den Tank lösen.
- Tank etwas ablassen.
- Schlauchstellen für kurzen Entlüftungsschlauch und Überlaufschlauch lösen.
- Tank nach unten ablassen.

Fingerzeig: *Ab Modelljahr 1986 beträgt das Tankvolumen 52 Liter. Ein Austausch beider Tanks untereinander ist nicht möglich.*

Geber für die Tankanzeige

Das Tankmeßgerät ist seitlich am Kraftstoffbehälter eingesetzt und von unten erreichbar. Wie es funktioniert, ist auf der nächsten Seite oben gezeigt.

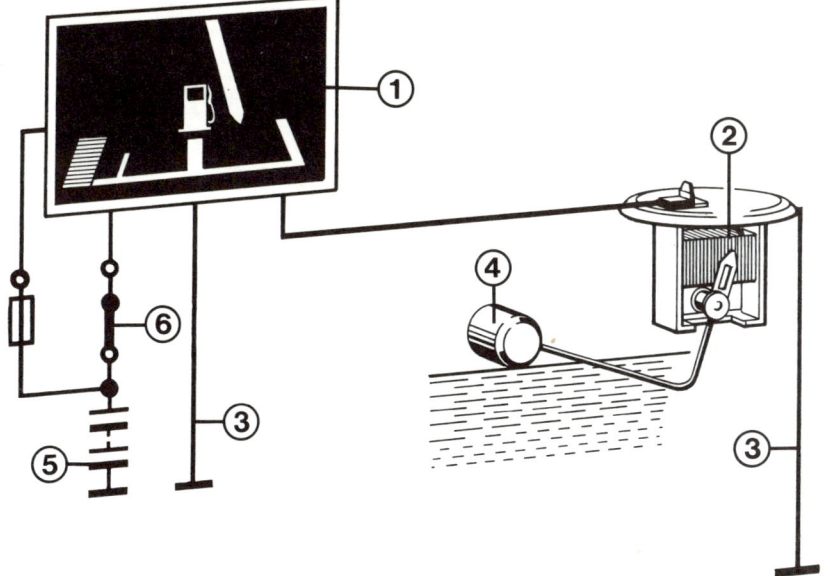

Die Tankanzeige besteht aus: 1 – Instrumentenskala mit dahintersitzendem Bimetallkörper; 2 – Geber mit Widerstand; 3 – Masseanschluß; 4 – Schwimmer; 5 – Batterie; 6 – Zündschalter.

Die Anzeige für den Benzinstand ist kein Präzisionsinstrument. Beim Kadett soll man jedoch einen falsch anzeigenden Geber nicht durch Nachbiegen des Schwimmerarms korrigieren, er ist besser zu ersetzen.

Tankgeber ausbauen

Der Geber besitzt einen Renkverschluß. Er läßt sich mit zwei gekreuzten Schraubenzieherklingen lösen, die Werkstatt hat dafür den Opel-Ringschlüssel KM 332-01.

■ Strom- und Massekabel vom Tankgeber abziehen.

■ Kraftstoff ablassen.

■ Beim Einspritzmotor die Saugleitung zur Benzinpumpe mit Quetschklemme verschließen, Schlauchschelle lösen und den Schlauch vom Geber abziehen.

■ Tankgeber herausdrehen, dabei den restlichen Kraftstoff auffangen.

■ Beim Einbau auf richtigen Sitz des Dichtungsrings achten und den Arm des Schwimmers nicht verbiegen.

Tank-Be- und Entlüftung

Am Einfüllrohr oberhalb des Tanks befindet sich der Be- und Entlüftungsbehälter. Über den angeschlossenen Entlüftungsschlauch oben entweicht die Luft, wenn der Tank gefüllt wird. Über die zweite Leitung werden die sich ständig bildenden Benzindämpfe abgeleitet. Außerdem strömt während der Fahrt durch diese Leitung entsprechend der verbrauchten Kraftstoffmenge von außen Luft in den Tank, so daß sich kein Unterdruck bilden kann.
Der Be- und Entlüftungsbehälter ist mit dem Einfüllrohr verbunden und besitzt eine Auslaufsicherung, die aus einem Kugelventil besteht. Sie bewirkt, daß bei einem Unfall – wenn der Wagen auf dem Dach liegt – kein Benzin über die Be- und Entlüftungsleitung ausläuft.

Be- und Entlüftungsbehälter ausbauen

■ Tankdeckel abnehmen.
■ Kraftstoff ablassen.

■ Schlauch des Einfüllstutzens sowie Be- und Entlüftungsschläuche vom Tank lösen.

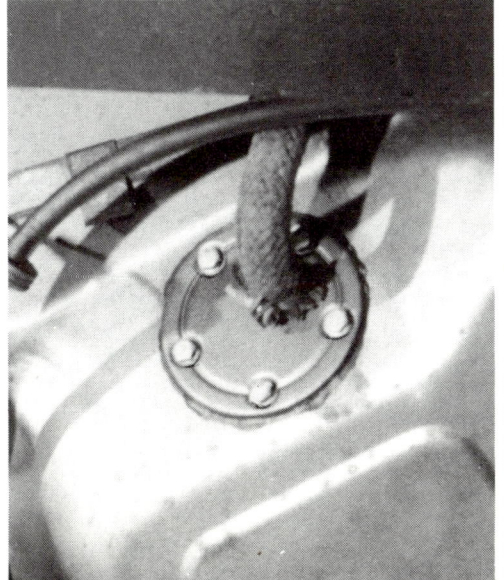

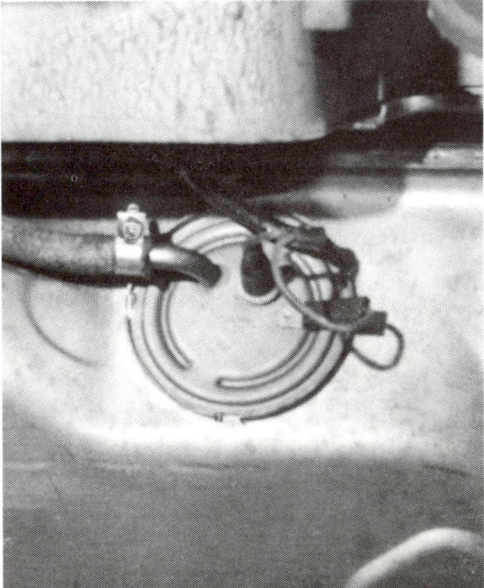

Links: Mit fünf Schrauben befestigter Tankverschluß mit angeschlossenem Schlauch zur elektrischen Kraftstoffpumpe.
Rechts: Deckel mit inwendig angeordnetem Geber und angeschlossenem Rücklaufschlauch.

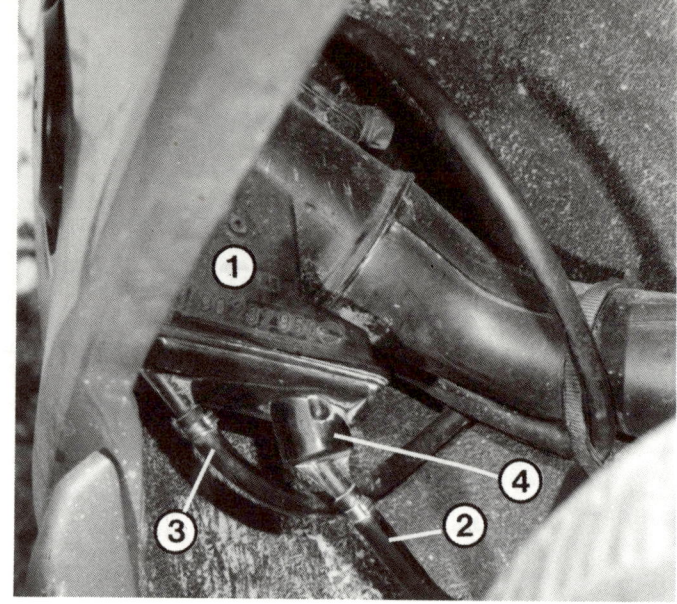

Das ist die unten beschriebene Auslaufsicherung. 1 – In dem Einfüllrohr integrierter Behälter der Auslaufsicherung; 2 – Anschluß zum Tank; 3 – Anschluß zur Außenluft; 4 – Ventil mit Anti-Auslaufmechanik.

■ Federschellen mit dem langen Be- und Entlüftungsschlauch vom Tank lösen.
■ Schrauben herausdrehen und den Einfüllstutzen mit Be- und Entlüftungsschlauch

nach unten aus der Gummidichtung herausziehen.
■ Beim Einbau neue Schlauchbinder verwenden.

Auslaufsicherung prüfen

■ Ausgebauten Be- und Entlüftungsbehälter mit Einfüllstutzen kippen und den Behälter über den Anschluß zum Tank mit Benzin füllen.

■ Das Kugelventil im Behälter muß den Durchlauf verschließen: Es darf kein Kraftstoff aus dem Entlüftungsstutzen fließen.

Der Aktiv-kohlefilter

Bei der üblichen Tankentlüftung entweichen durch Verdunstung von Kraftstoff auch Kohlenwasserstoffe nach außen. Lenkt man diese Dämpfe durch einen Behälter mit Aktivkohle, werden die Kohlenwasserstoffe darin gespeichert und im Betrieb dem Motor mit der Ansaugluft zur Verbrennung zugeführt.

Aktivkohlefilter ersetzen

■ Unterdruckleitung und Schlauchleitungen am Behälter abziehen.
■ Mutter für die Halteschelle abschrauben.
■ Filterbehälter abnehmen.

■ Neuen Behälter befestigen und die Leitungen anbringen.

Die Kraftstoff-leitungen

☐ Bei den Vergasermotoren wird der Kraftstoff in einfachen Schläuchen und Leitungen vom Tank nach vorn gepumpt. Damit der Druck auf das Schwimmernadelventil im Vergaser nicht zu groß wird, gelangt zuviel geförderter Kraftstoff durch eine Rücklaufleitung in den Tank zurück.
☐ Beim Einspritzmotor müssen die Schläuche und Leitungen einem Druck von mehr als 5 bar widerstehen. Die Schläuche bestehen daher aus besonders druckfestem Werkstoff.

Der Behälter des Aktivkohlefilters ist unter dem linken vorderen Kotflügel befestigt. 1 – Aktivkohlefilter; 2 – Belüftungsschlauch; 3 – Steuerleitung; 4 – Ansaugleitung; 5 – Entlüftungsleitung vom Tank.

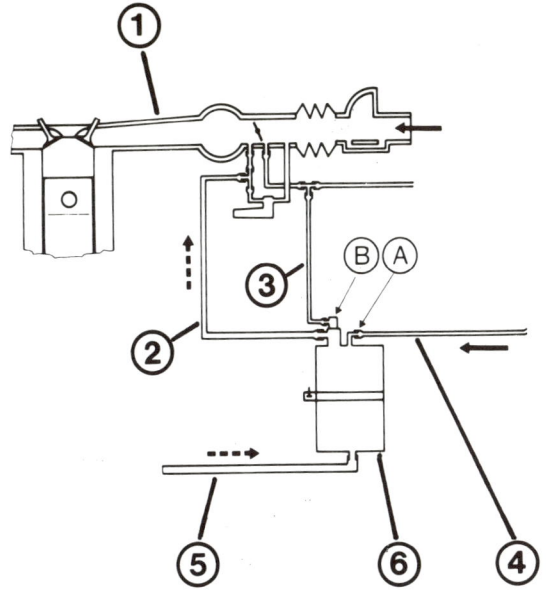

Das Verdampfungskontrollsystem verhindert, daß Kraftstoffdämpfe ins Freie gelangen. Die Kraftstoffdämpfe werden über die Entlüftungsleitung 4 des Kraftstofftanks zum Aktivkohlebehälter (Speicher) 6 Anschluß A im vorderen linken Radeinbau geleitet. Anschließend werden sie mittels Absaugleitung 2 dem Saugrohr 1 (Verbrennungsprozeß) zugeführt. Eine Steuerleitung 3 verbindet das Steuerventil B mit dem T-Verteilerstück. Das Steuerventil B ist nur im Teillastbereich geöffnet. Die Belüftung des Aktivkohlebehälters 6 erfolgt durch den Belüftungsschlauch 5. Die Anlage gehört zum 1,8-Liter-Motor mit LU-Jetronic.

Kraftstoffleitungen und Schläuche ausbauen

■ Schrauben der Schlauchschellen mit Kreuzschlitzschraubendreher lockern.
■ Schlauch unter Drehbewegungen abziehen.
■ Ist dies nicht möglich, kleinen Gabelschlüssel am Schlauchende ansetzen und damit abdrücken.

■ Beim **Einspritzmotor** beachten, daß das Kraftstoffsystem auch längere Zeit nach dem Abschalten des Motors noch unter Druck steht.
■ Beim Losschrauben einer Benzinleitung einen Lappen bereithalten, damit kein Kraftstoff in die Augen spritzen kann.

Kraftstoffanlage überprüfen

Wartung Nr. 7

Riecht es am Abstellplatz des Wagens nach Benzin, tritt dies irgendwo aus einer Leitung oder an einem Bauteil der Kraftstoffanlage aus.
Zur Suche einer Undichtigkeit sollte der Wagen über Nacht an einem trockenen, sauberen Platz gestanden haben.
■ Flecken unter dem Wagenboden?
■ Wenn nicht, Motor starten und einige Minuten laufen lassen.
■ Nach dem Abstellen erneute Kontrolle auf dem Boden.
■ Falls immer noch nichts sichtbar ist, sämtliche Leitungen und Teile der Kraftstoffanlage verfolgen und auf den charakteristischen Benzingeruch achten.
■ Außerdem soll man prüfen bzw. reinigen:
■ Filtersieb der mechanischen Kraftstoffpumpe (Seite 72),
■ Filtersieb am Vergaser Weber 32 TL, Pierburg 2 E 3 und Varajet (Seite 93).

Die mechanische Kraftstoffpumpe
Vergasermotoren

□ Die Pumpe sitzt beim 1,2-l-Motor in Fahrtrichtung vorn am Kurbelgehäuse, bei den 1,3-l- und 1,6-l-Motoren hinten rechts am Zylinderkopf.
□ Zur Funktion: Im Oberteil ist das Saug- und Druckventil eingebaut, im Unterteil sitzt der Steuermechanismus und dazwischen eine Membrane. Eine Feder am Pumpenstößel zieht diesen samt der daran befestigten Membrane nach unten, das Saugventil öffnet: Benzin wird

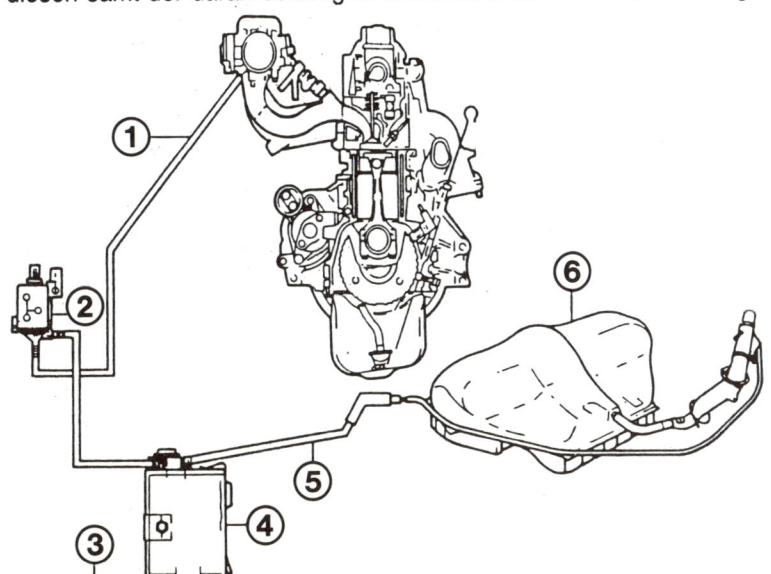

Das Kraftstoff-Verdampfungskontrollsystem des 2-Liter-Kadett. In Abhängigkeit vom Betriebszustand des Motors wird vom Motronic-Steuergerät das elektromagnetisch betätigte Tankentlüftungsventil angesteuert, das die Spülleitung zum Motor freigibt. Durch den am Boden des Aktivkohlebehälters befindliche Entlüftungsleitung wird die Kohlefüllung gereinigt.
1 – Spülleitung; 2 – Tankentlüftungsventil; 3 – Be- und Entlüftungsleitung; 4 – Aktivkohlebehälter; 5 – Tankentlüftung; 6 – Tank.

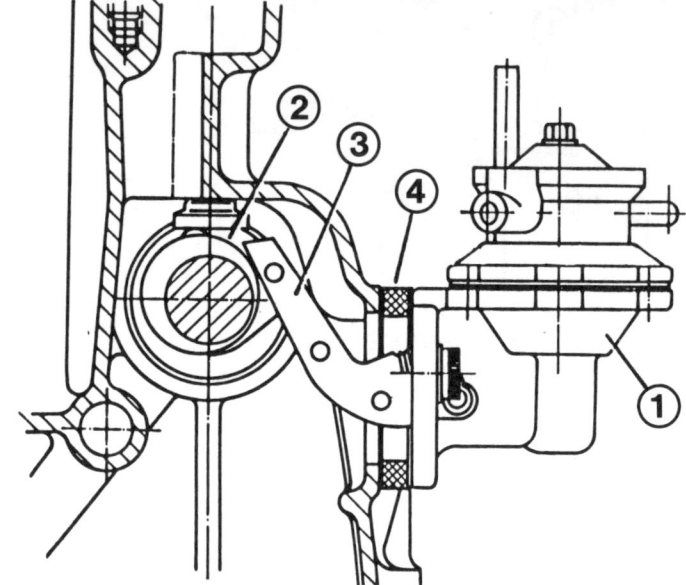

Die Benzinpumpe (1) des 1,2-Liter-Motors wird von der Nebenwelle (2) angetrieben. Ein Nocken der Welle wirkt auf den federbelasteten Betätigungshebel (3). Zwischen Kurbelgehäuse und Pumpe ist eine Dichtung (4) mit bestimmter Stärke eingesetzt.

aus dem Tank angesaugt. Der Pumpenantrieb drückt nun den Pumpenstößel mit der Membrane zurück, und das Druckventil öffnet: Kraftstoff wird in den Vergaser gefördert.

Störungen an der Benzinpumpe

☐ Die Pumpenventile können Probleme bereiten. Sie sind lediglich eingepreßt. Wenn sich eines löst, stockt der Benzinstrom. Falls ein Ventil lediglich hängt, hilft bisweilen kräftiges Klopfen auf das Pumpengehäuse.

☐ Das Oberteil der Pumpe ist nicht zugänglich. Erweist sich die Pumpe als defekt, muß sie komplett ersetzt werden.

Kraftstoffpumpe prüfen

■ Benzinschlauch zum Vergaser abnehmen und in ein Gefäß halten.
■ Motor von Helfer starten lassen. Kommt Benzin?

■ Sie können den Benzinpumpendruck auch mit einem entsprechenden Manometer messen. Bei 2000/min sollen es 0,18 bis 0,24 bar sein.

Filtersieb der Kraftstoffpumpe reinigen

Unterhalb des Kraftstoffpumpendeckels sitzt ein Filtersieb.
■ Halteschraube des Deckels losdrehen.
■ Deckel abnehmen.
■ Filtersieb in sauberem Benzin auswaschen und dann ausblasen.
■ Dichtring auf Beschädigungen kontrollieren.

■ Beim Einbau muß die evtl. vorhandene Kerbe im Deckel in die Aussparung des Pumpengehäuses eingesetzt werden.

Fingerzeig: *Ein undichter Gummiring unter dem Benzinpumpendeckel kann bei höheren Drehzahlen zu Aussetzern und Leistungsverlust führen. Da die Saugseite der Pumpe im Oberteil sitzt, saugt die Benzinpumpe bei defekter Dichtung Luft an.*

Bei den 1,3- und 1,6-Liter-Motoren sitzt die Benzinpumpe am Zylinderkopf, sie wird von der Nockenwelle betätigt. Links: 1 – Kraftstoffzuleitung; 2 – Leitung zum Vergaser; 3 – Befestigung der Pumpe; Rechts: Geöffnete Pumpe. 1 – Befestigungsschraube des Deckels; 2 – Pumpendeckel; 3 – Pumpe; 4 – Dichtungsring; 5 – Filtersieb.

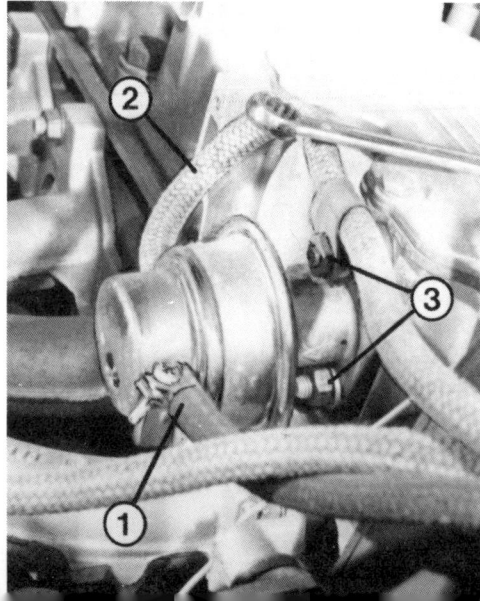

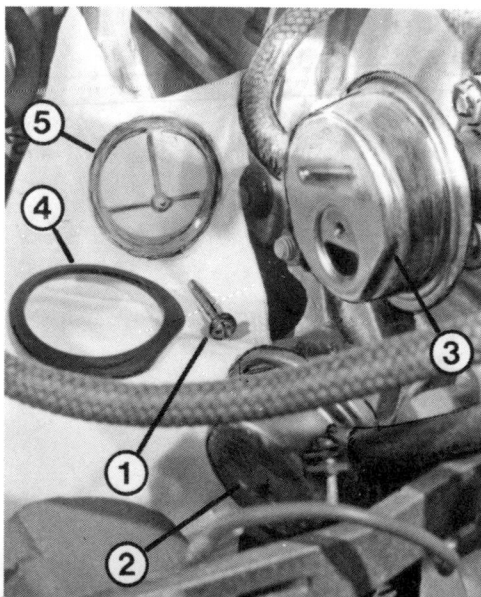

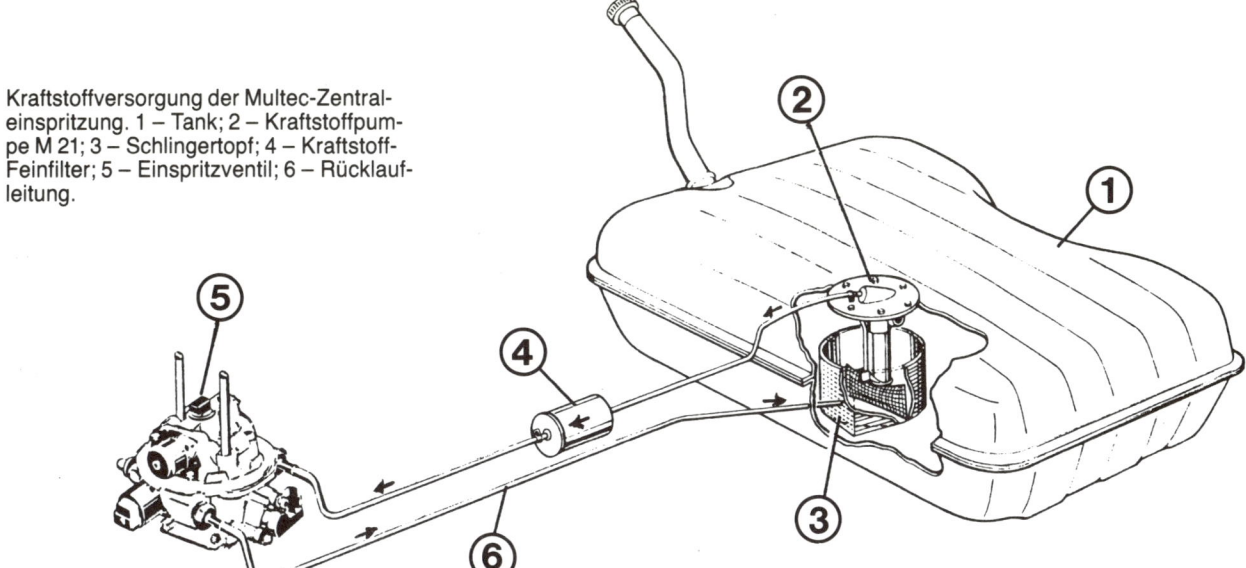

Kraftstoffversorgung der Multec-Zentral-einspritzung. 1 – Tank; 2 – Kraftstoffpumpe M 21; 3 – Schlingertopf; 4 – Kraftstoff-Feinfilter; 5 – Einspritzventil; 6 – Rücklaufleitung.

Kraftstoffpumpe ausbauen

■ Beide Schläuche von der Pumpe abnehmen.

■ Vom Tank kommenden Schlauch abknikken oder durch Hineindrehen einer Schraube verschließen.

■ Beide Halteschrauben der Pumpe losdrehen.

■ Dichtung entfernen und die Flanschflächen reinigen.

■ Beim Einbau neue Dichtung verwenden.

■ Halteschrauben beim 1,3-l-Motor mit 20 Nm, beim 1,6-l-Motor mit 15 Nm anziehen.

Die elektrische Kraftstoffpumpe

Einspritzmotoren

Die Zweiturbinenpumpe für die Multec-Zentraleinspritzung beim Kadett 1,3 i und 1,6 i ist im Kraftstofftank eingesetzt. Bei den Modellen 1,8 i mit Bosch Jetronic befindet sich die Pumpe in Höhe der hinteren Radaufhängung rechts, ebenso bei den Modellen 20 i mit Bosch Motronic. Dies ist eine sogenannte Rollenzellenpumpe mit Elektromotor, der direkt von Kraftstoff umgeben ist. In der Pumpe kann kein zündfähiges Gemisch entstehen.

Beim Einschalten der Zündung erhält die Pumpe Strom über den Startschalter, bei laufendem Motor über das Steuerrelais, das mit dem Steuergerät (Seite 101) in Verbindung steht.

Zur Aufrechterhaltung des Kraftstoffdrucks von 2,5 bar fördert die Pumpe mehr Benzin, als der Motor benötigt. Damit das Kraftstoffsystem auch nach dem Abstellen noch unter Druck steht, besitzt die Jetronic einen Druckregler (siehe Schemazeichnung Seite 100).

Störungen an der Kraftstoffpumpe

Die elektrische Pumpe erhält nur Strom, wenn der Anlasser betätigt wird oder der Motor läuft. Das Prüfen der Pumpe ist etwas kompliziert, nachstehend die Kontrolle ihrer Funktion bei der Jetronic.

■ Sicherung Nr. 16 kontrollieren.

■ Bei intakter Sicherung die Prüfung, ob die Pumpe überhaupt läuft: Von Helfer Anlasser betätigen lassen und Hand an das Pumpengehäuse halten. Wenn die Pumpe arbeitet, sind leichte Vibrationen spürbar.

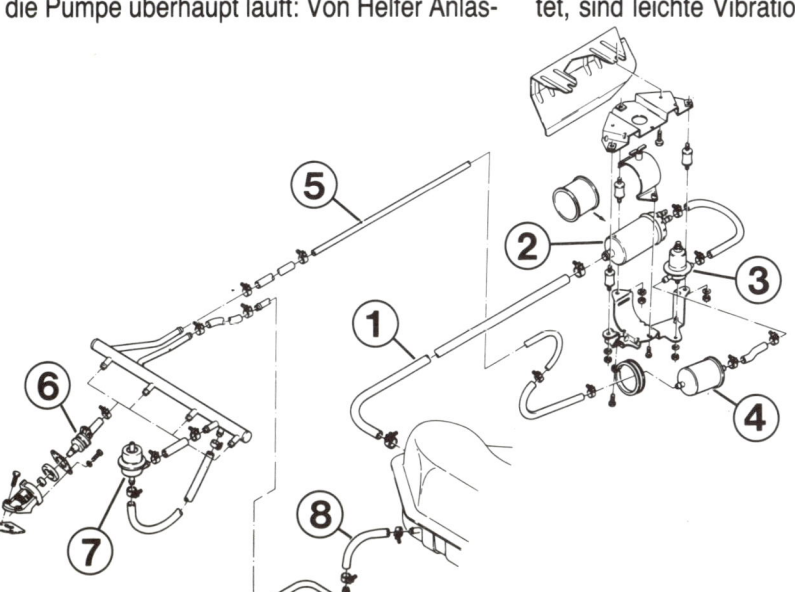

Das Kraftstoffsystem des 18 E-Motors besteht aus: 1 – Kraftstoffsaugleitung; 2 – Kraftstoffpumpe; 3 – Membrandämpfer; 4 – Kraftstofffilter; 5 – Kraftstoffdruckleitung; 6 – Einspritzventil; 7 – Kraftstoffdruckregler; 8 – Kraftstoffrücklaufleitung.

Schematische Darstellung der elektrischen Kraftstoffpumpe des Kadett 1.8 i: 1 – Druckseite; 2 – Rückschlagventil; 3 – Überdruckventil; 4 – Saugseite; 5 – Rollenzellenpumpe; 6 – Anker.

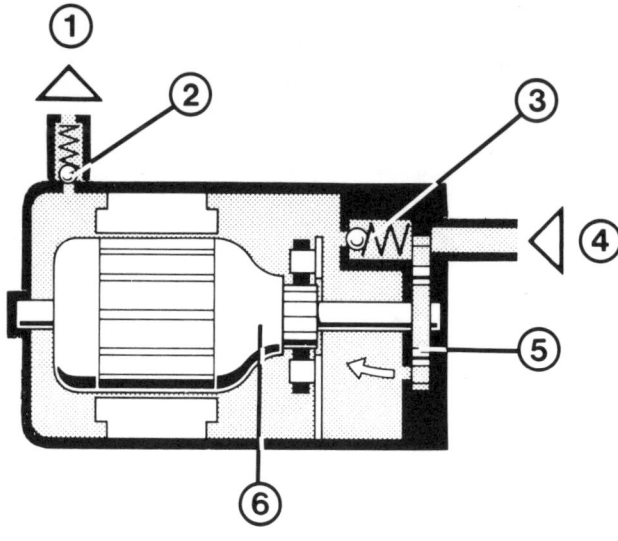

■ Tut sich nichts, Pumpe ausbauen und gegen das Gehäuse klopfen. War sie hängengeblieben, löst sie sich so vielleicht wieder.
■ Sitzen die Kabelstecker an der Pumpe richtig?
■ Nächste Prüfung am Steuerrelais (Seite 101): Klemme 28 und 59 mit Draht überbrük-

ken, die Pumpe muß anlaufen. Stecker wieder aufschieben.
■ Stecker des blauen Kabels von der Pumpe abziehen, Prüflampe anschließen und Starter betätigen. Wenn die Prüflampe leuchtet, ist die Pumpe defekt.

Kraftstoffpumpe der Multec-Zentraleinspritzung ausbauen

■ Hintere Sitzbank hochklappen.
■ Abdeckung der Montageöffnung im Bodenblech herausnehmen.
■ Elektrische Leitungen abziehen.
■ Kraftstoffschlauch abbauen.
■ Pumpe mit Halter vom Tank abschrauben und herausziehen.
■ Kraftstoffvorfilter abdrücken.

■ Verbindungsschlauch des Pumpenhalters zum Deckel drücken.
■ Pumpe mit Gummilager aus dem Halter nehmen.
■ Beim Einbau neue Deckeldichtung verwenden und die Schrauben mit Dichtungsmasse einsetzen.

Kraftstoffpumpe der Jetronic oder Motronic ausbauen

Eine defekte elektrische Kraftstoffpumpe muß ersetzt werden, sie läßt sich nicht reparieren.
■ Kabel von der Pumpe abziehen.
■ Schlauchschellen lösen und Kraftstoffschläuche abziehen.
■ In das Schlauchende passende Schraube stecken.
■ Auslaufendes Benzin mit Lappen auffangen.

■ Befestigungsschelle abschrauben und die Pumpe mit Moosgummi abnehmen.
■ Zum gemeinsamen Ausbau von Pumpe, Filter und Membrandämpfer den Halter von den Stehbolzen abschrauben.
■ Kraftstoffschlauch zum Verteilerrohr am Filter abziehen.

Kadett 1.8 i:
An den bezeichneten Stellen sind das Filtergehäuse (1) und der Membrandämpfer (2) an einer Halterung befestigt.

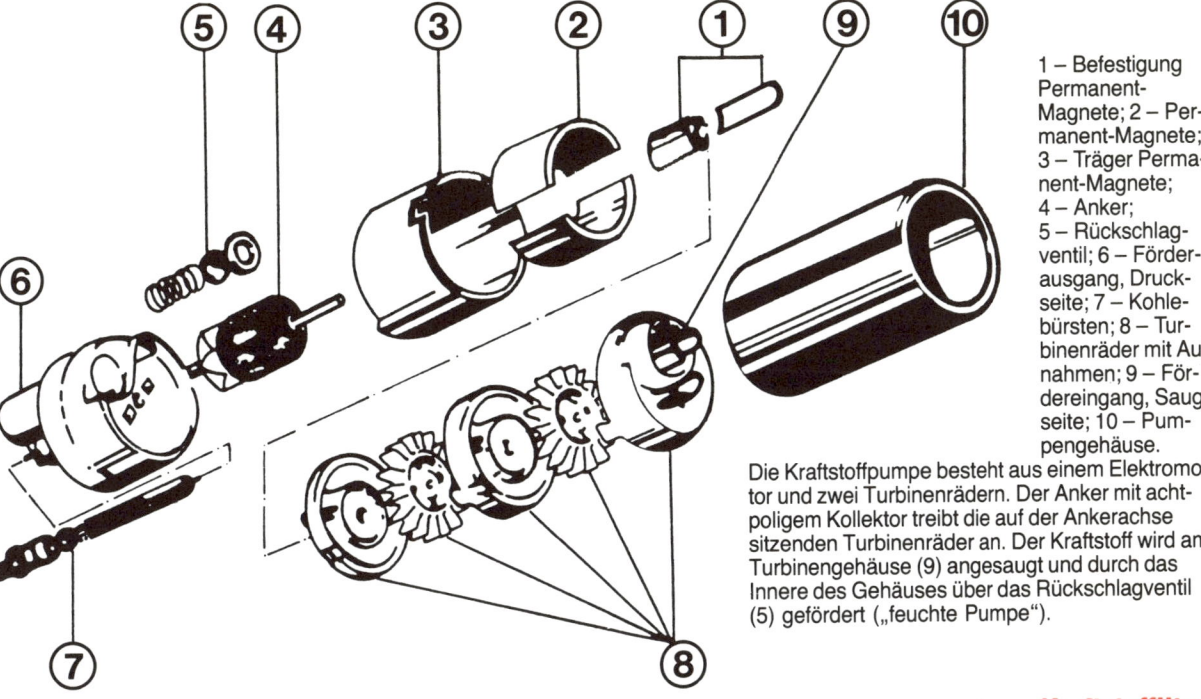

1 – Befestigung Permanent-Magnete; 2 – Permanent-Magnete; 3 – Träger Permanent-Magnete; 4 – Anker; 5 – Rückschlagventil; 6 – Förderausgang, Druckseite; 7 – Kohlebürsten; 8 – Turbinenräder mit Aufnahmen; 9 – Fördereingang, Saugseite; 10 – Pumpengehäuse.

Die Kraftstoffpumpe besteht aus einem Elektromotor und zwei Turbinenrädern. Der Anker mit achtpoligem Kollektor treibt die auf der Ankerachse sitzenden Turbinenräder an. Der Kraftstoff wird am Turbinengehäuse (9) angesaugt und durch das Innere des Gehäuses über das Rückschlagventil (5) gefördert („feuchte Pumpe").

Kraftstoffilter ersetzen

Wartung Nr. 27

Die Einspritzanlage reagiert empfindlich auf Verunreinigungen, deshalb durchläuft bei ihr der Kraftstoff einen speziellen Filter. Besonders aus dem gerade befüllten Erdtank einer Zapfstation können aufgewirbelte Schmutzpartikel in den Kadett-Tank geraten, also an frisch belieferten Tankstellen möglichst nicht auftanken.

Der Kraftstoffilter (Bild unten) soll regelmäßig ausgewechselt werden, reinigen läßt er sich nicht.

■ Schlauchschellen lösen und beide Schläuche abziehen.
■ Auf Sauberkeit achten.
■ Passende Schraube in das Schlauchende stecken oder Schläuche abklemmen.
■ Austretenden Kraftstoff mit Lappen auffangen.
■ Befestigungsschelle abschrauben und Kraftstoffilter abnehmen.

■ Bei der Multec-Zentraleinspritzung zeigt der Pfeil auf dem Filter in Richtung Motor.
■ Bei der Jetronic zeigt der umgebördelte Filterrand zum Membrandämpfer.

Aktivkohlebehälter ersetzen

Die aus dem Tank entweichenden Dämpfe werden durch die Aktivkohle gefiltert und der Ansaugluft des Motors zugeführt. Diese Anlage ist Teil der Multec-Zentraleinspritzung.

■ Unterdruckleitung und Schlauchleitungen am Behälter (Bild Seite 70) abziehen.
■ Mutter abschrauben und die Halteschelle öffnen.

■ Behälter abnehmen.
■ Den Einbau in umgekehrter Arbeitsfolge vornehmen.

Bei hinten angehobenem Kadett 1.8 i gelangt man an:
1 – elektrische Kraftstoffpumpe; 2 – Membrandämpfer; 3 – Kraftstoffilter.

Mischfutter

Pures Benzin entwickelt im Motor nicht genügend Energie. Nur wenn der Kraftstoff nebelförmig in einem richtigen Verhältnis mit Luft vermengt wird, steht ein zündfähiges Gemisch zur Verfügung.

Der Luftfilter

Gewissermaßen als Vorzimmer für die einströmende Verbrennungsluft dient der Luftfilter auf dem Vergaser. Er muß die Staub- und Schmutzteilchen aus der angesaugten Luft herausfiltern, damit sie nicht in den Vergaser oder die Verbrennungsräume gelangen und dort Schaden stiften. Außerdem wirkt der Filter als Ansauggeräuschdämpfer.

Luftfiltereinsatz ausblasen

Das Papierfilterelement sollte einmal im Jahr ausgeblasen werden. Falls Sie viel auf unbefestigten Straßen fahren (etwa im Urlaub), empfiehlt sich diese Reinigungskur schon nach 5000 km.

■ Luftfiltereinsatz ausbauen.
■ Papierfilter ausklopfen.
■ Den feinen Staub müssen Sie mit Druckluft ausblasen.
■ Luftstrahl seitlich an den Filterlamellen vorbeistreichen lassen. Nicht von außen nach innen blasen, sonst wird der Staub noch fester in die Filterporen gedrückt.
■ Niemals den Papierfilter in Flüssigkeiten zu reinigen versuchen. Das verstopft die Filterporen.
■ Ölspuren im Filtergehäuse aus der Kurbelgehäuse-Entlüftung mit einem benzingetränkten Lappen auswischen.

Luftfiltereinsatz wechseln

Wartung Nr. 25

Durch einen verschmutzten Filtereinsatz erhält der Motor nicht mehr die volle Ansaugluftmenge. Das Gemisch wird fetter, der Verbrauch steigt und die Leistung sinkt. Der rechtzeitige Filtertausch ist daher durchaus ratsam.
Neuen Luftfiltereinsatz unter Beachtung des Motortyps beim Opel-Service, im Kaufhaus oder bei der Tankstelle besorgen.

Luftfiltereinsatz ausbauen

■ Auf dem Luftfilterdeckel Schraube(n) herausdrehen bzw. Mutter abschrauben.
■ Spannbügel rund um den Luftfilterdeckel lösen, Deckel abnehmen.
■ Papiereinsatz herausnehmen.
■ Beim Zusammenbau die Verschraubung(en) des Deckels nicht zu fest anziehen.

Je nach Vergaser ist der Deckel (1) des Luftfiltergehäuses mit einer oder mehreren Schrauben (2) befestigt, außerdem durch Spannbügel (3) am Rand des Gehäuses festgehalten. Nach Abnehmen des Deckels ist der Filtereinsatz (4) zugänglich.

Bei den Vergaser-motoren mit 1,3- und 1,6-Liter Hub-raum sitzt auf dem Ansaugstutzen des Luftfilters der Umschalter (1) für die automatische Vorwärmung. Er öffnet oder schließt den Weg der kalten Ansaugluft (2) bzw. der vorge-wärmten Luft (3).

■ Luftfiltereinsatz ausbauen.
■ Schlauch der Kurbelgehäuse-Entlüftung abnehmen.
■ Unterdruckschlauch abziehen.
■ Beim Vergaser Varajet die rechteckige Halterung aus dem Gehäuse nehmen.

■ Filtergehäuse abnehmen.
■ Beim Einbau auf richtigen Sitz des Dicht-rings achten.
■ Schläuche gut auf ihre Stutzen drücken, vorhandene Befestigungsschellen montieren.

Luftfiltergehäuse abbauen

Die angesaugte Verbrennungsluft sollte eine bestimmte Temperatur haben:
☐ Bei kühlem Wetter vergast das Gemisch besser, wenn die Verbrennungsluft angewärmt ist.
☐ Bei höheren Außentemperaturen ist kältere Ansaugluft besser. Luft dehnt sich bei Erwär-mung aus. Da der Motor nur eine bestimmte Menge Luft ansaugen kann, erhält er weniger, wenn diese angewärmt wurde. Das führt zu fetterem Gemisch und höherem Verbrauch.
☐ Vorgewärmte Luft beugt der Vergaservereisung vor, die zwischen +3° und +8°C und hoher Luftfeuchtigkeit auftreten kann. Bei laufendem Motor verdunstet ein Teil des Kraftstoffes durch den Druckabfall im Vergaser. Die entstehende Verdunstungskälte kann dann im Vergaser zur Bildung einer Eisschicht führen und die einwandfreie Gemischbildung verhindern.

Die Ansaugluft-Vorwärmung

☐ Im Schnorchel des Luftfilters sitzt eine verstellbare Klappe. Je nach ihrer Stellung kann durch einen Stutzen Kaltluft und durch einen zweiten Warmluft einströmen.
☐ Beim Motor 12 SC muß die Einstellung von Hand an dem federbelasteten Klappenhebel vorgenommen werden.
☐ Bei den Motoren 13 N, 13 NB, 13 S, 16 SV und 16 SH sitzt die Klappe in einem Mischgehäuse mit Unterdruckdose und Thermostat, zudem befindet sich im Luftfiltergehäuse ein Temperaturregler. Die Stellung der Klappe wird von der Unterdruckdose gesteuert, der Unterdruck kommt über einen Schlauch vom Ansaugrohr.

Mechanische und automatische Vorwärmung

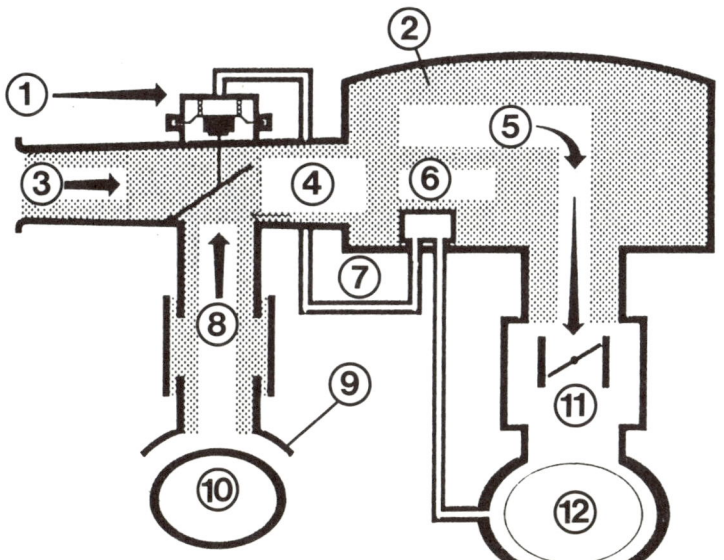

Das Schema der Ansaug-luft-Vorwärmung zeigt:
1 – Unterdruckdose mit Dehnstoffelement; 2 – Luft-filter; 3 – Kaltluft; 4 – Steu-erklappe; 5 – Mischluft; 6 – Regler; 7 – Drossel; 8 – Warmluft; 9 – Warm-lufthutze; 10 – Auslaßkrüm-mer; 11 – Vergaser; 12 – Ansaugkrümmer.

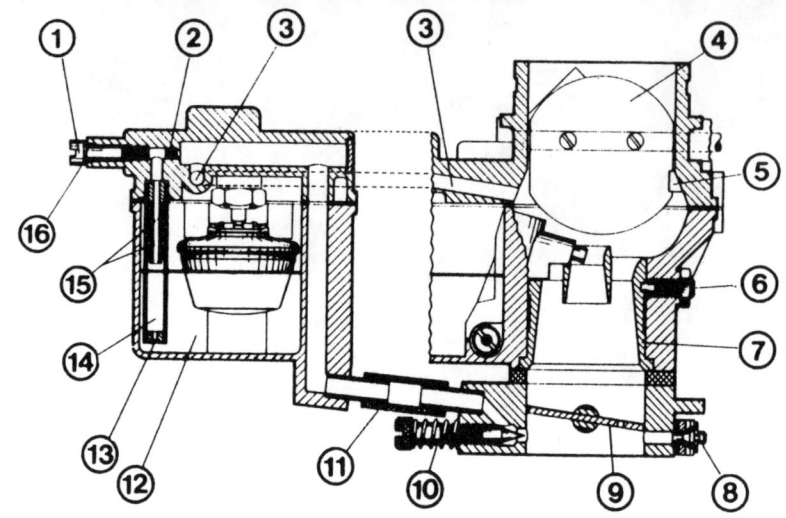

Schemabild des Fallstromvergasers 35 PDSI:
1 – Verschlußschraube;
2 – Zusatzgemischdüse; 3 – Luftbohrung für Umgemisch; 4 – Starterklappe;
5 – Anschlag; 6 – Lufttrichterhalteschraube mit Sechskantmutter; 7 – Lufttrichter; 8 – Leerlauf-Heißluftventil;
9 – Drosselklappe; 10 – Umgemisch-Regulierschraube; 11 – Verbindungsschlauch; 12 – Schwimmerkammer;
13 – Zusatzkraftstoffdüse; 14 – Steigrohr;
15 – Zusatzkraftstoffluftbohrungen;
16 – Dichtring.

Mechanische Vorwärmung einstellen

■ Die Stellung des Klappenhebels entsprechend der Außentemperatur vornehmen: Sommer-Stellung über +10°C, Winter-Stellung unter +10°C.

■ Zu wirtschaftlicherer Fahrweise schon bei 0°C umstellen (Einsparung bis zu 0,5 l auf 100 km). Aber auf einwandfreien Motorrundlauf achten, sonst bei höherer Temperatur umstellen.

Störungen an der automatischen Vorwärmung

Funktioniert die Vorwärmung der Ansaugluft nicht richtig, können sich folgende Störungen bemerkbar machen. Winters:
☐ Schlechter Leerlauf nach dem Kaltstart in der Warmlaufphase.
☐ Schlechter Übergang, Motor neigt zum Stottern.
In der warmen Jahreszeit:
☐ Geringere Leistung, übliche Höchstgeschwindigkeit wird nicht erreicht.
☐ Höherer Kraftstoffverbrauch.

Automatische Vorwärmung kontrollieren

■ Schlauch vom Anschluß des Temperaturreglers am Luftfiltergehäuse abziehen.

■ Mit dem Mund am Schlauch Luft ansaugen: die Warmluftklappe muß hörbar schließen bzw. öffnen.

■ Falls nicht, Unterdruckschläuche auf Undichtigkeiten kontrollieren. Ist die Klappe der Unterdruckdose leicht beweglich?

■ Zum Prüfen des Temperaturreglers den kalten Motor starten und im Leerlauf drehen lassen.

■ Die Warmluftklappe muß aufgezogen werden.

■ Unterdruckschlauch vom Vergaser zum Temperaturregler am Vergaserstutzen abziehen.

■ Die Klappe muß nach etwa 20 s in Ruhelage zurückgegangen sein.

In Vervollständigung der oberen Abbildung sind hier beim Vergaser 35 PDSI zu sehen:
1 – Schwimmernadelventil;
2 – Leerlaufdüse; 3 – Leerlaufluftbohrung; 4 – Luftkorrekturdüse; 5 – Einspritzrohr;
6 – Schwimmerkammerbelüftung; 7 – Starterklappe; 8 – Vergaserdeckel; 9 – Austrittsarm mit Vorzerstäuber; 10 – Anschlußrohr für Zündverstellung;
11 – Lufttrichter; 12 – Isolierdichtung; 13 – Drosselklappenteil; 14 – Drosselklappe;
15 – Mischrohr; 16 – Leerlaufgemisch-Regulierschraube;
17 – O-Ring; 18 – Hauptdüse;
19 – Schwimmer; 20 – Kugelventil; 21 – Pumpenstange mit Druckfeder; 22 – Membranfeder; 23 – Einstellmutter;
24 – Pumpendeckel; 25 – Pumpenmembrane; 26 – Membranpumpengehäuse; 27 – Kugelventil; 28 – Verschlußschraube;
29 – Kraftstoffzufluß; 30 – Füllstift.

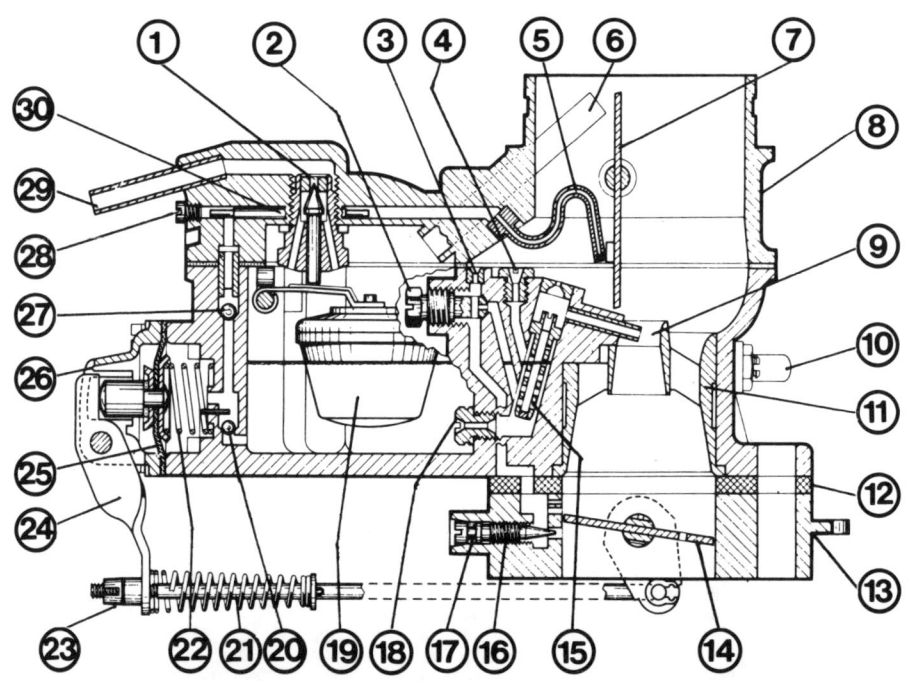

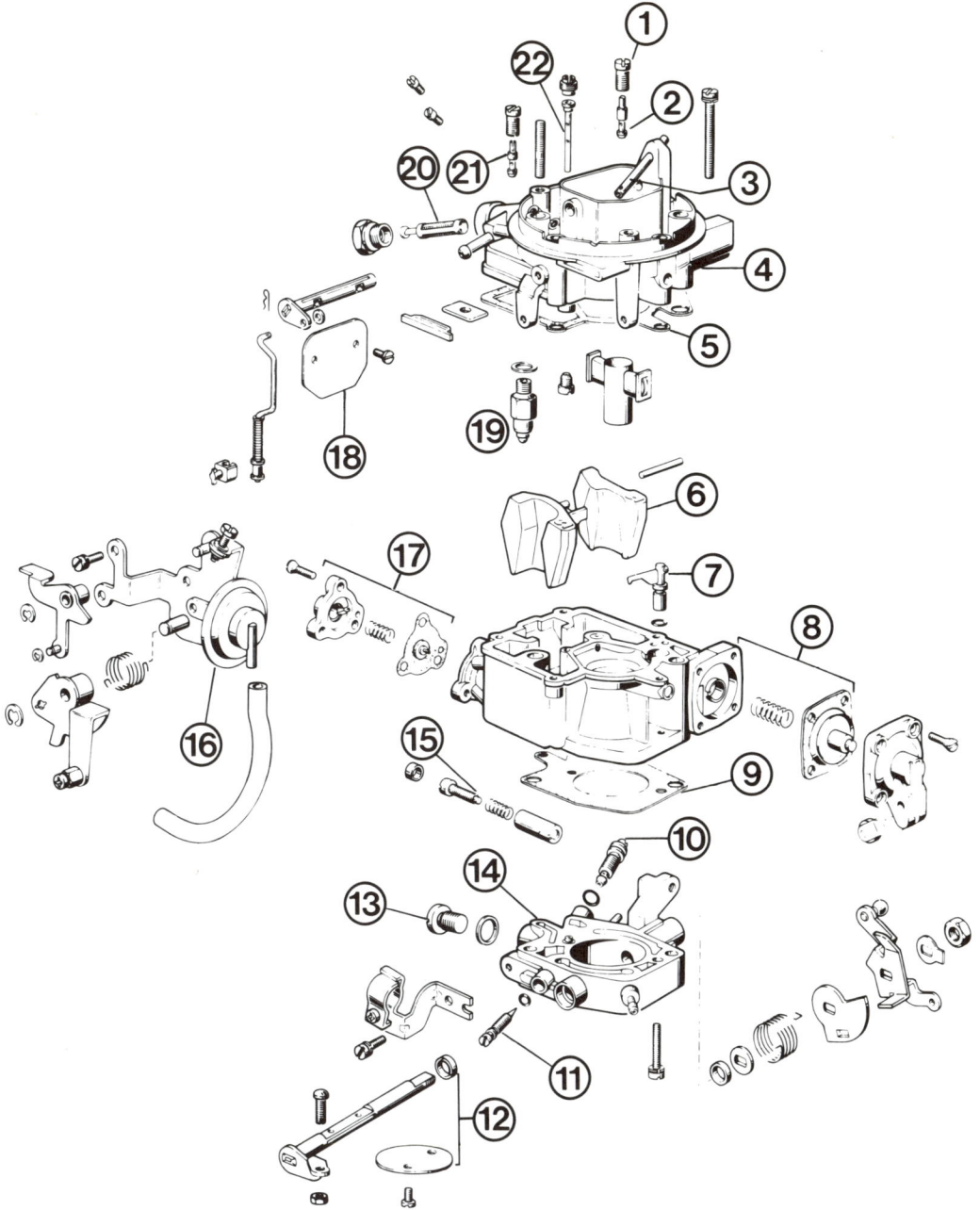

Einzelteile des Vergasers Weber 32 TL: 1 – Hohlschraube; 2 – Zusatzgemischdüse; 3 – Einspritzrohr; 4 – Vergaserdeckel; 5 – Deckeldichtung; 6 – Schwimmer; 7 – Einspritzrohr; 8 – Membrane der Beschleunigerpumpe; 9 – Dichtung; 10 – Zusatzgemisch – Regulierschraube; 11 – Umgemisch-Regulierschraube; 12 – Drosselklappe; 13 – Verschlußschraube; 14 – Drosselklappenteil; 15 – Leerlaufgemisch-Einstellschraube; 16 – Pulldown-Dose; 17 – Anreicherungspumpe; 18 – Starterklappe; 19 – Schwimmernadelventil; 20 – Kraftstoffilter; 21 – Leerlaufdüse; 22 – Mischrohr.

In den Kadett-Modellen sind unterschiedliche Vergaser eingebaut, deren Einsatz sich nach dem Motor-Typ richtet. Damit Sie aus den folgenden Beschreibungen sofort den für Ihren Motor richtigen Vergaser heraussuchen können, folgt diese Aufstellung:

Welcher Vergaser ist eingebaut?

Motor	12 SC	13 N	E 13 NB	13 S	16 SV	16 SH	E 18 NV
Vergaser-Hersteller	Weber	Solex (Pierburg)	Pierburg	Pierburg	Pierburg	GMF	Pierburg
Vergaser-Typ	32 TL	35 PDSI	1 B 1	2 E 3	2 E 3	Varajet II	2 EE BPS

Beschleunigungspumpe: Beim Durchtreten des Gaspedals spritzt sie zusätzlich Benzin in den Saugkanal ein, damit bei plötzlichem Gasgeben das Kraftstoff/Luft-Gemisch durch das schlagartige Öffnen der Drosselklappe nicht zu kraftstoffarm wird.

Drosselklappe: Sie sitzt ganz unten im Vergaser und regelt die Menge des Kraftstoff/Luft-Gemisches, die der Motor ansaugen soll. Wie weit sie geöffnet wird, bestimmt der Fahrer beim Treten des Gaspedals. Pedal und Drosselklappe sind über den Gaszug direkt verbunden.

Hauptdüse: Sie ist in die Schwimmerkammer eingeschraubt. Mit ihrer genau bemessenen Bohrung sorgt sie für den Abfluß der richtigen Kraftstoffmenge aus der Schwimmerkammer.

Die wichtigsten Teile des Vergasers

Leerlaufdüse: Sie liefert dem Leerlaufsystem eine stets gleichbleibende Kraftstoffmenge zur Aufbereitung des Leerlaufgemisches.

Luftkorrekturdüse: Sie mischt den von der Hauptdüse kommenden Kraftstoff mit Luft vor.

Lufttrichter: Er sitzt im Saugkanal (Vergaserdurchlaß). Durch eine Einschnürung in seinem Innendurchmesser beschleunigt er die angesaugte Luft. Dadurch wird das Gemisch aus dem Austrittsarm stärker abgesaugt.

Mischrohr: Ihm werden Kraftstoff von der Hauptdüse und Luft durch Bohrungen von der Luftkorrekturdüse zugeführt. Beides wird vermischt in den Austrittsarm im Saugkanal weitergeleitet. Bei höheren Drehzahlen werden Bohrungen frei, die zusätzliche Luft einströmen lassen, um das andernfalls durch höheren Kraftstoffdurchsatz fetter werdende Mischungsverhältnis konstant zu halten.

Schwimmerkammer: Hier wird die Speicherung des Kraftstoffes durch Schwimmer und Schwimmernadelventil geregelt. Sobald der Kraftstoffstand in der Kammer eine bestimmte Höhe erreicht hat, drückt der Schwimmer durch seinen Auftrieb über einen Hebel gegen die Ventilnadel. Deren spitz zulaufendes Ende sperrt dann den weiteren Zufluß ab.

Starterklappe: Sie sitzt ganz oben im Vergasereinlaß. Bei kaltem Motor muß sie geschlossen werden. So baut sich bei laufender Maschine im Vergaserdurchlaß ein verstärkter Unterdruck auf, der mehr Benzin am Austrittsarm absaugen kann. Das Gemisch wird kraftstoffreicher (fetter). Mit zunehmender Motorerwärmung muß die Starterklappe wieder geöffnet werden.

Vergaser-Beschreibung

Alle im Kadett eingesetzten Vergaser sind sogenannte Fallstrom-Vergaser. Die angesaugte Luft strömt darin senkrecht nach unten (»fällt«) und saugt dabei aus den verschiedenen Düsen den Kraftstoff.

Weber 32 TL und Solex 35 PDSI

Der Einfach-Vergaser mit nur einer Mischkammer des bekannten italienischen Herstellers Weber ähnelt im Aufbau dem Solex-Vergaser, der von Pierburg nach der Firmenumwandlung im Programm behalten wurde. Siehe auch Abbildungen auf Seite 78 und 79.

Start: Zum Anlassen des kalten Motors muß der Fahrer den Starterzug (Choke) ziehen. Dadurch wird im Vergaser die Starterklappe nahezu geschlossen. Unmittelbar nach dem Anlassen sorgt der Unterdruck – von den im Motor auf und ab laufenden Kolben erzeugt – für einen Öffnungsspalt der Starterklappe, betätigt durch die Pulldown-Unterdruckdose. Dadurch wird ein Überfetten des Kraftstoff/Luft-Gemisches verhindert. Die somit nicht völlig geschlossene Starterklappe kann, da sie außermittig und frei beweglich gelagert ist, von der angesaugten Verbrennungsluft zum Flattern gebracht werden.

Nachdem der Motor angesprungen ist, muß der Starterzug wieder so weit zurückgeschoben werden, daß der Motor noch gleichmäßig läuft. In dieser Kaltlaufphase benötigt der Motor ein noch angefettetes Gemisch, was bei etwa halb geöffneter Starterklappe gewährleistet ist. Wenn der Motor wärmer wird, ist der Starterzug nach und nach bis zur Endstellung hineinzuschieben (bei sommerlichen Temperaturen ist die »Choke-Zeit« kürzer als im Winter).

Leerlauf: Das Leerlaufgemisch wird zu etwa $\frac{2}{3}$ Teilen aus dem Leerlaufsystem und zu $\frac{1}{3}$ Teil aus dem Umgemischsystem gebildet. Der Kraftstoff, hinter der Hauptdüse dem Mischrohr entnommen, wird von der Leerlaufdüse dosiert. Zusammen mit der Luft aus der Leerlaufdüse

Schema des Vergasers Pierburg 1 B 1:
1 – Schwimmernadelventil; 2 – Leerlaufkraftstoff-Luftdüse; 3 – Luftkorrekturdüse mit Mischrohr; 4 – Zusatzkraftstoff-Luftdüse; 5 – Mischrohr für Zusatzgemisch; 6 – Starterklappe; 7 – Vorzerstäuber; 8 – Einspritzrohr; 9 – Pumpenstößel; 10 – Vergaserdeckeldichtung; 11 – Pumpenkolben; 12 – Pumpenmanschette; 13 – Pumpenfeder; 14 – Pumpensaugventil; 15 – Pumpdruckventil; 16 – Lufttrichter; 17 – Übergangsbohrungen; 18 – Leerlaufabschaltventil; 19 – Grundleerlauf-Gemischregulierschraube; 20 – Zusatzgemischregulierschraube; 21 – Hauptdüse; 22 – Schwimmer; 23 – Vergasergehäuse; 24 – Kraftstoffanschluß; 25 – Vergaserdichtung; 26 – Vergaserdeckel.
Siehe auch Bild der nächsten Seite.

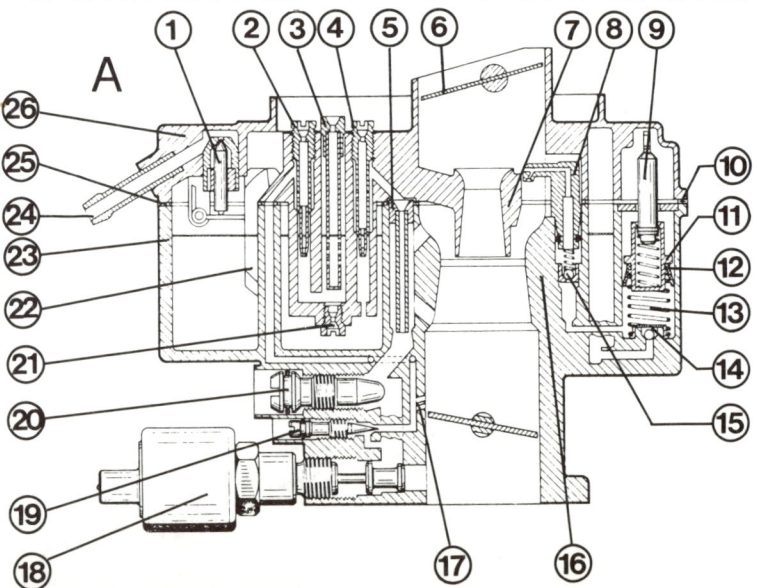

entsteht ein Gemenge. Diese Emulsion gelangt zu Bohrungen unter- und oberhalb der Drosselklappe. Zusätzlich wird das Umgemisch gebildet, bestehend aus kalibriertem Kraftstoff aus der Schwimmerkammer und dosierter Luft aus der Mischkammer. Es gelangt an eine Bohrung unterhalb der Drosselklappe. Beide Systeme besitzen Regulierschrauben.

Übergang: Beim Tritt auf das Gaspedal wird die Drosselklappe geöffnet. Dadurch wird eine zusätzliche Menge Kraftstoff/Luft-Gemisch aus den Bohrungen in Höhe der Drosselklappe angesaugt.

Normalbetrieb: Das Benzin fließt durch die Hauptdüse zum Austrittsarm mit Vorzerstäuber, der sich im engsten Saugquerschnitt des Lufttrichters befindet. Auf dem Weg dorthin wird über die Luftkorrekturdüse im Mischrohr Luft zugemischt.

Beschleunigung: Bei plötzlicher Öffnung der Drosselklappe würde ein »Loch« bis zum Einsetzen ausreichender Lieferung durch die Hauptdüse entstehen. Zur Überbrückung wird deshalb zusätzlich Kraftstoff in den Saugkanal gespritzt. Das geschieht durch eine Membranpumpe, die über Hebel und Stange mit der Drosselklappenwelle verbunden ist. Diese Kraftstoffmenge ist vom Pumpenhub abhängig.

Teillast: Mit fortschreitender Öffnung der Drosselklappe wird vermehrt Kraftstoff gebraucht. Besorgt wird das vom Anreicherungsventil, von einem Unterdruckkolben gesteuert, wobei zusätzliches Benzin durch einen Kanal mit Ventilnadel zum Anreicherungsrohr fließt. Im Saugrohr entsteht außerdem ein größerer Luftdurchsatz.

Vollast: Der eben beschriebene Vorgang verstärkt sich bei noch höheren Drehzahlen. Dabei hebt der Unterdruck den Kraftstoff bis zur Höhe des Anreicherungsrohrs, und das Anreicherungssystem tritt voll in Funktion: Das Anreicherungsventil öffnet ganz, und über einen Kanal an der Hauptdüse vorbei gelangt weiterer Kraftstoff zum Mischrohr.

Hierbei handelt es sich ebenfalls um einen Einfach-Vergaser, denn es ist nur eine Mischkammer vorhanden.

Pierburg 1 B 1

Start: Wie beim PDSI-Vergaser muß der Starterzug betätigt werden, um die Starterklappe zu schließen. Zur Starteinrichtung gehört ein Thermochoke, der die Starterklappe unabhängig von evtl. falscher Bedienung nicht zu lange geschlossen hält: An die Starterklappenwelle ist ein Hebel montiert, in den eine Bimetallfeder eingehängt ist. Diese Feder reagiert auf die Umgebungstemperatur. Sie drückt bei kaltem Motor die Luftklappe in »Geschlossen«-Stellung. Mit zunehmender Erwärmung zieht die Bimetallfeder die Starterklappe auf, auch wenn der Starterzug noch gezogen ist. Damit wird verhindert, daß bei versehentlich gezogenem Starterzug das Gemisch für den Motor zu stark angereichert (überfettet) wird.

Leerlauf: Das Leerlaufgemisch wird gebildet aus einem Grund- und einem Zusatz-Leerlaufsystem. Eine kombinierte Kraftstoff/Luft-Düse erhält Benzin von der Hauptdüse und sorgt für die erforderliche Grundmischung. Das Zusatzgemisch bildet eine gleichfalls kombinierte Zusatz-Kraftstoff/Luft-Düse mit Luft aus dem Mischrohr. Beide Leerlaufgemische durchlaufen jeweils eigene Regulierschrauben und gelangen dann aus einer gemeinsamen Bohrung unterhalb der Drosselklappe in das Ansaugrohr.

Übergang: Über das Gaspedal wird die Drosselklappe weiter geöffnet, und eine zusätzliche Menge Kraftstoff/Luft-Gemisch tritt durch die Übergangsbohrungen an der Drosselklappe aus.

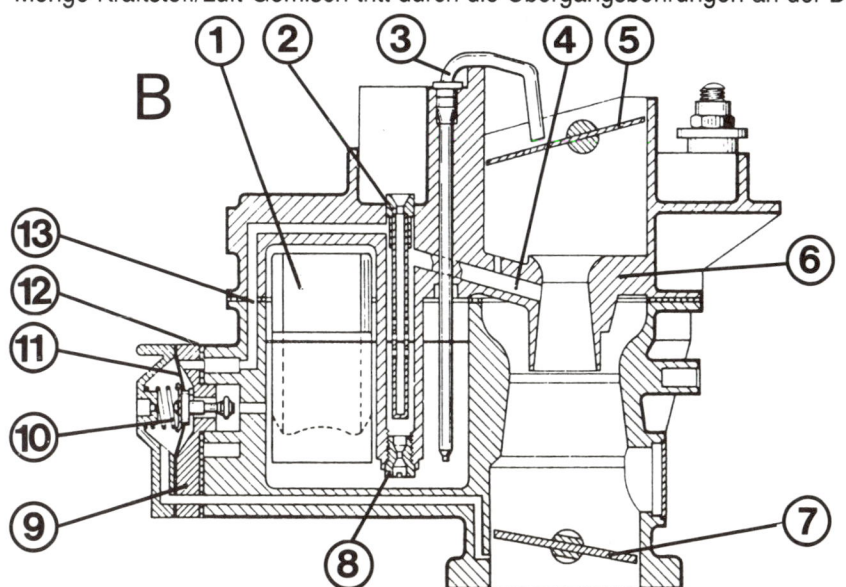

Eine weitere Schemazeichnung des Vergasers Pierburg 1 B 1 zeigt:
1 – Schwimmer; 2 – Luftkorrekturdüse mit Mischrohr; 3 – Vollastanreicherung; 4 – Hauptgemischaustritt; 5 – Starterklappe; 6 – Vorzerstäuber; 7 – Drosselklappe; 8 – Hauptdüse; 9 – Zwischenstück; 10 – Anreicherungsfeder; 11 – Membrandeckel; 12 – Membranventil; 13 – Dichtung; 14 – Anreicherungsdüse.

Die wichtigsten
Einzelteile des
2 E 3-Vergasers
sehen Sie hier:
1 – Leerlaufdüse;
2 – Pulldowndose;
3 – Hauptdüsen;
4 – Starterdeckel;
5 – Abschaltventil;
6 – Beschleuni-
gungspumpe;
7 – Heizelement
(falls eingebaut);
8 – Drosselklap-
pen-Anschlag-
schraube; 9 – CO-
Einstellschraube;
10 – Kaltleerlauf-
drehzahl-Einstell-
schraube; 11 – Un-
terdruckdose zur
Betätigung der
II. Stufe;
12 – Schwimmer
mit Nadelventil;
13 – Einspritzrohr;
14 – Teillast-An-
reicherungsventil.

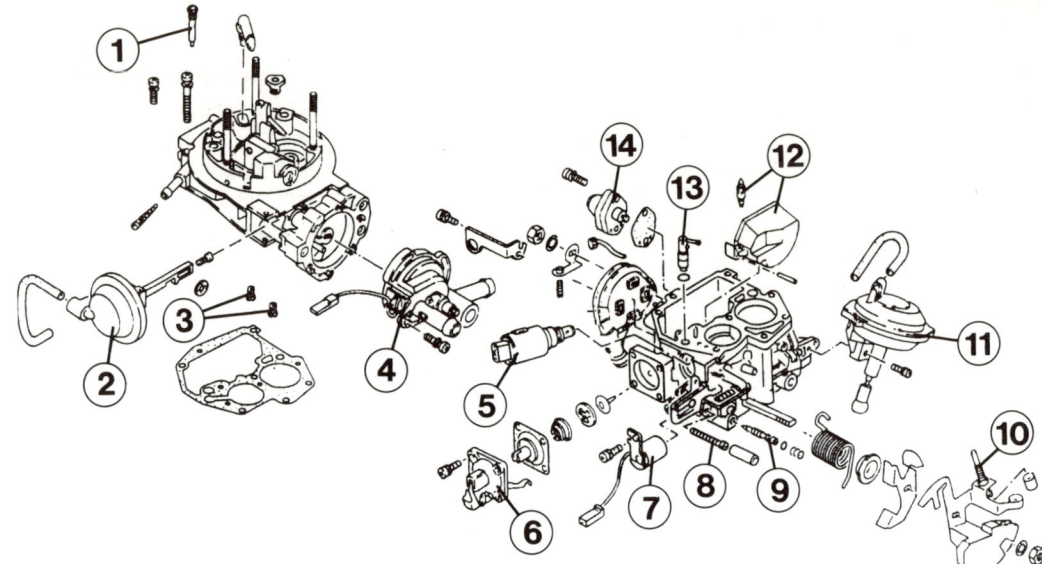

Bei weiterer Öffnung der Drosselklappe wird der Unterdruck im Hauptgemischaustritt höher als im Leerlaufsystem, in dem dann die Förderung unterbrochen wird.

Teillast: Wird bei genügend weiter Drosselklappenöffnung das Hauptgemischsystem wirksam, bildet das von der Hauptdüse kommende Benzin im Mischrohr mit dem von der Luftkorrektur-düse zugeführten Luft das Gemisch. Dieses gelangt über den Vorzerstäuber in den Lufttrichter des Saugrohrs. Zur Anreicherung gibt ein unterdruckgesteuertes Membranventil außerdem noch notwendigen Kraftstoff frei.

Beschleunigung: Für die Anpassung der Gemischmenge an den zunehmenden Luftdurchsatz beim plötzlichen Gasgeben sorgt wie beim PDSI-Vergaser eine Membranpumpe.

Vollast: Über das Anreicherungsrohr im Vergaserdeckel gelangt bei voll geöffneter Drossel-klappe zusätzlicher Kraftstoff zur Zerstäubung ins Saugrohr. Dazu fördert auch die Teillastan-reicherung Benzin zum Hauptgemischsystem.

Pierburg 2 E 3

Bessere Gemischzuteilung für die einzelnen Zylinder und damit bessere Leistungsausbeute ermöglicht der Register- oder Stufenvergaser. Er besitzt zwei Mischkammern. Wenn die Drosselklappe der I. Stufe etwa zur Hälfte den Vergaserdurchlaß freigibt, öffnet bei entsprechenden Drehzahlen eine Unterdruckdose am Vergaser die Drosselklappe der II. Stufe.

Start: Zum Einschalten der Startautomatik muß das Gaspedal vor dem Anlassen ein- oder zweimal durchgetreten werden. Dadurch schließt die Starterklappe, und die Startautomatik ist über eine Stufenscheibe in Ausgangsposition gebracht. Mit dem Einschalten der Zündung wird die Bimetallfeder der Startautomatik elektrisch beheizt. Außerdem fließt das beim Motorlauf sich erwärmende Kühlwasser durch den Starterdeckel mit Thermoschalter. Bei Aufheizung dehnt sich die Bimetallfeder aus.

Über einen unterdruckgesteuerten Pulldown gelangt nun die Starterklappe in Hochlaufposition, und bei erhöhter Drehzahl tritt der Schnelleerlauf ein. Zur Verminderung dieser Drehzahl kommt es durch Gaspedalbewegungen, indem die Stufenscheibe allmählich zurückstellt und die Drosselklappe in Schließstellung schwenkt. Die erwärmte Bimetallfeder öffnet die Starter-klappe, und bei Betriebstemperatur trifft die Drosselklappe auf den Leerlaufanschlag der Stufenscheibe.

Leerlauf: Der Kraftstoff fließt durch die Hauptdüse I. Stufe und wird unter Einwirkung der Leerlaufkraftstoff-Luftdüse zum Vorgemisch gebildet. Dieses gelangt an der Vorgemischregu-lierschraube vorbei zur Mischkammer der I. Stufe. Ein Übergangsschlitz im Leerlaufkanal läßt ebenfalls Luft zur Vorgemischbildung einströmen.

Übergang: Für einwandfreien Übergang vom Leerlauf auf Normalbetrieb sorgt ein Übergangs-schlitz in Höhe der Drosselklappe der I. Stufe. Der gleichzeitige Druckabfall im Saugrohr vergrößert die Gemischmenge vom Hauptdüsensystem. Die weitere Öffnung der Drosselklappe bewirkt niedrigeren Druck am Hauptgemischaustritt, und die Förderung im Leerlaufsystem wird unterbrochen. Die Drosseklappe der II. Stufe ist noch mechanisch gesperrt.

Teillast: Bei ausreichendem Druckabfall im Hauptgemischaustritt setzt das Hauptdüsensystem der I. Stufe ein. Der von der Hauptdüse dosierte Kraftstoff bildet im Mischrohr mit der von der Luftkorrekturdüse einströmenden Luft ein Vorgemisch. Dieses gelangt zum Hauptgemischaus-

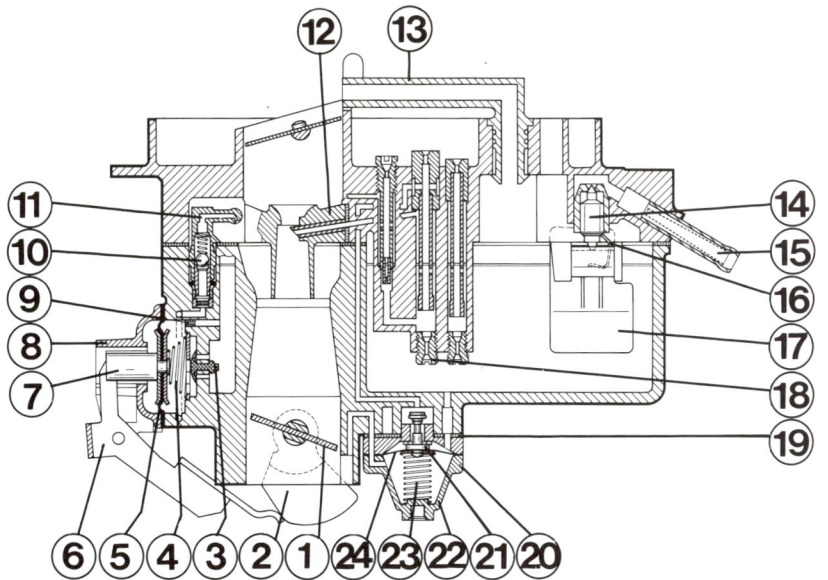

Zur Beschleunigungseinrichtung, Teillastanreicherung und Schwimmerkammer des Vergasers 2 E 3 gehören: 1 – Drosselklappe I. Stufe; 2 – Kurvenhebel; 3 – Pumpensaugventil; 4 – Pumpenfeder; 5 – Pumpenmembrane; 6 – Pumpenhebel; 7 – Pumpenstößel; 8 – Pumpendeckel; 9 – Rücklaufdüse; 10 – Pumpendruckventil; 11 – Spritzrohr; 12 – Vorzerstäuber I. Stufe; 13 – Schwimmerkammerbelüftungsrohr; 14 – Schwimmernadelventil; 15 – Kraftstoffzulaufrohr; 16 – Drahtbügel; 17 – Schwimmer; 18 – Hauptdüse I. Stufe; 19 – Dichtung; 20 – Zwischenstück; 21 – Anreicherungsventil; 22 – Membrandeckel der Teillastanreicherung; 23 – Druckfeder; 24 – Membrane.

tritt. Eine pneumatisch gesteuerte Membran betätigt das Teillastanreicherungsventil, wobei der benötigte Druck der Mischkammer unterhalb der Drosselklappe entnommen wird.

Beschleunigung: Die beim plötzlichen Gasgeben benötigte Gemischmenge wird von einer Membranpumpe gefördert – siehe PDSI-Vergaser.

Übergang auf Stufe II: Die Drosselklappe wird drehzahl- und lastabhängig über eine weitere Membrandose zugeschaltet. Der notwendige Druck wird beiden Lufttrichtern entnommen und der Membrandose durch eine Reduzierdüse zugeführt. Das Hebelsystem ist so abgestimmt, daß die II. Stufe nach halber Öffnung der Drosselklappe der Stufe I progressiv – in Abhängigkeit von der Drosselhebelstellung – öffnet. Beim Schließen der Drosselklappe I wird die Drosselklappe II mit zurückgeführt. Das Übergangssystem der II. Stufe bildet das Gemisch bis zum Einsatz des Hauptdüsensystems.

Vollast: Bei Vollgas muß viel Benzin verfügbar sein. Die Förderung erfolgt über die Hauptdüsensysteme der Stufen I und II sowie über die Anreicherungsrohre beider Stufen, ferner über das Übergangssystem der Stufe II.

Pierburg 2 EE BPS

Dieser Vergaser vertritt die modernste Technik und ist im Grundaufbau mit dem 2 E 3 vergleichbar. Der 2 EE kommt ohne Startautomatik und Beschleunigungspumpe aus.

Neu ist dagegen ein sogenannter Stellmotor für die Starterklappe. Die Grundeinstellung des Vergasers ist »mager«. Zum Kaltstart, Beschleunigen und Anreichern wird die Starterklappe (hier Vordrossel genannt) geschlossen – zum Anfetten – oder geöffnet – zum Abmagern des Kraftstoff/Luft-Gemisches. Der »Steller« für die Drosselklappe regelt die Leerlaufdrehzahl und die Schubabschaltung. Außerdem ist ein elektronisches Steuergerät vorhanden.

Die Teile im einzelnen:

☐ **Drosselklappensteller:** Er funktioniert ähnlich wie die Dreipunktdose. Der Unterdruck im Raum hinter der Membrane wird mit Hilfe eines Be- und Entlüftungsventils verändert. Es gibt aber keine fest vorgegebene Stellung im Leerlauf, sondern der Stößel für den Drosselklappenanschlag kann ein wenig hin- und herwandern, um Leerlaufschwankungen auszugleichen. Im Drosselklappensteller sitzt noch ein Potentiometer, das die Position des Stellers an das Steuergerät übermittelt.

☐ **Drosselklappenpotentiometer:** Es meldet die Bewegung der Drosselklappe und deren Stellung dem Steuergerät.

☐ **Luftklappensteller:** Die Luftklappe wird von einem sogenannten Drehmomentmotor bewegt. Er kann die Öffnungs- und Schließbefehle vom elektronischen Steuergerät fast ohne Verzögerung in die entsprechende Luftklappenbewegung umsetzen.

☐ **Variable Leerlaufluftdüse:** Da im Bereich der Leerlaufdrehzahl eine geringfügige Lageänderung der Luftklappe die Gemischzusammensetzung nicht beeinflußt, betätigt ein Hebel an der Luftklappenwelle gleichzeitig eine Nadel an der Leerlaufluftdüse. Weniger Luftdurchsatz bewirkt eine Gemischanfettung.

☐ **Steuergerät:** Es sitzt im Innenraum rechts vorn. Ihm werden die Motordrehzahl, die Drosselklappenstellung, der Restsauerstoffgehalt im Abgas, die Kühlmitteltemperatur und die Temperatur der Saugrohrwandung übermittelt. Aus diesen Angaben kann das Steuergerät die

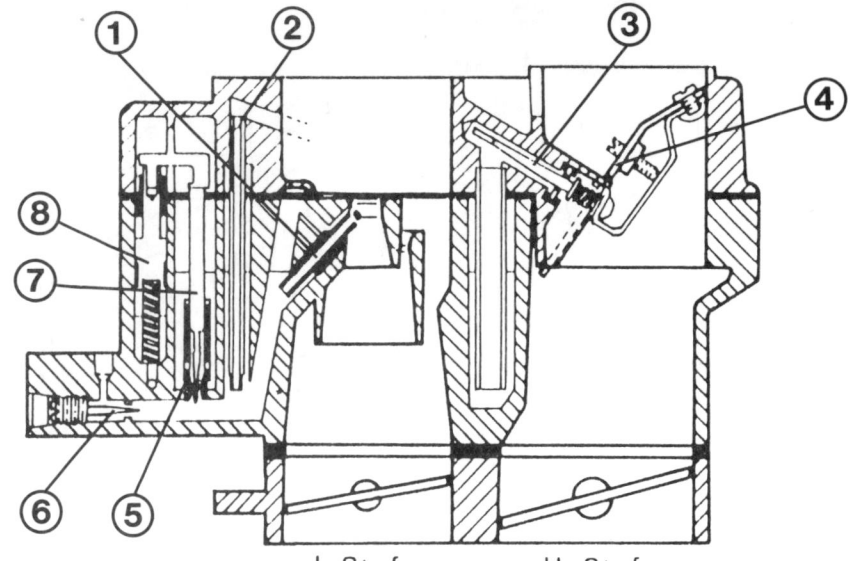

Schema Querschnitt des Vergasers Varajet: 1 – Gemisch-Austritt; 2 – Leerlauftauchrohr; 3 – Nadel II. Stufe; 4 – Luftklappe; 5 – Hauptdüse; 6 – Teillast-Einstellschraube; 7 – Nadel I. Stufe; 8 – Unterdruckkolben.

I. Stufe   II. Stufe

Stellung der Luftklappe beim Start und in allen Fahrbedingungen beeinflussen. Der Öffnungswinkel der Drosselklappe wird dagegen nur im Leerlauf, Schiebebetrieb und beim Abschalten des Motors – also nur bei losgelassenem Gaspedal – gesteuert.

Start und Warmlauf: Das funktioniert ähnlich wie beim 2 E 3. Die Luftklappe wird vom Luftklappensteller je nach Kühlmitteltemperatur mehr oder minder weit geschlossen. Dagegen öffnet der Drosselklappensteller die Drosselklappe in Kaltstartstellung. Jetzt kann angefettetes Startgemisch angesaugt werden. Sofort nach dem Anspringen dreht der Luftklappenansteller die Luftklappe wieder ein Stück auf, die Drosselklappe geht auf einen geringeren Öffnungsspalt zurück. Alle diese Bewegungen löst das Steuergerät aus.

Eine Feinanpassung des Gemisches erfolgt mit der Nadel der variablen Leerlaufluftdüse.

Leerlauf: Hierfür besitzt das Steuergerät sogenannte Kennfeld-Sollwerte abhängig von der Temperatur des Kühlmittels und der Saugrohrwand. Das Einregulieren des Kraftstoff/Luft-Gemisches übernimmt der Luftklappensteller zusammen mit der Leerlaufluftdüse. Für die Drehzahl ist der Drosselklappensteller zuständig.

Beschleunigen: Das Durchtreten des Gaspedals erkennt das Drosselklappenpotentiometer und meldet die Bewegung ans Steuergerät weiter. Das veranlaßt umgehend eine Schließung der Luftklappe zur Gemischanreicherung. Dabei wird auch die Temperatur an der Saugrohrwand berücksichtigt.

Übergang auf die 2. Stufe: Zusätzlich zum Anreicherungssystem der 2. Stufe wird die Luftklappe für etwas fetteres Gemisch kurzfristig ein wenig geschlossen.

Vollast: Durch das Vollaströhrchen kann zusätzlicher Kraftstoff austreten.

Schnitt durch den Vergaser Varajet, I. Stufe. 1 – Luftbohrung; 2 – Luftblende; 3 – Gemischaustrittrohr; 4 – dreifach konzentrische Lufttrichter; 5 – Verteilerkanal; 6 – Luftdüse zum Anreicherungsrohr; 7 – Leerlaufdüse; 8 – Luftbohrung; 9 – Umgemischdüse; 10 – Tauchrohr für Vollastanreicherung; 11 – Umgemischkanal; 12 – Umgemisch-Regulierschraube; 13 – Gemisch-Regulierschraube; 14 – Gemischaustritt; 15 – By-pass-Schlitz; 16 – Betätigungshebel für Drosselklappe; 17 – Drosselklappenanschlagschraube; 18 – Tauchrohr für Leerlaufsystem; 19 – Hauptkraftstoffkanal; 20 – Teillastventil; 21 – Hauptdüse; 22 – Teillastnadel; 23 – Unterdruckkolben; 24 – By-pass-Luftbohrung.

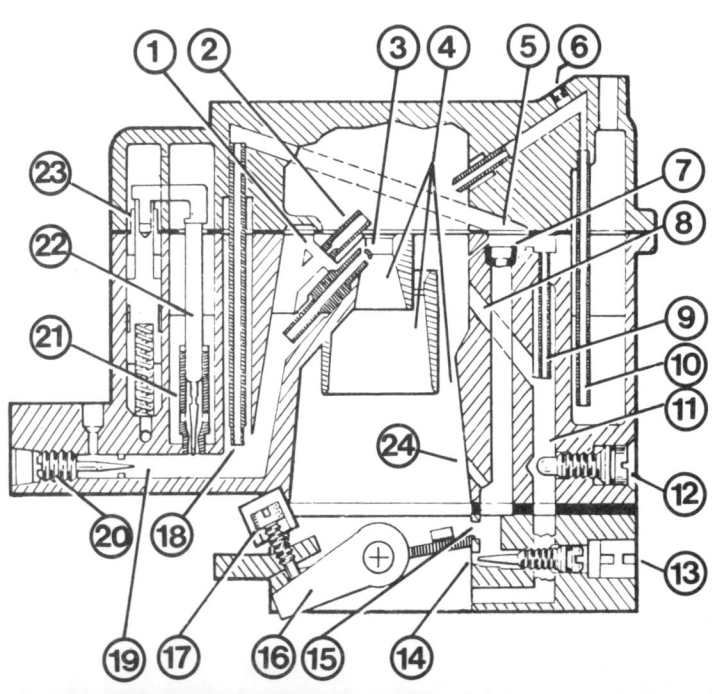

Der Register-Vergaser ist eine Entwicklung von Rochester/USA und wird von General Motors France hergestellt. Die Drosselklappen der Stufen I und II sind mechanisch hintereinandergeschaltet. In der Stufe I befinden sich drei konzentrisch angeordnete Lufttrichter (»Venturi«), sie sorgen für ein homogenes Kraftstoff/Luft-Gemisch. In der Stufe II sorgt eine federbelastete Luftklappe für den Übergang von der I. zur II. Stufe.

Start: Die elektrisch beheizte Startautomatik ist in ihrer Funktion mit der beim Vergaser 2 E 3 vergleichbar. Jedoch sind zwei Heizelemente vorhanden: Eins dient der Grundheizung, das andere wird bei Erreichen einer bestimmten Temperatur zugeschaltet. Beim Anlassen und bei geschlossener Starterklappe öffnet die Drosselklappe der Stufe I einen Spalt, und der Unterdruck hebt Kraftstoff aus dem Nebenlufttrichter der dreifachen Venturi-Anordnung. Die für die Gemischbildung erforderliche Luft wird über eine Bohrung in der Starterklappe angesaugt. Nach Beginn des Motorlaufs öffnet die Automatik die Starterklappe ein wenig, um eine Gemischüberfettung zu verhindern; die Spaltöffnung kann mittels Anschlagschraube am Stufensegment eingestellt werden. Zudem wird vom Saugrohr Unterdruck abgenommen, der über eine Membran mit Hebel und Stange die Starterklappe weiter öffnet.

Leerlauf: Im Leerlaufbetrieb wird Benzin aus dem kalibrierten Leerlauftauchrohr mit Luft aus der Leerlaufluftbohrung vermischt. Über den Verteilerkanal gelangt diese Emulsion an der Leerlaufgemisch-Regulierschraube vorbei ins Saugrohr. Daneben wirkt ein Umgemischsystem mit Einstellschraube, das eine Veränderung der vom Werk eingestellten Leerlaufgemischmenge erübrigt. Das Umgemisch, vom Verteilerkanal abgezweigt und durch die Umgemischdüse gelenkt, erhält durch eine Bohrung weitere Luft zur Vermengung im Umgemischkanal. Von der Umgemischschraube dosiert, wird das Umgemisch ins Saugrohr geführt.

Übergang: Zwischen Übergang und Vollast wird Kraftstoff vom Hauptdüsensystem der Stufe I geliefert, hervorgerufen durch ausreichenden Unterdruck am Gemischaustritt im Nebenlufttrichter. Der Unterdruck zieht einen Kolben gegen dessen Federkraft nach unten, wobei die besonders geformte Teillastnadel in die Hauptdüse geschoben wird. Dem Kraftstoff wird Luft zugesetzt, und der Unterdruck am Gemischaustritt reißt dieses Gemisch mit weiterer Luft ins Saugrohr. Bei größerer Drosselklappenöffnung und sinkendem Unterdruck werden Kolben und Nadel zurückgeführt: es gelangt mehr Kraftstoff in den Hauptkanal. In diesen wird noch parallel dazu Benzin über die Teillast-Regulierschraube geführt.

Beschleunigung: Bei geöffneter Drosselklappe der Stufe I beginnt über einen Hebel die Sekundär-Drosselklappe zu öffnen. Dabei ist die federbelastete Stauklappe noch geschlossen. Der entstehende Unterdruck öffnet die Stauklappe und mit ihr die konische Vollastnadel, die in der Düsenblende den Kraftstofffluß freigibt. Die Öffnungsstellung der Stauklappe bestimmt die Kraftstoffmenge. Die Stauklappe wird über die Membrandose der Startautomatik zum Zweck guter Übergänge in ihrer Beweglichkeit gedämpft. Der möglichen Gemischabmagerung beim Öffnen der Drosselklappe II wirkt ein Übergangssystem entgegen, das noch Kraftstoff aus dem Anreicherungssystem zur Verfügung stellt.

Vollast: Eine zusätzliche Anreicherung in der Stufe I wird durch das Tauchrohr in der Schwimmerkammer gewährleistet. Es steht mit dem Anreicherungsaustrittsrohr (mit Luftblende) im oberen Saugrohr in Verbindung, wo gewöhnlich abgeschwächter Unterdruck herrscht. Höhere Drehzahlen heben den Kraftstoff in dieses System zur zusätzlichen Abgabe.

Links: Schnitt durch die I. Stufe (Leerlauf- und Umgemischsystem) des Vergasers Varajet. Es bedeuten: 1 – Dreifach konzentrische Lufttrichter; 2 – Luftdüse zum Anreicherungssaugrohr; 3 – Verteilerkanal; 4 – Leerlaufdüse; 5 – Luftbohrung; 6 – Umgemischdüse; 7 – Tauchrohr für Vollastanreicherung; 8 – Bypass-Luftbohrung; 9 – Umgemisch-Regulierschraube; 10 – Gemischregulierschraube; 11 – Gemischaustritt; 12 – By-pass-Schlitz; 13 – Drosselklappenbetätigungshebel; 14 – Drosselklappenanschlagschraube; 15 – Tauchrohr für Leerlaufsystem; 16 – Hauptkraftstoffkanal.

Rechts: Das Beschleunigungspumpensystem des Vergasers Varajet ist der Stufe I zugeordnet und besteht aus: 1 – Betätigungshebel; 2 – Pumpenkolben; 3 – Pumpenfeder; 4 – Pumpenmanschette; 5 – Rückdruckfeder; 6 – Pumpensaugventil; 7 – Pumpendruckventil; 8 – Feder-Druckventil; 9 – Austrittöffnung; 10 – Kompensationsbohrung.

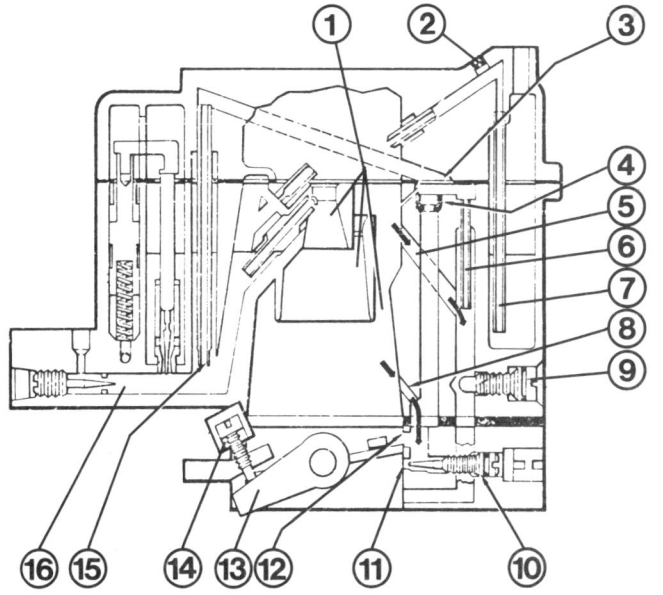

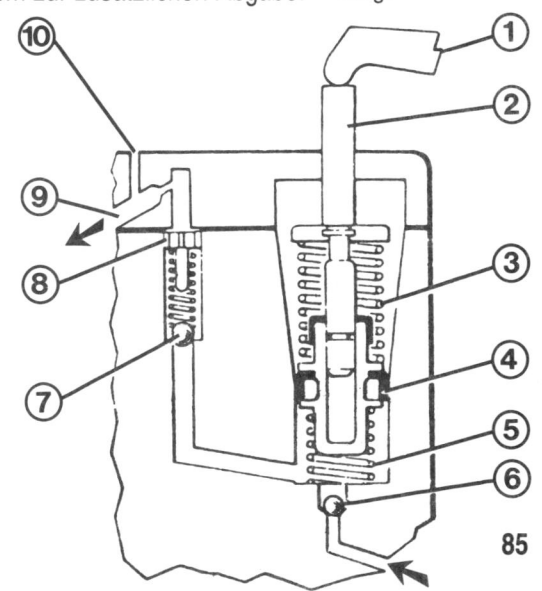

Am Vergaser Pierburg 1 B 1 sind zu sehen: 1 – Starterklappe; 2 – Vergaserdeckel; 3 – Vergasergehäuse; 4 – Teillastanreicherung; 5 – Anschluß für eventuell vorhandenes Leerlaufabschaltventil; 6 – Startergehäuse; 7 – Klemmrolle; 8 – Starterhebel; 9 – Schnell-Leerlauf-Einstellschraube; 10 – Schnell-Leerlaufhebel; 11 – Gemisch-Regulierschraube; 12 – Kraftstoffanschluß.

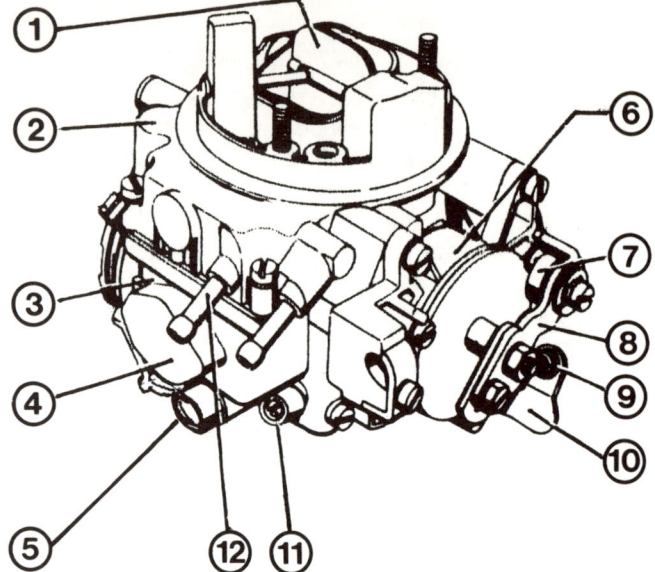

Das Leerlauf-Abschaltventil

Nach dem Abstellen neigt der Motor dazu, noch einige Takte weiterzulaufen. Ursache ist beim Abstellen angesaugtes Gemisch, das sich an heißen Stellen im Brennraum entzünden kann. Da dieses Nachdieseln oder Nachlaufen dem Motor nicht gut tut, wird mit Abschalten der Zündung die Gemischzufuhr abgeriegelt:

☐ Beim Vergaser PDSI verschließt das Abschaltventil das Leerlauf- und Umgemischsystem zum Austritt in den Vorzerstäuber.

☐ Im Vergaser 1 B 1 wird der gemeinsame Austritt von Grundleerlauf- und Zusatzgemisch unterhalb der Drosselklappe verschlossen.

☐ Beim Vergaser 2 E 3 wird von dem Ventil der Leerlaufgemischkanal verschlossen.

☐ Beim Vergaser Varajet saß bis 1985 ein Abschaltventil im Umgemischkanal.

Motor dieselt nach

Falls der Motor nach Ausschalten der Zündung weiterläuft:

■ Handbremse fest anziehen.

■ 2. Gang einlegen, Kupplungspedal langsam loslassen – der Motor wird abgewürgt.

■ Bei einem Fahrzeug mit Getriebeautomatik so lange mit dem Gaspedal pumpen, bis der Motor »abgesoffen« ist.

Störungsbeistand Abschaltventil

Die Störung	– ihre Ursache	– ihre Abhilfe
A Motor dieselt nach	1 Abschaltventil locker (Motor zieht »falsche Luft«)	Festschrauben
	2 Ventilstöpsel bzw. -nadel hängt	Prüfen, ggf. Ventil austauschen
B Motor geht im Leerlauf sofort aus	1 Sicherung Nr. 13 defekt	Kontrollieren, ggf. ersetzen
	2 Elektrische Leitung zum Ventil unterbrochen	Leitungsverlauf kontrollieren
	3 Siehe A 2	

Abschaltventil prüfen

■ Ohr in die Nähe des Abschaltventils halten.

■ Beim Ein- und Ausschalten der Zündung (von einem Helfer) muß das Ventil deutlich hörbar klicken.

■ Oder elektrische Leitung am Ventil abziehen.

■ Abschaltventil losschrauben.

■ Kabel wieder aufstecken, Ventil gegen blankes Metall halten.

■ Von Helfer Zündung ein- und ausschalten lassen.

■ Der Ventilstöpsel bzw. die Nadel muß sich bewegen, sonst Abschaltventil austauschen.

Doppelt beheizte Startautomatik

Der Starterdeckel wird beheizt, damit die Bimetallfeder die Starterklappe öffnen kann. Das geschieht beim Vergaser 2 E 3 auf zweierlei Weise:

☐ Damit die Beheizung schnell wirkt, wird der Starterdeckel zunächst elektrisch beheizt. Das ermöglicht schnelles Öffnen der Starterklappe.

☐ Sobald die Kühlflüssigkeit eine festgelegte Temperatur erreicht hat, kann sie die Beheizung

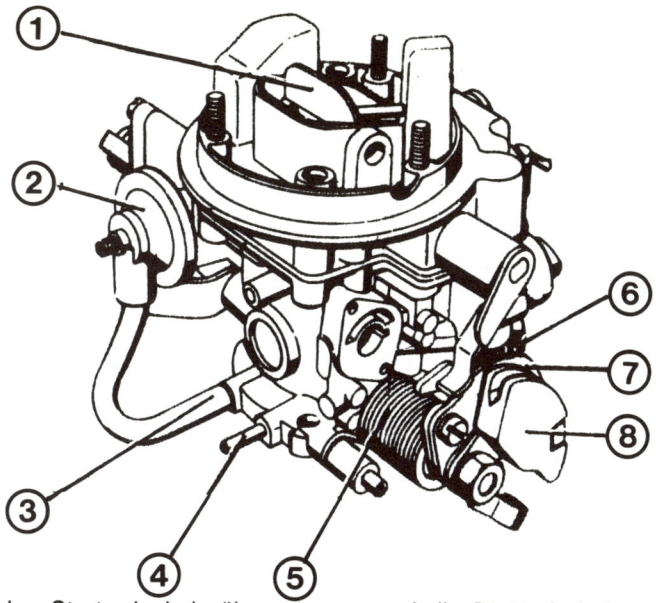

Der Vergaser 1 B 1 von der anderen Seite gesehen: 1 – Starterklappe; 2 – Pull-down-Dose; 3 – Unterdruck-schlauch; 4 – Unterdruckan-schluß für Luftfilter; 5 – Rück-drehfeder; 6 – Zusatzgemisch-Regulierschraube; 7 – Kurven-scheibe; 8 – Segment.

des Starterdeckels übernehmen, und die Elektrobeheizung wird abgeschaltet. Bei vorüber-gehendem Abstellen des Motors hält die Warmwasserbeheizung die Starterklappe offen. Das verhindert Überfettung beim Wiederstart.
Die Steuerung der Starterdeckelbeheizung übernimmt ein Thermoschalter, siehe Absatz »Thermoschalter«.

Starterdeckel prüfen

Läuft der Motor nach dem Kaltstart in der Warmlaufphase unwillig und verlassen schwärzliche Abgase den Auspuff? Wenn dieser Effekt bei dem Vergaser 2 E 3 mit zunehmender Betriebs-temperatur verschwindet, kann es an der Elektroheizung des Starterdeckels liegen. Zur Prüfung muß der Motor kalt sein – Kühlmitteltemperatur unter 30°C.
■ Steckverbindung zum Starterdeckel trennen.
■ Prüflampe zwischen Steckverbindung und Stecker zum Starterdeckel anschließen.
■ Zündung einschalten. Die Lampe muß aufleuchten, sonst Deckel ersetzen.

Der Thermoschalter

Die elektrische Ansaugrohrvorwärmung bzw. Starterdeckelbeheizung wird von temperaturemp-findlichen Schaltern zu- oder abgeschaltet.
☐ Beim Motor 13 S und 16 SV mit 2 E 3-Vergaser steuert ein Schalter (in Fahrtrichtung links im Warmwasserschlauch zum Saugrohr) die Ansaugrohr- und Starterdeckelbeheizung.
☐ Die anderen Motoren, außer 12 SC, haben nur einen Thermoschalter für die elektrische Ansaugrohr-Beheizung.

Thermoschalter prüfen

Falls Sie aufgrund von Motorlaufstörungen vermuten, daß ein Thermoschalter nicht richtig arbeitet, läßt sich dies mit einem Thermometer und einem Ohmmeter prüfen.

Die Prüfung des Spaltmaßes beim 2 E 3-Vergaser zwi-schen Starterklappe (1) und Wandung des Vergaser-durchlassers: Mit einem Werkzeug die Betätigungs-stange der Starterklappe in Pfeilrichtung drücken und einen 2-mm-Bohrer zwi-schen Klappe und Wand durchschieben. Ist der Ab-stand zu groß oder zu klein, Einstellung an der Schraube (2) korrigieren. Am Starter-deckel und -gehäuse müs-sen die Markierungen (3) fluchten.

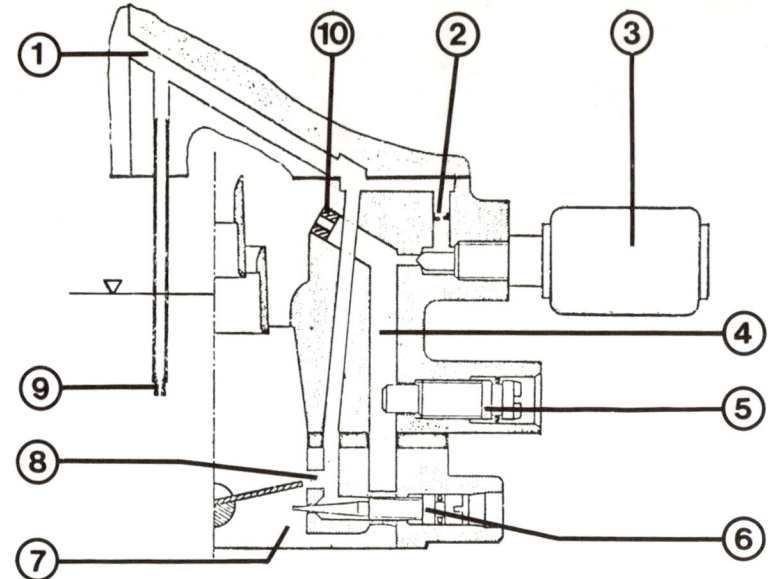

Das Leerlauf- und Umgemischsystem beim Varajet-Vergaser. 1 – Verteilerkanal; 2 – Leerlaufblende; 3 – Abschaltventil; 4 – Umluftkanal; 5 – Umgemischschraube; 6 – Leerlaufgemisch-Regulierschraube; 7 – Gemisch-Austritt; 8 – By-pass-Bohrung; 9 – Leerlauftauchrohr; 10 – kalibrierte Bohrung.

■ Thermoschalter ausbauen.
■ Ohmmeter an den Steckkontakten des Schalters anschließen.
■ Thermoschalter in einen Topf mit kaltem Wasser legen, Widerstand messen.
■ Wasser langsam erhitzen und prüfen, ob der Thermoschalter bei der entsprechenden Temperatur seine Kontakte öffnet.
■ Werden die folgenden aufgeführten Schalttemperaturen nicht eingehalten, muß der Thermoschalter ersetzt werden:
Temperatur unter 55°C = Widerstand 0 Ω, über 65°C = ∞ Ω.

Starterklappe prüfen
Weber 32 TL, Solex PDSI, Pierburg 1 B 1

■ Bei betriebswarmem Motor den Luftfilterdeckel abnehmen.
■ Starterzug voll ziehen.
■ Die Starterklappe muß jetzt bis auf einen kleinen Spalt geschlossen sein.
■ Wird der Zug am Armaturenbrett hineingeschoben, muß die Starterklappe senkrecht im Vergaserdurchlaß stehen.
■ Das Spaltmaß der Starterklappe bei gezogenem Starterzug kann geprüft werden.
■ Hierzu muß an der Pulldown-Unterdruckdose am Vergasergehäuse Unterdruck anlie-

gen. Behelfsmäßig mit dem Mund am Schlauch zur Dose Luft ansaugen.
■ Betätigungshebel der Starterklappe in Geschlossen-Stellung drücken.
■ Zwischen Starterklappe und Vergaserdurchlaß muß sich ein Bohrer mit folgendem Maß gerade durchschieben lassen:
■ **Weber 32 TL:** 4,25 – 4,75 mm, **Solex PDSI:** 3,2 mm, **Pierburg 1 B 1:** 4,2–4,6 mm.
■ Stimmt das Spaltmaß nicht, wird die Einstellschraube in der Mitte der Pulldowndose entsprechend verdreht.

Pierburg 2 E 3

■ Luftfilterdeckel abnehmen.
■ Solange bei kaltem Motor das Gaspedal noch nicht getreten wurde, muß die Starterklappe senkrecht stehen.

■ Gaspedal einmal durchtreten und langsam zurückkommen lassen.
■ Die Starterklappe muß jetzt bis auf einen geringen Spalt geschlossen sein.

Hier ist der Vergaser Pierburg 2 E 3 zu sehen. Bezeichnet sind:
1 – Starterdeckel;
2 – Pulldown-Dose; 3 – Thermozeitventil;
4 – Membrandose II. Stufe.

■ Das exakte Starterklappen-Spaltmaß läßt sich nur messen, wenn ständig Unterdruck am Pulldown-System anliegt. Weil zugleich die Unterdruckdose für Stufe II auf Dichtheit geprüft werden muß, ist das Sache des Vergaser-Spezialisten.

■ Sie können aber noch folgendes prüfen:

■ Luftfilter komplett abbauen.

■ Drosselklappe an ihrem Betätigungshebel ein wenig öffnen.

■ Auch bei diesem Vergaser sollte die Kontrolle in der Werkstatt erfolgen. Sie können aber folgendes tun:

■ Luftfilter abbauen.

■ Bei kaltem Motor Gaspedal einmal durchtreten.

■ Die Schnelleerlauf-Einstellschraube muß auf dem obersten Nocken der Stufenscheibe anliegen.

■ Starterklappe muß vollständig geschlossen sein.

■ Motor kurz starten und sofort wieder abstellen. In der Werkstatt wird stattdessen die

■ Starterklappe muß gut beweglich sein.

■ Außerdem können Sie kontrollieren, ob die Kerbe am Starterdeckel dem eingeschlagenen Punkt oder der Kerbe am Vergasergehäuse gegenübersteht. Das ist die Grundeinstellung des Starterdeckels.

■ Zudem läßt sich bei abgebautem Starterdeckel prüfen, ob bei geschlossener Starterklappe die Einstellschraube auf der höchsten Stufe der Stufenscheibe anliegt.

Pulldowndose mittels Vakuumpumpe mit Unterdruck beaufschlagt.

■ Das jetzt vorhandene Spaltmaß zwischen Starterklappe und Vergaserdurchlaß mit passendem Bohrer prüfen: Es soll 2,8 – 3,4 mm betragen.

■ Andernfalls die Einstellschraube in der Mitte der Pulldowndose entsprechend verdrehen.

■ Bei zu kleinem Spalt vorher das Zugstangenende zurückbiegen, damit genügend Spiel zwischen Anschlag und Stauklappenhebel vorhanden ist.

Varajet II

Der vom Vergaser in die Luft eingemischte Kraftstoff neigt zum Niederschlagen an den Wandungen des Ansaugrohrs, vor allem bei kaltem Motor. Durch Beheizung des Ansaugrohrs wird erreicht, daß die Kraftstofftröpfchen in gasförmigen Zustand übergehen und sich besser entzünden lassen.

□ Motor 13 NB mit Vergaser Pierburg 1 B 1.

□ Schweden-Ausführung des Motors 13 S mit Vergaser Pierburg 2 E 3.

□ Motor 16 SH mit automatischem Getriebe und Vergaser GMF Varajet II.

Im Saugrohr ist ein leistungsstarkes elektrisches Heizelement eingeschraubt. Wegen seiner Vielzahl nach oben ragender wärmeabstrahlender Stifte heißt dieses Heizelement »Igel«. Beim Einschalten der Zündung werden die Halbleiter-Heizelemente für schnelle Erwärmung sofort mit Spannung versorgt. Wer bei kaltem Motor die Zündung lange Zeit einschaltet, ohne den Motor zu starten, kann eine schwache Batterie in die Knie zwingen.

Ansaugrohr-Beheizung

Mangelhafter Leerlauf oder schlechter Übergang können durch eine defekte Ansaugrohrvorwärmung verursacht werden.

■ Das elektrische Heizelement wird bei kaltem Motor überprüft:

■ Unten am Ansaugrohr die Steckverbindung zum Heizelement trennen.

Ansaugrohr-Beheizung prüfen

Einstellschrauben am Vergaser 1 B 1:
1 – Umgemisch-Regulierschraube;
2 – Co-Einstellschraube.

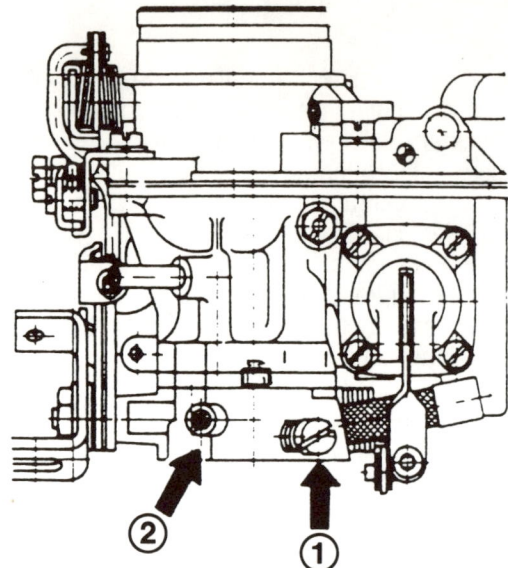

Links: Vergaser Varajet: 1 – Umgemisch-Regulierschraube; 2 – (versiegelte) Gemischregulierschraube; 3 – Kraftstoff-Filtersieb.
Rechts: Vergaser 35 PDSI: 1 – Umgemisch-Regulierschraube; 2 – Gemischregulierschraube.

■ Voltmeter an der stromzuführenden Leitung anschließen.

■ Zündung einschalten. Die Spannung muß mindestens 11,5 V betragen.

■ Liegt keine Spannung an, ist möglicherweise das Relais der Ansaugrohrbeheizung defekt. Prüfung siehe Seite 243. Oder der Thermoschalter (siehe Seite 87) streikt.

■ Ohmmeter zwischen das Anschlußkabel des elektrischen Heizelements und Fahrzeugmasse anschließen.

■ Der gemessene Widerstand muß 0,25–0,50 Ω betragen, sonst Heizelement ersetzen.

Leerlauf kontrollieren
Wartung Nr. 5

Schwankungen der Leerlaufdrehzahl liegen weniger am Vergaser als an abgenutzten Zündkerzen oder verändertem Zündzeitpunkt.

Für den Selbsthelfer ist eine genaue Leerlaufeinstellung leider kaum mehr zu bewerkstelligen. Außer einem exakten Drehzahlmesser wird ein Abgasmeßgerät benötigt, das in vernünftiger Ausführung praktisch unerschwinglich ist. Die einfachen Abgastester, wie sie für Heimwerker angeboten werden, arbeiten nicht ausreichend genau. Für die Einstellung empfehlen wir hier eine Werkstatt mit einem Vergaserspezialisten.

Die richtige Leerlaufdrehzahl für Ihren Motor finden Sie in der folgenden Tabelle.

Motor	Leerlaufdrehzahl 1/min
12 SC, 13 N, 13 NB, 13 S, 16 SV, 16 SH mit Schaltgetriebe	900–950
13 N, E 13 NB, 13 S, 16 SV, 16 SH mit Automatik	800–850

Abgasmessung
Wartung Nr. 6

Bei der Verbrennung des Kraftstoff/Luft-Gemisches entsteht u.a. auch giftiges Kohlenmonoxid. Am Ausstoß dieses CO-Gases kann man erkennen, ob ein Motor fett oder mager eingestellt ist. Die werksseitig festgelegten Werte lauten einheitlich für alle Motoren **1,0–1,5 Vol.%**.

Auch bei der regelmäßigen Abgas-Sonderuntersuchung wird der CO-Gehalt im Abgas gemessen. Für die Abgasmessung gilt grundsätzlich:

☐ Der Motor muß betriebswarm sein. Lassen Sie ihn vor der Messung nicht unnötig lang im Leerlauf drehen, das verschlechtert den CO-Wert. Läßt sich längerer Leerlauf nicht umgehen, muß der Motor vor der Messung einige Sekunden mit halber Gasstellung das aufgestaute CO-Gas aus dem Auspuff blasen.

☐ Wird der Opel ausschließlich im Kurzstrecken-Stadtverkehr gefahren, sollten Sie ihn vor der Messung rund 100 km weit zügig bewegen. So werden Rückstände im Motor abgebrannt.

☐ Zeigt der CO-Tester 2% oder mehr über dem Richtwert an, sollte folgendes kontrolliert werden, bevor irgend jemand am Vergaser dreht: Schlauch der Kurbelgehäuse-Entlüftung vom Luftfilter abziehen. Wenn jetzt das Abgas-Meßgerät einen sinkenden CO-Wert anzeigt, liegt es an einer Überfettung aus dem Kurbelgehäuse. Die Ursache ist Ölverdünnung durch überwiegenden Stadtverkehr. Die erwähnte zügige Überlandfahrt oder ein Ölwechsel schafft hier Abhilfe, und der CO-Gehalt stimmt wieder.

Einstellschrauben am Vergaser 2 E 3: 1 – Drosselklappen-Anschlagschraube; 2 – Gemisch-Regulierschraube.

☐ Wenn der CO-Gehalt in der Werkstatt eingestellt wird, muß der Schlauch der Kurbelgehäuse-Entlüftung am Luftfilter abgenommen und die Öffnung dicht verschlossen werden, damit der Motor keine »Falschluft« zieht.

Abgas-Sonderuntersuchung (ASU)

Seit 1985 ist in der Bundesrepublik eine jährliche Abgaskontrolle vorgeschrieben. Dazu gehört auch die Überprüfung des Unterbrecher-Schließwinkels und des Zündzeitpunkts. Diese Kontrolle führen der TÜV, der DEKRA und die meisten Werkstätten durch.
Was ist zu tun, wenn der nächste TÜV-Termin ansteht?
Als aufmerksamer Autofahrer werden Sie sicher den Verbrauch Ihres Kadett beobachten. Zeigt sich eine unerklärliche Aufwärtstendenz beim Verbrauch, dürfte der Vergaser zu fett eingestellt sein. Dann ist ein Werkstattbesuch anzuraten. Zusammen mit der Vergasereinstellung lassen Sie dort die Abgas-Sonderuntersuchung vornehmen. Wenn Sie ohnehin schon in der Werkstatt sind, kommt diese Methode nach unseren Erfahrungen am günstigsten. Mit der neuen ASU-Plakette geht's dann zum TÜV oder DEKRA für die übliche Hauptuntersuchung.
Wenn Sie Ihren Wagen regelmäßig zur Inspektion geben, haben Sie mit der ASU keine Probleme, denn dann gehört die Abgas-Sonderuntersuchung zum Wartungsumfang dazu.
Wer als engagierter Heimwerker jedoch die Wartungsarbeiten selbst durchführt, der stellt die Zündung selbst ein und sollte den Elektrodenabstand der Zündkerzen und das Ventilspiel beim 1,2-l-Motor auch nicht vergessen. Mit dem solchermaßen vorbereiteten Wagen fahren Sie zum TÜV-Termin. Geringe Abweichungen vom Abgas-Sollwert können Sie dann noch bei angeschlossenem Tester korrigieren oder der Prüfer wird selbst an der richtigen Schraube drehen. Für die ASU zwischen den TÜV-Terminen würden wir je nach Prüfungspreis und Wartezeit entscheiden, wer die Kontrolle vornehmen soll.

Fingerzeig: *Vergleichen Sie die verschiedenen Werkstatt-Angebote. Der genannte Komplettpreis kann Messung und Einstellung umfassen oder lediglich die reinen Prüfarbeiten. Dann kostet das Einstellen noch Extrageld.*

Leerlaufdrehzahl und CO-Gehalt werden bei den verschiedenen Vergasern an folgenden Schrauben eingestellt:

Behelfsmäßige Vergaser-Einstellung

Vergaser	Einstellschraube für	
	Leerlaufdrehzahl	CO-Gehalt
Weber 32 TL	Umgemisch-Regulierschraube	Leerlaufgemisch-Regulierschraube
Solex PDSI	Umgemisch-Regulierschraube	
Pierburg 1 B 1	Zusatzgemisch-Regulierschraube	
Pierburg 2 E 3	Drosselklappen-Anschlagschraube	
Varajet II	Umgemisch-Regulierschraube	

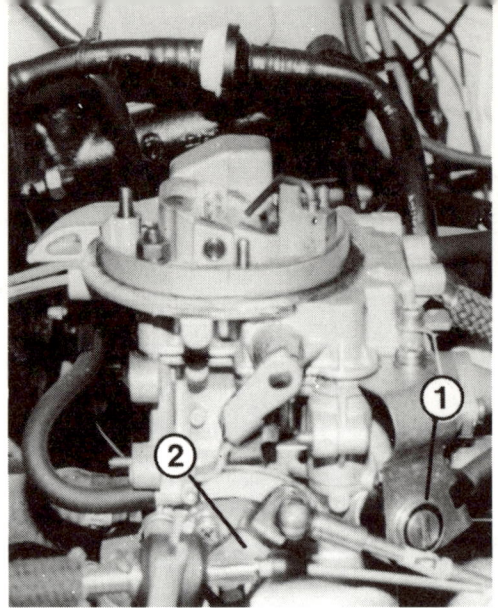

Links: Vergaser 2 E 3. 1 – Drosselklappenanschlagschraube; 2 – Leerlaufgemisch-Regulierschraube.
Rechts: Vergaser 1 B 1. 1 – Einspritzrohr; 2 – Starterklappe; 3 – Startergehäuse; 4 – Schlauch für Kraftstoffzufuhr.

Die Leerlaufgemisch-Regulierschraube sitzt gemäß gesetzlicher Vorschrift unter einer Abdeckkappe bzw. einem Stopfen. Das soll unbefugtes Verdrehen verhindern. Wenn an dieser Schraube gedreht werden muß, wird ihre Abdeckung mit einer Nadel o.ä. herausgehebelt.

■ Motor warmfahren. Die Startautomatik bzw. der Starterzug muß die Luftklappe ganz geöffnet haben.

■ Der Luftfilter darf – im Gegensatz zu unseren Abbildungen – nicht abgenommen sein.

■ Zuerst wird die Motordrehzahl erhöht. Dazu:

■ beim **Weber 32 TL, Solex PDSI** und **Varajet II** die Umgemisch-Regulierschraube, beim **Pierburg 1 B 1** die Zusatzgemisch-Regulierschraube herausdrehen,

■ beim **Pierburg 2 E 3** die Drosselklappenanschlagschraube hineindrehen.

■ Jetzt wird die Leerlaufgemisch-Regulierschraube etwas hineingedreht.

■ Leerlaufgemisch-Regulierschraube wie-

der herausdrehen, bis der Motor gleichmäßig dreht.

■ Zum Absenken der Motordrehzahl auf den vorgeschriebenen Wert siehe Tabelle Seite 90):

■ beim **Weber 32 TL, Solex PDSI** und **Varajet II** die Umgemisch-Regulierschraube, beim **Pierburg 1 B 1** die Zusatzgemisch-Regulierschraube hineindrehen,

■ beim **Pierburg 2 E 3** die Drosselklappenanschlagschraube herausdrehen.

■ Eventuell die Leerlaufgemisch-Regulierschraube nochmals verdrehen, wenn der Motor nicht sauber rundläuft.

■ Diese Einstellung möglichst bald mit einem CO-Tester überprüfen lassen.

Vergaser reinigen

Schmutzablagerungen im Vergaser sind mittlerweile äußerst selten. Rostpartikel können sich dank des verbleiten Stahlblechtanks auch nicht mehr bilden. Falls Sie dennoch den Vergaser auseinandernehmen müssen, suchen Sie in den Zeichnungen dieses Kapitels die betreffenden Einzelteile.

Das Hauptschema des Vergasers 2 E 3 zeigt: 1 – Drosselklappe I. Stufe; 2 – Leerlaufgemischaustritt; 3 – Gemischregulierschraube; 4 – Übergangsschlitz I. Stufe; 5 – Vergasergehäuse; 6 – Vergaserdeckeldichtung; 7 – Anschlußrohr zum Thermozeitventil; 8 – Vergaserdeckel; 9 – Vorzerstäuber I. Stufe; 10 – Starterklappe; 11 – Anreicherungsdüse; 12 – kombinierte Leerlaufkraftstoff-Luftdüse; 13 – Luftkorrekturdüse mit Mischrohr I. Stufe; 14 – Luftkorrekturdüse mit Mischrohr II. Stufe; 15 – Belüftung für Übergangskraftstoff II. Stufe; 16 – Vollastanreicherungsrohr II. Stufe; 17 – Steigrohr für Übergangskraftstoff II. Stufe; 18 – Vorzerstäuber II. Stufe; 19 – Übergangsschlitz II. Stufe; 20 – Anschlußrohr zum Luftfilter; 21 – Drosselklappe II. Stufe; 22 – Übergangsdüse II. Stufe; 23 – Hauptdüse II. Stufe; 24 – Hauptdüse I. Stufe.

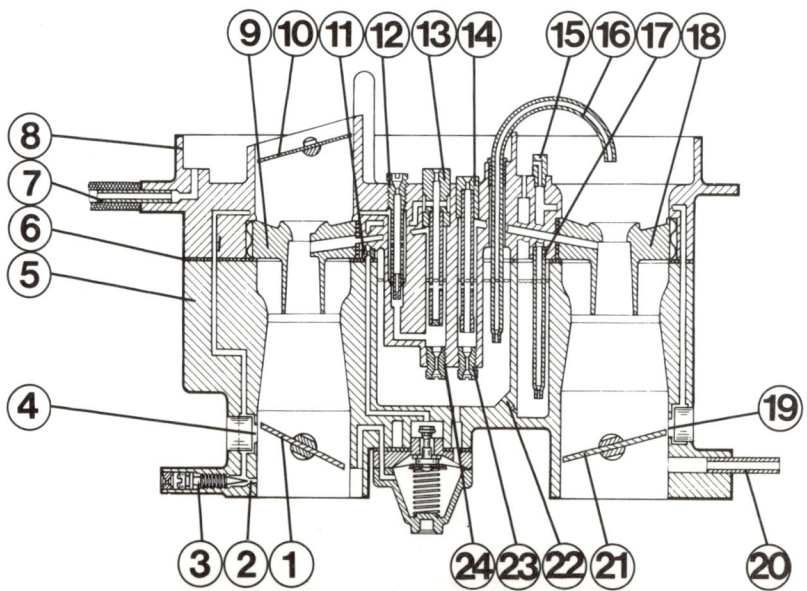

Am Vergaser Varajet sind hier bezeichnet: 1 – Unterdruckdose; 2 – Stufenscheibe; 3 – Schnell-Leerlaufeinstellschraube.

Wenn der Motor schlecht Gas annimmt, bei betriebswarmem, abgestellten Motor die Schraube auf die zweithöchste Stufe der Scheibe stellen. Motor ohne Gas starten, er soll jetzt mit 2100/min (Automatik: 2300/min) drehen, andernfalls die Schraube bei voll geöffneter Starterklappe entsprechend einstellen.

■ Luftfilter abbauen.

■ Sämtliche Unterdruckleitungen und Schläuche vor dem Abnehmen verwechslungssicher kennzeichnen.

■ Starterzug abklemmen.

■ Vergaserdeckel abschrauben.

■ Schwimmer herausnehmen und prüfen, ob er sich auf seiner Achse leicht bewegen läßt.

■ Im Vergaserdeckel kontrollieren, ob das Schwimmernadelventil fest eingeschraubt ist. Ventilnadel beschädigt?

■ Wenn sich Schmutz am Boden der Schwimmerkammer abgesetzt hat, diesen mit einem sauberen Lappen abtupfen.

■ Herausgeschraubte Düsen mit Druckluft sauberblasen.

■ Die Düsen sind aus weichem Messing

und dürfen nur mit geringer Kraft angezogen werden.

■ Keine lackgesicherten Einstellschrauben verdrehen. Das kann die Vergaserfunktion grundlegend stören.

■ Bei einem älteren Fahrzeug die Lagerung der Drosselklappenwelle kontrollieren. Ist dort Spiel vorhanden, kann unkontrolliert Luft zuströmen und den Leerlauf und Übergang durcheinanderbringen.

■ Beim Zusammenbau darauf achten, daß die neue Dichtung zwischen Vergasergehäuse und Oberteil keine Bohrungen teilweise verdeckt, das gibt Funktionsfehler.

■ Die Lagerungen der Drossel- und Starterklappenwellen dürfen auf keinen Fall geschmiert werden. Am Schmierstoff anhaftender Staub wirkt an den Lagern wie Schmirgel.

Kraftstofffilter reinigen

Das Filtersieb am Kraftstoffzulauf des Vergasers sollte gelegentlich gesäubert werden.

■ Beim **Weber 32 TL** die Verschlußschraube am Vergaserdeckel herausdrehen.

■ Auslaufendes Benzin mit Lappen auffangen.

■ Filtersieb am Griff herausziehen.

■ Beim **Pierburg 2 E 3** den Kraftstoffschlauch abbauen, auslaufendes Benzin mit Lappen auffangen.

■ Eine Schraube mit Gewinde M 5 in den Kopf des Filters eindrehen.

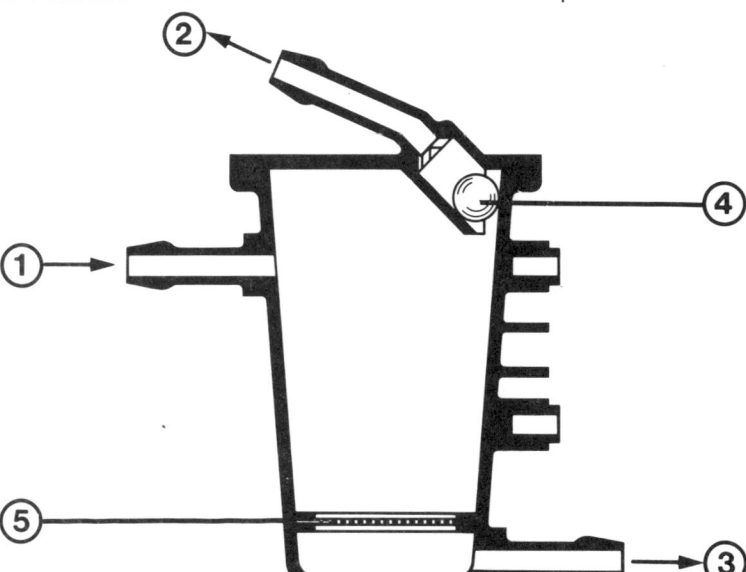

Zum Vergaser 2 E 3 gehört ein Gasabschneider. Hier seine Darstellung: 1 – Von der Kraftstoffpumpe; 2 – Rücklauf; 3 – Zum Vergaser; 4 – Kugelventil; 5 – Filter.

Beim Blick von oben auf den Vergaser Varajet sieht man: 1 – Starterklappe; 2 – Startautomatik; 3 – Stauscheibe; 4 – Schwimmerkammer.

■ Filter mit der Schraube herausziehen.
■ Am **Varajet II** die Kraftstoffleitung abbauen.
■ Mutter am Kraftstoff-Einlaßstutzen abschrauben.
■ Filter herausnehmen.

■ Jeweils das Filtersieb in Kraftstoff reinigen und durchblasen.
■ In umgekehrter Folge zusammenbauen, beim **Pierburg 2 E 3** den Filter bis zum Einrasten einschieben.

Gaszug

Der Verbindungszug zwischen Gaspedal und Vergaser ist sehr knickempfindlich. Wurde er bei Arbeiten im Motorraum gelöst und in einen ungünstigen Winkel gelegt, kann er Schaden erlitten haben. Ein schwergängiges Gaspedal weist darauf hin, daß der Zug bald reißen kann. Ein neuer Gaszug muß beim Einbau vorsichtig behandelt werden.

Gaszug-Einstellung kontrollieren

Grundsätzlich muß der Vergaserzug spannungsfrei, mit etwas Spiel, eingebaut sein.
■ Beim **Weber 32 TL und Solex PDSI** zur Kontrolle das Gaspedal vom Helfer voll durchtreten lassen.
■ Die Drosselklappe muß voll geöffnet sein.
■ Andernfalls die Zugbefestigung am Vergaser lösen und neu befestigen.
■ Dazu am Weber-Vergaser die Sicherungsklammer in die Kugelpfanne etwas einschieben, Kugelpfanne aufdrücken und Klammer ganz einschieben, danach den Gaszug am Widerlager mit Gummilager eindrücken.
■ Beim **Pierburg 1 B 1** die Sicherung am Bowdenzug-Widerlager in die entsprechende Steckraste umstecken.
■ In Vollgasstellung muß die Drosselklappe voll geöffnet sein.

■ Bei voll geöffneter Starterklappe muß ein Spiel von 0,5 mm zwischen Drosselklappenhebel und Segment Starterklappe vorhanden sein.
■ Evtl. das Spiel mit der Einstellschraube korrigieren.
■ Am **Varajet II** ist der Vergaserzug am Kugelkopf des Halters mit einer Sicherung gesichert. Diese ist in eine Bohrung gesteckt und um den Kugelkopf gelegt.
■ Zur Einstellung die Steckraste am Halter des Gaszugs herausziehen.
■ Gestänge in Leerlaufstellung drücken und die Steckraste einschieben.
■ Bei voll getretenem Gaspedal muß am Vergaser Vollgasstellung erreicht sein.
■ Wenn nicht, die Steckraste umstecken.

Der Starterzug

Beim Weber- und Solex-Vergaser sowie beim Pierburg 1 B 1 wird die Starterklappe über einen Zug vom Armaturenbrett aus betätigt.

Starterzug-Einstellung kontrollieren

■ Beim **Solex PDSI** muß der Zug spannungsfrei, mit etwas Spiel, eingebaut sein.
■ Den Starterzug am Armaturenbrett bis zum Anschlag hineinschieben.
■ Klemmschraube an der Starterklappenbefestigung lockern und bei entsprechendem Spiel des Zuges wieder festziehen.

■ Beim **Weber 32 TL** und **Pierburg 1 B 1** soll die Seele des Bowdenzuges unter leichter Spannung stehen.
■ Andernfalls die Starterzughülle lösen.
■ Die Hülle beim **Weber 32 TL** mit einem Überstand von 25–30 mm, beim **Pierburg 1 B 1** von 5–10 mm festklemmen, gemessen

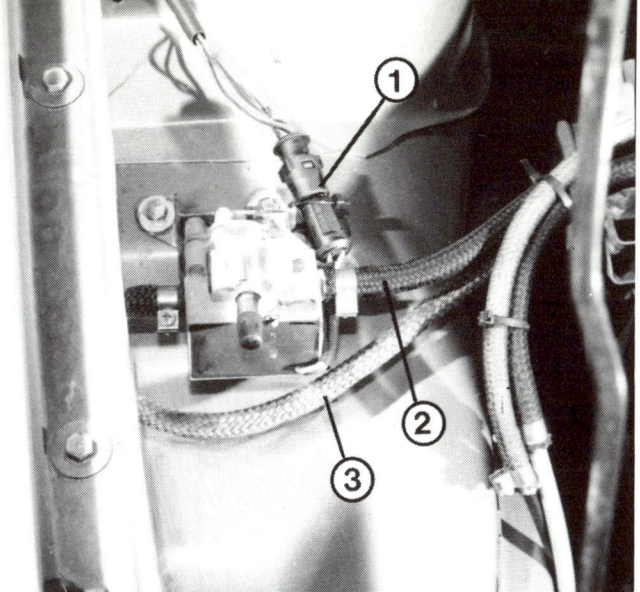

Das Durchflußmeßgerät für die eventuell vorhandene Verbrauchsanzeige sitzt im Motorraum rechts. 1 – Kabelstecker; 2 – Vergaserleitung; 3 – Pumpenleitung.

zwischen Halterung und Hüllenende in Richtung Starterklappenhebel.
■ Zug in der Klemmrolle am Starterklappenhebel einfädeln.
■ Am Armaturenbrett zwischen Zuggriff und Gewindestutzen den Schaft eines 4-mm-Bohrers einklemmen.
■ Zug an der Klemmrolle des Starterklappenhebels festziehen.

■ Bohrer entfernen.
■ Der voll eingeschobene Zuggriff soll etwa 0,5 bis 1,5 mm zurückfedern.
■ An der Kurvenscheibe des Starterklappenhebels soll zu dem Gleitschuh Freigang vorhanden sein, wobei der Zug unter Spannung steht.
■ Andernfalls die Einstellung wiederholen.

Bevor Sie gemäß der folgenden Liste irgendwelche Überprüfungen vornehmen, müssen Sie sicher sein, daß die Zündanlage in Ordnung ist. Auch muß die Vorwärmung am Luftfilter richtig eingestellt sein bzw. funktionieren, und die Kraftstoffpumpe muß korrekt arbeiten.

Störungsbeistand
Vergaser

Die Störung	– ihre Ursache	– ihre Abhilfe
A Kalter Motor springt nicht oder schlecht an	1 Kraftstoffweg im Vergaser nicht in Ordnung	Prüfung: Zuleitung am Vergaser abziehen, in ein Gefäß halten und Motor starten. Kommt kein Benzin, siehe unter Kraftstoffpumpe
	a) Schwimmernadelventil klemmt oder Schwimmer defekt	Gegen Schwimmerkammerdeckel klopfen, evtl. Vergaserdeckel abnehmen, Schwimmer und Nadelventil überprüfen
	b) Bohrungen, Düsen und Kanäle im Vergaser verstopft	Vergaser reinigen
	2 Leerlauf-Abschaltventil defekt	Siehe Seite 86
	3 Starterzug falsch eingestellt	Einstellen
	4 Starterklappe schwergängig oder klemmt	Gängig machen
	5 Bimetallfeder der Startautomatik ausgehängt	Feder einhängen oder Starterdeckel ersetzen
	6 Stellung der Drosselklappe falsch	Einstellen lassen
	7 »Falsche Luft« tritt an Deckeldichtung oder Ansaugflansch ein bzw. an einem der Unterdruckschläuche	Kontrollieren, schadhafte Dichtungen bzw. Schläuche ersetzen
B Kalter Motor geht nach dem Start wieder aus	1 Siehe A 4, 6 und 7	
	2 Starterklappenspalt falsch eingestellt	Einstellen lassen

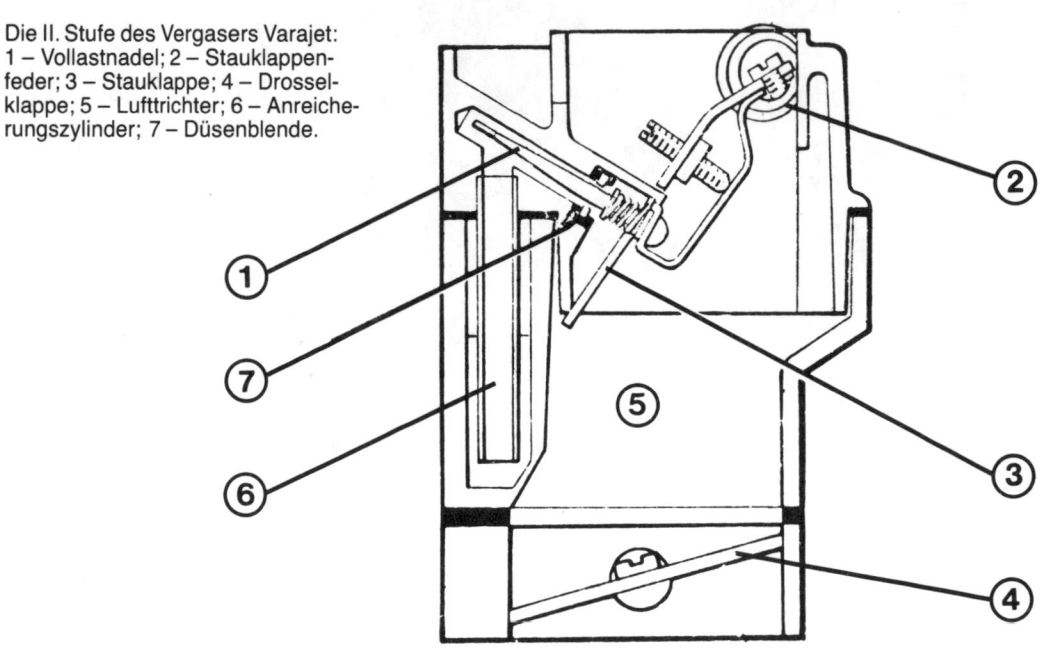

Die II. Stufe des Vergasers Varajet:
1 – Vollastnadel; 2 – Stauklappen-
feder; 3 – Stauklappe; 4 – Drosselklappe; 5 – Lufttrichter; 6 – Anreiche-
rungszylinder; 7 – Düsenblende.

Die Störung	– ihre Ursache	– ihre Abhilfe
B (Fortsetzung)	3 Starterdeckel falsch eingestellt	Einstellmarken gegenüberstellen
	4 Pulldown-Einrichtung gestört	Prüfen lassen
C Kalter Motor hat zu hohe oder niedrige Leerlaufdrehzahl	1 Siehe A 6 und 7	
	2 Ansaugrohrbeheizung gestört	Siehe Seite 89
	3 Starterdeckelbeheizung gestört	Siehe Seite 86
	4 Leerlauf falsch eingestellt	Einstellen lassen (CO-Test)
D Kalter Motor nimmt schlecht Gas an und ruckelt	1 Ansaugluft-Vorwärmung gestört	Siehe Seite 78
	2 Siehe A 4 und 7	
	3 Siehe B 2 und 4	
	4 Siehe C 2, 3, 4 und 5	

In dieser Zeichnung sind
die Unterdruck- und
Kraftstoffleitungen beim
Vergaser 2 E 3 enthalten.
A – Kaltluftzuführung;
B – Warmluftzuführung;
1 – Vergaser; 2 – Pull-
down-Dose; 3 – Thermo-
zeitventil; 4 – Unter-
druckdose II. Stufe;
5 – Gasblasenabschei-
der; 6 – Kraftstoffpumpe;
7 – Kraftstoffzuführung;
8 – Kraftstoffrückfüh-
rung; 9 – Unterdruckdo-
se, Zündverteiler;
10 – Luftfilter; 11 – Bime-
tallregler; 12 – Unter-
druckdose; 13 – Dehn-
stoffelement;
14 – Regelklappe.

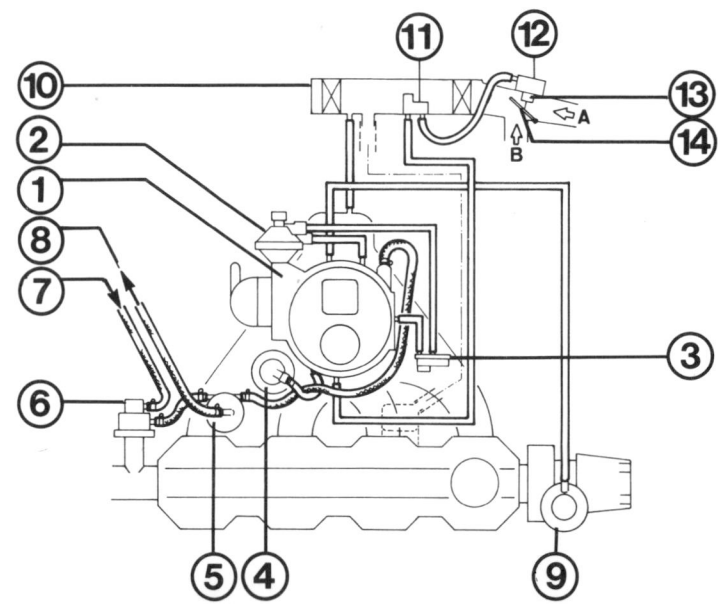

Die Störung	– ihre Ursache	– ihre Abhilfe
D (Fortsetzung)	5 Beschleunigungssystem arbeitet nicht	Prüfung: Luftfilterdeckel abnehmen. Wird Benzin eingespritzt, wenn Sie den Drosselklappenhebel bewegen?
	a) Kanäle verstopft	Vergaser reinigen
	b) Membrane defekt	Auswechseln
	6 Beschleunigungs-Einspritzmenge falsch	Einstellen lassen
E Warmer Motor springt schlecht oder nicht an	1 Siehe A 2	
	2 Dampfblasen im Kraftstoffsystem	Mit durchgetretenem Gaspedal starten
	3 Benzinzulaufleitung liegt am Motor oder Ventildeckel an	Leitung so verlegen, daß sie frei hängt
	4 Schwimmernadelventil undicht	Ersetzen
	5 Schwimmer defekt	Prüfen, ggf. austauschen
	6 Schwimmerstand falsch	Einstellen lassen
F Leerlauf ungleichmäßig bzw. zu hoch oder zu niedrig	1 Siehe A 7	
	2 Siehe C 5	
	3 Leerlauf-Kraftstoffdüse oder Umgemisch-Kraftstoffdüse verschmutzt oder lose	Vergaser reinigen bzw. Düse festziehen
	4 Leerlaufgemisch-Regulierschraube beschädigt	Ersetzen
	5 PDSI- und 2 E 3-Vergaser: Anreicherungsventil defekt	Ersetzen
	6 32 TL-Vergaser: Anreicherungspumpe defekt	Prüfen lassen
G Leerlaufdrehzahl oder CO-Gehalt nicht einstellbar	1 Siehe A 3, 4, 5 und 6	
	2 Grundeinstellung der Drosselklappe falsch	Einstellen lassen
	3 Siehe F 5 und 6	
H Schlechte Übergänge beim Beschleunigen	1 Einspritzmenge der Beschleunigerpumpe falsch dosiert	Einstellen lassen
	2 2 E 3-Vergaser: Pumpendruckventil klemmt	Prüfen lassen
	3 Varajet-Vergaser: Stauklappe arbeitet fehlerhaft	Prüfen lassen
I Schlechte Übergänge bei höheren Drehzahlen (nur Register-Vergaser)	1 Unterdruckdose der 2. Stufe undicht	Austauschen
	2 Varajet-Vergaser: Unterdruck oder Federkraft für Teillastnadel fehlerhaft	Prüfen lassen
J Auspuffknallen im Schiebebetrieb	1 Siehe A 6 und 7	
	2 Siehe C 5	
	3 Siehe G 2	
K Kraftstoffverbrauch zu hoch	1 Siehe A 3 und 4	
	2 Siehe C 2, 3 und 5	
	3 Siehe D 1	
	4 Siehe E 3, 4, 5 und 6	
	5 Siehe F 5 und 6	

Steuerbefehle

Die Benzineinspritzung teilt den Kraftstoff genauer als herkömmliche Vergaser den einzelnen Zylindern zu. Elektronische Steuerungen sorgen dabei für günstige Verbrauchs- und Abgaswerte, zudem wird ein verbessertes Leistungsverhalten erreicht.

Der Luftfilter

Auch bei den Kadett-Modellen 13 i, 16 i, 18 i und 20 i ist ein Papierfilterelement für die Reinigung der Ansaugluft eingesetzt. Was auf Seite 76 für die Vergasermotoren gesagt wurde, gilt gleichermaßen für die Einspritzer.
Das Filterelement sitzt beim 1,3-l- und 1,6-l-Motor wie bei einem Vergaser auf dem Einspritzgehäuse und hat eine runde Gestalt. Beim 1,8-l- und 2-l-Motor ist das rechteckige Filterelement am Luftmengenmesser im Motorraum vorn rechts untergebracht.

Luftfiltereinsatz wechseln

■ Beim **1,3-** und **1,6-l-Motor** so vorgehen wie beim Vergasermotor (Seite 76).
■ Beim **1,8-l-** und **2-l-Motor** die vier Spannverschlüsse am Filteroberteil öffnen.
■ Filteroberteil mit Luftmengenmesser anheben.
■ Filtereinsatz herausnehmen.

■ Filtergehäuse mit trockenem Lappen auswischen.
■ Neues Filterelement mit den Filterlamellen nach unten einsetzen.
■ Auf gute Anlage des Dichtungsrandes achten.

Welche Einspritzanlage ist eingebaut?

In den Kadett-Modellen kommen verschiedene Einspritzsysteme zum Einsatz. Sie sind auf den Motortyp abgestimmt. Diese Aufstellung zeigt die Zuordnung der Anlagen zu den einzelnen Motoren:

Motor	C 13 N, C 16 LZ, E 16 NZ	18 E	C 18 NT, C 18 NE	C 20 NE, 20 SEH
System-Hersteller	Rochester	Bosch	Bosch	Bosch
System-Typ	Multec Zentraleinspritzung	LE-Jetronic	LU-Jetronic	Motronic ML 4,1

An der Unterseite des Luftfiltergehäuses sind wie beim Vergasermotor auch bei der Multec-Zentraleinspritzung angeschlossen:
1 – Schlauch für Kurbelgehäuseentlüftung; 2 – Unterdruckschlauch; 3 – Leitung für die Ansaugluftvorwärmung.

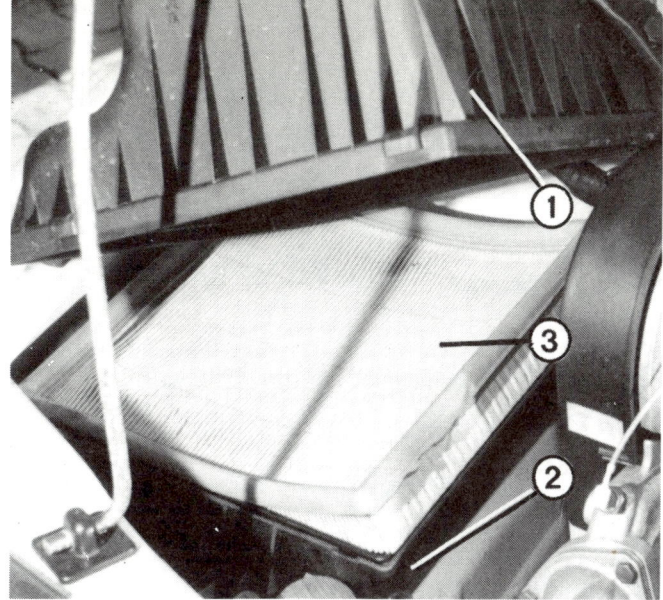

Das Luftfilteroberteil (1) bei Jetronic und Motronic ist mit dem Unterteil (2) durch vier Spannverschlüsse verbunden. Hat man diese gelöst, ist der Filtereinsatz (3) zu erreichen.

Mit Ausnahme der Motoren 18 E und 20 SEH arbeiten die Systeme in Verbindung mit einem geregelten Katalysator (Seite 54).

Nachfolgend werden die einzelnen Einspritzsysteme in der Reihenfolge ihrer technischen Entwicklung beschrieben.

In den Kadett-Modellen sind je nach Baujahr und Hubraum unterschiedliche Einspritzsysteme eingebaut.

Verschiedene Einspritzsysteme

☐ Die Bosch LE-Jetronic beim Motor 18 E basiert auf der früheren L-Jetronic, wobei das »L« für »luftmengengesteuert« steht. Das Hirn der Jetronic besteht aus einem elektronischen Steuergerät, das je nach Motordrehzahl und Last die nötige Kraftstoffmenge aus den elektrischen Einspritzventilen fließen läßt. In der LE-Jetronic ist jedoch noch etwas mehr »Elektronik« verpackt, denn sie kann auf ein zusätzliches Kaltstartsystem verzichten und erzeugt das erforderliche fettere Kraftstoff-Luft-Gemisch einfach über je ein Einspritzventil pro Zylinder.

☐ Zu den Motoren C 18 NT und C 18 NE gehört die LU-Jetronic. Die Anlage arbeitet wie die LE-Jetronic, jedoch in Verbindung mit einem geregelten Katalysator, und sie besitzt deswegen ein anderes Zündsystem. Das »U« in der Bezeichnung weist darauf hin, daß diese Jetronic zuerst für die USA gebaut wurde.

☐ Die Motoren C 20 NE und 20 SEH sind mit der Motronic ausgestattet. Sie ist ein aufwendigeres Einspritzsystem, denn ihr Steuergerät beinhaltet zusätzlich auch die elektronische Zündung, verfügt über einen Programmspeicher und ist zur Eigendiagnose fähig. Für Einspritzungs- und Zündungsbereich benutzt die Motronic dieselben Geber. Dazu bietet sie geeignete Voraussetzungen für die Lambda-Regelung bei Fahrzeugen mit Katalysator.

☐ Die Multec-Zentraleinspritzung, eingesetzt bei den Motoren C 13 N, C 16 LZ und E 16 NZ, besitzt nur ein elektromagnetisches Einspritzventil. Bei diesem von General Motors entwickelten System erteilt das Steuergerät Signale für Zündzeitpunkt, Gemischbildung, Leerlaufregelung und Schubabschaltung, wobei dauernd die für den Katalysatorbetrieb günstigste Gemischzusammensetzung eingehalten wird. Außerdem kann sich das Steuergerät, etwa bei Alterung des Motors, veränderten Betriebsbedingungen anpassen, Notlaufprogramme sichern bei Ausfall eines Gebers oder mehrerer Informationen die Weiterfahrt.

Leichter verständlich wird die Funktion der Jetronic durch eine Beschreibung der Aufgaben ihrer Bauteile, die zur besseren Übersicht hier alphabetisch geordnet sind:

Die wichtigsten Teile der LE- und LU-Jetronic

Drosselklappe: Sie sitzt im Ansaugrohr und ist über einen Zug mit dem Gaspedal verbunden. Von ihrer Stellung ist die durch den Motor angesaugte Luftmenge abhängig.

Drosselklappenschalter: In ihm befinden sich zwei Schaltkontakte. Der eine schaltet bei geöffneter Drosselklappe und übermittelt dem Steuergerät das Signal »Leerlauf« bzw. »Vollast«. Bei geschlossener Drosselklappe, also bei »Schubbetrieb«, läßt der andere Schalter die Kraftstoffzufuhr sperren.

Druckregler: Er sorgt für einen gleichbleibenden Druck von 2,5 bar im Kraftstoffsystem. Dazu ist er über Anschlüsse mit dem Verteilerrohr und mit dem Kraftstofftank verbunden. Bei

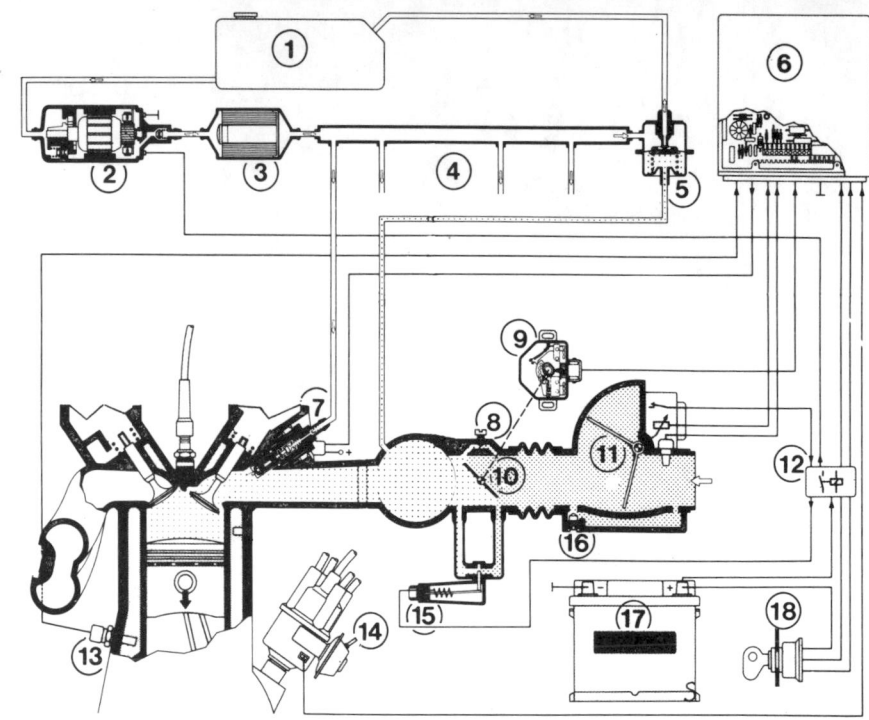

Schemazeichnung LE-Jetronic. 1 – Kraftstoffbehälter; 2 – Elektr. Kraftstoffpumpe; 3 – Kraftstoffilter; 4 – Verteilerrohr; 5 – Druckregler; 6 – Steuergerät; 7 – Einspritzventil; 8 – Leerlaufdrehzahl-Einstellschraube; 9 – Drosselklappenschalter; 10 – Drosselklappe; 11 – Luftmengenmesser; 12 – Steuerrelais; 13 – Motortemperaturfühler; 14 – Zündverteiler; 15 – Zusatzluftschieber; 16 – Leerlaufgemisch-Einstellschraube; 17 – Batterie; 18 – Zünd-Start-Schalter.

steigendem Druck läßt der Regler Kraftstoff in den Tank zurückfließen, bei abfallendem Druck reduziert er die Rücklaufmenge. Durch einen Unterdruck-Anschluß am Ansaugrohr empfängt er zugleich Hinweise über den Lastzustand des Motors und hebt bei Vollast den Druck noch um etwa 0,5 bar an. Dadurch wird die zur vollen Leistung nötige zusätzliche Kraftstoffmenge eingespritzt.

Einspritzventile: In jedem Ansaugkanal eines Motorzylinders sitzt je ein Einspritzventil. Es mißt die momentan benötigte Kraftstoffmenge zu und sorgt gleichzeitig für Feinzerstäubung des Benzins. Die Ventile werden elektromagnetisch betätigt, wobei die Düsennadel etwa 0,1 mm von ihrem Sitz abgehoben wird und der Kraftstoff durchfließt. Die eingespritzte Kraftstoffmenge hängt von der Öffnungsdauer der Einspritzventile ab, Anzugs- und Abfallzeit liegen im Bereich von 1 bis 1,5 Millisekunden. Wegen ihrer Parallelschaltung spritzen sie gleichzeitig, zweimal pro Kurbelwellenumdrehung.

Katalysator: Siehe Seite 54.

Kraftstoffilter: Siehe Seite 75.

Kraftstoffpumpe: Siehe Seite 73.

Lambda-Sonde: Dieser Meßfühler des elektronischen Steuergerätes verhilft zur Regulierung des richtigen Kraftstoff/Luft-Verhältnisses. Die Sonde ist vor dem Gelenkflansch im vorderen Auspuffrohr mit einem Spezialfett eingeschraubt. Siehe auch Seite 54.

Luftmengenmesser: Die Ansaugluft trifft auf ihrem Weg zwischen Luftfilter und Drosselklappe auf eine bewegliche Stauscheibe. Diese wird durch den Sog der Motorkolben zur Seite

Übersicht der LU-Jetronic.
1 – Dreiwege-Katalysator; 2 – Auspuffanlage; 3 – Abschirmbleche; 4 – Lambda-Sonde, beheizt; 5 – Kolben; 6 – Nockenwellenrad; 7 – Luftmengenmesser; 8 – Steuergerät, Einspritzanlage; 9 – Zündanlage; 10 – Kabelsatz; 11 – Verdampfungskontrollsystem, Aktivkohlebehälter; 12 – Kraftstoff-Einfüllrohr.

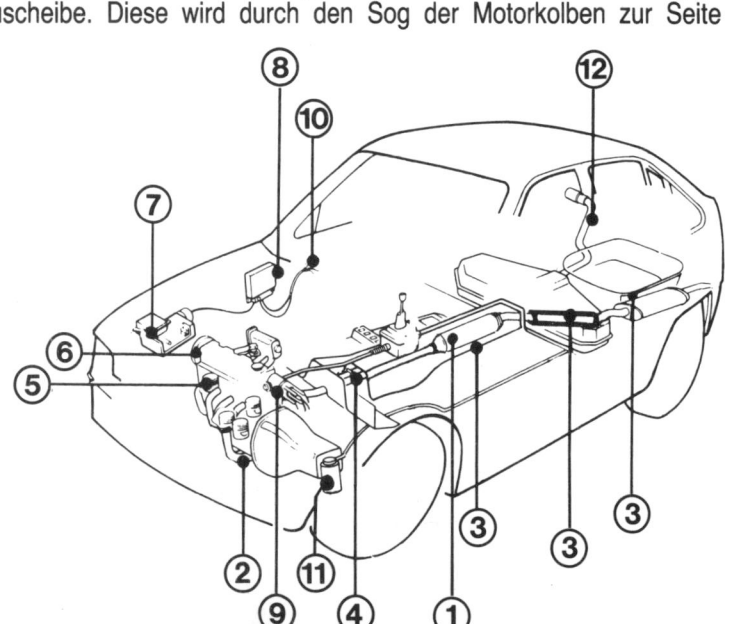

gedrückt, und zwar um so stärker, je mehr die Drosselklappe geöffnet hat. Je nach Stellung der Stauscheibe meldet ein elektrischer Widerstand den Wert für die angesaugte Luftmenge an das Steuergerät.

Steuergerät: Entsprechend den Informationen über Luftmenge, Drehzahl und Temperaturbedingungen regelt das Steuergerät die Einspritzzeit und damit die Einspritzmenge, indem die Öffnungsdauer der elektrisch gesteuerten Einspritzventile variiert wird. Das Steuergerät ist im vorderen Fußraum rechts hinter der Verkleidung untergebracht.

Steuerrelais: Der elektronische Zeitschalter bewirkt bei stehenbleibendem Motor eine Unterbrechung der Kraftstofförderung innerhalb von 0,15 Sekunden. Dabei spielt der Grund des Stillstands keine Rolle. Das Steuerrelais sitzt am linken Federbeindom.

Temperaturfühler: Er befindet sich am Zylinderkopf und meldet die dort vorhandene Temperatur dem Steuergerät. Das geschieht zur genaueren Bemessung der Kraftstoffmenge.

Verteilerrohr: In ihm wird der Kraftstoff auf die vier Leitungen zu den Einspritzventilen verteilt. Außerdem dient es als Kraftstoffspeicher und verhindert damit Druckschwankungen.

Zusatzluftschieber: In der Warmlaufphase gibt er einen Luft-Nebenkanal frei, der die Drosselklappe umgeht. Dadurch wird die Stauscheibe im Luftmengenmesser weiter geöffnet und somit auch mehr Kraftstoff eingespritzt. Diese größere Gemischmenge gleicht die bei kaltem Motor vorhandene höhere Reibung aus. Öffnen und Schließen des Drehschiebers im Zusatzluftschieber besorgt ein elektrischer Heizwiderstand, der seine Befehle vom Steuergerät erhält.

Start: Der Unterdruck der ansaugenden Kolben öffnet im Luftmengenmesser die Stauscheibe, deren Stellung dem Steuergerät gemeldet wird. Außerdem öffnet der Zusatzluftschieber den um die Drosselklappe herumgeführten Kanal, damit eine zusätzliche Ansaugluftmenge einströmen kann. Weil der Motortemperaturfühler jetzt noch »kalt« registriert, bewirkt die Elektronik im Steuergerät eine längere Öffnungsdauer der Einspritzventile für ein fettes Startgemisch.

Warmlauf: Damit der Motor bis Erreichen seiner Betriebswärme rund läuft, bestimmt die Kühlwassertemperatur weiterhin die Dauer der Einspritzzeit, und der Zusatzluftschieber bleibt noch geöffnet. Mit zunehmender Erwärmung schließt der Zusatzluftschieber seine Luftbeigabe, während sich die Spritzdauer der Einspritzventile bis zum Normalwert verkürzt.

Leerlauf: Über einen besonderen Kanal wird bei geschlossener Drosselklappe eine geringe Luftmenge vorbeigeführt. Dieser Leerlaufkanal verfügt über eine Einstellschraube. Die Leerlauf-Luft trifft mit der vom Drosselklappenschalter ausgelöst reduzierten Kraftstoffmenge zusammen.

Normalebetrieb, Beschleunigen und Vollast erfordern keinerlei besondere Einrichtungen. Die Stauscheibe im Luftmengenmesser wird je nach angesaugter Luftmenge weiter geöffnet oder geschlossen. Entsprechend regelt das Steuergerät die Öffnungsdauer der Einspritzventile: Viel Luft – viel Kraftstoff, wenig Luft – wenig Kraftstoff. Ganz automatisch stellt sich immer das richtige, verbrennungsgünstigste Verhältnis ein.

Lambda-Regelung: Bei der LU-Jetronic übermittelt die Lambda-Sonde im vorderen Auspuffrohr die jeweilige Abgaszusammensetzung dem Steuergerät, das den Einspritzventilen sofort den Befehl zu kürzerer oder längerer Einspritzzeit gibt. Dadurch ergibt sich ein ständiger Wechsel von leicht abgemagertem bzw. angefettetem Gemisch, was die einwandfreie Arbeit des Katalysators sichert.

So funktioniert die Jetronic

Die Motronic besitzt zwei Hauptsysteme: **Zündung** und **Einspritzung**. Im Steuergerät ist ein Zündkennfeld (siehe Seite 209) elektronisch gespeichert, dazu wird der Zündzeitpunkt von der Motor- und Ansauglufttemperatur sowie von der Drosselklappenstellung beeinflußt. Die elektronisch gesteuerte Einspritzung basiert auf dem System der LE-Jetronic, jedoch die Signalverarbeitung erfolgt digital.

Entsprechend der Jetronic sind auch hier die folgenden Bauteile vorhanden: Elektrische Kraftstoffpumpe, Druckregler, Verteilerrohr, Einspritzventile, Drosselklappenschalter, Aktivkohlefilter. Der Luftmengenmesser besitzt nicht die bisherige Bypass-Schraube zur Gemischeinstellung, diese Einstellung erfolgt über ein Potentiometer im Steuergerät.

Zur Motronic gehören außerdem

Induktiver Impulsgeber: Er sitzt seitlich im Motorblock, und zu ihm gehört eine mit magnetisierten Zähnen besetzte Geberscheibe vorn auf der Kurbelwelle. Die am Impulsgeber vorbeilaufenden Zähne ändern wegen ihrer Zwischenräume ständig den Spalt zum Impulsgeber. So ändert sich auch das magnetische Feld und erzeugt im Impulsgeber eine Spannung, deren

Die Motronic und ihre Teile

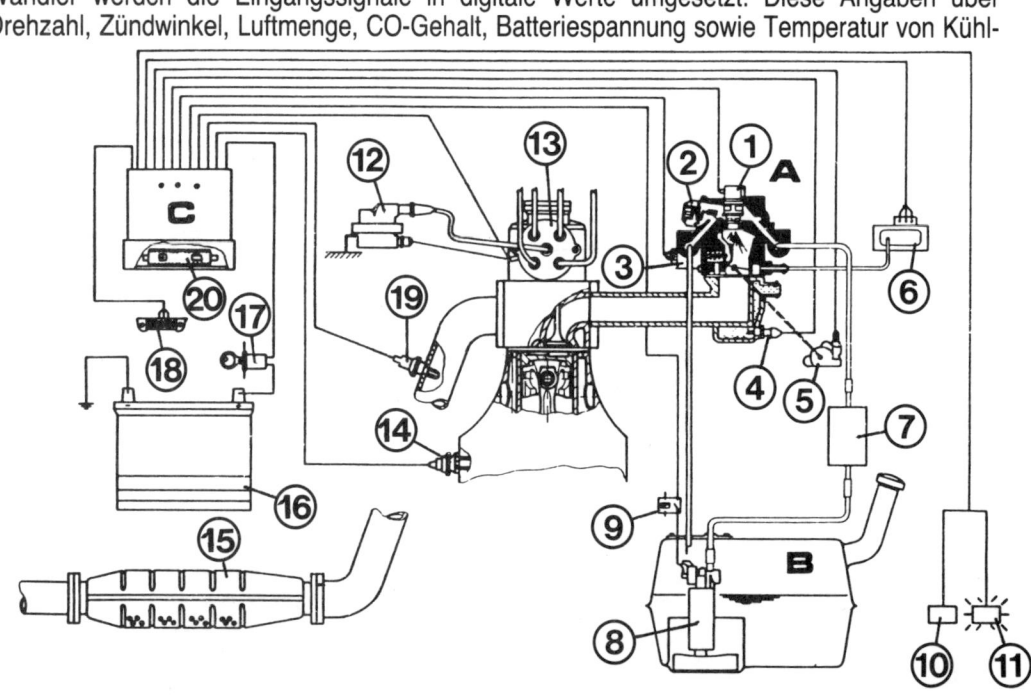

Schemazeichnung Motronic. 1 – Steuergerät; 2 – Luftmengenmesser; 3 – Drosselklappenschalter; 4 – Leerlaufdrehsteller; 5 – Temperaturfühler Kühlmittel; 6 – Druckregler; 7 – Kraftstoffpumpe; 8 – Einspritzventil; 9 – induktiver Impulsgeber; 10 – Zündspule; 11 – Kraftstofffilter; 12 – Zündspule; 13 – Lambda-Sonde; 14 – Katalysator; 15 – Hauptrelais; 16 – Tankentlüftungsventil.

Schemazeichnung Multec-Zentraleinspritzung. 1 – Einspritzventil; 2 – Kraftstoffdruckregler; 3 – Leerlauffüllungsschrittmotor; 4 – Kühlwassertemperatursensor; 5 – Drosselklappenpotentiometer; 6 – Saugrohrdrucksensor; 7 – Kraftstofffilter; 8 – Kraftstoffpumpe; 9 – Kraftstoffpumpenrelais; 10 – Geschwindigkeitssensor; 11 – Motorkontrollleuchte; 12 – Zündspule; 13 – Zündverteiler; 14 – Öldruckschalter; 15 – Katalysator; 16 – Batterie; 17 – Zündschloß; 18 – Diagnosestecker; 19 – Lambda-Sonde; 20 – Programmspeicher; A – Drosselklappeneinspritzgehäuse; B – Kraftstofftank; C – Steuergerät.

Höhe von Umdrehungsgeschwindigkeit, Spaltgröße und Zahnform abhängig ist. Die Spannungsschwankungen liegen zwischen 0,5 V und 100 V und werden vom Steuergerät als Drehzahlwert erkannt. Eine besondere Bezugsmarke an der Geberscheibe dient zur Bestimmung des Zündwinkels.

Leerlaufdrehsteller: Dieser Stellmotor ist in einer um die Drosselklappe herumgelegten Bypass-Schlauchleitung eingebaut. Ein Drehschieber mit verstellbarem Querschnitt bestimmt die Luftmenge bei geschlossener Drosselklappe und ersetzt so einen Zusatzluftschieber. Der Motor stellt den Drehschieber in Richtung »Öffnen«, eine Feder zieht ihn in Richtung »Schließen«, und dieses Zusammenspiel bewirkt die Einhaltung der Leerlauf-Solldrehzahl.

Kabelsatz: Der in sich abgeschlossene Motorkabelsatz hat weniger Steckverbindungen und kürzere Leitungen. Dadurch ist die Zuverlässigkeit vergrößert.

Kraftstoffpumpenrelais: Das Doppelrelais sitzt im Motorraum hinten links. Eine Schaltung verhindert bei einem Unfall die Kraftstofförderung trotz eingeschalteter Zündung. Der sonst übliche Anschluß zur Klemme 50 am Anlasser entfällt.

Steuergerät: Es enthält außer Transistoren, Dioden und Widerständen eine Leiterplatte mit Mikroprozessor, Analog-Digital-Wandler, Programmspeicher und Betriebsdatenspeicher. Vom Wandler werden die Eingangssignale in digitale Werte umgesetzt. Diese Angaben über Drehzahl, Zündwinkel, Luftmenge, CO-Gehalt, Batteriespannung sowie Temperatur von Kühlmittel und Ansaugluft verarbeitet der Betriebsdatenspeicher mit dem festen Programm. Im Mikroprozessor werden alle Daten verglichen und zu betriebsgünstigen Signalen aufbereitet. Diese Befehle gehen an Zündspule, Kraftstoffpumpe, Leerlaufdrehsteller, an die Einspritzventile und an das Tankentlüftungsventil.

So funktioniert die Motronic

Start: Nach Einschalten der Zündung wird das Startprogramm abgerufen. Es bleibt bis Überschreiten einer motortemperaturabhängigen Drehzahlschwelle aktiv. Die Einspritzzeit ist von der Drehzahl und von der Kühlmitteltemperatur abhängig, nicht jedoch vom Signal des Luftmengenmessers.

Nachstart: Abhängig von der Motortemperatur wird die Einspritzzeit um einen Bruchteil verlängert.

Warmlauf: Die Einspritzmenge wird angehoben, wiederum abhängig von Motortemperatur und Drehzahl sowie zusätzlich von der Belastung. Auch der Zündwinkel wird durch die Motortemperatur korrigiert.

Beschleunigung: Nach Überschreiten eines bestimmten Signals des Luftmengenmessers wird das Gemisch angereichert. Die Menge dieser Anreicherung wird durch Kühlmitteltemperatur, Drehzahl, Last und Größe des Luftmengenmesser-Signals bestimmt. Eine Sofortwirkung der Anreicherung wird von einem »Zwischenspritzer« unterstützt, den die Motortemperatur auslöst. Zur Vermeidung von Beschleunigungsklingeln wird die Zündung nach »spät« gestellt, anschließend aber wieder auf normale Werte geregelt.

Vollast: Voraussetzung ist der Vollast-Kontakt des Drosselklappenschalters an Masse. Dann wird anstelle des allgemeinen Kennfeldprogramms (siehe Seite 209) ein von der Drehzahl abhängiger Vollast-Zündwinkel eingestellt.

Schubabschaltung: Zu ihren Bedingungen gehören der geschlossene Leerlaufkontakt des Drosselklappenschalters sowie eine Ansauglufttemperatur oberhalb eines programmierten Wertes. Nach einer Mindestzeit wird die Einspritzung abgeschaltet und der Zündwinkel weich nach »spät« geregelt. Sinkt die Drehzahl unter eine motortemperaturabhängige Schwelle, setzt die Einspritzung wieder ein.

Leerlauf: Wenn der Leerlaufkontakt des Drosselklappenschalters an Masse liegt und der Motor unterhalb des Schubabschaltungsbereichs dreht, verstellt sich der Zündwinkel entsprechend einer drehzahlabhängigen Kennlinie. Ändert sich der Betriebszustand des Leerlaufs, werden die einzelnen Übergangsfunktionen berechnet und zu den vorhandenen Funktionen addiert. Eine Kontrolle der Leerlauf-Drehzahl ist nicht erforderlich.

Antiruckelfunktion: Ein elektronischer Filter im Steuergerät dämpft die Drehzahlinformation. Dadurch wird im Teillastbereich bei schnellen Lastwechseln ein ruckfreier Fahrbetrieb ermöglicht.

Notlauf: Bei Defekt eines Informationsgebers löst das Steuergerät die Eigendiagnose aus, koppelt den betreffenden Sensor ab und liefert einen Ersatzwert. So bleibt der Fahrbetrieb erhalten. Eine Werkstatt kann mit eigener Kraft erreicht werden.

Die Multec-Zentral-einspritzung und ihre Teile

Dieses Einspritzsystem gliedert sich in drei Hauptteile:

Drosselklappen-Einspritzgehäuse mit Einspritzventil, Drosselklappenschalter, Leerlauffüllung-Schrittmotor und Kraftstoff-Druckregler.

Kraftstoff-Versorgungssystem mit Strömungspumpe im Tank und mit einem Systemdruck von ca. 0,7 bar.

Elektronisches Steuergerät mit Mikroprozessor.

So funktioniert das Multec-System

Das Steuergerät erhält Informationen über die ständig sich verändernden Werte von
☐ Drehzahl und Kurbelwellenstellung durch den Induktivgeber im Zündverteiler,
☐ Saugrohrdruck durch den Druckfühler,
☐ Betriebstemperatur durch den Kühlwassertemperatursensor,
☐ Abgas-Zusammensetzung durch die Lambda-Sonde,
☐ Fahrzeuggeschwindigkeit durch den Wegstrecken-Frequenzgeber,
☐ Batteriespannung,
Mit diesen Informationen führt der Mikroprozessor eine verbrauchs- und abgasoptimierte Steuerung durch, die sich nach einem speziell für den Motor entwickelten Programm richtet. Auch der Leerlauf ist programmiert und braucht nicht kontrolliert zu werden.
Die Einspritzmenge ergibt sich aus der vom Motor angesaugten Luftmasse einschließlich

Gesamtübersicht der Multec-Zentraleinspritzung.
1 – Drosselklappeneinspritzgehäuse; 2 – Kraftstoffpumpe; 3 – Filter; 4 – Kraftstoffdruckregler;
5 – Einspritzventil; 6 – Drosselklappen-Potentiometer; 7 – Leerlauffüllungsschrittmotor; 8 – Saug-
rohr-Druckfühler; 9 – Kühlmittel-Temperaturfühler;
10 – Wegstrecken-Frequenzgeber; 11 – Park/Neu-
tral-Schalter (nur in Verbindung mit automatischem Getriebe); 12 – Lambda-Sonde, unbeheizt;
13 – Zündverteiler; 14 – Motorkontrolleuchte;
15 – ALDL-Stecker; 16 – Kabelsatz; 17 – Steuergerät; 18 – Dreiwege-Zweibett-Katalysator;
19 – Auspuffanlage; 20 – Abschirmbleche;
21 – Tankeinfüllstutzen; 22 – Verdampfungskontrollsystem.

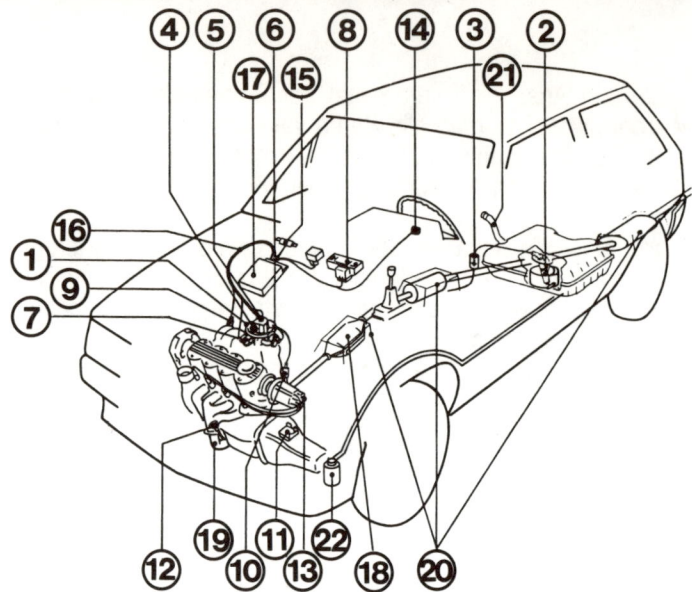

Saugrohrdruck und Temperatur. Pro Kurbelwellenumdrehung öffnet das Einspritzventil zweimal, wobei der Öffnungsimpuls für jeden Zylinder separat erfolgt. Zur Anpassung an unterschiedliche Betriebszustände dienen besondere Korrekturen der Einspritzmenge.
Für den Kaltstart wird der Leerlauffüllung-Schrittmotor entsprechend der Kühlmitteltemperatur
für höhere Leerlauf-Drehzahl eingestellt, während Temperatur und Drosselklappenstellung das
Kraftstoff/Luft-Gemisch bestimmen, ohne es aber zu überfetten. Dagegen erfolgt die Anreicherung beim Beschleunigen über die Drosselklappenstellung und den Saugrohrdruck, wobei das
Einspritzventil zusätzlich in kurzen Intervallen öffnet. Bei Verzögerung und damit verbundenem
Unterdruck im Saugrohr werden die Einspritzzeiten kürzer und bei Schub, wenn die Drosselklappe geschlossen ist, völlig unterdrückt. Bei warmem Motor hält der Leerlauffüllung-Schrittmotor die Leerlaufdrehzahl unter allen Belastungen konstant. Über einen Bypass zur Drosselklappe wird die Füllung des Motors geregelt.
Mit Hilfe eines sogenannten Lernblocks wird die Kraftstoffzumessung an unterschiedliche
Reibungs- und Füllungsverhältnisse, also an die Alterung des Motors, selbsttätig angepaßt, und
zugleich werden Produktionstoleranzen der Bauteile kompensiert. Auch der gegenwärtige
Abgaszustand wird mit einem Soll-Wert verglichen. So ergibt sich eine bestmögliche Gemischzusammensetzung.
Während die kostspieligeren Mehrfacheinspritzsysteme mit freizügiger Saugrohrgestaltung
(wie bei den 1,8-l- und 2,-l-Modellen) eine hohe Motorleistung zur Folge haben, bietet die
Zentraleinspritzung einen Kompromiß zwischen guter Gemischverteilung und optimaler Füllung
bei geringem Aufwand.

Selbsthilfe an der Einspritzanlage

Ohne die nötigen Prüfgeräte sind viele Kontrollen für den Selbsthelfer nicht durchführbar. Aber
auch ohne Meßgeräte lassen sich Fehler häufig einkreisen und erkennen.
☐ Verweigert der Opel den Dienst, kontrollieren Sie zuerst, ob die Zündanlage in Ordnung ist
(ab Seite 221).
☐ Als nächstes wird die Kraftstoffversorgung überprüft, siehe Seite 263.

Allgemeine Störungssuche

■ Überprüfen Sie folgende Schläuche und ihre Halteschellen auf festen Sitz sowie das Schlauchmaterial auf Risse:
■ Den Faltenbalg zwischen Luftmengen-messer und Drosselklappenstutzen, die Schläuche zum Zusatzluftschieber, zum Zündverteiler und zum Bremskraftverstärker. Schon geringe Nebenluftmengen können die Gemischaufbereitung empfindlich stören, da sie von der Stauscheibe im Luftmengenmes-ser nicht mitgemessen werden. Das Gemisch magert also bei Nebenluft unkontrolliert ab.
■ Sind die Dichtungen an den Einspritz-ventilen in Ordnung, ebenso die Flanschdich-tungen der Ansaugkanäle?
■ Sind an den Kraftstoffleitungen Undich-tigkeiten zu erkennen?
■ Wurden die Kabelstecker häufig ausein-andergezogen und wieder verbunden? Die Stecker haben keine federnden Zungen. Un-geschicktes Reißen kann mangelnden Kon-takt zur Folge haben.
■ Bei den Steckern an den Bauteilen der Einspritzanlage lassen sich die Zungen mit einem feinen Schraubenzieher ein wenig nachbiegen.

Zur Jetronic gehören: 1 – Drossel-klappenbetätigung; 2 – Drossel-klappenschalter; 3 – Druckregler; 4 – Zusatzluft-schieber.

Zusätzlich zu den auf Seite 209 genannten Vorsichtsmaßnahmen sind beim Motronic- und Multec-System folgende Hinweise zu beachten:

☐ Die in der Eigendiagnose gespeicherten Fehlercodes werden durch Abklemmen der Batterie gelöscht.

☐ Verkehrter Anschluß der Batterie oder Zündspule führen zur Zerstörung des Steuergerätes, ebenso Anlegen von Plus oder Masse an Klemme 1 der Zündspule.

☐ Kabelbaumstecker des Steuergerätes nur bei ausgeschalteter Zündung abziehen oder aufstecken. Vorher Steuerrelais abziehen und nach Abschalten der Zündung ca. 20 Sekunden warten.

In den folgenden Abschnitten sind wir auf jene Möglichkeiten der Fehlersuche eingegangen, zu denen der Heimwerker keine besonderen Werkzeuge oder Meßgeräte benötigt. Haben Sie nach unserem Störungsbeistand auf Seite 114 ein bestimmtes Bauteil im Verdacht, können Sie hier die Prüfanleitung nachlesen.

Die Grundeinstellung der Drosselklappe kann sich verändert haben.

■ Drosselklappe vollkommen schließen.
■ Drosselklappen-Anschlagschraube zunächst spielfrei beidrehen.

■ Danach die Schraube ¼ bis ½ Drehung vorspannen.

■ Beide Befestigungsschrauben des Schalters lockern.
■ Schalter entgegen dem Uhrzeigersinn vorsichtig drehen, bis ein Widerstand spürbar ist.

■ In dieser Position die Schrauben festziehen.
■ Drosselklappe mit der Hand etwas öffnen. Dabei muß ein Knacken hörbar sein, ebenso beim Schließen.

Vorsichtsmaßnahmen bei elektronischen Einspritzsystemen

Störungssuche an einzelnen Bauteilen

Drosselklappe
Jetronic

Drosselklappenschalter
Jetronic, Motronic

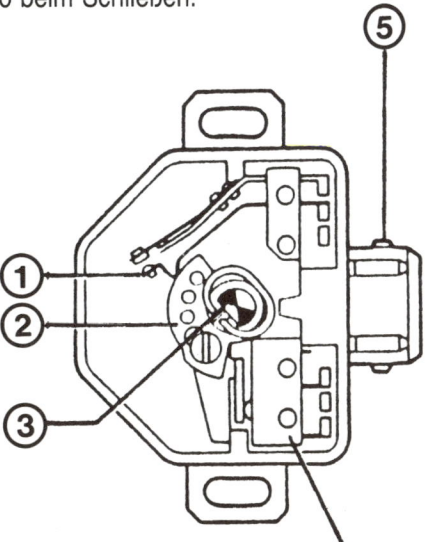

Links: Zur Einstellung des Drossel-klappenschalters diese beiden Schrauben lockern.
Rechts: In den Endstellungen Vollast und Leerlauf wird jeweils ein Kontakt geschlossen.
1 – Vollastschalter; 2 – Schaltkulisse; 3 – Drosselklap-penwelle; 4 – Leerlaufschal-ter; 5 – elektr. Anschluß.

Der zur Multec-Zentraleinspritzung gehörende Druckfühler ist an der Stirnwand befestigt.

Druckfühler
Multec

Der Druckfühler sitzt im Motorraum an der Stirnwand. Kabelsatzstecker und Unterdruckschlauch müssen einwandfrei sitzen. Der Schlauch muß stetig fallend zum Einspritzgehäuse verlegt sein.

Einspritzventile

■ Zündung lahmlegen, wie auf Seite 210 beschrieben.
■ Zur Überprüfung, ob ein Einspritzventil überhaupt Benzin erhält, die betreffende Kraftstoffleitung am Verteilerrohr lösen.
■ Lappen bereithalten und Motor von Helfer starten lassen.
■ Tritt Kraftstoff aus, können Sie das Ventil selbst kontrollieren.
■ Einspritzventil ausbauen, siehe Seite 110.
■ Ventilloch im Ansaugkrümmer fest verschließen.
■ Gefäß oder Lappen für den austretenden Kraftstoff bereithalten, Motor von Helfer starten lassen.

■ Das Ventil muß gleichmäßig und kegelförmig abspritzen.
■ Falls nicht, muß es ersetzt werden.
■ Zur Dichtheitsprüfung: Klemme 1 von Zündspule abziehen, Starter kurz betätigen. Innerhalb einer Minute dürfen nicht mehr als 2 Tropfen Benzin pro Ventil austreten.
■ Bei Verdacht auf verklebte Ventile die Kraftstoff-Rücklaufleitung mit Quetschklemme abklemmen (Gemisch wird fetter). Läuft der Motor besser, den Kraftstoff völlig ablassen. Bei LE-Jetronic neu mit Super nach DIN-Norm betanken, bei LU-Jetronic mit unverbleitem Normal betanken.
■ Alle Einspritzventile ersetzen.

Luftmengenmesser
Jetronic, Motronic

Der Luftmengenmesser des Motors C 18 NT ist auf dem blauen Deckel mit einem grünen Farbpunkt gekennzeichnet.
■ Schlauchschelle lösen und Luftschlauch zum Saugrohr abziehen.

■ Mehrfachstecker vom Luftmengenmesser abziehen.

Jetronic: Hinter dem Luftfilter sitzt der Luftmengenmesser (1). Der Mehrfachstecker (2) ist im Bild von dem Steckeranschluß (3) abgezogen. Die By-pass-Schraube (4) ist von einer Sicherungskappe verschlossen.

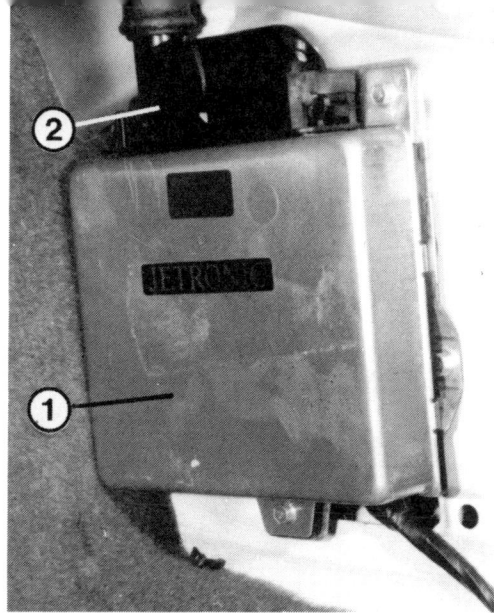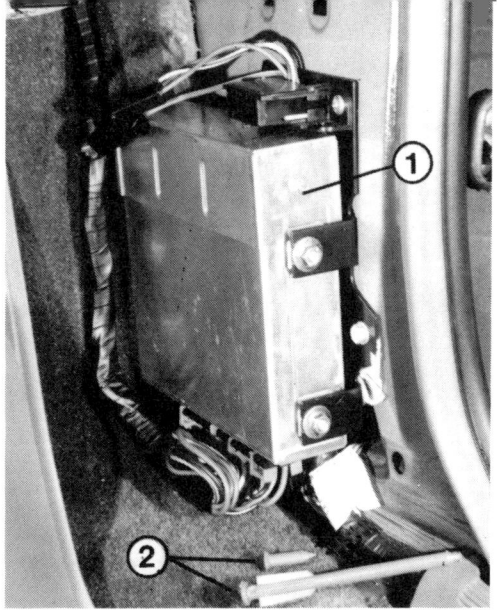

Links: 1 – Steuergerät der Jetronic; 2 – Kabelbaumstecker.
Rechts: 1 – Steuergerät der Multec-Zentraleinspritzung; 2 – Kunststoff-Befestigungsstifte für die Innenwandabdeckung.

■ Spannverschlüsse öffnen und den Luftmengenmesser mit dem Luftfilteroberteil abnehmen.

■ Luftmengenmesser vom Filteroberteil abschrauben.

■ Seitenverkleidung im Fußraum vorn rechts abknöpfen und den Mehrfachstecker vom Steuergerät abziehen. Die Klemmen 1 bis 13 sind auf der längeren Steckerleiste angebracht, beginnend an der Kabeleingangsseite.

■ Prüflampe zwischen Klemme 4 und 5 am Stecker anschließen.

■ Motor starten, die Prüflampe muß aufleuchten.

■ Leuchtet die Lampe nicht auf, bei ausge-

■ Kabelstecker vom Zusatzluftschieber abziehen.

■ 12-V/2-W-Prüflampe zwischen die beiden Kontakte des Steckers anschließen.

■ Motor starten, die Prüflampe muß aufleuchten.

■ Leuchtet die Lampe nicht auf, bei ausge-

■ Leichtgängigkeit der Stauscheibe prüfen. Sie muß sich ohne Hemmungen bis zum Anschlag bewegen lassen.

■ Den Bereich der Stauscheibe mit sauberem, trockenem Lappen auswischen.

schalteter Zündung die Anschlüsse der elektrischen Leitungen von den Klemmen 4 und 5 gemäß Schaltplan ab Seite 178 überprüfen.

■ Wurde dabei kein Fehler gefunden, die Prüflampe an die Klemmen 9 und 5 am Stecker des Steuergeräts anschließen.

■ Motor wieder starten, die Prüflampe muß aufleuchten.

■ Falls nicht, muß die weitere Fehlersuche der Werkstatt überlassen bleiben.

schalteter Zündung die Anschlüsse der beiden Leitungen gemäß Schaltplan ab Seite 178 überprüfen.

■ Zum Ausbau die Schlauchschellen lösen und beide Schläuche abziehen.

■ Zwei Befestigungsschrauben herausdrehen.

Steuergerät
Jetronic

Zusatzluftschieber
Jetronic

Zur Motronic gehört dieser Luftmengenmesser (1) auf dem Deckel des Luftfiltergehäuses (2).

Links: Zum Ausbau des Zusatzluftschiebers den Kabelstecker (1) abziehen, die Schlauchschellen (2) lockern und Schläuche abziehen, zwei Befestigungsschrauben (3) herausdrehen. Rechts: Vom Gaszug (1) wird das Drosselklappengestänge (2) betätigt. Die Drosselklappenanschlagschraube (3) soll spielfrei eingestellt sein.

■ Durch die Öffnung des abgenommenen Zusatzluftschiebers die Stellung des Drehschiebers kontrollieren.

■ In kaltem Zustand muß der Drehschieber einen Spalt geöffnet sein.

■ Zum Aufheizen die Klemme 26 des Zu-

satzluftschiebers (siehe Schaltplan ab Seite 178) an Massepol der Batterie anschließen, die andere Klemme an den Pluspol.

■ In heißem Zustand muß der Drehschieber geschlossen sein.

Leerlauf kontrollieren

Wartung Nr. 5
Jetronic

Theoretisch ist der Leerlauf bei der Jetronic gleichmäßiger als bei der Gemischaufbereitung durch Vergaser. Normalerweise ist eine Drehzahlanpassung nicht nötig.

☐ Die **1,8-l-Motoren** sollen im Leerlauf mit **900–950/min** drehen.

Voraussetzung für einen korrekten Leerlauf ist selbstverständlich die richtige Zündzeitpunkteinstellung, die sich allerdings beim Kadett mit seiner Transistorzündung normalerweise nicht verändert.

Wegen der Transistorzündung die Sicherheitsmaßnahmen auf Seite 209 beachten.

■ Motor warmfahren. Die Öltemperatur soll mindestens 60°C betragen.

■ Motor abstellen, Drehzahlmesser anschließen.

■ Motor starten, elektrische Verbraucher dürfen nicht eingeschaltet sein.

■ Korrigiert wird die Lehrlaufdrehzahl an der Leerlauf-Einstellschraube am Drosselklappenstutzen (Bild oben rechts).

■ Kontermutter der Einstellschraube lösen. Hineindrehen der Schraube läßt den Motor

langsamer, Herausdrehen läßt ihn schneller laufen.

■ Nach der Einstellung die Kontermutter wieder anziehen.

■ Falls vor der Kontrolle die Einspritzleitungen gelöst wurden, muß zunächst der Motor mehrmals auf 3000/min gebracht werden und dann wenigstens 2 Minuten im Leerlauf drehen.

Ansicht der Motronic: 1 – Drosselklappenbetätigung; 2 – Befestigung des Verteilerrohrs; 3 – Leerlaufdrehsteller; 4 – Einspritzventil.

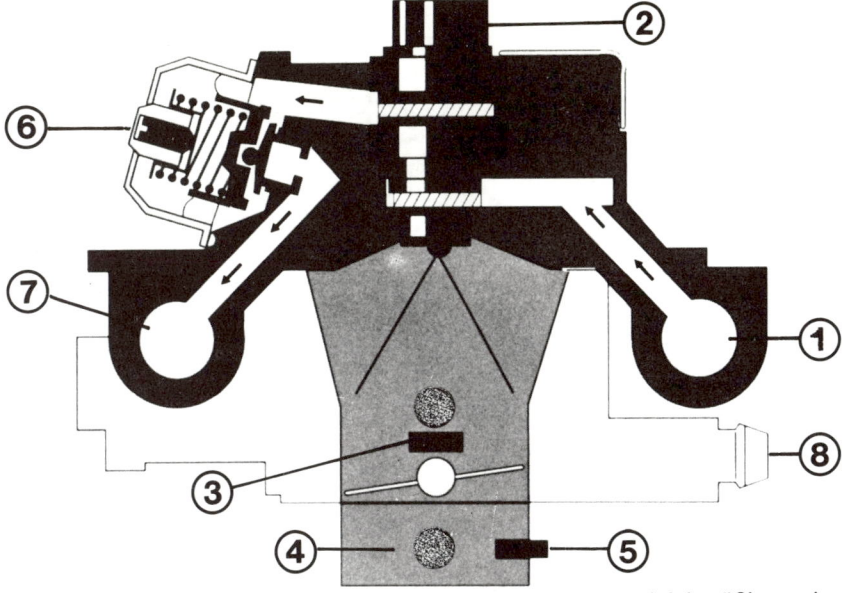

Schembild des zur Multec-Zentraleinspritzung gehörenden Drosselklappen-Einspritzgehäuses.
1 – Kraftstoff-Zufuhr; 2 – Einspritzdüse; 3 – Drosselklappensensor;
4 – Motor/Auspuffsystem;
5 – Lambda-Sonde; 6 – Systemdruckregler; 7 – Kraftstoff-Rückführung zum Tank; 8 – Anschluß Tankentlüftung.

Leerlauf-Schwankungen

Gelegentlich leiden die Jetronic-Einspritzmotoren an ungleichmäßigem Leerlauf. Dazu muß gleich gesagt werden, daß dieser Mangel sich unter Umständen durch Zusammenkommen verschiedener Toleranzen ergibt und eine Abhilfe nicht vollkommen möglich ist.

■ Sämtliche Luftschläuche kontrollieren, wie unter »Allgemeine Störungssuche« beschrieben.
■ Zusatzluftschieber überprüfen, siehe Seite 107.
■ Eventuell liegt es am Leerlaufkontakt im Drosselklappenschalter, den die Werkstatt prüfen kann. Kontrollieren Sie, ob der Drosselklappenschalter richtig eingestellt ist, gemäß Seite 105.
■ Für weitergehende Kontrollen sind wieder Meßgeräte erforderlich.

Abgas-Messung
Wartung Nr. 6

Hier gilt dasselbe, wie auf Seite 90 für die Vergasermotoren gesagt. Zugleich müssen die Voraussetzungen wie beim Einstellen der Leerlaufdrehzahl erfüllt sein.
☐ Bei richtiger Einstellung liegt der CO-Wert bei **maximal 0,5 Vol.%.**
Die CO-Einstellschraube befindet sich am Luftmengenmesser unter einer Verschlußkappe. Bei Verdrehen der Schraube im Uhrzeigersinn steigt der CO-Gehalt an, Verdrehen gegen den Uhrzeigersinn läßt ihn sinken.

Ersatz einzelner Bauteile

Die nachfolgend beschriebenen Arbeiten beziehen sich auf Bauteile, die sich ohne aufwendige Hilfsmittel ersetzen lassen. Vielleicht können Sie sogar mit einer Ihnen bekannten Werkstatt zusammenarbeiten und nach dem dort ermittelten Ergebnis die eine oder andere Arbeit selbst ausführen.

Drosselklappen-Einspritzgehäuse
Multec

■ Luftfilter abbauen (Bild Seite 98).
■ Alle Kabelanschlüsse von dem Gehäuse abziehen.
■ Schlauchschellen lösen und die Kraftstoffleitungen von den Stutzen am Gehäuse abziehen.

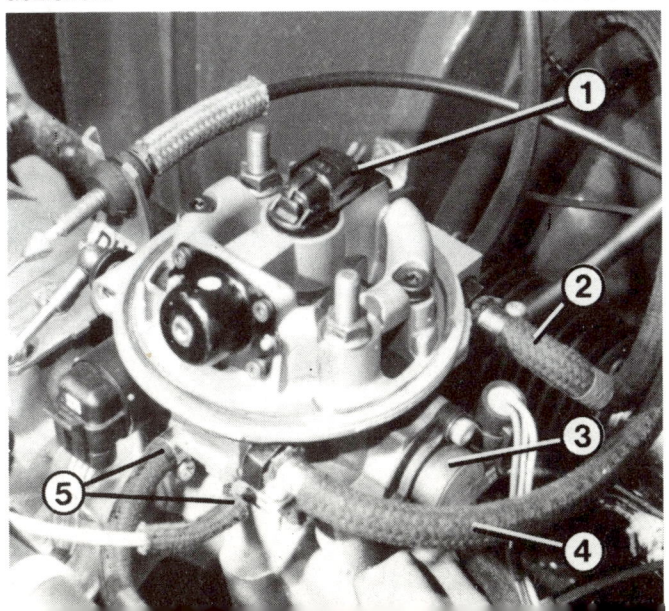

Multec-Zentraleinspritzung.
1 – Einspritzventil;
2 – Kraftstoffzulauf;
3 – Drosselklappen-Potentiometer; 4 – Kraftstoffrücklauf; 5 links – Leitung zum Aktivkohlebehälter; 5 rechts – Leitung zum Luftfilter.

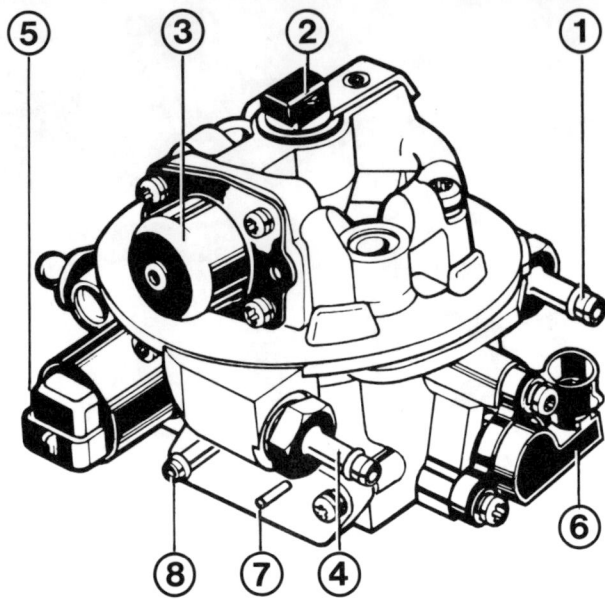

Drosselklappen-Einspritzgehäuse der Multec-Zentraleinspritzung.
1 – Kraftstoffzulauf; 2 – Einspritzventil; 3 – Kraftstoffdruckregler; 4 – Kraftstoffrücklauf; 5 – Leerlauffüllungs-Schrittmotor; 6 – Drosselklappen-Potentiometer; 7 – Luftfiltersteuerung; 8 – Spülleitung Aktivkohlebehälter.

■ Betätigungsstange aushängen.
■ Muttern abschrauben und das Gehäuse vom Saugrohr abheben.

■ Beim Einbau die Muttern mit 22 Nm festziehen.

Drosselklappen-Potentiometer
Multec

■ Luftfilter abbauen (Bild Seite 98).
■ Befestigungsschrauben für das Potentiometer herausdrehen.
■ Potentiometer abnehmen.

■ Einbau bei geschlossener Drosselklappe vornehmen, auf richtigen Sitz des Mitnehmers der Drosselklappenwelle achten.
■ Schrauben mit 2 Nm festziehen.

Einspritzventile
Jetronic

■ Massekabel von der Batterie trennen.
■ Schlauchschellen am Verteilerrohr lösen, Verteilerrohr von den Schlauchleitungen der Einspritzventile abziehen.
■ Kraftstoff mit Lappen auffangen. Die Öffnungen der Schlauchleitungen und am Verteilerrohr zum Schutz gegen Verschmutzung verschließen.

■ Kabelstecker vom Einspritzventil abziehen.
■ Beide Befestigungsschrauben herausdrehen und das Einspritzventil aus dem Halter vorsichtig herausziehen, damit die Düsennadel nicht beschädigt wird.
■ Das Ventil mit neuem Gummidichtring einbauen.

Motronic

■ Kabel des Leerlaufdrehstellers abziehen.
■ Leerlaufdrehsteller ausbauen, dazu beide Schlauchschellen lösen.
■ Stecker der Einspritzventile abziehen.
■ Vier Schrauben des Verteilerrohrs lösen.
■ Clips der Einspritzventile mit einem Schraubenzieher nach vorn abdrücken.

■ Unterdruckschlauch des Bremskraftverstärkers am Drosselklappenstutzen abschrauben.
■ Halter des Vorlaufs abschrauben.
■ Einspritzventil aus dem Verteilerrohr abziehen.

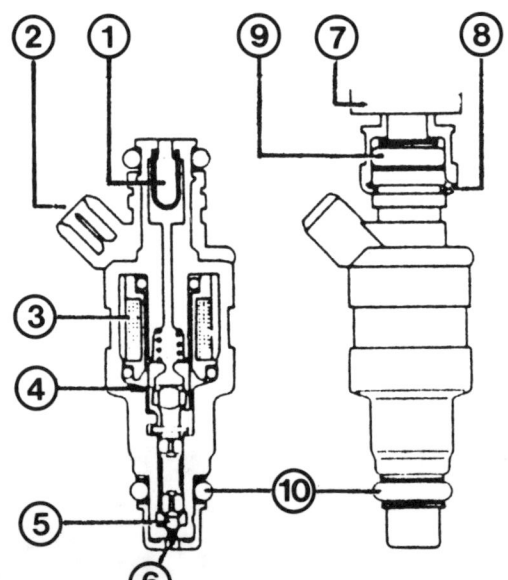

Aufbau der Motronic-Einspritzventile: 1 – Sieb; 2 – elektr. Anschluß; 3 – Magnetwicklung; 4 – Magnetanker; 5 – Düsennadel; 6 – Spritzzapfen; 7 – Verteilerrohr; 8 – Sicherungsklammer; 9 – oberer Dichtring; 10 – unterer Dichtring.

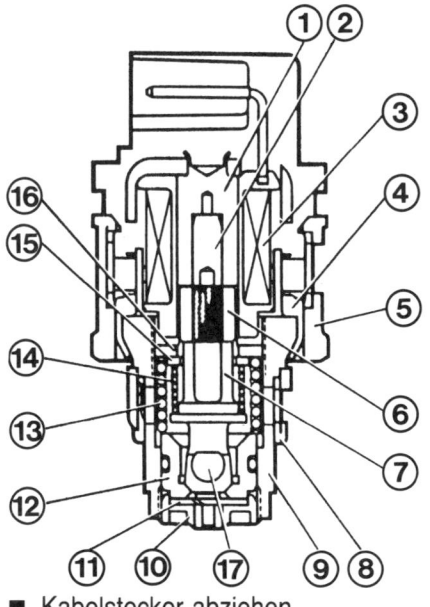

Aufbau des Multec-Einspritzventils: 1 – Magnetpol; 2 – Hubzylinder mit Anschlag; 3 – Magnetspule; 4 – Magnetspulengehäuse; 5 – Dampfblasenfilter; 6 – Ankerring; 7 – Anker; 8 – Kraftstoffeinlaßfilter; 9 – Ventilgehäuse; 10 – Strahlzerstäuber; 11 – Zerstäuberscheibe; 12 – Ventilsitz; 13 – Ventilfedersitz; 14 – Ventilankerfeder; 15 – Führungsring; 16 – Einstellschraube, fest eingestellt; 17 – Ventilkolben.

■ Kabelstecker abziehen.
■ Halteschraube lösen und den Halter des Ventils abnehmen.
■ Einspritzventil vorsichtig mit einem Schraubenzieher heraushebeln.
■ Beim Einbau muß das elektrische Steckerteil des Ventils zur Halteschraube zeigen.

■ Ventil in seinen Sitz drücken.
■ Halteschraube mit Sicherungsmasse bestreichen und mit 3 Nm festziehen.

Multec

Lambda-Sonde
Jetronic, Motronic, Multec

Das Gewinde der Sonde ist mit einem Spezialfett gegen Festfressen bestrichen. Es besteht aus flüssigem Graphit, das beim Betrieb wegbrennt, und Glasperlen. Eine neue Sonde ist mit diesem Fett versehen, das Gewinde der alten Sonde muß damit (Opel-Nr. 19 48 602) bestrichen werden.
■ Kabelstecker von der Sonde abziehen.
■ Lambda-Sonde nur bei betriebswarmem Motor aus dem Auspuffkrümmer vorsichtig herausschrauben. Hände gegen Verbrennungen schützen (Handschuhe, Lappen).

■ Beim Einbau die Sonde mit 38 Nm festziehen.

Leerlauffüllung-Schrittmotor
Multec

■ Kabelstecker abziehen.
■ Schrauben herausdrehen und den Schrittmotor vorsichtig herausnehmen.
■ Beim Einbau darf der Abstand zwischen Kolbenspitze und Flansch höchstens 28 mm betragen, andernfalls den Kolben vorsichtig bis zum Anschlag eindrücken.

■ Schrittmotor mit genormtem O-Ring einsetzen.
■ Schrauben mit Sicherungsmasse bestreichen und mit 2,5 Nm festziehen.

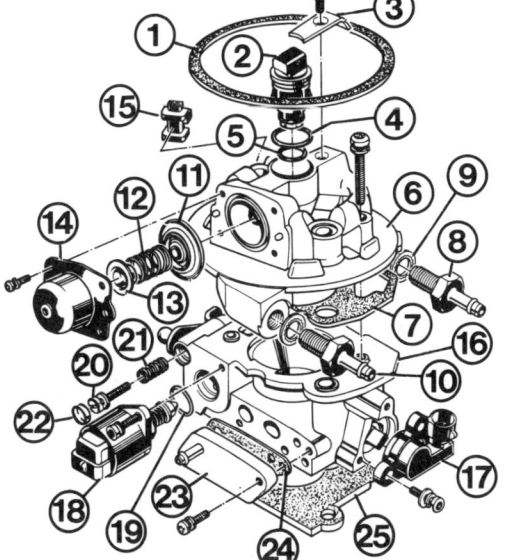

Bauteile am Multec-Zentraleinspritzsystem.
1 – Dichtung Luftfilter; 2 – Einspritzventil; 3 – Halter Einspritzventil; 4 – O-Ring Einspritzventil, oben; 5 – O-Ring Einspritzventil, unten; 6 – Oberteil Drosselklappeneinspritzgehäuse; 7 – Dichtung für Oberteil Drosselklappeneinspritzgehäuse; 8 – Kraftstoffeinlaßstutzen; 9 – Dichtung Kraftstoffeinlaßstutzen; 10 – Kraftstoffrücklaufstutzen; 11 – Membrane Kraftstoffdruckregler; 12 – Feder Kraftstoffdruckregler; 13 – Federsitz Kraftstoffdruckregler; 14 – Deckel Kraftstoffdruckregler; 15 – Gummitülle Anschußkabel; 16 – Drosselklappenteil; 17 – Drosselklappen-Potentiometer; 18 – Leerlauffüllungs-Schrittmotor; 19 – O-Ring; 20 – Leerlaufeinstellschraube; 21 – Feder Leerlaufeinstellschraube; 22 – Deckel (Plombe) Leerlaufeinstellschraube; 23 – Flansch Unterdruckanschlüsse; 24 – Dichtung für Flansch Unterdruckanschlüsse; 25 – Dichtung Einspritzgehäuse, Saugrohr.

Die Aufgabe des Leerlaufdrehstellers der Motronic ist auf Seite 102 beschrieben. Hier die Schemazeichnung des Leerlaufdrehstellers: 1 – Elektrischer Anschluß; 2 – Gehäuse; 3 – Dauermagnet; 4 – Anker; 5 – Luftkanal als Bypass zur Drosselklappe; 6 – Drehschieber.

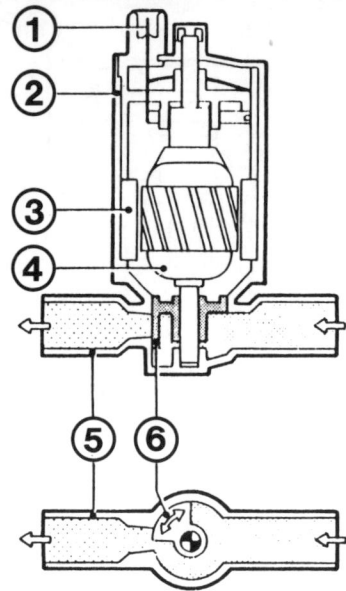

Steuergerät
Jetronic, Motronic

■ Massekabel von der Batterie lösen.
■ Verkleidung im Fußraum vorn rechts abknöpfen (Bilder Seite 107).
■ Sicherungsklammer für den Kabelbaumstecker abdrücken.

■ Kabelbaumstecker vom Steuergerät abklappen.
■ Befestigungsschrauben herausdrehen, Steuergerät abnehmen.

Multec

Das Steuergerät besteht aus dem Basissteuergerät und dem Programmspeicher.

■ Massekabel der Batterie lösen.
■ Verkleidung im Fußraum vorn rechts abnehmen.
■ Steuergerät abschrauben.
■ Halteklammer andrücken und Kabelbaumstecker abziehen, Steuergerät entnehmen.
■ Deckel über dem Programmspeicher abnehmen.
■ Beide Halteklammern zurückdrücken

und den Programmspeicher vorsichtig aus dem Sockel herausheben.
■ Durch Sichtprüfung einwandfreien Zustand der Steckkontakte feststellen.
■ Beim Zusammensetzen müssen die Aussparungen des Programmspeichers mit den Aussparungen im Sockel des Steuergerätes übersteinstimmen.

**Temperatur-
fühler**
Jetronic, Motronic,
Multec

Der Temperaturfühler sitzt bei Jetronic und Motronic im Motorblock links, bei Multec im Kühlmittelkanal des Ansaugkrümmers. Ein- und Ausbau nur bei ausgeschalteter Zündung vornehmen.

■ Kühlmittel teilweise ablassen und auffangen.
■ Kabelstecker vom Temperaturfühler abziehen.

■ Temperaturfühler herausdrehen.
■ Nach dem Einbau Kühlmittel auffüllen.

Multec-Zentraleinspritzung:
1 – Kraftstoffdruckregler;
2 – Leerlauffüllungs-Schrittmotor; 3 – Leerlauf-Einstellschraube; 4 – Drosselklappenhebel.

112

Kodierstecker zur Oktanzahl-anpassung der Motronic im Kadett 2.0 i. Siehe dazu Seite 222.

Siehe dazu Seite 222.

Das Steuergerät beider Systeme verfügt über einen Programmspeicher und ist zur Eigendiagnose fähig. Eine Störung wird zur späteren Fehlersuche gespeichert, und zugleich stellt die Elektronik noch einen Ersatzwert für die Weiterfahrt bereit. Eine Kontrolleuchte zeigt dem Fahrer die Störung an.

□ Bei der Motronic kann die Werkstatt über eine Reizleitung im Diagnosestecker das Diagnoseprogramm abrufen.

□ Für das Multec-System besitzt die Werkstatt einen Diagnoseschlüssel, der in den Stecker neben dem Steuergerät eingesetzt wird und wodurch die Diagnosereiz- und Masseleitung kurzgeschlossen ist.

Auf diese Weise wird die Blinktätigkeit der Kontrolleuchte ausgelöst. Für die einzelnen Fehlermöglichkeiten sind unterschiedliche Blinkintervalle festgelegt. Die Leuchtfolge stellt einen Code dar und gibt Hinweise auf die Fehlerquelle.

Fehlerdiagnose bei Motronic und Multec

Ein umfangreiches Notlauf-Programm hält die Funktion des Einspritz- und Zündsystems aufrecht, wenn ein Sensor (Fühler) ausfällt, eine Kabelverbindung unterbrochen ist oder Massekontakt auftritt. Zugleich wird ein Fehler im elektronischen Speicher registriert.

Der Notlauf wird vom Steuergerät so unterschieden:

□ Es bleibt die normale Steuerung beibehalten. Anstelle der ausgefallenen Informationen wird ein Ersatzwert zur Berechnung von Zündung und Kraftstoffzumessung herangezogen.

□ Fallen gleichzeitig mehrere Steuersignale oder der Mikroprozessor aus, sorgt das Endstufenmodul im Zündverteiler für eine Widerstandsschaltung mit notwendiger Kraftstoffzuteilung und Zündungssteuerung. Dadurch ist die Weiterfahrt möglich, und der Katalysator bleibt geschützt.

Bei Notlauffunktion leuchtet eine Kontrolllampe im Armaturenbrett auf und empfiehlt dadurch die Überprüfung in der Werkstatt.

Multec besitzt Notlauf-Funktion

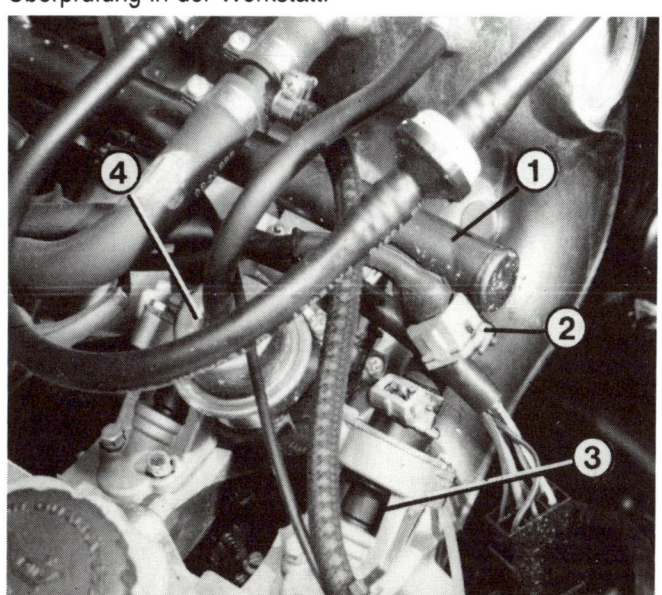

Das Bild zeigt Bauteile der Jetronic. 1 – Verteilerrohr; 2 – Kabelstecker (vom Anschluß des Einspritzventils abgezogen); 3 – Einspritzventil; 4 – Druckregler.

☐ Der Motor darf nie ohne fest angeschlossene Batterie oder mittels Schnellader gestartet werden. Ebenso darf die Batterie bei laufendem Motor nicht abgeklemmt werden.
☐ Den Mehrfachstecker des Steuergeräts nur bei ausgeschalteter Zündung abziehen oder aufstecken.

Die Störung	– ihre Ursache	– ihre Abhilfe
A Motor springt nicht an	1 Sicherung Nr. 16 durchgebrannt	Ersetzen
	2 Kraftstoffpumpe fördert nicht oder nicht genügend	Benzin im Tank? Anschlüsse prüfen, Fördermenge prüfen lassen
	3 Kraftstoffpumpenrelais defekt	Prüfen, ggf. austauschen
	4 Steuerrelais defekt	Prüfen (lassen)
	5 Druckregler defekt	Druck messen lassen
	6 Jetronic, Motronic: Stauscheibe schwergängig	Prüfen
	7 Temperaturfühler defekt	Prüfen lassen
	8 Zusatzluftschieber öffnet nicht	Prüfen
	9 Kein Drehzahlsignal vom TSZ-Schaltgerät (Jetronic) bzw. vom Drehzahlgeber (Motronic)	Kabelverlauf kontrollieren
B Kalter Motor springt nicht an	1 Jetronic, Motronic: Zusatz-luftschieber öffnet nicht	Prüfen
	2 Jetronic: Leerlauf zu fett oder zu mager eingestellt	Leerlauf und CO-Gehalt überprüfen
	3 Eingangsspannung an Klemme 15 der Zündspule zu schwach	Leitung von Klemme 1 an Masse legen, Voltmeter zwischen Klemme 15 und Masse muß mind. 9 V anzeigen
	4 Motor erhält Nebenluft	Sämtliche Schlauchleitungen über-prüfen
	5 Steuergerät defekt	Prüfen lassen
	6 Siehe A 5	
C Warmer Motor springt nicht an	1 Siehe B 4	
	2 Unterdruckleitung zum Druck-regler defekt	Leitung überprüfen
	3 Rücklaufleitung zwischen Druck-regler (Jetronic, Motronic) bzw. Einspritzgehäuse (Multec) und Tank verstopft	Reinigen
	4 Einspritzventile undicht	Ventile überprüfen
	5 Multec: Leerlauffüllungs-Schritt-motor defekt	Prüfen lassen
	6 Siehe A 6	
	7 Kühlmittel-Temperaturfühler defekt	Fühler überprüfen
D Motor springt an, stirbt aber wieder ab	1 Siehe A 8	
	2 Siehe B 2	
	3 Siehe C 2	
	4 Jetronic, Motronic: Luftmengen-messer defekt	Prüfen lassen
	5 Jetronic, Motronic: Drosselklappenschalter falsch eingestellt oder defekt	Einstellung bzw. Funktion kontrollieren
	6 Multec: Druckfühler defekt	Prüfen lassen
	7 Multec: Drosselklappen-Potentiometer defekt	Prüfen lassen

Das zum 100 PS starken Kadett 1.8i gehörende Steuergerät der LU-Jetronic ist das gleiche wie beim 1.8i mit 90 PS. Es ist im Motorraum hinten an der Spritzwand befestigt.

Die Störung	– ihre Ursache	– ihre Abhilfe
E Motor setzt aus	1 Siehe A 2 2 Einspritzventil defekt 3 Siehe C 5 4 Siehe D 5	Prüfen
F Motor patscht beim Gasgeben	Einspritzventile defekt	Prüfen
G Motor läuft noch	1 Siehe A 6 2 Siehe C 4	
H Motorleistung ungenügend	1 Siehe A 2 2 Siehe A 6 3 Siehe B 2 4 Siehe B 4 5 Drosselklappe geht nicht auf volle Öffnung 6 Siehe D	Prüfen, evtl. Gaszug einstellen
I Warmer Motor dreht im Leerlauf zu hoch	1 Jetronic, Motronic: Zusatzluftschieber schließt nicht 2 Siehe C 5	Prüfen
K Kraftstoffverbrauch zu hoch	1 Siehe B 2 2 Siehe C 7	

Verbindlichkeit

Die Drehbewegung der Kurbelwelle im Motor muß auf die Getriebeantriebswelle und auf das Zahnradpaar der jeweils geschalteten Gangstufe übertragen werden. Um beim Anfahren aus der Leerlaufstellung heraus oder während der Fahrt einen Gangwechsel vornehmen zu können, ist ein kurzes Unterbrechen der Verbindung zwischen Motor und Getriebe nötig. Dieses Trennen und Verbinden besorgt die Kupplung. Als Verschleißteil hängt ihre Lebensdauer von der Bedienungsweise ab.

So funktioniert die Kupplung

Die Übertragung der Antriebskraft des Motors auf das Getriebe geschieht durch Reibung. Zwei Körper werden gegeneinander gepreßt, wodurch der eine den anderen mitnimmt. Die Beteiligten sind:

☐ die **Schwungscheibe** am Motor als die eine Anlagefläche;

☐ die **Kupplungsdruckplatte** als die zweite Anlagefläche, die gegen die Schwungscheibe drückt.

☐ Dazwischen befindet sich als Reibpartner die **Mitnehmerscheibe.** Sie sitzt auf der Eingangswelle des Getriebes.

☐ Weiterhin gehört noch das **Ausrücklager** dazu.

Durch den Tritt auf das Kupplungspedal wird über den Kupplungszug der Ausrückhebel auf der Ausrückwelle angehoben. Diese Bewegung drückt das Ausrücklager auf die tortenförmig eingeschnittene Tellerfeder der Druckplatte. Das Ausrücklager kann nun die Federkraft übernehmen, die Druckplatte wird entlastet und bei völlig durchgetretenem Pedal zurückgezogen. Die Mitnehmerscheibe kann nun im Raum dazwischen frei umlaufen – es ist ausgekuppelt.

Beim Einkuppeln drückt die Tellerfeder der Druckplatte die Mitnehmerscheibe wieder gegen das Motorschwungrad. Zum sanften Übertragen der Kräfte muß dies langsam geschehen. Die Anlageflächen schleifen also eine gewisse Zeit aufeinander, ehe die Reibung wieder so groß ist, daß die Motorleistung vollständig an das Getriebe weitergeleitet wird. Dieses Schleifen beim Einkuppeln erzeugt Wärme; bei niedrigen Drehzahlen und kurzem Einkuppeln natürlich weniger als bei hohen Drehzahlen und langsamem Nachgeben des Kupplungsfußes. Schleifdauer und Hitzeentwicklung bestimmen die Lebensdauer der Beläge auf der Mitnehmerscheibe.

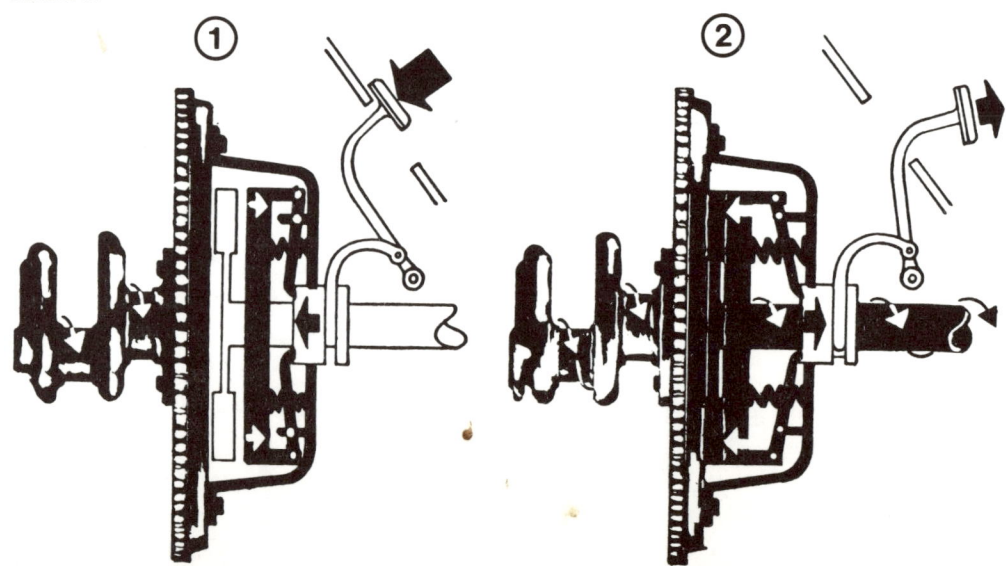

Funktionsweise der Kupplung:
1 – Fußhebel unten, Kupplung ausgerückt;
2 – Fußhebel oben, Kupplung eingerückt.

Es gibt Fahrer, die bereits nach 15 000 km eine neue Kupplung brauchen, andere bringen es dagegen auf 80 000 km. Eine hohe Laufzeit erreicht man, wenn der Wagen vorwiegend auf Langstrecken gefahren und die Kupplung vernünftig behandelt wird. Wer mit seinem Wagen hauptsächlich im Stadtverkehr fahren muß – wobei auch die Kupplung viel öfter getreten wird –, kann kaum so lange mit den ersten Kupplungsbelägen auskommen wie ein Langstrecken- fahrer.

Wie im Abschnitt »So funktioniert die Kupplung« angesprochen, bewirkt jedes Einkuppeln, daß die Beläge der Mitnehmerscheibe an ihren Gegenreibflächen schleifen und dabei heiß werden. Besonders verschleißfördernd ist hierbei das Anfahren mit hoher Motordrehzahl – Kavalierstart genannt –, Anfahren im 2. Gang, »Herummogeln« an Kreuzungen im 2. oder 3. Gang mit teilweise getretenem Kupplungspedal oder das »In-der-Waage-halten« an einer Steigung mit Kupplungs- und Gaspedal.

**Die Kupplungs-
lebensdauer**

Recht verbreitet ist die Angewohnheit, mit eingelegtem 1. Gang und durchgetretenem Kupp- lungspedal an der roten Ampel zu warten. Mancher fürchtet, den Gang nicht gleich einlegen zu können, wenn das grüne Licht den Weg freigibt. Wenn auch kein direkter oder sofort meßbarer Schaden entsteht, so beansprucht das Auskuppeln doch das Ausrücklager und bewirkt so wieder Verschleiß. Je öfter und länger das vor den vielen Ampeln geschieht, desto früher ist dieses Lager abgenutzt.

**Auskuppeln
beim Halt
an der Kreuzung?**

Der Verschleiß der Mitnehmerscheibe läßt sich im eingebauten Zustand nicht erkennen. Das erste Anzeichen für Verschleiß ist, wenn die Kupplung durchrutscht. Eine schleifende Kupplung bemerken Sie beim Fahren zuerst im höchsten Gang unter Last. Der Motor dreht hoch, ohne daß die Fahrgeschwindigkeit in gleichem Maß zunimmt. Einen gewissen Aufschluß kann die im folgenden genannte Methode geben, die Sie aber nur gelegentlich anwenden sollten.

**Kupplung
prüfen**

■ Handbremse anziehen, Motor starten.
■ 3. Gang einlegen, langsam einkuppeln und Gas geben.
■ Bei einwandfreier Handbremse müßte der Motor abgewürgt werden.
■ Dreht er durch, muß die Kupplungsein-
stellung kontrolliert und ggf. eingestellt werden.
■ Prüfung wiederholen. Dreht der Motor weiterhin durch, wird ein Kupplungstausch fällig.

**Schleift
die Kupplung?**

Wird der Schaltvorgang von kratzenden oder krachenden Geräuschen »untermalt«, dann trennt die Kupplung nicht mehr richtig. Um sicherzugehen, daß es nicht am Getriebe liegt, macht man die Probe mit dem nicht synchronisierten Rückwärtsgang:
■ Motor im Leerlauf drehen lassen.
■ Kupplungspedal voll durchtreten, etwa drei Sekunden warten, dann den Rückwärts- gang einlegen.
■ Kratzt es hierbei, trennt die Kupplung nicht mehr sauber – die Mitnehmerscheibe läuft also nicht ganz frei.
■ Kupplungseinstellung kontrollieren, eventuell berichtigen.
■ Prüfung nochmals durchführen. Kratzt es immer noch, sollten Sie unseren Störungsbei- stand auf Seite 120 zu Hilfe nehmen.

**Trennt die
Kupplung richtig?**

Die Opel-Kupplung arbeitet ohne Spiel. Mit fortschreitender Abnutzung der Kupplungsbeläge wandert das Kupplungspedal aus der einmal eingestellten Grundstellung weiter nach oben in Richtung Fahrer. Eigentlich handelt es sich also um die Einstellung des Kupplungspedals. Sie erfolgt am Ende des Kupplungsseils an der Verbindungsstelle zum Ausrückhebel.
☐ Vor allen Arbeiten an der Kupplung das Einstellmaß (siehe nächsten Abschnitt) messen, wenn dabei die Mitnehmerscheibe oder der Seilzug nicht ersetzt war. Dieser gemessene Wert muß später wieder eingestellt werden.
☐ Bei Ersatz von Kupplungsscheibe oder Seilzug muß eine neue Einstellung vorgenommen werden.

**Die Kupplungs-
einstellung**

■ Lenkung in Geradeausfahrt stellen, das Lenkrad soll sich in ausgemittelter Stellung befinden.
■ Eine Meßlatte durch das Lenkrad so füh-
ren, daß sie am untersten Punkt des Lenkrad- kranzes innen aufliegt und mit ihrem Ende die Mitte der Kupplungspedalplatte berührt.
■ Den Abstand zwischen Pedal und Au-

**Kupplungspedal
einstellen**

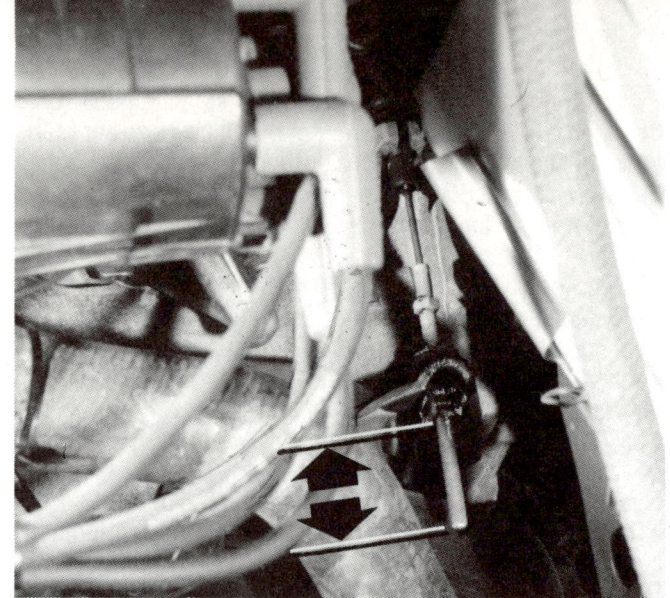

Soll der Kupplungsseilzug ausgehängt werden, etwa zum Ersatz des Kupplungsseils, mißt man das überstehende Gewindeende (Pfeile). Beim Einbau wird die Mutter bis zum gleichen Maß aufgeschraubt.

ßenkante des Lenkradkranzes messen, und dieses Maß notieren.

■ Kupplungspedal voll durchtreten und in dieser Position den Abstand wieder messen und notieren.

■ Die **Differenz** beider Meßwerte muß **138 mm** betragen. Zulässig sind bis zu 145 mm.

■ Falls der Differenzwert vom Sollwert abweicht, ist eine Einstellung vorzunehmen:

■ Im Motorraum die Sicherungsklammer

**Kupplungs-
seilzug ersetzen**

■ Am Ende des Seilzuges die überstehende Gewindelänge bis zur Einstellmutter messen und dieses Maß notieren.

■ Sicherungsklammer am Seilzug abnehmen und den Seilzug vom Ausrückhebel aushängen.

■ Im Fußraum die Verkleidung unter der Instrumententafel abnehmen.

■ Am Kupplungspedal die Rückzugfeder und den Seilzug aushängen.

am Ende des Kupplungsseilzugs vor dem Ausrückhebel abziehen.

■ Mutter auf dem Gewindestück des Seilzuges entsprechend drehen, bis das vorgeschriebene Maß erreicht ist.

■ Bei richtiger Einstellung muß das Kupplungspedal immer etwas höher als das Bremspedal stehen. Eine Parallelstellung beider Pedale hat Kupplungs- und Schaltschwierigkeiten zur Folge.

■ Im Motorraum das Kupplungsseil aus der Stirnwand herausziehen.

■ Den neuen Seilzug in umgekehrter Reihenfolge einbauen.

■ Die Mutter für die Kupplungsbetätigung auf den vorher ermittelten Wert aufschrauben.

■ Einstellung des Kupplungspedals kontrollieren und berichtigen.

**Fahren mit
gerissenem
Kupplungs-
seilzug**

Sollte der Kupplungszug unterwegs reißen, muß das noch nicht das Ende der Fahrt bedeuten. Zumindest ein nahes Ziel oder die nächste Werkstatt kann man auch ohne Kupplungsbetätigung erreichen. Bei feinfühligem Umgang mit Gaspedal und Schalthebel können Sie sogar hoch- bzw. herunterschalten.

Gang herausnehmen: Gas wegnehmen und Schalthebel in Richtung Leerlauf drücken. Bei schiebendem Wagen evtl. ein klein wenig Gas geben, falls der Gang »klemmt«.

Anfahren: Motor ausschalten, 1. Gang einlegen und Anlasser betätigen. Der Kadett ruckelt los und setzt sich mit anspringendem Motor in Bewegung. Wer während der Fahrt nicht schalten will, fährt auf diese Weise in der Ebene im 2. Gang an.

Hochschalten: Im 1. Gang mit dem Anlasser anfahren. 1. Gang nur knapp über Leerlaufdrehzahl hinausdrehen (ca. 1000/min). Gas etwas zurücknehmen, Schalthebel in Leerlaufstellung ziehen. Gaspedal loslassen und den Schalthebel mit leichter Hand in Richtung des 2. Gangs drücken. Bei richtiger Motor- und Getriebedrehzahl rutscht der Gang fast von selbst hinein. Wenn Sie zu lange gewartet haben, müssen Sie ein klein wenig Gas geben, damit sich die Fahrstufe ohne Zähneknirschen einlegen läßt. Hat es nicht geklappt, halten Sie noch einmal an und versuchen das Ganze von neuem. In die weiteren Gänge wird auf die gleiche Weise hochgeschaltet. Am leichtesten geht es in sehr niedrigen Geschwindigkeiten: In den 2. Gang bei höchstens 20 km/h, in den 3. bei 25 km/h, in den 4. bei 35 km/h und in den 5. bei 45 km/h.

Herunterschalten: Hierbei muß die Motordrehzahl angehoben werden, damit sich der nächst-niedrige Gang einlegen läßt. Fuß leicht vom Gas, Gang herausnehmen, behutsam Gas zugeben und gleichzeitig den Schalthebel in Richtung des neuen Gangs drücken. Bei richtiger Motordrehzahl rutscht der Gang fast ohne Nachdruck hinein. Auch das Herunterschalten geschieht wieder am besten bei niedrigen Drehzahlen und Geschwindigkeiten.

Zum Ausbau der Kupplung muß das Getriebe nicht ebenfalls ausgebaut werden. Aber man benötigt dazu verschiedene Spezialwerkzeuge. Arbeiten am Getriebe sind auf Seite 123 beschrieben.

**Kupplung aus-
und einbauen**

■ Den Wagen gut gesichert aufbocken.

■ Sechskant-Schraubdeckel vom Lager-schild des Getriebes abschrauben.

■ Von der freigelegten Antriebswelle den Sicherungsring abnehmen und die Zylinder-schraube herausdrehen, siehe Bild Seite 124.

■ Getriebewelle mit dem Abzieher KM-556-1-A oder mit dem früheren Werkzeug KM-449-1 und mit einer Kukko-Gegenstütze bis zum Anschlag herausziehen.

■ Die vier Schrauben des Verschlußdek-kels der Kupplung herausdrehen, Deckel ab-nehmen.

■ Kupplungsseil am Ausrückhebel aushän-gen, dazu die Sicherungsklammer abziehen.

■ Von einem Helfer den Ausrückhebel mit-tels Montiereisen nach hinten drücken lassen. Dabei mit drei Klammern KM-526-A den Kupplungszusammenbau spannen, indem die Klammern am Umfang des Zusammen-baus gleichmäßig verteilt angebracht werden.

■ Den Kupplungszusammenbau vom Schwungrad abschrauben und mit der Kupp-lungsscheibe abnehmen.

■ Kupplungsgabel vom Ausrückhebel ab-schrauben und das Drucklager abnehmen.

■ Ausrückhebel nach oben aus dem Ge-häuse herausziehen.

■ Kupplungsgabel abnehmen und die Drucklagerführung vom Getriebegehäuse ab-schrauben.

■ Ein verschmutzter Dichtring muß ersetzt werden. Er kann mit einem Schraubenzieher aus der Führung herausgehebelt werden.

■ Den neuen Dichtring mit geeignetem Werkzeug einpressen. Für das F-10-Schalt-getriebe gibt es das Werkzeug KM-445, für das F-16-Schaltgetriebe KM 518. Die Dichtlip-pen mit Schutzfett füllen.

■ In die Gehäusenut der Drucklagerfüh-rung einen neuen O-Ring fett- und ölfrei ein-setzen.

■ Gleitfläche für das Kupplungsdrucklager auf der Führungshülse dünn mit Molypaste bestreichen.

■ Kupplungsdrucklager prüfen, ob es Ge-räusche macht. In dem Fall ersetzen.

■ Drucklager mit Kupplungsgabel sowie Ausrückhebel montieren.

■ Verzahnung der Kupplungsscheibe reini-gen und dünn einfetten.

■ Kupplungszusammenbau mit Kupp-lungsscheibe vorerst lose an das Schwung-rad schrauben, dabei müssen die Markierun-gen am Zusammenbau und am Schwungrad übereinstimmen. Das lange Teil der Kupp-lungsscheibennabe zeigt zum Getriebe.

■ Bei etwas angehobener Kupplungsschei-be die Getriebeantriebswelle vorsichtig in die Verzahnung einführen.

■ Kupplungszusammenbau am Schwung-rad festschrauben.

■ Zylinderschraube in die Getriebean-triebswelle einschrauben und die Welle mit

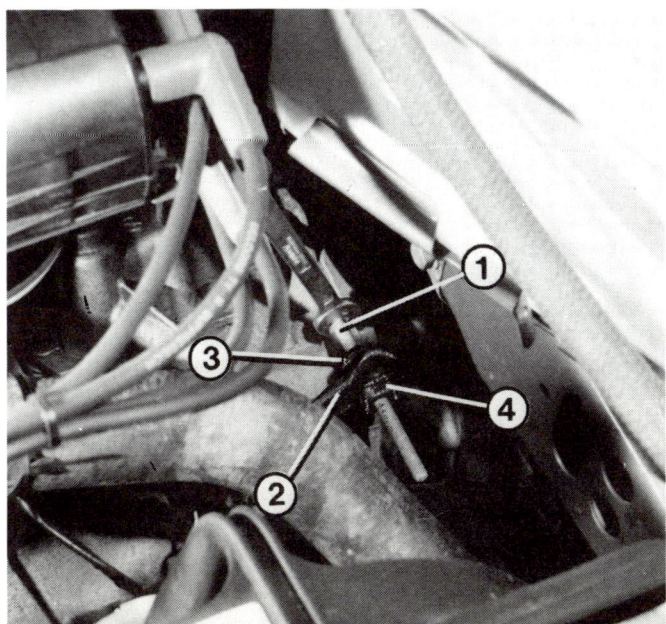

Zur Einstellung des Kupp-lungspedals das Kupplungs-seil (1) gegenhalten und die Einstellmutter (4) lockern. Sicherungsklammer (3) vom Ausrückhebel (2) abziehen.

Zur Kupplung gehören die hier gezeigten Teile: 1 – Pedal; 2 – Kupplungsscheibe; 3 – Druckplatte; 4 – Ausrückhebel; 5 – Kupplungsseil; 6 – Kupplungsgabel; 7 – Drucklager; 8 – Drucklagerführung; 9 – Deckel des Kupplungsgehäuses.

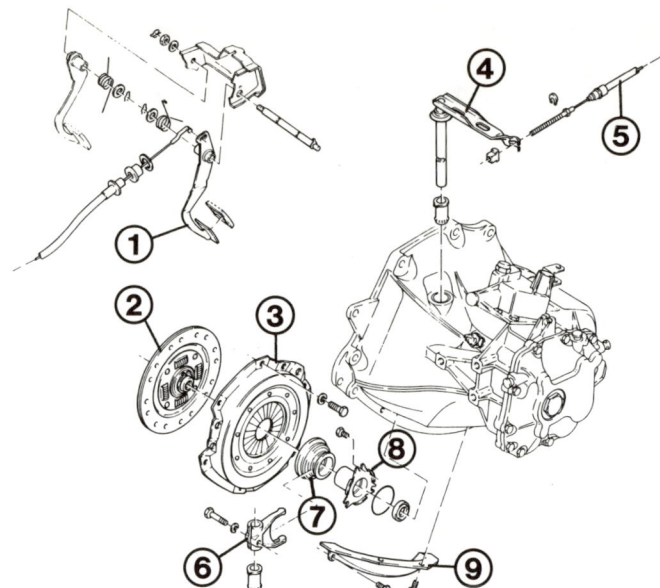

dem Werkzeug KM-564 bis zum Anschlag in den Zahnradblock eindrücken. Bei 4-Gang-Getriebe drei Abstandshülsen mitverwenden. Die Welle nicht mit Hammer und Dorn einschlagen.

■ Neuen Sicherungsring auf der Antriebswelle anbringen.

■ Den Schraubdeckel mit Dichtungsmasse oder PVC-Band in das Lagerschild einschrauben. Danach darf der Abstand zwischen Deckelvorderkante und Lagerschildfläche höchstens 4 mm betragen.

■ Mit Montierhebel den Kupplungszusammenbau entspannen und die drei Klammern entfernen.

■ Verschlußdeckel am Getriebegehäuse anschrauben.

■ Kupplungsseilzug am Ausrückhebel einhängen und die Sicherungsklammer einsetzen.

■ Kupplungspedal einstellen, siehe Seite 117.

Anzugs-drehmomente

Bauteile	Nm
Drucklagerführung an Getriebegehäuse	5
Drucklager, Kupplungsgabel, Ausrückhebel	35
Kupplungszusammenbau an Schwungrad	15
Schraubdeckel in Lagerschild Getriebe F 10/4, F 16/4	50
Getriebe F 10/5, F 16/5	30
Verschlußdeckel an Getriebegehäuse	7

Fingerzeig: *Neue Kupplungsbeläge liegen wegen ihrer rauhen Oberfläche nicht gleich auf der gesamten Reibfläche an. Sie müssen deshalb eingefahren werden, um sich ihren Gegenreibflächen anzupassen. Das soll durch sanftes und nicht etwa hartes Einkuppeln oder gar Schleifenlassen geschehen.*

Störungs-beistand
Kupplung

Die Störung	– ihre Ursache	– ihre Abhilfe
A Kupplung rutscht	1 Kupplungsspiel zu klein	Nachstellen
	2 Kupplungsbeläge abgenutzt	Mitnehmerscheibe ersetzen
	3 Anpreßdruck der Kupplung zu gering	Kupplungsdruckplatte ersetzen
	4 Kupplungszug geht nicht zurück	Gängig machen oder Zug austauschen, Rückzugfeder ersetzen
	5 Belag verölt	Mitnehmerscheibe und defekte Getriebe- oder Kurbelwellendichtung ersetzen
	6 Kupplung wurde überhitzt	Defekte Teile ersetzen

Die Störung	– ihre Ursache	– ihre Abhilfe
B Kupplung trennt nicht	1 Zu großes Kupplungsspiel	Nachstellen
	2 Mitnehmerscheibe hat Schlag	Mitnehmerscheibe richten oder ersetzen
	3 Mitnehmerscheibe verzogen oder Belag gebrochen	Mitnehmerscheibe ersetzen
	4 Mitnehmerscheibe klemmt auf Getriebewelle	Gangbar machen
	5 Nach langer Standzeit: Belag an Schwungscheibe festgerostet	Anfahren, wie unter »Fahren mit gerissenem Kupplungszug« beschrieben. Kupplung dauernd durchtreten. Gaspedal ruckartig durchtreten und loslassen, um die Kupplung loszubrechen. Andernfalls ausbauen
C Kupplung trennt nicht und rutscht gleichzeitig durch	Kupplungsdruckplatte defekt	Druckplatte auswechseln
D Kupplung rupft	1 Siehe A 3	
	2 Falsche Beläge	Mitnehmerscheibe ersetzen
	3 Druckplatte drückt schief	Kupplungsdruckplatte ersetzen
	4 Motor- oder Getriebeaufhängung defekt	Motor- oder Getriebelager ersetzen
E Kupplungsgeräusche	1 Unwucht der Kupplungsdruckplatte bzw. Mitnehmerscheibe	Kupplungs-Druckplatte bzw. Mitnehmerscheibe ersetzen
	2 Torsions-Dämpferfeder defekt	Mitnehmerscheibe ersetzen
	3 Ausrücklager defekt	Ausrücklager ersetzen
	4 Nietverbindungen in der Kupplung locker	Kupplungsdruckplatte ersetzen

Schaltwerk

Damit sich die Motorkraft wirkungsvoll ausnutzen läßt, sind zwischen der Kurbelwelle des Motors und den Antriebsrädern verschiedene Untersetzungen angeordnet. Dazu gehört das entsprechend den Fahrsituationen mit wählbaren Gängen ausgestattete Schaltgetriebe (an dessen Stelle auch ein automatisches Getriebe eingebaut sein kann), außerdem der nicht zu beeinflussende Achsantrieb.

Das Schaltgetriebe

Die vom Motor ausgehende Drehbewegung wird über die Kupplung auf die Antriebswelle des Schaltgetriebes geleitet und von dieser auf den als eine Hohlwelle ausgebildeten Zahnradblock. Die Gangräder laufen ohne zusätzliche Lager auf der mit Ölnuten versehenen und gehärteten Hauptwelle.

Das Schaltgetriebe hat vier oder fünf schrägverzahnte, synchronisierte Vorwärtsgänge und einen geradverzahnten Rückwärtsgang. Die synchronisierten Zahnräder sitzen frei drehbar auf der Getriebeausgangswelle, und sie befinden sich im ständigen Eingriff mit den auf der Eingangswelle festsitzenden Gegenrädern. Zum Schalten werden sie über kleine, seitlich an sie angebrachte Kupplungen mit der Welle verbunden oder gelöst. Die Synchronisation – Angleichung der Drehzahlen zwischen Antriebsrädern und Antriebswelle – ist also mit Reibung verbunden.

Getriebe und Achsantrieb werden durch das Spritzöl aus dem gemeinsamen, in zwei Etagen angeordneten Ölsumpf geschmiert. Diese Anordnung gestattet eine Reduzierung des Ölvolumens, wobei es sich trotzdem um eine Dauerfüllung ohne Wechselvorschrift handelt.

Zum 1,2-Liter-Motor und zu den 1,3-Liter-Motoren gehört das Getriebe mit der Bezeichnung F 10. Alle größeren Kadett-Motoren sind mit dem verstärkten Getriebetyp F 16 verbunden, ausgenommen die 1,6-Liter, die im September 1986 das Getriebe F 13 erhielten. Diese Getriebe sind miteinander vergleichbar, das Getriebe F 16 verfügt über eine andere Hauptwelle.

Schaltung prüfen

■ Motor im Stand lauten lassen.
■ Kupplung durchtreten und alle Gänge hintereinander einlegen.
■ Spüren Sie beim Betätigen des Schalt-hebels eine Schwergängigkeit oder einen Widerstand (»Hakeln«), dann muß die Schalteinstellung überprüft werden.

Schaltung einstellen

■ Schalthebel in Leerlaufstellung bringen.
■ Beide Schrauben auf der Mittelkonsole herausdrehen und die Konsole vom Schalttunnel abnehmen.
■ Im Motorraum die Schraube der Schaltstangen-Klemmschelle oberhalb des Kreuzgelenks lösen.
■ In Fahrtrichtung links den Abdichtstopfen aus dem Deckel des Getriebegehäuses herausziehen.
■ Schaltstange in Fahrtrichtung links herumdrehen, bis ein 5-mm-Bohrer in die Einstellbohrung eingeführt werden kann.
■ Gleichzeitig von einem Helfer den Schalthebel bei hochgestülpter Gummikappe in die Ebene für den 1. und 2. Gang bringen lassen.
■ Dabei liegt die Anschlaghülse des Schalthebels spielfrei am Schalthebelgehäuse an.
■ Der mittlere Steg am Gehäuse muß mit dem Steg der Anschlaghülse fluchten.
■ In dieser Stellung die Schaltstangen-Klemmschelle mit 25 Nm festziehen.
■ Bohrer aus dem Deckel ziehen und die Öffnung mit neuem Abdichtstopfen verschließen.
■ Konsole anschrauben.

■ Schalthebel in Leerlaufstellung bringen.

■ Mittelkonsole abschrauben und vom Schalttunnel abnehmen.

■ Gummikappe vom Schalthebelgehäuse abnehmen und auf dem Schalthebel nach oben stülpen.

■ Sicherungsring aus der Nut des Schalthebelgehäuses herausnehmen.

■ Schalthebel nach links drücken und abnehmen.

■ Falls auch das Dämpfungselement mit dem Schalthebelgehäuse abgeschraubt werden soll, muß das Gehäuse ersetzt werden, weil es beim Abdrücken vom Dämpfungselement zerstört wird.

■ Neues Schalthebelgehäuse mit Dämpfungselement mit 20 Nm festschrauben.

■ Schaltfinger, Drehpunktkugel und Anlageflächen am Hebelgehäuse mit Wälzlagerfett einfetten.

Schalthebel aus- und einbauen

Ein undichtes Getriebe hinterläßt auf dem Standplatz des Fahrzeugs Ölspuren. Die verlorene Getriebeölmenge muß ersetzt werden, siehe Seite 20.

Undichte Stellen am Getriebe lassen sich lokalisieren, nachdem es mit Kaltreiniger oder ähnlichen Mitteln gesäubert wurde. An folgenden Bauteilen kann im Laufe der Zeit die Abdichtung durchlässig werden:

☐ Dichtring für das getriebene Tachometerschraubenrad
☐ Dichtung für den Deckel der Schaltung
☐ Dichtung für das Lagerschild
☐ Dichtung für den Deckel des Ausgleichgetriebes
☐ Dichtringe für die Antriebswellen am Ausgleichgetriebe

Die entsprechenden Abdichtarbeiten müssen Sie beim Opel-Service ausführen lassen. In keinem der erwähnten Fälle ist es dabei notwendig, das Getriebe auszubauen.

Schaltgetriebe auf Dichtheit prüfen

Wartung Nr. 10

Schaltgetriebe und Ausgleichgetriebe mit Achsantrieb (siehe Bild unten) sind in einem gemeinsamen Gehäuse untergebracht. Deshalb können diese beiden Getriebe auch nur gemeinsam ausgebaut werden. Den Wagen müssen Sie so aufbocken, daß sowohl im Motorraum als auch an der Wagenunterseite gearbeitet werden kann. Die Getriebeeinheit wird nach unten abgenommen.

Schaltgetriebe aus- und einbauen

■ Sicherungsklammer vom Kupplungsseilzug abnehmen und den Seilzug am Ausrückhebel aushängen.

■ Schraube der Schaltstangen-Klemmschelle lösen.

■ Tachometerwelle am Getriebegehäuse abschrauben.

■ Kabel vom Schalter für Rückfahrscheinwerfer abziehen.

■ Beide Vorderräder abbauen.

■ Masseband am Lagerschild abschrauben.

■ Motor an einem Flaschenzug aufhängen,

dazu das Seil an der Lasche am Motor befestigen. Das Seil spannen.

■ Eventuell mangels Aufhängevorrichtung ein Rohr- oder U-Eisen oberhalb des Motors auf Böcken bzw. in den Kotflügelsicken als Träger lagern, dann das Seil um den Träger spannen.

■ Mutter an beiden Führungsgelenken abschrauben.

■ Führungsgelenke mit einem Ausdrücker aus den Achsschenkeln ausdrücken.

■ Achswellen ausbauen, wie auf Seite 128 beschrieben.

Das 5-Gang-Schalt- und Ausgleichgetriebe Typ F 16. 1 – Lagerschild; 2 – Deckel Kupplungsgehäuse; 3 – Eingangswelle; 4 – Ölsumpf unten; 5 – Deckel Ausgleichgetriebe; 6 – Lagerring Achsgetriebe; 7 – Ölsumpf oben; 8 – 1.– 4. und Rückwärtsgang; 9 – Gehäuse 5. Gang; 10 – Deckel Antriebswelle.

Schaltung und Getriebe F 10.
1 – Tachometerantrieb; 2 – Öleinfüllschraube; 3 – Schaltzwischenhebel; 4 – Schaltfinger; 5 – Schaltstange; 6 – Verbindungsgelenk;
7 – Schaltrohr/hinten; 8 – Handschalthebel; 9 – Schaltrohr/vorne; 10 – Kegelrad; 11 – Ausgleichgetriebe; 12 – Lagerring; 13 – Deckel/Ausgleichgetriebe; 14 – Schutzrohr.

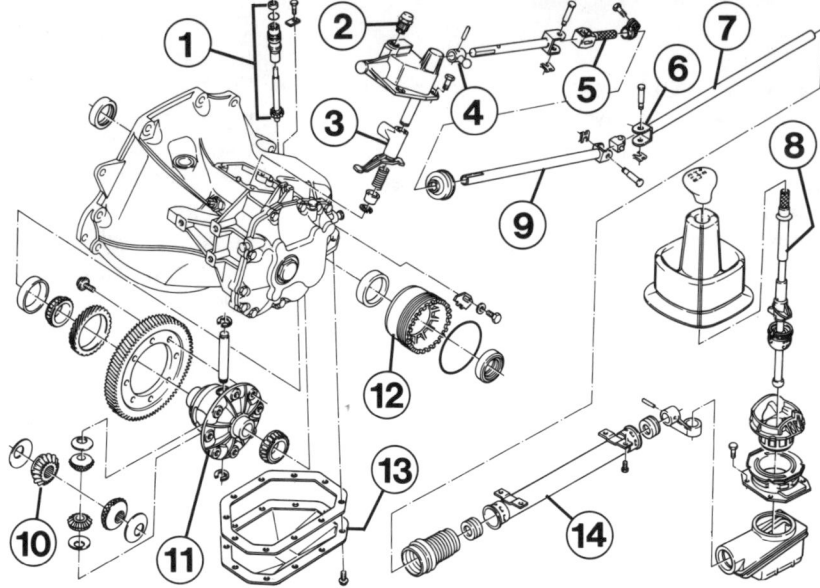

■ Öffnungen für die Achswellen nach deren Ausbau sofort verschließen.
■ Getriebeantriebswelle herausziehen, siehe Seite 119.
■ Motoraufhängung vorn links komplett ausbauen.
■ Halter für die Motoraufhängung links hinten vom Getriebegehäuse und vom Dämpfungsblock abschrauben.
■ Halter für den Schalldämpfer abschrauben.
■ Das Getriebe abstützen.
■ Getriebe vom Motor sowie das Abdeckblech vom Getriebegehäuse abschrauben.
■ Getriebegehäuse vom Motorblock seitlich abdrücken und abnehmen.
■ Das ausgebaute Aggregat nicht auf die hervorstehenden Bauteile legen: Schaltstangengelenk, Ausrückhebel, Verschlußschraube für Getriebeentlüftung, Rückfahrscheinwerferschalter oder Tachometerantrieb.
■ Vor dem Einbau die Kupplungs-Mitnehmerscheibe kontrollieren.
■ Getriebe von unten einsetzen und das Gehäuse am Motorblock festschrauben.

■ Zuerst die hintere, dann die vordere Motoraufhängung einbauen. Vorher die Gewindelöcher für die hintere Aufhängung mit Gewindeschneider M 10 × 1,25 nachschneiden, die gereinigten Schrauben mit Sicherungsmasse bestreichen.
■ Schalldämpfer-Halter anschrauben.
■ Zum Einbau der Achswellen siehe Seite 128.
■ Kronenmutter für die Führungsgelenke am Achsschenkel festziehen und mit Splint sichern. Falls der Splint nicht durch die Bohrung zu führen ist, die Mutter entsprechend weiter festziehen.
■ Getriebeantriebswelle einbauen, siehe Seite 119.
■ Den weiteren Zusammenbau in umgekehrter Folge des Ausbaus vornehmen.
■ Kupplungseinstellung überprüfen, siehe Seite 117.
■ Schaltung einstellen, siehe Seite 122.
■ Getriebeölstand kontrollieren, siehe Seite 20.

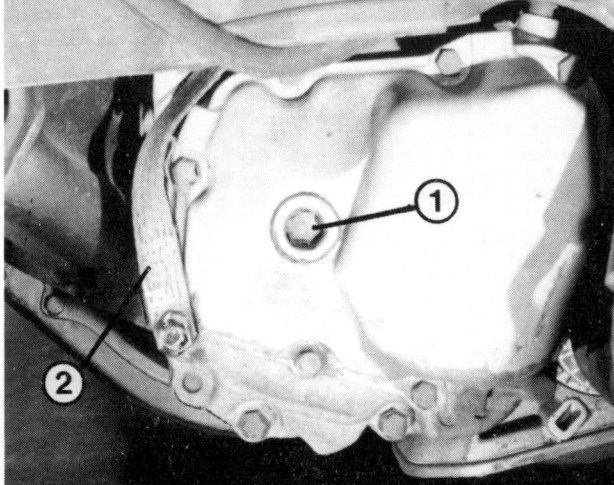

Der Schraubdeckel (1) im Lagerschild verdeckt die Getriebeantriebswelle (siehe auch Seite 119). Das Getriebe ist mit einem Masseband (2) verbunden.

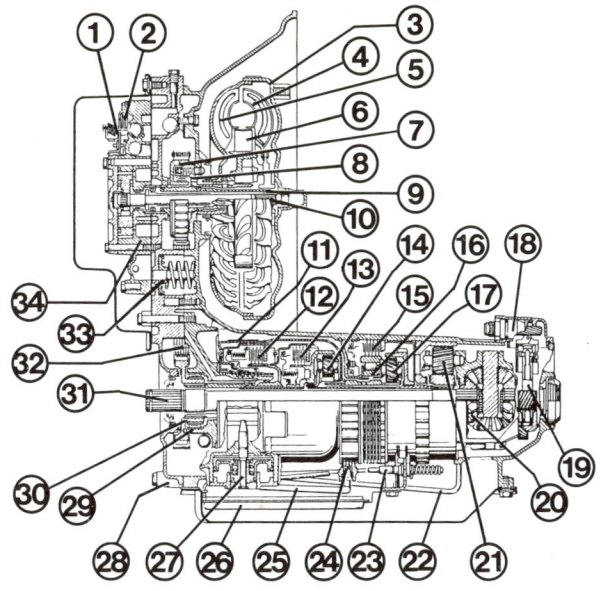

Schnittbild des automatischen Getriebes. 1 – Betätigung Drosselventil/Kickdown; 2 – Leitungsverstärkungsventil; 3 – Wandler; 4 – Turbinenrad; 5 – Wandlerpumpenrad; 6 – Leitrad; 7 – Antriebskettenrad; 8 – Träger Antriebskettenrad; 9 – Turbinenradwelle; 10 – Ölpumpenwelle; 11 – Bremsband; 12 – Direktkupplung; 13 – Vorwärtskupplung; 14 – Eingangsplanetenträger; 15 – Langsam- und Rückwärtskupplung; 16 – Freilauf; 17 – Reaktions-Planetensatz; 18 – Tachometer-Antriebsritzel; 19 – Regler; 20 – Differential; 21 – Achsantrieb; 22 – Regler-Ölleitung; 23 – Parksperre-Betätigung; 24 – Dichtung für L.- und R.-Ölleitung; 25 – L.- und R.-Ölleitung; 26 – Ölsieb; 27 – Bremsband-Servoeinheit; 28 – Gehäusedeckel; 29 – Träger angetriebenes Kettenrad; 30 – Angetriebenes Kettenrad; 31 – Achswelle; 32 – Kettenantrieb; 33 – 1–2 Akkumulator; 34 – Ventilkörper/Ölpumpe-Zusammenbau.

Bauteile	Nm
Getriebe an Motor	75
Vordere Motoraufhängung	70
Hintere Motoraufhängung	65
Kronenmutter an Führungsgelenk	70

Getriebegeräusche

Im Lauf der Zeit kann das Getriebe durch Geräuschentwicklung auf sich aufmerksam machen.
☐ Zuerst sollten Sie nach dem Ölstand im Getriebe sehen.
☐ Tritt ein heulendes Geräusch in einem Gang auf und verändert sich der Ton beim Gasgeben und Gas wegnehmen, dürfte die Verzahnung des betreffenden Gangradpaares verschlissen sein.
☐ Bei Geräuschen in allen Gängen liegt es am Achsantrieb oder an Getriebe-Wellenlagern.
☐ Rauhe, mahlende Geräusche, die erst bei warmem Getriebe hörbar werden, weisen auf schlagende Synchronringe hin. Bei dünnflüssiger werdendem Öl wird dieses immer an derselben Stelle vom Synchronring weggedrückt.

Das automatische Getriebe

Das automatische Getriebe funktioniert folgendermaßen: Zwischen ein Dreigang-Planetengetriebe und den Motor ist ein hydraulischer Drehmomentwandler geschaltet, in dem das Drehmoment des Motors auf Schaufelräder übertragen wird. Bei laufendem Motor versetzt das mit ihm gekoppelte Pumpenrad die Wandlerflüssigkeit (ATF) in eine Drehbewegung und schleudert sie nach außen gegen das Wandlergehäuse. Dabei trifft die Flüssigkeit auf das sogenannte Leitrad, das den ATF-Strom in die vorgesehene Richtung lenkt. Dadurch wird auch das mit dem Getriebe verbundene Turbinenrad in Drehung versetzt und somit die Motorkraft übertragen.
Die Übersetzungsänderung erfolgt beim automatischen Getriebe durch Zusammenschalten verschiedener Zahnräder unter Betätigung von Kupplungen und Bremsbändern durch das hydraulische Steuersystem. Das geschieht abhängig von Motordrehzahl und Gaspedalstellung.

Fingerzeige: *Weil die Zahnräder des Planetengetriebes dauernd im Eingriff stehen und die Wandlerflüssigkeit bei laufendem Motor immer versucht – durch den Motor in Drehung versetzt –, das Getriebe und damit auch die Antriebsräder zu bewegen, »kriecht« der Opel im Leerlauf.*
Sollte der Automatik-Opel einmal nicht anspringen, hilft Anschieben oder Anschleppen nicht. Der hydraulische Drehmomentwandler kann bei stehendem Motor keine Verbindung zwischen Triebwerk und Getriebe herstellen. Es geht nur mit Starthilfekabeln.

Kickdown-Seilzug einstellen

Die Einstellung des Kickdown-Seilzugs muß korrigiert werden,
☐ wenn der Motor beim vollen Durchtreten des Gaspedals nicht mit Vollgas läuft, oder
☐ wenn der Motor bereits mit Vollgas läuft, obwohl der Kickdown-Druckpunkt mit dem Gaspedal noch nicht erreicht ist.

- Luftfiltergehäuse abbauen.
- Kickdown-Seilzug am Einstellmechanismus durch Herausziehen des seitlich sitzenden Stiftes entlasten, dazu vorher die Kugelpfanne des Seilzugendes am Übertragungshebel aushängen.
- Gaspedal bis zur Berührung mit dem Kickdownschalter unterhalb des Pedals durchdrücken.
- Erst in dieser Stellung muß die Drosselklappe des Vergasers voll geöffnet haben.
- Andernfalls den Seilzug an der Grundplatte am Vergaser entsprechend einstellen.
- In Leerlaufstellung die Einstellschraube des Seilzugs am Gaspedal spielfrei einstellen.
- Zur Kontrolle das Pedal über den Druckpunkt des Kickdown-Schalters voll durchdrücken.
- In dieser Stellung muß der Überweg am Einstellmechanismus ansprechen, ohne daß dabei der Seilzug berührt wird.
- Nur in dieser Einstellung bleibt der Einsteller selbständig stehen.

Seilzug der Wählhebelbetätigung ersetzen

- Vier Schrauben der Wählhebelabdeckung herausdrehen. Die Abdeckung mit Schaltanzeige und Jalousie abnehmen.
- Konsole in Stellung »P« des Wählhebels abbauen.
- Seilzug am Getriebe abbauen, dazu den Sicherungsring an der Wählhebelbetätigung abdrücken, das Seilzugende aushängen, den Seilzug am Halter abschrauben und aus dem Halter nehmen.
- An der Wählhebelkulisse das Klemmstück für das andere Seilzugende lösen, die Hülle an der Grundplatte lösen und den Seilzug herausnehmen.
- Den so gelösten Seilzug im Motorraum durch die Stirnwand herausziehen.
- Neuen Seilzug mit einem nicht zu starren Draht verbinden und einziehen, die Werkstatt verwendet eine Einziehspirale.
- Beim Einbau auf richtigen Sitz der Abdichttülle in der Stirnwand achten.
- Wählhebel in Stellung »P« bringen.
- Seilzughülle spannungsfrei an der Grundplatte befestigen.
- Nach dem Einbau kontrollieren, ob der Wählhebel am Getriebe bei allen Stellungen des Handwählhebels richtig einrastet.
- Andernfalls das Klemmstück für das obere Seilzugende lösen und den Seilzug entsprechend versetzt befestigen.

Störungsbeistand
Automatisches Getriebe

Die Beanstandung	– ihre Ursache
A Ruckartige Schaltübergänge beim Einlegen der Fahrstufen »D« oder »R« aus der Leerlaufstellung »N« heraus	1 ATF-Stand zu niedrig 2 Leerlaufdrehzahl zu hoch
B Starkes Kriechen im Leerlauf bei eingelegtem Fahrbereich	Siehe A 2
C Fahrzeug setzt sich bei eingelegtem Fahrbereich nicht in Bewegung, kein Antrieb in allen Fahrstufen	Siehe A 1
D Langgezogene, schleifende Schaltübergänge	Siehe A 1
E Verzögerter Antrieb nach längerer Standzeit	Siehe A 1
F Unregelmäßiger Antrieb in allen Fahrstufen	Siehe A 1
G Kickdown arbeitet nicht	Gasbetätigung oder Kickdown-Seilzug falsch eingestellt
H Getriebe schaltet bei mittleren Geschwindigkeiten zu spät hoch	Siehe G
I Schlechte Beschleunigung, Höchstgeschwindigkeit wird nicht erreicht	1 Siehe A 1 2 Schlechte Motorleistung durch falsche Einstellung oder Verschleiß

Fingerzeig: *Der eigenhändige Aus- und Einbau des Automatikgetriebes ist für den Heimwerker nicht empfehlenswert. Probleme entstehen bei der Einstellung der Gasbetätigung und des Gaspedalzugs sowie beim Einsetzen des Drehmomentwandlers.*

Wegen des Quereinbaus von Motor und Schaltgetriebe kann die Drehbewegung der Antriebswelle ohne besonderen Aufwand an die Vorderräder weitergeleitet werden. Zwischen Schalt- und Ausgleichgetriebe genügt eine Zahnradverbindung, bestehend aus einem schrägverzahnten Ritzel auf der Getriebehauptwelle und einem Stirnrad im Ausgleichgetriebe.

Das Ausgleichgetriebe, auch Differential genannt, dient der Anpassung unterschiedlicher Wege von kurveninnerem und -äußerem Rad. Solange das Fahrzeug geradeaus fährt, rollen beide Vorderräder mit der Drehzahl des großen Achsantriebsrades. Die Kegelräder des im gleichen Tempo drehenden Ausgleichgetriebekorbes stehen dagegen still. Beim Durchfahren einer Kurve muß das kurvenäußere Rad einen längeren Weg zurücklegen als das innere. Jetzt treten die Kegelräder in Aktion: Die schnellere Drehung des äußeren Rades und seines Kegelrades wirkt über die beiden Übertragungskegelräder auf das Kegelrad der Kurveninnenseite ein, das dann entsprechend langsamer dreht.

Ohne diesen Ausgleich würde der Wagen ruckartig mit durchdrehenden Vorderrädern durch die Kurve fahren. Andererseits hat dieser Ausgleich den Nachteil, daß auf glattem Untergrund ein Antriebsrad durchdrehen kann. Dann wird auf das andere Vorderrad praktisch keine Antriebskraft mehr übertragen, und der Wagen rührt sich nicht von der Stelle.

Zu einer Reparatur des Differentials muß die komplette Getriebeeinheit ausgebaut werden.

Der Achsantrieb

Damit sowohl die Lenkausschläge als auch die von Straßenunebenheiten verursachten Bewegungen der Vorderräder ausgeglichen werden können, verfügen die Achswellen an beiden Enden über Gelenke. Die zwei Gelenke einer Achswelle sind unterschiedlich beschaffen: Auf der Getriebeseite ermöglicht das Innengelenk die Abstandsänderungen zwischen Differential und Rad beim Ein- und Ausfedern. Das Außengelenk nimmt die Lenkeinschläge auf.

Gelenke mit solchen Fähigkeiten heißen Gleichlaufgelenke oder homokinetische Gelenke.

Die Achswellen

Die Gelenke der Achswellen sind durch Gummimanschetten vor Feuchtigkeit und Schmutz geschützt und mit Schmierfett auf MoS_2-Basis (Opel-Nr. 194 1521 / 900 941 76) gefüllt.

■ Wagen vorn mit freihängenden Rädern aufbocken.

■ Am Rad drehen und beide Manschetten der Welle auf feine Risse und spröde Stellen kontrollieren.

■ Sitzen die Haltebänder für die Manschetten fest?

■ Fettspuren an der Manschette sind ein Alarmsignal, denn fehlendes Schmiermittel oder eindringender Schmutz bzw. Feuchtigkeit zerstören die Gelenkoberflächen.

■ Beschädigte Manschetten sofort ersetzen. Dazu muß die Achswelle ausgebaut und zerlegt werden.

■ Bei zusammengesunkener, sonst aber unbeschädigter Manschette das kleine Halteband entfernen, die Manschette in ihre ursprüngliche Gestalt bringen (Luft eindringen lassen) und mit neuem Halteband wieder befestigen.

Manschetten der Achswellengelenke kontrollieren
Wartung Nr. 18

Gewöhnlich gibt es mit den Antriebswellen keine Probleme. Ihre Lebensdauer hängt natürlich von der Fahrweise ab. Vollgasstarts mit eingeschlagenen Vorderrädern und Anfahren mit durchdrehenden Antriebsrädern führen zu vorzeitigem Defekt.

Störungssuche an den Achswellen

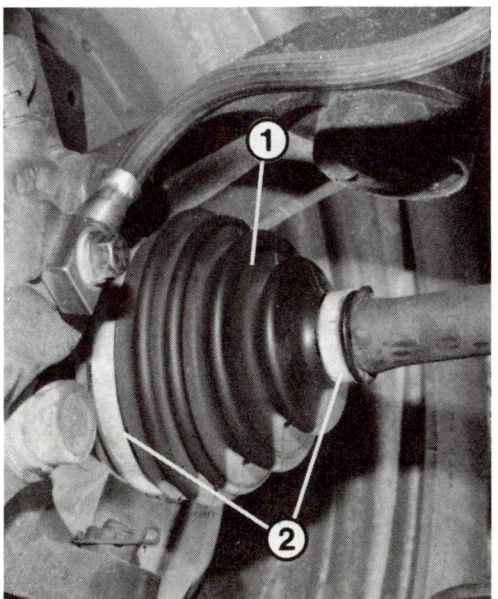 

Die Manschetten der Achswelle (1) dürfen in keiner Weise beschädigt sein oder verdreht sitzen. Auch die Haltebänder (2) müssen unbeschädigt sein und fest sitzen. Das linke Bild zeigt die Radseite, das rechte die Getriebeseite.

Schnitt durch Vorderradnabe und Achswellengelenk. Die mit Pfeilen gekennzeichneten Stellen müssen beim Einbau absolut sauber sein (siehe unten). 1 – Gelenklager; 2 – Radnabenlager.

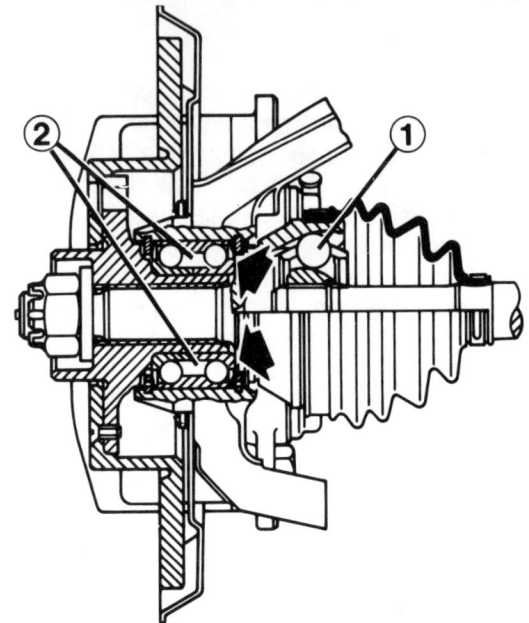

Die Gelenke der Achswellen zeigen meist schlagartig Ausfallserscheinungen, die aber zwischendurch wieder völlig verschwinden können. Die »ruhige Phase« kann sich über mehrere Tage und Kilometer erstrecken.

☐ Charakteristisch sind rhythmische Schlag- oder Knack-knack-knack-Geräusche beim Gasgeben und im Schiebebetrieb. Verändern sich diese Töne noch abhängig vom Lenkeinschlag, dürfte das radseitige Gelenk defekt sein.

☐ Vibrationen und Zitterbewegungen im Lenkrad bei eingeschlagenen Rädern weisen ebenfalls auf ein schadhaftes äußeres Gelenk.

Achswellen-Ausführungen

Falls Sie eine gebrauchte Achswelle kaufen, müssen Sie folgende Unterschiede beachten:
☐ Die rechte Achswelle ist 340 mm länger als die linke.
☐ Beim Kadett ab 1,6 Liter aufwärts und mit Schaltgetriebe ist auf der längeren Achswelle ein zweiteiliges Massegewicht angebracht.

Achswelle aus- und einbauen

Die Arbeit können Sie in eigener Regie nur ohne Gefahr weiterer Beschädigungen ausführen, wenn die zum Ausdrücken der Achswellen erforderlichen Opel-Werkzeuge zur Verfügung stehen, die in der nachstehenden Anleitung erwähnt sind.

■ Splint für die Kronenmutter der Achswelle entfernen.

■ Gang einlegen, Handbremse anziehen und die Kronenmutter lösen. Der Wagen muß auf dem Boden stehen, sonst Unfallgefahr.

■ Radschrauben herausdrehen, den Wagen aufbocken und Vorderrad abnehmen.

■ Führungsgelenk entsplinten, die Mutter abschrauben und das Gelenk mit üblichem Abzieher herausdrücken.

■ Beim Getriebe F 10 die linke Achswelle mit dem Werkzeug KM-460-2A und die rechte Welle mit KM-460-1 aus dem Getriebe heraustreiben. Die angefaste Seite des gabelförmigen Werkzeugs zeigt immer zum Getriebe, man schlägt auf das Werkzeug mit einem 1500-g-Hammer.

■ Beim Getriebe F 16 für die linke Achswelle das Werkzeug KM-503 benutzen. Für die rechte Achswelle genügt ein Montiereisen.

■ Öl läuft aus der Öffnung für die Achswelle. Sie muß sofort sorgfältig verschlossen werden.

■ Steht kein Spezialwerkzeug zur Verfügung oder hakt die Achswelle beim Austreiben, den Deckel des Ausgleichgetriebes ausbauen, dann

■ Achswelle mit einem Flachmeißel austreiben, wobei der Meißel zwischen Wellenende und Kegelradachse anzusetzen ist.

■ Achswelle aus der Vorderradnabe mit der Hand herausziehen. Geht das nicht, die Welle mit von außen angesetztem Radnabenabzieher herausdrücken.

■ Achswelle nur am Gelenk, nicht an der Welle herausziehen.

■ Die neue Welle nicht längere Zeit auf den Faltenbälgen ablegen.

■ Die Anlagefläche des äußeren Gelenks sowie die betreffende Fläche am Kugellager der Radnabe müssen absolut sauber sein.

■ Verzahnung der Achswelle mit Getriebeöl bestreichen.

■ Verzahnung in die Nabe einführen, neue Kronenmutter mit neuer Scheibe lose auf die Achswelle aufschrauben.

■ Achswellenlagerung im Ausgleichgehäuse mit Getriebeöl bestreichen.

■ Neuen Sicherungsring in die Gelenkstummelnut einsetzen, den Ring dabei nicht überspannen.

■ Achswelle mit der Hand in das Getriebegehäuse eindrücken. Schraubenzieher am Wulst der Reibschweißnaht ansetzen und damit die Achswelle bis zum Einrasten des Sicherungsrings eintreiben.

■ Durch Ziehen am Gelenk prüfen, ob fester Sitz erreicht wurde.

■ Eventuell ausgebauten Deckel des Ausgleichgetriebes mit neuer Dichtung einbauen, die Dichtung vorher mit Wälzlagerfett am Deckel ankleben. Schrauben mit 30 Nm festziehen.

■ Getriebeöl auffüllen.

■ Führungsgelenk einsetzen. Kronenmutter mit 70 Nm festziehen. Fluchten Schlitz und Splintloch nicht, die Mutter weiter festziehen, dann die Mutter versplinten.

■ Rad befestigen und den Wagen abbocken.

■ Neue Kronenmutter mit 100 Nm festziehen. Danach die Mutter lösen und erneut mit 20 Nm anziehen. Von dieser Stellung aus die Mutter um 90°, das entspricht ¼ Radumfang, festziehen.

■ Kronenmutter versplinten. Fluchten Schlitz und Splintloch nicht, die Mutter entsprechend lösen, nicht weiter festziehen.

■ Bei Fahrzeugen mit Motor ab 1,6 l und Schaltgetriebe befindet sich an der rechten Achswelle ein Massegewicht. Es wird in einem Abstand von 260 mm vom Absatz der Manschettenbefestigung des äußeren Gelenks angeschraubt.

Manschetten und Gelenke ersetzen

Auch wenn beide Manschetten erneuert werden sollen, ist die Arbeit zunächst an einem Gelenk auszuführen. Ein Gelenk gibt es als Ersatz nur als komplettes Bauteil.

■ Achswelle ausbauen.

■ Halteband für die Manschette aufschneiden.

■ Manschette vom Gelenk abnehmen und umstülpen.

■ Sicherungsring am Gelenk mit einer Zange spreizen und das Gelenk mit einem Plastikhammer von der Wellenverzahnung abschlagen.

■ Neuen Sicherungsring einwandfrei in die Nut einsetzen.

■ Altes Gelenk gründlich auswaschen.

■ Gelenk mit geeignetem Fett füllen.

■ Mit Plastikhammer das Gelenk bis zum Einrasten des Sicherungsrings aufschlagen.

■ Manschette über dem Gelenk anbringen und die darin vorhandene Luft herausdrücken.

■ Neues Halteband befestigen. Die Manschette gegenüber der Achswelle nicht verdrehen. Zum Spannen des Haltebandes eignet sich die Klemmzange von Jurid Nr. 88 1900 70000090.

■ Achswelle einbauen.

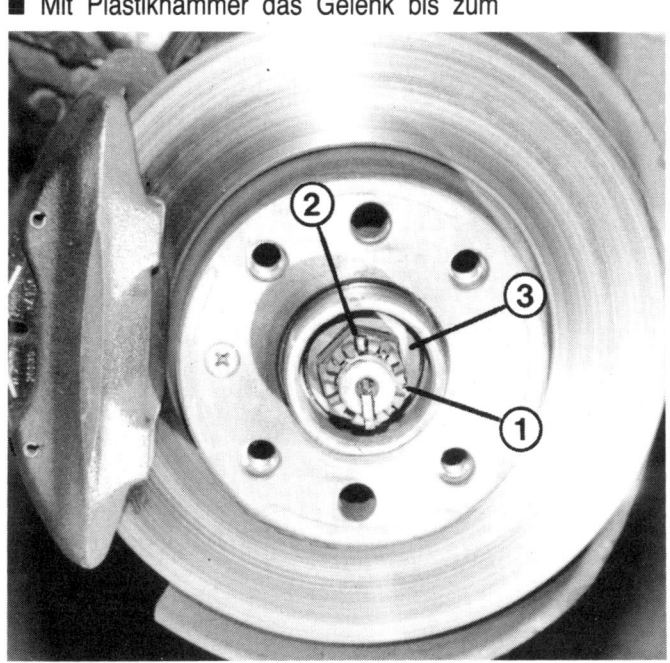

Befestigung der Vorderradnabe. 1 – Kronenmutter; 2 – Scheibe; 3 – Splint.

Fundamentales

Die Radaufhängung ist eine gelenkige Verbindung zwischen der Karosserie und den Rädern. Von ihrer Bauart, wie auch von der Lenkung hängen die Fahreigenschaften des Autos ab.

Die Vorderrad-aufhängung

Statt an einer herkömmlichen Vorderachse sind die Vorderräder am Aufbau einzeln aufgehängt. Dazu müssen sie genau „geführt" werden.
☐ Die über Achswellen angetriebenen Vorderräder werden an einem drehbar gelagerten **Achsschenkel** geführt. Die Lagerung übernimmt ein **Führungsgelenk,** und sie ermöglicht die von den Spurstangen übertragenen Bewegungen in Lenkeinschläge der Räder umzusetzen.
☐ Für Federung und Stoßdämpfung eines Rades sorgt das **Federbein.** Es ist unten mit dem Achsschenkel und oben über ein elastisches Lager mit der Karosserie verbunden. Über einen Spurstangenkopf greift seitlich an jedem Federbein die **Lenkung** ein.
☐ Jedes Führungsgelenk sitzt an einem **Querlenker,** der an zwei Stellen schwenkbar am Unterbau gelagert ist. Diese quer zur Fahrtrichtung angeordneten Lenker dienen der Aufnahme seitlicher Kräfte.
☐ Zur besseren Radführung in Längsrichtung ist an beiden Querlenkern ein mehrfach gekröpfter Rundstab aus Federstahl angeschraubt, der **Stabilisator.** Er ist an zwei Stellen am Unterbau gelagert. Beim ungleichmäßigen Einfedern beider Räder oder in der Kurve wird dieser Drehstab so verdreht, daß er das entlastete Rad herunterdrückt. Somit unterstützt er die Federung der betreffenden Seite und vermindert die Karosserieneigung. Außerdem kann er die von vorn auf die Radaufhängung einwirkenden Stöße aufnehmen.
Der beim Kadett sonst serienmäßige Stabilisator gehört bei den Limousinen 1,2 S und 1,3 N sowie bei den zweitürigen Modellen 1,3 und 1,3 i zur Sonderausstattung.

Die Lenkung

Die Drehungen am Lenkrad wandelt ein Lenkgetriebe – es sitzt hinter dem Motor vor der Trennwand zum Innenraum – in eine hin- und hergehende Bewegung um, damit die Vorderräder zur Seite schwenken können.
Der Opel hat eine Zahnstangenlenkung. Ein Ritzel am Ende der Lenksäule greift in eine Zahnstange ein und verschiebt diese je nach Drehrichtung am Lenkrad nach rechts oder links.

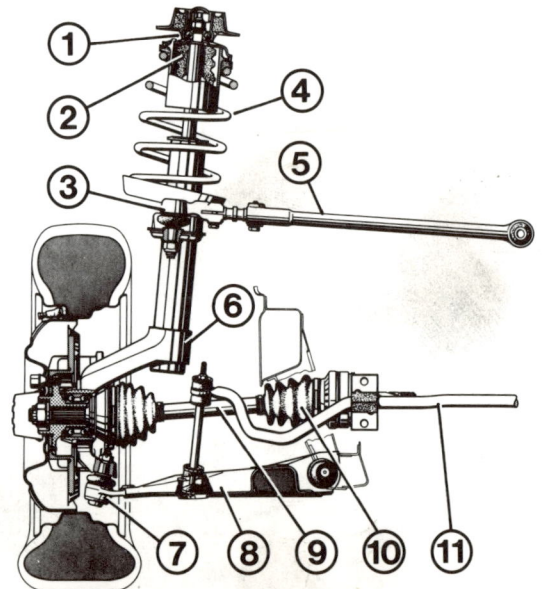

Teile der Vorderradaufhängung.
1 – Stützlager; 2 – Anschlagpuffer;
3 – Spurstangengelenk; 4 – Schraubenfeder; 5 – Spurstange; 6 – Achsschenkel;
7 – Führungsgelenk; 8 – Querlenker;
9 – Achswelle; 10 – Manschette über innerem Gelenk; 11 – Drehstabstabilisator;

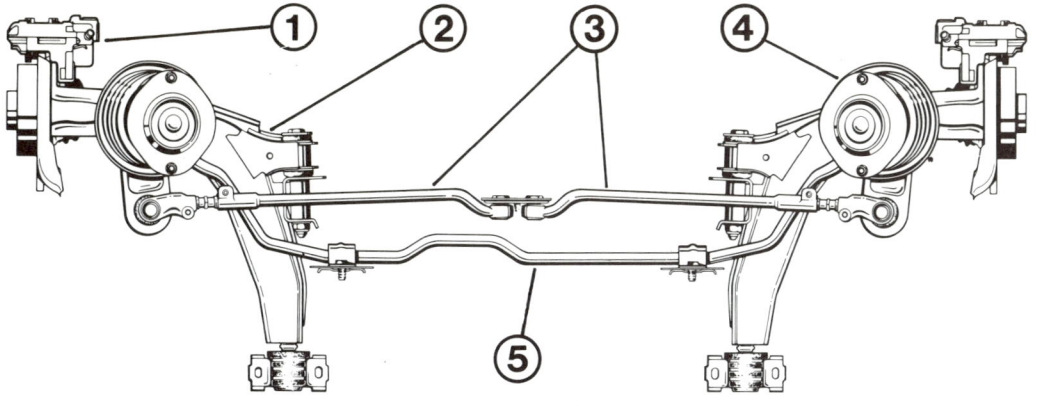

Vorderradaufhän-
gung aus der Sicht
von oben.
1 – Bremssattel;
2 – Querlenker;
3 – Spurstange;
4 – Federbein;
5 – Drehstabstabi-
lisator.

Diese Bewegungen übertragen die beiden an der Zahnstange angeschraubten Spurstangen auf die schwenkbaren Achsschenkel und damit auf die Räder.

Um Fahrbahnstöße vom Lenkrad fernzuhalten, ist bei Wagen ohne Servolenkung am Lenkge-häuse ein Lenkungsdämpfer angeschraubt, der mit dem Unterbau verbunden ist.

Bei der ab 1,6-Liter-Motor auf Wunsch eingebauten Servolenkung dient ein Kolben am rechten Ende der Zahnstange im Lenkgetriebe als Arbeitshilfe. Dieser wird vom hineingepumpten Hydrauliköl nach rechts oder links verschoben. In welche Richtung gepumpt wird, bestimmen Sie beim Drehen des Lenkrads. Diese Drehung wird auf ein Drehschieberventil übertragen, das Richtung und Menge des Flüssigkeitsstromes regelt. Den Druck im hydraulischen System erzeugt die Flügelzellenpumpe (siehe 140), die der Motor über einen Keilriemen antreibt.

Die Hilfskraft-lenkung

Hier handelt es sich fast um eine richtige Achse. Sie besteht aus einem Querträger, der etwas nach vorn versetzt mit zwei Längslenkern verbunden ist – daher auch die Bezeichnung »Verbundlenkerachse«. Die Lenker haben vorn Verbindung mit dem Aufbau durch Gummila-ger, wodurch vertikale Bewegungen des Achskörpers ermöglicht werden. Zwischen Lenkern und Karosserie sitzen besonders gestaltete Schraubenfedern, sogenannte Miniblockfedern, die sich durch geringe Bauhöhe auszeichnen. Die Stoßdämpfer sind unten in Radnähe und oben an den Innenseiten des Kofferraums befestigt. Je nach Ausführung kann ein Stabilisator vorhanden sein.

Die Hinterachse

Unter dem Begriff Federbein versteht man die Zusammenfassung von Feder und Stoßdämpfer in einer Einheit. Der Dämpfer ist in die Schraubenfeder hineingesteckt. Feder und Stoßdämpfer arbeiten genau in derselben Bewegungsrichtung, was gleichmäßige, für die Fahrzeuginsassen angenehme Federbewegungen ergibt. Solche Federbeine hat der Kadett an der Vorderachse. Für die Vorderradfederung wurde ein Patent des Amerikaners Earl S. McPherson verwendet. Das nach ihm benannte Federbein stellt eine komplette Radaufhängung dar. Der obere Befestigungspunkt an der Karosserie ist drehbar gelagert, so daß Lenkbewegungen überhaupt möglich sind. Das untere Ende der Federungseinheit steht auf dem Achsschenkel, durch den der Radzapfen für das Vorderrad läuft.

Die Federbeine

Die Stöße der Fahrbahn schlucken Reifen und Federn. Die Stoßdämpfer indessen sollen die Schwingungen der Achsen und der Karosserie unterdrücken bzw. zum Abklingen bringen. Richtiger wäre daher die Bezeichnung »Schwingungsdämpfer«.

Die Stoßdämpfer

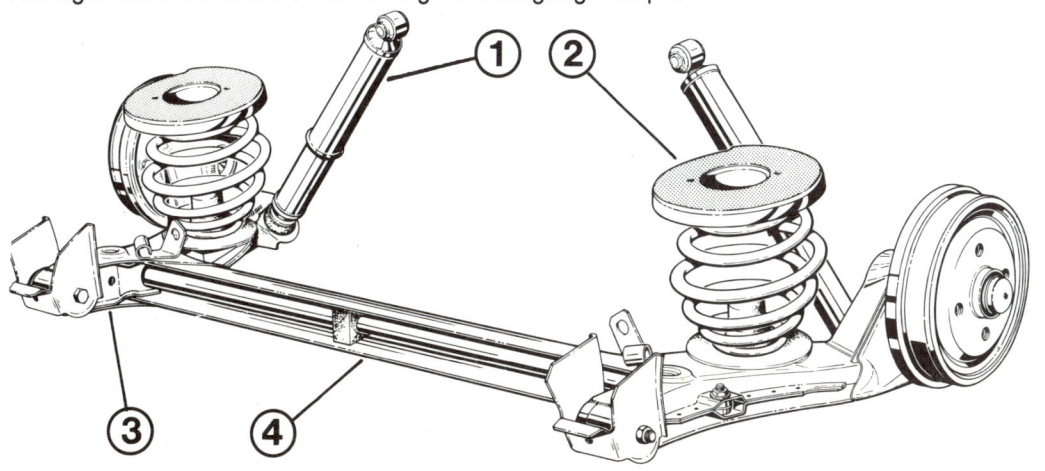

Bauteile der
Hinterachse.
1 – Stoßdämpfer;
2 – Miniblockfeder;
3 – Längslenker;
4 – Querträger.

131

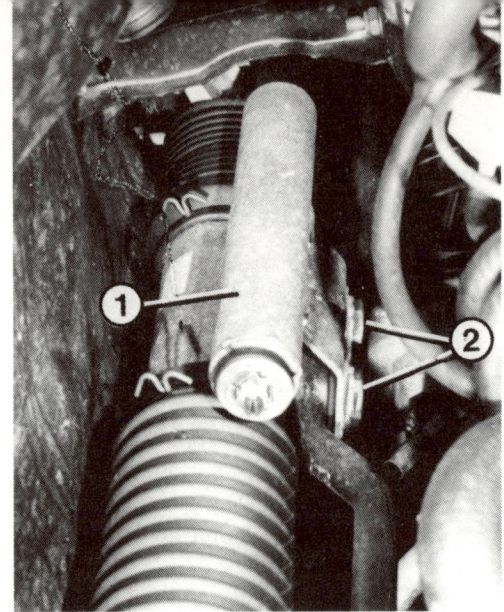

Links: Die Manschette (1) ist am Lenkgehäuse mit Klemmdrähten (2) befestigt. Sie darf keinesfalls beschädigt sein. Rechts: Der Lenkungsdämpfer (1) ist über diese Schrauben (2) mit den Spurstangen verbunden.

Serienmäßig sind sogenannte Zweirohrdämpfer eingebaut. Sie bestehen aus einem Arbeitszylinder, in dem ein mit einer Kolbenstange verbundener Arbeitskolben auf und ab gleiten kann. Der Arbeitszylinder ist von einem zweiten Zylinder umgeben, der als Vorratsbehälter für das Stoßdämpfer-Hydrauliköl dient. Bei Federbewegungen eines Rades verschiebt sich der Kolben im Zylinder. Das in Bewegung versetzte Spezialöl wird durch Ventile hindurchgepreßt, was die Kolbenbewegung verlangsamt und damit die Schwingungen des jeweiligen Rades dämpft.

Manschetten der Lenkung kontrollieren
Wartung Nr. 19

Die aus dem Lenkgetriebegehäuse austretende Zahnstange ist durch zwei Gummimanschetten geschützt. Durch einen schadhaften Faltenbalg gelangt Schmutz und Feuchtigkeit ins Lenkgetriebe. Das ergibt zusammen mit dem Lenkgetriebefett eine Art Schleifpaste und nagt am Lenkritzel. Ist die Lenkung in der Geradeausstellung schon etwas »teigig«, hilft Nachstellen nicht mehr, sonst klemmt sie beim Einschlagen der Räder und geht nach Kurven nicht mehr zurück.

■ Nehmen Sie eine Taschenlampe zu Hilfe und beugen Sie sich von rechts in den Motorraum.
■ Ziehen Sie den Faltenbelag Stück um Stück auseinander, um Risse in den Gummiwülsten zu erkennen.

■ Sitzen die Klemmdrähte fest auf jeder Manschette?
■ Eine defekte Manschette sofort ersetzen lassen.

Lenkungsspiel prüfen

■ Linkes Seitenfenster herunterkurbeln. Stellen Sie sich neben den Wagen.
■ Durchs Fenster greifen und Lenkrad kurz hin und her drehen. Bei einem Fahrzeug mit Servolenkung soll der Motor hierzu nicht laufen.
■ Bewegt sich das linke Vorderrad aus der Geradeausstellung sofort mit? Achten Sie auf die Felge, denn der elastische Reifen kann einen Teil des Einschlags »schlucken«, ehe er sich bewegt.

■ Zeigt sich dabei Spiel, kontrollieren Sie noch, ob in den Führungsgelenken Spiel ist, siehe nächste Seite.
■ Sind die Achsgelenke in Ordnung, müssen Sie wegen des Lenkgetriebes in die Werkstatt fahren, denn es läßt sich nicht ohne weiteres nachstellen.

Gummibälge der Achsgelenke kontrollieren
Teil der Wartung Nr. 17

Die Gelenke zwischen Dreieckslenker und Achsschenkel sind wartungsfrei. Die stählernen Kugelköpfe der Achsgelenke sitzen in einer Fett-Dauerfüllung und zusätzlich in Kunststoffschalen. Als Schutz vor Nässe und Schmutz dienen Staubkappen aus Gummi. Eindringender Schmutz wirkt wie Schmirgelsand im Gelenk; Feuchtigkeit läßt es mit der Zeit festrosten.

■ Lenkung nach einer Seite voll einschlagen.
■ Kappen der Achsgelenke rechts und links auf Beschädigungen kontrollieren.
■ Eine schadhafte Staubkappe kann nicht

einzeln ersetzt werden. Dazu muß der Lenker ausgebaut und das Führungsgelenk ersetzt werden.

Rechts und links zwischen Spurstange und Lenkhebel am Federbein sitzt ein Gelenk. Der stählerne Kugelkopf ist von selbstschmierendem Kunststoff umhüllt und durch eine staub- sowie wasserdichte Umhüllung geschützt.

- Kontrollieren Sie die Manschetten der Spurstangengelenke auf Risse.
- Eventuelles Spiel im Gelenk wird bei auf dem Boden stehendem Wagen geprüft. Am besten geht das auf einer Grube.
- Lassen Sie einen Helfer das Lenkrad mehrmals kurz nach links bzw. rechts drehen und fühlen Sie an den Spurstangengelenken, ob sie »Luft« haben.
- Spurstangenköpfe mit defekter Manschette oder Spiel müssen umgehend ersetzt werden, siehe Seite 138.

siehe Seite 138.

Diese Kontrolle ist im Wartungsplan nicht vorgesehen. Aber nach einer Laufleistung des Wagens ab 60 000 km sollten Sie sich gelegentlich darum kümmern.

- Wagen aufbocken, daß das betreffende Vorderrad frei hängt.
- Rad oben und unten fassen und quer zur Fahrtrichtung daran rütteln.
- Zeigt sich »Luft«, sollten Sie das Spiel in der Werkstatt prüfen lassen.

Die Räder laufen vorn auf zweireihigen Kugellagern und hinten auf Kegelrollenlagern. Sie halten, mit Dauerfetten montiert, an der Hinterachse weitaus mehr als 100 000 km durch. Die vorderen Radlager können schon wesentlich früher durch laute Laufgeräusche auf sich aufmerksam machen. Wird das Geräusch z. B. in Rechtskurven lauter, ist das linke Radlager defekt.

- Fassen Sie nacheinander die fest am Boden stehenden Räder oben und versuchen Sie, diese quer zum Wagen zu bewegen.
- Bei einwandfreien Lagern darf praktisch keine »Luft« vorhanden sein.
- Zeigen die hinteren Radlager Spiel, können sie nachgestellt werden, siehe Seite 144.
- Bei Spiel an den Lagern der Vorderräder lassen Sie einen Helfer auf das Bremspedal treten und wiederholen die Kontrolle.
- Ist weiterhin Spiel vorhanden, liegt die Ursache am Achsgelenk.
- Die vorderen Radlager können nicht eingestellt werden, sondern man muß sie ersetzen.
- Bei hochgebocktem Wagen können Sie noch prüfen, ob sich die Räder leicht drehen lassen (keine Schleif- oder Mahlgeräusche?).

Die Vorderräder müssen für ein sicheres Fahrverhalten in Längs- und Seitenrichtung in bestimmten Winkelstellungen stehen. Damit Sie sich unter der »Lenkgeometrie« etwas vorstellen können, hier eine Erläuterung der Begriffe:

Sturz: Das ist eine leichte Schrägstellung der Räder zueinander. Sie wird durch die Neigung der Radebene zu der auf der Standebene gedachten Senkrechten dargestellt. Beim Kadett stehen die Räder nahezu senkrecht, und dieser Sturz ist nicht einstellbar.

Nachlauf: Darunter versteht man die Schrägstellung der Radaufhängung in Fahrzeuglängsrichtung, wobei die Räder sozusagen gezogen werden. Das hilft, den Geradeauslauf zu stabilisieren und Flattern der Vorderräder zu verhindern. Außerdem bewirkt er eine Rückstellung der Lenkung nach Kurven. Auch der Nachlauf ist beim Kadett nicht einstellbar.

Spur: Die Vorderräder stehen im Stand nicht genau parallel zueinander, vielmehr sind sie hinten etwas enger zusammengestellt. In diesem Fall spricht man von der »Nachspur«, während bei Wagen mit Hinterradantrieb eine »Vorspur« eingestellt ist. Die Reibung zwischen Rad und Straße will auf jeder Seite die Räder nach außen wegdrücken, aber die Kräfte des

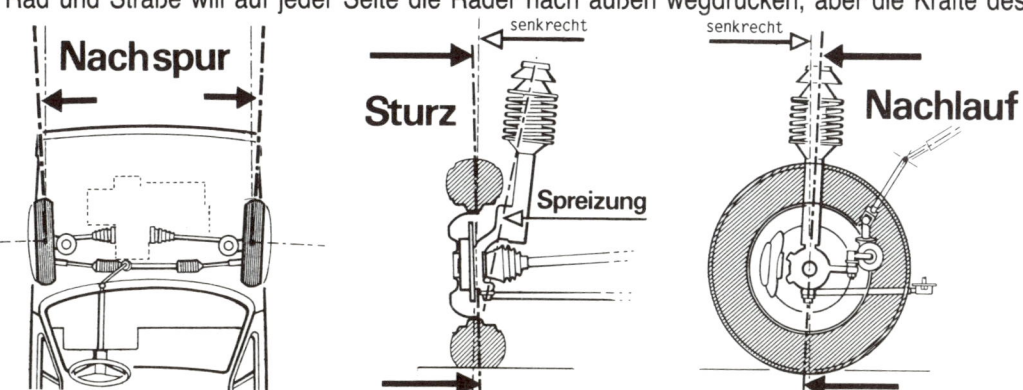

Nachspur — Sturz — senkrecht — Spreizung — senkrecht — Nachlauf

Damit Sie sich die oben stehenden Begriffe besser vorstellen können, haben wir sie hier zeichnerisch deutlich gemacht.

Frontantriebs sind bestrebt, die Räder zusammenzudrücken. Beim Hineinlenken des Wagens in eine Kurve geht die nur wenig negative Spur durch die Anordnung von Lenkgestänge und Radaufhängung mehr in Nachspur über: Das kurveninnere Rad schwenkt stärker herum als das äußere. Dies ist natürlich notwendig, weil das innere Rad einen engeren Kreis beschreibt. Damit verbunden ist eine Unterstützung der Lenkbewegungen und Lenkkräfte.

Radeinstellung messen

Nur nach einer harten Bordsteinberührung, einem Unfall, bestimmten Reparaturarbeiten an der Vorderachsaufhängung oder ganz einfach im Verdachtsfall wird die Radeinstellung vermessen. Das geht jedoch nur auf einem optischen Achsmeßstand.

Zur Messung dürfen die Teile der Radaufhängung und Lenkung kein zu großes Spiel aufweisen. Ferner beachten:

☐ Reifendruck so einstellen, wie er für das Fahrzeug mit voller Belastung vorgeschrieben ist.

☐ Unbelastet heißt einfach: ohne Fahrer. Die Einstellwerte für die Vorspur sind nur Richtwerte für die Inspektion.

☐ Belastet heißt: Beide Vordersitze mit 70 kg belastet, der Tank ist halb gefüllt.

Sollwerte für Fahrzeugvermessung	Limousine	GSi	Caravan
Radsturz (nicht einstellbar) belastet			
belastet	−1°15' bis +0°15'	−1°15' bis +0°15'	−1°15' bis +0°15'
Abweichung vom linken zum rechten Rad	max. 1°	max. 1°	max. 1°
Nachlauf (nicht einstellbar)			
belastet	+0°45' bis +2°45'	+0°45' bis +2°45'	0° bis +2°
Abweichung vom linken zum rechten Rad	max. 1°	max. 1°	max. 1°
Nachspur bzw. Vorspur			
unbelastet	0°15' bis 0°35' Vorspur = 1,5 mm bis 3,5 mm Vorspur	0°25' bis 0°45' Vorspur = 2,5 mm bis 4,5 mm Vorspur	0°15' bis 0°35' Vorspur = 1,5 mm bis 3,5 mm Vorspur
belastet	0°10' Nachspur bis 0°10' Vorspur = 1 mm Nachspur bis 1 mm Vorspur	0° bis 0°20' Vorspur = 0 mm bis 2 mm Vorspur	0°10' Nachspur bis 0°10' Vorspur = 1 mm Nachspur bis 1 mm Vorspur
Spurdifferenzwinkel bei 20° Innenradeinschlagwinkel (Vorspur = 0)			
belastet	−1° ± 45'	−1° ± 45'	−1° ± 45'
Abweichung vom linken zum rechten Rad	max. 40'	max. 40'	max. 40'

Links: Bauteile der Vorderradaufhängung. 1 – Achswelle; 2 – Stabilisator; 3 – Lager; 4 – Gummipuffer; 5 – inneres Gelenk; 6 – Dämpfungsbuchse; 7 – äußeres Gelenk; 8 – Querlenker; 9 – Führungsgelenk; 10 – Gewindering; 11 – Federbeinpatrone; 12 – Achsschenkel; 13 – Abdeckblech; 14 – Stützlager; 15 – Federsitz; 16 – Führungsring; 17 – Dämpfungsring; 18 – Feder; 19 – Puffer; 20 – Radlager; 21 – Sicherungsring; 22 – Radnabe; 23 – Bremsscheibe.
Rechts: Die Vorderradaufhängung im Zusammenbau. 1 – Achswelle; 2 – Federbein.

Wenn Sie fehlerhafter Lenkgeometrie beim Fahren auf die Schliche kommen wollen, müssen Sie zuerst sicherstellen, daß beide Vorderräder dieselbe Reifensorte, Profiltiefe und den vorgeschriebenen Luftdruck (siehe Seite 164) aufweisen.

(siehe Seite 164)

☐ Stehen die **Lenkradspeichen bei Geradeausfahrt symmetrisch?** Ein schiefsitzendes Lenkrad ist oft das Zeichen für falsche Spureinstellung.

☐ **Unruhiger Geradeauslauf;** er ist besonders gut auf schnee- oder eisglattem Untergrund zu erkennen. Überbreite Reifen können den Geradeauslauf trotz richtiger Radeinstellung ebenfalls verschlechtern.

☐ **Zieht der Kadett** gerade auf völlig ebener Fahrbahn und bei losgelassenem Lenkrad?

☐ **Stellt sich die Lenkung** nach Kurven wieder **von selbst in Geradeausstellung?**

☐ Schauen Sie sich die **Vorderräder** aus fünf bis zehn Meter Entfernung an – stehen sie **in Geradeausstellung symmetrisch zueinander?**

☐ Ist das **Reifenprofil einseitig abgenutzt?** Bei scharfer Fahrweise ist es allerdings nicht ungewöhnlich, daß an beiden Vorderreifen die Außenkanten stärkere Verschleißspuren zeigen als innen.

☐ Eine **verbeulte Felge** deutet auf eine harte Bordsteinberührung, wodurch die Geometrie der Federbein-Vorderradaufhängung leicht aus dem Winkel gerät.

☐ Weitere Ursachen für fehlerhafte Stellung der Räder können verschlissene Gelenke bzw. Gummilager sein oder unsachgemäße Unfallreparaturen.

Erkennungsmerkmale für falsche Radeinstellung

Stoßdämpfer fallen gewöhnlich nicht schlagartig aus, sondern ihre Wirkung läßt allmählich nach, woran man sich unbemerkt gewöhnt. Faustregel: Nach zwei verschlissenen Reifensätzen besitzen die Stoßdämpfer nur noch 50% ihrer ursprünglichen Wirkung und sind somit zur Erneuerung reif.

Keine genaue Diagnose erhält man durch die bekannte »Schaukelmethode« im Stand, bei der man den Wagen am betreffenden Kotflügel aufschaukelt und plötzlich losläßt: Die Federbewegung müßte sofort gedämpft werden. So läßt sich aber nur ein total ausgefallener Stoßdämpfer feststellen.

Ein genaueres Bild über den Stoßdämpferzustand liefert ein spezieller Prüfstand. Anhand des Diagramms hat man einen Anhaltspunkt über die Funktionsfähigkeit der Stoßdämpfer. Solche Prüfstände haben Autoclubs im »Wandereinsatz« sowie manche Werkstätten und TÜV-Stellen.

Stoßdämpfer prüfen

Es gibt einige untrügliche Anzeichen für nachlassende Stoßdämpferwirkung:

☐ **Flatternde Lenkung,** weil die Räder keinen ständigen Fahrbahnkontakt haben.

☐ **Die Karosserie schwingt** nach Überfahren von Unebenheiten **nach.**

☐ **»Schwammiges« Fahrverhalten in Kurven,** weil die kurveninneren Räder nicht genügend auf den Boden gedrückt und die äußeren nicht stark genug entlastet werden.

☐ **Springende Räder;** das muß freilich ein neben- oder hinterherfahrender Begleiter beobachten.

☐ **Vielfach unterbrochene Bremsspur bei Vollbremsung** durch springende Räder.

☐ **Ungleichmäßige Abnutzung der Reifen** und erhöhter Reifenverschleiß.

☐ **Erhebliche Ölspuren außen am Stoßdämpfer** bis unter den Federteller des Federbeins. Geringe Leckverluste sind dagegen normal.

Störungsbeistand Stoßdämpfer

Für die Verkehrssicherheit sind Fahrwerk und Lenkung von entscheidender Bedeutung. Sie sollten daran nur schrauben, wenn Sie sich Ihrer Sache völlig sicher sind. Andernfalls gefährden Sie sich und andere.

Sollten Sie die hier genannten Werkzeuge nicht besitzen oder im Zweifel sein, ob Sie die betreffende Reparatur selbst bewerkstelligen können, gehört die Arbeit in die Werkstatt.

Eigenarbeiten an Lenkung und Fahrwerk

An den Teilen der vorderen Radaufhängung läßt sich vieles selbst aus- und einbauen. Für bestimmte Arbeiten sind allerdings Werkstattgeräte erforderlich. Beschädigte Teile der Radaufhängung dürfen nicht gerichtet oder gar geschweißt, sondern müssen grundsätzlich erneuert werden.

Vorderradaufhängung zerlegen

■ Kronenmutter der Achswelle entsplinten und abschrauben. Der Wagen muß auf dem Boden stehen, sonst Unfallgefahr.

■ Radschrauben lockern, Fahrzeug aufbocken und Vorderrad abnehmen.

■ Schutzkappen an den Befestigungs-

Federbein aus- und einbauen

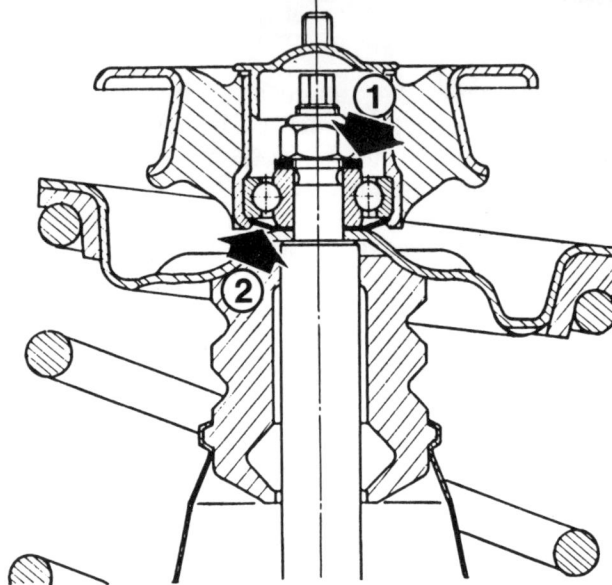

Stützlager des Federbeins. Links: 1 – Obere Befestigungsschrauben; 2 – Federbein-Patrone. 3 – Schutzkappe (abgenommen). Rechts: 1 und 2: Anschlagscheiben. Das Kugellager muß exakt im Stützlager und im Federteller sitzen.

schrauben des Bremssattels mit einem Meißel abschlagen, den Bremssattel vom Achsschenkel abschrauben.

■ Ohne den Bremsschlauch abzuschrauben, den Bremssattel am Unterbau mit Draht aufhängen.

■ Mutter des Spurstangengelenks abschrauben und das Gelenk mit einem Ausdrücker ausdrücken.

■ Ebenso mit dem Führungsgelenk verfahren.

■ Achswelle mit der Hand aus der Vorderradnabe herauszuziehen. Falls das nicht möglich ist, einen Radnabenabzieher verwenden.

■ Achswelle mit Draht aufhängen. Das Radlager darf jetzt nicht mehr belastet werden, also den Wagen weder abbocken noch schieben.

■ Im Motorraum zwei Muttern vom Feder-

beindom abschrauben und das Federbein abnehmen.

■ Beim Einbau zwei neue selbstsichernde Muttern mit 30 Nm festziehen.

■ Antriebswelle mit eingeölter Verzahnung einsetzen.

■ Neue Scheibe und Kronenmutter für die Antriebswelle handfest anziehen.

■ Führungsgelenk im Querlenker mit 65 Nm festziehen. Neue Sicherungsklammer einsetzen, dazu die Mutter weiter festziehen.

■ Neue selbstsichernde Mutter für das Spurstangengelenk mit 60 Nm festziehen.

■ Bremssattel mit 95 Nm festschrauben und neue Schutzkappen aufschlagen. Die Schraube vorher säubern und mit Sicherungsmittel (z.B. Loctite 262) bestreichen.

■ Zur Befestigung der Achswellenmutter siehe Seite 129.

Radlager ersetzen

■ Federbein ausbauen.

■ Arretierschraube für die Bremsscheibe herausdrehen und Bremsscheibe abnehmen.

■ Radnabe mit einem Ausdrückwerkzeug vom Radlager abpressen. Dazu beim Getriebe F 10 zwei Flacheisen unter den Achsschenkel legen. Das Radlager wird zerstört, eine Hälfte des inneren Lagerrings bleibt auf der Radnabe.

■ Bremsabdeckblech vom Achsschenkel abschrauben.

■ Sicherungsringe vor und hinter dem La-

ger aus dem Achsschenkel nehmen.

■ Radlager herauspressen, dabei ein passendes Rohrstück unter den Achsschenkel setzen.

■ Inneren Lagerring mittels Auszieher von der Radnabe abziehen.

■ Vor Einbau des neuen Radlagers den äußeren Sicherungsring mit nach unten gerichteten Spannösen einsetzen.

■ Neues Lager einpressen.

■ Den inneren Sicherungsring ebenso wie den äußeren einsetzen.

Vorderfeder aus- und einbauen

Diese Arbeit kann nicht ausgeführt werden ohne Spannvorrichtung, mit zwei Federspannern. Andernfalls besteht höchste Unfallgefahr, weil beim Lösen des Stützlagers durch die Vorspannung der Feder die Teile explosionsartig auseinanderfliegen können.

■ Federbein ausbauen.

■ Schraubenfeder spannen.

■ Mutter für das Stützlager abschrauben, dabei die Kolbenstange der Federbeinpatrone gegenhalten.

■ Stützlager mit Kugellager abnehmen.

■ Feder entspannen und abnehmen.

■ Neue Feder so ansetzen, daß das untere Federende am Anschlag der Lagerung anliegt.

■ Die Nase auf der Plastik-Federaufnahme zeigt beim linken Federbein nach vorn, beim rechten Federbein nach hinten. Die Federaufnahme ist im Federteller eingeknöpft.

■ Mit Wälzlagerfett gefülltes Kugellager einsetzen. Der schwarze Außenring des Kugellagers muß im Stützlager sitzen.

■ Stützlager mit Kugellager und den beiderseits angeordneten Anschlagscheiben auf die Federbeinpatrone schieben.

■ Neue selbstsichernde Mutter mit 55 Nm festziehen.

Bei Gasdruck-Stoßdämpfer muß auch die Feder ausgebaut werden. Sonst beschränkt sich die Arbeit auf folgende Punkte:

■ Federbein ausbauen.

■ Stützlager ausbauen und die Feder gespannt lassen.

■ Federteller mit Dämpfungsring, danach Anschlagpuffer mit Kunststoffbalg abnehmen.

■ Die Blechmutter wird mit dem Spezialwerkzeug KM-563 (früher: KM-331) abgeschraubt, weil sie mit hohem Drehmoment angeschraubt ist. Ohne dieses Werkzeug muß die Feder entspannt werden, dann läßt sich die Mutter einfach lösen.

■ Fahrzeug aufbocken.

■ Stabilisator von beiden Lenkern abschrauben.

■ Stabilisator beiderseits am Unterbau abschrauben.

■ Lenkung entsprechend drehen und den Stabilisator zur Seite hin abnehmen.

■ Stoßdämpferpatrone aus dem Federbein ziehen.

■ Zur Befestigung der Patrone neuen Gewindering verwenden, Schutzwachs darauf nicht entfernen.

■ Den Gewindering unbedingt mit 200 Nm festziehen.

■ Anschlagpuffer mit Kunststoffbalg aufschieben und Dämpfungsring aufsetzen.

■ Oberen Federteller und Stützlager montieren, wie im vorigen Abschnitt beschrieben.

■ Beschädigte Gummilager müssen ersetzt werden, neue Gummilager in Silikonöl tauchen.

■ Den Stabilisator links und rechts mittig festschrauben, dabei das Vorspannmaß von 38 mm zwischen oberer und unterer Scheibe einhalten.

Stoßdämpfer vorn aus- und einbauen

Stabilisator ersetzen

Bei Fahrzeugen ab 1,6-Liter-Motor ist am rechten Lenker ein Dämpfungsgewicht angeschraubt. Beim Ersatz des Lenkers muß das Gewicht ummontiert werden, dazu zwei neue Schrauben mit verkapseltem Klebstoff verwenden.

■ Fahrzeug aufbocken.

■ Stabilisator vom Lenker abschrauben.

■ Führungsgelenk aus dem Achsschenkel herausdrücken.

■ Schrauben für den Lenker am Unterbau vorn und hinten lösen.

■ Zum Einbau den Lenker in waagrechte Stellung anheben.

■ Schrauben der vorderen Befestigung von

Lenker aus- und einbauen

vorn einsetzen und diese zuerst festschrauben, Drehmoment 140 Nm. Neue selbstsichernde Muttern verwenden.

■ Für die hintere Befestigung neue, nicht mikroverkapselte Schrauben mit Sicherungsmasse einsetzen, vorher Gewindelöcher nachschneiden. Schrauben mit 70 Nm festziehen.

■ Lochabstand des Befestigungsdeckels:

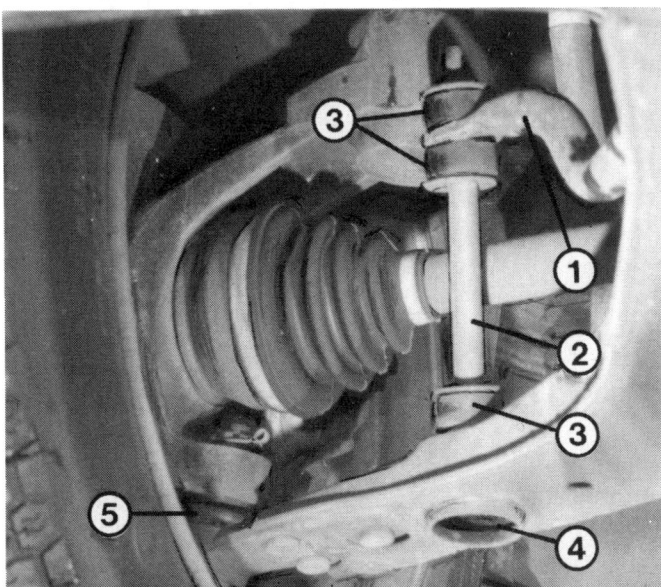

Befestigung des vorderen Stabilisators. 1 – Stabilisators; 2 – Abstandrohr mit hindurchgeführtem Bolzen; 3 – Gummipuffer; 4 – Montageöffnung im Querlenker; 5 – Führungsgelenk.

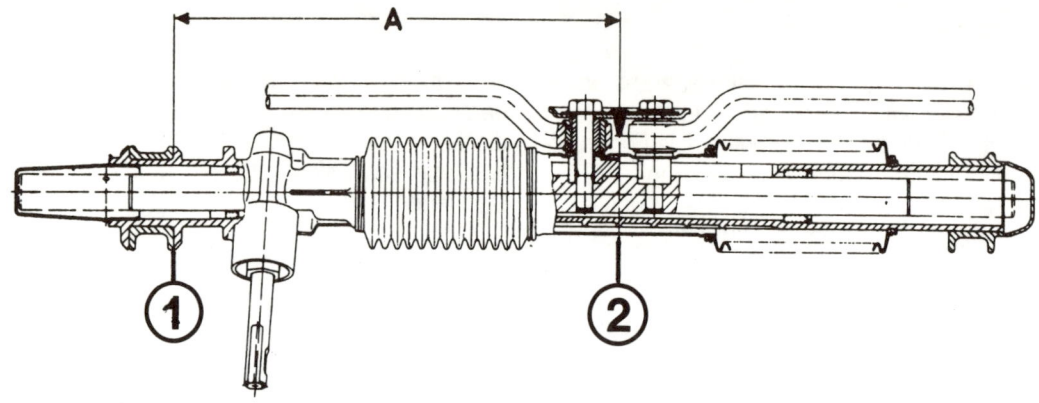

Lenkgetriebe in Geradeausfahrt-stellung. A = 325 mm; 1 – innerer Wulst des Lagerrings; 2 – Mittelpunkt zwischen Spurstangen.

87 mm. Er muß am Rand der Dämpfungs-buchse anliegen, die Buchse liegt flach im Deckel.

■ Die abgeflachte Fläche der hinteren Dämpfungsbuchse muß am Bodenblech an-liegen.

■ Führungsgelenk mit Kronenmutter am Achsschenkel mit 70 Nm festschrauben und mit neuer Sicherungsklammer sichern.

■ Stabilisator einbauen wie beschrieben.

Das Lenkgetriebe

Arbeiten am Lenkgetriebe des Kadett fallen in den Bereich einer Werkstatt. Abgesehen von den besonderen Vorschriften für Reparatur und Montage sind dabei Spezialwerkzeuge vonnöten, und zur Einstellung des Lenkgetriebes müssen Hilfswerkzeuge auch im Fachbetrieb erst selbst angefertigt werden.

Die Faltenbälge können nur bei ausgebautem Lenkgetriebe ersetzt werden.

Arbeiten an der Lenkung
Spurstangen ersetzen

Beim Ersatz beider Spurstangen ist auf die linke und rechte Ausführung zu achten. Die Klemmschraube wird von unten eingeschraubt.

■ Luftfilter ausbauen, siehe Seite 77.

■ Schraube für den Spurstangen-Klemm-flansch abschrauben.

■ Am Sicherungsblech die Spreizklammer und dann die Sicherung abnehmen.

■ Spurstange vom Lenkgetriebe ab-schrauben.

■ Schraube für die gegenüberliegende Spurstange lösen.

■ Spurstange vom Einstellbolzen ab-schrauben und zusammen mit der Dämp-fungsbuchse ersetzen.

■ Neue Spurstange auf die gleiche Ein-schraubtiefe wie am Spurstangenkopf bringen.

■ Schraube in Klemmflansch von unten einsetzen und mit 20 Nm festziehen.

■ Neue Spreizklammer am Sicherungs-blech verwenden.

■ Die Spurstangen am Lenkgetriebe mit 110 Nm festziehen.

■ Nachspur einstellen, siehe nächste Seite.

Spurstangenkopf ersetzen

■ Mutter am Spurstangenkopf ab-schrauben.

■ Spurstangenkopf mit üblichem Ausdrük-ker herausdrücken.

Die Einstellung der Nach-spur erfolgt innerhalb des Motorraums. 1 – Spurstan-ge; 2 – Spurstangenkopf; 3 – Einstellbolzen; 4 – Schraube für Klemm-flansch.

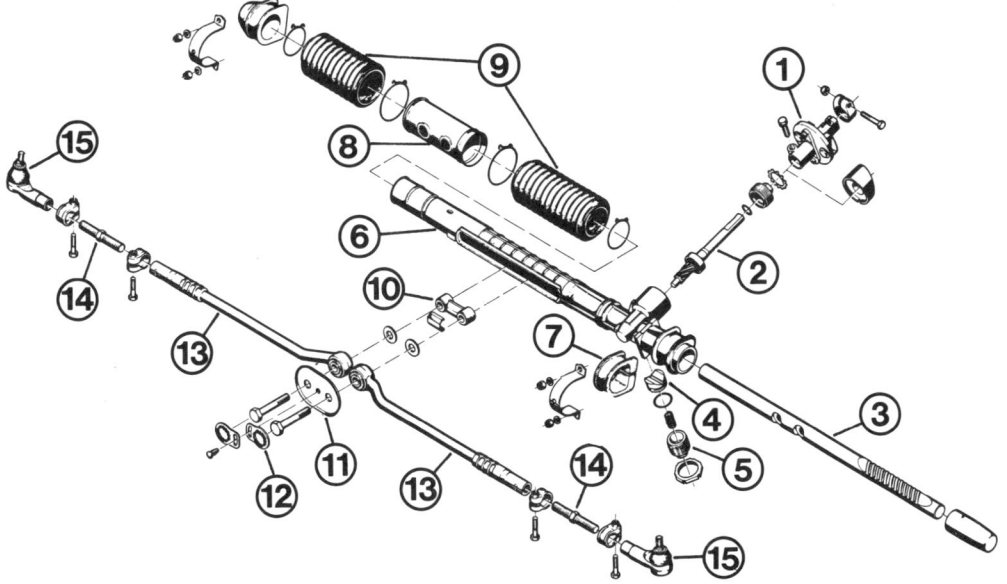

Einzelteile des Lenkgetriebes mit Spurstangen.
1 – Kupplung;
2 – Ritzel;
3 – Zahnstange;
4 – Lagerschale;
5 – Einstellschraube; 6 – Lenkgehäuse; 7 – Lagerring; 8 – Schutzrohr; 9 – Faltenbalg; 10 – Führungsstück;
11 – Distanzplatte;
12 – Sicherungsblech; 13 – Spurstange; 14 – Einstellbolzen;
15 – Spurstangenkopf.

■ Schraube für den Spurstangen-Klemmflansch lösen.

■ Spurstangenkopf vom Einstellbolzen abschrauben, dabei die Umdrehungen merken.

■ Neuen Spurstangenkopf mit gleichen Umdrehungen aufschrauben. Der rechte Spurstangenkopf ist mit »R« gekennzeichnet.

■ Die Aufschraubtiefe des Spurstangenkopfes und die der Spurstange am Lenkgetriebe müssen gleich sein.

■ Klemmschraube von unten einsetzen und mit 20 Nm festziehen.

■ Spurstangenkopf mit neuer selbstsichernder Mutter und 60 Nm festziehen.

■ Nachspur einstellen, siehe nachstehend.

Nachspur einstellen

Die Nachspur soll auf einem Achsmeßstand mit optischem Prüfgerät kontrolliert werden. Sie können aber durch folgende Kontrollen selbst feststellen, ob die Voraussetzungen für die richtige Nachspur gegeben sind.

☐ Die Lenkung befindet sich in Geradeausstellung, wenn zwischen Spurstangenende und linkem Befestigungsgehäuseabsatz der Abstand 325 mm beträgt, siehe Bild links oben.

☐ In genau dieser Stellung muß die Klemmschellenschraube für die Lenkspindel oben waagrecht liegen. Andernfalls muß in der Werkstatt die Lenkritzelstellung umgehend korrigiert werden.

☐ Das Lenkrad muß mit ausgemittelten Speichen auf der Lenkspindel sitzen. Falls die Mittenabweichung mehr als ±5° beträgt, ist das Lenkrad abzuziehen und neu auf die Verzahnung aufzusetzen.

Lenkrad aus- und einbauen

■ Abdeckkappe mit Signalplatte vom Lenkrad ausclipsen, Kabelstecker von der Platte abziehen.

■ Lenkrad in Geradeausstellung bringen.

■ Sicherungsblech der Mutter zurückbiegen und die Mutter abschrauben.

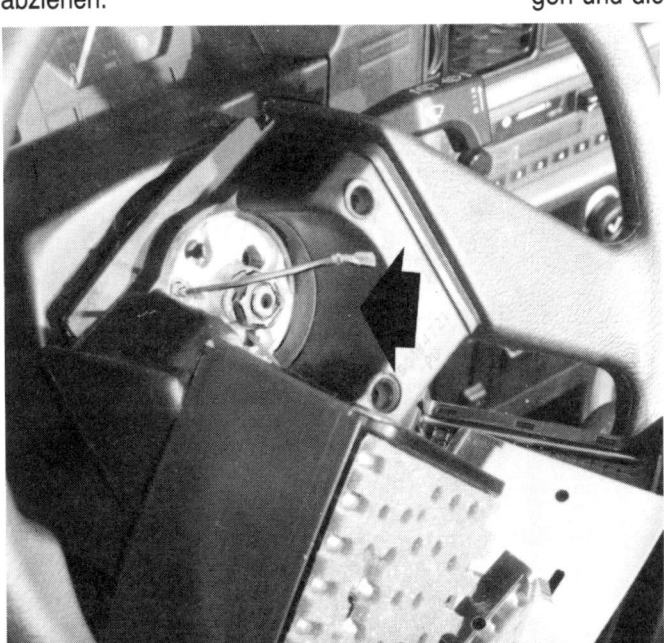

Die Lenkradmutter ist nach Abnehmen der Signalplatte zu erreichen.

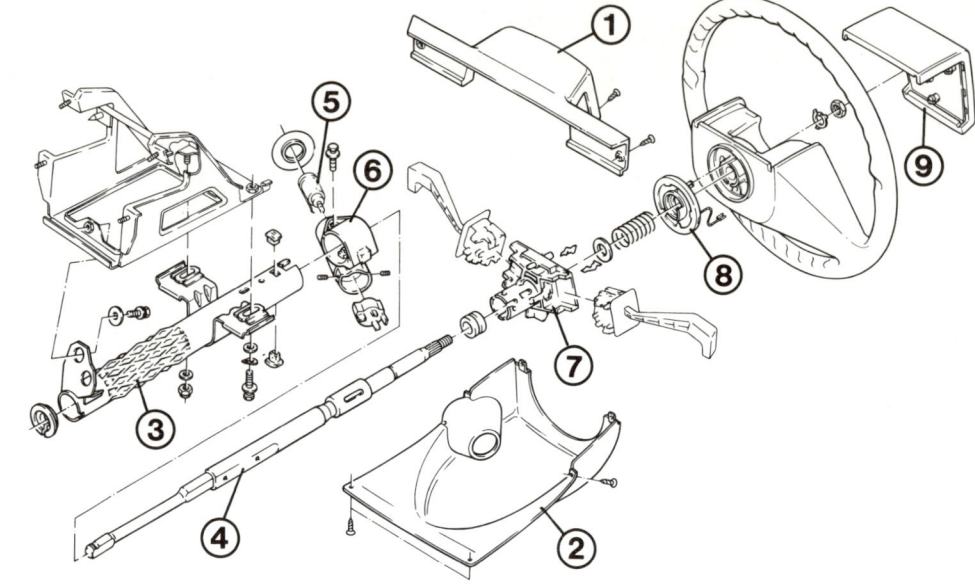

Zur Lenkung zählen außerdem:
1 – obere Lenksäulenverkleidung;
2 – untere Lenksäulenverkleidung;
3 – Lenkstützrohr;
4 – Lenkspindel;
5 – Schließzylinder;
6 – Zündschloßgehäuse;
7 – Lenkgehäuse;
8 – Schleifring für Hupe; 9 – Hupenplatte.

■ Einen geeigneten Abzieher so ansetzen, daß die Klauen nach außen zeigen, und das Lenkrad abziehen.
■ Das Lenkrad weder ab- noch aufschlagen.
■ Der Kontaktring ist in der Lenkradnabe eingeclipst. Das Blinkerrückstellsegment zeigt in Einbaulage nach links.

■ Beim Einbau neues Sicherungsblech verwenden.
■ Lenkrad bei Geradeausstellung der Lenkung mittig aufsetzen, siehe vorigen Abschnitt.
■ Lenksäulenmutter mit 15 Nm festziehen und das Sicherungsblech umschlagen.

Arbeiten an der Servolenkung
Keilriemenspannung prüfen

Die Pumpe der Servolenkung wird über einen separaten Keilriemen von der Motorkurbelwelle angetrieben. Sollte der Keilriemen unterwegs reißen, können Sie trotzdem weiterfahren. Allerdings ist wesentlich mehr Muskelkraft zum Lenken vonnöten.
■ Keilriemen zwischen beiden Riemenscheiben mit kräftigem Fingerdruck durchdrücken.
■ Der Riemen darf nicht mehr als **10 mm** nachgeben.

■ Kontrollieren Sie auch gleich, ob der Keilriemen beschädigt ist. Falls ja, ersetzen.

Keilriemen spannen

■ Gegenmutter auf der Spannschraube lockern.
■ Einstellmutter drehen, bis die erforderliche Riemenspannung erreicht ist.

■ Gegenmutter festziehen.

Keilriemen ersetzen

■ Beide Schrauben des Ölpumpenhalters lockern.
■ Schraube für die Spannschraube an der Ölpumpe und Schraube für das Spannstück am Halteblock lösen.
■ Mutter und Gegenmutter der Spannschraube lösen.
■ Keilriemen abnehmen, neuen Riemen auflegen.
■ Den **neuen** Keilriemen so spannen, daß er sich zwischen beiden Riemenscheiben nur **5 mm** durchdrücken läßt.

■ Dazu die Spannschraube an der Ölpumpe entsprechend drehen und mit 25 Nm festziehen.
■ Die Schraube mit Mutter und Gegenmutter am Spannstück mit 35 Nm festziehen.
■ Beide Schrauben am Pumpenhalter mit 25 Nm festziehen.
■ Abschließend nochmals die Riemenspannung prüfen.

Servolenkung auf Dichtheit prüfen

Wurde im Vorratsbehälter ein abgesunkener Flüssigkeitsstand festgestellt, muß umgehend die gesamte Lenkanlage überprüft werden. Sonst könnte während der Fahrt plötzlich die Lenkunterstützung ausfallen.
Auf welche Teile Sie Ihr Augenmerk richten müssen, steht im Störungsbeistand rechts. Die Überprüfung des Lenkgetriebes ist Sache der Werkstatt.

Soll die Servopumpe lediglich wegen Montagearbeiten im Motorraum ausgebaut werden, bleiben ihre Schlauchleitungen angeschlossen, damit kein Schmutz in die Lenkhydraulik gelangt. Falls die Schläuche an der Pumpe abgenommen werden müssen, ist äußerste Sorgfalt vonnöten. Selbst kleinste Schmutzpartikel in der ATF können Funktionsstörungen verursachen.

■ Fahrzeug aufbocken.

■ Druck- und Rücklaufleitung von der Öl-pumpe abschrauben, dabei auf auslaufendes Öl achten.

■ Pumpe vom Haltebock und vorm hinteren Halter abschrauben.

■ Nach dem Einbau den Keilriemen spannen, siehe vorige Seite.

Das einmal abgelassene Öl darf nicht mehr verwendet werden. Welche Flüssigkeit eingefüllt werden muß, steht auf Seite 20 (automatisches Getriebe).

■ Öl bei stehendem Motor bis zum Behäl-terrand einfüllen.

■ Motor mehrmals kurz anlassen und sofort wieder abstellen. Nach jedem Abstellen sofort Öl bis zur unteren Meßstabmarkierung nachfüllen. Die Ölpumpe darf nicht trocken laufen.

■ Bei laufendem Motor das Entlüftungs-ventil auf dem Gehäusedeckel des Lenkge-triebes so lange öffnen, bis das Öl luftblasen-frei austritt.

■ Lenkrad zwei- bis dreimal langsam um 45° nach beiden Seiten drehen, anschließend zweimal von Anschlag zu Anschlag.

■ Ölstand nochmals korrigieren.

■ Richtiger Ölstand siehe Seite 21.

Die Störung	– ihre Ursache	– ihre Abhilfe
A Flüssigkeitsstand im Behälter zu niedrig	Undichtigkeit an	
	a) Pumpe der Servolenkung	Abdichten lassen
	b) Leitungsanschlüssen	Neue Dichtringe montieren und festziehen
	c) Kolben oder Drehschieberventil im Lenkgetriebe	Lenkgetriebe ausbauen, komplett zerlegen und neu abdichten lassen
B Lenkung ist schwergängig	1 Förderdruck der Pumpe ist zu gering	Druck prüfen lassen. Ggf. Durch-flußventil der Pumpe oder komplette Pumpe ersetzen
	2 Lenkgetriebe defekt	Ersetzen lassen
C Lenkgeräusche	1 Hydrauliкölstand zu niedrig. Flüssigkeit mit Luftbläschen durchsetzt	Hydrauliköl auffüllen, Lenkgetriebe entlüften
	2 Saugseitige Verschraubung der Pumpe undicht	Dichtungen ersetzen, Verschraubungen nachziehen
	3 Keilriemen lose	Nachspannen (Seite 140)

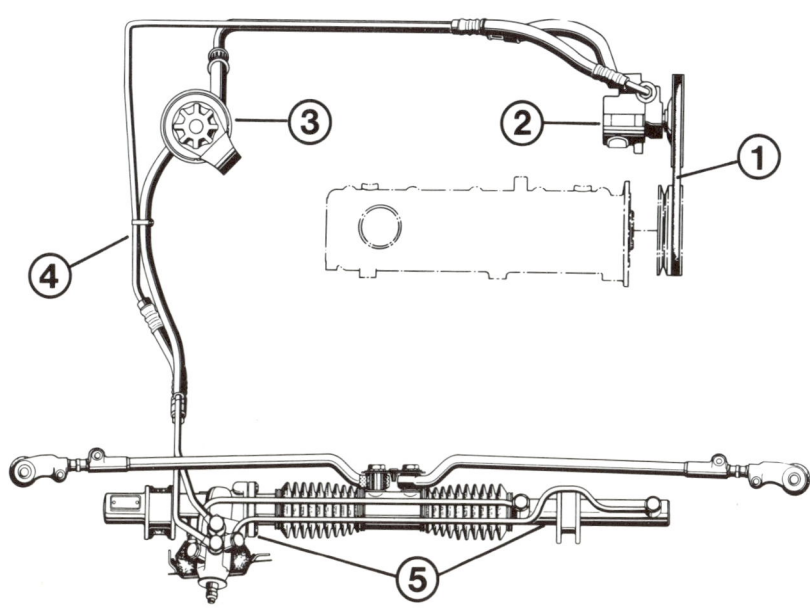

Die Anlage der Servolenkung aus der Sicht von oben. 1 – Keilriemen; 2 – Pumpe; 3 – Vorratsbehälter; 4 – Schlauch- und Rohrleitungen; 5 – Lenkgetriebe.

Die Bauteile der Hinterachse. 1 – Achskörper;
2 – Dämpfungsring;
3 – Blockfeder; 4 – Puffer;
5 – Dämpfer; 6 – Stabilisator; 7 – Dämpfungsbuchse;
8 – Teller; 9 – Gummipuffer;
10 – Stoßdämpfer; 11 – inneres Radlager; 12 – äußeres Radlager; 13 – Radnabe. A – Anordnung von Feder und Stoßdämpfer beim Caravan.

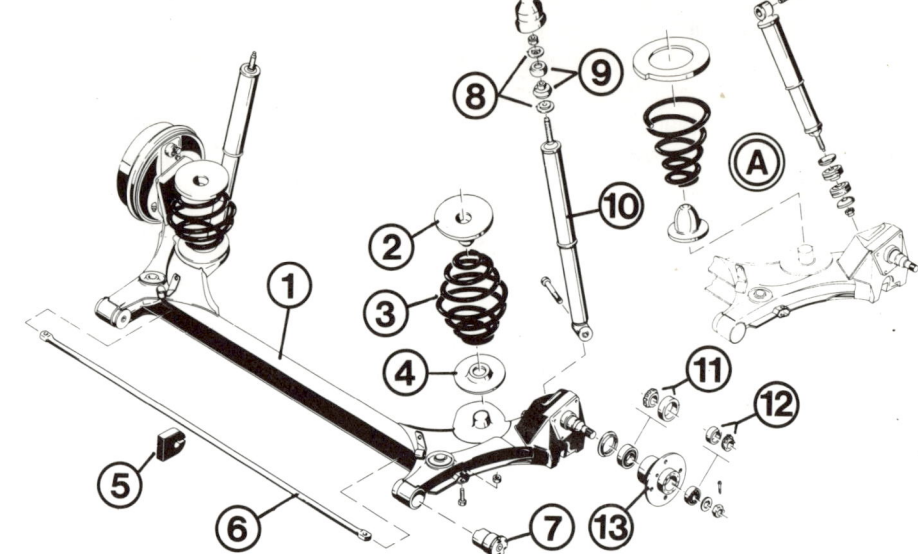

Arbeiten an der Hinterachse

Stoßdämpfer aus- und einbauen

Wegen der Achskonstruktion können die Stoßdämpfer nur nacheinander aus- und eingebaut werden.

■ **Limousine:** Im Kofferraum die Schutzkappe vom Stoßdämpferdom abnehmen.

■ Mutter der oberen Befestigung abschrauben, Teller und Gummipuffer abnehmen.

■ Bei Wagenstandshöhenregulierung die Luft am Füllventil ablassen, Überwurfmutter abschrauben und die Druckleitung abnehmen.

■ Fahrzeug aufbocken.

■ Längslenker unterhalb des Stoßdämpfers mit Wagenheber etwas anheben. So kann die Feder nicht wegspringen.

■ Befestigungsschraube des Stoßdämpfers am Längslenker der Hinterachse abschrauben.

■ Stoßdämpfer herausnehmen, eventuell mit Montiereisen aus dem Halter herausheben.

■ Gummipuffer prüfen, bei neuen Stoßdämpfern auch neue Puffer verwenden.

■ Teller und Gummipuffer auf Stoßdämpfer aufsetzen.

■ Stoßdämpfer im Längslenker-Halter einsetzen und eventuell mit Kunststoffhammer eintreiben.

■ Mit passendem Dorn den Stoßdämpfer im Halter arretieren.

■ Befestigungsschraube bis zur Anlage einschlagen und mit 70 Nm festziehen.

■ Bei Wagenstandshöhenregulierung die Druckleitung montieren und mit 3 Nm festziehen.

■ Fahrzeug ablassen, dabei den Stoßdämpfer oben durch die Karosserie führen.

■ Gummipuffer, Teller und Sechskantmutter montieren.

■ Bei der Standard-Ausführung die Sechskantmutter so weit aufschrauben, bis zwischen Oberseite der Mutter und Ende der Kolbenstange 9 mm erreicht sind.

■ Bei Wagenstandshöhenregulierung muß dieser Abstand 6 mm betragen.

■ Wagenstandshöhenregulierung mit 0,8 bar aufpumpen.

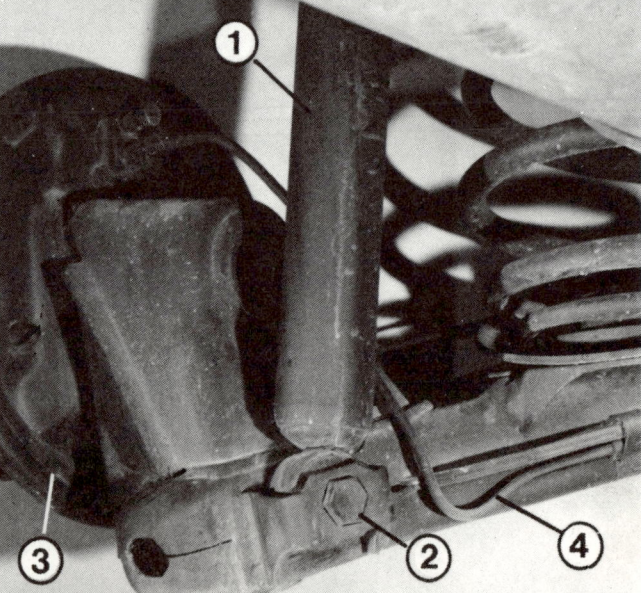

Teile der Hinterachse.
1 – Stoßdämpfer; 2 – Befestigungsbolzen des Stoßdämpfers im Lenker; 3 – Ankerplatte der Trommelbremse; 4 – Bremsleitung.

■ **Caravan:** Fahrzeug aufbocken.

■ Längslenker der Hinterachse mit Wagenheber etwas anheben.

■ Untere Stoßdämpferbefestigung abschrauben.

■ Stoßdämpfer aus dem Halter herausnehmen.

■ Fahrzeug aufbocken und Hinterräder abnehmen.

■ Befestigung für den Stabilisator an beiden Seiten der Hinterachse abschrauben.

■ Dämpfungsgummi aus dem Achskörper herausnehmen.

■ Stabilisator seitlich herausnehmen, eventuell mit einem Dorn herausschlagen.

Bei defekter Feder müssen beide Federn ersetzt werden. Ein- und Ausbau müssen an jeder Seite nacheinander durchgeführt werden.

■ Bei Wagen mit Wagenstandshöhenregulierung die Luft der Stoßdämpfer am Füllventil ablassen.

■ Fahrzeug aufbocken.

■ Wagenheber mit Holzunterlage unterhalb des Stoßdämpfers ansetzen und etwas anheben.

■ Stoßdämpfer unten abschrauben und aus dem Halter herausnehmen.

■ Wagenheber ablassen.

■ Feder mit oberem Dämpfungsring von Unterbau und Hinterachse abnehmen, dabei mit Montiereisen den Längslenker nach unten drücken.

■ Unteren Dämpfungsring aus der Feder nehmen.

■ Fahrzeug aufbocken und das Rad abnehmen.

■ Bremstrommel abbauen, dazu die Arretierschraube herausdrehen und eventuell die Bremsbacken zurückstellen, siehe Seite 151.

■ Staubkappe von der Radnabe abheheln.

■ Splint der Radzapfenmutter entfernen und die Mutter abschrauben.

■ Radnabe mit der Sicherungsscheibe vom Radzapfen abnehmen.

■ Radnabe reinigen, bei Beschädigung ersetzen.

■ Dichtring mit einem Schraubenzieher aus der Radnabe hebeln.

■ Inneres Kegelrollenlager aus der Radnabe herausnehmen.

■ Äußeren Laufring des inneren Lagers sowie den Laufring des äußeren Lagers mit einem Ausdrücker auspressen oder mit einem Messingdorn vorsichtig austreiben.

■ Sämtliche Teile sorgfältig gereinigt einbauen, Lager mit Wälzlagerfett schmieren.

■ Obere Stoßdämpferbefestigung am Unterbau abschrauben.

■ Beim Einbau obere und untere Befestigungsschrauben mit 70 Nm festziehen.

■ Bei Wagenstandshöhenregelung wie bei Limousine vorgehen.

■ Defekte Dämpfungsgummi ersetzen.

■ Stabilisator in Hinterachse einsetzen und mit 80 Nm festschrauben.

■ Dämpfungsgummi in Spülmittel tauchen, dann in der Mitte des Achskörpers einsetzen.

■ Räder montieren und Fahrzeug ablassen.

■ Oberen Dämpfungsring aus der Feder heraushebeln. Verschlissenen Ring erneuern.

■ Vor dem Einbau die Dämpfungsringe in die Feder einsetzen.

■ Feder in den oberen Federsitz einsetzen, dabei auf richtigen Sitz am Dämpfungsring achten.

■ Längslenker nach unten drücken und Feder unten einsetzen.

■ Stoßdämpfer montieren.

■ Beim Caravan müssen nacheinander beide unteren Stoßdämpferbefestigungen gelöst werden. Dann die Feder der Seite ausbauen, die nicht vom Wagenheber am Längslenker unterstützt wird.

■ Die Laufringe sollen mit einer entsprechenden Vorrichtung bis zu ihrer Anlage in der Radnabe eingepreßt werden. Behelfsweise können die Laufringe auch mit einem passenden Rohrstück und vorsichtigen Hammerschlägen eingetrieben werden.

■ Hohlraum der Radnabe mit Wälzlagerfett füllen.

■ Dichtlippe des neuen Dichtrings mit gleichem Fett bestreichen.

■ Den Dichtring mit einer passenden Hülse einpressen oder vorsichtig einschlagen.

■ Radnabe mit eingefettetem äußeren Lager und Sicherungsscheibe auf den Radzapfen aufsetzen.

■ Radnabenmutter aufschrauben.

■ Bremstrommel montieren.

■ Hinterrad befestigen.

■ Radlagerspiel einstellen, siehe nächsten Abschnitt.

■ Hinterradbremsen eventuell einstellen, siehe Seite 153.

Stabilisator aus- und einbauen

Schraubenfedern aus- und einbauen

Radlager für Hinterradnabe ersetzen

Radlagerspiel einstellen

■ Fahrzeug hinten aufbocken.
■ Bei Fahrzeug mit Leichtmetallfelgen das Rad abbauen.
■ Staubkappe der Radnabe abhebeln.
■ Splint der Radzapfenmutter entfernen.
■ Radzapfenmutter mit 25 Nm festziehen.
■ Danach die Mutter so weit lösen, daß sich die Sicherungsscheibe gerade verschieben läßt. Dazu einen Schraubenzieher benutzen und mit leichtem Fingerdruck betätigen. Den Schraubenzieher aber nicht an der Radnabe abstützen.

■ Neuen Splint einsetzen. Falls Schlitz und Splintloch nicht übereinstimmen, die Mutter bis zur nächsten Übereinstimmung festziehen.
■ Falls sich die Sicherungsscheibe in dieser Stellung nicht mehr verschieben läßt, die Mutter bis zur nächsten Übereinstimmung von Schlitz und Splintloch lösen.
■ Montage der Staubkappe nicht vergessen.

Die Radeinstellung der Hinterachse

Sturz und Vorspur (siehe Seite 133) der Hinterräder sind nicht einstellbar. Nach einem Unfall, der die Hinterachse in Mitleidenschaft gezogen hat, muß die Radeinstellung in der Werkstatt gemessen werden. Falsche Einstellung kann durch hydraulisches Richten oder Austausch der betroffenen Hinterachsteile korrigiert werden.

Radsturz	
belastet	−1° bis 0°
Abweichung vom linken zum rechten Rad	max. 0°30′
Vorspur	
belastet	0° bis 0°40′ = 0 bis 3 mm
Abweichung vom linken zum rechten Rad	max. 0°15′

Die Wagenstandshöhenregulierung

Bei beladenem Fahrzeug und bei Anhängerbetrieb bietet diese Niveauregulierung ein verbessertes Fahrverhalten. Die Anlage besteht aus zwei Stoßdämpfern, deren Wirkung durch eingepumpten Luftdruck verstärkt werden kann. Zu den Stoßdämpfern führen Druckleitungen, die mit einem Füllventil unter der Kofferraum-Bodenabdeckung rechts bzw. am Unterboden verbunden sind. Außerdem sind Hinterfedern für höhere Beanspruchung eingebaut.
Das Füllventil entspricht einem Reifenventil, somit läßt sich die Anlage beispielsweise an der Tankstelle aufpumpen.
□ Die Wagenstandshöhenregulierung soll bei entladenem Fahrzeug mit einem Druck von 0,8 bar befüllt sein. Dieser Grundwert darf niemals unterschritten werden.
□ Bei voll beladenem Wagen ist die Anlage mit wenigstens 3 bar zu befüllen, 5 bar sollen nicht überschritten werden.
□ Mit erhöhtem Druck aus Sicherheitsgründen nicht im Leerzustand fahren.
Zur genauen Befüllung:
■ Vor dem Beladen den mit 0,8 bar befüllten Wagen auf ebenen Boden stellen.
■ Abstand zwischen Boden und hinterem Stoßfänger messen. Von diesem Wert 5 cm abziehen und das errechnete Maß merken.

■ Wagen beladen. Senkt sich dabei das Heck und das gemerkte Maß wird unterschritten, den Druck erhöhen, bis dieses Maß wieder erreicht wird.

Störungen an der Wagenstandshöhenregulierung

Wenn der aufgepumpte Druck mit der Zeit auffällig nachläßt:
■ Zuerst das Füllventil prüfen und eventuell neuen Ventileinsatz einschrauben.
■ Anschlüsse der Druckleitungen am Füllventil und an den Stoßdämpfern auf Dichtheit prüfen. Dazu Wasser oder Glyzerin an den Anschlüssen aufbringen und Blasenbildung abwarten. Auf mögliche Zischgeräusche achten.
■ Lockere Anschlüsse etwas fester anziehen, besser mit neuen Dichtungen versehen.
■ Stoßdämpfer in der Werkstatt prüfen lassen.

Stillhalteabkommen

Die Bewegungsenergie des fahrenden Autos wird beim Bremsen nur scheinbar vernichtet – sie wird durch Reibung in den Bremsen in Wärme umgesetzt. Weil Reibung aber gleichzeitig Verschleiß ist, müssen die Bremsen regelmäßig kontrolliert werden.

Eigenarbeiten an der Bremse

Bei einer so wichtigen Einrichtung wie den Bremsen kann keine Kontrolle zu viel sein! Wenn Sie also in diesem Bereich zwischendurch mal nach dem Rechten sehen, haben Sie Ihre Wartungsaufgaben sicher besser erfüllt, als derjenige, der seinen Wagen nur alle 15 000 km zur Wartung bringt. Denn gerade vor einer Urlaubsfahrt oder bei schon älteren Fahrzeugen sind verstärkte Kontrollen ratsam.

Andererseits erfordern Reparaturen im Bereich Bremsen ein erhöhtes Verantwortungsbewußtsein. Sollten Sie nicht über ausreichende Kenntnisse verfügen, dann ist es sicherer (und überhaupt keine Schande), wenn Sie die Arbeiten einer Werkstatt überlassen. Denn von der richtigen Funktion der Bremsen an Ihrem Auto hängt Ihr Leben ab.

So funktioniert die Bremse

☐ Wenn Sie auf das Bremspedal treten, preßt eine mit dem Pedal verbundene Druckstange zwei hintereinanderliegende Kolben in den Hauptbremszylinder (im Motorraum).

☐ Die Kolben verdrängen die dort eingeschlossene Bremsflüssigkeit. Dieser so entstehende hydraulische Druck in der Bremsanlage wird über Rohr- und Schlauchleitungen zu den Radzylindern weitergeleitet.

☐ In diesen drücken Kolben die Bremsklötze gegen die Bremsscheiben bzw. an den Hinterrädern die Bremsbacken gegen die Bremstrommeln.

☐ Der Flüssigkeitsdruck wird an die Radbremszylinder in zwei voneinander unabhängigen Leitungssystemen (Bremskreisen) übertragen, und zwar für je ein Vorderrad und das gegenüberliegende Hinterrad (diagonal aufgeteilte Zweikreisbremse).

☐ Falls ein Bremskreis ausfallen sollte, bleiben so ein Vorderrad und das Hinterrad auf der anderen Seite bremsfähig. Mit dem ungebremsten Vorderrad kann man noch lenken, und das ungebremste Hinterrad hält das Heck in der Spur.

☐ Die Handbremse wirkt über Seilzüge auf die Hinterräder.

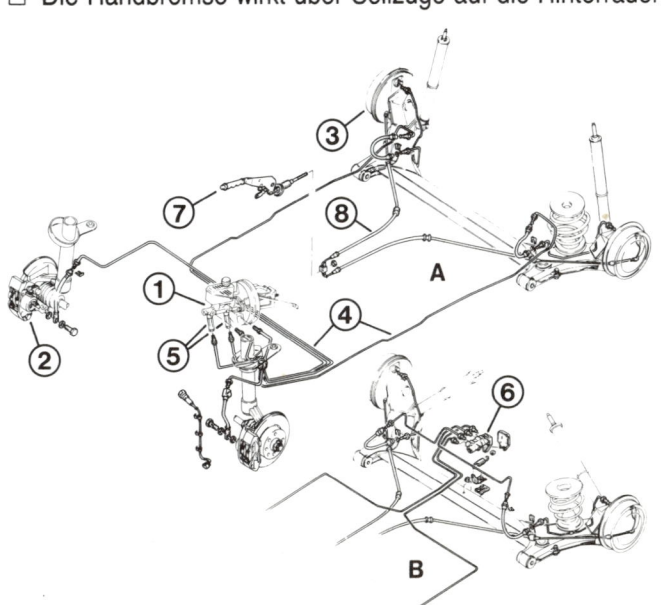

Die gesamte Bremsanlage.
1 – Hauptbremszylinder;
2 – Bremssattel der Scheibenbremse; 3 – Trommelbremse; 4 – Bremsleitungen;
5 – Bremskraftregler; 6 – lastabhängiger Bremskraftregler. A – Anlage bei der Limousine; B – Ausschnitt der Anlage beim Caravan.

Fingerzeig: *Bei Ausfall eines Bremskreises müssen Sie wesentlich stärker auf das Brems-pedal treten (bei gleichzeitig längerem Pedalweg), um die übliche Bremswirkung zu erreichen. Außerdem wird der Anhalteweg länger.*

Die Brems-flüssigkeit

Die Flüssigkeit in den Bremsleitungen und Bremszylindern ist eine Mischung aus Glykol, Polyglykoläther und ein paar weiteren Bestandteilen. Diese gelbliche – übrigens giftige und gegen Autolack aggressive – Flüssigkeit greift die Metall- und Gummiteile nicht an. Sie bleibt selbst bei −40°C noch ausreichend dünnflüssig, und sie hat trotz ihrer Dünnflüssigkeit den extrem hohen Siedepunkt von ca. 260°C.

Aber die Bremsflüssigkeit hat auch eine sehr unangenehme Eigenschaft: Sie nimmt gern Wasser auf, sie ist »hygroskopisch«. Und das Wasser kann tatsächlich – z. B. über die Luftfeuchtigkeit – in die Bremsflüssigkeit gelangen: Über den Ausgleichbehälter sowie durch mikroskopische Undichtigkeiten an den Bremsschläuchen und Gummimanschetten. Solche Wasseraufnahme führt nicht nur zu Korrosion an den Metallteilen der Anlage, sondern bewirkt ein rapides Absinken des Siedepunkts. Bei nur 2,5% Wassergehalt liegt der Siedepunkt nur noch bei 150°C.

Das ist bei starker Belastung der Bremsen gefährlich, weil sie sich dann sehr stark aufheizen. In der Nähe der erhitzten Bremsen können sich Dampfblasen in der Hydraulikflüssigkeit bilden. Die lassen sich zusammenpressen – das Bremspedal kann tief durchgetreten werden; manch-mal tritt man sogar ins Leere! In diesem Fall kann bisweilen noch schnelles Pumpen mit dem Bremspedal helfen. Besonders gefährlich ist dieser Effekt nach dem Abstellen des Wagens nach starker Bremsbeanspruchung. Mangels Fahrtwind heizt sich die Bremsenumgebung noch stärker auf; die höchste Temperatur herrscht nach etwa 15 Minuten Standzeit. Erst nach etwa einer halben Stunde ist wieder die normale Bremsflüssigkeitstemperatur erreicht.

Vorbeugend schreibt der Wartungsplan daher den Wechsel der Bremsflüssigkeit alle zwei Jahre vor (siehe Seite 156).

Bremsflüssigkeit muß der Sicherheitsnorm DOT 4 entsprechen. Alle so bezeichneten Flüssig-keiten können miteinander gemischt werden. Opel verwendet Bremsflüssigkeit von ATE und Lockheed.

Bremsflüssig-keitsstand prüfen
Ständige Kontrolle

Links hinten im Motorraum, direkt auf dem Hauptbremszylinder, sitzt der Bremsflüssigkeitsbe-hälter (siehe Bild unten). Im weißlich durchscheinenden Behälter soll die Bremsflüssigkeit zwischen den Markierungen »MIN« und »MAX« stehen. Ist der Flüssigkeitsstand unter »MIN« gesunken – was bei Sonderausstattung auch durch eine Warnleuchte am Armaturenbrett angezeigt wird – muß die Bremsanlage sofort auf undichte Stellen kontrolliert werden, siehe übernächsten Abschnitt.

Bedingt durch die vorderen Scheibenbremsen sinkt der Flüssigkeitsstand aber auch bei völlig intakter Bremsanlage mit zunehmender Kilometerleistung. Denn die im Durchmesser verhält-nismäßig großen Kolben der Scheibenbrems-Radzylinder wandern mit den verschleißenden Belägen weiter heraus, und mehr Flüssigkeit fließt nach. Ein gewisses, langsames Absinken der Bremsflüssigkeit muß also nicht unbedingt alarmierend sein.

Wenn Sie wissen, wie hoch die Bremsflüssigkeit bei neuen und abgenutzten Scheibenbrems-

Der Stand der Bremsflüssig-keit muß sich immer zwi-schen den beiden Markie-rungen am Bremsflüssig-keitsbehälter abzeichnen. Zu hohe Befüllung ist falsch, da der Behälter bei rückströ-mender Bremsflüssigkeit (bei heißen Bremsen mög-lich) überläuft, was zu Ver-ätzungen des benachbarten Motorraums führt. Plötzlicher Mangel von Bremsflüssigkeit ist sofort zu ergründen. Es darf nur Original-Bremsflüs-sigkeit verwendet werden.

belägen steht, läßt sich am Niveau der hydraulischen Flüssigkeit sogar ablesen, wie weit die Beläge abgenutzt sind. Werden neue Scheibenbremsbeläge eingesetzt, müssen die Kolben in den Bremssätteln zurückgedrückt werden, wodurch der Flüssigkeitsstand im Behälter wieder ansteigt. Wurde unnötigerweise bei abgefahrenen Belägen Bremsflüssigkeit aufgefüllt, kann diese beim Zurückdrücken der Kolben durch die Belüftungslöcher im aufgeschraubten Deckel austreten.

Bremsen kontrollieren
Wartung Nr. 22

■ Zuerst eine Vollbremsung bei Schrittgeschwindigkeit.
■ Am Gummiabrieb auf der Straße sehen Sie bei gleich langen Spuren, daß die Bremsen gleichmäßig ziehen.
■ Gleiche Prüfung mit der Handbremse.
■ Für die Bremsenprüfung bei höheren Geschwindigkeiten brauchen Sie eine ebene Strecke.
■ Nun aus etwa 50 km/h bei losgelassenem Lenkrad, aber mit griffbereiten Händen zuerst sanft und dann scharf bis zum Stillstand abbremsen.

■ Zieht der Wagen etwa nach links, ist eine der rechten Radbremsen nicht in Ordnung. Das Auto zieht in Richtung des stärker gebremsten Rades. Ursachen siehe Störungsbeistand auf Seite 160.
■ Lassen Sie den Opel ein schwaches Gefälle hinunterrollen, um festzustellen, ob die Räder leichtgängig sind.
■ Nach der Probefahrt machen Sie die Handprobe:
■ Ist eine Felge auf der einen Wagenseite wärmer als auf der anderen Seite?
■ Ursachen siehe Störungsbeistand.

Bremsleitungen und -schläuche prüfen
Wartung Nr. 15

Zur Kontrolle muß die Wagenunterseite trocken sein, damit Sie undichte Stellen erkennen können. Bremsflüssigkeit kriecht auch unter Schmutz. Feuchtdunkle Stellen oder schwarzer Schmutz lassen eine Undichtigkeit vermuten.
■ Kontrollieren Sie sämtliche Anschluß- und Verbindungsstellen; auch die Bremssättel und die Bremsankerplatten, hinter denen die Radbremszylinder sitzen.
■ Die Bremsschläuche dürfen weder feucht noch aufgequollen oder angescheuert sein. Sonst auswechseln, siehe Seite 154.
■ Die Bremsleitungen sind zum Schutz gegen Rost mit Kunststoff überzogen. Wird diese Schutzschicht beschädigt, kann es zu Rostansatz kommen. Deshalb die Leitungen nie mit Schraubenzieher, Schmirgelleinen oder Drahtbürste säubern, sondern Kaltreiniger nehmen.
■ Ist der Kunststoff beschädigt, kann eine Rostschutzgrundierung dünn aufgestrichen werden.
■ Leitungen mit Rostnarben und solche, die plattgedrückt sind, müssen ersetzt werden.

■ Sind Schutzkappen auf allen Entlüftungsventilen? Sie sitzen an den Bremssätteln bzw. innen an den Bremsankerblechen.
■ Die Bremsdruckprobe können Sie provisorisch selbst machen:
■ Treten Sie mit voller Kraft aufs Bremspedal.
■ Es darf auch nach einigen Minuten der vollen Belastung nicht nachgeben, sonst ist eine Manschette im Hauptbremszylinder defekt.
■ Durch die undichte Manschette sinkt der Flüssigkeitsstand im Behälter nicht, sondern die unter Druck gesetzte Flüssigkeit mogelt sich an einem Kolben des Hauptbremszylinders vorbei auf die drucklose Seite.
■ Undichte Stellen an den Kolbenmanschetten lassen sich allerdings nur bei einer genauen Druckprüfung in der Werkstatt ermitteln.

Die Scheibenbremsen

Zusammen mit jedem Vorderrad dreht sich eine Stahlscheibe frei im Luftstrom. Sogenannte Bremssättel umfassen sattelförmig die Scheiben und beim Tritt aufs Bremspedal drücken Kolben die Bremsbeläge gegen die Scheiben – es wird gebremst.
Durch den Fahrtwind werden die Scheibenbremsen ständig gekühlt. Zusätzlich sind die vorderen Bremsscheiben der Modelle mit 1,8- und 2-l-Motor innenbelüftet: Im Umfang der Bremsscheibe sitzen große Aussparungen, die Luft wegschaufeln und so die Kühlung noch verbessern.

Vorteile der Scheibenbremsen

Scheibenbremsen lassen sich besser kühlen, weil Scheiben und Beläge offen im Luftstrom des Fahrtwinds liegen. Deswegen sind sie standfester – bei mehrmaligen Vollbremsungen oder bei anhaltendem Bremsen bergab läßt die Bremswirkung nicht nach (kein »Fading«). Zudem ist die Bremswirkung einer Achse gleichmäßiger als bei Trommelbremsen. Der Belagabrieb wird gleich weggeblasen, und außerdem stellen sich Scheibenbremsen selbst nach. Den verschlei-

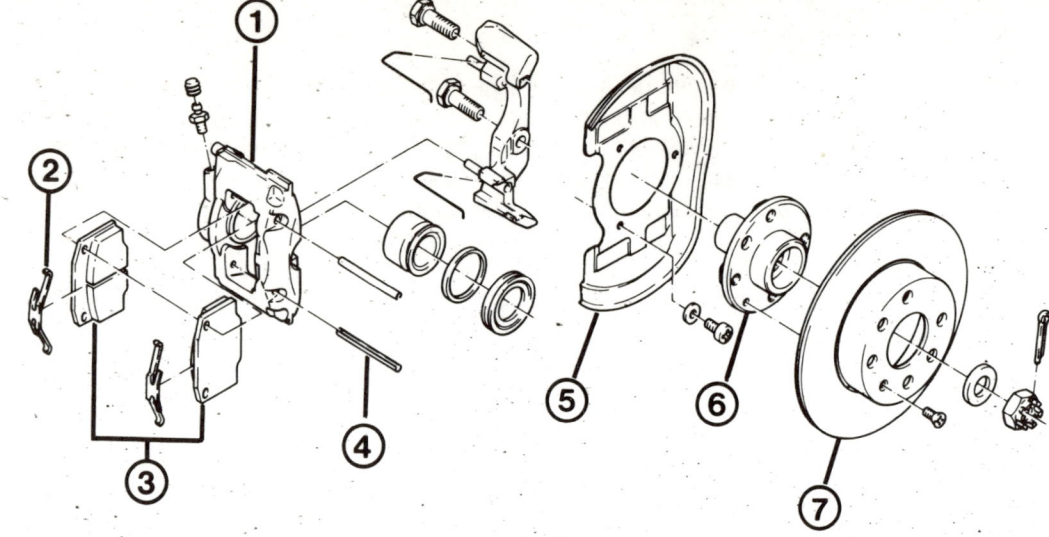

Teile der Scheibenbremse:
1 – Bremssattel;
2 – Spannfeder;
3 – Bremsbeläge;
4 – Haltestift;
5 – Abdeckblech;
6 – Radnabe;
7 – Bremsscheibe.

ßenden Bremsbelag schieben die Bremskolben jeweils so weit nach, daß er nur Bruchteile von Millimetern von der Bremsscheibe entfernt ist.

Nachteile der Scheibenbremsen

Die Scheibenbremsbeläge verschleißen wegen ihrer relativ kleinen Oberfläche leider sehr schnell – wesentlich schneller als bei den hinteren Trommelbremsen. Einen weiteren Minuspunkt stellt die Tatsache dar, daß Scheibenbremsen – im Gegensatz zu Trommelbremsen – keine selbstverstärkende Wirkung besitzen. Andererseits ist wegen des Bremskraftverstärkers Vorsicht geboten, wenn diese Bremskraftunterstützung ausfällt (etwa beim Abschleppen). Dann erhöhen sich die Pedalkräfte wesentlich.

Durch die relativ offene Bauweise können zwischen Beläge und Scheibe Fremdkörper eindringen (Sand oder kleine Steinchen). Das kann zu lästiger Quietscherei führen. Abhilfe bringt manchmal, bei leicht getretener Bremse rückwärts zu fahren, wodurch der Quietschgeist ins Freie befördert wird. Sonst muß man die Beläge säubern oder auswechseln. Quietschgeräusche entstehen aber auch durch Schwingungen, die beim Bremsen durch die Reibung zwischen der rotierenden Bremsscheibe und den feststehenden Belägen ausgelöst werden.

Bei Dauerregen wird die offene Bremsscheibe kräftig geduscht, weshalb die Bremswirkung einen Sekundenbruchteil verspätet einsetzt – die Feuchtigkeit zwischen Bremsklötzen und -scheiben muß erst zum Verdampfen gebracht werden. In streusalzreichen Wintern tritt diese Erscheinung verstärkt auf, wenn die auf Belägen und -scheiben sitzende Salzschicht beim Bremsen erst abgeschliffen werden muß.

Stärke der Scheibenbremsbeläge messen
Wartung Nr. 14

Es können Bremssättel von ATE oder GMF eingebaut sein. In ihrem Aufbau unterscheiden sich diese Schwimmrahmen-Sattelbremsen kaum voneinander. Die Bezeichnung sagt aus, daß der um die Bremsscheibe sattelförmig umgreifende Bremssattel beweglich (»schwimmend«) gelagert ist. Der Bremskolben drückt den inneren Belag gegen die Bremsscheibe, wodurch der Schwimmrahmen herübergezogen und der Bremsklotz der anderen Seite ebenfalls gegen die Scheibe gepreßt wird.

■ Kontrolle auf jeder Seite bei abgebautem Rad vornehmen.
■ Der Blick in den Schacht des Bremssattels gibt keinen genauen Aufschluß über die tatsächliche Stärke der Bremsbeläge, da sie von den Spreizfedern überdeckt werden.
■ Deshalb den oberen Haltestift für die Bremsbeläge von innen nach außen mit einem passenden Dorn herausschlagen.
■ Den unteren Haltestift vorsichtiger herausschlagen und dabei die zwei Spreizfedern einzeln abnehmen.
■ Stärke der jetzt frei sichtbaren Bremsbeläge messen, eventuell einen dazu herausziehen.
■ Bei einer **Reststärke** des Bremsbelags mit Belagplatte von **7 mm** müssen alle vier Bremsbeläge der Vorderachse ersetzt werden.

Bremsbeläge erneuern

Es dürfen nur Bremsbeläge eingebaut werden, die für den Kadett freigegeben sind, sonst erlischt die ABE. Opel empfiehlt die Belagtypen Jurid 249 und Textar T 291.
■ Bei Wagen mit Check Control das Sensorkabel vom inneren Bremsbelag abnehmen.
■ Haltestifte und Spreizfedern ausbauen, wie im vorstehenden Abschnitt beschrieben.
■ Äußeren Bremsbelag herausziehen.

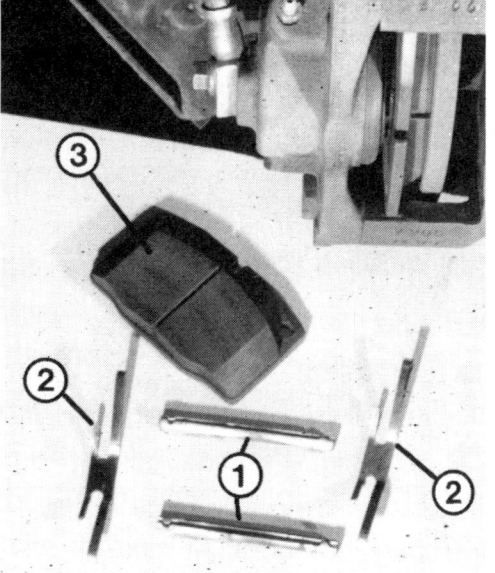

Links: Leichte Hammerschläge auf einen Dorn treiben den Haltestift heraus. Rechts: Ausgebaut sind Haltestifte (1), Spannfedern (2) und ein Bremsbelag (3).

Falls schwergängig, Schraubenzieher durch eine Öse des Belags stecken und heraushebeln.

■ Danach den inneren Belag herausziehen. Oft geht das leichter, nachdem man mit der flachen Hand von außen gegen den Bremssattel geschlagen hat.

■ Sitz der Beläge im Gehäuseschacht mit einer Weichmetallbürste oder mit einem Lappen reinigen oder mit Preßluft ausblasen. Keine mineralölhaltigen Flüssigkeiten oder scharfkantige Werkzeuge benutzen.

■ Kontrollieren, ob die Schutzkappe über dem Kolben nicht beschädigt oder spröde ist. In diesem Fall muß der Bremssattel in der Werkstatt ausgebaut werden. Für den Einbau hat man dort besondere Werkzeuge.

■ Bei der ATE-Scheibenbremse den Kolben zurückdrehen, er soll zur Anlagefläche des Bremssattels im Winkel von 20° stehen. Die Werkstatt hat dazu Kolbenrücksetzvorrichtung und Lehre. Meistens genügt es jedoch, den Kolben wie bei der GMF-Bremse zurückzudrücken.

■ Zum Zurückdrücken des Bremskolbens

ein sauberes Holzbrettchen benutzen. Dabei am Bremsflüssigkeitsbehälter beobachten, ob der Flüssigkeitsstand zu hoch steigt. In diesem Fall mit einer Pipette die erforderliche Menge Flüssigkeit absaugen (Vorsicht: giftig und ätzend!)

■ Bremsbeläge einsetzen. Sie müssen sich in der Führung leicht hin- und herbewegen lassen.

■ Haltestifte von außen so einsetzen, daß ihre Spaltöffnungen zueinander gerichtet sind.

■ Spreizfedern über den Bremsbelägen anlegen und jeden Haltestift in seine gegenüberliegende Führung einschlagen.

■ Bei Check Control neuen Sensor mit Kabel am inneren Bremsbelag anbringen.

■ Bremspedal mehrmals treten, damit die Beläge an die Bremsscheiben gepreßt werden.

■ Mit neuen Bremsbelägen auf den ersten 200 km unnötige Vollbremsungen vermeiden.

Die Ansicht der Scheibenbremse bei abgebautem Rad: 1 – Bremssattel; 2 – Bremsscheibe; 3 – Schutzkappe über Bremskolben; 4 – Belagplatte; 5 – Entlüftungsventil.

Fingerzeig: *Falls gebrauchte Bremsbeläge weiterhin benutzt und wieder eingebaut werden, müssen sie wieder an der bisherigen Stelle montiert werden. Der Wechsel von der Außen- zur Innenseite oder umgekehrt oder von einem Rad zum anderen kann ungleichmäßige Bremswirkung zur Folge haben.*

Bremsscheibe prüfen

Wenn die Vorderräder zur Belagkontrolle abgenommen sind, prüft man auch den Zustand der Bremsscheiben.

■ Die Scheiben dürfen keine tiefen Rillen (durch Schmutz oder zu stark abgefahrene Beläge) aufweisen. Die Riefen graben sich in neue Bremsbeläge tief ein, was deren Verschleiß deutlich fördert.

■ Riefige Bremsscheiben können nachgeschliffen werden, wenn sie nicht durch lange Laufzeit folgende **Mindestmaße** erreicht haben: bei 1,2- und 1,3-l-Motor **8 mm,** bei 1,6-l-Motor **10,7 mm,** bei 1,8- und 2-l-Motor **18 mm.**

■ Zu dünne Scheiben müssen paarweise ausgetauscht werden, siehe nächsten Abschnitt.

■ Eine bläuliche Verfärbung der Bremsscheibe ist ohne Bedeutung.

Bremsscheiben ersetzen

■ Bremsbeläge ausbauen.
■ Arretierschraube für die Radnabe herausdrehen.
■ Den GMF-Bremssattel kräftig nach außen ziehen.
■ Bremsscheibe etwas verkanten und von der Radnabe abnehmen.

■ Bei Leichtmetallfelgen die Blende von der Bremsscheibe abnehmen.
■ Grundsätzlich beide Bremsscheiben ersetzen.

Die Trommelbremsen

Die hinteren Bremsen besitzen je zwei halbkreisförmige Beläge, die von zwei Kolben in dem oben sitzenden Radbremszylinder gegen die zylindrischen Bremstrommeln gedrückt werden. Diese Bauart mit einem Radzylinder für zwei Beläge nennt sich Simplexbremse.

Die Trommelbremse wirkt selbstverstärkend, und zwar zieht sich eine Bremsbacke durch die Drehung des Rades in gewissem Maß selbsttätig an die Bremstrommel. Dadurch sind geringere Fußkräfte am Pedal notwendig. Bei Vorwärtsfahrt wirkt die vordere Bremsbacke selbstverstärkend. Sie heißt Auflauf- oder Primärbremsbacke im Gegensatz zur hinteren Ablauf- oder Sekundärbremsbacke.

Automatische Nachstellung

Damit durch die Abnutzung der Bremsbeläge kein zu großer Leerweg am Bremspedal auftritt und deswegen eine Einstellung vorgenommen werden müßte, besitzt der Kadett selbstnachstellende Trommelbremsen.

Beim Betätigen der Bremse zieht wegen Entlastung der Druckstange eine seitliche Feder den Nachstellhebel nach unten. Bei Belagverschleiß dreht der Nachstellhebel das Ritzel auf der Druckstange weiter und verlängert sie dadurch. Das ergibt einen konstanten Abstand zwischen Bremsbacken und Trommel. Die beim Abbremsen entstehende Hitze und damit verbundene Wärmeausdehnung wird von einem Thermoclip an der Druckstange ausgeglichen. Siehe auch Bild Seite 153 oben.

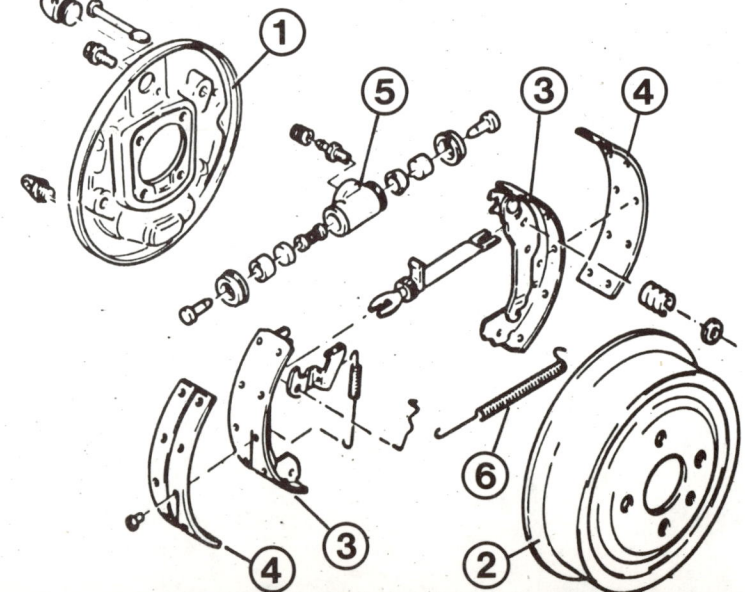

Teile der Hinterradbremse: 1 – Bremsankerplatte;
2 – Bremstrommel;
3 – Bremsbacke;
4 – Bremsbelag;
5 – Radbremszylinder; 6 – Rückzugfeder.

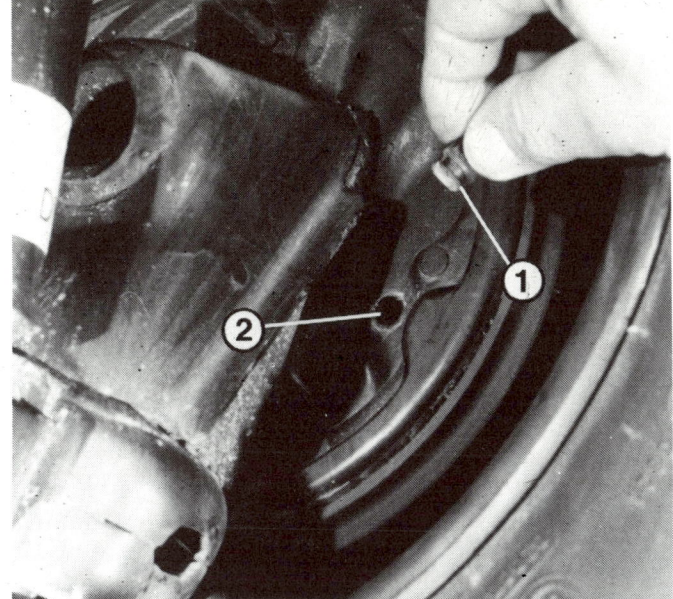

Sichtkontrolle der Belagstärke bei der Trommelbremse.
1 – Plastikstopfen;
2 – Schauloch.

■ Wagen hinten hochbocken.
■ An der Innenseite des jeweiligen Hinterrades hinten am Bremsträgerblech den Plastikstopfen abziehen.
■ Mit Taschenlampe ins Schauloch leuchten, Belagstärke feststellen.

■ Arretierschraube für die Bremstrommel herausdrehen.
■ Wenn sich die Trommel nicht von Hand abziehen läßt, die Nachstellexzenter zurückstellen.
■ Stopfen am Bremsträger herausnehmen

■ Bremstrommel mit der Hand prüfen. Riefen bis 0,4 mm sind zulässig.
■ Bremstrommel mit starken Riefen ausdrehen lassen.
■ Innendurchmesser der neuen Trommel:

■ Bremstrommel ausbauen.
■ Rückzugfeder für die Bremsbacken aushängen.
■ Halter der Rückzugfeder mit Schraubenzieher aus der Bremsbacke herausheben.

■ Die aufgenieteten Beläge haben bei **3 mm** Stärke ihre **Verschleißgrenze** erreicht. Das entspricht einem Überstand von 0,5 mm über dem Nietkopf. In diesem Fall die Beläge erneuern.
■ Neue Beläge sind 5 mm stark.

und mit Schraubenzieher durch die Öffnung gegen den Handbremshebel drücken, wobei sich die Rückholfeder zurückzieht.
■ Festsitzende Trommel auf dem Zentrierbund der Radnabe mit Kunststoffhammer lösen.

200 mm, zulässiger Durchmesser nach dem Feinstdrehen 201 mm.
■ Danach Bremsbeläge mit Übermaß 5,6 mm einbauen.

■ Nachstellhebel abnehmen und Rückzugfeder aushängen.
■ Bremsbacken nach außen drücken und die Druckstange abnehmen.
■ Haltestange für den Nachstellhebel her·

Belagstärke der Trommelbremsen kontrollieren
Wartung Nr. 28

Bremstrommel abnehmen

Bremstrommel prüfen

Bremsbacken aus- und einbauen

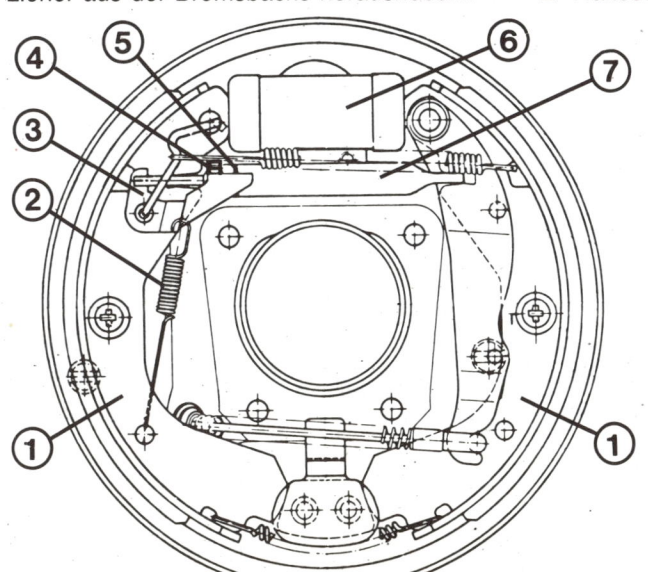

Trommelbremse mit automatischer Nachstellung. Zu sehen sind: 1 – Bremsbacken; 2 – Feder des Nachstellhebels; 3 – Nachstellhebel; 4 – Ritzel auf Druckstange; 5 – Thermoclip; 6 – Radbremszylinder; 7 – Druckstange.

Die Bremstrommel ist abgenommen. Links: 1 – Nachstellhebel; 2 – Feder für Nachstellhebel; 3 – Bremsbackenlagerung; 4 – Bremsbacke. Rechts: Ohne spezielles Werkzeug läßt sich mit einem Schraubenzieher die Rückzugfeder aushängen, indem man ihn an der Radnabe abstützt.

ausziehen und diesen mit der Feder abnehmen.

■ Untere Bremsbackenfeder aushängen.

■ Handbremsseil am Handbremshebel aushängen.

■ Beide Bremsbacken entnehmen.

■ Ritzel und Nachstellhebel auf Gängigkeit prüfen, eventuell reinigen.

■ Ritzel bis zum Anschlag zurückdrehen.

■ Gewinde der Druckstange fetten. Die Druckstangen sind gemäß ihrer Einbauseite mit L und R gezeichnet.

■ Bremsbacken mit Anlage am Kolben des Radbremszylinders einsetzen. Haltestift von hinten durchschieben und Feder aufsetzen. Federteller spannen und um 90° drehen, dabei den Stift von hinten gegenhalten.

■ Beim Zusammenbau das Handbremsseil

in die Bremsbacke mit Backenhebel einsetzen.

■ Untere Backenfeder einhängen.

■ Bei neuen Bremsbelägen auch den Thermoclip erneuern.

■ Nachstellhebel einsetzen, die Tellerfeder muß montiert sein.

■ Nachstellhebel mit Feder auf Spannstift montieren.

■ Rückzugfeder des Nachstellhebels einhängen.

■ Halter für Rückzugfeder in den Spannstift einsetzen und in die Bremsbackenbohrung eindrücken.

■ Bremsbacken-Rückzugfeder einhängen.

■ Nachstelleinheit ganz zurückdrehen.

■ Bremstrommel montieren.

■ Hinterradbremse einstellen.

Bremsbacken neu belegen

5 mm starke Beläge können nach dem Aufnieten sofort eingebaut werden. Beläge mit 5,6 mm Übermaß müssen nach dem Aufnieten mit einer Belagschleifmaschine auf das Maß der feinstgedrehten Bremstrommel geschliffen werden, wobei der Radius der Beläge 0,2 mm kleiner als der Trommelradius sein soll. Grundsätzlich müssen alle Beläge der Hinterachse gleichzeitig erneuert werden.

Sie können die Beläge selbst aufnieten.

Links: Ein Handnietwerkzeug, bestehend aus Oberteil (1) und Unterteil (2), ist das beste Hilfsmittel zum Aufnieten der hinteren Trommelbremsbeläge. Rechts: Das Unterteil ist im Schraubstock eingespannt, das Oberteil bekommt einen Hammerschlag verpaßt, wodurch der Niet umgebördelt wird. Bremsbacke und Belag sollten von einem Helfer gehalten werden.

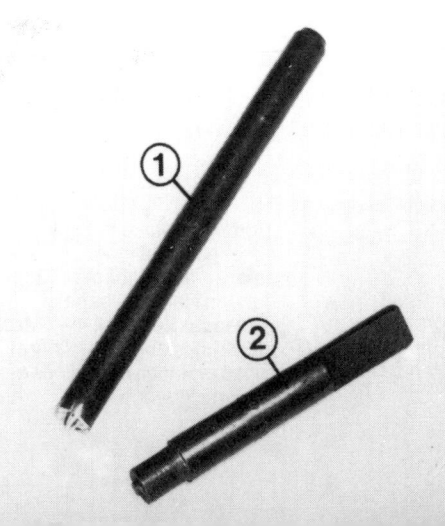

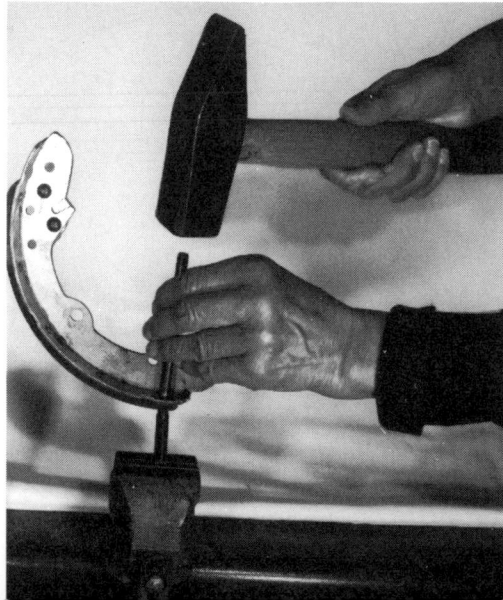

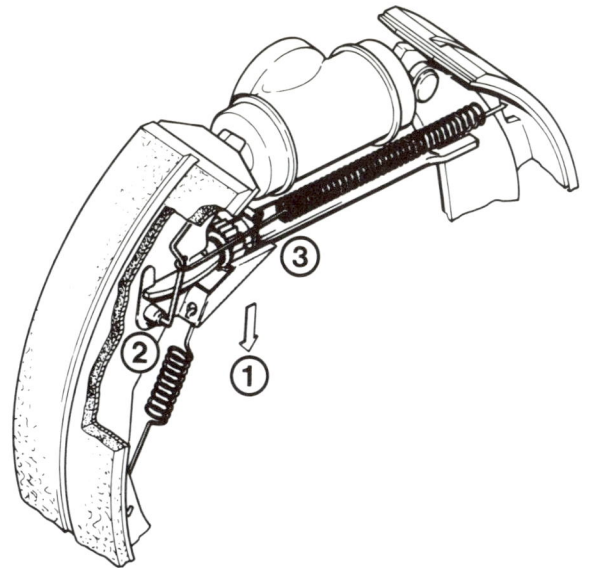

Die automatische Nachstellung funktioniert so: Beim Betätigen der Fußbremse werden die Bremsbacken nach außen an die Trommel gedrückt. Die dabei erfolgte Bewegung des auf- und ablaufenden Bremsbackensteges wird über den Nachstellhebel an dem Ritzel in eine Drehbewegung umgesetzt. Der Nachstellhebel in Richtung (1) gezogen, dreht um den Lagerpunkt (2) und bewirkt mit dem Schaufelende die Verdrehung des Ritzels auf der Druckstange. Dieser Vorgang erfolgt jedoch nur, wenn ein entsprechender Belagverschleiß vorliegt. Um eine Nachstellung aufgrund von Wärmedehnung (z. B. Talfahrt) der Bremstrommel zu verhindern, befindet sich zwischen der Druckhülse und der Druckstange ein Thermoclip (3), der eine automatische Angleichung an das Erwärmungsspiel bewirkt. Durch die Erwärmung dieses Temperaturkompensators erfolgt durch dessen Spreizung eine vorübergehende Verlängerung der Druckstange. Mit diesem Ausgleich kann die Nachstellung mittels Nachstellhebel unterbunden werden. Nach der Abkühlung von Bremse und Thermoclip stellt sich das normale Spiel zwischen Bremsbacke und Bremstrommel wieder ein.

■ Bremsbacken ausbauen.
■ Nietköpfe abmeißeln, nicht dabei die Bremsbacke beschädigen.
■ Nieten mit einem Durchschlag entfernen, alten Belag abnehmen.
■ Auflageflächen reinigen, keinen Klebstoff zwischen Bremsbacken und Bremsbelag auftragen.
■ Unterteil des Nietwerkzeugs in den Schraubstock einspannen.
■ Ersten Niet in eines der mittleren Löcher

■ Nachstellritzel bis zum Anschlag zurückdrehen.
■ Bremstrommel aufsetzen und mit Arretierschraube sichern.
■ Bund der Hinterradnabe dünn mit Wälzlagerfett bestreichen.
■ Rad aufsetzen und Radschrauben eindrehen.

im Belag einsetzen. Bremsbacke mit auflegen und Niet durchdrücken. Komplette Bremsbacke jetzt mit dem Belag nach unten am Niet auf den Dorn halten.
■ Ein Helfer muß nun mit Hammer und Nietwerkzeug den überstehenden Niet an der Rückseite der Bremsbacke umbördeln.
■ Aus der Mitte des Belags beginnend die restlichen Nieten einsetzen.
■ Außenkanten der Beläge mit einer Feile abrunden.

■ Falls die Bremse zerlegt war: Fußbremse so lange betätigen, bis an beiden Hinterrädern kein Überspringen des Nachstellhebels am Ritzel mehr zu hören ist (dazu ist ein Helfer nötig).
■ Fahrzeug ablassen und Radschrauben festziehen.

Bremstrommel einbauen und Hinterradbremse einstellen

□ Bremsflüssigkeit ist giftig. Nicht mit dem Mund in Berührung bringen.
□ Bremsflüssigkeit greift den Fahrzeuglack an. Deshalb keine bremsflüssigkeitsgetränkten Lappen oder verschmierten Werkzeuge auf die Lackierung legen.
□ Beim Lösen eines Bremsschlauchs oder einer Bremsleitung läuft nach und nach der

Arbeiten an der Bremshydraulik
Arbeitstips

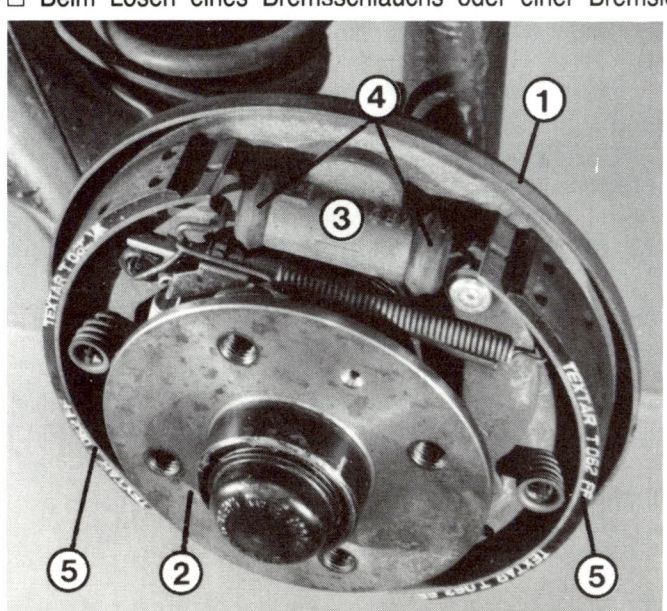

Die Trommelbremse mit automatischer Nachstellung (siehe Bild oben) verfügt natürlich über die üblichen Bauteile: 1 – Bremsankerplatte; 2 – Radträger; 3 – Radbremszylinder; 4 – Manschette über Bremskolben; 5 – Bremsbacke mit aufgenietetem Belag.

153

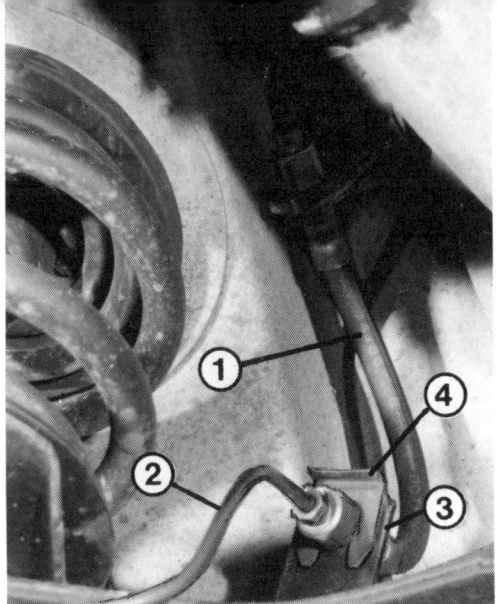

Die Bremsschläuche dürfen nicht verdreht, verlegt und befestigt sein. Das linke Bild zeigt einen vorderen, das rechte einen hinteren Bremsschlauch.
1 – Bremsschlauch (bei den Vorderrädern verstärkt); 2 – Bremsleitung; 3 – Halter; 4 – Sicherungsblech.

Bremsflüssigkeits-Vorratsbehälter leer. Das verhindern Sie mit einer Blindverschraubung der Firma Ate, mit der Sie den Bremsflüssigkeitsbehälter luftdicht verschließen können (Opel-Nr. 03.9302-0784.2/02).

☐ Nach Arbeiten an der Bremshydraulik muß grundsätzlich entlüftet werden (Seite 156). Oft genügt es, nur den Bremskreis, an dem gearbeitet wurde, zu entlüften.

Bremsschlauch ersetzen

■ **Vorn links:** Bremsleitung am Halteblock des Bremsschlauches abnehmen.

■ Halteblock mit Bremsschlauch vom Halter abschrauben.

■ Hohlschraube aus dem Bremssattel abschrauben, Dichtringe und Bremsschlauch abnehmen.

■ Eventuell Kabel für den Sensor vom Bremsschlauch abnehmen.

■ **Vorne rechts:** Bremsleitung am Bremsschlauch abschrauben.

■ Sicherungsblech entfernen und Bremsschlauch aus dem Halter nehmen.

■ Eventuell Halteclips für Check Control vom Bremsschlauch abnehmen.

■ Hohlschraube vom Bremssattel abschrauben, Dichtringe und Bremsschlauch abnehmen.

■ Beim **Einbau vorn** neuen Bremsschlauch mit neuen Dichtringen montieren, Hohlschraube mit 25 Nm festziehen.

■ Halteblock für linken Bremsschlauch mit 8 Nm festziehen.

■ Überwurfmutter der Bremsleitung mit 11 Nm festziehen.

■ Rechten Bremsschlauch mit der abgeflachten Seite in die Abflachung des Halters am Längsträger einsetzen.

■ **Hinten:** Beide Überwurfmuttern von den Anschlüssen des Bremsschlauches abschrauben.

■ Sicherungsbleche mit einer Zange entfernen.

■ Bremsschlauch aus dem Halter herausnehmen.

■ Neuen Schlauch, ohne ihn zu verdrehen, mit der abgeflachten Seite in die Abflachung des Halters einsetzen.

■ Sicherungsbleche montieren und Überwurfmuttern festziehen.

■ Bremsanlage entlüften und auf Dichtheit überprüfen.

Bremsleitungen ersetzen

Bremsleitungen mit Überwurfmuttern hat der Opel-Service in den erforderlichen Längen auf Lager. Wenn nicht, besorgt die Werkstatt Bremsleitungsrohr mit 4,75 mm Durchmesser und schneidet das Rohr nach Muster. Die Enden werden für die Muttern mit Doppelbördelwerkzeug umgebördelt. Das neue Rohr wird nach dem Muster der alten Leitung gebogen. Um Scheuerstellen zu vermeiden, soll die Bremsleitung nicht zwischen elektrischen Leitungen verlegt werden.

■ Überwurfmutter der Bremsleitung losdrehen. Hierzu Gegenverschraubung – z. B. an einem Bremsschlauch – festhalten.

■ Ist die Mutter auf der Leitung angerostet, wodurch sich diese mitdreht, muß die Leitung in jedem Fall erneuert werden. Die dünnwandigen Rohre knicken schnell ab.

■ Zum Lösen der Leitungsanschlüsse kann folgender Trick weiterhelfen, wenn das betreffende Leitungsstück ohnehin ausgewechselt werden soll:

■ Bremsleitung nahe der Verschraubung absägen, Überwurfmutter mit einer Sechskantnuß losdrehen.

■ Muß eine neue Leitung noch etwas zurechtgebogen werden, darf dies nur in einem großen Radius geschehen. Andernfalls knickt das dünne Rohr ab.
■ Innenseite des Bogens beim Biegen mit dem Daumen unterstützen. So können Sie sich langsam dem Radius entlang arbeiten.

■ Bremsschlauch vom Bremssattel abschrauben: Hohlschraube herausdrehen und den Schlauch mit einem Stopfen verschließen.
■ Beim **ATE-Bremssattel** beide Befestigungsschrauben herausdrehen.
■ Bremssattel abnehmen.
■ Zum Einbau neue Dichtringe verwenden und den Bremsschlauch nicht verdrehen.
■ Neue Befestigungsschrauben mit Sicherungsmasse bestreichen und mit 95 Nm festziehen.
■ Hohlschraube mit 25 Nm festziehen.
■ Der Bremssattel muß sich verschieben lassen.
■ Beim **GMF-Bremssattel** den Metallring der Schutzkappen über den Befestigungs-

■ Bremstrommel ausbauen.
■ Bremsbacken-Rückzugfeder aushängen.
■ Bremsbacken etwas nach außen drücken.
■ Anschluß der Bremsleitung am Bremszylinder säubern und abschrauben sowie mit einem Stopfen verschließen.
■ Bremszylinder von der Bremsankerplatte abschrauben.

■ Bremsflüssigkeit aus dem Vorratsbehälter absaugen.
■ Wenn vorhanden, Kabelstecker vom Deckel abziehen.
■ Sämtliche Bremsleitungen am Hauptbremszylinder abschrauben.
■ Wenn vorhanden, beide Bremskraftregler herausschrauben, aber an den Bremsleitungen lassen.
■ Verschraubungen der Verbindung Hauptzylinder/Bremskraftverstärker losdrehen, Hauptzylinder abnehmen.
■ Bei Ersatz des ATE-Hauptzylinders den Flüssigkeitsbehälter nach oben abziehen, bei

■ Evtl. vorhandene Schutzschläuche der Leitungen nicht vergessen.
■ Bremsleitungen in ihren Abstandshaltern verlegen.
■ Bremsanlage entlüften.

schrauben vom Sitz am Bremssattel anheben.
■ Schutzkappen mit einem Schraubenzieher abhebeln.
■ Beide Befestigungsschrauben herausdrehen und den Bremssattel abnehmen.
■ Zum Einbau neue Dichtringe zwischen Bremsschlauch und Anschluß am Bremssattel einsetzen.
■ Neue Schutzkappen mit passenden Einschlaghülsen bis zum Anschlag montieren. Bei Opel gibt es dazu die Werkzeuge KM 404-1 und 404-3. Die Kappen nicht beschädigen, es soll sich ein Luftpolster unter ihnen bilden.
■ Nach dem Einbau die Bremsanlage entlüften und den Anschluß des Bremsschlauches auf Dichtheit prüfen.

■ Diese Befestigungsschrauben beim Einbau mit 9 Nm festziehen.
■ Bremsleitung am Bremszylinder vorsichtig einschrauben.
■ Nach der Montage die Bremsanlage entlüften (siehe nachstehend) und Hinterradbremse einstellen (Seite 153).

der GMF-Ausführung die Sicherungen zurückdrücken und den Behälter durch Verkanten abnehmen.
■ Muttern am Bremskraftverstärker mit 18 Nm festziehen.
■ Bremskraftregler mit 40 Nm, Bremsleitungen mit 11 Nm festschrauben.
■ Bei GMF-Hauptzylinder neue Dichtungen für den Behälter einsetzen.
■ Bremsanlage entlüften, montierte Anschlüsse auf Dichtheit prüfen.

Bremssattel aus- und einbauen

Bremszylinder der Trommelbremse aus- und einbauen

Hauptbremszylinder aus- und einbauen

Zwischen Hauptbremszylinder und beiden Bremsleitungen zu den Hinterrädern ist je ein Bremskraftregler eingesetzt. Sie können den Flüssigkeitsdruck zu den hinteren Radbremszylindern reduzieren. Das geschieht je nach Beladung: Viel Druck bei vollgeladenem Wagen, wobei die Hinterachse auch beim Bremsen nur wenig entlastet wird; wenig Druck bei Ein- oder Zweimannbesatzung – hierbei hebt sich der Wagen stärker aus den Hinterfedern.
Durch zu viel Bremsdruck an den Hinterädern blockieren diese vorzeitig, und das Auto stellt sich quer.

Die Bremskraftregler

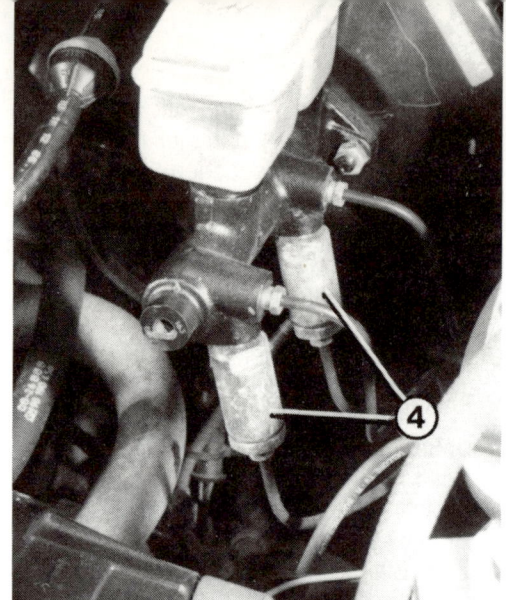

Links: 1 – Hauptbremszylinder; 2 – Bremsleitungen zu den Vorderradbremsen; 3 – Bremsleitungen zu den Hinterradbremsen. Rechts: In den Leitungen zu den Hinterradbremsen sind die hydraulischen Bremskraftregler (4) eingesetzt.

Bremskraftregler ersetzen

Die Limousinen mit 1,2- und 1,3-Liter-Motor besitzen Bremskraftregler mit der Kennzahl 3/35, alle übrigen Modelle mit der Kennzahl 3/30, eingeprägt am Reglergehäuse. Es sind Regler von ATE oder von GMF eingebaut.

Der hydraulische Leitungsdruck kann nur mit entsprechenden Prüfgeräten gemessen werden. Es müssen immer beide Bremskraftregler ersetzt werden.

■ Deckel des Bremsflüssigkeitsbehälters durch einen Blindverschluß ersetzen (siehe Seite 154).

■ Bremsleitung an jedem Bremskraftregler abschrauben.

■ Beide Bremskraftregler abschrauben.

Caravan und Lieferwagen besitzen statt dessen einen lastabhängigen Regler, der an der Hinterachse angebaut ist.

■ Fahrzeug hinten anheben.

■ Halter für die Zugfeder an der Hinterachse lösen und nach hinten verschieben.

■ Feder am Regler aushängen.

■ Bremsleitungen am Regler abschrauben, dabei die unterschiedlichen Überwurfmuttern beachten.

■ Regler am Unterbau abschrauben.

■ Beim Einbau den Regler mit 20 Nm anschrauben.

■ Beim Einbau die im vorstehenden Abschnitt erwähnten Drehmomentwerte beachten.

■ Bremsanlage entlüften.

■ Regler bei unbelastetem Wagen einstellen. Dazu den Hebel bis zum Anschlag nach vorn drücken.

■ Halter an der Hinterachse verschieben, bis die Feder spiel- und spannungsfrei an Halter und Hebel anliegt.

■ Halter mit 20 Nm anschrauben.

■ Bremsanlage entlüften und auf Dichtheit prüfen.

Bremsflüssigkeit wechseln
Wartung Nr. 24

Wie schon zu Beginn des Kapitels beschrieben, setzt Wasser in der Bremsanlage den Siedepunkt der Bremsflüssigkeit herab und gefährdet dadurch die Bremswirkung bei hoher Belastung. Doch noch ein weiterer Punkt spricht für den regelmäßigen Wechsel: Das Wasser in der Bremsanlage ruft Korrosion an den Bremszylindern und -kolben hervor. Ferner wird beim Flüssigkeitswechsel auch Metallabrieb aus den Zylindern herausgespült.

Die Opel-Vorschrift zum jährlichen Wechsel ist auf hohe Beanspruchung des Wagens ausgerichtet. Wer wenig fährt, braucht nach unseren Erfahrungen die Bremsflüssigkeit nur alle zwei Jahre zu wechseln. Die Arbeit läuft ähnlich ab wie das Entlüften (siehe unten). Hier die abweichenden Punkte:

■ Wenn möglich, Vorratsbehälter der Bremsflüssigkeit mit einer alten Injektionsspritze leeren und gleich neu füllen.

■ So lange Bremsflüssigkeit durchpumpen, bis frische Bremsflüssigkeit am Entlüfterventil austritt (hellere Färbung).

■ Arbeit an den übrigen Entlüftungsventilen wiederholen.

■ Wer den Flüssigkeitswechsel nicht selbst vornimmt, kann ihn der Werkstatt überlassen, die ihn mit einem Entlüftungsgerät vornimmt.

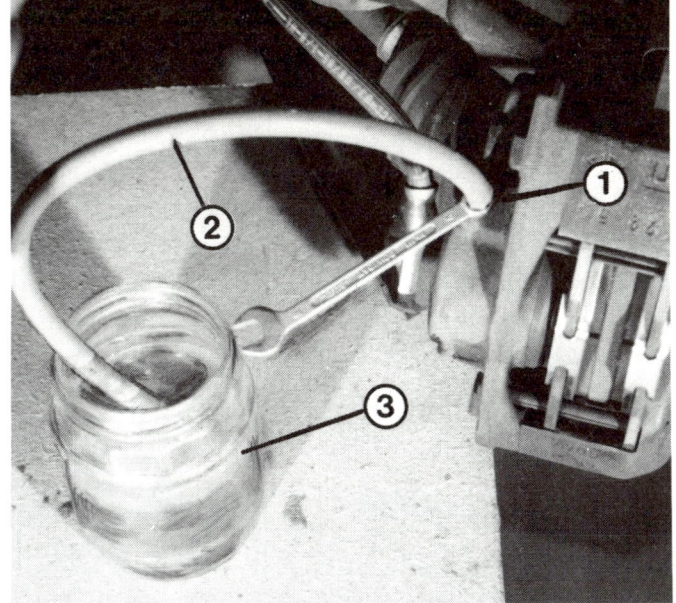

Bremse entlüften: Hier ist an der vorderen Scheibenbremse die Entlüftungsschraube mit einem Schraubenschlüssel geöffnet. Auf das Entlüftungsventil (1) wurde der Entlüftungsschlauch (2) geschoben. Mit seinem anderen Ende liegt dieser in einem mit Bremsflüssigkeit teilweise gefüllten Glasgefäß (3), so daß man das Aufsteigen herausgepreßter Luftblasen beobachten kann. Steigen keine Blasen mehr auf, ist diese Bremse entlüftet und das Entlüfterventil wird geschlossen. Schutzkappe wieder auf das Ventil setzen.

Bremsanlage entlüften

Nach allen Reparaturen an der Bremshydraulik muß entlüftet werden. Die Werkstatt benutzt hierzu ein Entlüftungsgerät, es geht aber genauso gut nach der althergebrachten Methode.

■ Beim Caravan zunächst am lastabhängigen Bremskraftregler den Halter der Zugfeder lösen und Feder aushängen. Hebel bis zum Anschlag (nach vorn) drücken und mit Draht befestigen.

■ Bremsflüssigkeit-Vorratsbehälter ganz mit frischer Bremsflüssigkeit auffüllen und auch während des Entlüftens immer dafür sorgen, daß er rechtzeitig vor Absinken des Spiegels mit frischer Flüssigkeit nachgefüllt wird. Sonst wird wieder Luft angesaugt.

■ Staubkappe vom Entlüftungsventil nehmen (Arbeitsreihenfolge: hinten rechts; hinten links; vorn rechts; vorn links) und das Entlüftungsventil (SW 9) um ½ bis 1 Umdrehung öffnen.

■ Durchsichtigen Schlauch (wie von der Scheibenwaschanlage) über das saubergeriebene Ventil schieben und das freie Schlauchende in ein teilweise mit Bremsflüssigkeit gefülltes Gefäß stecken.

■ Von Helfer das Bremspedal so lange langsam niedertreten und wieder zurückkommen lassen, bis im Schlauch keine Luftbläschen mehr sichtbar sind. (Bei stark entleerter Hydraulik zwei Entlüftungsdurchgänge am Wagen machen.) So wird Bremsflüssigkeit – und natürlich auch Luft – durch das Entlüftungsventil gepumpt.

■ Kommen keine Luftbläschen mehr, muß der Helfer das Bremspedal in der tiefsten Stellung halten, während Sie das Entlüftungsventil schließen.

■ An den übrigen Radbremsen auf gleiche Weise entlüften.

■ Vorratsbehälter bis zur Markierung „MAX" auffüllen.

■ Beim Caravan die Zugfeder in Hebel und Halter einhängen. Halter so verschieben, daß die Feder spiel- und spannungsfrei am Halter und am Hebel anliegt.

Der Bremskraftverstärker

Scheibenbremsen wirken nicht, wie Trommelbremsen, selbstverstärkend; es ist eine wesentlich höhere Pedalkraft vonnöten. Deshalb haben die Kadett-Modelle einen Bremskraftverstärker, der 60% der Bremskraft aufbringt. Diese Hilfseinrichtung sitzt links im Motorraum hinter dem Hauptbremszylinder. Das Bremspedal ist jedoch weiterhin starr mit den Bremskolben im Hauptzylinder verbunden, so daß man auch bei ausgefallenem Hilfsgerät noch bremsen kann. Der notwendige Pedaldruck muß allerdings mehr als verdoppelt werden!

Die Hilfskraft liefert der Unterdruck aus dem Ansaugrohr, der Bremskraftverstärker ist über einen Schlauch mit dem Saugrohr verbunden. Beim Bremsen verschiebt der Druckunterschied zwischen dem äußeren Luftdruck und dem Unterdruck im Ansaugrohr eine große elastische Membrane und drückt zusätzlich auf die Kolben im Hauptbremszylinder.

Wenn der Motor nicht läuft, liefert der Servo keine (zusätzliche) Bremskraft. Deswegen müssen Sie stärker aufs Pedal treten, wenn z. B. Ihr Wagen abgeschleppt wird. Bleibt der Motor unterwegs plötzlich stehen, haben Sie durch den Unterdruckspeicher noch eine Reserve für einige kurze Bremsungen – erst dann werden die Wadenmuskeln voll beansprucht.

Fingerzeig: *Bei den von Mitte Dezember 1987 bis Anfang Dezember 1988 gebauten Limousinen – ausgenommen die Version 1,3 Euronorm mit Schaltgetriebe – kann sich der*

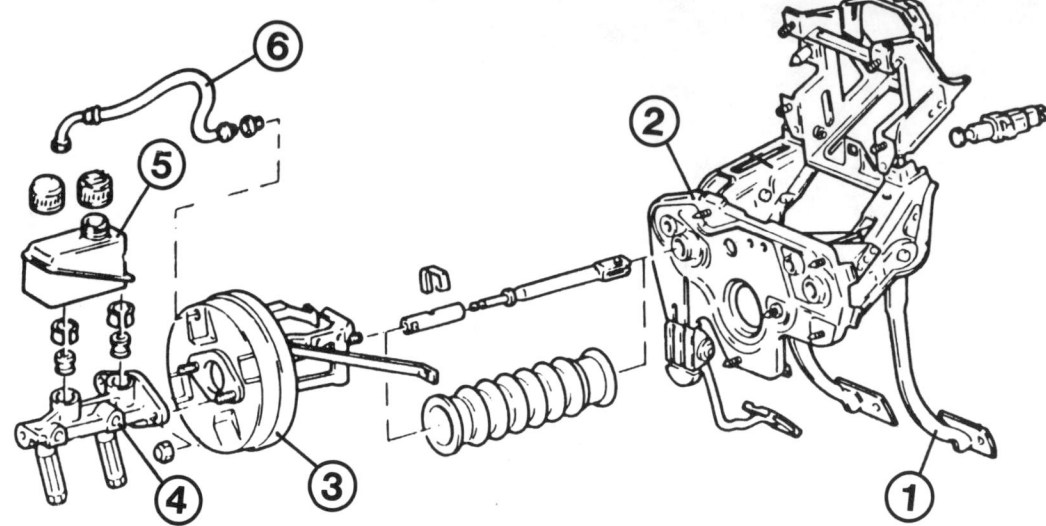

Diese Zeichnung demonstriert den Zusammenbau von: 1 – Bremspedal; 2 – Haltebock; 3 – Bremskraftverstärker; 4 – Hauptbremszylinder; 5 – Ausgleichbehälter; 6 – Unterdruckleitung.

Bremskraftregler am Hauptbremszylinder lösen. Darüber wurden die Besitzer von ihrem Vertragshändler im Oktober 1988 informiert. Der Bremskraftregler bei der GMF-Ausführung soll mit 40 Nm, bei der ATE-Ausführung mit 12 Nm angezogen werden.

Bremskraftverstärker prüfen

■ Bei abgestelltem Motor das Bremspedal zehnmal durchtreten und in seiner tiefsten Stellung halten.

■ Motor starten: Bei einwandfrei funktionierendem Verstärker muß das Pedal noch ein Stück nachgeben.

■ Senkt sich das Pedal nicht, kommen in Betracht: Rückschlagventil oder Unterdruckschlauch vom Ansaugkrümmer zum Bremskraftverstärker undicht, Rückschlagventil am Ansaugkrümmer oder Membrane des Bremskraftverstärkers defekt.

■ Zur Kontrolle des Rückschlagventils den Unterdruckschlauch zum Bremsservo am Verteilerstück beim Ansaugkrümmer abnehmen – Durchblasen darf nicht, Ansaugen muß möglich sein.

■ Beim Einbau eines neuen Ventils muß der Pfeil auf dessen Gehäuse in Richtung Ansaugkrümmer zeigen.

■ Ein defekter Bremskraftverstärker wird komplett ersetzt, Reparieren ist nicht möglich.

Bremskraftverstärker aus- und einbauen

■ Überwurfmutter zur Befestigung des Unterdruckschlauchs (oder des Rohrs) am Bremskraftverstärker abschrauben und den Schlauch abnehmen.

■ Behälter für die Scheibenwaschanlage aushängen.

■ Abdeckung über den Pedalen abnehmen.

■ Bremslichtschalter ausbauen, dazu den Schalter nach links oder rechts drehen.

■ Rückzugfeder für das Bremspedal aushängen.

■ Sicherung vom Bolzen der Kolbenstange abnehmen und den Bolzen ausbauen.

■ Zwei Muttern zur Befestigung des Haupt-

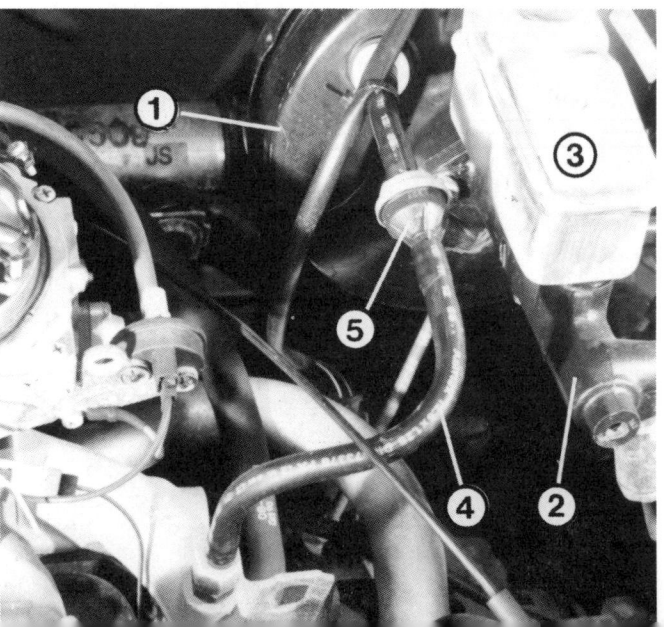

Im Motorraum hinten befinden sich diese Teile der Bremsanlage: 1 – Bremskraftverstärker; 2 – Hauptbremszylinder; 3 – Bremsflüssigkeitsbehälter; 4 – Unterdruckleitung; 5 – Rückschlagventil, es darf nicht verkehrt herum im Unterdruckschlauch eingesetzt sein.

bremszylinders am Bremskraftverstärker abschrauben, die Bremsleitungen nicht lösen.
- Hauptbremszylinder vom Bremskraftverstärker abziehen und etwas nach vorn drücken.
- Drei Muttern für den Haltebock an der Stirnwand abschrauben, bei Hilfskraftlenkung für die untere Schraube einen Gelenksteckschlüssel verwenden.
- Bremskraftverstärker mit Haltebock abnehmen.
- Geteilten Haltebock vom Bremskraftverstärker abschrauben, Gummimanschette abnehmen.
- Sicherung der Kolbenstange vom Einstellstück abhebeln.
- Gabelstück mit Bolzen abnehmen.
- Einstellhülse von Kolbenstange abschrauben.

- Sechskantmutter abschrauben.
- Beim Zusammenbau die Einstellhülse auf das Maß von 278,5 mm vom Bremskraftverstärker bis Mitte Bohrung des Gabelstücks bringen.
- Muttern des Haltebocks am Bremskraftverstärker und die neuen selbstsichernden Muttern des Zusammenbaus an der Stirnwand mit 22 Nm festziehen.
- Hauptbremszylinder mit 18 Nm, Überwurfmutter für Unterdruckleitung mit 15 Nm festziehen.
- Der Bremslichtschalter verfügt über eine Raststellung, er wird einfach eingesetzt und verdreht. Vorher den Schalterstift bis zum Anschlag nach außen ziehen.

Die Handbremse

Wenn Sie am Handbremshebel ziehen, werden die Bremsseile zu den Hinterrädern gespannt – die Bremskraft wird hier mechanisch übertragen. Jeder Seilzug zieht den Bremshebel an der hinteren Sekundärbacke an. Durch diese Bewegung wird die Bremsbacke gegen die Trommel gedrückt. Gleichzeitig stützt sich der Bremshebel über die Druckstange an der vorderen Bremsbacke ab, die ebenfalls nach außen gedrückt wird – die Hinterräder werden gebremst.

Handbremse einstellen

Die Einstellung ist nur nach Ersatz des Handbremsseils oder nach Zerlegen der hinteren Bremsen erforderlich.
- Wagen hinten aufbocken und sichern.
- Handbremshebel lösen.
- Bremsseile auf Freigängigkeit prüfen, dazu jedes Seil kräftig nach unten ziehen.
- Mutter am Bremsseilausgleich so weit verdrehen, bis sich beide Hinterräder nur schwer drehen lassen.
- Mutter so weit lösen, daß die Räder gerade frei drehen.

- Hinteren Stopfen an der Bremsankerplatte abnehmen. Der Nocken am Handbremsbackenhebel soll ca. 3 mm abgehoben haben.
- Handbremshebel bis zur 3. Raste anziehen. Die Räder müssen blockieren.
- Bei Probefahrt feststellen, daß die Handbremswirkung in der 2. Raste gerade einsetzt.

Handbremsseil ersetzen

- Fahrzeug aufbocken.
- Hinterräder abnehmen.
- Bremstrommel ausbauen.

- Am Bremsseilausgleich überstehende Gewindelänge der Zugstange messen, diesen Wert notieren.

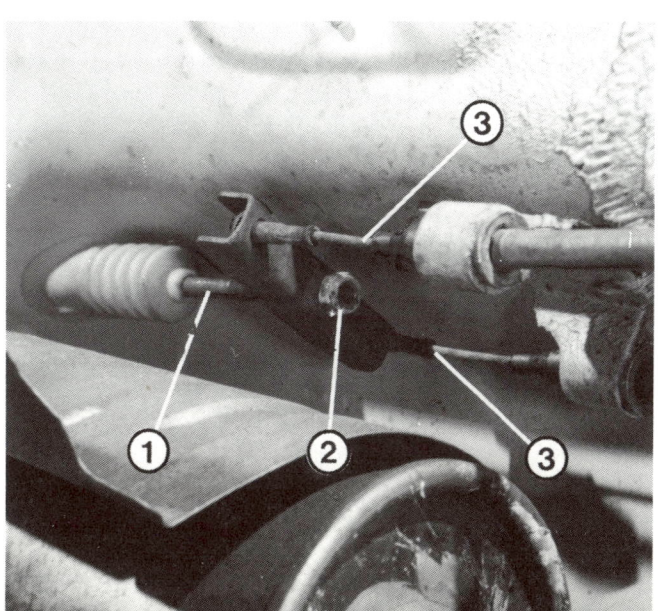

Die Zugstange (1) des Handbremshebels ist durch den Seilhalter hindurch geführt und wird von der selbstsichernden Einstellmutter (2) gehalten. 3 – Bremsseile. Bei der Einstellung muß eventuell das Schutzblech für den Schalldämpfer gelöst werden, dazu die Blechmuttern SW 9 abschrauben.

■ Sechskantmutter so weit lösen, bis das Bremsseil aus dem Ausgleich genommen werden kann.

■ Bremsseil aus den Führungen am Schalttunnel und aus dem Halter am Tank aushängen. Beim Caravan das Seil von den Führungen am Unterbau abnehmen.

■ Bremsseil aus den Führungen an der Hinterachse aushängen.

■ An der Bremsträgerplatte die Sicherung für das Seil mit spitzem Werkzeug aus der Kunststoffhülse herausholen.

■ Bremsbacken etwas nach vorn drücken und Bremsseil aushängen.

■ Bremsseil aus der Bremsträgerplatte herausnehmen.

■ Beim Einbau die Sicherung für die Kunststoffhülse mit einem Schraubenzieher eindrücken.

■ Falls vor Abnehmen der Bremstrommel der Handbremsbackenhebel zurückgedrückt wurde, ist er wieder nach vorn zu drücken. Die Handbremse muß eingestellt werden. Vorher die Nachstelleinheit zurück drehen.

■ Nach dem Zusammenbau die Einstellmutter auf der Zugstange bis zum vorher gemessenen Maß aufschrauben.

■ Handbremseinstellung überprüfen.

Störungsbeistand
Bremsen

Die Störung	– ihre Ursache	– ihre Abhilfe
A Bremsen ziehen einseitig	1 Reifendruck ungleichmäßig	Korrigieren bei kalten Reifen
	2 Reifenprofil ungleich abgefahren	Reifen so untereinander auswechseln, daß auf jede Achse gleichmäßig abgenutzte Reifen kommen
	3 Beläge verschmutzt, verschmiert oder abgenutzt	Erneuern
	4 Bremsflächen der Scheiben bzw. Trommeln stark ververschmutzt, verrostet oder zu stark abgenutzt	Scheiben abschleifen bzw. Trommeln ausdrehen. Ggf. austauschen
	5 Belagschacht verschmutzt oder verrostet	Blank schleifen
	6 Festsitzender Kolben im Bremssattel	Gängig machen oder Bremssattel überholen lassen
	7 Nachstellmechanismus der Trommelbremsen nicht in Ordnung	Gängig machen
	8 Festsitzender Kolben im Radbremszylinder	Gängig machen oder Bremszylinder austauschen
	9 Bremskraftregler defekt	Druckprüfung in der Werkstatt
B Bremse quietscht	1 Beläge verschlissen oder verhärtet (»verglast«)	Erneuern
	2 Siehe A 4, 5, 6, 7 und 8	
	3 Neue Beläge liegen nicht plan an	Außenkanten der Beläge mit einer Feile brechen
	4 Lose Belagnieten	Erneuern
C Bremse rubbelt, Bremspedal pulsiert	1 Bremsscheiben verschlissen, beschädigt oder Belagreste angeklebt. Seitenschlag der Bremsscheibe oder Radnabe zu groß	Scheiben abschleifen oder austauschen. Ggf. Radnaben und evtl. Radlager ersetzen
	2 Siehe A 3 und 7	
	3 Bremstrommel hat Seiten- oder Höhenschlag oder beschädigte Bremsflächen	Bremstrommeln ausdrehen bzw. austauschen
D Hinterräder blockieren	1 Bremsflächen der Trommeln verrostet oder mit starken Riefen	Bremstrommeln ausdrehen bzw. ersetzen
	2 Siehe A 7 und 9	
	3 Beläge gerissen oder an der Oberfläche beschädigt	Erneuern
	4 Schwache Vorderradbremswirkung, siehe A 4, 5 und 6	

Die Störung	– ihre Ursache	– ihre Abhilfe
E Bremse wird heiß, löst sich nicht	1 Hydrauliksystem unter Vordruck. Alle Räder schwergängig:	Prüfung: Wagen aufbocken, Räder durchdrehen
	a) Kein Spiel zwischen Bremspedal (Druckstange) und Hauptbremszylinder-kolben	Spiel kontrollieren
	b) Bremskraftverstärker defekt	Austauschen
	c) Hauptbremszylinder defekt	Ersetzen
	2 Ein Bremskreis unter Vordruck. Ein Vorderrad und evtl. gegenüberliegendes Hinterrad schwergängig:	
	Ausgleichsbohrung im Haupt-bremszylinder verstopft	Säubern lassen
	3 Bremsmechanik klemmt. Ein oder zwei Räder einer Achse schwergängig:	
	a) Siehe A 4, 5, 6, 7 und 8	
	b) Handbremse löst nicht	Handbremseinstellung kontrollieren
	4 Gummiteile gequollen durch Verwendung falscher Bremsflüssigkeit	Bremsflüssigkeeit wechseln und schadhafte Teile erneuern
F Pedalweg zu groß	1 Trommelbremsbeläge abgenutzt	Erneuern
	2 Siehe A 5	
G Pedalweg zu groß, Pedal läßt sich weich und federnd durchtreten	1 Luft im Bremssystem, evtl. Flüssigkeit im Vorratsbehälter zu tief abgesunken. Ursachen:	
	a) Leck im Bremssystem	Kontrollieren, schadhafte Teile erneuern
	b) Manschette im Haupt-bremszylinder undicht	Hauptbremszylinder austauschen oder überholen lassen
	2 Überhitzte Bremsflüssigkeit, Dampfblasenbildung durch zu hohen Wassergehalt der Bremsflüssigkeit oder Über-beanspruchung der Bremsen	Bremsflüssigkeit wechseln
	3 Siehe A 6 und 7	
H Schlechte Bremswirkung bei hohem Pedaldruck	1 Pedalweg normal: a) Beläge verölt, verbrannt oder verhärtet	Erneuern
	b) Siehe A 4 und 8	
	2 Pedalweg kurz: Bremskraftverstärker arbeitet nicht	Siehe Seite 158
	3 Pedalweg lang: a) Siehe A 6	
	b) Ein Bremskreis ausgefallen durch Undichtigkeit oder Beschädigung	Kontrollieren, schadhafte Teile auswechseln

Gummischuhe

Vier nur etwa handtellergroße Verbindungen bestehen zwischen dem Auto und der Straße. Von diesen kleinen Flächen hängt Ihre Sicherheit und das Fahrverhalten Ihres Wagens ab.

Welche Reifen sind montiert?

Für Ihr Fahrzeug sind nur die **in den Kfz-Papieren eingetragenen Reifengrößen zugelassen.** Andere Reifen als die dort vermerkten dürfen nur dann montiert werden, wenn sie vom TÜV genehmigt und anschließend in die Fahrzeugpapiere eingetragen wurden. Andernfalls erlischt der Versicherungsschutz.

Folgende Reifengrößen gibt es bei Kadett-Modellen in Serien- bzw. Sonderausstattung:

Reifengröße	Zugehörige Felgengröße
145 SR 13	4½ J × 13
155 SR 13	5 J × 13 oder 5½ J × 13
155 TR 13	5 J × 13 oder 5½ J × 13
175/70 SR 13	5½ J × 13
175/70 TR 13	5½ J × 13
175/65 TR 14	5½ J × 14
185/65 VR 14	5½ J × 14
185/60 HR 14	5½ J × 14

Die Reifenbezeichnung

Nach international gültigen Vereinbarungen wird die Reifengröße in Millimeter oder, wie in unserem Fall, gemischt in Millimeter und Zoll angegeben. Die Bezeichnungen 155 SR 13 oder 185/60 HR 14 besagen folgendes:

155, 185: Reifenbreite in unbelastetem Zustand in mm.
70: Verhältnis von Reifenhöhe zu Reifenbreite = 70:100. Normale Gürtelreifen haben ein Höhen/Breiten-Verhältnis von 80:100. Entsprechend niedriger ist das Höhen/Breiten-Verhältnis bei 65er- und 60er-Reifen.
R: Kennzeichnung der Bauart als **R**adial- oder Gürtelreifen.
14: Innendurchmesser des Reifens in Zoll (").

Der Aufbau eines Gürtelreifens: Eine in Längsrichtung verlaufende doppelte Bandage (1) ist hier über den Gürtel (2) gelegt. Dessen Gewebebahnen verlaufen in leichtem Winkel zur Fahrtrichtung, während die Karkasse (3) in Querrichtung angelegt ist. Die Gewebefäden der Karkasse sind im Wulst (4) verankert. Auf diesen Unterbau ist die Lauffläche (5) aufvulkanisiert.

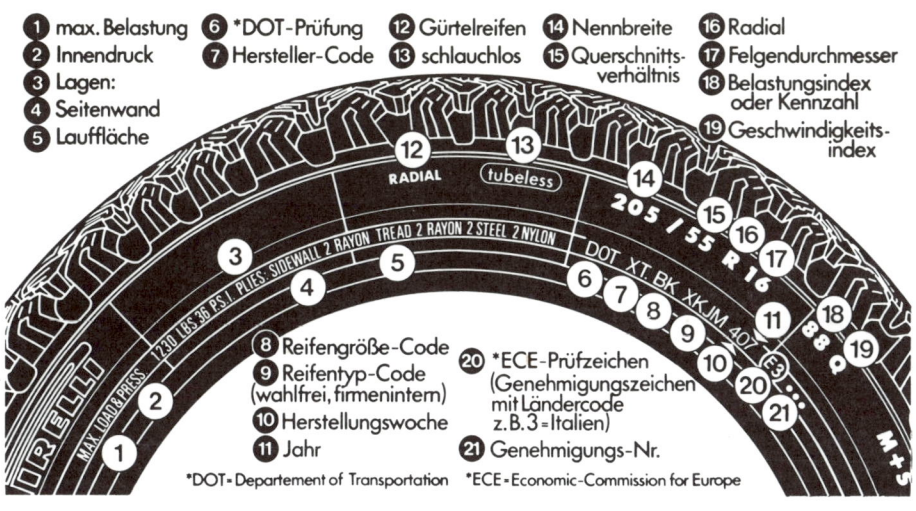

❶ max. Belastung	❻ *DOT-Prüfung	⓬ Gürtelreifen	⓮ Nennbreite	⓰ Radial
❷ Innendruck	❼ Hersteller-Code	⓭ schlauchlos	⓯ Querschnitts-verhältnis	⓱ Felgendurchmesser
❸ Lagen:				⓲ Belastungsindex oder Kennzahl
❹ Seitenwand				⓳ Geschwindigkeits-index
❺ Lauffläche				

Was die verschiedenen Bezeichnungen auf der Reifenflanke bedeuten, finden Sie hier komplett zusammengestellt.

❽ Reifengröße-Code
❾ Reifentyp-Code (wahlfrei, firmenintern)
❿ Herstellungswoche
⓫ Jahr
⓴ *ECE-Prüfzeichen (Genehmigungszeichen mit Ländercode z.B. 3 = Italien)
㉑ Genehmigungs-Nr.

*DOT = Departement of Transportation   *ECE = Economic-Commission for Europe

Q: zulässige Höchstgeschwindigkeit bis 160 km/h – Geschwindigkeitsklasse für herkömmliche M+S-Reifen.
S: bis 180 km/h.
T: bis 190 km/h – Hochgeschwindigkeits-M+S-Reifen.
H: bis 210 km/h.
V: über 210 km/h.

Die Felgen

Am Kadett können Felgen mit folgender Bezeichnung montiert sein: 4½ J × 13, 5 J x 13, 5½ J x 13 oder 5½ J x 14. Bisweilen findet sich noch die Zusatzbezeichnung »H2« auf der Felge. Die Zahlen und Buchstaben besagen folgendes:

4½, 5, 5½: Felgenmaulweite in Zoll, an der Felgenhornbasis quer zur Laufrichtung des Rades gemessen.
J: Kennzeichnung der Felgenhorn-Höhe.
x: Zeichen für Tiefbettfelge.
13, 14: Felgendurchmesser in Zoll, von Wulst zu Wulst gemessen.
Alle Räder haben eine Einpreßtiefe von 49 mm. Das ist das Maß von der Felgenmitte bis zur Anlagefläche der Radschüssel an die Bremsscheibe bzw. Bremstrommel.
Es handelt sich um sogenannte Doppel-Hump-Felgen (H2). Der Hump ist ein in der Felgenschulter eingepreßter Wulst, der auch bei scharfer Kurvenfahrt das Wegdrücken des schlauchlosen Reifens von der Felge verhindert.

Welche Felgen verwenden?

Wie bei den Reifen kann auch bei den Felgen nicht jede beliebige Größe montiert werden. Die für Ihren speziellen Wagen zulässigen Felgenbezeichnungen stehen in Ihren **Fahrzeugpapieren**. Hier die Aufstellung der Felgen, die an den verschiedenen Kadett-Modellen montiert sein können:

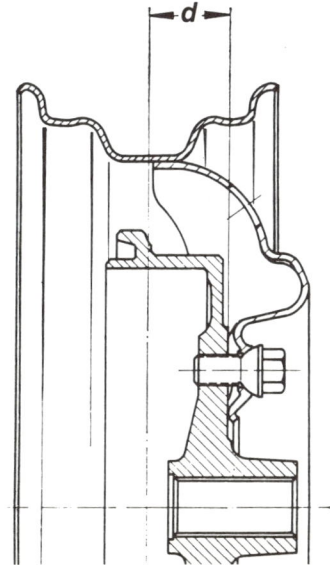

Ein wichtiges Felgenmaß stellt die Einpreßtiefe (d) dar. Damit bezeichnet man den Abstand zwischen der Felgenmitte und der Anlagefläche der Felge an die Radnabe.

Felgengröße	Art	Kennzeichnung	Einpreßtiefe in mm
4½ J × 13	Stahl-Scheibenrad	FA	
5 J × 13	Stahl-Scheibenrad	FU, ET, EV	
	LM--Scheibenrad	EY, GA	
5½ J × 13	Stahl-Scheibenrad	FE, FV	49 ± 1
	LM-Scheibenrad	EY, GA	
5½ J × 14	Stahl-Scheibenrad	FE, EV	
	LM-Scheibenrad	EA	

Anbau von Sonderfelgen

Sonderfelgen heißen auf Amtsdeutsch solche Räder, die in Form oder Material nicht der serienmäßigen Ausstattung entsprechen. Da es wegen nachträglich montierten Rädern und Reifen immer wieder Schwierigkeiten bei Polizeikontrollen oder der Hauptuntersuchung bei DEKRA oder TÜV gibt, hier einige Punkte, die Sie beachten müssen.

☐ Keine Probleme gibt es, wenn Felgen- und Reifengröße mit den Angaben in den Fahrzeugpapieren übereinstimmen und die Felgen Original-Opel-Teile sind.

☐ Eine Änderung der Fahrzeugpapiere durch die Zulassungsstelle ist erforderlich, wenn Felgen- und Reifengröße mit den Angaben in den Kfz-Papieren übereinstimmen und eine Rad-ABE vorliegt.

☐ Ein Gutachten nach § 19 (2) StVZO beim TÜV (Teilgutachten) und die Berichtigung der Kfz-Papiere ist notwendig, wenn Felgen- und Reifengröße nicht mit den Angaben in den Papieren übereinstimmen und/oder für die Felgen lediglich ein TÜV-Bericht vorliegt.

☐ Beim Kauf neuer Sonderfelgen muß eine Rad-ABE oder ein TÜV-Bericht beigefügt sein.

☐ Vor dem Kauf gebrauchter, nicht originaler Felgen ohne entsprechende Papiere sollten Sie anhand der genauen Hersteller- und Typenbezeichnung sowie des Herstellungsdatums (es ist in der Felge eingeschlagen oder eingegossen) aus dem Räderkatalog des TÜV heraussuchen lassen, ob hierfür eine Rad-ABE oder ein TÜV-Bericht vorliegt.

☐ Räder ohne ABE oder TÜV-Bericht dürfen in der Bundesrepublik nicht montiert werden.

Reifendruck prüfen

Ständige Kontrolle

Opel hat für den Kadett eine umfangreiche Reifenluftdruck-Tabelle erstellt, aufgeschlüsselt nach Modell und Reifentyp. Unter diese Werte sollte der Reifendruck keinesfalls absinken. Wir lassen hier eine Aufstellung für die gängigen Reifen folgen. Der Überdruck ist hier in bar angegeben, statt dessen findet man bei Opel auch Angaben in kPa (= bar × 100).

Reifen	bei Belastung bis 3 Personen		bei voller Belastung	
	vorn	hinten	vorn	hinten
145 SR 13 – 74 S	1,9	1,7	2,0	2,3
155 SR 13 – 78 S	1,8	1,6	1,9	2,1
155 TR 13 – 78 T	2,0	1,8	2,1	2,3
165 SR 13 – 82 S	1,7	1,7	1,8	2,0
165 HR 13 – 82 H	2,1	1,9	2,2	2,4
175/70 SR 13 – 80 S	1,8	1,6	1,9	2,1
175/70 TR 13 – 80 T	2,0	1,8	2,1	2,3
175/70 HR 13 – 80 H	2,1	1,9	2,2	2,4
175/65 TR 14 – 81 T	2,0	1,8	2,1	2,3
185/60 HR 14 – 82 H	1,9	1,9	2,0	2,2

Wenn Sie bei der regelmäßigen Prüfung (alle zwei bis vier Wochen) Druckverlust an einem Reifen feststellen, müssen Sie sich ihn genauer anschauen. Entweder kann das Ventil undicht geworden sein oder in der Reifendecke sitzt eine Glasscherbe bzw. ein Nagel, wodurch ein

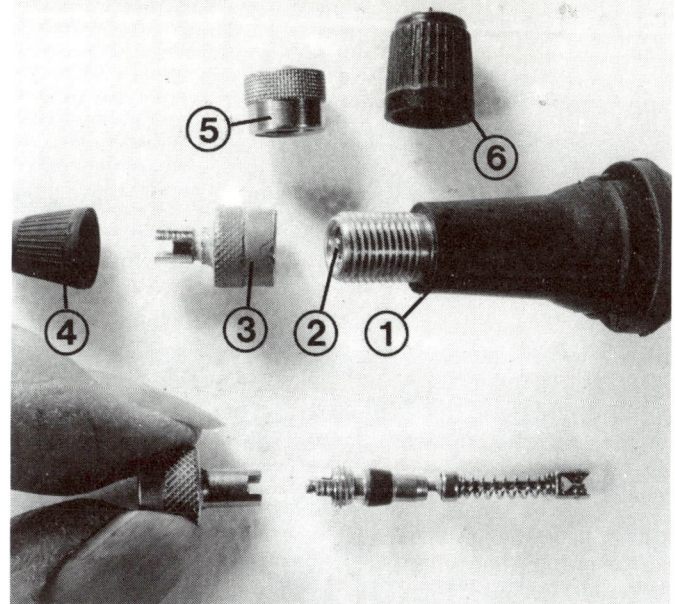

Die Reifenventile (1) müssen immer mit einer Schutzkappe (3, 5 oder 6) verschlossen sein, sonst dringt Schmutz ein und läßt die Ventilnadel (2) klemmen, die dann nicht mehr dicht schließt. Praktisch sind die Ventilkappen (3), die gleichzeitig zum Herausdrehen eines Ventileinsatzes verwendet werden können, wie unten gezeigt. Sie müssen allerdings wegen scharfer Kanten durch ein Gummikäppchen (4) geschützt werden.

kleines Loch entstanden ist. Der Ursache für den Druckverlust muß unbedingt nachgespürt werden; es hilft nichts, einfach Luft nachzupumpen.

Bereits wenige Kilometer zügiger Fahrt lassen den Reifendruck um 0,2–0,4 bar ansteigen. Diese Druckerhöhung durch Erwärmung ist bei den Luftdruckempfehlungen bereits berücksichtigt worden und darf deshalb nicht abgelassen werden. Am günstigsten ist ein eigener Luftdruckprüfer, womit der Reifendruck vor Antritt der Fahrt bei kalten Reifen gemessen werden kann.

Luftdruck bei kalten Reifen messen

Die Kontrolle geht am besten bei aufgebocktem Wagen, etwa beim Ölwechsel an der Tankstelle.

Reifenzustand kontrollieren
Wartung Nr. 21

■ Drehen Sie jedes Rad einmal komplett durch.
■ Fremdkörper, wie kleine Steinchen, bohren Sie mit einem feinen Schraubenzieher aus den Profillamellen, ohne den Reifen dabei zu beschädigen.
■ Das Reifenprofil muß laut Gesetzesvorschrift über die gesamte Profilbreite noch mindestens 1 mm tief sein.
■ Zur Verschleißkontrolle dienen in regelmäßigen Abständen quer zur Lauffläche verlaufende Erhebungen in den Profilrillen. Sie sind an der Reifenflanke durch die Buchstaben »TWI« gekennzeichnet.
■ Wenn diese Erhebungen mit den Profilrippen in gleicher Höhe stehen, sollte der Reifentausch nicht mehr hinausgeschoben werden. Das Fahrverhalten auf nasser Fahrbahn wird mit weiter abnehmender Profiltiefe ganz erheblich schlechter, speziell mit breiten Reifen.
■ Aus der Art der Profilabnutzung können Sie wichtige Hinweise herauslesen, wie im folgenden Abschnitt beschrieben.

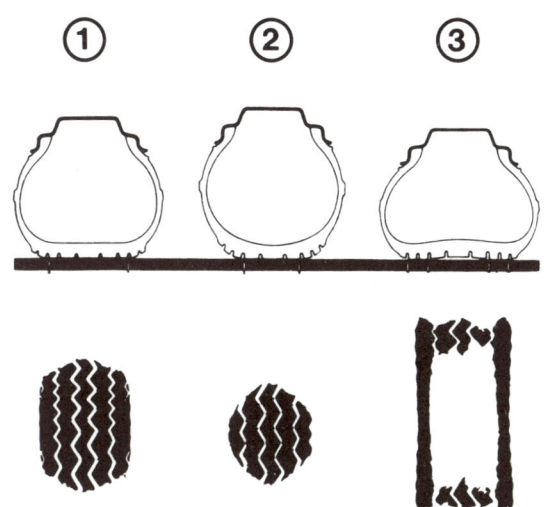

Der Reifendruck bestimmt die Größe der Reifenaufstandsfläche und beeinflußt das Fahrverhalten des Wagens wie auch die Lebensdauer des Reifens. 1 – Bei richtigem Luftdruck liegt die gesamte Breite der Reifenlauffläche auf der Fahrbahn auf; 2 – durch zu hohen Luftdruck kommt nur die Mitte der Lauffläche in Fahrbahnkontakt; 3 – bei zu niedrigem Luftdruck trägt der Reifen vorwiegend auf seinen Schultern.

Das Reifenlaufbild

☐ **An der Außenseite abgefahrene Vorderreifen** deuten auf sehr flotte Fahrweise in Kurven hin. Entweder die Reifen auf den Felgen drehen lassen oder die vorderen regelmäßig gegen die Hinterräder austauschen.

☐ **Einseitig abgefahrenes Profil** kann auch auf falsche Radeinstellung hinweisen; vor allem dann, wenn lediglich ein Reifen schräg abgelaufen ist.

☐ **Starke Abnutzung in der Profilmitte** deutet auf wesentlich zu hohen Luftdruck. Dieser Effekt tritt besonders deutlich an den Hinterrädern auf.

☐ Sind **beide Außenschultern** eines Reifens **stärker abgefahren als die Profilmitte,** wurde lange Zeit mit zu niedrigem Luftdruck gefahren.

☐ **Gleichmäßige Auswaschungen** im Profil deuten auf einen defekten Stoßdämpfer.

☐ Tritt die **ungleiche Abnutzung nur an bestimmten Stellen** auf, ist das Rad unwuchtig.

☐ Eine **einzelne Stelle im Profil** mit starker Abnutzung stammt von einer Bremsung mit blockiertem Rad – eine sogenannte Bremsplatte.

Wie lange halten die Reifen?

Der Reifenverschleiß hängt weniger von der Reifenmarke als vom Fahrertemperament ab. Wenn die Räder nicht untereinander ausgetauscht werden, kann man bei den Vorderrädern mit einer Laufleistung von 15 000 – 35 000 km rechnen, hinten mit 30 000 – 50 000 km.

Da die vorderen Reifen antreiben, lenken und zudem die Hauptbelastung beim Bremsen aushalten müssen, sind sie auch früher verschlissen. In der Betriebsanleitung wird deshalb empfohlen, die Räder jeweils einer Seite gegeneinander auszutauschen; also unter Beibehaltung ihrer bisherigen Laufrichtung.

Es ist umstritten, ob dieser Tausch sinnvoll ist. Für die Empfehlung spricht, daß der Reifenabrieb gleichmäßiger erfolgt. Andererseits müssen bei Ersatz vier Reifen auf einmal gekauft werden. Beim Wechsel in zu kurzen Kilometerabständen können Fehler der Radaufhängung, Lenkung, Stoßdämpfer usw. ihre Spuren nicht deutlich genug im Reifenprofil hinterlassen.

Einbaustellung der Räder

Jedes Rad bildet mit Bremsscheibe bzw. Bremstrommel und Radnabe insofern eine Einheit, als diese Teile in zusammengebautem Zustand beim Drehen eine gemeinsame Unwucht haben können. Allerdings besitzen Rad und Reifen eine eigene Unwucht, siehe nächste Seite.

Um allen Folgen einer Unwucht aus dem Wege zu gehen, ist folgendes zu beachten:

☐ Vor Abmontieren eines Rades (z. B. wegen Bremsbelagwechsel) immer die Einbaustellung des Rades zur Radnabe markieren.

☐ Beim Ansetzen des gleichen Rades müssen die Markierungen übereinstimmen, dann erst die Schrauben einsetzen und festschrauben.

Der Radwechsel

■ Handbremse anziehen und 1. oder Rückwärtsgang einlegen.

■ Unterwegs Warnblinkanlage einschalten und Warndreieck aufstellen.

■ Räder der anderen Wagenseite gegen Wegrollen sichern, z. B. mit Steinen.

■ Radkappe mit der Hand abziehen, bei Leichtmetall- oder Sportrad mit dem Schraubenzieher abdrücken.

■ Kappen der Radschrauben mit einem Schlitzschraubenzieher abdrücken oder mit einer Zange abziehen.

■ Radschrauben jeweils knapp eine Umdrehung lockern.

■ Wagen anheben.

■ Radschrauben herausdrehen und in der Naben- bzw. Radkappe ablegen.

■ Rad abnehmen, Ersatzrad aufstecken.

■ Schrauben über Kreuz gleichmäßig so stark wie möglich anziehen. Dabei das Rad hin- und herdrehen, damit es sich einwandfrei auf der Radnabe zentriert.

■ Wagen ablassen, Schrauben festziehen (90 Nm).

■ Radkappen und Schraubenkappen (bei quadratischen Radkappen: zuerst die Schraubenkappen) andrücken.

Festen Sitz der Radschrauben kontrollieren

Wartung Nr. 20

In regelmäßigen Zeitabständen soll kontrolliert werden, ob die Radschrauben richtig angezogen sind. Das muß auch nach jeder Radmontage geschehen, wenn einige Kilometer Fahrtstrecke zurückgelegt worden sind.

Als Anzugsdrehmoment sind bei Stahl- und Leichtmetallfelgen 90 Nm vorgeschrieben, also nicht mit einem zusätzlich verlängerten Radschlüssel die Schrauben »anknallen«.

Zu starkes oder ungleichmäßiges Festschrauben kann dazu führen, daß sich die Bremsscheiben oder -trommeln verziehen. Das ergibt ungleichmäßige Bremswirkung, Bremsenschütteln und punkt- oder flächenförmigen Reifenverschleiß.

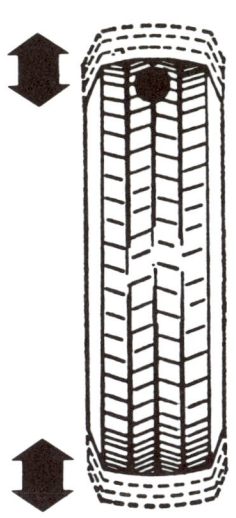

Unsere Skizze erläutert die Auswirkungen der Unwucht:

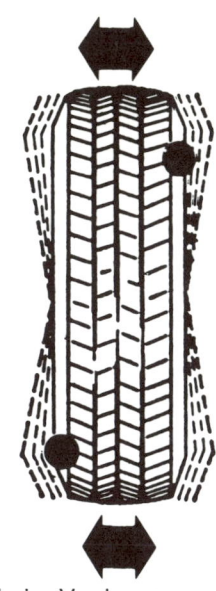

Die **statische** Unwucht erkennt man, wenn ein freihängendes, drehendes Rad immer mit der gleichen Stelle zu Boden sinkt und sich allmählich auspendelt. Folge: Das Rad hüpft während der Fahrt.

Die **dynamische** Unwucht ist durch Auspendeln des Rades nicht zu erkennen, denn sie liegt irgendwie schräg zur Radachse, so daß 'das schnellaufende Rad flattert und wackelt. Unausgewuchtete Räder führen zu schnellem Reifenverschleiß, unruhiger Lenkung und vorzeitiger Abnutzung der Radlager.

Radunwuchten

Unwuchtige Räder spürt man durch Vibrationen im Lenkrad oder Schütteln im Vorderwagen. Beides tritt bei bestimmten Geschwindigkeiten besonders stark auf. Die Ursache liegt an ungleichmäßiger Gewichtsverteilung am Rad.

□ »Statische« Unwucht zeigt sich bereits, wenn man das Rad am hochgebockten Wagen sich frei auspendeln läßt: Der Schwerpunkt wird sich ganz von selbst nach unten begeben. Ein Rad, das nur eine statische Unwucht hat, hüpft beim Fahren.

□ Eine »dynamische« Unwucht kommt erst beim Rotieren des Rades zur Wirkung. Das ist der Fall, wenn die übergewichtige Stelle nicht in der Mittelebene des Rades sitzt, sondern etwas nach außen bzw. innen. Das Rad hüpft dann nicht nur, sondern es taumelt auch.

Räder auswuchten

Die Räder müssen statisch und dynamisch ausgewuchtet werden. Dazu gibt es zwei Methoden:

□ Das Rad wird am Wagen ab- und an einer Auswuchtmaschine angeschraubt. Dort läuft es zur Probe, Unwuchten werden dabei angezeigt und können durch Anbringen von Bleigewichten ausgeglichen werden.

□ Zum Ausschalten letzter Unwuchten ist Feinwuchten erforderlich. Dabei werden auch Unwuchten von Radnabe und Bremsscheibe ausgeglichen. Die am Wagen anmontierten Räder werden durch einen Elektromotor mit Reibrad in die notwendige schnelle Drehung versetzt und die Restunwucht angezeigt. Das gleicht man wieder durch Bleigewichte aus.

Fingerzeig: *Die Vorderräder dürfen beim Feinwuchten nicht vom Elektromotor angetrieben werden. Die einseitige Beschleunigung ist für das Ausgleichgetriebe schädlich. Stattdessen hebt man den Opel vorn an und läßt den Motor die Vorderräder im vierten Gang auf etwa 90 km/h beschleunigen.*

Neue Reifen kaufen

Steht die Anschaffung von neuen Reifen an, ist das eine gute Gelegenheit, auf eine andere Reifendimension zurückzugreifen, die evtl. den eigenen Anforderungen besser als die seitherige entspricht. Deshalb hier in Kürze die Eigenschaften und Besonderheiten der Reifengrößen, die am Kadett montiert werden können. **Welche Reifen davon für Ihren Wagen in Frage kommen, entnehmen Sie Ihren Fahrzeugpapieren.**

□ Die Reifengrößen 155 SR 13 und 165 SR 13 bieten bei den schwächer motorisierten Kadett-Modellen, vornehmlich aber beim 60-PS-Motor, den besten Kompromiß zwischen Preis, Fahrverhalten und Lebensdauer, sofern der Fahrer einen ruhigen Fahrstil pflegt. Auch im Wintereinsatz sind diese Reifen selbst in Sommerprofilierung noch brauchbar.

□ Wo nicht schon serienmäßig montiert, ist die Umrüstung auf den Reifen 175/70 SR 13 für denjenigen interessant, der seinen Wagen eher zügig bewegt. Die breitere Lauffläche dieses Pneus schafft zusätzliche Sicherheit in schnell gefahrenen Kurven und sorgt für längere Reifen-Lebensdauer. Dieser Ersparnis steht allerdings der höhere Kaufpreis entgegen.

□ Bei einer Motorleistung von 90 PS/66 kW kommen beim Kadett statt SR-Reifen HR-Reifen zur Anwendung, da ab dieser Leistungsgrenze mehr als 180 km/h Höchstgeschwindigkeit möglich sind.

□ Bei der Montage neuer schlauchloser Reifen sollen auch neue Ventile verwendet werden. Das verhindert Luftverlust, denn die Ventile altern im Lauf der Zeit, und der Gummi wird rissig.

Die weißen Aus-
schnitte zeigen,
wo der Reifen den
Boden berührt. Je
mehr »Kette« dort
auf der Straße
liegt, desto besser.
Von links nach
rechts:
Leiterkette, Zick-
zackkette, Kreuz-
kette, Spurkreuz-
kette, Kantenspur-
kette.

Doch auch die bei Verwendung luftdichter Leichtmetallfelgen eingesetzten Metall-Schraubven-
tile sollten nicht zu alt werden. Auch diese Ventile können undicht werden, wenn die Gummidichtung am Ventilfuß altert.

Winterbereifung

Sommerreifen in 70er-, 65er- oder 60er-Breite bzw. in H-Ausführung neigen auf Schnee und Eis
schneller zum Durchdrehen als die schmäleren 165 SR 13 der schwächer motorisierten
Versionen. Je nach Einsatzgebiet und bisheriger Sommerbereifung läßt sich die Anschaffung
spezieller Winterreifen nicht immer umgehen.
☐ Für die stärker motorisierten Modelle haben Sie die Wahl zwischen den herkömmlichen
M+S-Reifen, die lediglich 160 km/h schnell gefahren werden dürfen, und den teureren
Hochgeschwindigkeitsreifen für 190 km/h Höchsttempo. Gleichgültig, welche Reifen Sie fahren,
bedenken Sie immer: Bei Temperaturen um den Gefrierpunkt bildet sich auf Glatteis beim
Darüberrollen ein Wasserfilm, der die Haftfähigkeit auch der besten Winterreifen gefährlich
herabsetzt.
☐ Ein M+S-Reifen mit weniger als 4 mm Profiltiefe taugt nichts mehr im Winter. Wenn etwa im
Gebirge Winterreifen vorgeschrieben sind, werden M+S-Reifen als solche nur dann anerkannt,
wenn ihr Profil noch mindestens 4 mm tief ist.

Runderneuerte Reifen

Neu besohlte Reifen stehen bei vielen Autofahrern in schlechtem Ansehen, obwohl sie den
Beweis ihrer Tauglichkeit in verschiedenen Tests erbracht haben. Reifen mit »RAL-Gütesiegel«
erfüllen eine Reihe von Qualitäts- und Ausführungskriterien, außerdem haben sie Schnellauf-
tests bestanden. Dennoch eignen sie sich nach unseren Erfahrungen eher für geruhsamere
Fahrweise. Immer noch treten Defekte an neu gummierten Reifen meist bei höherer Geschwindigkeit bzw. voller Beladung auf – vor allem, wenn der Luftdruck nicht stimmt. Dem günstigeren
Kaufpreis stehen gegenüber: Kürzere Lebensdauer, größere Unwuchten, bisweilen mangelhafter Rundlauf bei höherer Laufleistung sowie unterschiedliches Fahrverhalten im Vergleich zum
Neureifen mit gleichem Profil.

**Gleitschutz-
ketten**

Wenn auch die griffigsten Winterreifen versagen, helfen gegen Schnee und Eis Gleitschutz-
oder Schneeketten. Sie sind eine gute Anschaffung für Gegenden mit entsprechender Winter-
wetterlage, aber man muß einiges Geld dafür berappen.
Als höchstzulässige Geschwindigkeit mit aufgelegten Ketten gelten in der Bundesrepublik 50
km/h. Wer das Kettenauflegen vor dem ersten Schnee zu Hause geübt hat, fürchtet sich kaum
vor der Montage und dem Abnehmen. Da die Ketten auf freier Strecke wesentlich höherem
Verschleiß ausgesetzt sind, sollte man sie nie unnötig lange montiert lassen.
☐ Gleitschutzketten sind beim Kadett nur an den Antriebsrädern erlaubt.
☐ Nur feingliedrige Schneeketten montieren, die auf der Reifenfläche und -innenseite nicht
mehr als 15 mm auftragen.

Stromregulierung

Ohne Elektrik kommt das Auto nicht weiter, aber Störungen im elektrischen Bereich treten doch hin und wieder auf. Damit Sie sich etwas Grundwissen aneignen, machen wir Sie hier mit den wichtigsten Begriffen und einfachen Meßvorgängen vertraut.

Elektrik – ganz einfach

Elektrizität kann man leider nicht sehen; das erschwert für manchen das Verständnis. Wir wollen es Ihnen anhand eines Beispiels leichter machen. Die Vorgänge um den elektrischen Strom lassen sich am einfachsten mit einer Wasserleitung erklären. Durch eine solche strömt unter einem bestimmten Druck eine gewisse Menge Wasser.

☐ Man kann den Wasserdruck vergleichen mit der **Spannung**, gemessen in Volt (Abkürzung: V).

☐ Die in einer bestimmten Zeit durchfließende Wassermenge entspricht dem **Strom**, der in Ampere (kurz: A) gemessen wird.

☐ Multipliziert man Spannung und Strom miteinander, so erhält man die elektrische **Leistung** mit der Maßeinheit Watt (abgekürzt: W).

☐ Einen anderen Wert erhalten wir, wenn wir die Spannung durch den Strom dividieren, nämlich den **Widerstand**, der in Ohm (Zeichen: Ω) gemessen wird. Wir können ihn uns als Absperrhahn in der Wasserleitung vorstellen. Bei geöffnetem Wasserhahn ist der Widerstand gleich 0, das Wasser fließt ungehindert. Wird der Hahn zugedreht, erhöht sich der Widerstand bis schließlich zum Wert unendlich (∞), wobei der Strom versiegt.

Jeder Stromverbraucher stellt einen Widerstand dar, der für seine einwandfreie Funktion mit genügend Strom beliefert werden muß. Deshalb braucht eine kleine Kontrollampe lediglich ein dünnes Kabel, der leistungsstarke Anlasser dagegen eine besonders dicke Leitung.

Bereits mit einer einfachen Prüflampe läßt sich der elektrische Strom sichtbar machen. Mit einem Vielfachmeßgerät können Sie weitere elektrische Größen messen. Wichtig ist dabei lediglich die richtige Wahl des Meßbereichs und das richtige Anklemmen des Meßgeräts im Stromkreis.

Spannung, Strom und Widerstand messen

Praktisch ist eine Prüfung mit Nadelkontakt-Prüflampe, mit deren Nadel einfach die Isolierung des zu prüfenden Kabels durchstochen werden kann. Die Klemme am Kabel der Lampe wird irgendwo an blankem Fahrzeugmetall angeklipst.

Die Lampe gibt in erster Linie Auskunft darüber, ob überhaupt Spannung anliegt. An ihrer Helligkeit kann man in etwa die Höhe der Spannung abschätzen, doch bleibt diese Methode ungenau.

Spannung messen mit Prüflampe

An elektronischen Bauteilen darf mit einer herkömmlichen Prüflampe nicht gemessen werden. Sie nimmt zu viel Leistung auf und kann so Bauteile der Elektronik beschädigen. Wer im Bereich der elektronischen Steuergeräte Messungen vornehmen will, sollte sich einen Spannungsprüfer mit Leuchtdioden anschaffen.

Spannung messen mit Diodenprüfer

Mit einem Voltmeter oder dem entsprechenden Meßbereich des Vielfachinstruments können Sie beispielsweise die Batterie-Ruhespannung messen. Zeigt das Instrument nur 10,4 Volt an, hat eine der Batteriezellen Kurzschluß. Interessant kann es auch sein, die Batteriespannung zu messen, während der Anlasser betätigt wird. Sind dann nur noch 5 Volt abzulesen, steht es mit der Batterie nicht mehr zum besten.

Spannung messen mit Voltmeter

Zum Messen wird das mit »–« gekennzeichnete Kabel an den Minuspol der Batterie oder eine blanke Schraube am Motor oder an der Karosserie angeklemmt. Das »+«-Kabel des Meßgeräts wird an die zu messende Leitung angehängt oder an den Pluspol der Batterie (siehe auch die linke Zeichnung links unten).

Strom messen

Ob Strom zu einem Verbraucher hin fließt, wird mit dem Amperemeter bzw. dem entsprechenden Meßbereich des Vielfachinstruments gemessen. Dazu muß der Stromkreis aufgetrennt und das Meßgerät dazwischen geschaltet werden. Im Auto kann dazu einer der Steckkontakte abgezogen und dann das Meßgerät zwischen Stecker und Kontaktzunge geschaltet werden. Die mittlere Zeichnung unten zeigt, wie das prinzipiell aussieht.

Strom wird beispielsweise gemessen, wenn der Verdacht besteht, daß ein Stromverbraucher irgendwo im Bordnetz über Nacht die Batterie leersaugt. Um diese Leckstelle festzustellen, nehmen Sie das Batterie-Massekabel ab und klemmen zwischen Batteriepol und -kabel das Amperemeter. Zeigt das Instrument an, wird der Stromkreis ermittelt: Eine Sicherung nach der anderen herausnehmen und statt deren an den Kontaktzungen im Sicherungskasten das Amperemeter anklemmen. Anhand der Sicherungstabelle auf Seite 175 vergleichen Sie dann, welche Verbraucher in diesem Stromkreis eingeschaltet sind und kontrollieren diese der Reihe nach durch.

Fingerzeig: *Niemals das Meßgerät zwischen Hauptkabel und Batterie anklemmen, um etwa den Stromverbrauch des Anlassers zu messen! Die dabei auftretenden Stromstärken (150 A und mehr) sind für jedes normale Meßgerät viel zu hoch. Wer an dieser Stelle messen muß, braucht einen Meßwiderstand (Shunt), der zur Messung in die Leitung eingeschaltet wird.*

Widerstand messen

Die Messung des Widerstands läßt beispielsweise erkennen, ob eine Leitung oder ein Schalter »Durchgang« hat (der Meßwert ist dann 0) oder ob der Stromweg irgendwo unterbrochen ist (dann erhalten Sie den Meßwert unendlich = ∞).

Zur Widerstandsmessung muß das Meßgerät allerdings eine eigene Stromversorgung haben. Wie angeschlossen wird, sehen Sie auf der Zeichnung unten.

Grundbegriffe der Elektronik

Aus dem Wort Elektronik läßt es sich schon herauslesen: Sie basiert auf Elektronen, jenen superkleinen Bausteinen, aus denen das ohnehin schon kleine Atom zum Teil besteht. Die Elektronen sorgen in allen elektrisch leitenden Werkstoffen (Fachausdruck: Leiter) dafür, daß überhaupt Strom fließen kann. Die Elektronen wandern dabei im Leiter von Atom zu Atom.

Nicht leitende Werkstoffe besitzen ebenfalls Elektronen. Die sind jedoch stark an den Atomkern gebunden und können nicht weiterwandern. Somit fließt auch kein Strom.

Die dritte Werkstoffgruppe sind die sogenannten Halbleiter. Das sind Kristalle (meist Germanium oder Silizium), die so nachbehandelt wurden, daß in ihrem Aufbau Elektronen fehlen oder überschüssige Elektronen vorhanden sind. Das bewirkt den durchaus erwünschten Effekt, daß durch die Kristallplättchen nur unter bestimmten Bedingungen Strom fließen kann. Wenn die Bedingungen nicht erfüllt sind, wird der Stromfluß gehemmt. Dann baut sich eine Sperrschicht auf. Diese Eigenschaft macht man sich beispielsweise bei Dioden und Transistoren zunutze. Halbleiter-Bauelemente findet man in der Fahrzeugelektrik seltener einzeln verwendet, sondern zumeist in größerer Stückzahl zu kompletten Schaltungen zusammengefaßt; etwa im Regler der Lichtmaschine.

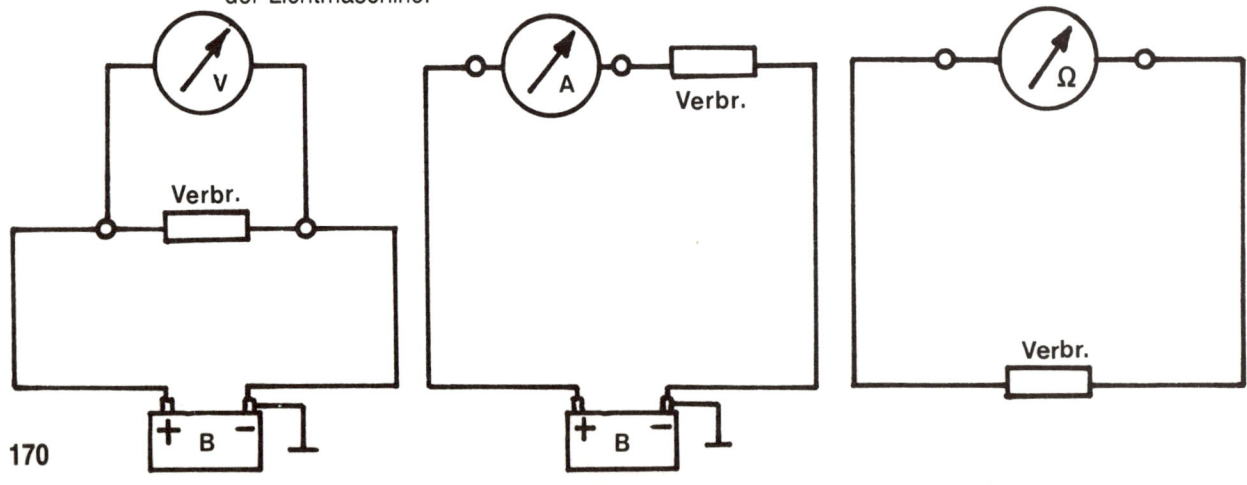

Für den Heimwerker erscheint die Elektronik oft kompliziert, doch Sie brauchen keineswegs zu verzagen: Fast alle Funktionen der Bauelemente lassen sich mit mechanischen Größen erklären, wie die folgenden Beispiele zeigen.

Halbleiter

Neben den nachstehend beschriebenen Grundtypen der Halbleiter gibt es noch Sonderformen für spezielle Einsatzzwecke. Dazu zählen Feldeffekt-Transistor, Foto-Transistor, Leistungs-Transistor, Fotodiode, Zenerdiode, Thyristor u.a.m. Auf diese Bauteile gehen wir hier nicht weiter ein.

Transistor: Er läßt nur dann Strom durchfließen, wenn an seinem dritten Anschluß eine Spannung anliegt. Ist diese Spannung hoch, fließt viel Strom durch; bei geringer Spannung entsprechend weniger. Vergleichbar ist das mit einem Wasserhahn. Je weiter das Ventil aufgedreht wird, desto mehr Wasser fließt durch.

Diode: Sie ist nur in einer Richtung für den elektrischen Strom leitend. Kommt der Strom aus der Gegenrichtung, sperrt sie den Durchgang. Das ist wie beim Reifenventil: Luft kann durchgepumpt werden, aber sie kommt nicht mehr heraus.

Leuchtdiode: Der Halbleiterkristall sendet Licht aus, sobald Spannung anliegt. Im Grund genommen ist das wie einer Glühlampe, aber es gibt keinen Glühfaden, der allmählich verbrennen kann.

Weitere Bauelemente

In nahezu allen elektronischen Schaltungen kommen Bauteile vor, die nicht zur Sparte der Halbleiter gehören, ohne die aber die Elektronik nicht denkbar wäre. Häufigste Vertreter sind:

Widerstand: Seine Aufgabe ist es, den Stromfluß zu hemmen, wie auf Seite 170 beschrieben.

Kondensator: Er wirkt wie eine kleine Batterie und kann elektrische Energie für eine gewisse Zeit speichern. Er wird zur Glättung von Spannungsschwankungen und zum Dämpfen von Spannungsspitzen verwendet. Wenn eine Zeitverzögerung in einer Schaltung erwünscht ist (z. B. im Blinkrelais), wird ein Kondensator mit einem Widerstand zu einem »Zeitglied« zusammengeschaltet.

Elektronische Schaltungen

Integrierte Schaltkreise (IC): Eine Vielzahl von elektronischen Bauteilen ist im kleinen Gehäuse eines IC untergebracht. Die meist schwarzen »Käfer« mit 14 und mehr Anschlußfüßen gibt es mit allen erdenklichen Funktionen.

Mikroprozessoren: Sie spielen eine wachsende Rolle in der Technik. Es sind weiterentwickelte ICs, aber wesentlich »intelligenter«. Je nach Art des elektrischen Eingangssignals können sie vorher programmierte Schaltungsvorgänge auslösen.

Wo sitzen elektronische Bauteile im Kadett?

Es gibt eine ganze Reihe von elektronischen Bauelementen in unserem Auto. Wir erwähnen hier nur einige: Blinkrelais, Gleichrichtdioden der Drehstrom-Lichtmaschine, Lichtmaschinenregler, Steuergerät der Einspritzanlage, Spannungsstabilisator der Armaturen, Relais der heizbaren Heckscheibe, Wischer-Intervallrelais.

Reparaturen an den elektronischen Teilen im Opel lohnen sich nur selten bzw. können beim Löten andere Bauteile beschädigen. Üblicherweise wird ein defektes Bauteil einfach ausgetauscht.

Linke Seite: So muß das betreffende Meßgerät zum Messen der elektrischen Größen Spannung, Strom und Widerstand (von links nach rechts) angeschlossen werden. Der Kreis mit Zeiger symbolisiert das Meßgerät, »Verbr.« steht für Verbraucher (z. B. Lampe, Elektromotor usw.) und das Kästchen mit dem »B« steht für Batterie.

Immer auf Draht

Die vielen Leitungen im Auto erscheinen auf den ersten Blick verwirrend. Aber nach einigem Hineindenken können Sie das System, dem sie unterliegen, durchaus verstehen.

Minus an Masse

Strom kann nur in einem geschlossenen Kreislauf fließen. Wenn Sie zu Hause den Lichtschalter anknipsen, leuchtet das Licht auf. Genauso ist es im Auto, nur daß hier der von Batterie oder Lichtmaschine kommende Strom über den jeweiligen Stromverbraucher zurück zur Batterie oder Lichtmaschine fließt.

An die Mehrzahl der Stromverbraucher im Kadett sind zwei Kabel angeschlossen. Doch nur eines läßt sich bis zur Batterie bzw. bis zum Generator zurück verfolgen, wie dies auch die Stromlaufpläne ab Seite 178 zeigen. Die andere Leitung ist meist nach wenigen Zentimetern irgendwo am Karosserieblech festgeschraubt oder mit einer Steckerfahne eingesteckt.

Hier hat man sich zunutze gemacht, daß das Metall von Karosserie, Motor und Getriebe ebenfalls Strom leiten können. In der Autoelektrik bezeichnet man sie mit der »Masse«. Sie sorgen für die Stromrückleitung zum Minuspol der Batterie. Merksatz: **M**inus an **M**asse.

Wenn ein Stromverbraucher direkt auf Metall sitzt, braucht er nur ein einziges Anschlußkabel, aber im heutigen kunststoffreichen Automobil müssen fast immer kleine Verbindungsleitungen den Kontakt zur Fahrzeugmasse herstellen.

Fingerzeig: *Wenn eine Glühlampe oder etwa ein Anzeigeinstrument nicht so funktioniert, wie es soll, liegt dies nicht selten an fehlender Masseverbindung. Den fehlenden Kontakt zur Fahrzeugmasse holt sich der Verbraucher auf Umwegen und stiftet so Verwirrung.*

Wegweiser durch Normung

Das bunte Kabelgewirr im Auto ist eigentlich ganz gut geordnet, denn viele Einzelheiten der Kraftfahrzeug-Elektrik sind genormt. Die Zahlen an verschiedenen Bauteilen und Kabelanschlüssen sowie in den Stromlaufplänen haben in allen deutschen und in manchen ausländischen Fahrzeugen dieselbe Bedeutung:

Klemme 15 erhält nur bei eingeschalteter Zündung Strom ab Zündschloß, wobei außer der Zündspule jene Stromverbraucher versorgt werden, die nur bei Betrieb des Wagens Strom erhalten sollen. Die Kabel an den Normklemmen 15 besitzen vielfach eine schwarze Ummantelung, bisweilen auch mit farbigen Zusatzstreifen bei bestimmten Stromverbrauchern.

Klemme 30 erhält dauernd Strom vom Pluspol der Batterie bzw. bei laufendem Motor von der Lichtmaschine. Das kann bei unvorsichtigem Umgang mit Werkzeug zu Kurzschlüssen und Funkenregen führen, wenn das Minuskabel der Batterie nicht abgenommen wurde. Diese stets stromführenden Kabel haben meist eine rote Umhüllung, eventuell mit zusätzlichen Farbstreifen.

Klemme 49 ist für die Blink- und Warnblinkanlage zuständig.

Klemme 53 versorgt die Scheibenwischeranlage in meist grün bzw. schwarz mit Zusatzfarben gekennzeichneten Leitungen.

Klemme 56 ist für die Stromzufuhr des Abblendlichts mit gelben Kabeln sowie des Fernlichts mit weißen Leitungen zuständig.

Klemme 58 gehört zum Standlicht vorn sowie zu den Schluß- und Kennzeichenleuchten. Die Grundfarbe der Kabelumhüllung ist grau, jeweils mit zusätzlichen Farbstreifen.

Klemme 31 ist die Masse-Klemme, mit der ein Stromverbraucher zur Fahrzeugmasse verbunden sein muß, damit der Stromkreis geschlossen ist. Die entsprechenden Kabel sind braun umhüllt.

Einzelne Stromverbraucher verfügen über einen besonderen Masseanschluß. Im Bild ist das Massekabel mit der Karosserie verbunden.

Die Leitungen

Von den einzelnen, farbigen Kabeln sehen Sie meistens nur die Enden, denn oft laufen sie gebündelt in Isolierschläuchen. Wichtig bei eventuellen eigenhändigen Einbauten ist, daß der Querschnitt eines Kabels je nach Leistung (Stromanspruch) des betreffenden Verbrauchers ausgewählt wird. Ein Kontrollämpchen kommt mit 0,5 mm² Kabelstärke aus, zwischen Batterie und Anlasser dagegen wird eine 16-mm²-Leitung gebraucht. Ein zu dünnes Kabel heizt sich auf, und die Spannung fällt ab. Dann kommen statt der verlangten 12 Volt am Scheinwerfer nur 10 oder 9,5 Volt an – das Licht ist trübe.

Verschiedene Kabelsätze

Bei einem Unfall oder durch Brand kann eine Anzahl elektrischer Leitungen in Mitleidenschaft gezogen werden. Bei Opel gibt es dafür komplette Kabelsätze, getrennt in die Bereiche Motor, »vorn«, Instrumententafel, zentrale Türverriegelung/Fensterbetätigung/Spiegelverstellung, »hinten« (für Fließheck, Stufenheck oder Caravan), Heckklappe, Anhängerzugvorrichtung sowie Sitzheizung. Bei Bedarf muß also der entsprechende Kabelsatz ausgewechselt werden.

Sicherungskasten und Relais

Sämtliche Leitungen sind in bestimmten Leitungssträngen zusammengefaßt. Sie alle gehen vom Sicherungskasten links von der Lenksäule aus. Einige der Relais sind an der Vorderseite des Sicherungskastens aufgesteckt (siehe Bild 174), andere sitzen auf der Rückseite. Zur Einbaulage des Kraftstoffpumpenrelais siehe Bild 213, des Steuerrelais Seite 100 und des Steuergeräts Seite 107. Auf die Funktion der verschiedenen Relais gehen wir auf Seite 242 ein.

Die Sicherungen

Wenn an einen vorhandenen Stromkreis zusätzliche Verbraucher angeschlossen werden oder durch einen Defekt ein Kurzschluß entsteht (das ist ein abnorm ansteigender Stromdurchfluß), würde der Stromkreis überlastet. Die Leitung würde warm oder zu glühen beginnen, auch die Wicklungen der Lichtmaschine, die Batterieflüssigkeit könnte ins Sieden geraten – falls nicht

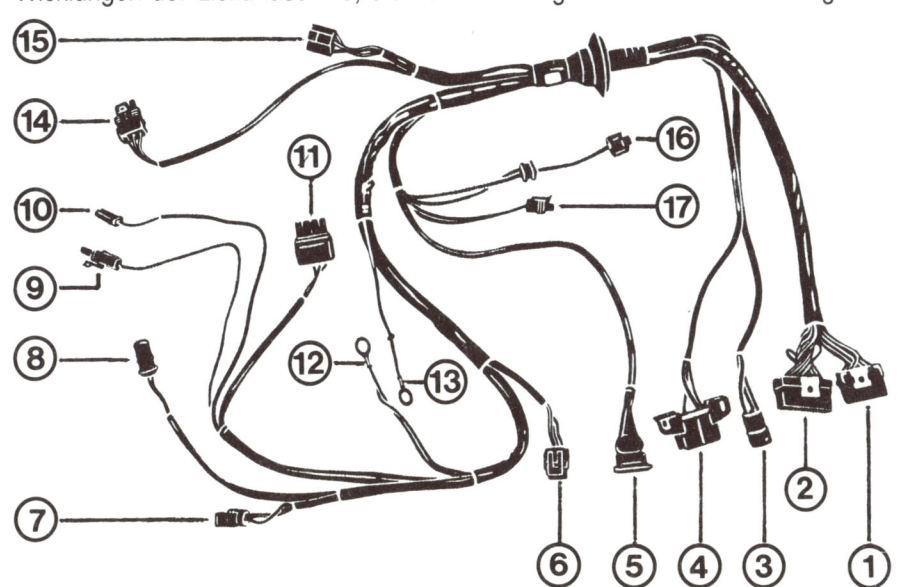

Der Kabelsatz der Multec-Zentraleinspritzung.
1 – Kleiner Stecker, 24-polig;
2 – Großer Stecker, 32-polig;
3 – Anschluß für Motorkabelsatz; 4 – ALDL-Stecker;
5 – Stecker Öldruckschalter;
6 – Stecker Leerlauffüllungsschrittmotor; 7 – Stecker Drosselklappen-Potentiometer; 8 – Stecker Wegstrecken-Frequenzgeber;
9 – Stecker Lambda-Sonde;
10 – Stecker Spannungsversorgung, Steuergerät;
11 – Stecker Zündverteiler;
12 – Masse, Steuergerät;
13 – Masse, Lambda-Sonde;
14 – Stecker Druckfühler-Saugrohr; 15 – Stecker Kraftstoffpumpen-Relais;
16 – Stecker Einspritzventil;
17 – Stecker Kühlmittel-Temperaturfühler.

Der Sicherungskasten ist links neben der Lenksäule hinter dem im nebenstehenden Bild gezeigten Deckel untergebracht. Seitlich der Sicherungen sind folgende Relais eingesetzt: 1 – Blinkgeber; 2 – Relais für Scheibenwischer; 3 – Relais für heizbare Heckscheibe; 4 – Sitz des Relais für Nebelleuchten.

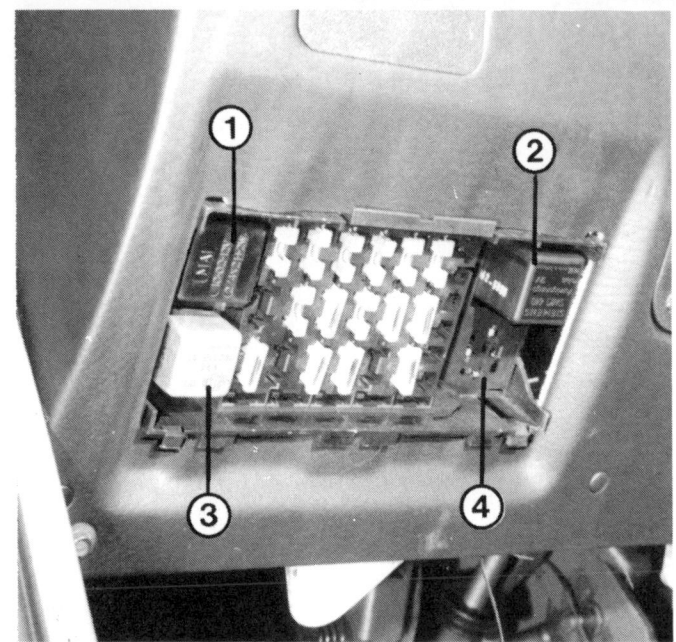

elektrische Sicherungen eingebaut wären. Diese reagieren sehr schnell: Wenn der Strom ein gewisses, zuträgliches Maß übersteigt, unterbrechen sie ihn einfach.

Die Sicherungen sind auf verschiedene Stromkreise verteilt. So steht das Auto bei einem Defekt nicht gleich völlig ohne Strom da. Allerdings sind die Schaltungen zwischen Anlasser, Batterie, Lichtmaschine und Zündschloß nicht von Sicherungen überwacht, und demnach hat eine Störung dieser Teile nichts mit einer durchgebrannten Sicherung zu tun. Aber alle übrigen elektrischen Aggregate im Kadett haben eigene Absicherungen.

Flachsteck-sicherungen

Opel verwendet im Kadett sogenannte Flachstecksicherungen. Sie unterscheiden sich von den herkömmlichen walzenförmigen Sicherungen: In ein durchscheinendes, eingefärbtes Kunststoffteil sind zwei Flachstecker eingebettet, die durch den Schmelzfaden verbunden sind. Mit diesen Sicherungen gibt es keine Korrosionsprobleme mehr, da sie wesentlich größere Kontaktflächen besitzen.

Eine durchgebrannte Sicherung niemals durch ein Stück Draht oder ähnliches ersetzen! Der dann zwar wiederhergestellte Stromfluß überlastet die Leitung weiter, und es kann zu einem Fahrzeugbrand kommen. Immer zuerst den Fehler suchen und dann eine Sicherung gleicher Stärke einsetzen.

Farben der Sicherungen

Die Farbe der Sicherungen hängt mit ihrem Ampere-Wert zusammen. Von den allgemein erhältlichen Sicherungen werden im Kadett nur die mit 10, 20 und 30 A Nennstromstärke gebraucht. Hier die allgemein erhältlichen Sicherungen:

Links: Kraftstoffpumpenrelais der Jetronic. Es sitzt am linken Federbeindom.
Rechts: Im Motorraum rechts hinten befindet sich das Steuerrelais.

Auf der Innenseite des Deckels für den Sicherungskasten (1) sind die von den einzelnen Sicherungen geschützten Verbraucher und die eingesetzten Relais bezeichnet. Die Flachstecksicherungen (2) bestehen nicht mehr wie früher aus durchscheinendem Material, ihr Schmelzfaden liegt frei.

Kennfarbe	Nennstromstärke
Braun	7,5 A
Rot	10 A
Blau	15 A
Gelb	20 A
Weiß	25 A
Grün	30 A

Sicherungskasten ausbauen

■ Masseklemme der Batterie lösen.
■ Abdeckung des Sicherungskastens abnehmen.
■ Raste an der Oberseite des Sicherungskastens nach unten drücken.
■ Sicherungskasten aus der Instrumententafelverkleidung aushängen und nach hinten herausnehmen.
■ Seitliche Rastnasen an den Steckhülsen und am Sicherungskasten beibiegen.

■ Hülsen und Halter aus dem Sicherungskasten herausziehen.
■ Vor dem Einbau der Steckhülsen und Sicherungshalter die Rastnasen wieder aufbiegen.
■ Um das Verwechseln der Anschlußkabel auszuschließen, die Kabel nacheinander vom alten auf den neuen Sicherungskasten umstecken.

Sicherungstabelle

Nr.	Ampere	Klemme	erhält Strom	angeschlossene Stromverbraucher
1	10	58	über Lichtschalter Klemme 58	Standlicht links Schlußlicht links
2	10	58	wie Sicherung 1	Standlicht rechts Schlußlicht rechts Kennzeichenleuchte Motorraumleuchte Instrumentenbeleuchtung Radiobeleuchtung
3	10	56	bei eingeschaltetem Lichtschalter über Leuchtenschalter Klemme 56 A	Fernlicht links
4	10	56	wie Sicherung 3	Fernlicht rechts
5	10	56	wie Sicherung 3	Abblendlicht links
6	10	56	wie Sicherung 3	Abblendlicht rechts

Nr.	Ampere	Klemme	erhält Strom	angeschlossene Stromverbraucher
7	10			Tagesfahrlicht (Schweden)
8	10	15	bei eingeschalteter Zündung Klemme 15	Blinker Bremsleuchten Nebelscheinwerfer-Relais
9	30	15	wie Sicherung 8	Scheibenwischer Waschpumpen
10	10	3	bei eingeschaltetem Licht über Nebelschlußleuchtenschalter Klemme 3	Nebelschlußleuchte
11	30	15 A	bei eingeschalteter Zündung Klemme 15 A	Kühlergebläse Signalhorn
12	20	15 A	wie Sicherung 11	Heizungsgebläse
13	20		wie Sicherung 8	Rückfahrscheinwerfer Saugrohrbeheizung Zigarettenanzünder elektr. verstellbare Spiegel Handschuhfachleute beheizte Sitze
14	20	30	ständig von Batterie +	Dauerstrom für Anhänger
15	20	30	wie Sicherung 14	Warnblinker Innenraumleuchte Heckraumleuchte Radio Zeituhr Bordcomputer
16	20	15	wie Sicherung 8	Einspritzanlage elektr. Kraftstoffpumpe
17	20	58	über Nebelleuchtenschalter Klemme 58	Nebelleuchten
18	20	30	über Relais für heizbare Heckscheibe	heizbare Heckscheibe

An der Rückseite des Sicherungskastens:

Nr.	Ampere	Klemme	erhält Strom	angeschlossene Stromverbraucher
19	30	15	wie Sicherung 8	elektrische Fensterheber
20	20	30	wie Sicherung 14	Zentralverriegelung

Kartenkunde

In den Stromlaufplänen sind die einzelnen Stromkreise nebeneinander wiedergegeben und in den folgenden Detailplänen zusammengefaßt. So ist es möglich, den funktionellen Zusammenhang der verschiedenen Teile der Autoelektrik problemlos zu erkennen.

Aufbau der Stromlaufpläne

Strompfade: An der Fußleiste unten sind die Stromlaufpläne durchnumeriert. Für jedes Bauteil ist mindestens ein eigener Strompfad vorhanden. In den Stromlaufplan-Erläuterungen sind die Strompfade zum jeweiligen Bauteil angegeben und können so leicht aufgesucht werden. Bei Strompfaden mit sonst unvermeidbaren Kreuzungen ist durch eine viereckig umrahmte Nummer zum betreffenden Strompfad verwiesen.

Schalter: Bei Schaltern, die mehrere Funktionen vereinen (z. B. Signalschalter), ist der jeweilige Schalterteil getrennt dargestellt. Seine Zugehörigkeit zu einem Schalterzusammenbau ist ebenfalls numerisch gekennzeichnet (z. B. S 5.1, S 5.2 usw.).

Sicherungskasten: Die Sicherungen sind im oberen Teil des Stromlaufplans angeordnet. Bei Anschluß mehrerer Bauteile oder Schaltungseinheiten an einer Sicherung ist jeweils die gleiche Sicherung eingezeichnet.

Masse: Sie ist dargestellt durch die Fußleiste im Stromlaufplan.

Baugruppen: Sie sind nach den Kennbuchstaben der folgenden Tabelle geordnet:

Kenn-buchstabe	Benennung	Beispiel
E	Verschiedenes ·	Beleuchtungseinrichtungen
F	Schutzeinrichtungen	Sicherungen, Schutzrelais, Sperren
G	Stromversorgung	Generator, Batterie usw.
H	Meldeeinrichtungen	Optische und akustische Meldegeräte
K	Schütze	Relais, Zeitrelais, Blinkrelais
L	Induktivitäten	Zündspule, Drosselspulen
M	Motoren	Wischer, Fensterheber usw.
P	Meßgeräte	Drehzahl, Uhren, Voltmeter usw.
R	Widerstände	Gebläse, Vorwiderstand usw.
S	Schalter	Wischer, Signal, Schlußleuchte usw.
X	Klemmen, Stecker	Steckdose, Zubehörklemme
Y	Elektrisch betätigte mechanische Einrichtungen	Kompressor, Magnetventil, Hubmagnet usw.

Kabelfarben: Sie sind abgekürzt angegeben. Es bedeuten: BL – blau; BR – braun; GE – gelb; GN – grün; GR – grau; HLB – hellblau; LI – lila; RT – rot; SW – schwarz; WS – weiß.

Leitungsquerschnitt: Hinter der Kabelfarbe kennzeichnen die Zahlen in den Leitungen den Kabelquerschnitt in mm^2.

Normklemmen: Ein- bis zweistellige Ziffern, teils mit Zusatzbuchstaben in Kleinschreibung, sowie einige Buchstaben in Großschreibung, kennzeichnen genormte Klemmen an elektrischen Bauteilen. Siehe auch Seite 172.

Für welche Modelle?

In den folgenden Teilplänen sind alle in der Produktion möglicherweise eingebauten Verbraucher und Schaltkreise enthalten, auch diejenigen bei Exportfahrzeugen. Desgleichen ist die elektrische Anlage für Wagen mit Dieselmotor berücksichtigt.

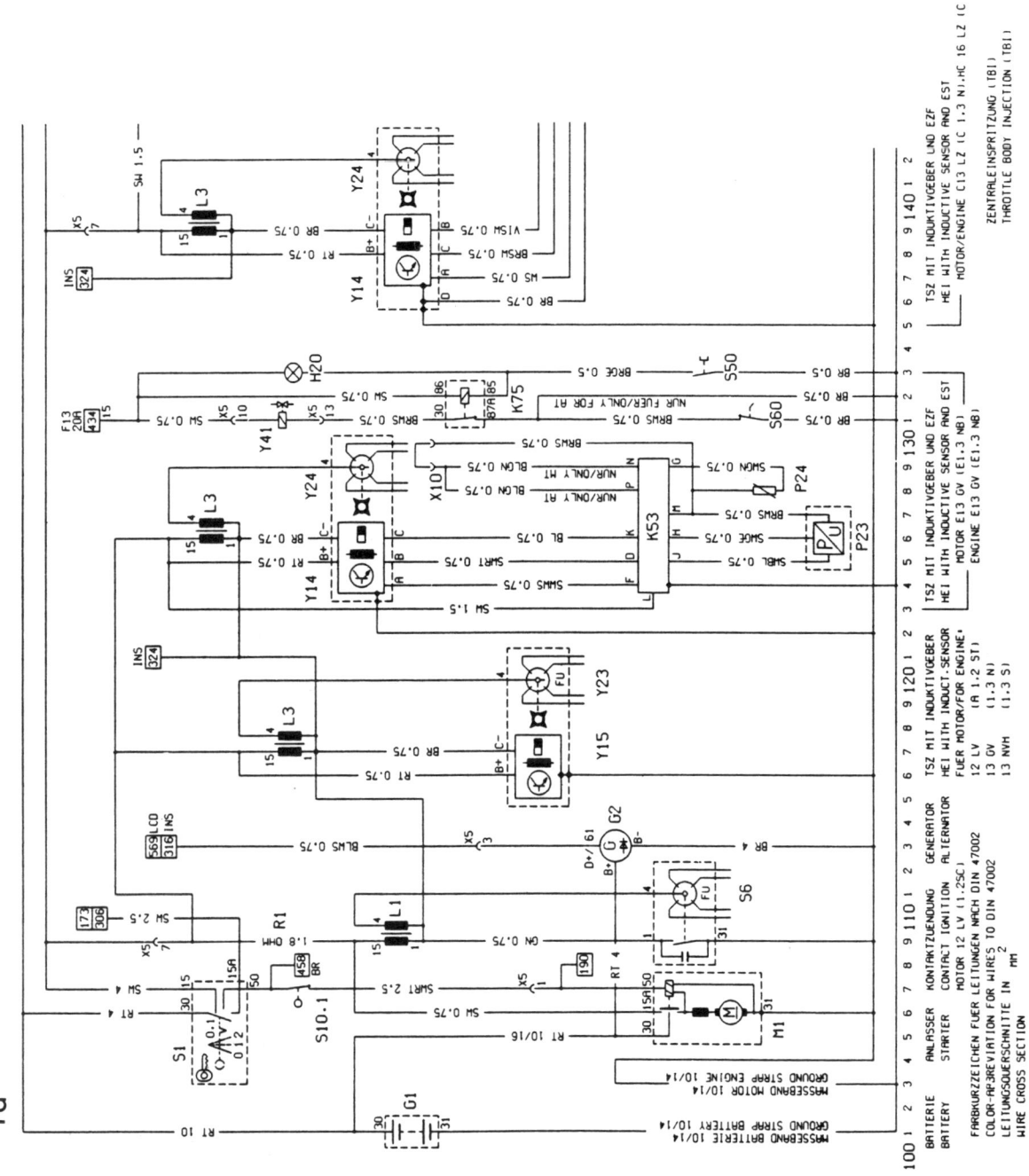

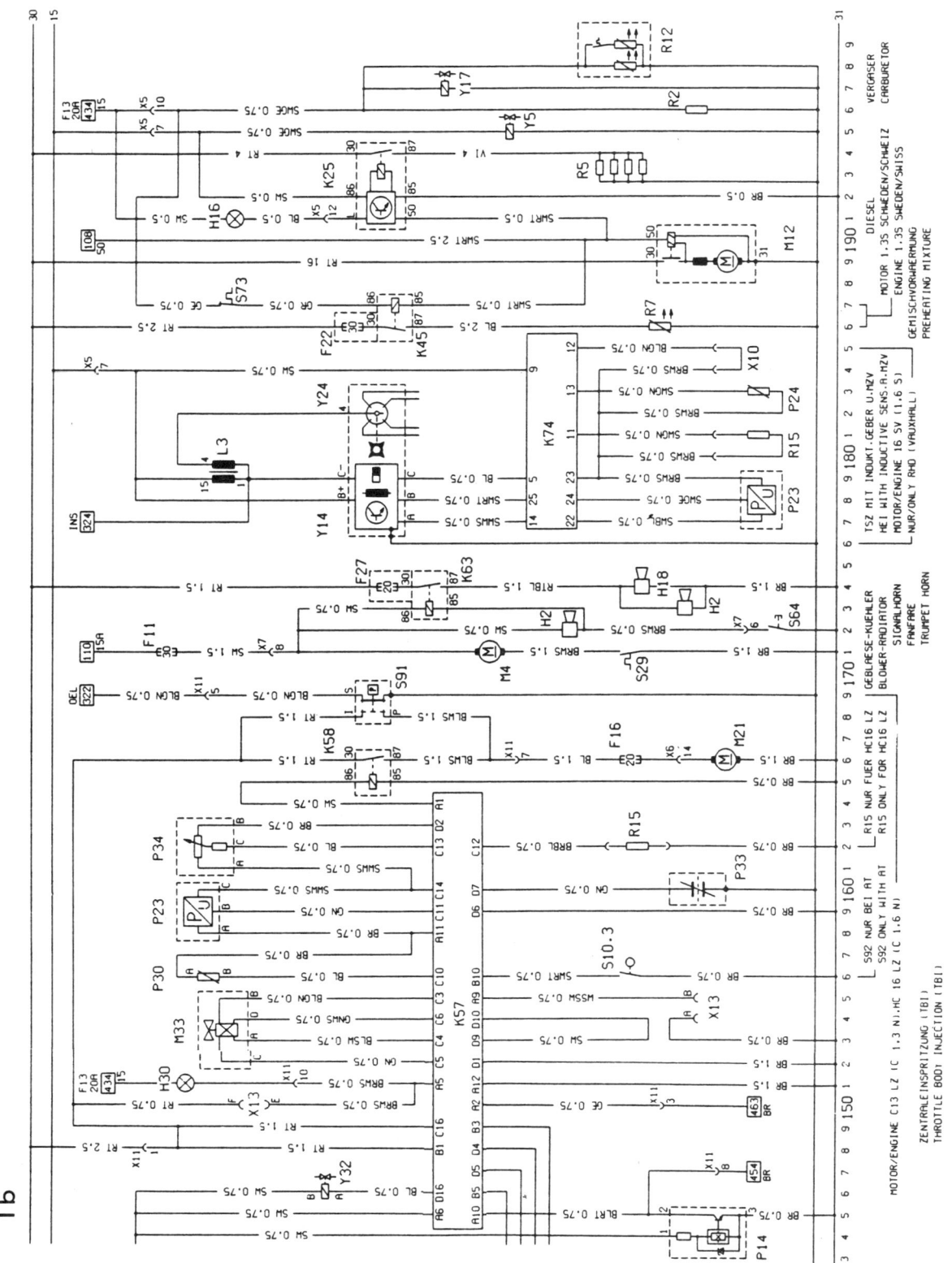

Erläuterungen zu den Stromlaufplänen 1 a und 1 b
Seiten 178 und 179

Bezeichnung der Teile		Strompfad
G 1	– Batterie	101
G 2	– Generator	113
H 20	– Kontrolleuchte Starterklappe	133
K 53	– Steuergerät EZF	123 … 129
K 75	– Relais für Leerlauf-regulierung	131.132
L 1	– Zündspule	109.110
L 3	– Zündspule TSZ, Induktivgeber-system	117.118, 126.127
M 1	– Anlasser	105 … 107
P 23	– Saugrohr-Unterdruckgeber	125 … 127
P 24	– Temperaturgeber EFZ	128.129
R 1	– Widerstandsleitung	109
S 1	– Anlasser-Schalter	106.107
S 6	– Zündverteiler	111
S 10	– Schalter ZSB, automatisches Getriebe	
S 10.1	– Anlasser-Schalter, automatisches Getriebe	107
S 50	– Starterklappen-Schalter, Bowdenzug	133
S 60	– Schließdämpfer-Schalter, Kupplungspedal	131
Y 14	– Induktivgeber EST	124 … 126
Y 15	– Induktivgeber mit Zündungsmodul	126.127
Y 23	– Zündverteiler TSZ, Induktivgebersystem	120
Y 24	– Zündverteiler EZF	129
Y 41	– Magnetventil Leerlaufregulierung	131
X 5	– Stecker Motor-Kabelsatz	107, 109, 113, 131

Bezeichnung der Teile		Strompfad
X 10	– Stecker Zündungseinstellung	129.130
F 16	– Sicherung	166
H 30	– Motor-Kontrolleuchte	151
K 57	– Steuergerät TBI	145 … 164
K 58	– Relais für Kraftstoff-Pumpe TBI	165.166
L 3	– Zündspule TSZ, Induktivgebersystem	139.140
M 21	– Kraftstoffpumpe	166
M 33	– Leerlauf-Stellglied	152 … 155
P 14	– Wegstreckengeber	144.145
P 23	– Saugrohr-Unterdruckgeber	158 … 160
P 30	– Kühlmittel-Temperaturgeber TBI	156.157
P 33	– Lambda-Sonde	160
P 34	– Drosselklappenstellung der Geber	161 … 163
R 15	– Widerstand ROZ-Codierung	162
S 91	– Öldruck-Schalter TBI	168.169
S 10	– Schalter ZSB, automatisches Getriebe	
S 10.3	– Park-/Neutral-Schalter	156
Y 14	– Induktivgeber EZF	135 … 139
Y 24	– Zündverteiler EZF	142
Y 32	– Einspritzventil TBI	146
X 5	– Stecker Motor-Kabelsatz	139
X 6	– Stecker Karosserie-Kabelsatz	166
X 11	– Stecker Kabelsatz TBI	147.148, 150.151, 166, 169
X 13	– Prüfstecker	150, 154, 155
F 11	– Sicherung	171
F 22	– Sicherung Gemischvorwärmung	186
F 27	– Sicherung Fanfare	174
H 2	– Signalhorn	172.173

Bezeichnung der Teile		Strompfad
H 16	– Glühzeit-Kontrolleuchten	191
H 18	– Fanfare	174
K 25	– Relais für Glühzeit	191 … 194
K 45	– Relais für Gemisch-vorwärmung	186.187
K 63	– Relais für Fanfare	173.174
K 74	– Steuergerät MZV	177, 185
L 3	– Zündspule TSZ, Induktivgebersystem	179.180
M 4	– Motor Kühlergebläse	171
M 12	– Anlasser Diesel	189.190
P 23	– Saugrohr-Unterdruckgeber	177 … 179
P 24	– Öl-Temperaturgeber EZF	182.183
R 2	– Vergaservorwärmung	196
R 5	– Glühstiftkerzen	193.194
R 7	– Gemischvorwärmung	186
R 12	– Startautomatik	198
R 15	– Widerstand ROZ-Codierung	180.181
S 29	– Schalter Kühler-Temperatur	171
S 64	– Schalter Signalhorn	172
S 73	– Schalter Gemischvorwärmung, Temperatur	187
Y 5	– Magnetventil, Kraftstoff	195
Y 14	– Induktivgeber EZF	176 … 179
Y 17	– Magnetventil Leerlaufabschaltung	197
Y 24	– Zündverteiler EZF	182
X 5	– Stecker Motor-Kabelsatz	184, 191, 194, 196
X 7	– Stecker Kabelsatz vorn	171.172
X 10	– Stecker Zündeinstellung	184.185

Erläuterungen zu den Stromlaufplänen 2 a bis 2 c
Seiten 182 und 183

Bezeichnung der Teile / **Strompfad**

Bezeichnung der Teile		Strompfad
F 16	– Sicherung	230
H 30	– Motor-Kontrolleuchte	209
K 61	– Steuergerät Motronic	204 … 228
K 68	– Relais für Einspritzanlage	229 … 232
L 3	– Zündspule TSZ, Induktivgebersystem	205. 206
M 21	– Kraftstoffpumpe	230
M 33	– Leerlauf-Stellglied	216. 217
P 11	– Luftmengenmesser	216 … 221
P 12	– Kühlmittel-Temperaturgeber	211
P 14	– Wegstreckengeber	202. 203
P 32	– Lambda-Sonde, beheizt	226. 227
P 35	– Induktivgeber	222 … 224
R 15	– Widerstand für ROZ-Codierung	212
S 44	– Drosselklappenschalter	206. 207
Y 7	– Magnetventile Kraftstoffeinspritzung	219 … 226
Y 33	– Zündverteiler MHSV	207
Y 34	– Tankentlüftungsventil	228. 229
X 5	– Stecker Motor-Kabelsatz	204. 205, 209, 214, 231
X 6	– Stecker Karosserie-Kabelsatz	230
X 13	– Prüfstecker	208. 209, 212
X 15 A	– Stecker Kabelsatz der Einspritzanlage, 10polig	204. 205, 209, 214, 227. 228, 230

Bezeichnung der Teile		Strompfad
F 31	– Sichererung elektronischer Vergaser	
F 22	– Sicherung Gemischvorwärmung	238
H 44	– Kontrolleuchte EZV	264
K 45	– Relais für Gemischvorwärmung	225
K 54	– Steuergerät für Vergaser	263. 264
K 55	– Relais für Vergaser	240 … 260
L 3	– Zündspule Induktivgebersystem	238. 239
P 29	– Saugrohr-Temperaturgeber	258. 259
P 30	– Kühlmittel-Temperaturgeber	245. 246
P 31	– Potentiometer	248. 249
P 35	– Hauptdrossel	248 … 250
	– Induktivgeber	257 … 259
R 2	– Vergaservorwärmung	262
R 7	– Gemischvorwärmung	264
Y 26	– Drosselklappenansteller	238 … 244
Y 27	– Vordrosselklappe	252. 253
Y 33	– Zündverteiler MHSV	260
X 5	– Stecker Motor-Kabelsatz	255, 258, 262
X 13	– Prüfstecker	254
X 16	– Stecker-Kabelsatz EZV 7polig	238, 245, 255, 257, 262
F 16	– Sicherung	295

Bezeichnung der Teile		Strompfad
K 15	– Steuergerät Einspritzanlage	284 … 291
K 53	– Steuergerät EZF	272 … 281
K 68	– Relais für Einspritzanlage	295 … 299
K 73	– Zündungsmodul Zündspule EZ 61	269. 270
L 4	– Zündspule TSZ, Induktivgebersystem EZ 61	270. 271
M 21	– Kraftstoffpumpe	295
P 12	– Kühlmittel-Temperaturgeber	289
P 24	– Öl-Temperaturgeber EZF	276. 277
P 35	– Induktivgeber	273 … 275
R 15	– Widerstand ROZ-Codierung	278. 279
S 44	– Drosselklappen-Schalter	285. 286
Y 6	– Zusatzluft-Schieber	292. 293
Y 7	– Magnetventile Kraftstoffeinspritzung	279 … 286
Y 33	– Zündverteiler MHSV	273
X 5	– Stecker Motor-Kabelsatz	269. 270. 271, 291, 295
X 6	– Stecker Karosserie-Kabelsatz	295
X 15 B	– Stecker Kabelsatz Einspritzanlage, 8polig	283, 291, 293

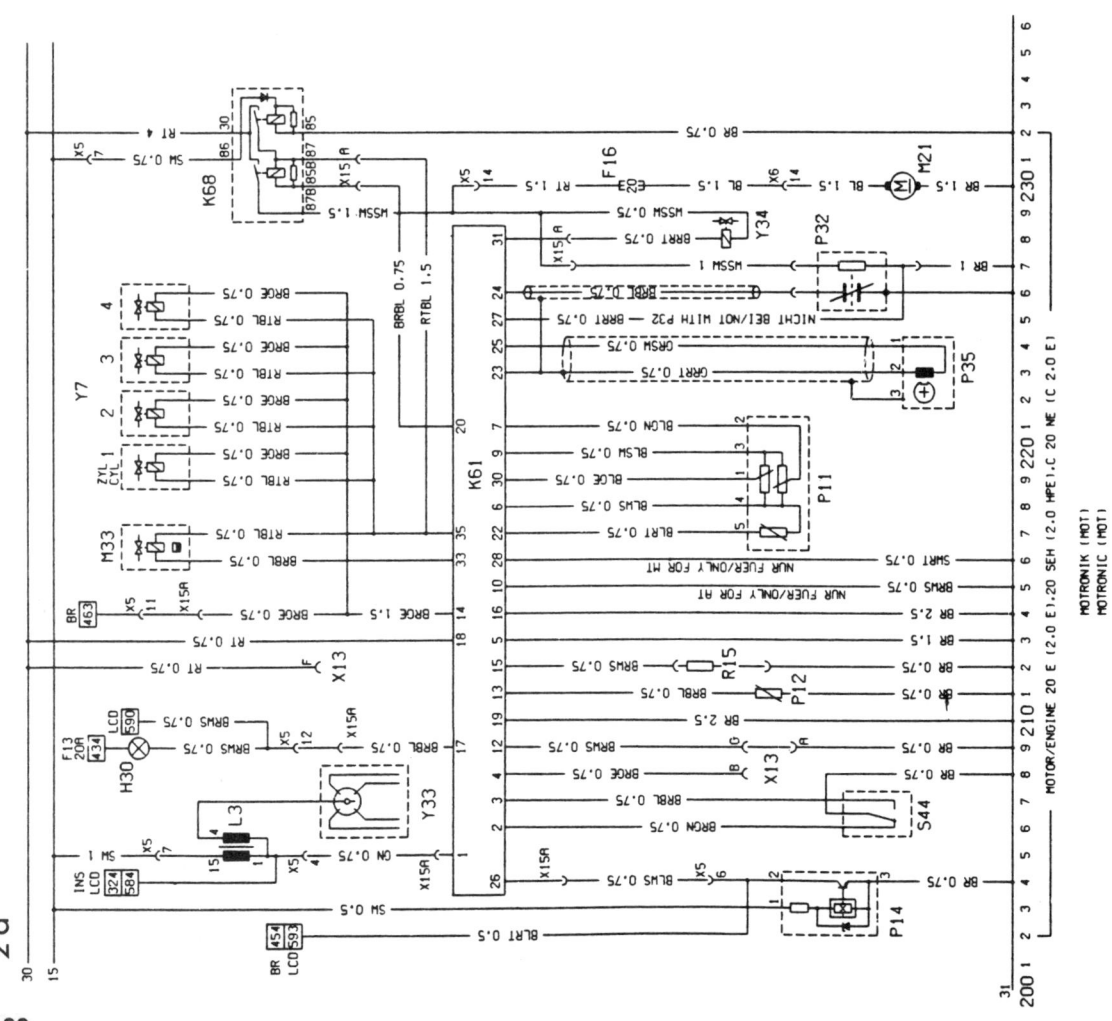

2 a

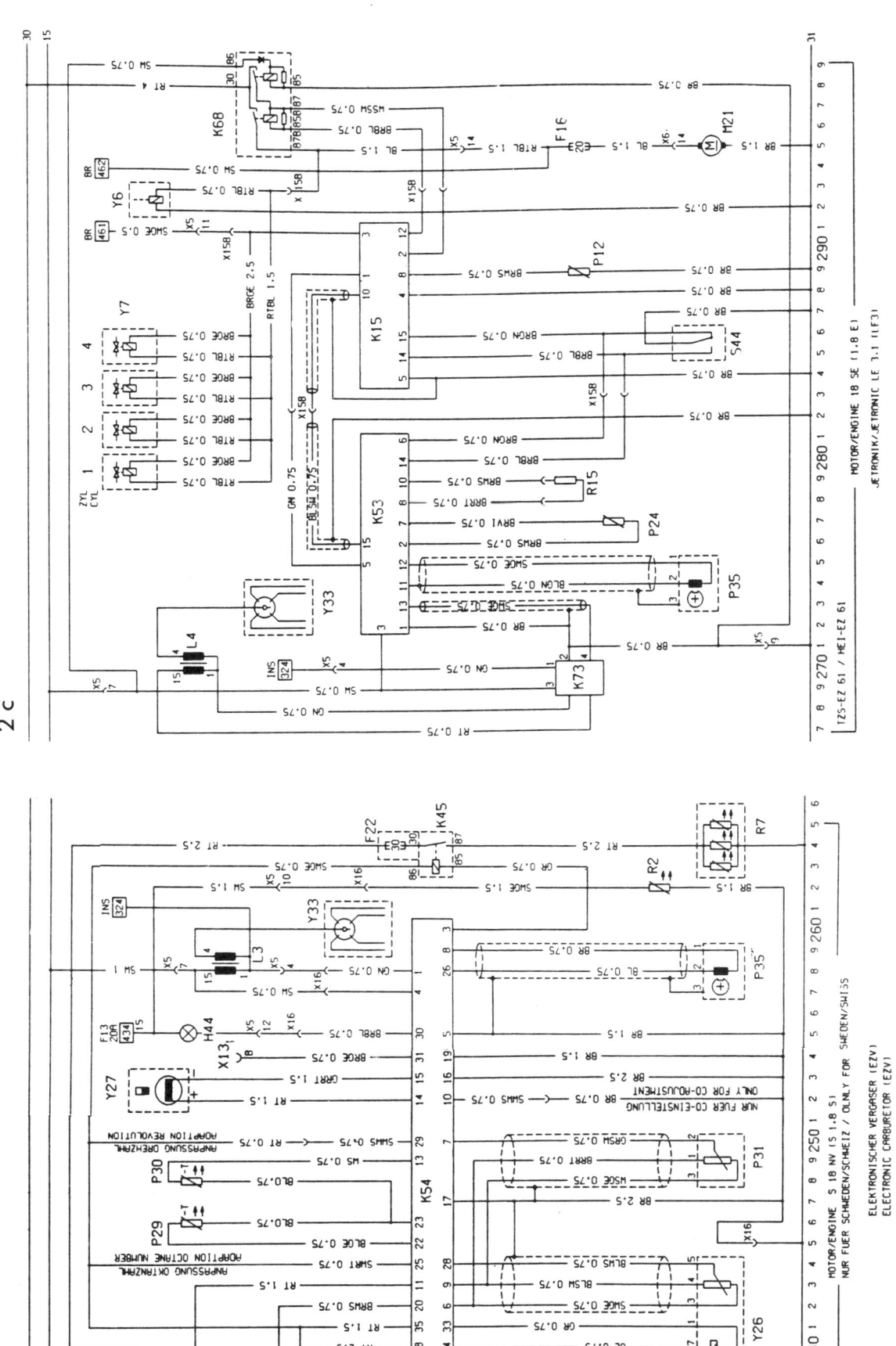

2 c

2 b

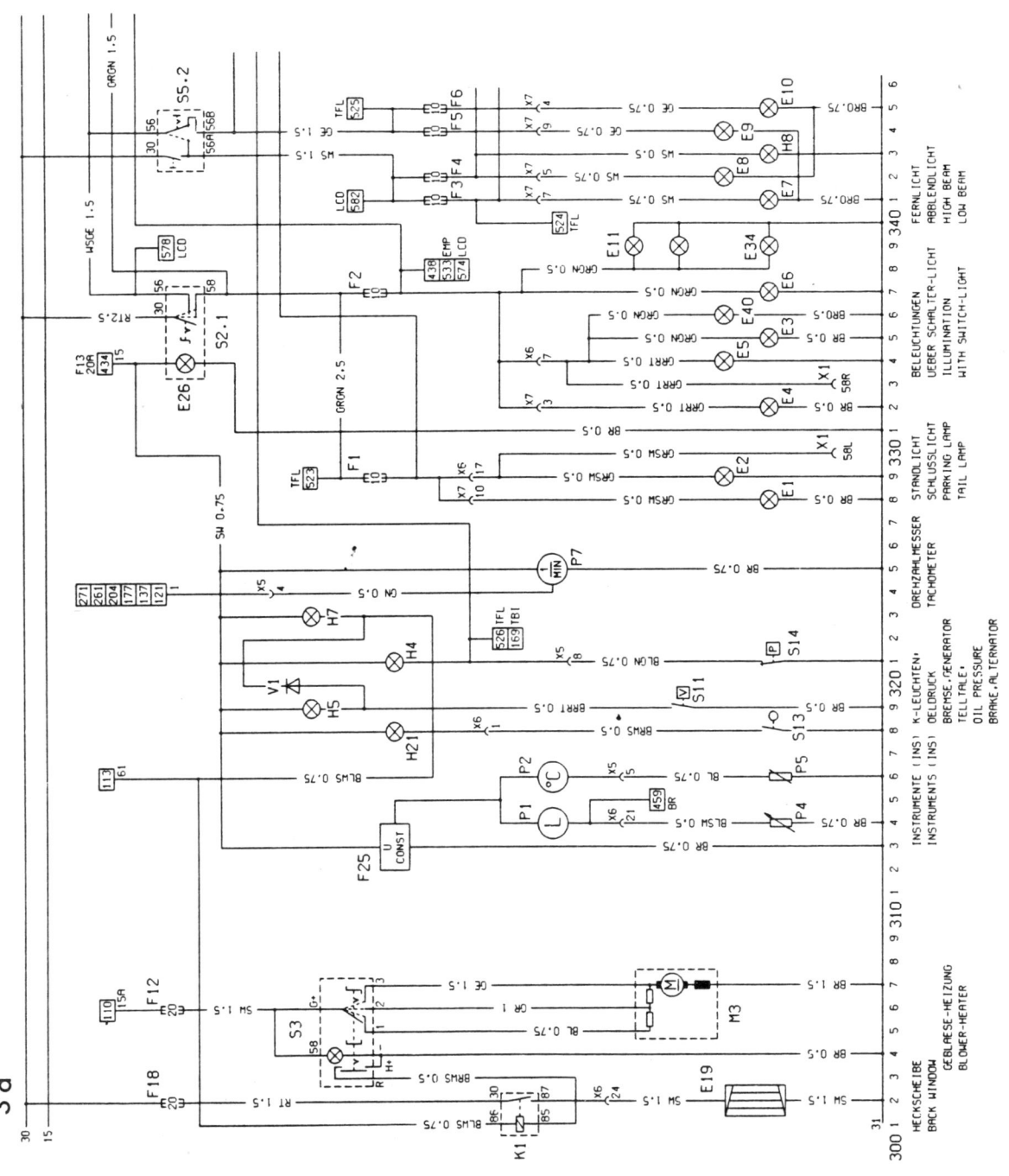

3 b

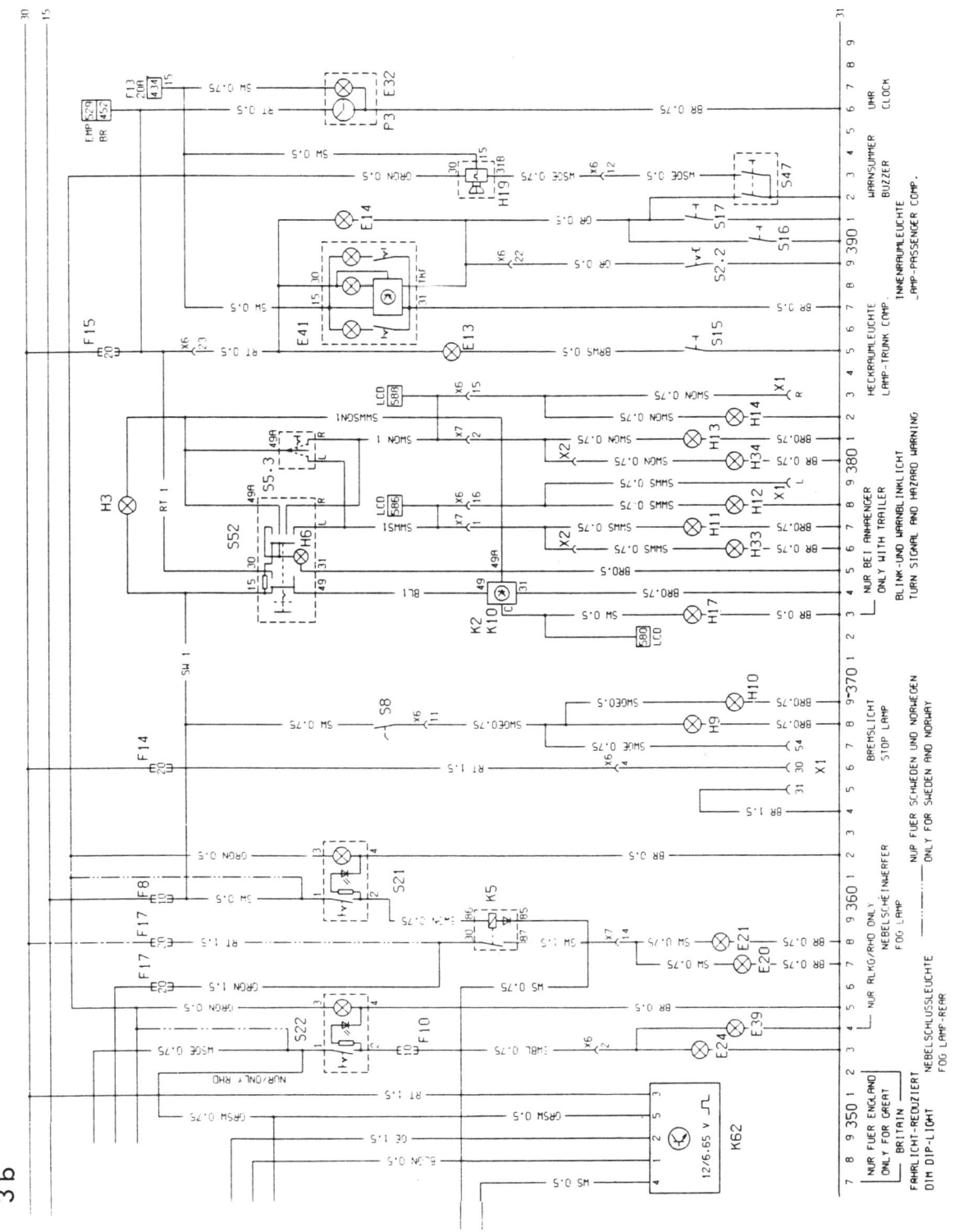

185

Erläuterungen zu den Stromlaufplänen 3 a und 3 b
Seiten 184 und 185

Bezeichnung der Teile | **Strompfad**

E 1	– Standlicht links	328
E 2	– Schlußlicht links	329
E 4	– Standlicht rechts	332
E 5	– Schlußlicht rechts	334
E 19	– Heizbare Heckscheibe	302
F 1, 12, 18	Sicherung	329, 306, 302
F 25	– Spannungsstabilisator	313
H 4	– Öldruck-Kontrolleuchte	321
H 5	– Bremsflüssigkeits-Kontrolleuchte	319
H 7	– Ladekontrolleuchte	323
H 21	– Feststellbremse-Kontrolleuchte	318
K 1	– Relais für heizbare Heckscheibe	301, 302
M 3	– Gebläse Motor	305, 307
P 1	– Kraftstoffanzeige	314
P 2	– Kühlmittel-Temperaturanzeige	316
P 4	– Kraftstoffvorratgeber	314
P 5	– Kühlmittel-Temperaturgeber	316
P 7	– Drehzahlmesser	325
S 3	– Schalter für Gebläse und heizbare Heckscheibe	303...307
S 11	– Kontrollschalter für Stand der Bremsflüssigkeit	319
S 13	– Schalter Feststellbremse	318
S 14	– Öldruck-Schalter	321
V 1	– Diode zur Glühlampe für Stand der Bremsflüssigkeit (im Instrument)	320
X 1	– Anhänger-Steckdose	330, 333
X 5	– Motor-Stecker Kabelsatz	316, 321, 324
X 6	– Karosserie-Stecker Kabelsatz	302, 314, 318, 329, 334
X 7	– Stecker Kabelsatz vorn	328, 332
E 3	– Kennzeichenleuchte	335
E 6	– Motorraumleuchte	337
E 7	– Fernlicht links	341

Bezeichnung der Teile | **im Strompfad**

E 8	– Fernlicht rechts	342
E 9	– Abblendlicht links	344
E 10	– Abblendlicht rechts	345
E 11	– Instrumentenleuchten	339
E 20	– Nebelscheinwerfer links	357
E 21	– Nebelscheinwerfer rechts	358
E 24	– Nebelschlußleuchte	353
E 26	– Leuchte des Lichtschalters	334
E 34	– Leuchte der Heizungsbetätigung	339
E 39	– Nebelschlußleuchte	354
E 40	– Kennzeichenleuchte (nur Kombiwagen)	336
F 2, 3, 4, 5, 6, 8, 10, 17	Sicherung	337, 341, 342, 344, 345, 360, 353, 366, 356
H 8	– Fernlicht-Kontrolleuchte	343
K 5	– Relais für Nebelscheinwerfer	358, 359
K 62	– Steuergerät für reduziertes Fahrlicht	347...351
S 2	– Lichtschalter ZSB	
S 2.1	– Lichtschalter	334...337
S 5	– Signalschalter ZSB	
S 5.2	– Schalter für Abblendlicht	343, 344
S 21	– Schalter für Nebelscheinwerfer	360, 362
S 22	– Schalter für Nebelschlußleuchte	353, 355
X 1	– Anhänger-Steckdose	365...367
X 6	– Stecker Karosserie-Kabelsatz	353, 366
X 7	– Stecker Kabelsatz vorn	341, 342, 344, 345, 358
E 13	– Heckraumleuchte	385
E 14	– Innenleuchte	391
E 32	– Leuchte für Uhr	397
E 41	– Innenleuchte, abschaltverzögert	386...389
F 15	– Sicherung	385

Bezeichnung der Teile | **im Strompfad**

H 3	– Blinklicht-Kontrolleuchte	378
H 6	– Kontrolleuchte der Warnblinkanlage	376
H 9	– Bremslicht links	368
H 10	– Bremslicht rechts	369
H 11	– Blinklicht vorn links	377
H 12	– Blinklicht hinten links	378
H 13	– Blinklicht vorn rechts	381
H 14	– Blinklicht hinten rechts	382
H 17	– Kontrolleuchte Anhängerblinklicht	373
H 19	– Warnsummer Scheinwerfereinschaltkontrolle	393, 394
H 33	– Zusatzblinklicht links	376
H 34	– Zusatzblinklicht rechts	380
K 2	– Blinkgeber	374
K 10	– Blinkgeber für Anhänger	373, 374
P 3	– Uhr	396
S 2	– Lichtschalter ZSB	
S 2.2	– Schalter Innenleuchte	389
S 5	– Signalschalter ZSB	
S 5.3	– Blinkerschalter	380, 381
S 8	– Bremslichtschalter	368
S 15	– Schalter Heckraumleuchte	385
S 16	– Türkontaktschalter links	390
S 17	– Türkontaktschalter rechts	391
S 47	– Kontaktschalter der Tür und Scheinwerfereinschaltkontrolle	392, 393
S 52	– Warnlichtschalter	374...378
X 1	– Anhänger-Steckdose	379, 383
X 2	– Steckanschluß für Zusatzverbraucher	376, 380
X 6	– Stecker Karosserie-Kabelsatz	368, 378, 383, 385, 389, 393
X 7	– Stecker Kabelsatz vorn	377, 381

Bezeichnung der Teile		im Strompfad
F 9	– Sicherung	410
F 21	– Sicherung der Scheinwerfer-Wascheranlage	414
K 8	– Relais für Intervallschalter Frontscheiben-Wischer	405 … 408
K 9	– Zeitrelais für Scheinwerfer-Waschanlage	412 … 414
K 30	– Relais für Intervall des Heckscheibenwischers	419 … 421
M 2	– Wischermotor Frontscheibe	403 … 406
M 5	– Wascherpumpe Frontscheibe	402
M 8	– Wischermotor Heckscheibe	417 … 419
M 9	– Wascherpumpe Heckscheibe	422 … 430
M 24	– Wascherpumpe Scheinwerfer	414
M 36	– Wischermotor Heckscheibe (Nur GSI)	427 … 429
S 9	– Wischerschalter ZSB	427 … 429
S 9.2	– Intervallschalter der Frontscheibenwischer	402 … 406
S 9.3	– Intervallschalter des Heckscheibenwischers	420 … 421
S 9.4	– Intervallschalter des Heckscheibenwischers (nur GSI)	429. 430
X 6	– Stecker Karosserie-Kabelsatz	416, 419, 427, 429

Bezeichnung der Teile		im Strompfad
X 7	– Stecker Kabelsatz, vorn	414
E 12	– Wählhebel-Leuchte	446
E 15	– Handschuhkasten-Leuchte	439
E 16	– Zigarettenanzünder-Leuchte	438
E 17	– Rückfahrscheinwerfer links	435
E 18	– Rückfahrscheinwerfer rechts	436
E 33	– Ascher-Leuchte	447
E 38	– Bordrechner-Leuchte	455
F 13	– Sicherung	435
K 36	– Relais für Bordrechner	460 … 462
P 13	– Außenluft-Temperaturgeber	460. 461
P 14	– Wegstrecken-Geber	451. 452
P 15	– Kraftstoff-Mengenmesser	453. 454
R 3	– Zigarettenanzünder	437
S 7	– Schalter für Rückfahrscheinwerfer (nicht bei Automatikgetriebe)	435
S 10	– Schalter ZSB automatisches Getriebe	439
S 10.2	– Schalter für Rückfahrscheinwerfer	434
S 18	– Schalter für Handschuhkastenleuchte	439
U 3	– Bordrechner ZSB	452 … 461
U 3.1	– Schalter Vorrang Uhr	459
U 3.2	– Schalter Funktionswahl	459
U 3.3	– Schalter Funktionslösung und Bedienung Stoppuhr und Stunden/Minuten-Einstellung	459
X 2	– Steckanschluß für Zusatzverbraucher	446

Bezeichnung der Teile		im Strompfad
X 5	– Stecker Motor-Kabelsatz	435
X 6	– Stecker Karosserie-Kabelsatz	435
E 25	– Vordersitz – Heizmatte, links	468
E 30	– Vordersitz – Heizmatte, rechts	472
H 25	– Kontrolleuchte der Spiegelheizung	483, 492
K 35	– Zeitrelais für heizbaren Außenspiegel	497, 499
M 30	– Außenspiegel, einstellbar und heizbar, links	478 … 481, 487 … 490
M 31	– Außenspiegel, einstellbar und heizbar, rechts	494 … 497
S 30	– Schalter Vordersitz für Heizmatte, links	468 … 470
S 55	– Schalter Vordersitz für Heizmatte, rechts	472 … 474
S 68	– Außenspiegel Schalter ZSB	
S 68.1	– Schalter für Außenspiegeleinstellung	477 … 480, 485 … 489
S 68.2	– Schalter für Außenspiegelheizung	483. 492
S 68.3	– Schalter für Außenspiegel, links/rechts	486 … 490
X 2	– Steckanschluß für Zusatzverbraucher	468, 472, 276
X 6	– Stecker Karosserie-Kabelsatz	468, 472, 476

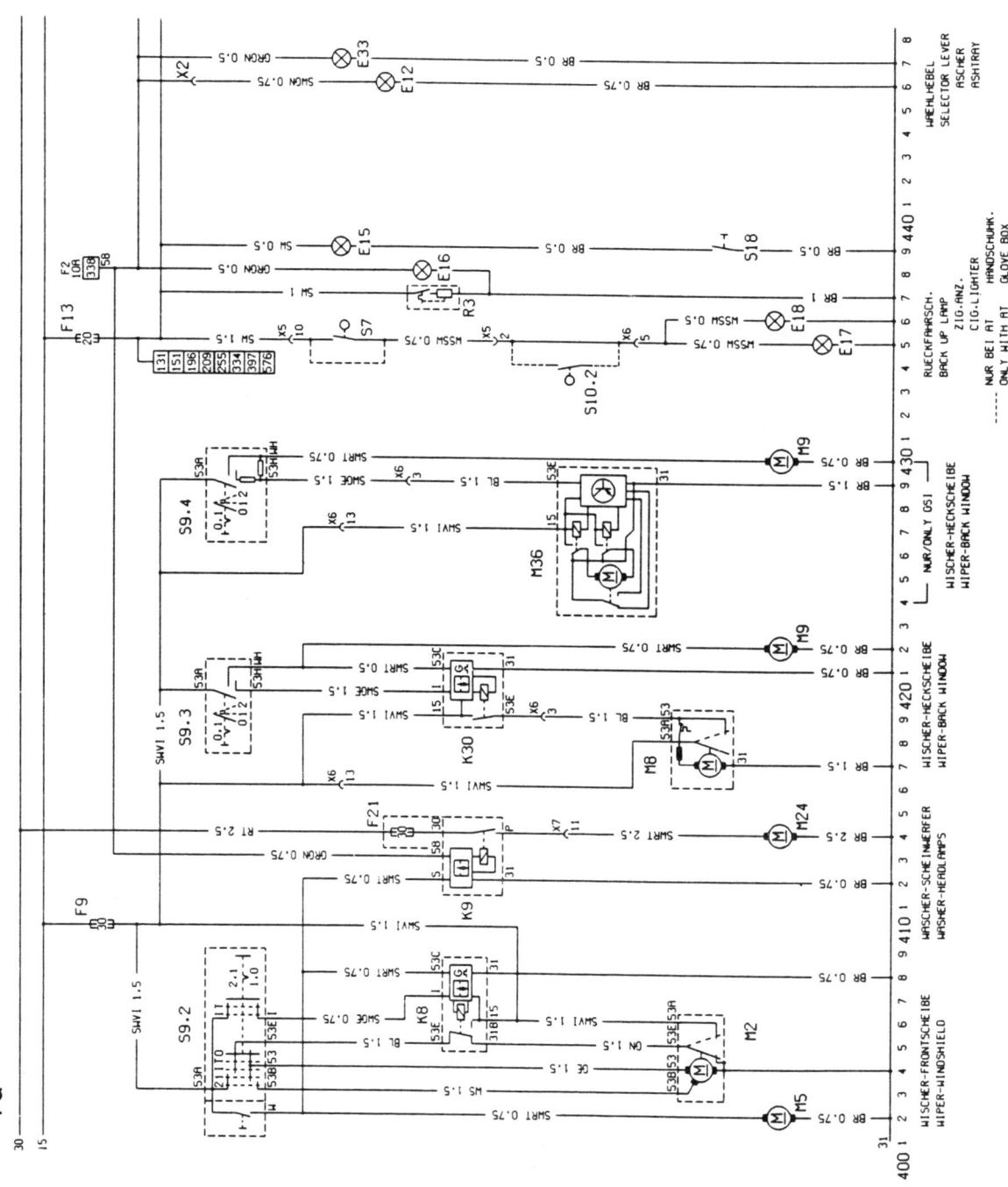

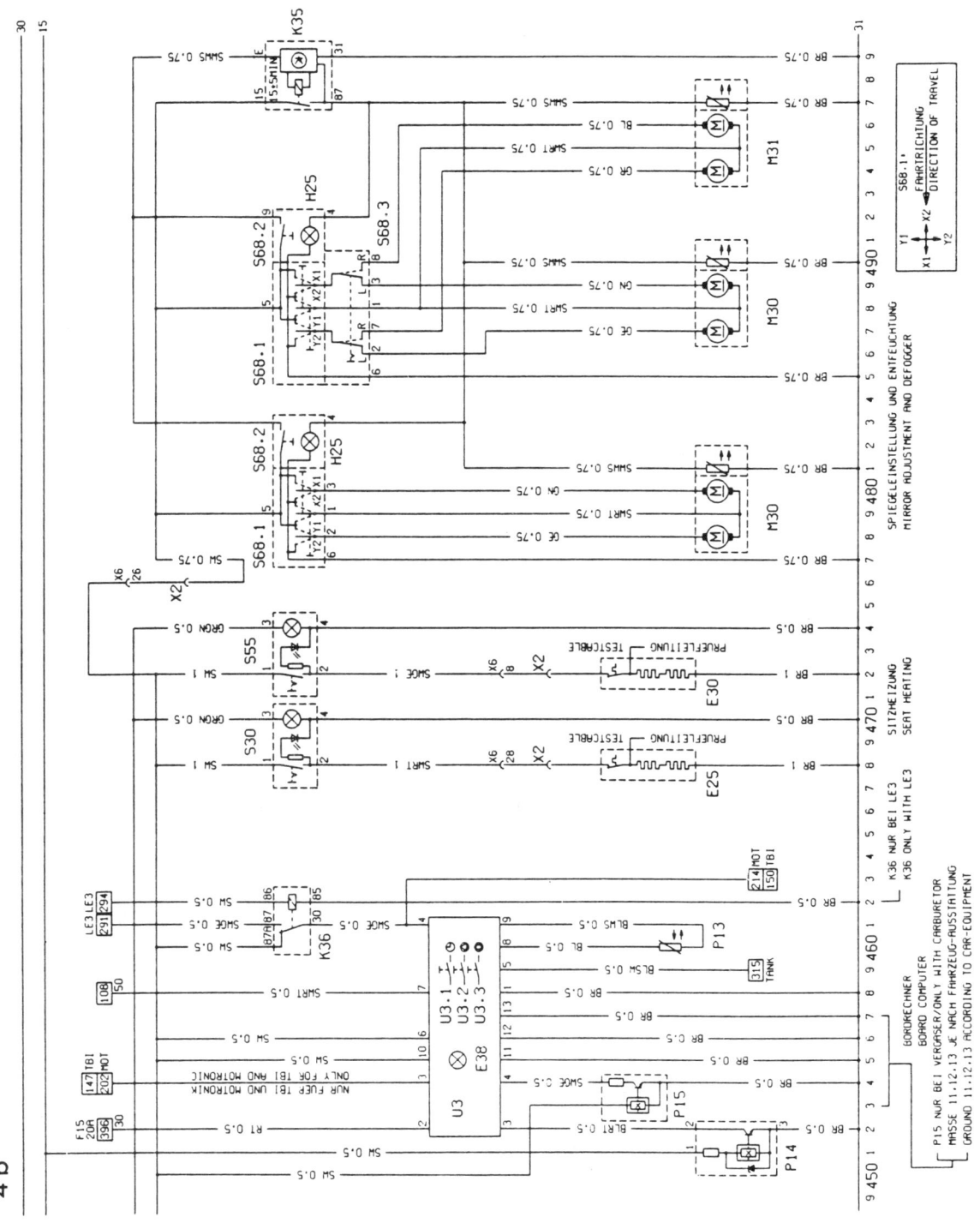

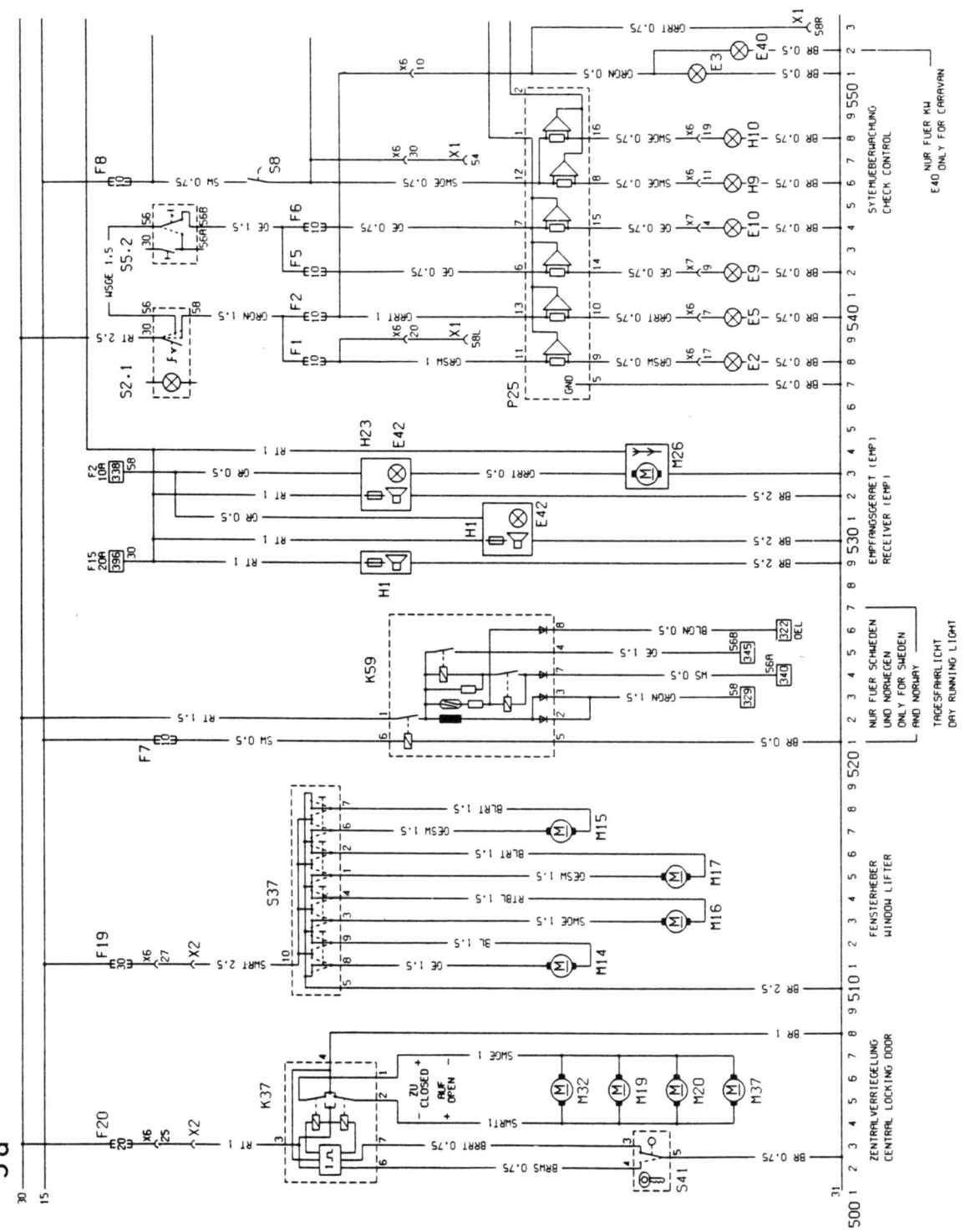

5 a

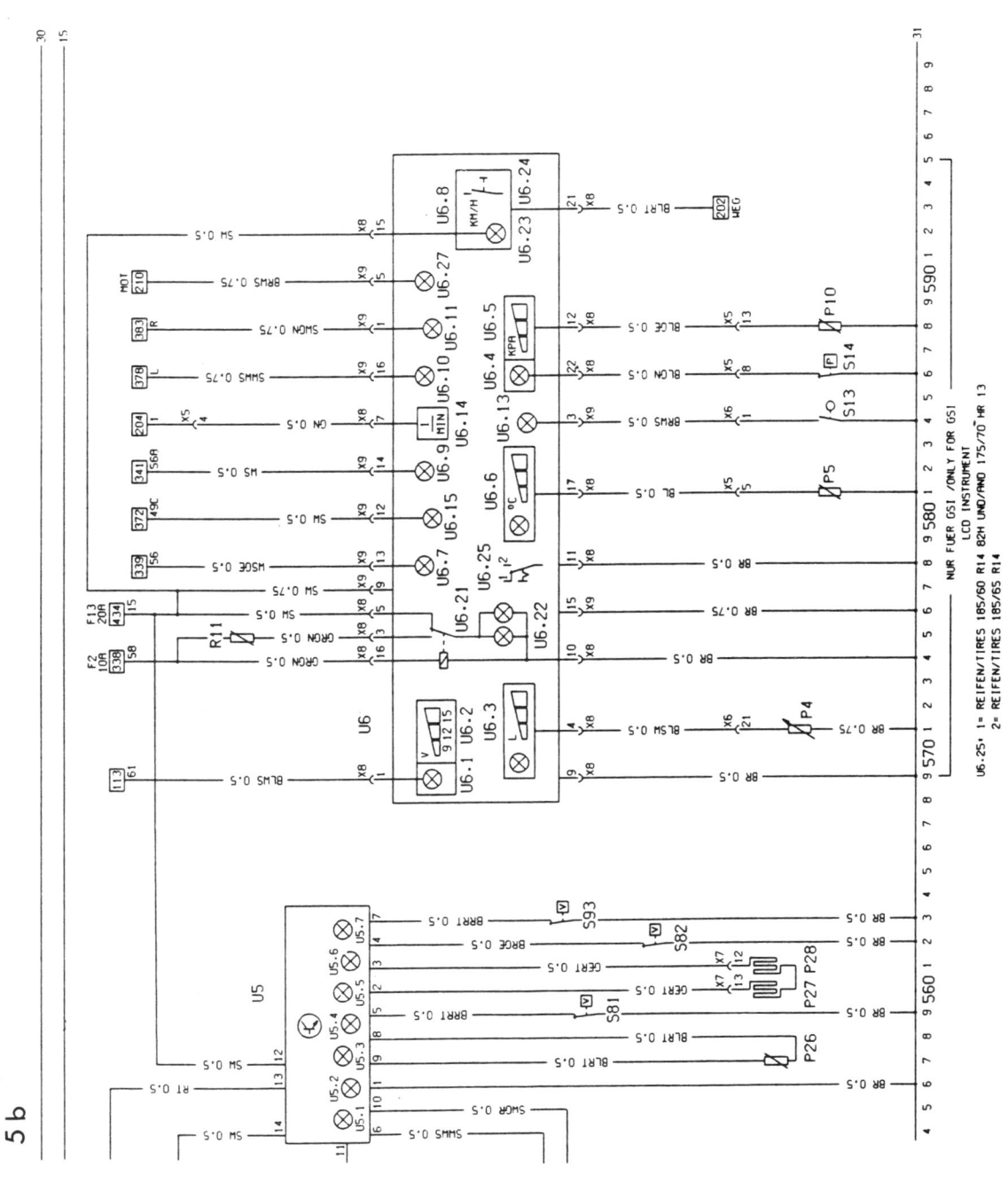

Erläuterungen zu den Stromlaufplänen 5 a und 5 b
Seiten 190 und 191

Bezeichnung der Teile	Strompfad
E 42 – Leuchte für Empfangsgerät	531, 533
F 7 – Sicherung	521
F 19 – Sicherung der Fensterheber	511
F 20 – Sicherung der Zentralverriegelung	503
H 1 – Empfangsgerät	529 ... 531
H 23 – Automatik-Antenne	532. 533
K 37 – Relais für Zentral-verriegelung	502 ... 508
K 59 – Relais für Fahrlicht	521 ... 526
M 14 – Fensterhebermotor, vorn links	511. 512
M 15 – Fensterhebermotor, vorn rechts	517. 518
M 16 – Fensterhebermotor, hinten links	513. 314
M 17 – Fensterhebermotor, hinten rechts	515. 516
M 19 – Motor der Zentralverriegelung, Tür hinten links	504, 507
M 20 – Motor der Zentralverriegelung, Tür hinten rechts	504, 507
M 26 – Motor der Automatik-Antenne	533. 534
M 32 – Motor der Zentralverriegelung, Beifahrertür	504, 507
M 37 – Motor der Zentralverriegelung, Heckklappe	504, 507
S 37 – Fensterheber-Schalter	510 ... 518
S 41 – Schalter für Zentralverriegelung, Fahrertür	502. 503
X 2 – Steckanschluß für Zusatzverbraucher	503, 511
X 6 – Stecker, Karosseriekabelsatz	503, 511
E 2 – Schlußlicht, links	538
E 3 – Kennzeichen-Leuchte	551
E 5 – Schlußlicht, rechts	540
E 9 – Abblendlicht, links	542
E 10 – Abblendlicht, rechts	544

Bezeichnung der Teile	Strompfad
E 40 – Kennzeichenleuchte	552
F 1, 2, 5, 6, 8 – Sicherung 538, 540, 542, 544, 546	
H 9 – Bremslicht, links	546
H 10 – Bremslicht, rechts	548
P 25 – Geber der Glühlampen-kontrolle	537 ... 550
P 26 – Geber der Öl Restmenge	557. 558
P 27 – Geber für Bremsbelagverschleiß, vorn links	560
P 28 – Geber für Bremsbelagverschleiß, vorn rechts	561
S 2 – Lichtschalter ZSB	
S 2.1 – Lichtschalter	539. 540
S 5 – Signalschalter ZSB	
S 5.2 – Abblendlicht-Schalter	544
S 8 – Bremslicht-Schalter	546
S 81 – Kontrollschalter für Bremsflüssigkeit	559
S 82 – Kontrollschalter für Reinigungsflüssigkeit	562
S 93 – Kontrollschalter für Kühlflüssigkeit	563
U 5 – Anzeigegerät ZSB	554 ... 563
U 5.1 – Kontrolleuchte für Schlußlicht und Abblendlicht	554
U 5.2 – Kontrolleuchte für Bremslicht	556
U 5.3 – Kontrolleuchte für Öl-Restmenge	557
U 5.4 – Kontrolleuchte für Bremsflüssigkeit	558
U 5.5 – Kontrolleuchte für Bremsbelag	560
U 5.6 – Kontrolleuchte für Restmenge der Reinigungsflüssigkeit	561
U 5.7 – Kontrolleuchte für Restmenge der Kühlflüssigkeit	563
X 1 – Steckdose für Anhänger 539, 547, 553	
X 6 – Stecker Karosserie-Kabel-satz 538 ... 540, 546 ... 548, 551	

Bezeichnung der Teile	Strompfad
X 7 – Stecker Kabelsatz, vorn	542, 544, 560, 561
R 11 – Regelschalter Instrument	575
S 13 – Schalter der Feststellbremse	584
S 14 – Öldruck-Schalter	586
P 4 – Kraftstoffvorrat-Geber	571
P 5 – Geber der Kühlmitteltemperatur	581
P 10 – Öldruckgeber	588
U 6 – LCD-Instrument ZSB	569 ... 593
U 6.1 – Ladekontrolleuchte	569
U 6.2 – Voltmeter	570 ... 572
U 6.3 – Kraftstoffanzeige	571
U 6.4 – Öldruck-Kontrolleuchte	586
U 6.5 – Öldruckmesser	588
U 6.6 – Kühlmittel-Temperaturanzeige	581
U 6.7 – Licht-Kontrolleuchte	578
U 6.8 – Tachometer	592. 593
U 6.9 – Kontrolleuchte für Fernlicht	582
U 6.10 – Kontrolleuchte für Blinker links	586
U 6.11 – Kontrolleuchte für Blinker rechts	588
U 6.13 – Kontrolleuchte für Feststellbremse	584
U 6.14 – Drehzahlmesser	584
U 6.15 – Kontrolleuchte für Anhänger	580
U 6.21 – Relais Display-Beleuchtung	574 ... 576
U 6.22 – Display-Leuchten	575. 576
U 6.23 – Tachometer-Leuchte	592
U 6.24 – Umschalter für Meilen/km (nur Meileninstrument)	593
U 6.25 – Umschalter für Wegdrehzahl	578
U 6.27 – Motor-Kontrolleuchte	590
X 5 – Stecker Motor-Kabel-satz	581, 584, 586, 588
X 6 – Stecker Karosserie-Kabelsatz	571
X 8 – Stecker LCD-Instrument, 26-polig	
X 9 – Stecker LCD-Instrument, 16-polig	

Erläuterungen zum Stromlaufplan 6
Multec-Zentraleinspritzung

Bezeichnung der Teile		Strompfad
F 16	– Sicherung	569
H 30	– Kontrolleuchte	569...584
K 57	– Steuergerät	562...587
K 58	– Relais der Kraft-stoffpumpe	586.
L 3	– Zündspule	587
M 21	– Kraftstoffpumpe	553...587
M 33	– Leerlauf-Stellglied	571...574
P 14	– Wegstreckengeber	560...562
P 23	– Saugrohr-Unter-druckgeber	578...580
P 30	– Kühlmittel-Temperaturgeber	576.577
P 33	– Lambda-Sonde	578
P 34	– Geber der Drosselklappen-stellung	581...583
S 91	– Öldruckschalter	589.590
S 92	– Park-/Neutral-Schalter	574.575
V 7	– Diode	562
Y 14	– Induktivgeber	550...554
Y 24	– Zündverteiler	557
Y 32	– Einspritzventil	563
X 6	– Kabelsatzstecker hinten	587
X 11	– Kabelsatz-stecker 564, 567, 569, 587, 590	

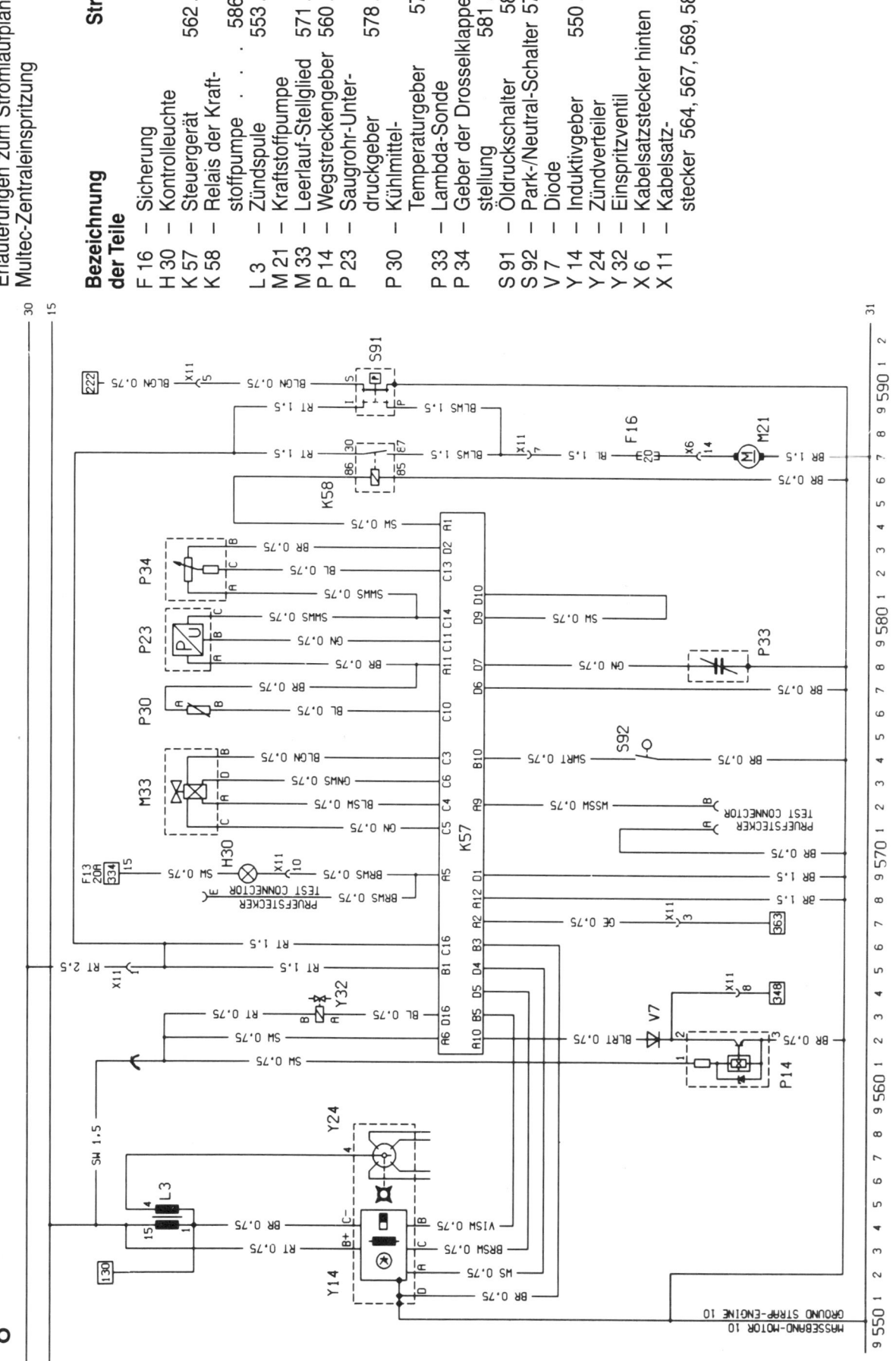

Vorratskammer

Der Opel besitzt wie üblich eine Bleibatterie, besser mit Akkumulator (Energiespeicher) bezeichnet. Bei ihr ist die Energieumwandlung umkehrbar: Beim Entladen wird aus chemischer Energie elektrische Energie gewonnen, und beim Laden wird elektrische in chemische Energie umgesetzt.

So funktioniert die Batterie

Eine Bleiplatte als Elektrode, die mit verdünnter Schwefelsäure (dem Elektrolyt) in Verbindung kommt, gibt unter dem Einfluß des Lösungsdruckes positive Ionen, also elektrisch geladene Teilchen an den Elektrolyten ab. Dadurch wird zwischen der Bleiplatte und dem Elektrolyten eine elektrische Spannung aufgebaut.

In der Praxis verläßt man sich jedoch nicht auf diesen freiwilligen Übertritt geladener Teilchen, sondern zwingt der Batterie eine Ladespannung auf. Das hat den Effekt, daß sich das Bleisulfat der Platten einer entladenen Batterie an der positiven Elektrode in Bleidioxid und an der negativen Elektrode in Bleischwamm umwandelt. Gleichzeitig wird im Elektrolyten wieder Schwefelsäure gebildet, und als äußeres Zeichen für den fast abgeschlossenen Ladevorgang steigen Gasbläschen auf.

Beim Entladen dreht sich der Vorgang um. Das Bleidioxid der positiven Platte und der Bleischwamm der negativen werden wieder zu Bleisulfat, wobei sich die Schwefelsäure verbraucht und Wasser gebildet wird. Mit der Entladung sinkt deshalb die Säuredichte ab.

Batterie-Daten

Typnummer: Eine fünfstellige Zahl dient einheitlich bei allen deutschen Batterie-Herstellern zur Kennzeichnung von Leistung, Abmessungen und Bauart. Bei unseren Modellen lauten die entsprechenden Kennzahlen 53624 bzw. 54434. Die auf die Ziffer 5 folgende Zahl 36 oder 44 gibt die Batterie-Kapazität an. Die nachfolgenden beiden Ziffern kennzeichnen Konstruktionsmerkmale sowie die Ausführung.

Spannung und Kapazität: In der Angabe 12 V/44 Ah gibt die vorangestellte 12 V natürlich die Spannung an. Hinter dem Schrägstrich ist die Stromstärke in ihrer »zeitlich lieferbaren Menge« vermerkt – »Ah« steht für Amperestunden. Das ist die Nenn-Batteriekapazität, die nach Normbedingungen gemessen wird. In der Praxis rechnet man allerdings nur mit $\frac{2}{3}$ der angegebenen Kapazität; bei einer älteren Batterie lediglich mit der Hälfte.

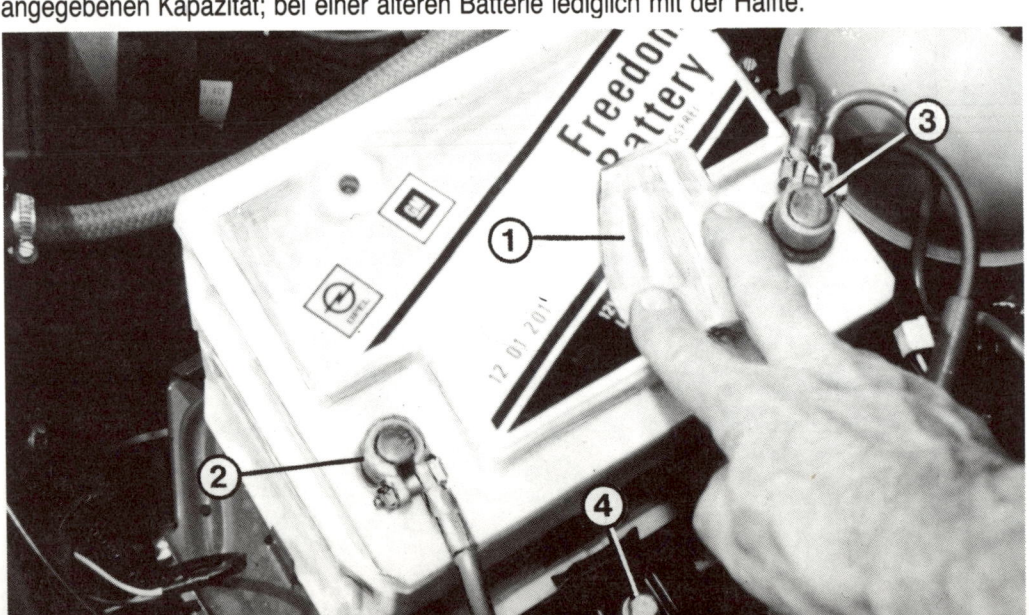

Der Pluspol (3) der »Freedom«-Batterie ist von einer hochklappbaren Kappe (1) bedeckt, womit ein Kurzschluß – etwa durch abgelegtes Werkzeug – vermieden wird.
2 – Minuspol;
3 – Pluspol;
4 – Befestigungsschraube am Batteriehalter.

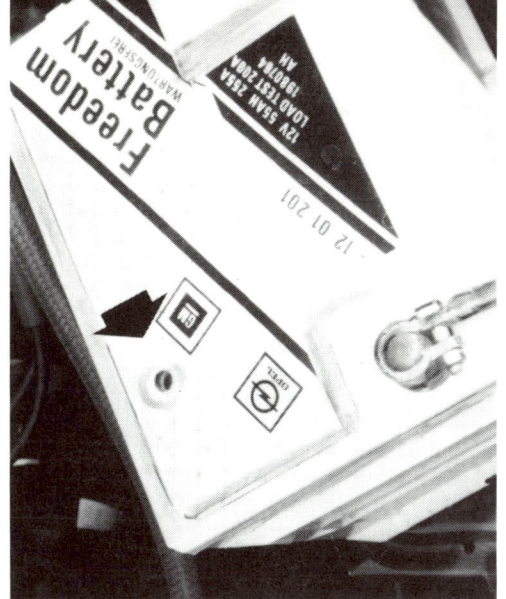

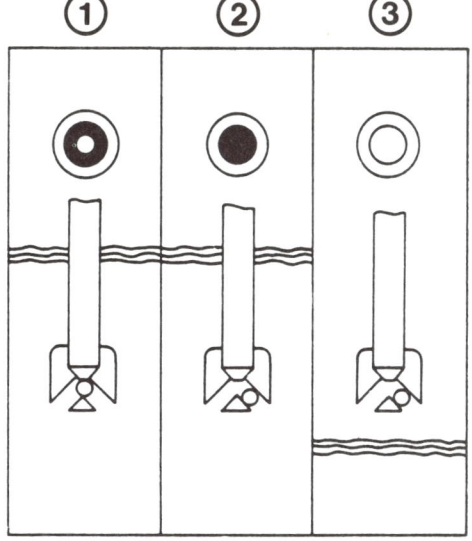

Das Sichtfenster (Pfeil) der wartungsfreien Batterie offenbart den Ladezustand.
1 – Grüner Punkt im Zentrum des Säuredichteprüfers: Die Kugel liegt im Käfig direkt vor dem Kunststoffstab, die Batterie ist mindestens bis zu 65 % geladen.
2 – Dunkles Zentrum: Die Kugel liegt nicht vor dem Kunststoffstab, die Ladung beträgt weniger als 65 %.
3 – Helles oder hellgelbes Zentrum: Der Batteriesäurespiegel ist

Kälteprüfstrom: Die Zahl 175 A oder 210 A nennt die Stromstärke, welche die Batterie bei −18°C liefern kann.

Wenn der Kadett mit eingeschaltetem Standlicht abgestellt ist, werden etwa 30 Watt gebraucht. Bei 12 Volt Spannung fließen dazu (nach der Formel: Leistung geteilt durch Spannung = Strom) 2,5 Ampere. Die können von der 44-Ah-Batterie theoretisch etwa 17½ Stunden lang geliefert werden. Aber in der Praxis sieht es schlechter aus:

☐ Bei brennendem Standlicht versagt die Stromlieferung nach rund 12 Stunden.

☐ Mit eingeschalteten Warnblinkern reicht der Strom etwa 4 Stunden.

☐ Die größten Anforderungen an die Batterie stellt der Anlasser. Daher auch der Name »Starterbatterie«. Durch Reibungsverluste frißt der Anlasser im Augenblick des Einschaltens über 3000 Watt. Zum Durchdrehen des warmen Motors braucht er nur ⅕ dieser Leistung. Andererseits wird der Strombedarf des Anlassers höher, wenn die Temperaturen sinken und die Schmierstoffe dadurch zäher sind.

Batterien haben die Eigenart, um so unwilliger auf Kälte zu reagieren, je weniger Strom sie gespeichert haben. Völlig leere Akkus sind so empfindlich, daß sie bei Frost einfrieren und platzen können. Ist die Batterie dagegen randvoll geladen, verträgt sie die Kälte verhältnismäßig gut. Vor der kalten Jahreszeit empfiehlt sich bei einem älteren Akku die Kontrolle des Ladezustands, siehe nächste Seite.

Die Batterieflüssigkeit besteht aus Schwefelsäure, verdünnt mit destilliertem Wasser. Ein Teil dieses Wassers kann verdunsten oder wird beim Ladevorgang in Wasserstoff und Sauerstoff zersetzt. Deshalb muß bei herkömmlichen Autobatterien der Flüssigkeitsstand regelmäßig ergänzt werden.

Wartungsfreie Batterien nach DIN 72 311 besitzen ein größeres Flüssigkeitsvolumen als die früher üblichen Akkus. Unter normalen Bedingungen sollen sie ihr gesamtes Leben ohne Nachfüllen von destilliertem Wasser auskommen. Erhöhten Wasserverlust verursachen lediglich höhere Umgebungstemperaturen, längere Aufenthalte in heißen Regionen (Urlaub), ein defekter Lichtmaschinen-Spannungsregler, Selbstentladung bei langen Standzeiten des Fahrzeugs oder Tiefentladung, etwa durch eingeschaltetes Standlicht über Nacht.

Die »Freedom«-Batterie, von Opel gewöhnlich im Neuwagen eingebaut, ist völlig verschlossen, hat also keine Batteriestopfen. Antimonfreie Batterieplatten und ein Seperator im Gehäusedeckel, der die Flüssigkeit sammelt und zurückleitet, verhindern den sonst üblichen Wasserverlust. Die Lebensdauer wird durch einen stabilen Säurespiegel verlängert. Dieser Batterietyp ist völlig wartungsfrei.

Dieser und der folgende Abschnitt betrifft nur eine konventionelle, nicht wartungsfreie Batterie.

■ Die Batterieflüssigkeit muß mindestens bis zur unteren der beiden Gehäuse befindlichen Markierungen (»MIN«) reichen, zumin dest aber die Plattenoberkanten gut bedecken.

■ Bei abgesunkenem Flüssigkeitspegel

Leistung der Batterie

unter dem Kunststoffstab abgesunken. Bei Startschwierigkeiten Batterie ersetzen.

Temperatureinfluß auf die Batterie

Wartungsfreie Batterien

Batterie-Säurestand prüfen

Ständige Kontrolle

Verschlußstopfen herausdrehen. Manche »Wartungsfreien nach DIN« haben spezielle Stopfen:

■ Schraubenzieher an der Unterseite des Deckels ansetzen und »Kopf« des Stopfens hochhebeln. Unteren Teil mit einer Zange herausdrehen.

■ Bei einer normal geladenen Batterie bis zum oberen Strich (»MAX«) bzw. bis 15 mm über die Plattenoberkanten destilliertes Wasser auffüllen.

■ In eine stark entladene Batterie nur so viel Wasser einfüllen, daß die Platten oben bedeckt sind. Beim Wiederaufladen steigt der Flüssigkeitsstand nämlich erheblich.

■ Erst nach dem Laden bis zur oberen Marke nachfüllen.

■ Die Wassermenge aus der Einfüllflasche muß gut dosierbar sein, sonst wird der Akku überfüllt.

■ Eine überfüllte Batterie »kocht über«, die Säure tritt an den Verschlußstopfen aus und verursacht Korrosion und Säurekristalle an Batterieoberfläche und -standplatz.

Destilliertes Wasser verwenden!

In den Akku darf niemals Batteriesäure gefüllt werden, sondern nur entsalztes (ionengetauschtes) Wasser, landläufig destilliertes Wasser genannt. Leitungswasser, Regenwasser und auch abgekochtes Wasser enthält leitfähige Salze und andere mineralische Stoffe.

Batterie ausbauen

Grundsätzlich muß an der Batterie zuerst das Minuskabel abgenommen werden, damit beim weiteren Hantieren kein Kurzschluß auftreten kann.

■ Mutter an der Klemme des Minuskabels lösen, Klemme vom Batteriepol abheben.

■ Pluskabel-Klemme lösen und abnehmen.

■ Schraube der Halteleiste am Batteriefuß losdrehen, Schraube und Leiste abnehmen.

■ Batterie herausheben.

■ Beim Einbau zuerst das Pluskabel anschließen, dann die Minusklemme.

■ Ein Vertauschen der Kabelklemmen ist nur mit Gewalt möglich, denn der Plus-Polkopf ist dicker als der Minus-Polkopf.

Batterie sauber halten

■ Ein verschmutztes Batteriegehäuse mit Kaltreiniger, Wasser und einer kräftigen Bürste säubern.

■ Oxidkristalle an den Batterieklemmen mit warmem Sodawasser abwaschen oder mit »Neutralon« von Varta behandeln.

■ Vorsicht, daß kein Wasser, Schmutz oder Reinigungsmittel durch die Entlüftungsbohrungen der Verschlußstopfen in die Batterieflüssigkeit gelangt.

■ An den abgeschraubten Stopfen kontrollieren, ob ihre Entlüftungsbohrungen frei sind, sonst säubern.

■ Batteriepolköpfe und Kabelklemmen mit Säureschutzfett (Bosch »Ft 40v1«) einstreichen.

■ Kein Fett erhalten die Polkopfseiten und die Innenseiten der Klemmen, sonst kann es Kontaktschwierigkeiten geben.

Ladezustand der Batterie prüfen

Erscheint der Akku trotz richtigem Säurestand kraftlos, muß der Ladezustand kontrolliert werden. Auskunft darüber gibt das spezifische Gewicht der Batteriesäure. Sie brauchen für die Kontrolle einen speziellen Hebe-Säuremesser (Aräometer), den Sie sich bei der Tankstelle ausleihen können.

■ Batterie-Verschlußstopfen herausdrehen.

■ So viel Batteriesäure ansaugen, daß die Meßspindel frei schwimmt.

■ Säuregewicht ablesen. Es bedeuten: 1,28 kg/l = Batterie voll geladen; 1,20 kg/l = halb geladen; 1,12 kg/l = entladen.

Batterie laden

Auch eine nicht gebrauchte Batterie soll gelegentlich geladen werden. Mit der Zeit erfolgt nämlich eine Selbstentladung.

Ladegerät anschließen

■ Pluskabel an Batterie-Pluspol, Minuskabel an Minuspol anklemmen.

■ Die Batteriekabel brauchen bei einem gewöhnlichen Ladegerät nicht abgenommen zu werden.

■ Die Batteriestopfen können eingeschraubt bleiben. Das sich beim Laden bildende Gas kann durch die Entlüftungsbohrungen in den Stopfen entweichen.

■ Der Ladestrom soll anfangs etwa 10% der Batteriekapazität betragen (z. B. 4,4 A beim 44-Ah-Akku) und sich während der Ladung automatisch verringern.

■ Die Batterie ist voll geladen, wenn ihre Säuredichte innerhalb von zwei Stunden nicht mehr ansteigt.

■ Beim Batterieladen wird das destillierte Wasser teilweise zersetzt. Es bilden sich Gasblasen aus Wasserstoff und Sauerstoff – das hochexplosive Knallgas.

■ Wenn mit hohem Strom geladen wird, für gute Durchlüftung des Raumes sorgen.
■ Beim Laden der Batterie nicht rauchen und kein offenes Feuer verwenden.
■ Auch Funken beim Ab- und Anklemmen des Laders bzw. der Batteriekabel können das Knallgas entzünden.

Schnelladung der Batterie

Wer es eilig hat, kann seine Batterie bei Tankstelle oder Werkstatt schnelladen lassen. Dabei wird mit mindestens 40 Ampere geladen. Nach einer Stunde ist die Batterie wieder voll.
☐ Einem älteren Akku kann die Schnelladung das Leben kosten, dann muß eine ohnehin bald fällige neue Batterie her.
☐ Beide Batteriekabel müssen abgenommen werden. Durch den hohen Ladestrom können die empfindlichen elektronischen Bauteile im Auto Schaden nehmen.
☐ Batterie-Verschlußstopfen herausdrehen und lose in die Öffnungen stecken, da der Akku bei der Schnelladung erheblich »gast«. Bei abgenommenen Stopfen sprüht durch die aufsteigenden und zerplatzenden Gasblasen ein feiner Säurenebel aus der Batterie, der sich rundum niederschlägt. Zum Schutz die Umgebung mit einer Plastikfolie oder Zeitung abdecken.

Start mit leerer Batterie

Nach einer Frostnacht oder durch versehentlich eingeschaltetes Standlicht oder Radio kann es am Strom zum Motorstart fehlen.
Die einfachste Startmethode ist natürlich das Anrollenlassen an einer abschüssigen Straße.

Starthilfekabel

■ Hilfsfahrzeug so dicht an den Opel heranfahren lassen, daß sich die Batterien beider Wagen möglichst nahe zueinander befinden. Die Wagen dürfen sich nicht berühren.
■ In Ihrem stromlosen Wagen sollen sämtliche Stromverbraucher abgeschaltet sein.
■ Ein Kabel an beide Batterie-Pluspole anklemmen.
■ Anderes Starthilfekabel zuerst an Masse im Motorraum des stromlosen Wagens (z. B. Schraube am Motor) anklemmen, nicht am Minuspol der entladenen Batterie, dann an der geladenen Fremdbatterie anschließen.
■ Motor des Hilfswagens mit erhöhter Drehzahl laufen lassen, damit die Lichtmaschine kräftig Spannung liefert.
■ Falls der Motor nicht gleich anspringt, zwischendurch eine Abkühlungspause für den Anlasser einlegen. Hilfsmotor weiterlaufen lassen, wodurch die leere Batterie bereits etwas nachgeladen wird.
■ Beim Abklemmen der Starthilfekabel zuerst die Klemme vom Minuspol der geladenen Fremdbatterie abnehmen.

Wagen anschieben

Den Kadett mit Schaltgetriebe kann man anschieben oder anschleppen. Bei gutem Motorzustand ist das mit zwei Helfern zu schaffen:
■ Zündung einschalten.
■ 1. Gang einlegen. In höheren Gängen wird die Lichtmaschine für kräftige Stromlieferung zu langsam durchgedreht.
■ Kupplung durchtreten, Wagen anschieben lassen, bis er in Schwung ist.
■ Kupplung schnell kommen lassen. Der Motor wird abrupt durchgedreht und müßte anspringen.
■ Sofort Kupplung treten und Gas geben.

Wagen anschleppen

Suchen Sie sich zum Anschleppen einen schlepperfahrenen Helfer aus, damit nicht durch Ungeschick größerer Schaden entsteht. Und denken Sie daran: Bei stehendem Motor arbeiten weder der Bremskraftverstärker noch die evtl. eingebaute Servolenkung!
■ Zündung einschalten, 2. Gang einlegen und Kupplung treten.
■ Der Zugwagen muß langsam anfahren.
■ Bei etwa 15 km/h die Kupplung langsam kommen lassen, dabei die rechte Hand an den Handbremshebel legen.
■ Ist der Motor angesprungen, Kupplung treten und Gas geben.
■ Handbremse sanft ziehen, damit Sie dem Vordermann nicht ins Heck rollen.
■ Schleppfahrer Hupsignal geben.
■ Gang herausnehmen, Kupplung loslassen.
■ Mit der Handbremse zusammen mit dem Schleppwagen sanft abbremsen.

Fingerzeig: *Bei Fahrzeugen mit Katalysator wird oft vor dem Anrollenlassen, Anschieben oder Anschleppen gewarnt. Falls der Motor lediglich wegen einer leeren Batterie nicht anspringt, ist das aber ungefährlich. Anders bei einem Defekt an der Zündanlage: Da können unverbrannte Gemischanteile nachgezündet werden und die Temperatur im Katalysator auf gefährliche Höhen treiben.*

Die Lichtmaschine

Kräftigungsmittel

Eigentlich wird die Lichtmaschine besser Generator genannt, weil sie für eine ganze Reihe von Stromverbrauchern elektrische Energie erzeugen muß. Bei stehendem Motor kann das für eine gewisse Zeit auch die Batterie. Läuft aber der Motor, tritt als Stromquelle der Generator in Aktion.

Der Drehstrom-Generator

An den Motoren der Kadett-Modelle sitzt eine Drehstrom-Lichtmaschine, angetrieben über einen Keilriemen. An einem solchen Generator gibt es nichts zu schmieren, und seine Schleifkohlen (auch »Bürsten« genannt) halten wenigstens 80 000 km durch.
Da der Generator Wechselstrom erzeugt, die Batterie aber mit Gleichstrom geladen werden will, besorgen Halbleiter-Dioden die notwendige Gleichrichtung des Wechselstroms. Diese Dioden sind gegen zu hohe Spannungen sehr empfindlich.

Umgang mit dem Drehstrom-Generator

☐ Bei laufendem Motor darf kein Kabel zwischen Akku und Lichtmaschine gelöst bzw. angeschlossen werden. Dadurch kann die Spannung schlagartig ansteigen (Spannungsspitze) und eine Diode »verheizt« werden.
☐ Ohne richtig angeschlossene und intakte Batterie darf die Drehstrom-Lichtmaschine nicht laufen. Der Akku dient als Spannungsbegrenzer für den Generator, gewissermaßen als Puffer gegen Überspannungen.
☐ Sämtliche Kabelanschlüsse im Verbund Lichtmaschine–Batterie–Masse müssen ganz fest sitzen. Schon ein Wackelkontakt kann zu Spannungsspitzen führen.
☐ Beim Schnelladen der Batterie und beim elektrischen Schweißen an der Karosserie müssen beide Kabel vom Akku abgenommen werden.

Zwei Generator-Fabrikate

Opel baut Lichtmaschinen von Bosch und von Delco Remy ein. Sie unterscheiden sich im Aufbau, in geringem Maße auch in der Leistung. Ihre Befestigung am Motor ist gleich.

Lichtmaschinen-Leistung

Bei Serienbeginn waren im Kadett nur Lichtmaschinen mit einer Leistung von 45 Ah vorhanden, seit 1986 werden nur solche mit 55 Ah Leistung eingesetzt. Bei einer maximalen Spannung von 14 Volt sind das zwischen 630 und 770 Watt. Zwei Drittel dieser Leistung werden bereits bei

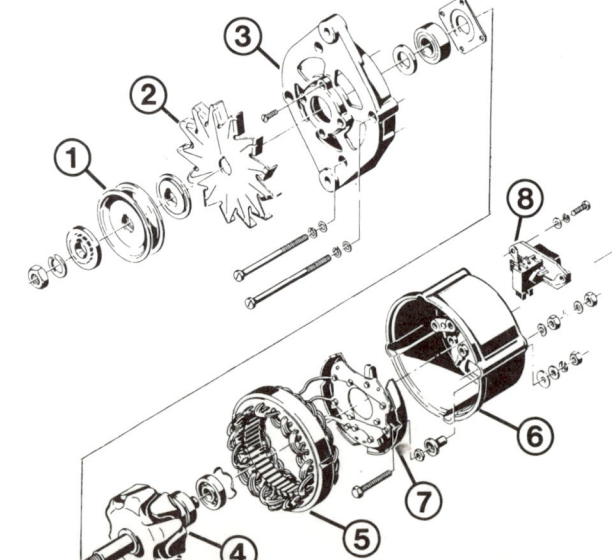

Die wesentlichen Teile der Bosch-Lichtmaschine:
1 – Riemenscheibe; 2 – Lüfter;
3 – Lagerschild; 4 – Klauenpolläufer;
5 – Ständerwicklung; 6 – Gehäuse;
7 – Diodenhalter; 8 – Bürstenhalter.

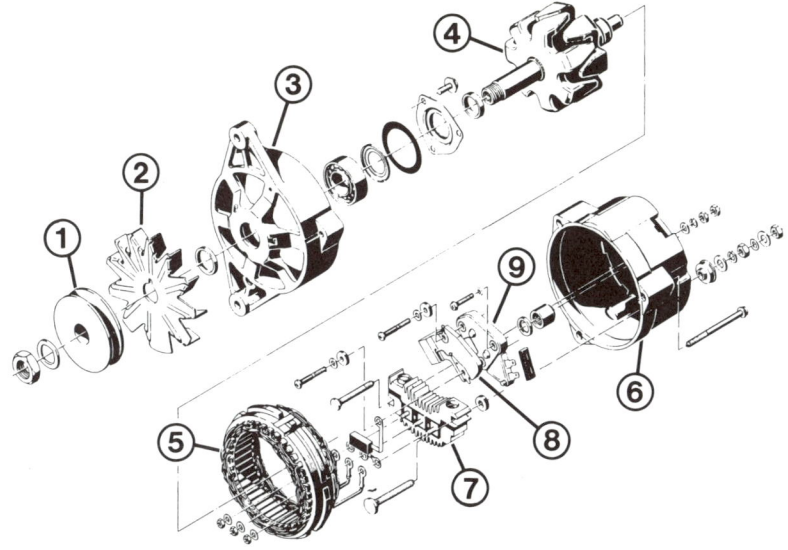

Bei der Licht-
maschine von
Delco-Remy sind
die Bauteile so
angeordnet:
1 – Riemenschei-
be; 2 – Lüfter;
3 – Lagerschild;
4 – Klauenpolläu-
fer; 5 – Ständer-
wicklung; 6 – Ge-
häuse; 7 – Dio-
denhalter;
8 – Bürstenhalter;
9 – Regler.

2000 Lichtmaschinen-Umdrehungen erzeugt. So kommt die ⅔-Leistung schon bei etwas erhöhter Leerlaufdrehzahl zur Geltung.

Wartungsarbeiten an der Drehstrom-Lichtmaschine fallen nicht an, wenn man einmal vom wirklich selten notwendigen Schleifkohlenwechsel absieht. Tiefergehende Schäden sind mit Heimwerkermitteln nicht zu beheben.

Eigenhilfe am Drehstrom-Generator?

Je schneller die Lichtmaschine dreht, um so höher steigt die Spannung und damit auch der gelieferte Strom – wie beim Fahrraddynamo. Ein derartiges Auf und Ab ertragen die Stromverbraucher im Auto nicht. Deshalb begrenzt ein am Generator angeschraubter Regler die Spannung und verhindert ein Überladen der Batterie.
Über die Schleifkohlen der Drehstrom-Lichtmaschine fließt nur ein geringer Strom, außerdem laufen die Kohlen auf glatten Schleifringen. Das bewirkt nur geringen Verschleiß. Die Schleifkohlen sitzen an der Innenseite des Bosch-Spannungsreglers bzw. im Gehäuse der Delco-Remy-Lichtmaschine.

Der Spannungs-regler

■ Voltmeter zwischen Klemme B+ der Lichtmaschine und Masse anklemmen.
■ Motor mit 2000/min drehen lassen.
■ Die Regulierspannung muß bei **Bosch 13,7–14,5 V**, bei **Delco Remy 14,25–14,75 V** betragen.

■ Messen Sie eine höhere Ladespannung, ist der Regler defekt und muß ausgetauscht werden.
■ Zu niedrige Spannung kann evtl. an abgenutzten Schleifkohlen liegen.

Spannungs-regler prüfen

■ Zwei Schrauben am Regler losdrehen.
■ Regler gewissermaßen herausklappen, damit die Kohlebürsten nicht hängenbleiben.

■ Überstand der Schleifkohlen messen.
■ Sind sie nur noch **5 mm** lang, müssen sie ersetzt werden.

Bosch-Schleifkohlen kontrollieren

Die Schleifkohlen sind am Regler mit ihren Anschlußlitzen an einem Halter angelötet. Sie brauchen als Werkzeug daher einen Lötkolben.
■ Anschlußlitzen auslöten, Schleifkohlen herausziehen.
■ Druckfedern von den alten Kohlen abziehen und auf die neuen stecken.

■ Anschlußlitzen anlöten.

Bosch-Schleifkohlen auswechseln

■ Lichtmaschine ausbauen, siehe Seite 202.
■ Drei Gehäuseschrauben am Lagerdeckel herausdrehen.
■ Läufer mit Antriebslager und Riemenscheibe aus dem Ständer herausziehen.
■ Enden der Ständerwicklung vom Dio-

denträger abschrauben, Ständer vom Schleifringlager abnehmen.
■ Erregerdioden ausbauen (drei Muttern, eine Schraube).
■ Beide Schrauben des Schleifkohlenhalters herausdrehen, Isolierscheibe abnehmen.
■ Anschlußzungen der Schleifkohlen vom

Delco-Remy-Schleifkohlen kontrollieren

Der Bürstenhalter der Delco-Remy-Lichtmaschine besteht aus der Halteplatte (1) mit Bürstenführung (2). Zur Sicherung der Schleifkohlenfedern dient ein hakenförmiger Draht (3).

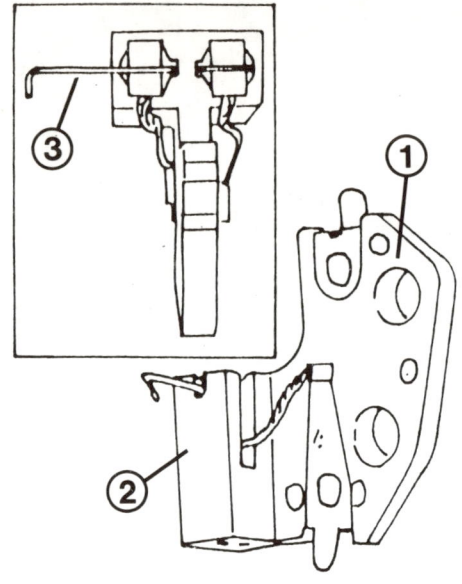

Halter abnehmen, Kohlen aus der Führung ziehen und ihre Länge messen.

■ Bei einer Gesamtlänge von weniger als **11 mm** sind sie zu ersetzen.

Delco-Remy-Schleifkohlen auswechseln

■ Die Federn der Schleifkohlen sind durch einen hakenförmigen Draht im Halter gesichert.
■ Nach Einsetzen der neuen Kohlen diesen Draht nicht vergessen.

■ Beim Zusammenbau der Lichtmaschine wird das lange Drahtende durch die Öffnung im Schleifringlager gesteckt.

Delco-Remy-Regler auswechseln

■ Lichtmaschine auseinanderbauen, wie unter »Kontrolle der Schleifkohlen« beschrieben.

■ Stecker abziehen.
■ Halteschraube des Reglers herausdrehen und den Regler abnehmen.

Keilriemen-spannung kontrollieren
Ständige Kontrolle

Der Keilriemen treibt beim 1,2-l-Motor außer der Lichtmaschine auch die Wasserpumpe an, bei allen anderen Motoren nur die Lichtmaschine.
■ Zwischen Kurbelwellen-Keilriemenscheibe und Lichtmaschine den Keilriemen mit kräftigem Fingerdruck eindrücken.
■ Bei richtiger Spannung soll sich ein gelaufener Riemen **5 mm** eindrücken lassen,

ein neuer lediglich **2 mm**.
■ Auch bei richtig gespanntem Riemen sollten Sie prüfen, ob die Spannschraube der Lichtmaschine und die Mutter am Schwenkbolzen gut angezogen sind.

Keilriemen spannen

■ Befestigungsschraube am Spannbügel oberhalb der Lichtmaschine lockern.
■ Bolzen am Gelenklager unter der Lichtmaschine ebenfalls lockern.

■ Lichtmaschine vom Motor wegdrücken.
■ Zugleich die obere Befestigungsschraube anziehen.
■ Wenn dabei die Schraube in der Ausspa-

Links: An der Rückseite der Lichtmaschine sehen Sie:
1 – Spannungsregler; 2 – Federklammer des Mehrfachsteckers (3);
4 – Entstörungskondensator.
Rechts: Zur Kontrolle der Schleifkohlen (5) muß der Regler abgeschraubt werden.

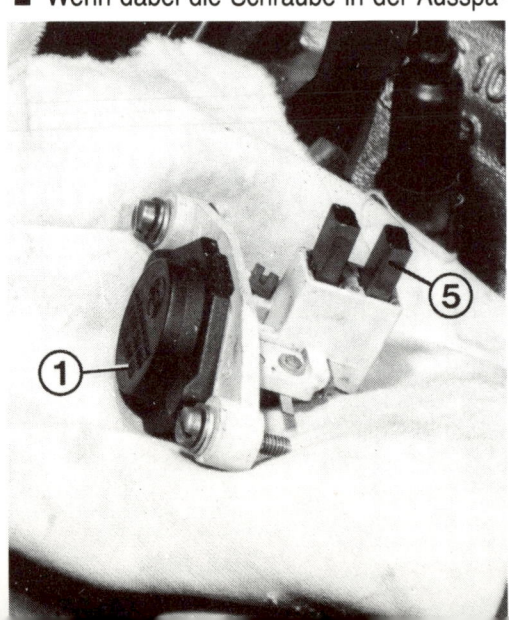

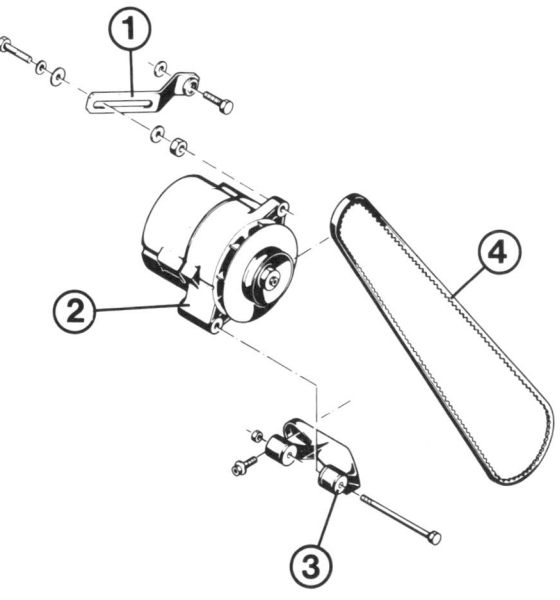

Befestigung der Lichtmaschine am 1,2-l-Motor: 1 – Spannbügel; 2 – Lichtmaschine; 3 – Gelenklager; 4 – Keilriemen.

rung des Bügels gehemmt wird, auch den Haltebolzen des Bügels am Motor lockern.
■ Nach dem Keilriemenspannen den Motor kurz laufen lassen und die Spannung kontrollieren, ggf. nochmals spannen.

■ Falls der Haltebolzen gelockert wurde, diesen zuletzt wieder anziehen.

Keilriemenzustand kontrollieren

Keilriemen müssen bei den heutigen leistungsstarken Lichtmaschinen erhebliche Kräfte übertragen. Das ist der Grund, weshalb die Spannung strammer eingestellt wird als früher.
□ Zu geringe Riemenspannung bewirkt neben mangelhafter Leistungsübertragung auf die Lichtmaschine hohen Riemenschlupf, dadurch steigende Riementemperatur und frühzeitigen Flankenverschleiß.
□ Ist die Spannung so gering, daß bei scharfem Beschleunigen die Kurbelwellen-Riemenscheibe unter dem Keilriemen durchdreht, zeigen sich unregelmäßige Schleifspuren auf den Riemenflanken.
□ Extrem hohe Riemenspannung schadet dagegen den Lagern des Generators. Außerdem wird der Keilriemen auf Dauer überdehnt.
■ Drehen Sie zur Kontrolle des Riemens den Motor einige Male ganz durch.
■ Nur so können Sie wirklich alle Flächen des Keilriemens sehen. Oft hat der Riemen nämlich nur einen einzigen, aber tiefen Riß, der bei der Kontrolle möglicherweise genau auf der Riemenscheibe zu liegen kommt.
■ Einen angerissenen oder ausgefransten Riemen umgehend ersetzen.

Keilriemen abnehmen und montieren

Die Kadett-Motoren sind mit folgenden Riemengrößen bestückt:
□ **1,2- und 1,3-Liter-Motoren: 875 × 9,5 mm**
□ **1,6-, 1,8- und 2-Liter-Motoren: 888 × 9,5 mm**

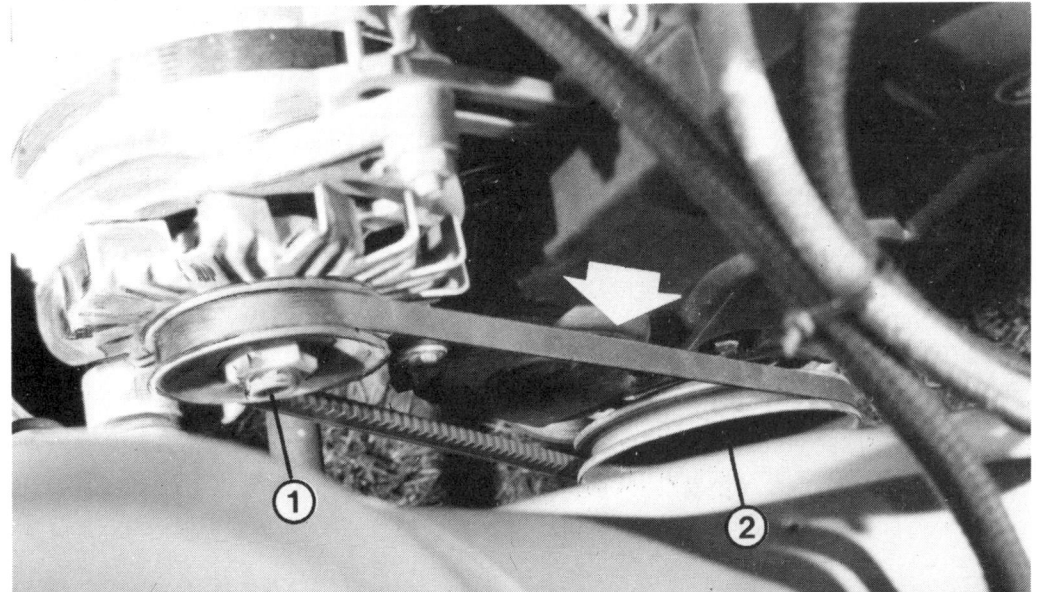

Der richtig gespannte Keilriemen soll sich in der Mitte zwischen den Riemenscheiben der Lichtmaschine (1) und der Kurbelwelle (2) unter mittelkräftigem Daumendruck etwa 5 mm durchbiegen lassen. Der neu aufgespannte Riemen darf bei gleichem Druck nur etwa 2 mm nachgeben.

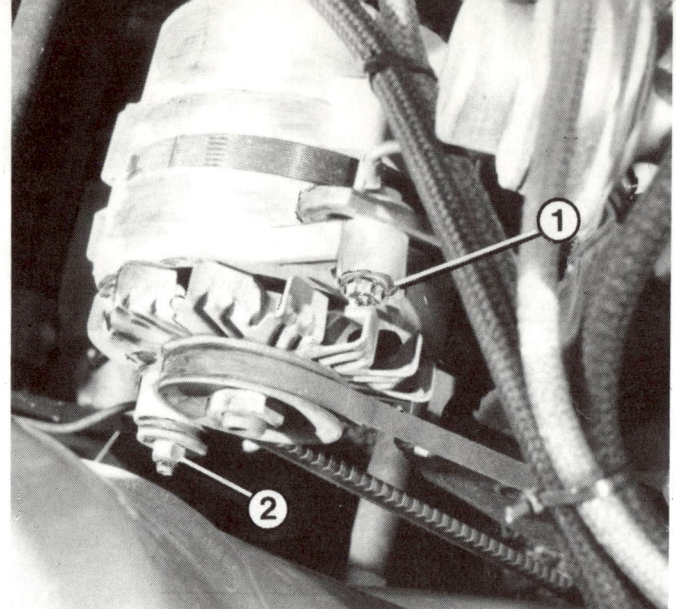

Befestigung der Lichtmaschine am OHC-Motor.
1 – Obere Halteschraube am Spannbügel; 2 – Mutter des Gelenkbolzens.

Nach Möglichkeit sollten Sie nur besonders verschleißfeste Keilriemen mit der Kennzeichnung LA (= längungsarm) und FO (= flankenoffen) verwenden.

Ein Keilriemen darf auf keinen Fall mit einem Schraubenzieher o.ä. über die Riemenscheiben gezwängt werden, sonst ist der nächste Riemenschaden durch Bruchstellen im Keilriemenunterbau bereits »mit eingebaut«.

■ Bei Wagen mit Servolenkung zuerst diesen Keilriemen abnehmen, siehe Seite 140.

■ Schrauben am Spannbügel und am Gelenklager der Lichtmaschine lockern.

■ Die Lichtmaschine zum Motor hin schwenken.

■ Keilriemen zuerst von der Kurbelwellen- und dann von der Lichtmaschinen-Riemenscheibe abstreifen.

■ Neuen Riemen auflegen und spannen, wie vorher beschrieben.

Generator ausbauen

■ Minuskabel von der Batterie abklemmen.

■ Haltebügel des Mehrfachsteckers an der Lichtmaschine zur Seite drücken.

■ Stecker abziehen.

■ Massekabel am Generator lösen.

■ Mutter von Halteschraube am Spannbügel abschrauben, Schraube abnehmen.

■ Mutter vom Gelenkbolzen abschrauben.

■ Gelenkbolzen herausziehen, dabei den Generator festhalten und abnehmen.

Gerissener Keilriemen

Leuchtet plötzlich während der Fahrt die rote Ladekontrolleuchte auf und haben Sie vielleicht ein schlagendes Geräusch im Motorraum gehört, ist sicher der Keilriemen gerissen. Anhalten und nachsehen!

Falls Sie keinen Ersatz-Keilriemen dabei haben, können Sie weiterfahren, sofern die Batterie ausreichend geladen ist. Die Wasserpumpe wird weiterhin vom Zahnriemen angetrieben. Jedoch baldmöglichst neuen Keilriemen montieren.

Fahren mit defekter Lichtmaschine

Wenn die Lichtmaschine oder ihr Regler streikt, ist die Weiterfahrt noch nicht gefährdet, denn die Batterie kann hilfreich einspringen.

Bei Tag reicht der Batteriestrom noch eine ganze Weile, obwohl die elektronische Transistorzündung zum Aufbau eines brauchbaren Zündfunkens eine Mindestspannung benötigt, ebenso beim Einspritzmotor die elektrische Benzinpumpe. Zudem ist der Akku oft nur zu $\frac{2}{3}$ geladen. Je nach Batteriekapazität reicht es aber etwa bis zu fünf Stunden Fahrt. Im Winter kommt erschwerend hinzu, daß die Batterie schwächer auf der Brust ist. Außerdem brauchen Sie das Licht schon wesentlich früher. Stromsparen heißt also die Devise:

☐ Die Fahrt nicht unnötig unterbrechen. Der Anlasser benötigt besonders viel Strom. Wenn möglich, den Wagen anrollen lassen.

☐ Heizbare Heckscheibe, Gebläse und Radio sollten Sie nicht einschalten.

☐ Mit dem Scheibenwischer möglichst sparsam umgehen.

☐ Nachts ohne Fernlicht und Nebelscheinwerfer fahren.

☐ Mehrfachstecker an der Lichtmaschine abziehen, damit sich die Batterie nicht über den defekten Generator oder Spannungsregler in kürzester Zeit entladen kann.

□ Die Kontrolleuchte in der Instrumententafel hat zwei Plus-Anschlüsse, und zwar einerseits von der Klemme D+ des Generators (blau/weißes Kabel) und andererseits von Klemme 15 über die Leiterfolie hinten an der Instrumententafel, vom Zündschloß kommend.

□ Mit Einschalten der Zündung führt Klemme 15 Spannung. Die Lichtmaschine steht aber noch, so daß der spannungslose D+-Kontakt als »Minus« wirkt. Die Kontrollampe leuchtet auf, denn zwischen dem von der Batterie versorgten Bordnetz und dem noch stehenden Generator herrscht eine Spannungsdifferenz.

□ Wird der Motor gestartet und hat die Lichtmaschine ihre Ladedrehzahl erreicht, verbindet der Spannungsregler den Stromerzeuger mit der Bordelektrik. Nun kommt Plusstrom von Klemme 15 und zusätzlich von Klemme D+. Damit besteht keine Spannungsdifferenz mehr, die Ladekontrolle verlöscht.

□ Beim Einschalten der Zündung muß die brennende Ladekontrolle die Drehstrom-Lichtmaschine »vorerregen«. Nur so kann diese schon aus niedrigen Drehzahlen heraus Strom liefern. Allerdings ist die Vorerregung nur beim ersten Anlaufen des Generators erforderlich.

Ob die Batterie von der Lichtmaschine geladen wird, beweist das Verlöschen der Kontrollampe nicht. Es besagt nur, daß zwischen Batterie und Generator keine Spannungsdifferenz mehr besteht.

Wenn im Motorleerlauf beispielsweise sämtliche Stromverbraucher eingeschaltet sind, leuchtet die Ladekontrolle nicht auf, obwohl mehr Strom der Batterie entnommen wird, als eine der leistungsschwächeren Lichtmaschinen liefern kann: Es besteht dennoch keine Spannungsdifferenz zur Batterie.

Nicht immer wird geladen

Störungs-beistand
Batterie und Lichtmaschine

Die Störung	– ihre Ursache	– ihre Abhilfe
A Rote Ladekontrolle brennt nicht beim Einschalten der Zündung	1 Batterie leer	Mit Starthilfekabeln starten oder Wagen anschleppen
	2 Batteriekabel gebrochen, Kabelklemmen lose oder oxidiert	Batteriekabel und -klemmen kontrollieren
	3 Kabelweg zwischen Zünd-schloß, Kontrollampe und Lichtmaschine unterbrochen	Stromweg mit Prüflampe kontrollieren
	4 Massekabel zwischen Licht-maschine und Motorblock gebrochen	Kabel kontrollieren
	5 Schleifkohlen abgenutzt	Schleifkohlen erneuern
	6 Spannungsregler defekt	Regler austauschen
	7 Lichtmaschine schadhaft	Lichtmaschine instandsetzen lassen
	8 Nach zu heftiger Motorwäsche: Eingedrungene Feuchtigkeit hat einen isolierenden Schmierfilm zwischen den Schleifringen und Kohlen gebildet	Lichtmaschine mit Druckluft ausblasen oder Schleifringe und Kohlen sauberreiben
B Ladekontrolle brennt oder glimmt bei laufendem Motor	1 Keilriemen lose	Riemen spannen
	2 Mangelnder Kontakt an Kabelanschlüssen oder unterbrochene Kabel	Kabelanschlüsse und Kabel prüfen
	3 Siehe A 5, 6 und 7	
C Batterieoberfläche feucht	1 Batterie überfüllt	Zuviel eingefülltes destilliertes Wasser durch Überladen heraus-gasen. Keine Säure absaugen
	2 Batterieverschlüsse verstopft	Entlüftungslöcher säubern
	3 Siehe A 6	
D Batterie gast stark	Siehe A 6	

Der Anlasser

Hilfskraft

Dieser Elektromotor wirft in Zusammenarbeit mit der Zündanlage und einer geladenen Batterie den Motor an. Er sitzt an der rechten Seite der Kadett-Triebwerke (im Motorraum hinten).

Die Bauart

Die exakte Bezeichnung lautet »Schub-Schraubtrieb-Starter«. Beim Drehen des Zündschlüssels in Stellung III (Start) geschieht folgendes:
☐ Die Klemme 50 am Zündschloß liefert Spannung an den oben auf dem Anlasser sitzenden Magnetschalter.
☐ Dadurch schiebt ein Einrückhebel das Zahnritzel des Anlassers auf einem Steilgewinde der Ankerwelle in den Zahnkranz des Motor-Schwungrades.
☐ Beim Eingreifen des Ritzels schaltet der Magnetschalter den vollen, von Klemme 30 kommenden Batteriestrom ein, so daß der Anlasser den Motor erst nach dem Einspuren des Ritzels kräftig durchdreht.
☐ Ist der Motor angesprungen, wird das Ritzel aus dem Schwungrad wieder ausgespurt.

Die Anlasser-Typen

Es ist entweder ein Anlasser von Bosch oder von Delco Remy eingebaut. Im Aufbau weichen diese Starter voneinander ab.
Zu den Motoren mit 1,2- und 1,3 Liter Hubraum gehört ein Anlasser mit 0,7 kW Leistung. Die größeren Kadett-Motoren besitzen eine 0,85-kW-Ausführung.

Anlasser ausbauen

Beim Motor 12 SC wird der Anlasser nach oben ausgebaut. Die Wagen mit größerem Motor müssen vorn aufgebockt werden.
■ Massekabel an der Batterie abklemmen.
■ **12 SC:** Rotes Kabel von Batterie-Pluskabel abschrauben.
■ Kabelanschlüsse an der Lichtmaschine markieren und abnehmen.
■ Schaltgestänge aushängen.
■ **Alle anderen Motoren:** Batterie-Pluskabel vom Magnetschalter abschrauben.
■ Kabel der Klemmen 16 (schwarz sowie mit transparenter Isolierung) und 50 (schwarz/rot) abziehen.
■ Obere und untere Befestigungsschraube für den Anlasser herausdrehen.
■ Beim 12 SC den Anlasser nach oben abnehmen, bei den anderen Motoren nach unten.
■ Beim Einbau am Motor 13 N und 13 S die Befestigungsschrauben mit 25 Nm, an übrigen Motoren mit 45 Nm anziehen.

Bosch-Anlasser-Schleifkohlen auswechseln

■ Am Kollektorlager zwei Schrauben herausdrehen.
■ Ankerhaltescheibe und Ausgleichsscheibe(n) von der Ankerwelle abnehmen.
■ Beide Polgehäuseschrauben herausdrehen.
■ Kollektorlager vom Gehäuse abnehmen.
■ Schleifkohlen aus dem Halter ziehen und ihre Länge messen. Mindestlänge beim 0,7-kW-Anlasser: **11,5 mm**, beim 0,85-kW-Anlasser: **13 mm**.
■ Kupferlitze der verbrauchten Kohlebürsten ablöten.
■ Beim Anlöten die Litze der neuen Kohle mit einer Flachzange fassen, um Hochsteigen des Lötzinns in die Litze zu verhindern.

Delco-Remy-Anlasser-Schleifkohlen auswechseln

■ Anschluß der Feldwicklung am unteren Bolzen des Magnetschalters abschrauben.
■ Muttern der beiden Polgehäuseschrauben lösen.
■ Kollektorlager vom Gehäuse abnehmen.
■ Polgehäuse vom Anker und Antriebslager abziehen.
■ Magnetschalter abschrauben und mit

Beim Kadett E ist der Anlasser nur beschwerlich zu erreichen (Ausbau siehe linke Seite). Dieses Bild zeigt den Anlasser (1) aus der Sicht, die sich unterhalb des Wagens ergibt. Am Magnetschalter (2) befinden sich die Kabelanschlüsse.

Druckfeder abnehmen.
■ Achse für den Einrückhebel herausziehen.
■ Anker aus dem Gehäuse ziehen.
■ Länge der Schleifkohlen messen, Mindestlänge: **5 mm**.
■ Zum Ersatz der Pluskohlen die Litze am Steg der Feldwicklung abschneiden. An gleicher Stelle die Litze der neuen Kohle anlöten.
■ Minuskohlen zusammen mit dem Bürstenhalter ersetzen: Niet des Halters ausbohren. Neuen Halter rechtwinklig zum Polgehäuse festnieten.

Anlasser reparieren

Außer dem Erneuern der Kohlen läßt sich mit Heimwerkermitteln wenig ausrichten. Zur Überprüfung oder Reparatur den Anlasser zum Elektrodienst bringen.
☐ Der Kollektor soll sauber und glatt sein. Mit Leichtbenzin reinigen. Schmutzkrusten mit feinem Schmirgelleinen entfernen, dabei den Anker gleichmäßig drehen.
☐ Ein unrunder Kollektor kann in der Werkstatt abgeschliffen werden. Danach die Lamellenteilung auf 0,5 mm Tiefe einsägen und den Kollektor blankschleifen.

Störungsbeistand Anlasser

Dieser Störungsbeistand wird nicht immer dazu verhelfen können, daß der Anlasser den Motor zum Laufen bringt. Aber Sie können einen Kadett mit Schaltgetriebe immer noch anschieben oder anschleppen lassen, wie auf Seite 197 beschrieben.

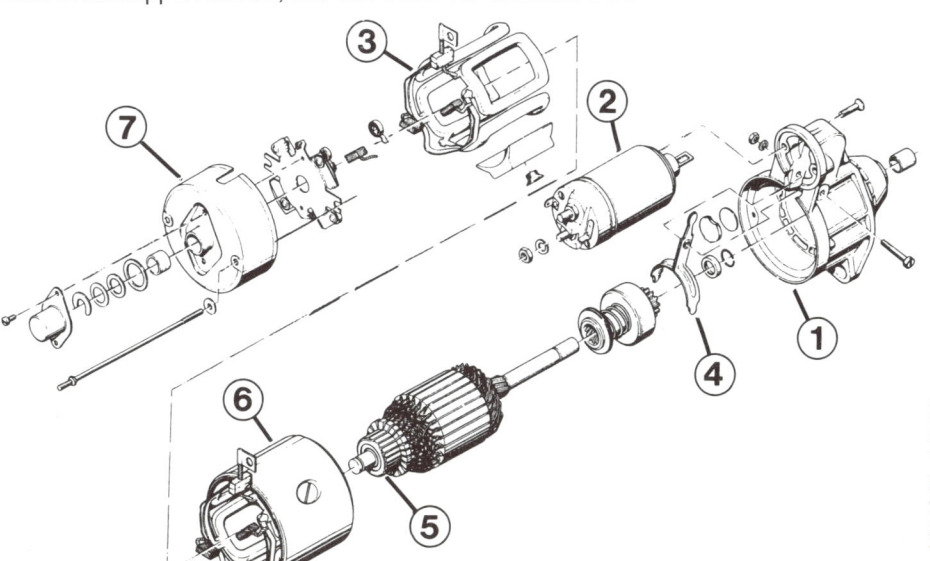

Die Einzelteile des Bosch-Anlassers:
1 – Lagerdeckel der Ritzelseite;
2 – Magnetschalter; 3 – Feldwicklung; 4 – Einspurhebel;
5 – Kollektor; 6 – Gehäuse;
7 – Lagerdeckel der Kollektorseite.

Der Anlasser von Delco-Remy
(9) besteht aus folgenden
Hauptteilen:
1 – Lagerdeckel der Ritzelseite;
2 – Magnetschalter; 3 – Feldwicklung; 4 – Einspurhebel;
5 – Kollektor; 6 – Gehäuse;
7 – Lagerdeckel der Kollektorseite; 8 – Schleifkohle mit Halter.

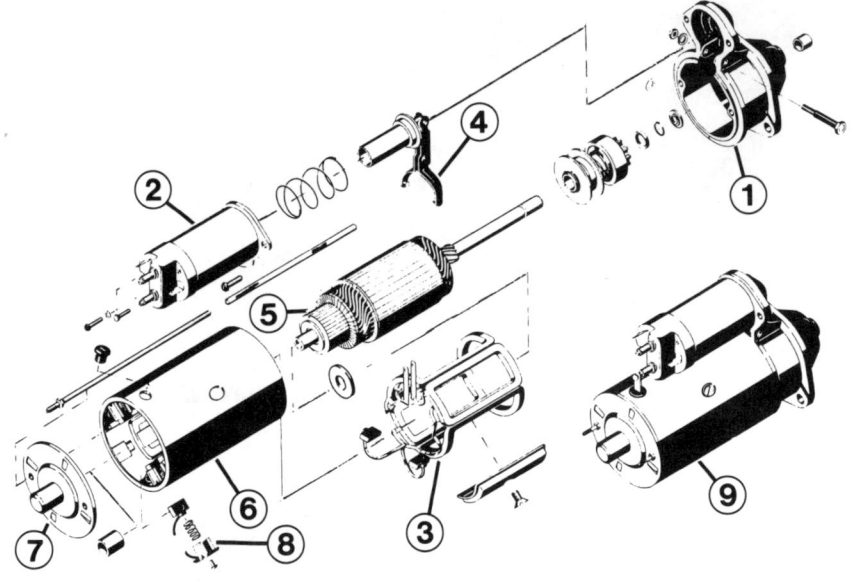

Die Störung	– ihre Ursache	– ihre Abhilfe
A Beim Drehen des Zünd-schlüssels in Startstellung dreht der Anlasser zu lang-sam oder gar nicht	1 Kontrollampen brennen schwach oder verlöschen	
	a) Batterie entladen	Mit Starthilfekabel starten
	b) Kabelanschlüsse lose oder oxidiert	Kabelanschlüsse kontrollieren
	c) Anlasser hat Masseschluß	Anlasser überholen lassen
	2 Kontrollampen brennen hell, Klicken aus Richtung Anlasser	Kurz auf den Magnetschalter klopfen. Dreht der Anlasser weiterhin nicht:
	a) Kohlebürsten abgenutzt bzw. deren Anschlüsse im Anlasser gelöst	Kohlebürsten überprüfen
	b) Kontakt im Magnetschalter verschmort	Magnetschalter ersetzen
	c) Anlasserwicklung schadhaft	Anlasser überholen lassen
	3 Kontrollampen brennen hell, keinerlei Geräusche	
	a) Anschluß der Klemme 50 am Magnetschalter lose	Anschluß überprüfen
	b) Klemme-50-Leitung vom Zündschloß zum Magnet-schalter unterbrochen	Leitung mit Prüflampe kontrollieren
B Anlasser läuft, ohne den Motor durchzudrehen	1 Ritzel verschmutzt	Ritzel reinigen
	2 Einrückvorrichtung klemmt	Anlasser überholen lassen
	3 Verzahnung des Ritzels oder des Motorschwungrads beschädigt	Wagen bei eingelegtem Gang ein Stück vorschieben. Erneut starten. Beschädigte Teile ersetzen lassen
C Anlasser läuft weiter, obwohl Zündschlüssel losgelassen wurde	1 Magnetschalter hängt und schaltet nicht ab	Zündung sofort abschalten, notfalls Batterie abklemmen Magnetschalter ersetzen.
	2 Zünd-/Anlaßschalter defekt	Zünd-/Anlaßschalter ersetzen
D Ritzel spurt nach Anspringen des Motors nicht aus	1 Rückstellfeder des Einrück-hebels lahm oder gebrochen	Zündung sofort abschalten. Reparieren lassen
	2 Verzahnung des Ritzels bzw. des Motorschwungrads ver-schmutzt oder beschädigt	Reinigen bzw. schadhafte Teile ersetzen lassen

Funksignale

Ohne einen kräftigen elektrischen Funken läßt sich das von den Kolben angesaugte Kraftstoff/ Luft-Gemisch nicht entzünden. Das muß im richtigen Moment geschehen sowie unter allen Betriebsbedingungen.

Die Kadett-Motoren sind mit unterschiedlichen Zündanlagen ausgerüstet:

☐ Herkömmliche Spulenzündung (Kurzbezeichnung SZ),
☐ Kontaktlose Transistorzündanlage mit Hallgeber (TSZ-h),
☐ Kontaktlose Transistorzündanlage mit Induktionsgeber (TSZ-i),
☐ Vollelektronische Transistorzündung (VEZ).

Verschiedene Zündanlagen

Zur Einordnung der Zündanlage dient diese Aufstellung:

Motor	Zündanlage
12 SC	SZ
13 N, 13 S, 16 SH, 18 E	TSZ-h
E 13 NB, 16 S, E 16 NZ, C 18 NT, C 18 NE, E 18 NV	TSZ-i
C 13 N, C 16 LZ, C 20 NE, 20 SEH	VEZ

Weil die Zündanlagen erhebliche Unterschiede aufweisen, finden Sie im folgenden Text einen Zusatzvermerk an den Überschriften: »Nur SZ« steht dort, wenn es ausschließlich um die Spulenzündung geht; und »nur TSZ« bedeutet, daß hier lediglich die Transistorzündung (einschließlich der VEZ) angesprochen ist. Abschnitte, die sich speziell auf die VEZ beziehen, sind ebenfalls entsprechend bezeichnet. Wo keine Verwechslung möglich ist und an Abschnitten, die alle Zündanlagen behandeln, fehlt der Zusatz.

Zur Zündanlage gehört die Zündspule, die für die notwendige Hochspannung sorgt, und der Verteiler, der diese Hochspannung reihum auf die Zündkerzen verteilt.

Die Zündung allgemein

☐ Das Grundprinzip der Zündung besteht darin, daß zunächst der Batteriestrom durch die Primärwicklung der Zündspule fließt.

☐ Diese Wicklung besteht aus wenigen Windungen eines dicken Drahtes. Unter der Wirkung des Stromes baut sich um den Eisenkern in der Zündspule ein kräftiges Magnetfeld auf – unsere Zündenergie.

☐ Nähert sich der Kolben in seinem Zylinder dem Punkt, da die angesaugte und verdichtete Ladung gezündet werden soll – dem Zündzeitpunkt –, wird der Strom zur Zündspule unterbrochen. Das geschieht je nach Zündsystem auf unterschiedliche Weise.

☐ Mit dem Ausschalten des Stromes bricht das Magnetfeld in der Zündspule zusammen. Dabei passiert folgendes: In der Sekundärwicklung aus sehr vielen Windungen eines dünnen Drahtes entsteht ein Hochspannungs-Stromstoß von einigen zigtausend Volt.

☐ Diese Zündspannung wird über den Verteiler derjenigen Zündkerze zugeleitet, die in der Zündfolge des Motors gerade an der Reihe ist. Das Gemisch wird entzündet, der Motor dreht sich weiter. Der Stromkreis wird wieder geschlossen, und das Spiel läuft von neuem ab.

Bei der herkömmlichen Zündanlage dient zum Ein- und Ausschalten des Stromkreises ein mechanischer Schalter. Er heißt Unterbrecher und sitzt unten im Verteilergehäuse. Das Öffnen und Schließen besorgt die vierkantige Nockenbahn der Verteilerwelle.

Die Spulenzündung

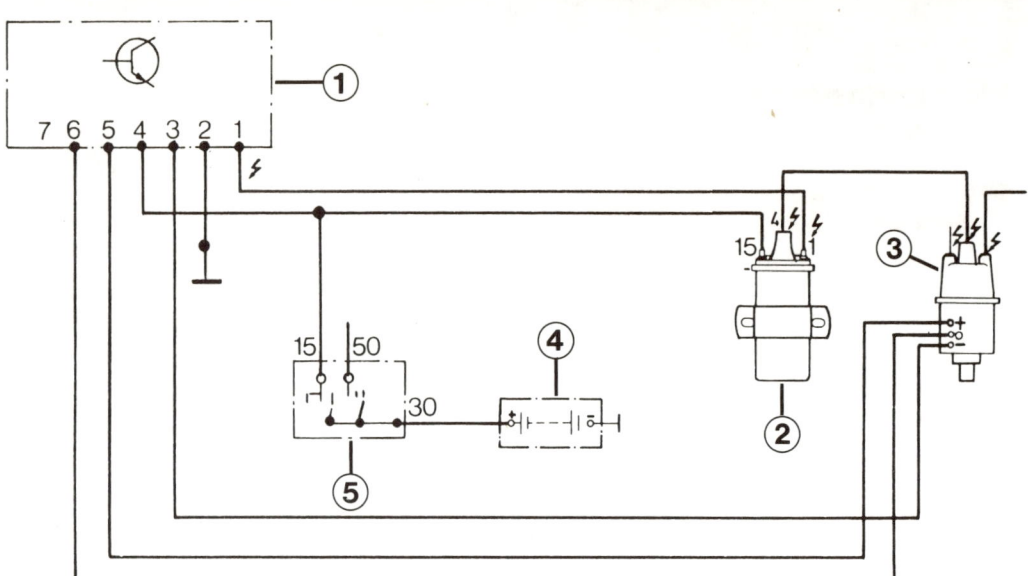

Das Schaltbild der elektronischen Zündanlage zeigt:
1 – Steuergerät;
2 – Zündspule;
3 – Zündverteiler;
4 – Batterie;
5 – Zündschloß.
Blitz-Pfeile: Besonders gefährdete Anlageteile.

☐ Bei geschlossenem Schalter fließt der Strom zur Zündspule.

☐ Wenn eine Nocke der Verteilerwelle den Unterbrecherhammer von seinem Gegenkontakt – dem Amboß – abhebt, wird der Stromkreis unterbrochen und der Zündfunke ausgelöst.

☐ Die Zündspannung von rund 20 000 Volt ist **nicht gefährlich,** weil dabei nur geringe Stromstärken auftreten.

Die Transistorzündung mit Hallgeber

Kernstück dieser Zündung ist der »Hallgeber«, bei dem der nach seinem amerikanischen Entdecker E. H. Hall so genannte Hall-Effekt nutzbar gemacht wird. Der Hallgeber haust im Verteilergehäuse und besteht im wesentlichen aus zwei gegenüberliegenden Magneten, die durch einen Luftspalt voneinander getrennt sind. Dazwischen haben wir ein Magnetfeld. Mit dem außensitzenden Magnet ist noch ein elektrisches Bauteil namens »integrierter Schaltkreis« (abgekürzt: IC) verbunden. Das Besondere an diesem IC ist die Hall-Schicht, die vom Zündungs-Schaltgerät mit Spannung versorgt wird.

Anstelle der vierkantigen Nockenbahn auf der Verteilerwelle, die früher den Unterbrecherkontakt geöffnet hat, sitzt auf der Verteilerwelle ein Blendenrotor. Es besitzt vier Aussparungen. Das ganze funktioniert ähnlich wie eine Lichtschranke bei der automatischen Aufzugstür, nur daß hier anstelle von Licht mit magnetischen Wellen gearbeitet wird. Stehen Sie vor der Tür und unterbrechen den Lichtstrahl, bleibt die Aufzugstür offen. Sobald Sie den Lichtstrahl freigegeben haben, erhält der Türmechanismus den Schließbefehl. Zurück zur Zündung:

☐ Steht eine Rotorblende im Magnetfeld, so erhält ein kräftiger Transistor im Schaltgerät das Signal, Batteriestrom durch die Primärwicklung der Zündspule fließen zu lassen.

☐ Mit der Drehung der Zündverteilerwelle gibt die Aussparung zwischen zwei Blenden den Luftspalt zwischen den Magneten frei. Das Magnetfeld wird wirksam, und es entsteht eine Spannung. Dadurch kommt an das Schaltgerät der Befehl, den Strom zur Zündspule zu unterbrechen, wodurch der Zündfunke entsteht.

☐ Die im Hall-IC entstandene Spannung reicht nicht aus zur Unterbrechung des Primärstroms. Das Spannungssignal wird im Schaltgerät verstärkt.

☐ Die Breite der vier Rotorblenden bestimmt, wie lange der Primärstromkreis eingeschaltet wird. In dieser »Schließzeit« dreht sich der Motor eine bestimmte Zahl von Winkelgraden weiter – man nennt das den Schließwinkel. Die Gesamtbreite der Blende entpricht dem größtmöglichen Schließwinkel. Aber der wird nicht unbedingt ausgenutzt, sondern für kräftige Zündfunken auch bei hohen Drehzahlen eletronisch dem Bedarf angepaßt.

☐ Bei der Transistorzündung liegt die Zündspannung bei etwa 35 000 Volt. **Gefährlich** sind aber die ebenfalls auftretenden hohen Stromstärken.

Die Transistorzündung mit Impulsgeber

Wie bei dem eben beschriebenen Zündsystem sorgt ein Schaltgerät mit Hilfe von Transistoren dafür, den Stromfluß zur Zündspule einzuschalten bzw. zu unterbrechen. Um diese Vorgänge im richtigen Augenblick erledigen zu können, ist ein Impulsgeber vorhanden, der den Schaltbefehl in Abhängigkeit der Kurbelwellenstellung gibt.

Diese Aufgabe übernimmt der Induktionsgeber im Untergeschoß des Verteilergehäuses. Er besteht aus dem Zackenrotor, der sich mit der Verteilerwelle dreht, und dem fest eingebauten

Stator. Die oben sichtbaren Zacken des Stators werden unten durch eine Spule und einen Dauermagneten ergänzt.

Das Zusammenspiel dieser Teile ähnelt der Arbeit eines Dynamos: Laufen die Zacken des Rotors auf die Zacken des Stators zu, ändert sich das Magnetfeld des Dauermagneten, und in der Spule wird eine Spannung erzeugt. Laufen die Zacken auseinander, entsteht eine negative Spannung. So entwickelt sich eine Wechselspannung, die vom Schaltgerät umgeformt und verstärkt wird und dann zum Auslösen der Zündimpulse dient.

☐ Die Zündverstellung in Richtung früh übernimmt die Unterdruckdose an der Verteilerseite sowie die Fliehkraftverstellung unten in der Verteilerwelle.

☐ Die zweite Hälfte der Unterdruckdose ist für die Spätverstellung der Zündung zuständig. Sie zieht die Statorplatte im Verteiler in Drehrichtung der Verteilerwelle, und die Zündung erfolgt später.

Die voll-elektronische Transistor-zündung

Die VEZ basiert auf der Transistorzündung mit Impulsgeber. Bei dieser verteilerorientierten Kennfeldzündung hat der Verteiler weiterhin die Aufgabe, den Zündstrom auf die Zündkerzen zu verteilen. Zusätzlich dient er der Impulserzeugung für die Bestimmung der Motordrehzahl und die Berechnung des Zündzeitpunktes.

Für die Zündung ist im Steuergerät ein Zündkennfeld (Seite 101) gespeichert, das im Hinblick auf alle Betriebsverhältnisse, auf Abgas und Verbrauch die günstigsten Voraussetzungen bietet. Neben dem Schaltgerät für die Zündung gibt es ein Steuergerät für die Zündzeitpunkt-verstellung. Zündungs-Schaltgerät und Zündverstellungs-Steuergerät sind in verschiedenen Gehäusen untergebracht.

Die Geber der Motronic bzw. des Multec-Systems für Drehzahl und Zündwinkel werden von der Zündanlage und von der Einspritzanlage gleichermaßen genutzt, siehe »Induktiver Impulsge-ber« Seite 101. Der Computer verarbeitet diese Spannungssignale und leitet entsprechend den Betriebszuständen die Befehle weiter.

Der Saugrohrunterdruck wird über einen Druckfühler ermittelt, ein elektronisches Bauteil mit der Fähigkeit, seinen elektrischen Widerstand zu verändern. Ähnliche Bauteile dienen als Geber für die Informationen »Leerlauf«, »Vollast« usw. Außerdem kann die Höchstdrehzahl durch Abschalten des Kraftstoffpumpenrelais begrenzt werden, und eine Klopfregelung korrigiert den Zündzeitpunkt.

Erweiterte Kennfeld-zündung

Zu den auf Seite 242 (»Oktanzahlanpassung«) genannten Motoren gehört ein mikroprozessor-gesteuertes Zündsystem mit induktivem Speicher. Es besteht aus folgenden Bauteilen:

☐ Induktiver Impulsgeber (Seite 101),
☐ Hochspannungsverteiler ohne Flieh- und Unterdruckverstellung,
☐ Zündverstellgerät mit drehzahl- und lastabhängiger Verstellung des Zündzeitpunktes,
☐ Zündspule mit angebauter Endstufe,
☐ Endstufe im Schaltgerät,
☐ Drosselklappenschalter zur Erfassung von Vollast/Leerlauf,
☐ Temperatursensor zur Übermittlung der Motortemperatur.

Außerdem enthält die Anlage einen Betriebsdatenspeicher und einen Programmspeicher.

Die gemeldeten Signale des Motorbetriebes werden mit schon gespeicherten Steuerwerten verglichen und in eine bestmögliche Ansteuerung umgesetzt. Eine Kontrolle etwa des Zündzeit-punktes entfällt. Bei Ausfall einer wichtigen Information wird auf »Notlauf« umgeschaltet.

Vorsichts-maßnahmen im Umgang mit der TSZ und VEZ

Unsachgemäße Handhabung an der Transistorzündanlage kann das Leben des Betreffenden gefährden. Vom Hallgeber im Zündverteiler können Spannungen bis zu 100 Volt mit hoher Stromstärke erzeugt werden. Auch die Zündspannung ist fast doppelt so hoch wie bei einer herkömmlichen Zündanlage. Abgesehen davon können Bauteile der Zündanlage Schaden erleiden.

☐ Sämtliche elektrischen Leitungen – auch Anschlüsse von Prüfgeräten – nur bei ausgeschal-teter Zündung an- bzw. abklemmen.

☐ Soll der Motor vom Anlasser lediglich durchgedreht werden ohne anzuspringen, muß die Zündung lahmgelegt werden, siehe nächsten Abschnitt.

☐ Zur Motorwäsche darf der Motor nicht laufen, und die Zündung muß ausgeschaltet sein.

☐ Zur Starthilfe bei leerer Batterie mit einem Schnellader darf dieser höchstens eine Minute lang angeschlossen sein und die Spannung nicht mehr als 16,5 Volt betragen.

Dieses Warnschild im Motorraum sollte auch wirklich beachtet werden. Die Vorsichtsregeln beim Umgang mit der Transistorzündung oder der vollelektronischen Zündung stehen ab Seite 209.

☐ Bei einem bestehenden oder vermuteten Defekt an der Zündanlage zum Abschleppen des Fahrzeugs den Stecker am Zündungs-Schaltgerät abziehen.

☐ An Klemme 1/– der Zündspule keinen Kondensator anschließen.

☐ An Klemme 1/– ebenso kein stromführendes Kabel oder Massekabel anschließen, etwa beim nachträglichen Einbau einer Alarmanlage.

☐ Zündverteilerläufer nicht gegen einen beliebigen austauschen, er muß einen Widerstand von 1 kΩ haben. Zur Entstörung keinen 5 kΩ-Läufer verwenden.

☐ In jeder Zündleitung muß der Entstörwiderstand mindestens 4 kΩ betragen. Der Verteilerläufer ist mit 1 kΩ eingerechnet.

☐ Zum elektrischen Schweißen am Fahrzeug beide Kabel an der Batterie abklemmen.

Zündung lahmlegen

Ist ein Kerzenkabel oder gar das Hauptzündkabel abgezogen, darf der Motor keinesfalls mit dem Anlasser durchgedreht werden, wie es bei der herkömmlichen Spulenzündung möglich ist. Denn die Zündenergie kann dann nicht abgeleitet werden, und Schaltgeräte bzw. Motronic oder Multec-System sowie die Zündspule nehmen Schaden. Deshalb:

☐ Bei Fahrzeugen mit TSZ den Stecker am Schaltgerät abziehen.

☐ Bei Motronic das Hauptrelais hinten im Motorraum abziehen.

☐ Bei Multec-Zentraleinspritzung den Stecker zur Spannungsversorgung (Bild Seite 173) trennen.

Störungssuche an der Zündanlage

Wer einem Fehler in der Zündanlage auf die Spur kommen will, muß ganz systematisch vorgehen. Die genaue Überprüfung der nachfolgend genannten Bauteile ist im weiteren Verlauf des Zündungskapitels beschrieben.

Prüfung in der Werkstatt

Eine fehlerhaft arbeitende TSZ-i oder deren Regelfunktionen können mit speziellen Prüfgeräten überprüft werden. Zur Kontrolle der Zündanlage der Jetronic (Seite 101) werden in der Opel-Werkstatt ein Universal-Prüfadapter, Prüfkabel, Multimeter oder Opel-Tester, Prüfrelais und Überbrückungskabel verwendet. Zur Fehlerdiagnose der VEZ bei Motronic und Multec siehe Seite 113.

Zuerst sichtprüfen

☐ Sitzen die Kabelanschlüsse und Steckkontakte an Zündspule, Verteiler, Steuergerät (TSZ und VEZ) und der Stecker des Motorkabelsatzes fest?

☐ Zeigen sich am Gehäuse der Zündspule Risse, Brandspuren von überschlagenden Funken, oder ist die teerartige Vergußmasse ausgelaufen?

☐ Zeigt die Verteilerkappe Schäden (Seite 214)?

☐ Kontrollieren Sie den festen Sitz und den Zustand der Haupt- und der Kerzenzündkabel (Seite 222). Bei einem Fahrzeug mit Transistorzündung kann es durch die hohen Spannungen häufiger zu Kriechströmen und Funkenüberschlägen kommen als bei der Spulenzündung.

Zündstrom vorhanden?

■ **Nur bei Spulenzündung:** Hauptzündkabel aus der Mittelbuchse des Zündverteilers ziehen und blankes Kabelende in eine Plastik- oder Holzwäscheklammer stecken.

■ Zündkabel mit 10 mm Abstand gegen den Motorblock halten, Motor von Helfer starten lassen.
■ **Transistorzündung:** Einen Kerzenstecker abziehen, Zündkerze herausschrauben.
■ Stecker wieder auf die Zündkerze stecken und diese so auf dem Motorblock ablegen, daß sie einwandfreien Massekontakt hat.
■ Motor von Helfer durchdrehen lassen.
■ **Beide Zündanlagen:** Springen kräftige Funken am Kabelende bzw. an der Kerzenelektrode über, ist Zündstrom vorhanden.
■ Springen keine Funken über, muß nach folgender Anleitung weiter geprüft werden.

Spannungs-versorgung Zündanlage

Neben einem Totalausfall der Zündanlage durch fehlende Spannung kann auch zu geringe Versorgungsspannung erhebliche Störungen bewirken. Deshalb ist hier ein Voltmeter besser zur Prüfung.
■ Meßgerät zwischen Batterie-Pluspol und Klemme 15 anschließen.
■ Liegt Batteriespannung an (ca. 12 V), siehe nächsten Abschnitt.
■ Fehlt es am Strom oder kommt zu wenig an, wird der Kabelweg zum Zündschloß verfolgt.

Fehlerquellen

☐ Unterbrechung des Verbindungskabels zwischen den Klemmen für die Sicherungen 8–9 am Sicherungskasten bzw. bei SZ der Vorwiderstandsleitung
☐ Unterbrochene Umgehungsleitung des Vorwiderstandskabels (nur SZ, siehe Seite 212)
☐ Leitungsunterbrechung zwischen Zündschloß und Motorkabelsatz
☐ Zündschloßkontakt 15 oder 30 defekt (Seite 241)

Fingerzeig: *Zündstörungen können bei der Spulenzündung auch von Bauteilen verursacht werden, die an Klemme 15 zusätzlich angeschlossen wurden, wie Entstörfilter, Entstörkondensatoren oder Zubehör.*

Spulenzündung

■ Zur Kurzprüfung des Primärstromkreises an Klemme 1 der Zündspule und den Minuspol der Batterie eine Prüflampe anschließen.
■ Zündung einschalten.
■ Bei geschlossenem Unterbrecher bleibt die Lampe dunkel.
■ Wenn Sie jetzt den Motor weiterdrehen, öffnet der Unterbrecher, und die Prüflampe muß aufleuchten. Damit ist der Primärstromkreis in Ordnung.
■ Falls die Prüflampe beim abgehobenen Unterbrecher dunkel bleibt:
■ Jetzt wird die Lampe zwischen Batterie-Plus und Klemme 1 angeklemmt.
■ Motor durchdrehen (lassen). Die Lampe muß dabei regelmäßig aufleuchten und verlöschen. Wenn nicht, kommen die nachfolgend genannten Fehlerquellen in Betracht.

Fehlerquellen

☐ Unterbrecher (Einstellung, Zustand, Masseschluß, siehe Seite 215)
☐ Kondensator (Masseschluß, siehe Seite 215)
☐ Verteiler (Leitungsdefekt außen oder innen; Seite 214)
☐ Radio-Entstörfilter (Unterbrechung)

Transistor-zündung

Beachten Sie, daß Meß- und Prüfgeräte nur bei ausgeschalteter Zündung an- und abgeklemmt werden dürfen.
■ Zündspulenspannung zwischen Klemme 1 und Batterie-Plus messen (Seite 212).
■ Als nächstes werden Geberleitung zum Schaltgerät, Schaltgerät, Zündspule und die gesamte Verkabelung geprüft mit Ausnahme der Spannungsversorgungs- und Masseleitung des Hallgebers.
■ Am Verteiler den Dreifachstecker des Hallgebers abziehen.
■ Im Stecker den Kontakt der blau/grünen Kabels einen Nagel oder passenden Splint einstecken.
■ Kabel der Klemme 4 aus dem Verteilerdeckel herausziehen und mit einer isolierten Zange dicht an Masse halten. Dicht deshalb, weil bei zu weitem Abstand ein so großer Funkenüberschlag entstehen kann, daß das Zündschaltgerät Schaden nimmt.
■ Zündung einschalten.
■ Mit dem Nagel oder Dorn kurz an Masse tippen. Am Zündkabel muß jetzt ein Funke überspringen.
■ Wenn ja, Kabel und Stecker wieder einstecken.
■ Zuletzt wird der Hallgeber überprüft, siehe Seite 219.

Weitere Fehlerursachen

Wenn der Zündfunke von der Zündspule erzeugt wurde, aber am letzten Glied der Kette, der Zündkerze, nicht ankommt, muß der weitere Verlauf überprüft werden. Das sind folgende Bauteile:

☐ Zündkabel (Seite 222)
☐ Entstörstecker an Zündspule und Verteiler
☐ Verteilerdeckel (Seite 214)
☐ Verteilerfinger (Seite 214)
☐ Zündkerzenstecker (Seite 222)
☐ Zündkerzen (Seite 223)

Die Zündspule

Wie die Zündspule prinzipiell funktioniert, haben wir zu Beginn des Kapitels beschrieben.
☐ Ihren Primärstrom erhält sie an Klemme 15.
☐ Über die Primärwicklung der Zündspule gelangt die Spannung von deren Klemme 1/– zum Unterbrecher der Spulenzündung bzw. zum Schaltgerät der Transistorzündung. An Klemme 1 ist auch der Drehzahlmesser angeschlossen, siehe Seite 238.
☐ Die Zündspannung von 20 000 Volt bzw. bei TSZ 35 000 Volt kommt aus der mittleren Klemme 4 der Spule und wird über das Hauptzündkabel zum Verteilerdeckel weitergeleitet.
☐ Die Zündspulen für normale Batteriezündung und Transistorzündung sind völlig unterschiedlich in ihren technischen Daten – nicht verwechseln.

Der Zündspulen-Vorwiderstand
(nur SZ)

Beim Kadett mit herkömmlicher Zündanlage trägt die Bosch-Zündspule die Kennzeichnung »KW 12 V«, wobei das »W« auf den Widerstand hinweist, der dieser Zündspule vorgeschaltet werden muß. Sie ist nämlich nur auf eine Spannung von etwa 9 Volt ausgelegt, während die Bordnetzspannung zwischen 12 und 14 Volt liegt. Es kann auch eine gleichwertige Zündspule Typ 12 VDR 502 von Delco Remy eingebaut sein. Als Vorwiderstand dient ein Spezialkabel aus aufgedrilltem dünnem Draht, das vom Klemme-15-Kontakt im Kabelsatzstecker zur Zündspule führt.

Wenn der Anlasser den Motor durchdreht, wobei die Bordspannung auf runde 9 Volt absinkt, wird der Vorwiderstand mit dem Einschalten des Starters überbrückt. Andernfalls würde die Spannung für einen kräftigen Zündfunken nicht mehr ausreichen. An Klemme 15 der Zündspule finden Sie ein schwarzes Kabel, das mit Klemme 15 A des Anlassers verbunden ist. Diese Klemme ist normalerweise »tot«. Wird jedoch der Anlasser gestartet, verbindet der Magnetschalter die Klemme 15 A mit Klemme 30 am Anlasser. Damit wird die beim Anlassen reduzierte Batteriespannung von rund 9 Volt unter Umgehung des Vorwiderstands über Klemme 15 A direkt an Klemme 15 der Zündspule geleitet. Die Zündspule hat also ihre übliche Arbeitsspannung. Sobald der Anlasser abgeschaltet wird, weil der Motor läuft, wird die Klemme 15 A wieder stromlos.

Zündspule und Vorwiderstand der Spulenzündung prüfen

■ **Spannungsprüfung:** An Klemme 1 der Zündspule das grüne Kabel zum Unterbrecher abnehmen, damit der Stromweg über die Unterbrecherkontakte unterbrochen ist.
■ Zündung einschalten.
■ Voltmeter zwischen den Klemmen der Sicherungen 8 und 9 am Sicherungskasten (Verbindung zum farblosen Widerstandskabel) und Masse schalten. Es sollten mindestens 11,5 Volt anliegen.
■ Gleiche Prüfung an Klemme 15 der Zündspule; Meßwert etwa 8,5 Volt.
■ Erhält die Zündspule keine Spannung, ist das Vorwiderstandskabel unterbrochen.
■ Messen Sie an beiden Stellen dieselbe Spannung, ist das Kabel durch Kurzschluß überbrückt.
■ Bei der Prüfung an Klemme 1 der Zündspule sollten 5 Volt gemessen werden.
■ Liegt keine Spannung an, ist die Primär-

wicklung der Zündspule unterbrochen.
■ Liegt der Meßwert wesentlich höher, herrscht Kurzschlußüberbrückung in der Zündspule.
■ Spule jeweils ersetzen.
■ Zur **Widerstandsmessung** alle Kabel an der Zündspule abziehen und Ohmmeter anschließen.
■ Primärwiderstand zwischen Klemme 1 und Klemme 15: 1,7–2 Ω.
■ Sekundärwiderstand zwischen Klemme 1 und dem Hochspannungsanschluß Klemme 4: 7–12 kΩ.
■ Lassen die Messungen keinen Fehler erkennen, kann es am Kondensator liegen, siehe Seite 215.
■ Beim Anschließen der Kabel an die Zündspule das Kabel zum Unterbrecher nicht vergessen.

Falls das Vorwiderstandskabel defekt ist, dürfen Sie die Zündspule nicht einfach an die 12–14 Volt Bordspannung direkt anschließen. Die mit Überspannung betriebene Spule kann nach kurzer Zeit regelrecht explodieren! Als Notbehelf kann unterwegs aber eine Scheinwerferlampe dienen, bei der beide Lampenfäden intakt sein müssen.

■ Ein Hilfskabel zwischen den Kontakt 7 des Vielfachsteckers am Sicherungskasten (Anschluß zum Widerstandskabel) und die Masse-Kontaktzunge der Glühlampe anschließen.

■ Mit einem weiteren Kabel die beiden(!) Kontaktzungen für den Fern- und Abblend-lichtfaden verbinden und das Kabel an Klemme 15 der Zündspule legen.

■ Die somit »parallel geschalteten« Leuchtfäden haben zwar einen um 0,3 Ω höheren Widerstand als das Widerstandskabel, aber es funktioniert.

Scheinwerferlampe als Vorwiderstands-Ersatz
(nur SZ)

■ **Spannungsprüfung:** zwischen Klemme 1 und Masse: Sofort nach Einschalten der Zündung liegen ca. 6,6 Volt an.

■ Nach 1–2 Sekunden steigt die Spannung auf ca. 12 V an. Das ist die Sicherheitsschaltung, damit sich die Zündspule bei lang eingeschalteter Zündung nicht aufheizen kann.

■ Falls an Klemme 1 sofort 12 Volt anliegen, Steckverbindungen zum Schaltgerät überprüfen.

■ Zur **Widerstandsmessung** alle Leitungen an der Zündspule bei ausgeschalteter Zündung abziehen.

■ Mit einem Ohmmeter mit Meßbereichen von 0–1 Ω und 1–5 kΩ Widerstand zwischen Zündspulenklemme 1 und 15 messen. Sollwert: 0,52–0,76 Ω.

■ Der Meßwert zwischen Klemme 1 und 4 (Steckbuchse des Hauptzündkabels) muß 2,4–3,5 KΩ betragen.

■ Mit diesen Messungen läßt sich ein Windungsschluß in der Zündspule allerdings nicht erkennen.

■ Fehlt es an der Zündspannung, obwohl das Schaltgerät und der Hallgeber in Ordnung sind (siehe Seite 218 und 219), muß die Zündspule ersetzt werden.

Zündspule der TSZ prüfen

Dieser Teil der Zündanlage erfüllt wesentlich mehr Funktionen, als man seinem Namen entnehmen kann.

□ Im Oberteil liefert der sich drehende Verteilerfinger den hochgespannten Strom an die einzelnen Zündkerzen.

□ Darunter hat bei Spulenzündung der Unterbrecher und bei Transistorzündung der Hallgeber bzw. Induktionsgeber seinen Platz.

□ Außen am oder im Verteiler sitzt bei der Spulenzündung der Kondensator des Unterbrechers, siehe Bild Seite 215).

□ Die Verteilerwelle ist zweigeteilt. Sie ist kombiniert mit der fliehkraftgeregelten mechanischen Zündzeitpunktverstellung, siehe Seite 219 (nicht bei VEZ).

Der Zündverteiler

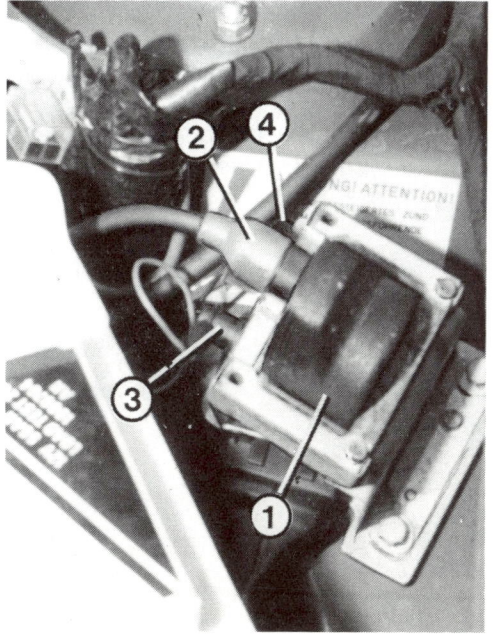
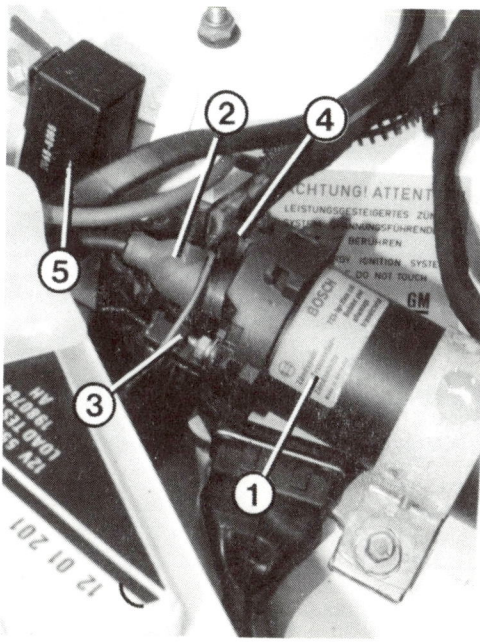

Links Delco-Remy-Zündspule; rechts Bosch-Zündspule. Zwischen Batterie und linkem Federbeindom ist die Zündspule am Blech des Motorraums befestigt.
1 – Zündspule;
2 – Klemme 4 (Hauptzündkabel);
3 – Anschluß Klemme 15;
4 – Anschluß Klemme 1.
Hier noch im Bild:
5 – Kraftstoffpumpenrelais (nur bei Einspritzmotor).

Der Verteilerdeckel (1) läßt sich nach Lösen der beidseitigen Klemmbügel (2) abnehmen. Wenn der Zylinder 1 auf Zündzeitpunkt steht, muß der Verteilerfinger (3) auf die Nut am Gehäuserand gerichtet sein. Der geschlossene Verteiler wird mit einer auf und zuknöpfbaren Schutzhaube (4) bedeckt.

☐ Seitlich am Verteiler ist, ausgenommen VEZ die Unterdruckdose der Unterdruck-Zündverstellung untergebracht (Seite 220).

Verteiler öffnen

■ Blech-Halteklammern des Deckels mit einem Schraubenzieher abdrücken oder die beiden Schrauben herausdrehen.
■ Massekabel der evtl. vorhandenen Blechabschirmung abziehen.
■ Verteilerdeckel abnehmen, die Zündkabel bleiben aufgesteckt.
■ Verteilerfinger abziehen, dahinterliegenden Staubschutzdeckel abnehmen.
■ Beim Einbau den Staubschutzdeckel so auflegen, daß seine Haltenase in die Aussparung im Verteilergehäuserand zu liegen kommt.
■ Der Verteilerfinger besitzt eine angegossene Erhebung, die in die Aussparung in der Verteilerwelle einrastet.
■ Auch der Verteilerdeckel besitzt als Verdrehsicherung eine angegossene Nase, die in den Einschnitt im Verteilergehäuse einrasten muß.

Verteilerdeckel und -finger kontrollieren

■ Verteilerdeckel abnehmen. Er muß innen und außen sauber sein, damit keine Strombrücke über Schmutz, Abrieb oder Feuchtigkeit den Zündstrom ableitet.
■ Abbrand an den Kontakten abwischen.
■ Kontaktstellen oxidiert (Grünspan)?
■ Blankschleifen oder kontrollieren, ob ein falscher Verteilerfinger zu weit entfernt an den Kontakten vorbeiläuft.
■ Bleistiftartige Striche im Verteilerdeckel sind Brandspuren von Kriechströmen, die sich über Schmutz oder Feuchtigkeit einen Weg gebahnt und eingebrannt haben.
■ Behelfsmäßige Abhilfe schafft hier Auskratzen mit einem Schraubenzieher oder Messer und Überstreichen mit Alleskleber, Nagellack oder im Notfall auch Lippenstift.
■ Die Kontaktkohle in Deckelmitte muß glatt und glänzend sein, sich leicht einfedern lassen und ohne zu klemmen wieder zurückfedern.
■ Der Verteilerfinger darf an seiner Kon-

Der Verteilerfinger (1), auch Läufer genannt, läßt sich von der Verteilerwelle (2) abziehen und wegen der Nut in der Welle nur in gleicher Stellung wieder einsetzen. Zwischen Läufer und Lagerschild ist ein Schutzdeckel (3) eingesetzt. Die Unterdruckdose (5) ist über einen Schlauch mit dem Drosselklappenstutzen verbunden. Das Lagerschild (4) ist mit zwei Schrauben befestigt.

214

taktzunge und über der Vergußmasse des Entstörwiderstands zwischen Mittenkontakt und der Zunge nicht verschmort sein.
■ Widerstand zwischen Mitten- und Außenkontakt des Verteilerfingers messen: Bei Spulenzündung 4–6 kΩ; bei Transistorzündung (Kennzeichnung »R 1«) 0,6–1,4 kΩ.
■ Zuletzt noch die Kontrolle, ob die Arretierung zum Aufstecken auf der Verteilerwelle abgeschert ist.

Verteiler ausbauen

■ Verteilerdeckel abnehmen.
■ Zylinder 1 auf Zündzeitpunkt stellen, siehe Seite 36.
■ Die Kerbe auf der Kurbelwellen-Riemenscheibe muß beim 1,2-l-Motor mit der Warze am Steuergehäusedeckel übereinstimmen, bei den anderen Motoren in kürzester Entfernung zum Zeiger am Ölpumpengehäuse stehen.
■ Zugleich muß der Verteilerfinger (oder bei abgezogenem Finger: die Nut der Verteilerwelle) auf die Markierung am Gehäuserand zeigen.
■ Dreipoligen Hallgeber-Stecker abziehen.
■ Befestigung des Verteilers abschrauben.
■ Danach die Kurbelwelle nicht mehr drehen.
■ Der Verteiler läßt sich in dieser Stellung wieder korrekt einsetzen, denn Verteilerwelle und Nockenwelle sind entsprechend geformt.
■ Nach Einsetzen des Verteilers die Zündung einstellen.

Der Unterbrecher (nur SZ)

Der Unterbrecher sitzt im Verteiler. Um ihn sehen zu können, müssen Sie erst einmal den Verteiler öffnen, siehe Seite 214. Hammer und Amboß des Unterbrechers sitzen gegen Masse isoliert auf einer gemeinsamen Halteplatte. Die Aufgabe des Unterbrechers haben wir bereits auf Seite 207 besprochen.

Der Kondensator (nur SZ)

Außen am Verteiler sitzt ein silberfarbener kleiner Metallzylinder – der Kondensator. Er ist mit Klemme 1 der Zündspule verbunden. Seine Aufgabe ist es, den beim Öffnen der Unterbrecherkontakte entstehenden Funken so weit als möglich zu unterdrücken. Er ist also ein sogenannter Funkenlösch-Kondensator.

Kondensator prüfen

Schwache oder gar keine Zündfunken bzw. stark verschmorte Unterbrecherkontakte, die noch nicht lange im Betrieb sind, können vom Kondensator verursacht sein. Behelfsmäßige Prüfung:
■ Verteiler öffnen.
■ Motor von Helfer mit dem Anlasser durchdrehen lassen.
■ Springen zwischen den Unterbrecherkontakten starke Funken über, dürfte der Kondensator defekt sein.
■ Von Klemme 1 der Zündspule das grüne Kabel ziehen. Prüflampe zwischen dieses Kabel und die Klemme 1 an der Spule anklemmen.
■ Motor mit dem Anlasser von Helfer durchdrehen lassen.
■ Der Kondensator hat zumindest keinen Kurzschluß, wenn die Lampe jetzt regelmäßig aufleuchtet und verlöscht.
■ Eine weitergehende Überprüfung des Kondensators ist für den Heimwerker nicht möglich. Allerdings lohnt sich langes Prüfen ohnehin nicht. Ein neuer Kondensator kostet nicht viel.

Delco Remy-Zündverteiler am 1,2-Liter-Motor. Nach Entnahme der Staubschutzkappe (Kondensschutz) erhält man Einblick in das Oberteil des Zündverteilers.
1 – Kondensator; 2 – Unterbrecherkontakte; 3 – Stellschraube zum Verändern des Kontaktabstandes; 4 – Unterbrecherhebel; 5 – Schmierfilz; 6 – Antriebswelle mit Unterbrechernocken; 7 – Unterdruckdose; 8 – Hebel der Unterdruckverstellung.

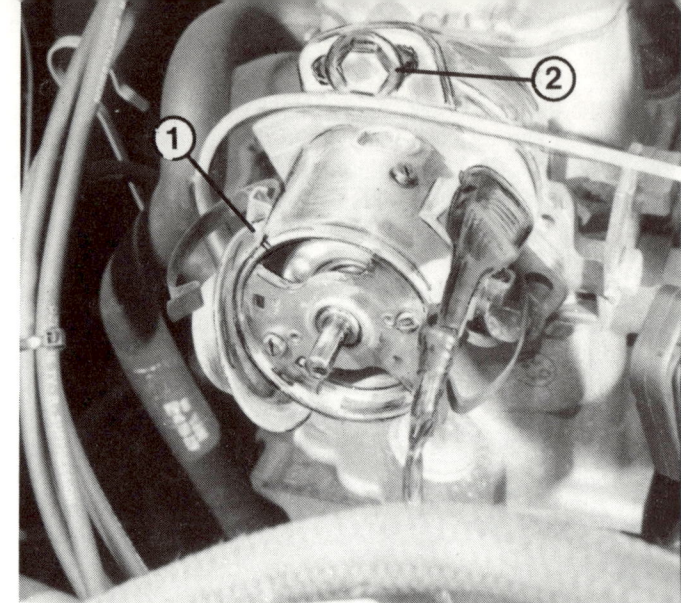

1 – Nut am Rand des Verteilergehäuses. Zeigt der Verteilerfinger auf diese Nut, steht der 1. Zylinder auf Zündzeitpunkt. 2 – Befestigungsschraube, die beim Einstellen der Zündung zu lockern ist.

Unterbrecherkontakte prüfen

(nur SZ)
Wartung Nr. 3

Das ständige Öffnen und Schließen des Stromkreises bewirkt unvermeidbar Verschleiß an den Kontakten des Unterbrechers durch Abbrand, Verschmoren und Metallwanderung.

Der Wartungsplan sieht den Wechsel der Kontakte alle 15 000 km vor. Sie halten jedoch bei intakter Zündanlage auch doppelt so lange. Deshalb wird der sparsame Heimwerker die Kontaktflächen erst einmal prüfend mustern. Dazu muß der Verteiler geöffnet werden, wie auf Seite 214 beschrieben.

Das Aussehen der Kontaktflächen des Unterbrechers bedeutet:

☐ **Silberartig, wie hell poliert:** Zündanlage in Ordnung.
☐ **Starke Höcker- und Kraterbildung an den Kontaktflächen:** Kontakte abgenutzt.
☐ **Grauer Überzug an den Kontaktflächen:** Oxidation durch zu geringen Kontaktabstand, zu schwache Feder oder klemmenden Unterbrecherhebel.
☐ **Blau angelaufen:** Zündspule oder Kondensator defekt.
☐ **Schwarze Verkrustungen:** Öl, Fett oder Schmutz auf die Kontakte geraten.

Unterbrecherkontakte säubern

■ Verkrustete oder verschmutzte Kontakte mit einem scharfkantigen Schraubenzieher oder Taschenmesser blank schaben. Keine Feile oder Schmirgelleinen verwenden.

■ Wattestäbchen in Tetrachlorkohlenstoff (als Reinigungsmittel in der Drogerie erhältlich) tauchen und die Kontakte damit abwischen.

Fehlersuche an den Unterbrecherkontakten

Wenn die Unterbrecherkontakte als Ursache für einen Zünddefekt vermutet werden, prüfen Sie folgendes:

☐ Halteschraube lose, so daß sich der Kontaktabstand verstellt hat
☐ Isolierende Schmutz- oder Fettschicht zwischen den Kontaktflächen
☐ Gleitstück am Unterbrecherhammer abgebrochen
☐ Amboßwinkel abgebrochen

Geöffneter Zündverteiler der Multec-Zentraleinspritzung. 1 – Läufer; 2 – Induktionsgeber; 3 – Zündmodul; 4 – Entstörkondensator.

□ Unterbrecher mit Prüflampe auf Kurzschlußüberbrückung prüfen
□ Kabel zum Unterbrecher hat Masseschluß
□ Masseband zur Unterbrecherplatte gebrochen
□ Falls keine dieser Möglichkeiten zutraf, könnte auch eine Leitung außen am Verteiler unterbrochen sein

Unterbrecher-kontakte ersetzen

Sind die alten Kontakte blau angelaufen oder verschmort, genügt das Auswechseln allein nicht, der Kondensator oder die Zündspule müssen überprüft werden.

■ Verteiler öffnen.
■ Kabelstecker des Verbindungskabels zum Unterbrecher innen am Verteiler abziehen.
■ Halteschraube der Unterbrecherplatte herausdrehen, Kontaktsatz herausnehmen.
■ Lagerwelle des Unterbrecherhebels mit einem Tropfen Motoröl schmieren.
■ Verteilerwelle abreiben und die vierkantige Nockenbahn mit einer dünnen Schicht Bosch-Fett Ft 1 v 4 bestreichen.

■ Am Unterbrechergleitstück an der zur Lagerwelle hin zeigenden Seite eine stecknadelkopfgroße Menge desselben Fettes auftragen.
■ Neue Kontaktplatte so einbauen, daß der Zapfen an der Unterseite in die Bohrung der Verteilergrundplatte einrastet.
■ Nach dem Einbau sind Schließwinkel (siehe Seite 217) und Zündzeitpunkt einzustellen (Seite 221).

Unterbrecher-Kontaktabstand und Schließwinkel
(nur SZ)

Wenn Sie den Motor bei offenem Verteiler von einem Helfer mit dem Anlasser durchdrehen lassen, können Sie beobachten, wie jede Nocke der Verteilerwelle den Unterbrecherhammer vom Amboß abhebt. Wie lange die beiden Unterbrecherkontaktflächen zwischen den einzelnen Nocken geöffnet und geschlossen sind, hängt vom Abstand der Unterbrecherkontakte ab:
□ Ist der Abstand bei voller Kontaktöffnung nur gering, bleiben die Unterbrecherkontakte bis zum nächsten Abheben verhältnismäßig lange geschlossen.
□ Bei großem Kontaktabstand werden die Kontakte dagegen schon nach relativ kurzer Zeit wieder geöffnet.
Den Winkel, um den sich die Verteilerwelle mit ihren Nocken vom Beginn bis zum Ende der »Schließzeit« dreht, nennt man den Schließwinkel.

Schließwinkel prüfen
(nur SZ)
Wartung Nr. 4

■ Schließwinkeltester anschließen.
■ Motor starten und Meßwert bei Leerlaufdrehzahl – er muß 50–56% betragen.
■ Motordrehzahl auf 2000/min erhöhen. Der Meßwert darf sich nicht verändern, da Kontaktabstand und Schließwinkel theoretisch über den ganzen Drehzahlbereich des Motors gleich bleiben.
■ Unterschiedliche Meßergebnisse weisen auf einen verschlissenen Verteiler hin.
■ Zur Schließwinkelkorrektur Verteiler öffnen.
■ Halteschraube der Unterbrechergrundplatte etwas lockern.
■ Schraubenzieherklinge zwischen die beiden »Warzen« und die Kerbe stecken, siehe Bild Seite 215.

■ Motor von einem Helfer mit dem Anlasser durchdrehen lassen.
■ Grundplatte des Kontaktsatzes so lange verdrehen, bis der Schließwinkel auf etwa 53% eingestellt ist.
■ **Neue Kontakte** auf **50%** einstellen, denn durch unvermeidlichen Abrieb am Gleitstück des Unterbrecherhebels wird der Schließwinkel mit der Zeit größer.
■ Sicherheitshalber nochmals den Schließwinkel im Leerlauf und bei 2000/min messen.
■ Nach der Korrektur des Schließwinkels muß die Zündeinstellung überprüft werden (Seite 221).

Kontaktabstand behelfsmäßig einstellen
nur (SZ)

Ohne Schließwinkeltester mißt man den Abstand der Unterbrecherkontakte. Das ist aber nur bei neuen, ebenen Kontakten genau. Bei älteren Unterbrecherkontakten mit Höcker- und Kraterbildung an den Kontaktflächen die Fühlerblattlehre nur an den Rand der Kontakte halten.
■ Verteiler öffnen.
■ Motor so drehen, daß eine Verteilerwellennocke den Unterbrecherhebel voll abhebt.
■ In dieser Stellung muß sich das 0,4-mm-Fühlerblatt ohne großen Widerstand, aber auch nicht zu leicht durchschieben lassen.

■ Stimmt der Abstand nicht, Halteschraube der Unterbrechergrundplatte lockern.
■ Schraubenzieherklinge zwischen die Einstellwarzen und -kerbe stecken, Grundplatte so verdrehen, bis der Abstand **0,4 mm** beträgt.

Der Aufbau des Zündverteilers für Multec ist dem herkömmlichen ähnlich. Der Unterschied besteht in der Endstufe des Zündverteilermoduls. Dort ist zusätzlich eine Zündkennlinie für den Motor-Start und -Notlauf einprogrammiert. Der Zündverteiler hat keine Fliehkraft- und Unterdruckverstellung. 1 – Verteilerläufer; 2 – Induktionsgeber; 3 – Zündmodul; 4 – Entstörkondensator.

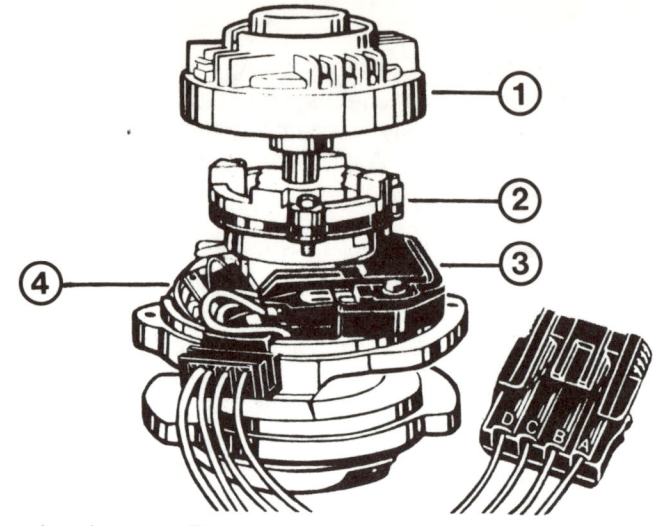

■ Nach dem Festziehen der Halteschraube den Abstand nochmals messen.

■ Zündzeitpunkt einstellen, siehe Seite 221.

Das TSZ-Schaltgerät

Auf die Funktion des Schaltgerätes der Transistorzündung sind wir bereits auf Seite 208 eingegangen. Hier nochmals zur Erinnerung:
☐ Der Impuls vom Hallgeber wird umgeformt und verstärkt.
☐ Der Schließwinkel wird entsprechend den Motordrehzahlen variiert.
☐ Die Leistungsstufe im Schaltgerät schaltet den Primärstromkreis zur Zündspule an und aus. Zur Schonung der Zündspule besitzt das Schaltgerät eine Sicherheitsschaltung. Da beim Einschalten der Zündung der Stromkreis immer geschlossen ist, könnte die Spule überhitzt werden, wenn die Zündung über längere Zeit eingeschaltet bleibt. Das verhindert die Sicherheitsschaltung:
An Klemme 15 der Spule liegen 12 Volt an, an Klemme 1 dagegen nur rund 6 Volt. Es werden also etwa 6 Volt in der Spule verbraucht, wodurch sich diese aufheizen kann. Doch bereits nach 1–2 Sekunden legt das Schaltgerät an Klemme 1 ebenfalls 12 Volt Spannung. In der Spule herrscht keine Spannungsdifferenz mehr, der »Verbraucher« ist abgeschaltet.

Elektrische Verschaltung

Für die Fehlersuche ist es wichtig, die Bedeutung der Kabel an Schaltgerät und Hallgeber zu kennen.
☐ Mit Einschalten der Zündung erhält das Schaltgerät Spannung von Zündschloßklemme 15 (schwarze Leitung).
☐ Masse ans Schaltgerät gelangt über die braune Leitung.
☐ Grün ist wie bei der Spulenzündung die Leitung der Klemme 1, über die der Unterbrechungsbefehl kommt.
☐ Über das schwarz/gelbe Kabel kommt die Versorgungsspannung vom Schaltgerät zum Hallgeber.
☐ Die braun/weiße Leitung stellt die Masseverbindung her.
☐ Über das blau/grüne Kabel gelangt der Unterbrechungsimpuls vom Hallgeber zum Schaltgerät.

TSZ-Schaltgerät prüfen

Vor der Schaltgerät-Prüfung muß sichergestellt sein, daß die Zündspule in Ordnung ist.
■ Kabel zur Saugrohrbeheizung (Motoren 13 NB, 16 SH) oder zur Startautomatik (Motoren 13 S, 16 S) abziehen.
■ **Spannungsversorgung:** Sicherungsklammer des Mehrfachsteckers am Schaltgerät zur Seite drücken, Stecker abziehen.
■ Voltmeter an den Kontakten 2 (braunes Kabel) und 4 (schwarzes Kabel) anschließen.
■ Zündung einschalten. Es müssen etwa 12 Volt anliegen.
■ Zeigt sich nichts, Unterbrechung anhand der Stromlaufpläne ab Seite 178 suchen.

■ Zündung ausschalten. Stecker am Schaltgerät wieder aufstecken.
■ **Sicherheitsschaltung:** Falls bei der Prüfung an Klemme 1 der Zündspule sofort 12 Volt anlagen (siehe Seite 213):
■ Stecker am Schaltgerät abziehen.
■ Durchgang der folgenden Leitungen überprüfen: Klemme 1 (grün), Klemme 15 (schwarz), Masse (braun).
■ War hier kein Fehler erkennbar, muß das Schaltgerät ersetzt werden.
■ Da die Zündspule durch die ausgefallene

Sicherheitsschaltung gelitten haben wird, sollte sie ebenfalls erneuert werden.

■ **Impulsverarbeitung:** Voltmeter zwischen Klemme 1 der Zündspule und Masse anschließen.

■ Dreifachstecker am Zündverteiler abziehen, siehe Fingerzeig unten.

■ In den mittleren Steckkontakt einen Nagel, Splint o.ä. stecken.

■ Zündung einschalten, am Voltmeter werden nach 1–2 Sekunden 12 Volt angezeigt.

Voraussetzung für diese Kontrolle ist eine einwandfreie Zündspule und ein intaktes Schaltgerät.

■ **Unterbrechungsimpuls:** Stecker am Schaltgerät freilegen.

■ Voltmeter oder Spannungsprüfer (keine herkömmliche Prüflampe) zwischen den Kontakt der blau/grünen Leitung am Schaltgerät und Masse schalten.

■ Zündung einschalten, Motor durchdrehen (siehe Seite 36).

■ Bei gedrehtem Motor liegen abwechselnd 0 Volt und mehr als 2 Volt Spannung an (normalerweise ca. 7 V).

■ Zündung ausschalten.

■ Kommt der Hallgeberimpuls an, aber

■ Mit dem verlängerten Mittelkontakt kurz Masse berühren und Voltmeter beobachten.

■ Für 1–3 Sekunden sinkt die Spannung auf rund 6 Volt ab und steigt dann wieder auf ca. 12 V an.

■ Bleibt die Spannung auf 12 Volt, ist das Schaltgerät defekt.

■ Sinkt die Spannung kurzfristig, aber fehlt es am Zündfunken, ist die Zündspule defekt oder das Hochspannungskabel zwischen Spule und Verteiler unterbrochen.

fehlt es dennoch am Zündstrom, ist das Schaltgerät defekt.

■ **Versorgungsspannung:** Dreifachstecker am Zündverteiler abziehen, siehe Fingerzeig unten.

■ Voltmeter zwischen die Kontakte im Stecker der schwarz/gelben und der braun/weißen Leitung anschließen.

■ Zündung einschalten. Die Spannung muß mindestens 10 Volt betragen.

■ Sind Versorgungsspannung und Masseanschluß bzw. die Leitungen in Ordnung, muß der Hallgeber ersetzt werden.

Fingerzeig: *Der Mehrfachstecker am Zündverteiler sollte grundsätzlich nur bei aufgesetztem Verteilerdeckel abgezogen werden. Andernfalls kann sich der untere Steckanschluß aus seiner Halterung lösen. Das bewirkt, daß sich beim Wiederaufsetzen eine Kontaktzunge verschieben kann. Es fehlt am Kontakt, und der Zündfunke bleibt aus.*

Hallgeber prüfen

Die Leistung des Motors ist am besten, wenn das Kraftstoff/Luft-Gemisch im Moment der höchsten Verdichtung gezündet wird. Letztere herrscht beim Viertaktmotor in jenem Augenblick, da der Kolben bei Beendigung des 2. Takts – des Kompressionshubs – von der Aufwärtsbewegung in die Abwärtsbewegung des 3. – des Arbeitstakts – übergehen will. Der Kolben steht dann in seinem höchsterreichbaren Punkt für einen winzigen Sekundenbruchteil still, ehe er sich wieder nach unten bewegt. Diese Stellung nennt man den »Oberen Totpunkt« (kurz: OT), dessen Gegenstück der Untere Totpunkt (UT) ist.

Zündzeitpunkt und oberer Totpunkt

Zum vollen Entflammen benötigt das Kraftstoff/Luft-Gemisch stets die gleichbleibende Zeit: rund 1/3000 Sekunde. Das erfordert, daß der Zündzeitpunkt mit steigender Drehzahl immer früher

Automatische Zündzeitpunktverstellung

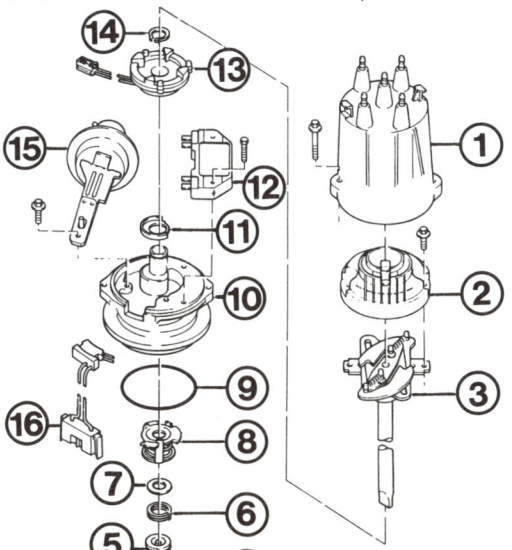

Einzelteile des Zündverteilers mit Induktionsgeber. 1 – Verteilerkappe; 2 – Verteilerläufer; 3 – Verteilerwelle; 4 – Stift, Kupplungsbefestigung; 5 – Kupplung; 6 – Feder; 7 – Scheibe; 8 – Andrückfeder; 9 – O-Ring; 10 – Gehäuse; 11 – Dichtung; 12 – Modul; 13 – Induktionsgeber; 14 – Sicherungsring; 15 – Unterdruckversteller; 16 – Anschlußstecker für Zündspule.

gelegt werden muß. Nur so erfolgt die Verbrennung wieder genau zum richtigen Zeitpunkt, nämlich dann, wenn der Kolben gerade wieder beginnt abwärts zu laufen.

Das Verbrennen des Kraftstoff/Luft-Gemisches hängt aber auch von dessen Zusammensetzung ab. Bei nur gering durchgetretenem Gaspedal (bei »Teillast«) ist das Gemisch in den Brennräumen weniger zündfähig. Es verbrennt daher langsamer und muß aus diesem Grund früher gezündet werden.

Gibt man zu wenig Frühzündung, wird die Energie des Kraftstoffes nicht vollständig ausgenutzt, und der Motor kommt nicht auf volle Leistung. Wird der Zündzeitpunkt allerdings zu früh gelegt, schlägt das bereits entflammte Gemisch dem noch aufwärts strebenden Kolben entgegen, der Motor klingelt oder klopft.

Die Zündverstellung in Richtung »früh« übernehmen einerseits die Fliehkraftverstellung unten im Verteiler und andererseits die seitlich sitzende Unterdruckdose, wobei diese beiden Einrichtungen teilweise gemeinsam wirken. Bei der VEZ erfolgt die Zündverstellung dagegen durch ein elektronisches Steuergerät.

Fliehkraftverstellung

Die Fliehkraftverstellung wirkt »innerlich« auf die zweigeteilte Verteilerwelle. Die Trägerplatte des Fliehkraftverstellers sitzt im Verteilergehäuse unter der Unterbrecherplatte bzw. dem Blendenrotor fest auf der Verteiler-Antriebswelle.

Je schneller sich diese dreht, um so intensiver drücken die Fliehgewichte auf ihrer Trägerplatte gegen einen Mitnehmer. Dieser bewegt die eigentliche Verteilerwelle zusätzlich in ihrer Drehrichtung. Dadurch erreicht man mit ansteigender Drehzahl zunehmende Frühzündung, weil die Unterbrecherkontakte früher öffnen bzw. der Hallgeberimpuls früher ausgelöst wird.

Bei abnehmender Drehzahl machen dies kleine Spiralfedern wieder rückgängig.

Die Fliehkraftverstellung bewirkt je nach Motor und Verteiler bis zu 30° Frühzündung.

Fliehkraftverstellung prüfen

Zumindest behelfsmäßig können Sie feststellen, ob die Fliehkraftverstellung arbeitet.

■ Stroboskoplampe anschließen, siehe nächste Seite.

■ Unterdruckschlauch am Verteiler abziehen.

■ Motor starten.

■ Zündlichtlampe auf die Zündzeitpunktmarkierung halten (siehe unter »Zündung prüfen«).

■ Die Kerbe auf der Keilriemenscheibe muß ruckfrei nach hinten auswandern und beim Zurückgehen auf Leerlaufdrehzahl sofort wieder zur Zündmarkierung zurückkommen.

■ Für eine genaue Überprüfung muß die Zündverstellung anhand der Verteiler-Verstellkurven in der Werkstatt gemessen werden.

Unterdruckverstellung

Die Unterdruckdose am Verteiler ist durch eine dünne Saugleitung mit dem Vergaser bzw. dem Drosselklappenstutzen verbunden. Oberhalb bzw. vor der Drosselklappe herrscht ein Unterdruck, der hauptsächlich von der Drosselklappenstellung abhängig ist. Bei geschlossener Drosselklappe ist der Unterdruck gleich Null. Er steigt mit zunehmender Öffnung und steigender Drehzahl unter Teillast auf einen Höchstwert, um bei voll geöffneter Drosselklappe wieder auf etwa $\frac{1}{5}$ des Höchstwertes abzufallen.

Wenn nun bei nur teilweise durchgetretenem Gaspedal ein kräftiger Unterdruck herrscht, zieht dieser über die Saugleitung eine Membrane in der Unterdruckdose an. Von ihr reicht eine Zugstange in den Verteiler hinein und zieht dort die drehbare Grundplatte des Unterbrechers bzw. des Hallgebers an. Hierdurch wird die Platte entgegen der Drehrichtung der Verteilerwelle gezogen, und die Zündung erfolgt so entsprechend früher. Die Unterdruckverstellung mit höchstens 26° Frühverstellung wirkt zusätzlich zur Fliehkraftverstellung.

Unterdruckverstellung prüfen

Ob die Unterdruckstellung funktioniert, läßt sich selbst prüfen.

■ Zur Prüfung schwarzen Schlauch von der Unterdruckdose abziehen und mit der Fingerspitze verschließen.

■ Von Helfer Motor starten und auf mittlerer Drehzahl (ca. 3000/min) halten lassen.

■ Bei gleichmäßiger Drehzahl den Schlauch wieder aufstecken.

■ Da nun vom Saugrohr her Luft durch den Schlauch angesaugt wird, muß die Unterdruckverstellung in diesem Teillastbereich in Aktion treten, wodurch die Motordrehzahl ohne Gaspedalveränderung sofort merklich erhöht wird.

■ Falls der Motor nicht etwas schneller dreht, ist wahrscheinlich der Schlauch oder die Unterdruckdose undicht.

Die volle Motorleistung und ein günstiger Benzinverbrauch hängen vom richtig eingestellten Zündzeitpunkt ab.

☐ Bei der **Spulenzündung** ist die Kontrolle der Zündeinstellung eine besonders wichtige Maßnahme. Denn Veränderungen des Unterbrecher-Schließwinkels verschieben den Zündzeitpunkt. Daher muß vor der Zündeinstellung erst der Schließwinkel gemessen und ggf. eingestellt werden.

☐ Bei der **Transistorzündung** hat der variable Schließwinkel (siehe Seite 217) keinen Einfluß auf den Zündzeitpunkt. Eigentlich kann sich im Lauf der Zeit nichts verändern. Dennoch empfiehlt das Werk eine alljährliche Kontrolle anläßlich der ASU, da Verschleißerscheinungen im Verteilerantrieb möglich sind.

☐ Zur Einstellung beim 1,2-l-Motor dient die Warze am Steuergehäusedeckel, bei allen anderen Motoren der Zeiger am Ölpumpengehäuse. Eingestellt wird auf die Kerbe der Kurbelwellenriemenscheibe.

☐ Die Leerlaufdrehzahl muß der Vorschrift entsprechen (siehe Seite 89 bzw. 108).

☐ Die Motoröltemperatur soll mindestens 30°C betragen.

☐ Der Unterdruckschlauch an der Unterdruckdose des Zündverteilers bleibt angeschlossen.

Fingerzeig: *Besitzt Ihre Zündlichtpistole ein Auslösekabel, das ins Zündkabel des 1. Zylinders gesteckt wird, müssen Sie auf einwandfreien Kontakt achten. Ein Wackelkontakt zwischen Zündkabel und Kerze kann dem TSZ-Schaltgerät Schaden zufügen.*

Zündung prüfen

■ Motor warmfahren und abschalten.
■ Stroboskoplampe anschließen und ihr Auslösekabel in das Zündkabel des 1. Zylinders (der in Fahrtrichtung rechts stehende) schalten.
■ Motor starten, im Leerlauf drehen lassen.
■ Stroboskoplampe auf die Markierungspunkte halten.

■ Bei jedem Aufblitzen der Lampe muß die Kerbe der Keilriemenscheibe mit der Warze am Deckel bzw. dem Zeiger am Gehäuse fluchten.
■ Wenn nicht, Zündzeitpunkt einstellen.

Zündung einstellen

■ Bei **1,2- und 1,3-Liter-Motoren** Klemmlasche am Verteilerfuß lösen.
■ Bei **1,6- und 1,8-Liter-Motoren** die Sechskantmuttern lockern.
■ Rechts herum (im Uhrzeigersinn) drehen bedeutet: Zündung früh, links herum: Zündung spät.
■ Verteiler behutsam drehen, bis die Zündeinstellmarken bei jedem Lampenblitz in einer Linie »stehen«. Vorsicht: Bei TSZ kein Zündkabel berühren!
■ Verteiler in dieser Stellung festschrauben.
■ Leerlaufdrehzahl nach der Einstellung kontrollieren, ggf. korrigieren, siehe Seite 89 bzw. 108.

Zündzeitpunkt grundeinstellen
(nur Multec)

Die im vorstehenden Abschnitt erwähnte Einstellung ist beim Multec-Sytem auch nach Ersatz des Zahnriemens nötig.
In der Opel-Werkstatt wird dazu noch die Diagnosereiz- und Masseleitung mit dem Diagnose-

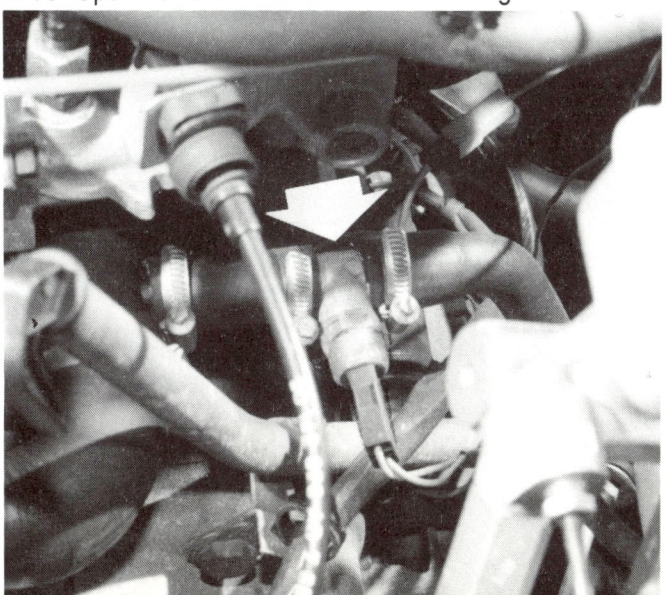

Beim Motor 16 SH mit automatischem Getriebe beeinflußt zusätzlich dieser Thermofühler die Zündeinstellung.

stecker kurzgeschlossen, wobei auch die Motorkontrolleuchte in einer bestimmten Folge blinkt. Bei richtiger Einstellung des Zündzeitpunktes darf die Kontrolleuchte nicht aufleuchten.

Behelfsmäßige Zündeinstellung (nur SZ)

Die Spulenzündung kann notfalls auch bei stehendem Motor eingestellt werden. Als Einstellmarkierung gelten dieselben Markierungen wie für die Einstellung mit der Stroboskoplampe. Eine alsbaldige Nachprüfung mit der Stroboskoplampe ist jedoch unbedingt ratsam.

■ Motor so weit drehen (Seite 36), bis sich die Zündzeitpunkt-Markierungen gegenüberstehen, siehe Abbildung auf Seite 36.

■ Motor wieder zurückdrehen.

■ Zündung einschalten, Prüflampe zwischen Klemme 1 der Zündspule und Masse anschließen.

■ Motor drehen, bis sich die Zündmarkierungen genau gegenüberstehen. In diesem Augenblick muß die Prüflampe aufleuchten, wenn die Zündung richtig eingestellt ist.

■ Leuchtet die Lampe früher oder später auf, drehen Sie den Motor eine halbe Umdrehung zurück.

■ Motor jetzt wieder vorwärts drehen, bis sich die Zündmarkierungen exakt gegenüberstehen.

■ Halteschraube des Verteilers lockern.

■ Verteiler im Gegenuhrzeigersinn drehen, bis die Prüflampe verlöscht (falls dies nicht schon der Fall war). Dann sind die Unterbrecherkontakte geschlossen.

■ Verteiler wieder langsam zurückdrehen, bis die Prüflampe gerade aufzuleuchten beginnt. Das ist der Zündzeitpunkt.

Oktanzahlanpassung

Die mikroprozessorgesteuerte Kennfeldzündung bei den Motoren 16 SV und C 16 LZ bzw. die Motronic bei den Motoren C 20 NE und 20 SEH ermöglicht in gewissem Umfang eine Anpassung an das Kraftstoffangebot. Die Anpassung erfolgt durch Verändern der Kodierung. Je nach Auslegung des Kodiersteckers wird in der Elektronik ein bestimmtes Zündkennfeld angewählt. Das neue Zündkennfeld erlaubt den Betrieb mit einer vorgegebenen Kraftstoffqualität (siehe nächsten Abschnitt).

☐ Nur in **Ausnahmefällen** soll die Einstellung vorübergehend auf **die ungünstigere Möglichkeit** verändert werden. In diesem Fall sollte die volle Motorleistung nicht ausgeschöpft werden.

☐ Eine Änderung der Zündzeitpunkteinstellung durch Verdrehen des Zündverteilers ist nicht mehr möglich.

Der Kodierstecker

Der im Motorraum an der Spritzwand links befindliche Kodierstecker (Bild rechts oben) zeigt im Fenster des Verschlußbügels die eingestellte Oktanzahl. Auf beiden Seiten ist der Stecker mit der jeweiligen Oktanzahl (ROZ) gekennzeichnet. Die werkseitige Kodierung steht jeweils auf dem höheren Wert der in der Tabelle auf Seite 65 gezeigten Möglichkeiten.

Die Stecker-Farbe gibt Aufschluß über zwei Möglichkeiten zur Kraftstoffwahl. Die in der folgenden Aufstellung in Klammern gesetzten Farben sind nur kurz zur Auslieferung gelangt:

Stecker-Farbe	Kraftstoff	ROZ
braun (oder weiß)	Super verbleit	98
	Super unverbleit	95
schwarz (oder gelb)	Super unverbleit	95
	Normal unverbleit	91

Die Zündkabel

Die Verbindungskabel vom Verteiler zu den Zündkerzen bereiten normalerweise keine Probleme. Vor dem Ersatzteilkauf erst am Wagen kontrollieren, welche Ausführung eingebaut ist.

Zündkabel prüfen

■ Kontrollieren Sie, ob die Kabel fest in die Buchsen des Verteilerdeckels eingesteckt sind. Sie können sich durch Erwärmung der eingeschlossenen Luft etwas herausheben und so Motorstottern verursachen.

■ Die Messingklemmen dürfen nicht oxidiert sein und sie müssen guten Kontakt zu den Kerzensteckern haben.

■ Wenn der Zündfunke schon vor der Zündkerze zur Masse überspringt, hören Sie das an Knack- oder Knattergeräuschen im Motorraum.

■ Achten Sie darauf, daß die Schutzrohre auf den Zündkabeln der Zylinder 1, 2 und 3 einwandfrei sitzen und die Kabel nicht am Rohrende scheuern.

■ Nachts sehen Sie die Funken deutlich springen. Ursache kann eine Streusalzschicht

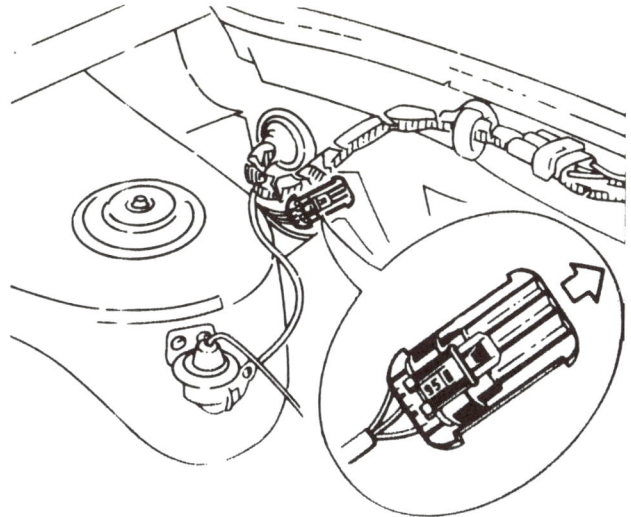

Anordnung des Kodiersteckers im Motorraum. Siehe dazu den Abschnitt »Oktanzahlanpassung« auf der linken Seite.

auf den Kabeln sein, oder das Kabel ist irgendwo durchgescheuert.
■ Zündkabel mit Scheuer- oder Schmorstellen sollten Sie umgehend ersetzen.
■ Bei Zündstörungen die Entstörstecker an der Zündspule sowie am Verteiler auf richtigen Widerstandswert messen.
■ Das Ohmmeter soll 0,6–1,4 kΩ anzeigen.

■ Kaufen Sie Kupferlitzen-Zündkabel als Meterware im Autozubehörgeschäft.
■ Auf die Kabelenden zum Verteiler hin müssen Messingklemmen in die Kupferlitze eingedreht werden.

■ Widerstand der Zündkerzenstecker messen
■ Nicht abgeschirmte der Spulenzündung 0,6–1,4 kΩ, abgeschirmte bei SZ, TSZ und VEZ 4–6 kΩ.

■ Die Entstör- und Kerzenstecker müssen auf gleiche Weise eingedreht werden.

Zündkabel ersetzen

Für ausgewogenen Motorlauf werden die Zylinder nicht etwa in der Folge 1–2–3–4 gezündet, sondern gewissermaßen durcheinander. Entsprechend der Zündfolge sind die Zündkabel im Verteilerdeckel eingesteckt. Wenn der Verteilerfinger bei abgenommenem Verteiler- und Staubschutzdeckel auf die Kerbe im Gehäuserand zeigt (Bild Seite 216), steht Zylinder 1 (der in Fahrtrichtung rechts stehende) auf Zündzeitpunkt. Das ist ein Anhaltspunkt beim Aufstecken der Zündkabel. Die Zündfolge lautet: 1–3–4–2, der Verteilerfinger ist rechtsdrehend (im Uhrzeigersinn).

Die Zündfolge

Im allgemeinen ist eine Lebensdauer bis 30 000 km für die Zündkerzen realistisch. Wenn der Elektrodenabstand regelmäßig kontrolliert und nachgestellt wird, können sie auch länger halten.

Zündkerzen prüfen
Wartung Nr. 26

■ Zündkerzenstecker fassen und von den Stiften der Kerzen ziehen. Nicht an den Zündkabeln zerren.
■ Zündkerzen mit dem Kerzenschlüssel herausdrehen und in der Reihenfolge der Zylinder ablegen.
■ Sitzen die Kerzen sehr fest, keine Gewalt anwenden, sonst kann das Kerzengewinde beim Leichtmetallkopf ausreißen.
■ Motor heißfahren und jetzt die Kerzen herausdrehen. Vorsicht, daß Sie sich die Hände nirgends verbrennen.
■ Beim Einbau keine kalten Kerzen in den warmen Motor fest eindrehen, sie sitzen später wie eingenietet fest.
■ Zündkerzen sollen beim 1,2-l-Motor mit

40 Nm, bei allen anderen Motoren mit 20 Nm festgezogen werden. Wenn kein Drehmomentschlüssel zur Hand ist
■ Kerze eindrehen, bis der Dichtring anliegt – sie läßt sich dann von Hand oder mit dem Kerzenschlüssel ohne Kraftanstrengung nicht mehr weiterdrehen.
■ Eine neue Kerze jetzt mit dem Kerzenschlüssel eine knappe Viertelumdrehung (= 90°) weiter anziehen, das genügt.
■ Eine gebrauchte Kerze, deren Dichtring bereits plattgedrückt ist, darf nur um etwa 15° angedreht werden.

Zündkerzen aus- und einbauen

Fingerzeige: *Zum Gangbarmachen der Zündkerzengewinde können Sie etwas Graphit von einem weichen Bleistift auf die Gewindegänge schaben oder ein dafür besonders geeignetes Kupferfett sparsam aufstreichen. Öl oder normales Fett läßt die Zündkerze im Gewinde des Zylinderkopfes festbacken.*
Ein defektes Kerzengewinde ist noch längst kein Beinbruch! Die Werkstatt setzt in diesem Fall eine spezielle Gewindebüchse (z. B. einen Heli-Coil-Einsatz) ein.

Das Zündkerzen-»Gesicht«

Die Zündkerzen sind gewissermaßen Augenzeugen der Verbrennung im Motorraum. Das Aussehen der Kerzenspitze (das »Kerzengesicht«) läßt erkennen, ob der Motor optimal arbeitet. Vorher sollte der Motor auf der Landstraße oder Autobahn gründlich warmgefahren worden sein. Die Kontrolle nach Kurzstreckenverkehr kann zu Fehlschlüssen führen. Sehen Sie sich die Isolatorspitze mit der Mittelelektrode und die Seitenelektrode(n) an:

☐ **Isolatorspitze hellgrau bis bräunlich gefärbt:** Gute Einstellung von Vergaser bzw. Einspritzanlage, der Motor läuft wirtschaftlich.

☐ **Starke Ablagerungen:** Ursache können Zusätze im Motoröl oder Kraftstoff sein oder erhöhter Ölverbrauch durch schadhafte Ventilschaftabdichtungen. Evtl. Öl- bzw. Kraftstoffmarke wechseln.

☐ **Schwarze rußartige Ablagerungen:** Zündkerze erreicht durch ausschließlichen Kurzstreckenverkehr ihre Selbstreinigungs-Temperatur nicht, falscher Wärmewert, CO-Gehalt zu hoch.

☐ **Isolatorspitze weißlich gefärbt:** Zündzeitpunkt zu stark in Richtung »früh« eingestellt, automatische Zündzeitpunktverstellung defekt, CO-Gehalt zu niedrig.

☐ **Schmelzerscheinungen an Mittel- und Seitenelektrode:** Glühzündungen nach Ablagerungen im Verbrennungsraum, überhitzte Ventile, falschen Zündzeitpunkt, defekte Zündzeitpunktverstellung oder Hitzestau durch mangelhafte Kühlung.

☐ **Bruch der Isolatorspitze,** im Anfangsstadium als Haarrisse erkennbar: Klopfende Verbrennung durch minderwertigen Kraftstoff, falsche Zündeinstellung, schadhafte Zündzeitpunktverstellung, ungenügende Motorkühlung oder Gemischabmagerung durch Nebenluft.

☐ **Gelblich glänzende Schicht auf der Isolatorspitze:** Benzin- und Motorölzusätze haben Ablagerungen gebildet, die bei abrupter voller Belastung des Motors sich verflüssigt haben und elektrisch leitfähig wurden – als Folge Zündaussetzer. Motor nach langem Kurzstreckenbetrieb nicht sofort voll belasten.

☐ **Ölschicht über Elektroden und Innenraum der Kerze:** Kolbenringe, Ventilführungen oder Ventilschaftabdichtungen schadhaft.

Zeigt das Zündkerzengesicht keine Besonderheiten, aber leidet der Motor unter Startunwilligkeit oder Ruckeln, kann es dennoch an den Kerzen liegen. Unsichtbare Risse im Keramikisolator können beim Kaltstart duch kondensierenden Kraftstoff gefüllt werden, wodurch der Zündfunke abgeleitet wird. Auch unter Druck können Kerzen versagen, obwohl der Funke in ausgebautem Zustand überspringt.

Der Elektrodenabstand

Das Kraftstoff/Luft-Gemisch bzw. das verbrannte Altgas wirkt korrosiv auf die metallischen Zündkerzenelektroden. Und die hohe elektrische Spannung beim Funkenüberschlag sprengt kleine Metallpartikel ab, wodurch der Funkenspalt mit zunehmender Laufzeit der Zündkerzen vergrößert wird.
Zum Messen des Elektrodenabstands wird eine Fühlerblattlehre oder Zündkerzenlehre verwendet. Er soll **0,7 bis 0,8 mm** betragen. Nur bei der Bosch-Kerze WR 6 DCX sind 1,1 mm vorgeschrieben. Wenn der Abstand nicht stimmt, biegt oder klopft man vorsichtig die Masseelektrode entsprechend zurecht.

Der Wärmewert

Je nach Verdichtung und Leitungsausbeute entwickeln Benzinmotoren recht unterschiedliche Temperaturen in ihren Verbrennungsräumen. Darauf müssen die Zündkerzen abgestimmt sein. Diese Eigenschaft wird durch den sogenannten Wärmewert angegeben. Dessen Kennzahl (z. B. 6, 7 oder 8) besagt, wieviel Hitze die Zündkerze ertragen, d. h. ableiten kann, ohne selbst zu heiß zu werden. Leitet die Kerze zu viel Wärme ab, erreicht sie nicht ihre Selbstreinigungs-Temperatur. Die besagt, daß sich die heißen Zündkerzenelektroden selbst von Rußansatz freibrennen können.

Das Zündkerzengewinde

Das Einschraubgewinde muß 19 mm lang sein, das ist die größte handelsübliche Gewindelänge. Der Gewindedurchmesser beträgt 14 mm.

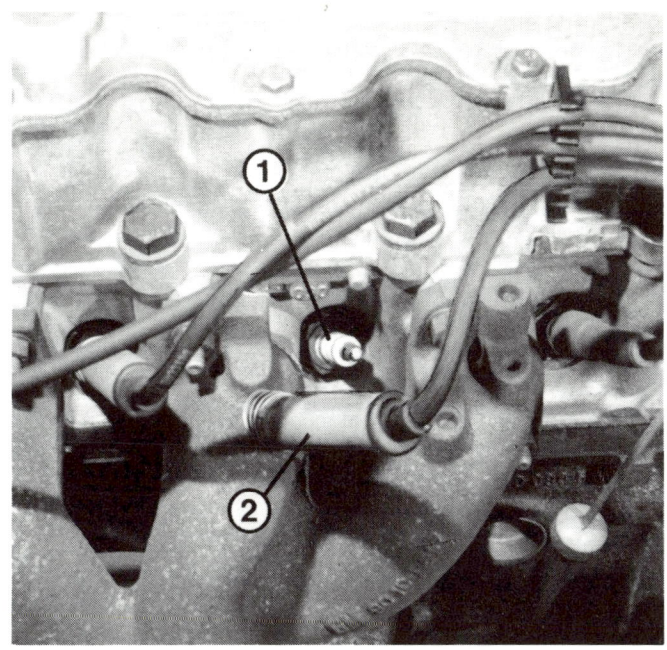

Zum fachgerechten Anziehen der Zündkerze beim OHC-Motor diese von Hand so weit eindrehen, bis der Dichtring an der Zündkerzenbohrung im Zylinderkopf anliegt. Jetzt eine knappe Viertelumdrehung mit dem Kerzenschlüssel weiterdrehen, das entspricht einem Drehmoment von 20 Nm.
1 – Zündkerze; 2 – Kerzenstecker.

Die Brennräume im Motor sind so geformt, daß die Entzündung des Gemisches auch richtig eingeleitet wird. Sitz und Einschraubtiefe der Zündkerzen spielen dabei eine wichtige Rolle. Deshalb dürfen die Kerzen auch nicht etwa mit zwei Dichtringen eingesetzt werden.

Nicht zuletzt spielt auch die Form der Zündkerzen-Elektroden eine wichtige Rolle. Unter den beiden hauptsächlich verwendeten Elektrodenformen wurde vom Werk die »normale Funkenlage« gewählt. Die Elektroden ragen dabei nicht sonderlich weit über das Kerzengewinde hinaus, wie das beispielsweise bei der »vorgezogenen Funkenlage« der Fall wäre.

Die Elektrodenform

Durch Einschrauben einer anders geformten Kerze werden Sie keine Verbesserung im Betrieb erreichen (beispielsweise besseres Anspringen). Verbesserte Zündwilligkeit der Kerzen unter bestimmten Betriebsbedingungen erreichen Sie eher durch Spezialzündkerzen mit breiterem Wärmewert – sogenannten »Mehrbereichs-Zündkerzen«. Hierzu zählen die »Beru ultra« und die »Bosch thermo-elastic Super«. Eine noch höhere Qualitätsstufe stellt die »Beru RS dynaflex« mit Silber-Mittelelektrode dar. Allerdings werden Sie diese Kerzen bei den Kadett-Modellen kaum benötigen.

Mehrbereichs-Zündkerzen

Motor	Zündkerzen-Typ ab Werk	Vergleichbare Zündkerzen-Typen
12 SC	AC R 42–6 FS	Beru 14 R – 7 BU Bosch WR 7 B Bosch WR 7 BC
13 N, C 13 N, 13 S, 16 SV, 16 SH, 18 E, C 18 NT, C 18 NE C 20 NE, 20 SEH	AC R 42 XLS	Beru 14 R – 6 D Beru 14 R – 6 DU Bosch WR 6 D Bosch WR 6 DC
E 13 NB, C 16 LZ, E 16 NZ, E 18 NV	AC CR 42 CXLSX	Beru 14 R – DM Bosch WR 6 DC oder DP Bosch WR 6 DCX Champion N – 8 Y NGK BP 6 ES

Die richtigen Zündkerzen

Sichtverhältnisse

Um gut sehen zu können und um frühzeitig erkannt zu werden, müssen alle Beleuchtungseinrichtungen ständig funktionsbereit sein. Der Autofahrer ist dafür selbst verantwortlich.

Beleuchtung kontrollieren
Teil der Wartung Nr. 12

■ Nacheinander einschalten: Standlicht, Abblendlicht, evtl. eingebaute Nebelscheinwerfer, Fernlicht und Zusatzfernscheinwerfer.
■ Blinker vorn rechts und links sowie Warnblinker, ebenso hinten. Siehe auch Seite 232.

■ Rücklichter und Kennzeichenleuchte und Nebelschlußleuchte.
■ Bremslicht, wozu allerdings ein Helfer notwendig ist. Siehe dazu noch Seite 233.
■ Rückfahrscheinwerfer bei eingelegtem Rückwärtsgang.

Ersatzlampen für unterwegs

Im Ersatzlampenkasten sollten folgende Glühbirnen vorhanden sein:
☐ Halogen-Zweifadenlampe H 4, 60/55 Watt, DIN-Form YD (Hauptscheinwerfer).
☐ Halogen-Einfadenlampe H 3, 55 Watt, DIN-Form YC (Nebel- oder Fernscheinwerfer).
☐ Kugellampe, 21 Watt, DIN-Form RL (Blinker vorn und hinten, Rückfahrscheinwerfer, Nebelschlußleuchte).
☐ Zweifaden-Kugellampe, 21/5 Watt, DIN-Form SL (Brems- und Schlußlicht).
☐ Kugellampe, 10 Watt, DIN-Form G (Kennzeichenleuchte).
☐ Röhrenlampe, 5 Watt, DIN-Form HL (Standlicht).

Scheinwerferlampen auswechseln

Alle Glühlampen in den Scheinwerfern werden vom Motorraum her ausgebaut. Nach dem Auswechseln einer Scheinwerfer-Glühlampe (nicht der Standlichtbirne), sollte die Einstellung des betreffenden Scheinwerfers kontrolliert werden, siehe nächste Seite.

Scheinwerferlampe

■ Scheinwerfer-Abdeckkappe abnehmen.
■ Dreifach-Stecker mit Kabel vom Lampensockel mit hebelnden Bewegungen abziehen.
■ Haltebügel für die Lampe ausrasten und zur Seite schwenken.

■ Scheinwerferlampe herausnehmen.
■ Neue Glühlampe so einsetzen, daß die Fixiernase am Fassungsteller in die Aussparung im Reflektor sitzt. Die Stecker-Kontaktzungen müssen ein nach unten offenes U bilden.

Hauptscheinwerfer rechts, der Kabelstecker ist abgezogen. 1 – Abdeckkappe; 2 – Scheinwerferlampe; 3 – Lampenfassung der Standlichtlampe mit angeschlossenen Kabeln.

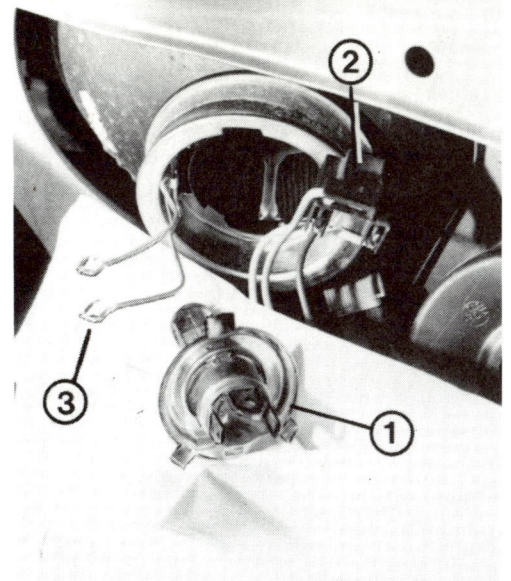

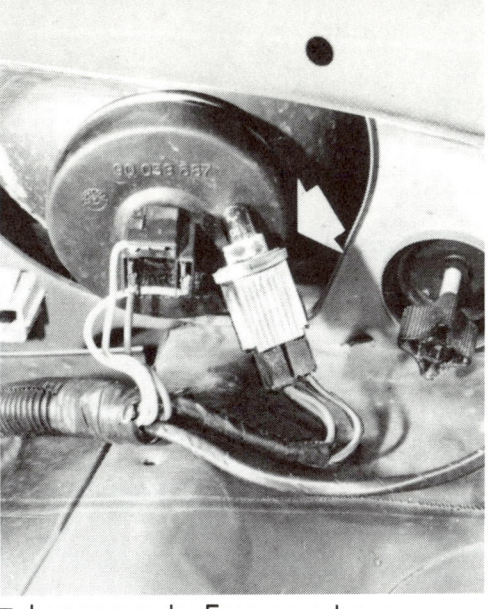

Links: 1 – Scheinwerferlampe entnommen; 2 – Kabelstecker der Lampe; 3 – Haltebügel.
Rechts: Aus dem Reflektor herausgezogene Standlichtlampe (Pfeil).

■ Lampenfassung unterhalb der Abdeckkappe etwas andrücken, nach links drehen, ausrasten und herausnehmen.

■ Lampe aus der Fassung nehmen.
■ Einbauen in umgekehrter Folge.

Standlichtlampe

Fingerzeige: *Bevor Sie eine unwillige Glühbirne wegwerfen, sollten Sie sie noch einmal genau ansehen. Vielleicht ist sie in Ordnung, aber es fehlt an der Stromversorgung bzw. dem Massekontakt.*
Neue oder intakte Glühlampen nicht mit den Fingern am Glaskolben anfassen. Der Abdruck von Handschweiß bleibt unvermeidbar. Dieser verdampft auf der brennenden Birne und trübt den Reflektor. Deshalb beim Einsetzen ein sauberes Tuch verwenden.

■ Griffe der Blinkleuchtenfassung zusammendrücken, nach links drehen und die Fassung herausnehmen.
■ Seitlich der Öffnung sitzende Schraube herausdrehen.
■ Blinkleuchte herausnehmen.
■ Die Stecker für Hauptscheinwerfer und Standlicht abziehen.
■ Abdeckkappe abnehmen.

■ Beide Lampen herausnehmen.
■ Beide Schrauben am oberen Gehäuserand herausdrehen. Die innere Schraube sitzt senkrecht, die äußere waagrecht und ist von vorne erreichbar.
■ Scheinwerfer abnehmen.
■ Nach dem Einbau Scheinwerfer einstellen.

Scheinwerfer ausbauen

Von selbst wird sich ein Scheinwerfer kaum verstellen. Wenn aber ein Scheinwerfereinsatz ausgewechselt wurde, muß die Einstellung des Lichtstrahls kontrolliert werden. Am genauesten geht das mit dem Meßgerät in der Werkstatt oder an der Tankstelle. Behelfsmäßig gibt es verschiedene, unterschiedlich genaue Methoden:

Scheinwerfer-Einstellung kontrollieren
Wartung Nr. 13

Maße für die Scheinwerfer-Einstellung:
d – Höhe der Scheinwerfer-Mittelpunkte;
F – Einstellhöhe für Zusatz-Fernscheinwerfer;
A – Einstellhöhe für die Hauptscheinwerfer;
M – Fahrzeugmitte; a – Abstand der Scheinwerfer von der Fahrzeugmitte; f – Abstand von Zusatz-Fernscheinwerfern von der Fahrzeugmitte.

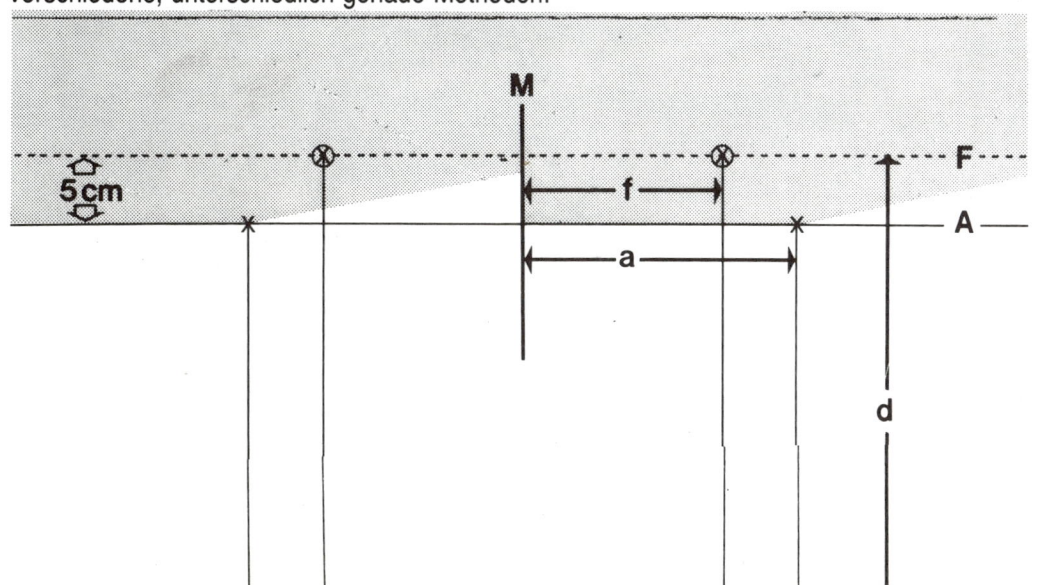

Links: Einstell-
schraube für die
Höheneinstellung
des Scheinwer-
fers.
Rechts: Einstell-
schraube für die
Seiteneinstellung.

□ Wagen möglichst im rechten Winkel in fünf Meter Abstand vor eine helle Wand stellen.
Erneuerten Scheinwerfer in der Höhe dem unveränderten gleichstellen. Eine Seitenkorrektur ist
so allerdings nicht möglich.

□ Nach einer genauen Einstellung mit dem Meßgerät die Abknickpunkte (in diesen Punkten
steigt der Abblend-Lichtstrahl um 15° nach oben an) an der Garagenwand anzeichnen. Dazu
den Opel am Garagentor abstellen. So läßt sich später bei gleicher Fahrzeugstellung auch die
Lichtstrahl-Seitenrichtung überprüfen.

□ Genaue Hilfslinien anzeichnen an einer Wand mit mindestens 10 m ebener Fläche davor.
Die Linien sehen Sie in der Zeichnung auf Seite 227. Hier ist einige Vorarbeit nötig, und nicht
überall sind solche Malereien möglich.

Hilfslinien zur Scheinwerfer-Einstellung

■ Fahrzeug mit der Front parallel zur Einstellwand in exakt 5 m Abstand abstellen.

■ Höhe der Scheinwerfermittelpunkte beid-
seitig ausmessen und an der Wand markieren
(Maß »d«).

■ 50 mm darunter eine Linie »A« an der
Wand anzeichnen. Das ist die Neigung des
Abblendlichts auf 5 m Entfernung.

■ Durch das Heckfenster nach vorn peilen

und von einem Helfer genau in Fahrzeugmitte
die senkrechte Linie »M« einzeichnen lassen.

■ Abstand Fahrzeugmitte bis Scheinwer-
fermittelpunkt abmessen, rechts und links von
»M« markieren und dort je ein Einstellkreuz
anzeichnen.

■ Auf diese Kreuze müssen die Abknickpunkte des Abblendlichts justiert werden.

Scheinwerfer einstellen

Zur richtigen Einstellung sind folgende Bedingungen erforderlich:

□ Die Reifen müssen den richtigen Luftdruck haben.

□ Das sonst unbeladene Fahrzeug ist in der Mitte der hinteren Sitzbank mit 70 kg (eine
Person) zu belasten. Danach den Wagen einige Meter hin- und herrollen.

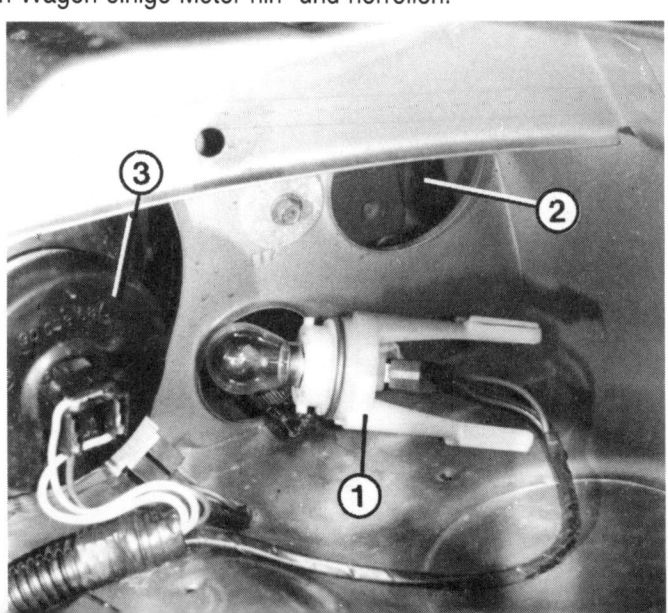

Die vordere Blinklichtlampe
ist mit ihrer Fassung (1) aus
ihrem Sitz (2) herausgezogen. 3 – Hauptscheinwerfer
rechts.

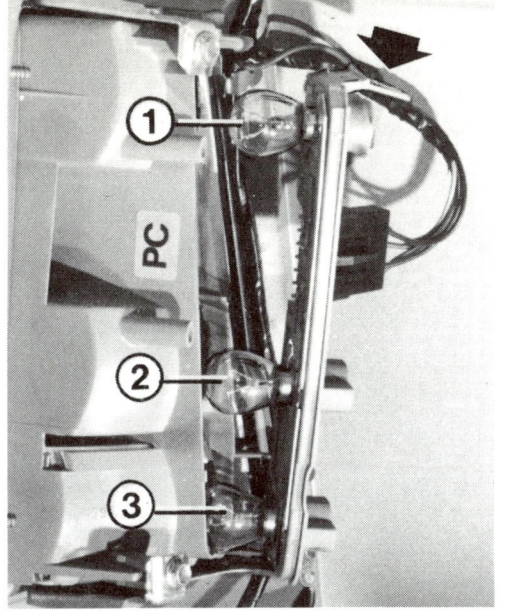
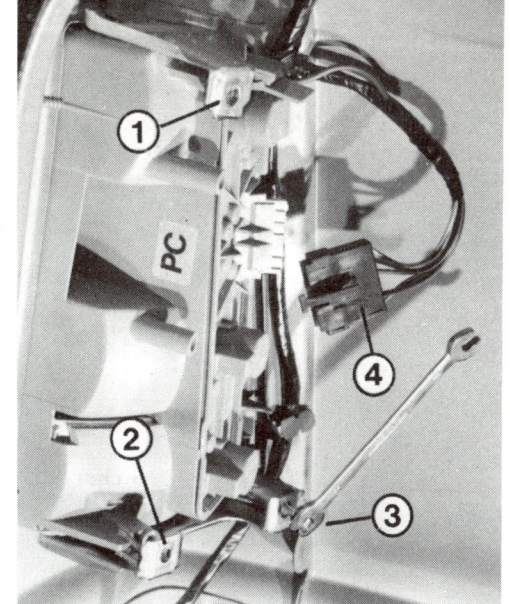

Links: Der Lampenträger für die Heckleuchten der Schrägheck-Limousine wird beim Druck auf die Lasche oben ausgerastet. Danach sind die Lampen zugänglich:
1 – Schlußlicht- und Bremslichtlampe (Zweifadenlampe); 2 – Blinklichtlampe;
3 – Rückfahrlichtlampe bzw. Nebelschlußlichtlampe.
Rechts: Die Leuchteneinheit ist oben mit einer Schraube (1) und unten mit zwei Schrauben (2 und 3) befestigt.
4 – Kabelstecker.

☐ Der Kraftstofftank muß gefüllt sein.

☐ Die Einstellschrauben für die Seitenverstellung ist bei geöffneter Motorhaube von vorn erreichbar, für die Höhenverstellung im Motorraum, siehe Bilder auf Seite 228 oben.

■ Abblendlicht einschalten.

■ Zuerst an der Höhen-Einstellschraube – die äußere – so lange drehen, bis der Abblendlicht-Scheinwerferstrahl mit seiner waagrechten Trennlinie in Höhe der Einstelllinie strahlt.

■ Motorhaube öffnen.
■ Kabelstecker abziehen.
■ Griffe der Lampenfassung nach links drehen, Fassung ausrasten und abnehmen.

Der Lampenwechsel wird bei geöffnetem Gepäckraum vorgenommen.
■ Klappe in der Seitenwand öffnen.
■ Lasche der Lampenhalterung oben niederdrücken und ausrasten, Lampenträger etwas anheben und herausnehmen.
■ Anordnung der Lampen: oben Schluß- und Bremslampe, Mitte Blinklampe, unten Rückfahr- bzw. Nebelschlußlampe.
■ Glühlampe in die Fassung drücken, nach links drehen und herausnehmen.

■ Lampenträger herausnehmen.
■ Bei Limousine drei Befestigungsschrauben, bei Caravan zwei Schrauben herausdrehen.

■ Am rechten Gehäuserand mit Schraubenzieher die Feder andrücken und das Lampengehäuse nach oben herausnehmen.
■ Hervorragende Zunge drücken und Lampensockel aus dem Gehäuse herausklappen.

■ Seitenrichtung mit der inneren Einstellschraube so ausrichten, daß der Abknickpunkt im Abblend-Lichtbild genau auf das Einstellkreuz ausgerichtet ist.

■ Damit ist auch das Fernlicht richtig eingestellt.

■ Glühlampe in die Fassung drücken und durch Linksdrehen entnehmen.
■ Neue Lampe in umgekehrter Folge einsetzen.

■ Beim Einsetzen der Zweifadenlampe für die Brems-/Schlußleuchte beachten, daß deren seitliche Haltezapfen unterschiedlich hoch angesetzt sind. Dadurch kann die Lampe nur in einer bestimmten Stellung ohne Gewalt in die Fassung eingesetzt werden.
■ Lampenträger zuerst unten, dann oben einrasten.

■ Heckleuchte nach außen abnehmen.
■ Bei Caravan Mehrfachstecker abziehen.
■ Defekte Dichtung für die Heckleuchte ersetzen.

■ Glühlampe leicht drücken, nach links drehen und abnehmen.
■ Beim Einbau beachten, daß die Lichtscheibe des Gehäuses zum Kennzeichen gerichtet ist.

Die im Fahrzeuginnenraum, im Motorraum und im Kofferraum sitzenden Leuchten sind in Karosserieöffnungen eingeclipst. Der Austausch der Soffittenlampe (10 Watt, 41 mm lang, DIN-Form K) sollte bei abgeklemmter Batterie oder herausgenommener Sicherung erfolgen, um Kurzschluß zu vermeiden.

Lampenwechsel

Blinkleuchten vorn

Heckleuchten

Heckleuchte ausbauen

Kennzeichenleuchte

Innenleuchte

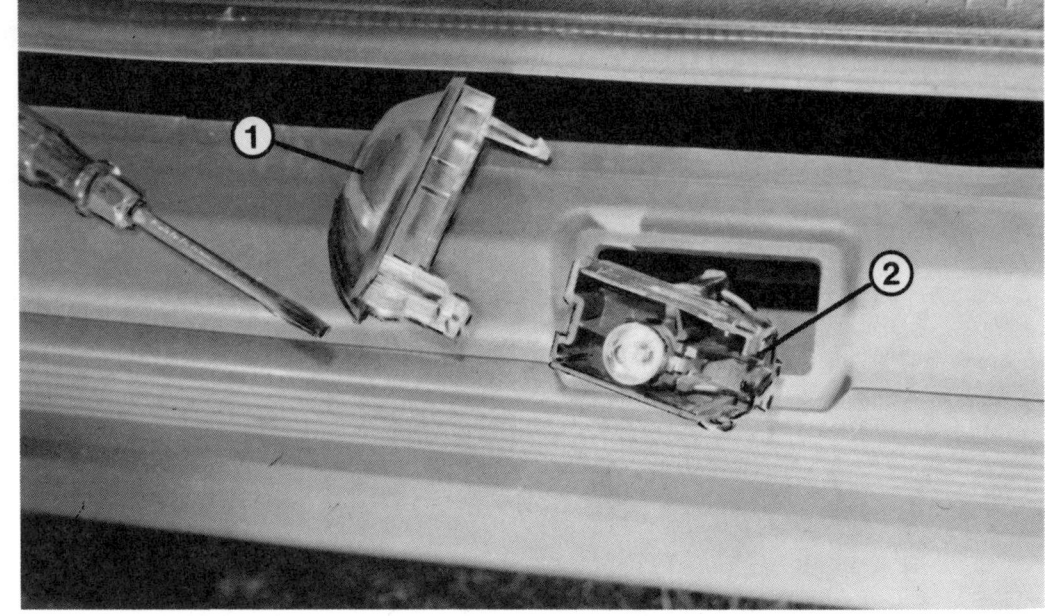

Lampenwechsel
der Kennzeichen-
leuchte:
1 – Gehäusedek-
kel mit Lichtschei-
be; 2 – Gehäuse
mit Lampe.

■ Lampengehäuse seitlich mit Schrauben-zieher heraushebeln.
■ Soffittenlampe aus ihren Haltezungen aushängen.

■ Vor Einsetzen der neuen Lampe die Hal-tezungen etwas gegeneinander drücken.

Türkontakt-schalter der Innenleuchte

Die Innenleuchte muß bei geöffneten Türen brennen, sie erhält dauernd Strom. Bei geschlosse-nen Türen brennt sie, wenn der Lichtschalter betätigt wird. Wenn ein Kontaktschalter im Türpfosten nicht mehr richtig arbeitet:

■ Ziehen Sie bei eingebautem Schalter den Kontaktstift kräftig heraus (Beifahrertür muß geschlossen sein).
■ Brennt jetzt die Leuchte, liegt der Fehler an Korrosion.
■ Kreuzschlitzschraube des Schalters her-ausdrehen, Türkontaktschalter abnehmen.
■ Sämtliche Kontaktflächen blank kratzen.
■ Ist der Kontaktstift verbogen oder klemmt

er in seiner Führung, sollten Sie den Türkon-taktschalter auswechseln.
■ Achten Sie darauf, daß das angeschlos-sene Kabel nicht in den Türpfosten hineinfällt.
■ Ist das Kabel im Türpfosten verschwun-den, im Fußraum seitlich den Teppich abneh-men, um das Kabel zu »angeln«.
■ Falls das Kabel gar nicht angeschlossen war, lag hieran die Störung.

Handschuh-kastenleuchte

Diese Leuchte mit einer Soffittenlampe (5 Watt, 36 mm lang, DIN-Form L) sitzt an der Rückwand des Handschuhfachs. Sie brennt bei eingeschalteter Zündung und geöffnetem Deckel. Der Lampenwechsel geschieht wie bei der Innenraumleuchte.

Anzünder- und Ascher-beleuchtung

■ Anzünder herausziehen.
■ Steckdose des Anzünders links herum-drehen und vorsichtig herausziehen.

■ Lampe aus dem Leuchtenring nehmen.
■ Die Ascherleuchte sitzt in der Mittelkon-sole.

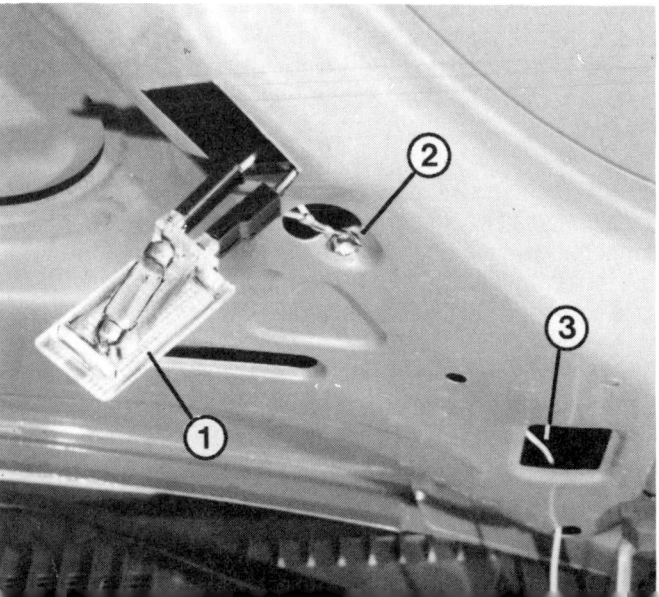

Die Motorraumleuchte (1),
im Bild aus ihrem Sitz in der
Motorhaube herausgezogen,
gehört zu den Innenleuch-
ten. 2 – Masseanschluß;
3 – stromzuführendes Kabel.

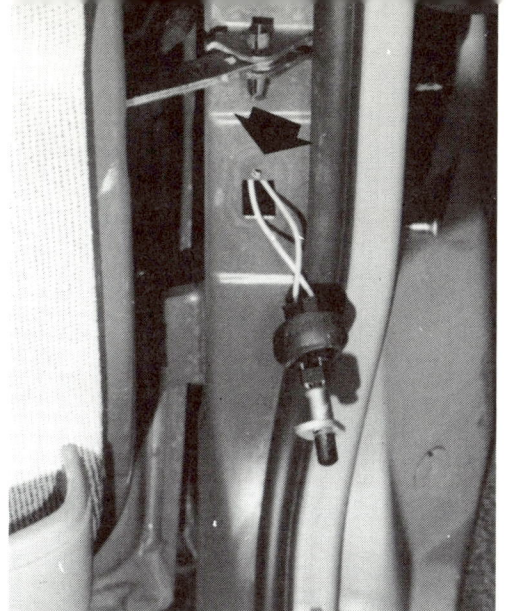

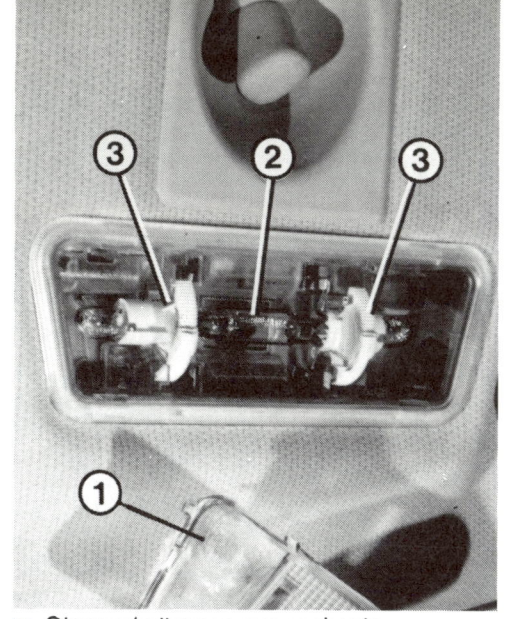

Links: Zum Ausbau des Türkontaktschalters die Schraube herausdrehen (Pfeil). Den Schalter vorsichtig herausziehen und sofort den Kabelanschluß festhalten, damit das Kabel nicht in den Türpfosten zurückrutscht.
Rechts: 1 – Lichtscheibe der Innenraumleuchte;
2 – Soffittenlampe;
3 – Drehschalter.

■ Ascher herausheben.
■ Lampenfassung herausziehen.

■ Glassockellampe auswechseln.
■ Fassung gut einschieben.

Wählhebelleuchte

Zur Anzeige der Fahrstufen am Wählhebel der Getriebeautomatik dient eine Glassockellampe (1,2 Watt, DIN-Form W).
■ Auf dem Mitteltunnel vier Schrauben der Wählhebelabdeckung herausdrehen.
■ Abdeckung mit Schaltanzeige und Jalousie abnehmen.

■ Lampenfassung aus ihrem Sitz ziehen.
■ Glassockellampe aus der Fassung herausziehen.

Zusatzscheinwerfer

Zur Sonderausstattung gehören Nebelleuchten. Bei diesen kommt jeweils eine Halogenlampe H 3, 55 Watt, DIN-Form YC, zum Einsatz.

Nebelleuchten

Solche Scheinwerfer müssen den Nebel »unterwandern« können, sonst ist ihre Wirkung zu gering. Deshalb sitzen sie auch beim Kadett im Frontspoiler unterhalb des Stoßfängers.
■ Lenkung entsprechend einschlagen.
■ An der Innenseite des Frontspoilers die Abdeckkappe durch Linksdrehen ausrasten und abnehmen.
■ Drahtbügel ausrasten und zur anderen Seite drehen.

■ Glühlampe aus der Fassung herausnehmen und Kabelverbindung abziehen.
■ Neue Glühlampe so einsetzen, daß die Aussparungen am Lampenteller mit den Fixiernasen des Reflektors übereinstimmen.

Nebelleuchten nachträglich einbauen

■ Massekabel von der Batterie trennen.
■ Vorderen Stoßfänger ausbauen (siehe Seite 254).
■ Löcher für Nebelscheinwerfer ausschneiden und ausfeilen. Sie sind durch aufgerauhte Flächen markiert.
■ Nebelscheinwerfer einsetzen und oben mit zwei Preßlochklemmuttern befestigen.
■ Stoßfänger einbauen.
■ Blinddeckel der Scheinwerferschalter-Einbaustelle abhebeln.
■ 13-mm-Loch für Kabel in Stirnwand bohren.
■ Kabel gemäß Schaltplan Seite 185 verlegen und anschließen.
■ Relais an Stirnwand befestigen. Dazu 3-mm-Loch bohren und mit der Befestigungsschraube das Kabel der Schalterklemme 4 anschrauben.

■ In Relais eine 20-A-Sicherung einsetzen.
■ Batterie wieder anklemmen und Funktion prüfen.
■ Bei eingeschalteter Zündung und Beleuchtung müssen die Nebelscheinwerfer bei gedrücktem Schalter brennen. Beim Umschalten auf Fernlicht verlöschen die Nebelscheinwerfer nicht, was einer neuen EG-Richtlinie entspricht.
■ Lichtstrahl der Nebelscheinwerfer einstellen.
■ Bei fünf Meter Abstand vor der Einstellwand müssen die breit gestreuten Scheinwerferstrahlen 100 mm unterhalb des jeweiligen Scheinwerfermittelpunktes liegen.

Aufmerksamkeit erregen

Mit seinem Auto ist man nicht allein auf der Welt, man muß sich mit anderen Autofahrern verständigen – erhalten Sie sich die Möglichkeiten dazu.

Blink- und Warnblink-anlage prüfen

Teil der Wartung Nr. 12

Die Warnblinkanlage muß ständig funktionieren, deshalb wird ihr Schalter direkt von Batterie-Plus über eine Sicherung versorgt. Die Richtungsblinker erhalten dagegen nur bei eingeschalteter Zündung Strom von Klemme 15.

■ Drücken Sie bei ausgeschalteter Zündung auf den roten Knopf des Warnblinkschalters.

■ Alle vier Blinkerlampen und das rote Fenster im Schalter leuchten in gleichem Rhythmus auf.

■ Warnblinker ausschalten, Zündung einschalten.

■ Bei gedrücktem Blinkerhebel müssen eine Blinkerseite und die grüne Kontrolleuchte regelmäßig aufleuchten.

Blinkerstörungen

☐ Blitzt bei eingeschalteten Richtungsblinkern die grüne Kontrolleuchte nur kurz auf, ist die Glühlampe ausgefallen.

Beim Warnblinken macht sich der Lampenausfall im Blinkerrhythmus nicht bemerkbar. Lampenwechsel siehe Seite 229.

☐ Brennen bei eingeschalteten Richtungs- oder Warnblinkern die Leuchten dauernd, ist das Blinkrelais defekt, siehe Bild Seite 174.

☐ Leuchtet nur die Kontrollampe, aber bleiben die orangefarbenen Leuchten am Wagen dunkel, liegt es ebenfalls am Blinkrelais.

☐ Leuchten die Blinker mal in langsamer Folge, mal schnell (z. B. beim Ein- oder Ausschalten leistungsstarker Verbraucher, wie heizbare Heckscheibe oder Scheibenwischer), zunächst die Leitungen, die sich in unmittelbarer Nähe des Relais befinden, hiervon wegdrücken. Hilft das nicht und sind alle Steckverbindungen einschließlich der Massekabel der Heckleuchten in Ordnung, muß das Relais erneuert werden.

☐ Funktioniert nur Warnblinken ohne Richtungsblinken oder umgekehrt, fehlt es an der Spannungsversorgung durch die betreffende Sicherung (siehe Tabelle Seite 175) oder am Schalter (Ausbau ab Seite 240).

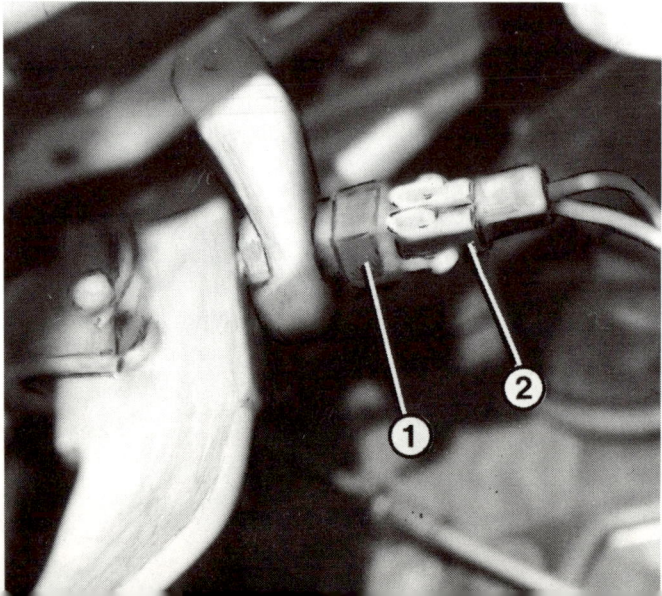

Nach Abknöpfen der Fußraumverkleidung (siehe Seite 241) gelangt man an den Bremslichtschalter (1) sowie an dessen Kabelstecker (2).

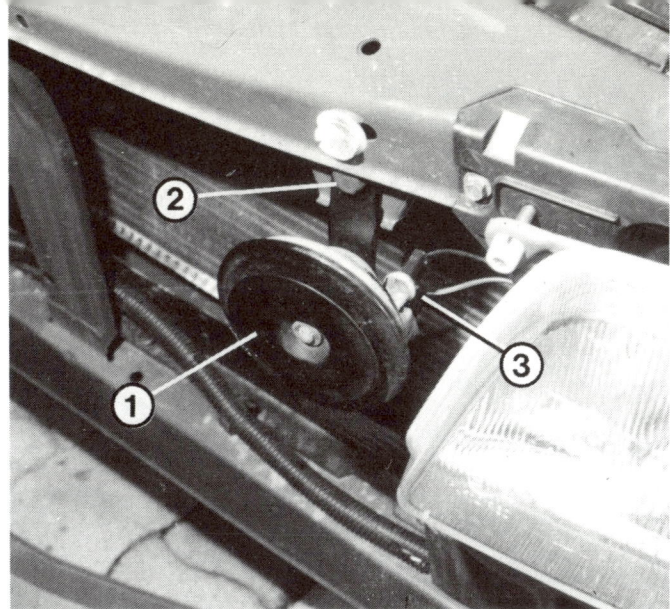

Die Hupe (1) ist am Halter (2) vor dem Kühler befestigt. Stromführendes Kabel und Massekabel sind über Steckverbindungen (3) an der Hupe angeschlossen.

Defektes Blinkrelais kurzschließen

Mit einem ausgefallenen Blinkrelais ist die Weiterfahrt nicht ganz ungefährlich, denn im dichten Verkehr und vor allem bei Dunkelheit wird Ihre Abbiegeabsicht den anderen Autofahrern nicht ersichtlich.

- Blinkrelais (in der Abbildung auf Seite 174) leicht ruckelnd aus der Zentralelektrik herausziehen.
- Kurzschlußbrücke zwischen den Klemmen 49 und 49a (am Relais markiert) herstellen, dazu eine Büroklammer oder ein kurzes Drahtstück einstecken.

- Blinkrelais wieder einsetzen.
- Bei gedrücktem Blinkerhebel leuchtet jetzt eine Blinkerseite dauernd.
- Durch Ein- und Ausschalten mit dem Blinkerhebel erhalten Sie einen Blinker-Rhythmus.

Bremsleuchten prüfen
Teil der
Wartung Nr. 12

Die Kontrolle der Bremslichter sollten Sie zu Ihrer eigenen Sicherheit so oft wie möglich durchführen.

- Die Garagenwand hinter dem Wagen muß rechts und links hell rot aufleuchten, wenn Sie auf das Bremspedal treten.
- Oder in einer Kolonne prüfen Sie mit dem

Rückspiegel, ob sich in den Scheinwerfer-Reflektoren oder in der Lackierung des Hintermannes beide Bremslichter spiegeln.

Bremslicht-schalter ausbauen

Der Bremslichtschalter sitzt in einer Platte über dem Bremspedal. Wird das Pedal niedergedrückt, wandert der Schalterstift heraus und schließt den Kontakt zu den Bremsleuchten.

- Im Fahrerfußraum die untere Instrumententafelverkleidung ausbauen.
- Kabelstecker vom Bremslichtschalter abziehen.
- Bremslichtschalter abschrauben.

- Eine Einstellung des Schalters beim Einbau erfolgt nicht. Der Stößel muß ganz herausgezogen sein.

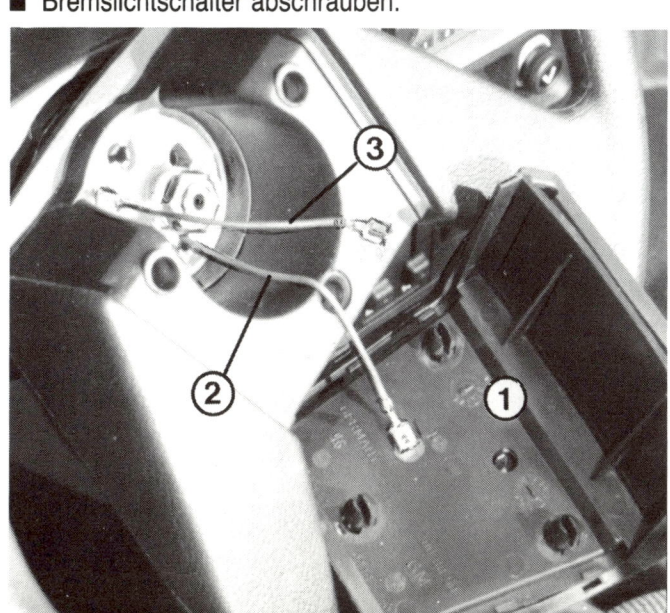

Unterhalb der Signalplatte (1) sind die beiden Kabel (2 und 3) für die Hupe zugänglich. Siehe auch das Bild der nächsten Seite.

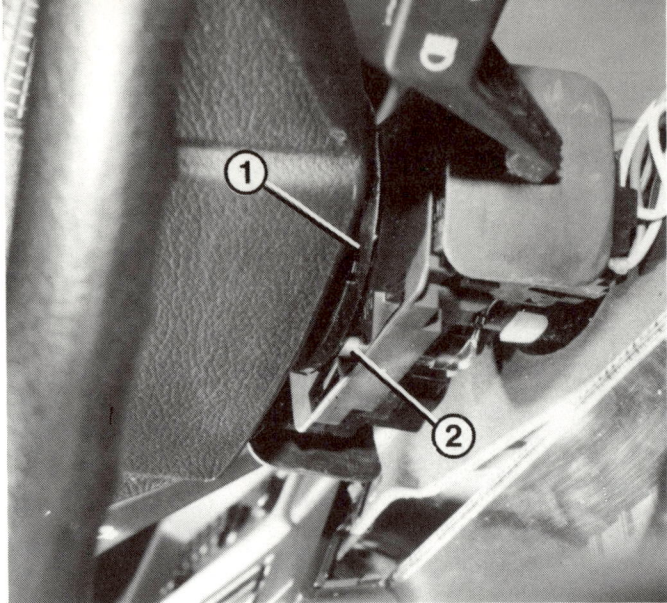

Schleifring (1) und federnder Kontaktstift (2) der Hupe lassen sich überprüfen, wenn beide Verkleidungshälften der Lenksäule abgebaut sind. Siehe dazu Seite 236.

Bremslicht-schalter prüfen

Sind beide Bremslichter ausgefallen, kontrolliert man, ob es am Bremslichtschalter liegt:
- Kabelstecker abziehen.
- Kabelanschlüsse im Stecker mit einer Büroklammer oder einem Drahtstück überbrücken.
- Brennen jetzt die Bremslichter, ist der Bremslichtschalter defekt.

Störungs-beistand Bremslicht

Die Störung	– ihre Ursache	– ihre Abhilfe
A Eine Bremsleuchte brennt nicht	1 Glühbirne durchgebrannt 2 Stromzuleitung unterbrochen 3 Unterbrechung in der Masse-verbindung	Austauschen Kabel kontrollieren Masseanschluß überprüfen
B Beide Bremslichter brennen nicht	1 Sicherung Nr. 8 defekt 2 Bremslichtschalter defekt oder gelockert 3 Siehe A 1 und 3	Ersetzen Überprüfen, ggf. ersetzen
C Bremslicht brennt dauernd	1 Siehe B 2 2 Kabel zum Bremslichtschalter haben direkten Kontakt	Kabel kontrollieren

Hupe prüfen
Teil der Wartung Nr. 12

Bei eingeschalteter Zündung und beim Druck auf die Hupenplatte im Lenkrad muß das Horn ertönen.
Eine zusätzlich eingebaute Fanfare wird über den gleichen Stromkreis wie das serienmäßige Horn versorgt.

Signalhorn kontrollieren

- Frontverkleidung abbauen, siehe Seite 254.
- Kabelstecker abziehen.
- Hupe ausbauen.
- An jedem Steckanschluß ein Hilfskabel aufstecken und diese mit dem Plus- bzw. Minuspol der Batterie verbinden.
- Bleibt es ruhig, ist das Signalhorn defekt.
- Ein krächzendes oder völlig stummes Horn läßt sich bisweilen durch Drehen der Einstellschraube an der Hupenrückseite wieder stimmen oder zu neuem Leben erwecken.
- Schraube unter der Vergußmasse freilegen.
- Nach dem Einstellen der Schraube mit Karosseriedichtmasse wieder feuchtigkeitssicher verschließen.

Fingerzeig: *Zusätzliche Fanfaren oder Starktonhörner brauchen ein Schaltrelais. Andernfalls werden die Hupkontakte überbeansprucht, und die Hupen können nicht die volle Lautstärke abgeben. Kaufen Sie den Hupensatz gleich im Relais. Dazu gehört auch eine Einbauanleitung mit Schaltplan.*

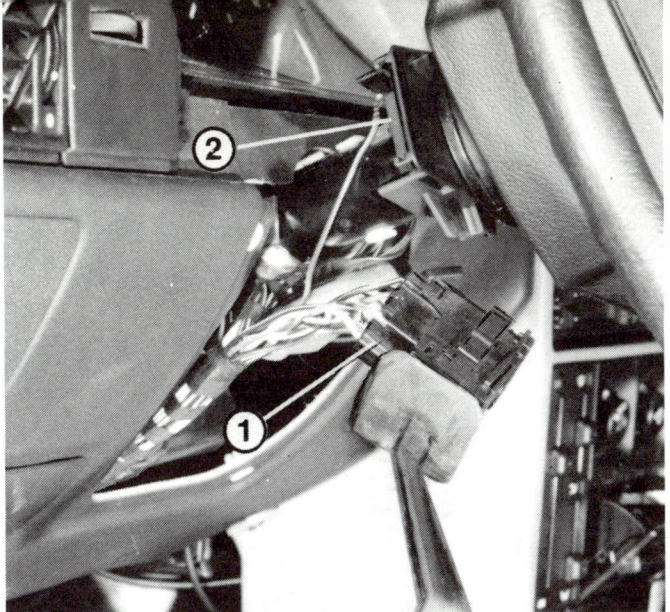

Der Signalschalter (1) kann bei abgebauter Lenksäulenverkleidung ohne Umstände nach links aus dem Schaltersitz (2) herausgezogen werden.

Die Störung	– ihre Ursache	– ihre Abhilfe
A Einzelhupe tönt nicht	1 Sicherung Nr. 11 defekt	Ersetzen
	2 Stromzuleitung zur Hupe (schwarzes Kabel) unterbrochen	Kabelverlauf kontrollieren, Steckkontakte an der Hupe blank kratzen
	3 Hupe defekt	Prüfen, ggf. austauschen
	4 Leitung zwischen Hupenkontakt und Hupe unterbrochen	Kabelverlauf kontrollieren
B Einzelhupe tönt dauernd bei eingeschalteter Zündung	1 Kabel vom Hupkontakt zur Hupe hat Kurzschluß zur Masse	Braun/weißes Kabel abziehen. Hupt es nicht mehr, Kabelverlauf kontrollieren. Unterwegs: Kabel abgezogen lassen
	2 Hupe hat inneren Kurzschluß	Hupe ersetzen: Unterwegs: Stromzuführendes schwarz/gelbes Kabel abziehen und isolieren

Die Fernlicht-Glühfäden und die Fernlichtkontrolle leuchten immer auf, wenn Sie den Blinkerhebel zum Lenkrad hin ziehen.

Falls die Lichthupe nicht funktioniert, obwohl die Scheinwerfer bei eingeschalteter Beleuchtung brennen:

■ Kontrollieren, ob das rote Klemme-30-Kabel zum Signalschalter unter Spannung steht.

■ Wenn ja, dürfte der Umschalter im Signalschalter defekt sein. Schalterausbau siehe Bild oben.

Begleitpersonal

Hier geht es um Anzeigeinstrumente, Warnlichter und Schalter am Arbeitsplatz des Fahrers. Außerdem kommen jene Einrichtungen zur Sprache, mit denen das Autofahren sicherer und komfortabler wird.

Kontroll-instrumente und -leuchten prüfen

Setzen Sie sich hinter das Lenkrad und kontrollieren Sie nacheinander:
■ Läuft die Zeituhr?
■ Zündung einschalten. Es müssen aufleuchten Ladekontrolle, Öldruckwarnleuchte, Handbremskontrolleuchte bei angezogenem Hebel und Starterzugkontrolle (Motor 12 SC, 13 N und 16 SH).
■ Mit etwas Verzögerung wandert die Tankanzeigenadel über die Skala.
■ Linken Hebelschalter betätigen – leuchtet die grüne Blinkerkontrolle bzw. die Fernlichtkontrolle?

■ Brennen bei gedrücktem Schalter die Kontrolleuchten für Warnblinker, heizbare Heckscheibe und (bei eingeschaltetem Licht) für Nebelschlußleuchte?
■ Motor starten – arbeitet der Drehzahlmesser?
■ Bei einer Probefahrt die Funktion von Tachometer und Kühlmittel-Temperaturanzeige überprüfen.

Kombi-instrument ausbauen

■ Massekabel der Batterie lösen.
■ Abdeckung der Hupenplatte abziehen.
■ Lenkrad jeweils so drehen, daß die beiden sonst verdeckten Schrauben der oberen Lenksäulenverkleidung zugänglich sind.
■ Diese und zwei weitere Schrauben der Verkleidung herausdrehen, Verkleidung abnehmen.
■ Im oberen Rand zwei Schrauben der Instrumetenverkleidung herausdrehen.
■ Instrumentenverkleidung unten aushängen und abheben.

■ Mehrfachstecker von den Schaltern in der Instrumentenverkleidung abziehen. Es genügt, die Anschlüsse der rechten Schalter zu lösen, dann die Verkleidung nach links schwenken.
■ An der Rückseite des Kombiinstruments die Haltefedern am Tachometerwellenanschluß niederdrücken und zugleich die Tachowelle abziehen.
■ In der Mitte oben eine Schraube herausdrehen und das Kombiinstrument aus beiden unteren Halterungen herausheben.

Nach Ausbau des Kombiinstruments sehen Sie in der Öffnung des Armaturenbretts:
1 – Tachowelle;
2 – Mehrfachstekker; 3 – Einfachstecker bei Sonderausstattung.

An der Rückseite des ausgebauten Kombiinstruments sind die Anschlüsse der auf der linken Seite abgebildeten Bauteile bezeichnet: 1 – Anschluß für Tachowelle; 2 – Kontaktfläche für Mehrfachstecker; 3 – Anschluß für Einfachstecker.

■ Federn der Mehrfachsteckers andrücken und von der Rückseite des Kombiinstruments abziehen, auch Einfachstecker abziehen.
■ Bei Econometer den Unterdruckschlauch abziehen.
■ Kombiinstrument durch das Lenkrad hindurch herausnehmen.

■ Beim Einbau darauf achten, daß der Mehrfachstecker und die Tachowelle richtig eingesteckt sind. Funktion vor dem endgültigen Zusammenbau prüfen!

Fingerzeig: *Sämtliche Instrumente und Kontrolleuchten im Kombiinstrument erhalten ihre Stromzufuhr nicht über Kabel, sondern durch eine sogenannte Leiterfolie, auf der die Leitungen aufgedruckt sind. Für die verschiedenen Modelle gibt es verschiedene Leiterfolien – beim Ersatzteilkauf beachten.*

Glühlampen auswechseln

Die Lampen für die Instrumentenbeleuchtung und die Kontrolleuchten sind mit ihren Kunststofffassungen an der Rückseite des Kombiinstruments eingesteckt. Ausgenommen die Ladekontrolleuchte, die aus einer Glassockellampe 3 Watt, DIN-Form W, besteht, braucht man zum Ersatz aller übrigen Kontrolleuchten Glassockellampen 1,2 Watt, DIN-Form W.
■ Kombiinstrument ausbauen.
■ Lampenfassung eine Viertelumdrehung drehen und von der Leiterplatte abziehen, siehe Bild unten.

Instrumente ausbauen

■ Kombiinstrument ausbauen.
■ Zum Ausbau von **Tachometer, Drehzahlmesser, Econometer, Fernthermometer** und **Kraftstoffanzeigegerät** bzw. Kombination der beiden letztgenannten Instrumente die Instrumentengehäuse-Abdeckung abschrauben und aushängen, danach das betreffende Instrument abschrauben.
■ **Fernthermometer und Kraftstoffanzeigegerät der Sonderausstattung** läßt sich

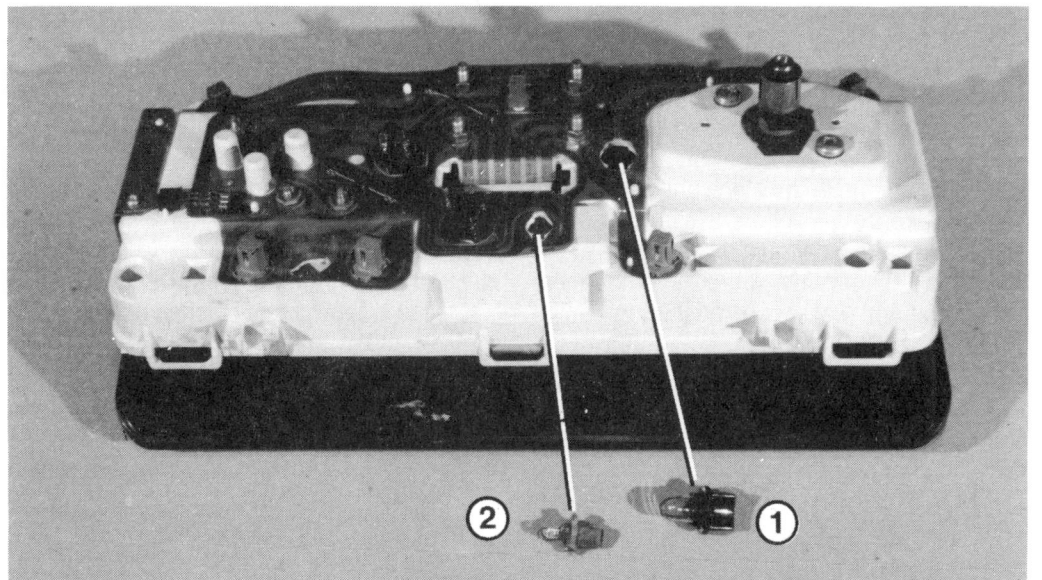

Zum Ausbau einer Leuchte die jeweilige Fassung drehen und von der Leiterplatte abnehmen. 1 – 3-Watt-Lampe; 2 – 1,2-Watt-Lampe.

ausbauen, nachdem die Leiterplatte vom Instrumentengehäuse abgenommen wurde (siehe übernächsten Absatz).

■ **Spannungsstabilisator** von der Rückseite des Instrumentengehäuses abschrauben und von den Steckkontakten abziehen.

■ Zum Ersatz der **Leiterplatte** alle Instrumente ausbauen, ebenso Instrumenten- und Kontrolleuchten herausnehmen, dann die Leiterplatte abnehmen.

Fingerzeig: *In der Normalausführung stammen die Instrumente von AC oder von VDO, in der Sonderausstattung nur von AC. VDO unterhält eigene Werkstätten, Anschriften erhalten Sie von der VDO Adolf Schindling AG, Postfach 6140, 6231 Schwalbach. Wegen der Instrumente von AC müssen Sie sich an den Opel-Service wenden.*

Spannungs-stabilisator

An der Rückseite des Kombiinstruments ist ein kleines Kästchen mit drei Anschlüssen angeschraubt – der Spannungsstabilisator. Er muß die Tank- und die Temperaturanzeige mit absolut gleichmäßiger Spannung versorgen. Andernfalls lassen Spannungsschwankungen die Zeigernadeln pendeln.

Wenn beide Geräte »verrückt« spielen oder gar nichts anzeigen, liegt es sicher am Spannungsstabilisator.

Spannungs-stabilisator prüfen

■ Kombiinstrument ausbauen.

■ Mehrfachstecker am Kombiinstrument wieder aufstecken.

■ Voltmeter zwischen dem Steckanschluß mit der Kennzeichnung »A+« und Masse-Anschluß anklemmen. Zündung einschalten.

■ Es müssen ziemlich exakt 10 V anliegen.

■ Liegt der Wert unter 9,5 oder über 10,5, ist der Spannungs-Konstanthalter defekt.

Drehzahl-messer

Wie oft die Kurbelwelle im Motor in der Minute rotiert, zeigt der Drehzahlmesser (je nach Modell und Kundenwunsch) an. Er erhält von der Zündanlage die Zündimpulse übermittelt. Summiert und aufbereitet wird das auf das Zeigerwerk im Instrument übertragen.

Bei Störungen gilt es, die entsprechenden Leitungen zu überprüfen. Evtl. ist auch die Leiterfolie beschädigt.

Fingerzeig: *Beim Motor C 13 N hat der zur Sonderausstattung gehörende Drehzahlmesser nur geringe Bedeutung: Bereits bei 6000/min steigt nicht mehr die Anzahl der Öffnungsimpulse für das Einspritzventil, während der rote Warnbereich des Tourenzählers ab 6500/min beginnt.*

Kraftstoff-anzeige

Der Tankgeber im Kraftstofftank besteht aus einem Schwimmer und einem elektrischen Widerstand. Mit Einschalten der Zündung erhält das Anzeigegerät im Kombiinstrument Spannung. Den Stromkreis schließt der veränderliche Widerstand im Tankgeber, der die Verbindung zur Masse herstellt. Je nach Stromdurchfluß wird das Bimetall im Anzeigeinstrument mehr oder weniger stark beheizt, und die daran befestigte Zeigernadel schlägt entsprechend aus.

Steht der Schwimmer bei vollem Tank in seiner höchsten Stellung, ist der Widerstand am Tankgeber überbrückt, das Anzeige-Bimetall wird voll beheizt und läßt den Zeiger voll ausschlagen. Mit abnehmendem Tankinhalt sinkt der Schwimmer, der dadurch höhere Widerstand hemmt den Stromdurchfluß zum Bimetall, die Nadel zeigt weniger an.

Störungs-möglichkeiten

☐ Zu hoher oder zu niedriger Stand: Spannungsstabilisator defekt oder Schwimmerarm verbogen.

☐ Keine Anzeige: Spannungsstabilisator bzw. Tankgeber oder Anzeigeinstrument defekt.

Störungssuche

■ Stellen Sie fest, daß sowohl Tank- wie Temperaturanzeige nichts oder falsch anzeigen, liegt es am Spannungsstabilisator.

■ Bei Falschanzeige durch verbogenen Schwimmerarm Tankgeber ausbauen (Seite 69).

■ Biegen des Schwimmerarms nach oben verringert die Anzeige. Biegen nach unten ergibt einen höheren Anzeigewert. Aber nur vorsichtig biegen!

■ **Tankgeber prüfen:** Freilegen, wie auf Seite 69 beschrieben, Kabelstecker abziehen.

■ Hilfskabel in den Steckanschluß des blau/schwarzen Kabels stecken und direkt an Masse halten.

■ Zündung ganz kurz einschalten – schlägt der Zeiger auf »Voll« aus, ist der Tankgeber defekt.

■ **Anzeigeinstrument prüfen:** Kombiinstrument ausbauen, Mehrfachstecker abziehen.

■ Steckkontakt des schwarzen Kabels im Mehrfachstecker mit dem Pluspol einer 12-Volt-Batterie verbinden, Kontakt des blau/

schwarzen Kabels mit dem Minuspol. Rührt sich die Anzeigenadel nicht, ist das Anzeigegerät defekt.

■ Schlägt die Anzeige jedoch auf »Voll« aus, liegt der Fehler in der Kabelzuleitung.

Fernthermometer

Die Anzeige für die Kühlmitteltemperatur funktioniert ähnlich wie die Tankanzeige. Plusstrom erhält das Instrument bei eingeschalteter Zündung, die Masseverbindung stellt der Temperaturfühler beim 1,2-l-Motor am Zylinderkopf, bei den 1,3-Liter-Motoren am Ansaugkrümmer und bei den übrigen Motoren am Thermostatgehäuse her. Dieser Fühler ist ein veränderlicher Widerstand, der mit zunehmender Erwärmung den Stromdurchfluß weiter freigibt, so daß das Bimetall im Instrument stärker beheizt wird und die Nadel weiter ausschlägt.

□ Fehlerhafte Anzeige der Kühlmitteltemperatur bei gleichzeitig ungenauer Benzinstandsanzeige lassen auf einen schadhaften Spannungsstabilisator schließen.
□ Keine Anzeige kann ihre Ursache im Temperaturfühler oder Instrument haben.

Störungsmöglichkeiten

■ **Temperaturfühler prüfen:** Blaues Kabel am Temperaturfühler abziehen und fest mit Masse verbinden.
■ Zündung kurz einschalten – wandert die Anzeigenadel ins rote Feld, ist der Temperaturfühler defekt.
■ **Anzeigegerät prüfen:** Kombiinstrument ausbauen, Mehrfachstecker abziehen.

■ Kontakt der schwarzen Leitung im Mehrfachstecker mit Batterie-Plus verbinden, Kontakt der blauen Leitung an den Minuspol legen – schlägt die Anzeigenadel nicht aus, ist das Instrument defekt.
■ Bei vollem Ausschlag muß der Fehler im Leitungsverlauf gesucht werden.

Störungssuche

Dieser Geschwindigkeitsmesser zeigt das Fahrtempo gewissermaßen auf elektrischem Weg an, nämlich durch Erzeugung von Wirbelströmen, die eine Aluminiumtrommel rund um die Zeigerachse gegen den Widerstand einer Spiralfeder verdrehen.
Der Tachometer kann nicht die genaue Entfernung oder Geschwindigkeit messen, sondern er »zählt« die Umdrehungen des Tachowellenantriebs am Getriebegehäuse und setzt sie in Kilometerangaben um. Nach wieviel Tachowellenumdrehungen ein Kilometer auf der Straße zurückgelegt wurde, hängt von der Reifengröße und der Achsübersetzung ab.
Eine zitternde Tachonadel weist gewöhnlich darauf hin, daß die Tachowelle einen Knick hat und bald brechen wird. Bei einem Fahrzeug mit hoher Laufleistung kann auch der Tachoantrieb im Getriebe verschlissen sein.

Tachometer

■ Kombiinstrument so weit ausbauen, daß sich der Tachowellenanschluß trennen läßt (siehe Seite 236).
■ Im Motorraum hinten links am Getriebe die Rändelmutter der Tachowelle losdrehen.

Das geht entweder mit einer Kombizange oder einem Schraubenzieher, der in einen Schlitz oben in der Mutter gesteckt wird.
■ Tachowelle zum Motorraum hin herausziehen.

Tachowelle ausbauen

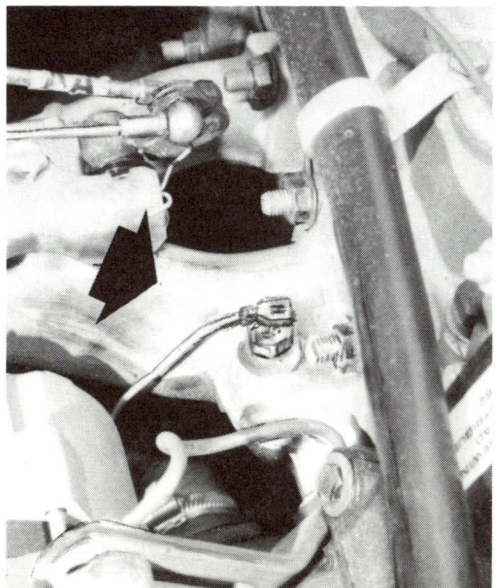

Links: Sitz des Temperaturfühlers beim 1,3-Liter-Motor.
Rechts: Bei den 1,6-, 1,8- und 2-Liter-Motoren ist der Temperaturfühler für das Fernthermometer am Thermostatgehäuse eingeschraubt.

■ Die neue Welle darf beim Einbau nicht stark gebogen oder gar geknickt werden, sonst ist sie bald wieder defekt.
■ Deshalb zum »Einfädeln« der Welle evtl. das Kombiinstrument abnehmen. Durch die Gummitülle darf sie nicht mit Gewalt gedrückt werden.

Ladekontrolle

Bei laufendem Motor darf die Ladekontrolle weder schwach noch hell leuchten. Bleibt sie beim Einschalten der Zündung dunkel, ist das ebenfalls ein Fehler. Näheres zur Störungssuche finden Sie im »Störungsbeistand Batterie und Lichtmaschine« auf Seite 203.

Öldruck-kontrolle

Bei eingeschalteter Zündung erhält die Öldruckkontrolle Spannung. Solange kein Öldruck im Motor aufgebaut wird, ist ihr Stromkreis durch den Öldruckschalter am Motor zur Masse geschlossen – das rote Licht leuchtet. Nach dem Start mit zunehmenden Drehzahlen steigt der Öldruck, der Öldruckschalter öffnet seine Kontakte, und das Warnlicht verlöscht.

Störungssuche

Leuchtet die Warnlampe bei laufendem Motor, **sofort anhalten und den Motor abstellen.**
■ Ölstand kontrollieren. Falls in Ordnung:
■ Blau/grünes Kabel am Öldruckschalter (am Motor hinten) abziehen und frei hängen lassen.
■ Zündung einschalten; blinkt oder leuchtet die Kontrolle weiterhin, hat die Zuleitung Masseschluß – das ist ungefährlich für den Motor.
■ Andernfalls besteht der Verdacht, daß die Ölversorgung im Motor unterbrochen ist.
■ Möglicherweise ist ein Öldruckschalter schadhaft. Bisweilen funktioniert er wieder, wenn man an seiner Steckzunge wackelt.
■ **Bleibt die Öldruckkontrolle** nach Einschalten der Zündung **dunkel:**
■ Blau/grünes Kabel abziehen und gegen Masse halten.
■ Zündung einschalten. Leuchtet die Kontrolle jetzt, ist der Öldruckschalter defekt.
■ Bleibt es dunkel, ist die Zuleitung defekt.

Fernlicht-kontrolle

Nur bei eingeschaltetem Fernlicht oder beim Lichthupen erhält die Fernlichtkontrolle Spannung. Ob die Fernlichtfäden auch brennen, kann sie aber nicht anzeigen. Das müssen Sie selbst kontrollieren.

Blinker-kontrolle

Die Blinkerkontrolle ist einerseits an Klemme 49a des Blinkrelais angeschlossen und erhält von dort die Blinkimpulse. Auf der anderen Seite hängt sie über den Mehrfachstecker an Klemme 15, die aber nur bei eingeschalteter Zündung Spannung liefert. Ist diese Klemme abgeschaltet, reagiert die Blinkerkontrolle nicht auf die Impulse der Warnblinkschaltung. Kommt dagegen bei eingeschalteter Zündung Spannung von Klemme 15, ist in der Pause zwischen den Blinkimpulsen der Stromkreis über den »toten« (= Minus-)Relaiskontakt geschlossen, und die Kontrollleuchte blinkt im Gegentakt auf.

Die Schalter

☐ Die Funktion der einzelnen Stromverbraucher wird durch Betätigen verschiedener Dreh-, Kipp-, Druck- und Hebelschalter ausgelöst.
☐ Die Kontrolleuchten in einzelnen Schaltern besitzen Glassockellampen mit separaten Fassungen und können ausgewechselt werden.

Instrumenten-verkleidung ausbauen

Die beiderseits des Kombiinstruments sitzenden Schalter sind in einem unten offenen Rahmen angeordnet.
■ An der oberen Innenseite von unten zwei Schrauben herausdrehen.
■ Untere Halterungen nach oben drücken, Verkleidung mit Schaltern abheben.

Schalter der Instrumenten-verkleidung ausbauen

Die Instrumentenverkleidung muß nicht ausgebaut werden.
■ **Licht- und Warnblinkschalter:** Mit schmalem Schraubenzieher beide Rastenfedern am Schalter beidrücken.
■ Schalter herausziehen.
■ Mehrfachstecker vom Schalter abziehen.
■ **Weitere Schalter:** Die Rastenfeder des betreffenden Schalters beidrücken.
■ Schalter von vorn aus der Schalterplatte herausziehen.
■ Mehrfachstecker und Fassung der Lampe vom Schalter abziehen.

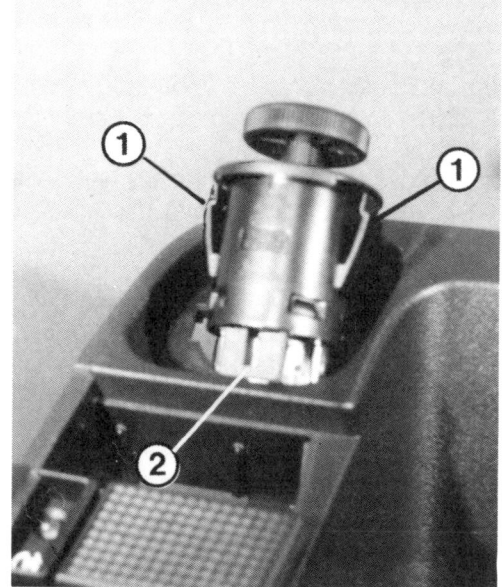

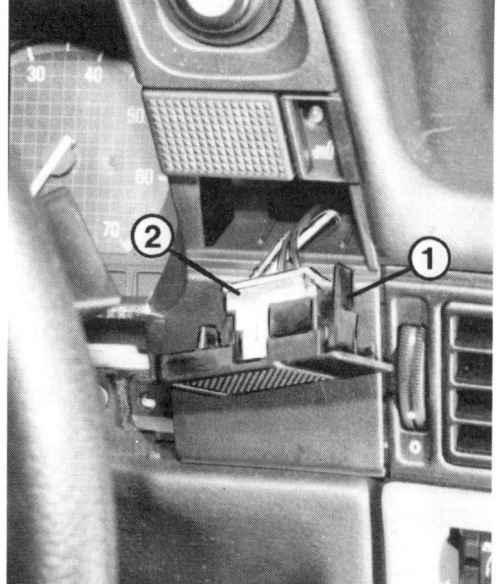

Links: Zum Herausziehen des Lichtschalters beide seitlichen Halteklammern (1) andrücken. Am Schalter sitzt der Kabelstecker (2). Rechts: Auch die Druckschalter in der Instrumentenverkleidung sind auf diese Weise in ihrem Sitz festgehalten.

■ Instrumentenverkleidung ausbauen (siehe oben).
■ Überblendregler und Schalter abschrauben.

■ Kabelstecker für Schalter und Lampe abziehen.

Überblendregler ausbauen

■ Obere Lenksäulenverkleidung ausbauen (siehe Seite 236).
■ Untere Lenksäulenverkleidung abschrauben.

■ Rastzungen des Schalters andrücken und zugleich den Schalter aus der Halterung ziehen.
■ Mehrfachstecker abziehen.

Scheibenwischer- und -wascherschalter ausbauen

Der Blinkerschalter wird in gleicher Weise ausgebaut wie der Schalter für Scheibenwischer und -wascher.

Signalschalter ausbauen

■ Obere und untere Lenksäulenverkleidung ausbauen.
■ Gummiring vom Zündschloß abnehmen.
■ Zündschlüssel in Stellung II drehen.
■ Arretierungsfeder an der Oberseite des Zylindergehäuses mit 3-mm-Stift niederdrücken.

■ Zylinder aus dem Lenkradschloß herausziehen.
■ Der Kontaktteil darf keinesfalls gleichzeitig ausgebaut werden.
■ Beim Einbau den Schließzylinder in das Lenkschloß einführen und bis zum Einrasten niederdrücken.

Schließzylinder für Lenk- und Zündschloß ausbauen

Bei dieser Arbeit darf der Schließzylinder nicht ausgebaut werden.
■ Am Zylinderende zwei gegenüberliegende Madenschrauben lösen.
■ Kontaktteil vom Lenkradschloß abnehmen, dabei die Stellung des Schaltstückes beachten.
■ Mehrfachstecker abziehen.

Kontaktteil für Lenk- und Zündschloß ausbauen

Der Überblendregler (1) ist mit einer Schraube befestigt. 2 – Kabelstecker; 3 – Kabelstecker für Lampe.

Fahren mit defektem Zünd/Anlaßschalter

Sind die Kontakte im Zünd/Anlaß-Schalter so abgenutzt, daß sich beim Zündschlüsseldreh nichts mehr regt, können Sie dennoch den Motor starten. Voraussetzung ist, daß am roten Kabel des Zündschloß-Mehrfachsteckers Spannung anliegt.

■ Lenksäulenverkleidung abschrauben, Mehrfachstecker abziehen.

■ Mit einem Kabelstück oder einer Büroklammer die Steckbuchsen des dicken roten und des schwarzen Kabels miteinander verbinden. Damit ist die Zündung eingeschaltet, Lade- und Öldruckkontrolle müssen aufleuchten.

■ Wagen anschieben lassen.

■ Oder mit einem mindestens 4 mm² starken, isolierten Kabelstück eine Kurzschlußbrücke zwischen dem roten und der Steckbuchse des rot/schwarzen Kabels der Klemme 50 herstellen. Damit wird der Anlasser gestartet.

■ Sobald der Motor angesprungen ist, diese Kabelbrücke wieder wegziehen.

■ Der Mehrfachstecker bleibt abgezogen. Damit während der Fahrt kein Kurzschluß entstehen kann, muß er isoliert werden.

■ Zum Abstellen des Motors die Verbindung zwischen dem roten und schwarzen Kabel abziehen.

Handbremskontrolleuchtenschalter ausbauen

Links: Die Pfeile weisen auf die Befestigungsschrauben für die untere Lenksäulenverkleidung.

■ Fahrersitz ausbauen (siehe Seite 261).

■ Schraube für die Mittelkonsole hinten herausdrehen.

■ Konsole nach hinten aus der Arretierung schieben.

■ Eventuell vorhandenen Schalter für elektrische Fensterheber herausnehmen.

■ Teppichboden zwischen der Durchführung des Kabelsatzes und der Öffnung für die Handbremse durchschneiden.

■ Zwei Schrauben für den Handbremshebel abschrauben.

■ Handbremshebel nach oben herausziehen.

■ Kabelstecker abziehen und Schalter abschrauben.

■ Nach dem Einbau den Teppichboden am Unterboden festkleben.

Schalterprüfung

Rechts: Der Schließzylinder für das Lenk- und Zündschloß wird bei Stellung »I« des Zündschlüssels ausgebaut, dabei in der Bohrung (1) die Arretierungsfeder niederdrücken. Der Mehrfachstecker (2) ist am Kontaktteil aufgesteckt.

■ Mit einer Prüflampe mit Nadelkontakt können Sie die Kabelisolierung durchstechen und feststellen, welche Kabel Spannung führen.

■ Suchen Sie den passenden Stromlaufplan ab Seite 178 heraus.

■ Zuerst wird geprüft, ob der Schalter überhaupt Spannung geliefert bekommt; hierzu muß vielfach die Zündung oder die Beleuchtung eingeschaltet werden.

■ Dann wird kontrolliert, ob der Schalter in entsprechender Stellung die Spannung weiterleitet. Am Beispiel Zünd/Anlaß-Schalter sieht das folgendermaßen aus:

■ Das rote Klemme-30-Kabel muß ständig Batteriestrom führen.

■ Das schwarze Klemme-15 A-Kabel steht ausschließlich in Schlüsselstellung »Zündung ein« unter Strom.

■ Das schwarze Kabel der Klemme 15 erhält Spannung in Stellung »Zündung ein« und »Anlassen«.

■ Die schwarz/rote Leitung von Klemme 50 für den Startbefehl an den Anlasser steht nur in Stellung »Anlassen« unter Spannung.

■ Entsprechend werden anhand des Stromlaufplans auch andere Schalter geprüft.

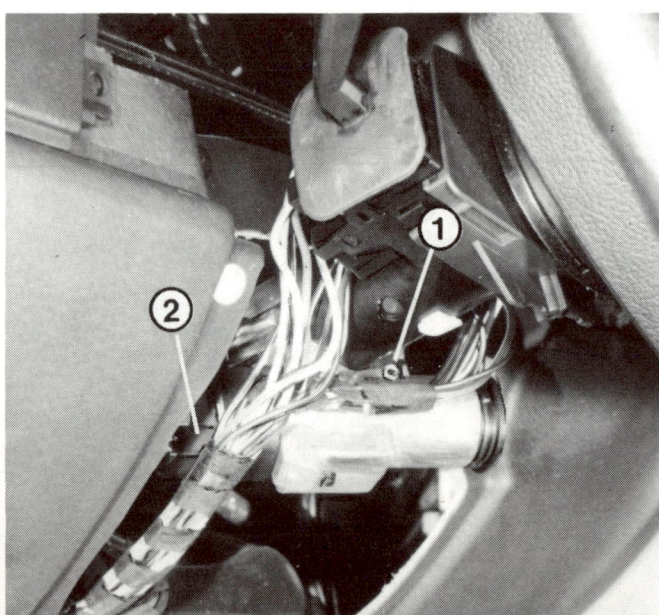

Zur Bordelektrik gehören eine Reihe Schaltrelais, die am Sicherungskasten eingesteckt sind. Ein Schaltrelais wird für leistungsstarke Stromverbraucher verwendet. Leitet man den Strom auf langen Kabelwegen über den dazugehörigen Schalter, gibt es Spannungsverlust. Außerdem werden die Schalterkontakte durch den hohen Stromfluß stark beansprucht. Bei einer Relaisschaltung benutzt man den Schalter nur für den geringen Schaltstrom, womit nicht der Verbraucher direkt, sondern dessen Relais eingeschaltet wird.

Die Schaltrelais

☐ Beim Einschalten des betreffenden Verbrauchers wird im Relais durch den an Klemme 86 ankommenden »Schaltstrom« der Schaltstromkreis zu Klemme 85 geschlossen.
☐ Dadurch zieht eine Magnetspule einen kräftigen Kontakt gegen Federdruck an und schließt so den Stromkreis für den »Arbeitsstrom«.
☐ Der Arbeitsstrom wird zur Vermeidung von Spannungsabfall auf kurzem Weg direkt an Klemme 30 des Relais herangeführt und von dort weiter – bei geschlossenen Schalterkontakten – über Klemme 87 an den Stromverbraucher weitergeleitet.

Funktion

■ Klemme 30 muß immer Spannung führen. Zur Kontrolle Relais ein Stück herausziehen und mit Prüflampennadel Klemme 30 antippen.
■ Relais abziehen, Klemme 86 mit Batterie-Plus und Klemme 85 mit Masse verbinden. Die Magnetspule muß den Relaiskontakt hörbar anziehen, sonst ist das Relais defekt.

Störungssuche Schaltrelais

■ Relais vom Sicherungskasten abziehen.
■ Klemme 30 und 87 im Relaissteckfeld mit einer Büroklammer oder einem kurzen Drahtstück überbrücken. Dadurch erhält der betreffende Verbraucher Dauerstrom.
■ Zum Abschalten die Kurzschlußbrücke abziehen, da der betreffende Schalter in diesem Fall ja überbrückt ist.

Behelf bei defektem Schaltrelais

Die Überprüfung der heizbaren Heckscheibe findet praktisch jedesmal bei feuchter Witterung und im Winter statt. Das Feld mit den aufgedampften Leiterbahnen muß über die gesamte Fläche freie Sicht schaffen.

Heizbare Heckscheibe

■ Zuständige Sicherung Nr. 18 kontrollieren.
■ Festen Sitz der Kabelstecker an der heizbaren Heckscheibe kontrollieren.
■ Schalter ausbauen und prüfen, siehe Seite 242.
■ Funktion des Relais prüfen, siehe oben.
■ War bisher kein Fehler zu finden, Leitungsverlauf kontrollieren.
■ Sind Heizfäden beschädigt und dadurch unterbrochen, hilft Leitsilberlack. Dieser wird z. B. von Doduco, Postfach 480, 7530 Pforzheim hergestellt und ist im Autozubehörhandel erhältlich.

Störungssuche

■ Zündung einschalten.
■ Laufen die Scheibenwischer in allen Geschwindigkeiten und gehen sie beim Ausschalten in die Parkstellung zurück?
■ Funktioniert – je nach Ausstattung – die Wischintervallschaltung und die Wisch/Wasch-Automatik?
■ Spritzt Wasser aus den Wascherdüsen?
■ Arbeiten – je nach Ausstattung – Heckwischer und -wascher?

Scheibenwischer und -wascher prüfen
Ständige Kontrolle

Die Gummis der Scheibenwischer halten etwa ein halbes Jahr. Danach können Sie sich entscheiden, ob Sie ein komplettes Wischerblatt oder – billiger – nur das Wischergummi erneuern wollen. In jedem Fall muß das Wischerblatt vom Wischerarm abgebaut werden:
■ Kleinen Hebel an der Mittelachse des Wischerblattes nach unten drücken.
■ Wischerblatt etwas nach unten schieben, bis der Hebel frei wird, dann nach oben herausnehmen.
■ Beim Einbau Wischerblatt bis zum Einrasten der Haltenocke auf den Wischerarm drücken.

Scheibenwischer auswechseln

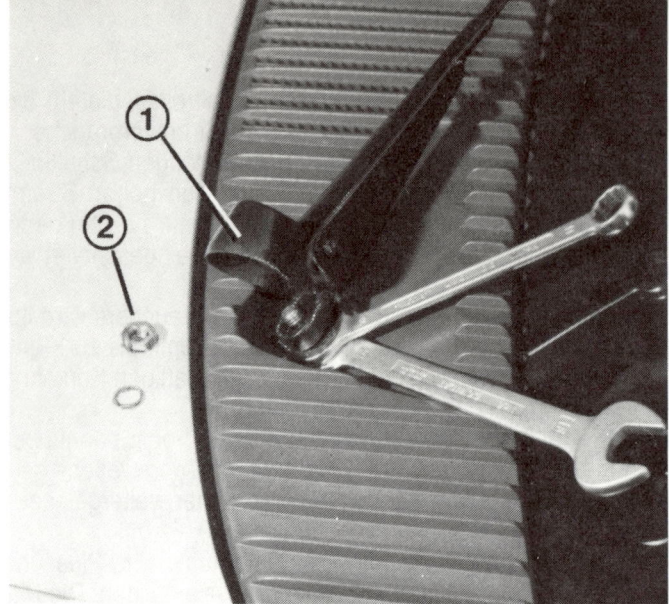

Wischerarm ausbauen: Schutzkappe (1) hochklappen und Sechskantmutter (2) von der Wischerachse abschrauben. Den Wischerarm mit geeignetem Werkzeug von der Welle abdrücken (nicht versuchen abzudrehen), es geht aber zur Not auch mit zwei Schraubenschlüsseln, wie gezeigt.

Wischergummi auswechseln

Ist das Metallgestänge des Wischerblatts noch in Ordnung, braucht nur das Wischergummi ausgewechselt zu werden:

■ Wischergummi nach Muster im Zubehörladen kaufen (Werkstätten haben sie kaum vorrätig).

■ Halteklammer um das Wischergummi an einem Ende des Wischerblatts aufbiegen.

■ Altes Gummi herausziehen und die beidseits eingelegten Metallstreifen am neuen Gummi einsetzen. Darauf achten, daß die Krümmung nach unten (zur Scheibe hin) zeigt.

■ Neues Wischergummi einschieben und Halteklammer wieder zusammenquetschen.

Fingerzeig: *Besonders Sparsame montieren lediglich auf der Fahrerseite einen neuen Scheibenwischer, der Beifahrer erhält den bisherigen linken Wischer. Beim nächsten Mal bauen Sie wieder links einen neuen Scheibenwischer an und rechts den früheren linken; der alte Beifahrerwischer kommt nun auf den Müll.*

Wischerarme ausbauen

■ Kunststoffkappe von der Wischerachse abhebeln.

■ Sechskantmutter von der Wischerachse abschrauben.

■ Wischerarm mit ruckelnden Bewegungen vom Konus der Welle abziehen.

■ Eventuell den Wischerarm mit einem Gabelschlüssel vorsichtig abhebeln. Opel hat dafür ein gabelförmiges Demontagewerkzeug.

Scheibenwischermotor

Der Scheibenwischermotor erhält Strom über die Sicherung Nr. 9. Die Kabelklemmen am Wischermotor haben folgende Bedeutung:

□ 53 A ist die Plus-Zuleitung an den Wischerschalter
□ 53 liefert Strom für die 1. Wischergeschwindigkeit

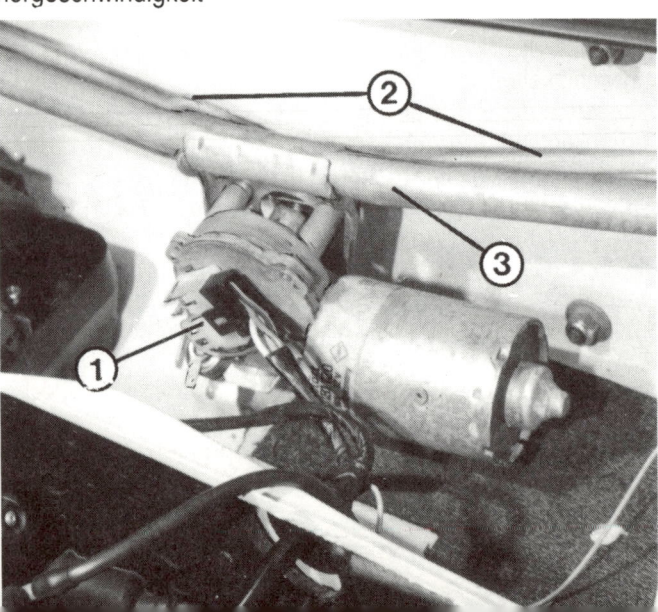

Der Scheibenwischermotor wird nach Ausbauen des Windlaufs zugänglich, siehe Seite 246. 1 – Kabelanschluß; 2 – Gestänge; 3 – Halter.

Kontaktplatte für den Heck-
scheibenwischer beim Ka-
dett mit Hecktür.

☐ 53 B liefert Strom für die 2. Wischergeschwindigkeit
☐ 53 E läßt nach dem Abschalten die Wischer in Parkstellung zurücklaufen
☐ I läßt den Wischer im Intervall laufen
☐ IT setzt die Wascherpumpe und das Trockenwischen in Gang
☐ W ist die Verbindung zur Wascherpumpe, die mit Masse verbunden ist

**Der Scheiben-
wischerschalter**

Der in den Stromlaufplänen mit »S 9.2« bezeichnete Schalter erhält an seine Klemme 53 A Plusstrom herangeführt. Dieser kommt bei eingeschalteter Zündung von Klemme 15 über eine Sicherung.
In Stufe I wird eine Brücke hergestellt zwischen Klemme 53 A und Klemme 53. Damit liegt an Klemme 53 des Scheibenwischermotors Spannung an, und er läuft in seiner 1. Geschwindigkeit. In Stufe 2 wird die Brücke zwischen den Klemmen 53 A und 53 unterbrochen und dafür eine Brücke zwischen Klemme 53 A und 53 B hergestellt, und der Motor läuft in der 2. Geschwindigkeit.
Beim Abschalten außerhalb der Wischer-Parkstellung wird im Motor über Schleifkontakte eine Brücke zwischen den Klemmen 53 A und 53 E hergestellt. Der Plusstrom vom Klemme 53 E am Motor kommt an die gleiche Klemme am Wischerschalter. Hier besteht in Stellung »Aus« eine Brücke zwischen Klemme 53 E und Klemme 53. Damit erhält die 1. Wischergeschwindigkeit noch Spannung, und die Wischer können in die Ruhestellung weiterlaufen.
Kurz vor Erreichen der Parkstellung wird die Brücke zwischen Klemme 53 A und 53 E unterbrochen. Dazu hat der Schleifring am Motor eine entsprechende Aussparung in der Schleifbahn für den Kontakt 53 A.
Durch den noch vorhandenen Schwung dreht der Motor weiter. Er wird jetzt zum Dynamo (Stromerzeuger). Doch zur Stromerzeugung kommt es nicht mehr: Über den Schleifkontakt im Motor wird die Klemme 53 E über Klemme W an Masse gelegt. An beiden Seiten am Motor liegt Masse an, er bleibt sofort stehen.

**Wischer-
Intervallbetrieb**

In Schalterstellung »Intervall« wird das Relais für Wasch-Wisch-Intervallautomatik aktiviert. Es verbindet kurzzeitig den an seiner Klemme 53 A anliegenden Plusstrom mit Klemme 53 E. Der Stromweg ist jetzt gleich wie bei der Wischer-Rückstellung: Von Klemme 53 E geht es an Klemme 53 am Wischerschalter und weiter an Klemme 53 am Motor. Dieser läuft für eine einmalige Wischerbewegung an.

**Waschen und
Trockenwischen**

Im Scheibenwischerschalter wird Plusstrom von Klemme 53 A an Klemme IT geliefert. Das geschieht so lange, wie der Schalter gedrückt wird. Damit passiert zweierlei:
☐ Der Plusstrom gelangt an die Wascherpumpe, die jetzt anläuft.
☐ Im Relais für Wasch-Wisch-Intervallautomatik wird ein weiterer Kontakt aktiviert. Das „Zeitglied" Im Relais verbindet Klemme 53 A mit Klemme 53 E für mehrere Sekunden. Dadurch laufen die Wischer nach dem Loslassen des Schalters noch mindestens zwei volle Bewegungen weiter.
Der Stromweg für das Trockenwischen ist gleich wie für den Intervallbetrieb.

Fingerzeig: *Bei eingeschalteter Zündung dürfen die Wischerblätter nicht außerhalb ihrer Parkstellung blockiert sein, etwa durch dicken Schnee oder weil sie angefroren sind. Klemme 53 A liefert dann nämlich ununterbrochen Spannung. Da der Wischermotor durch die festhängenden Scheibenwischerblätter nicht drehen kann, brennt er nach einer gewissen Zeit durch. In einem solchen Fall die Wischerblätter abheben, damit sie in ihre Endstellung laufen können.*

Scheibenwischermotor ausbauen

■ Beide Wischerarme ausbauen.
■ Masseklemme der Batterie lösen.
■ Drei bzw. vier Schrauben am Plastik-Windlauf herausdrehen und beide Windlaufhälften abnehmen.
■ Gummidichtung vom Stirnwulst abziehen.
■ Muttern von den Wischerlagern abschrauben.
■ Wasserabweiser ausbauen, dazu den Clip entfernen.
■ Scheibenwischermotor von der Stirnwand abschrauben.
■ Mehrfachstecker entrasten und abziehen.

■ Motor mit Gestänge etwas verdrehen und herausnehmen.
■ Mutter abschrauben und Betätigungsarme vom Motor abnehmen.
■ Halter für das Gestänge abschrauben und vom Motor abnehmen.
■ Eingebaut muß in der Endstellung zwischen Wischerblättern und Gummifassung der Frontscheibe ein Abstand von 20 + 5 mm bestehen.
■ Beim Anziehen der Kurbel-Befestigungsmutter die Kurbel mit einem Gabelschlüssel gegenhalten, sonst werden die Kunststoffräder des Getriebes beschädigt.

Heckscheibenwischermotor ausbauen

■ Knöpfe der Verkleidung in der Heckklappe mit gabelförmigem Werkzeug oder mit zwei breiten Schraubenziehern herausdrücken.
■ Kappe zurückklappen und Mutter für den Wischerarm abschrauben.
■ Wischerarm von der Welle abdrücken (siehe Seite 244).

■ Schutzkappe für die Motorwelle abnehmen.
■ Bandschlaufen öffnen, Kontaktschalter für die Heckklappe abnehmen und Kabel vom Schalter abziehen.
■ Zwei Schrauben herausdrehen und den Wischermotor mit Halter abnehmen.

Scheibenwaschanlage prüfen

Ständige Kontrolle

Abgasrückstände, Öldunst und Silikon aus Lackpflegemitteln setzen sich hartnäckig aufs Glas. In der warmen Jahreszeit empfiehlt sich ein Reinigungszusatz zum Waschwasser; im Winter Gefrierschutz und Reinigungsmittel.

■ Zuerst Zusatzmittel und anschließend Wasser einfüllen, damit sich die Flüssigkeiten im Wascherbehälter gut vermischen.
■ Bei tiefem Frost können die Wascherdüsen doch einfrieren. Zur Vorbeugung empfiehlt sich hier die Zumischung von ⅓ Brennspiritus, der allerdings aufdringlich riecht.

■ Um Verstopfungen der Scheibenwaschwasserdüsen vorzubeugen, empfiehlt sich der Einbau eines handelsüblichen Benzinfilters in die Waschwasserleitung.

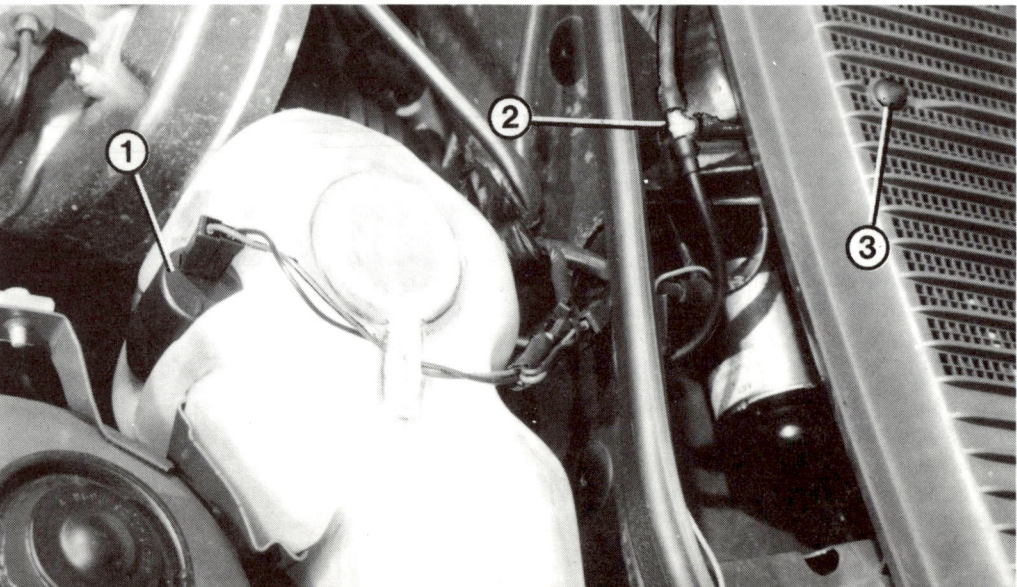

Teile der Scheibenwaschanlage.
1 – Wascherpumpe; 2 – T-Stück mit Schlauchanschlüssen; 3 – Spritzdüse.

Fingerzeige: *Waschwasser sollten Sie nicht aus den häufig an Tankstellen bereitgestellten Wasserkannen einfüllen. Denn oft finden sich darin Öl- oder Fettrückstände, die sich anschließend auf Ihrer Windschutzscheibe niederschlagen und bei Regen einen störenden Schmierfilm auf das Wischerfeld zaubern.*

Wenn das Sichtfeld auf der Windschutzscheibe trotz Reinigungszusatz im Waschwasser schlierig bleibt, hilft das altbekannte Messingputzmittel »Sidol« (nicht Sidol Spezial) weiter. Es wird mit einem Lappen aufgetragen und muß antrocknen, ehe der weiße Staub mit einem sauberen Lappen abgerieben wird. Damit werden Öl-, Lackpflegemittel- und sonstige Rückstände zuverlässig entfernt.

Hochdruckpumpe der Scheinwerferwaschanlage ausbauen

■ Kabelstecker von der Pumpe abziehen.
■ Eventuell drei Schrauben für den Behälter herausdrehen und den Behälter abnehmen.
■ Pumpe nach oben vom Behälter abnehmen.
■ Schlauchschelle lösen und Schlauch von der Pumpe abziehen.
■ Bei **GSi** den Einfüllstutzen vom Behälter abschrauben.

■ Clips abnehmen und die Schutzabdeckung des Radkastens herausnehmen.
■ Schraube herausdrehen und den Behälter aus dem Kotflügel nach vorn herausnehmen.
■ Gummiabdeckung und Kabelstecker von der Pumpe abziehen.
■ Schlauch von der Pumpe abbauen.
■ Pumpe nach oben aus dem Behälter ziehen.

Spritzstrahl einstellen

Die Wasserstrahlen der einzelnen Wascherdüsen sollen beim Betätigen der betreffenden Waschanlage und bei stehendem Wagen an bestimmten Stellen der Scheiben auftreffen.
□ Die Windschutzscheibe soll etwas unterhalb der gedachten Mittellinie und (in Fahrtrichtung) etwas nach rechts versetzt von beiden Wasserstrahlen getroffen werden.
□ Auf der Heckscheibe soll der Wasserstrahl etwa in der Mitte des Wischerfeldes auftreffen. Das bedeutet bei der Fließheck-Limousine 223 ± 50 mm, bei GSi und Caravan 300 ± 50 mm senkrecht unterhalb der Spritzdüse.
□ Die Streuscheiben der Scheinwerfer soll der Wasserstrahl in der Mitte erreichen.
So wird eingestellt:
■ Nadel in das Loch der Spritzdüse stecken.
■ Das Düsenloch selbst befindet sich in einer Kugel, die mit Hilfe der Nadel verdreht wird.

■ Spritzdüse drehen, bis der Spritzwasserstrahl auf die angegebene Stelle der betreffenden Scheibe auftrifft.

Die elektrischen Fensterheber

Die Motoren der elektrischen Fensterheber werden auf gleiche Weise ausgebaut wie die mechanischen Heber, siehe Seite 257. Eine Reparatur des Elektromotors ist nicht vorgesehen. Beim Ersatzmotor ist der Seilzug bereits eingestellt und gefettet. Zum Nachspannen dient der Kunststoffeinsteller. Er läßt sich durch Drehen um 90° lösen bzw. spannen. Zum Spannen des Seils den Steller mit der Halterille auf dem Blechhalter umsetzen.

Störungen

■ Wenn sich keine Fensterscheibe mehr rührt, Sicherung Nr. 19 an der Rückseite des Sicherungskastens überprüfen.
■ War hier kein Fehler zu entdecken, muß der Kabelverlauf überprüft werden.
■ Arbeitet nur ein Fensterheber nicht, bauen Sie den betreffenden Schalter aus und überprüfen ihn, wie auf Seite 242 beschrieben.
■ Ist der Schalter in Ordnung, betreffende Türverkleidung abnehmen (Seite 256).

■ Kabelstecker am Fensterhebermotor abziehen und mit Prüflampe kontrollieren, ob an den je nach Schalterstellung stromführenden Kabeln tatsächlich Spannung anliegt bzw. die Masseleitung in Ordnung ist.
■ War bis an diese Stelle kein Fehler zu entdecken, ist wohl der Fensterhebermotor defekt.
■ Schlechter Lauf einer Scheibe dürfte an einer verklemmten Fensterführung liegen.

Behelf unterwegs

Mit streikendem Fensterheber brauchen Sie trotzdem nicht mit offenem Fenster durch Wind und Wetter zu fahren:
■ Ist der Schalter defekt, bauen Sie noch einen zweiten aus.

■ Mit diesem intakten Schalter können Sie das Fenster schließen.

Schalter für die elektrische Spiegelverstellung, aus seinem Sitz in der Mittelkonsole herausgezogen.

■ Bei unterbrochener Zuleitung zum Elektromotor ein Hilfskabel von der Batterie (kein Plusstrom vorhanden) oder irgendwo an Masse (keine Masse) zum Elektromotor legen und Scheibe nach oben laufen lassen.
■ Ist der Hebermotor blockiert, können Sie

bei abgenommener Türverkleidung das Fenster vom Fensterheber abbauen, siehe Seite 256.
■ Scheibe jetzt nach oben schieben und in dieser Stellung mit Klebeband oder einem Holzkeil fixieren.

Die Zentralverriegelung

Alle Türen und Heckklappe oder Kofferraumdeckel lassen sich mit dem Schlüsseldreh am Fahrertürschloß ent- bzw. verriegeln. Dabei wird durch den Türschalter das Relais zu den Stellmotoren in den Fahrzeugtüren geschaltet. Spannung erhält die Anlage über Klemme 30 und über die Sicherung Nr. 20 an der Rückseite des Sicherungskastens.

Schalter ausbauen

■ Türinnenverkleidung der Fahrertür ausbauen (Seite 256).
■ Wasserabweisfolie teilweise lösen.
■ Schalter vom Türschacht abschrauben.

■ Kabelstecker abziehen.
■ Betätigungsgestänge aushängen.
■ Motor herausnehmen.
■ Gummilager auf Beschädigung prüfen.

Stellmotor ausbauen

Die Stellmotoren sind mit dem Schalter für die Zentralverriegelung baugleich. Der Ausbau an Beifahrertür und Hintertüren entspricht dem Ausbau des Schalters.
■ An der Hecktür die Verkleidung abbauen.
■ Am Kofferraumdeckel die Abdeckkappe abnehmen.
■ Stellmotor abschrauben.

■ Stellmotor aus dem Schließzylindergehäuse ziehen.

Steuergerät ersetzen

■ Verkleidung rechts vorn im Fußraum ausbauen.
■ Bei Einspritzmotor dessen Steuergerät mit Halterahmen abschrauben.
■ Eine Schraube für das Steuergerät der

Zentralverriegelung herausdrehen, Steuergerät herausnehmen.
■ Kabelstecker abziehen.
■ Steuergerät vom Halter abschrauben.

Fingerzeig: *Störungen an der Zentralverriegelung sind kein Problem. Sämtliche Schlösser lassen sich weiterhin mit dem Schlüssel bzw. den Verriegelungsknöpfen öffnen und schließen.*

Elektrische Spiegelverstellung

Wenn sich mehrere Fahrer ein Auto teilen, lernt man diese Einrichtung bald zu schätzen, besonders auf der rechten Seite. Außerdem werden die Spiegelflächen bei eingeschalteter Heckscheibenheizung beheizt.
Der Spiegelschalter in der Mittelkonsole hat einen 4-Wege-Schaltknopf mit Kontrolleuchte für die Spiegelheizung. Die Heizzeit beträgt ca. 15 Minuten, danach schaltet das Verzögerungsrelais, und der Schaltknopf springt in die Ausgangslage zurück.
Im gleichen Gehäuse sitzt der Kippschalter für die Stromzufuhr zum linken oder rechten Außenspiegel, sofern zwei Spiegel angebaut sind.

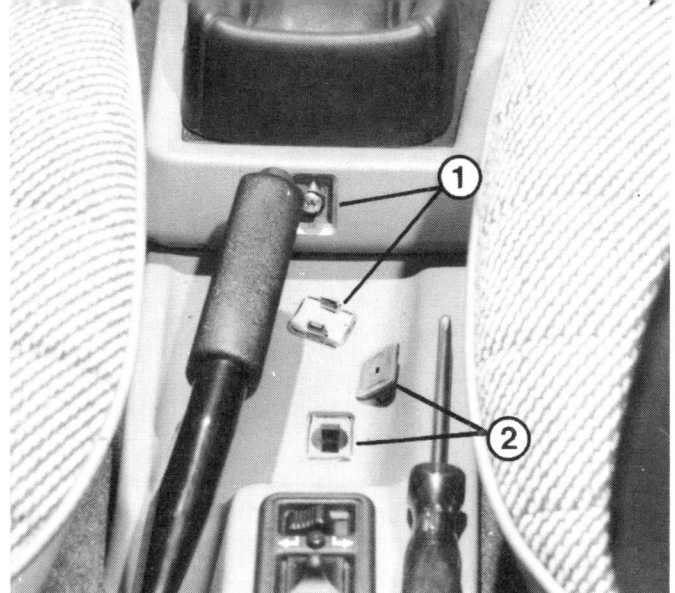

Die Befestigungsschraube für Schalthebel- und Mittelkonsole (1 und 2) sind von kleinen Plastikkappen verdeckt. An der Unterseite werden diese Kappen durch zwei Nasen in ihrem Sitz festgehalten.

■ Kontrollieren Sie die zuständige Sicherung Nr. 13.

■ Als nächstes Schalter aus der Mittelkonsole herausziehen und nach der Anleitung auf Seite 242 und anhand des Stromlaufplanes ab Seite 178 überprüfen.

■ Ist der Schalter in Ordnung, prüfen Sie den Elektromotor der Spiegelverstellung, Motorausbau siehe unten.

■ Kommt Spannung an den Kontakten des Motors an bzw. ist der Masseanschluß in Ordnung?

■ Kabelstecker zum Außenspiegel abzie-

■ Spiegelglas an der zum Wagen gerichteten Seite andrücken.

■ Schlanken, breiten Kunststoff- oder Holzkeil zwischen Spiegelgehäuse und dem äußeren Gehäuse heraushebeln.

■ Spiegel an der Innenseite aus dem Verstellhebel ziehen.

■ Beide Anschlußkabel abziehen.

hen und stattdessen Hilfskabel an Batterie-Pluspol und Masse legen. Regt sich der Spiegel jetzt?

■ Wenn ja, ist die Kabelführung vom Schalter zum Spiegelmotor unterbrochen.

■ Falls nicht, dürfte der Elektromotor defekt sein. Man kann das Spiegelglas dann von Hand durch Drücken noch verstellen.

■ Bei ausgefallener Spiegelbeheizung prüfen Sie den Stromweg vom Heizscheibenschalter ausgehend, siehe Stromlaufplan ab Seite 178.

Störungen

■ Beim Einbau den Spiegel in den Verstellhebel und die Führungsstifte in die Spiegelführungen einsetzen.

■ Spiegel auf die Halterung aufdrücken.

■ Beide Kabel anschließen.

■ Spiegelglas zuerst auf die Außenseite des Motorgehäuses aufsetzen, dann auf die Innenseite.

Spiegelmotor ausbauen

Wohltemperiert

Frischluft tritt vor der Windschutzscheibe ein und wird vom Fahrtwind oder zusätzlich vom Gebläse in den Innenraum gedrückt. Bei Betätigen des Heizungshebels öffnet die Mischluftklappe im Luftverteilergehäuse, und die am Heizkörper aufgewärmte Luft kann in den Innenraum gelangen. Zwei weitere Bedienungshebel sind mit Luftverteilerklappen verbunden, wodurch sich die Luftströme – ob warm oder kalt – nach oben und unten lenken lassen.

Heizung und Belüftung prüfen

■ Heizhebel bei warmgefahrenem Motor ganz nach oben schieben – strömt Warmluft aus?
■ Funktioniert die Luftverteilung nach oben und unten?
■ Heizhebel zurückschieben – nach kurzer Zeit darf nur noch kalte Luft aus den Öffnungen strömen, sonst schließt die Mischluftklappe nicht richtig.
■ Strömt aus allen Öffnungen Warm- oder Kaltluft?
■ Läuft das Gebläse in sämtlichen Stufen?

Heizkörper ersetzen

Der Heizkörper wird vom Kühlmittel durchflossen und sieht aus wie ein kleiner Kühler. Er sitzt im Luftverteilergehäuse hinter der Stirnwand, siehe Zeichnung rechts.
■ Wenn nicht vorher das Kühlmittel abgelassen wird (siehe Seite 59): Im Motorraum beide Kühlmittelschläuche zum Heizkörper mit Quetschklemmen abklemmen.
■ Schlauchschellen am Heizkörper lösen.
■ Vor- und Rücklaufschlauch abziehen und mit Gummistopfen die Rohrstutzen verschließen.
■ Ablagefach an der Mittelkonsole ausbauen, dazu oben zwei Rasten mit einem Schraubenzieher ausrasten.
■ Die drei Bedienungskabel für Mischluftklappe und Luftverteilung ganz nach unten schieben.
■ Bowdenzug für die Mischluftklappe vom Bedienungshebel aushängen und vom Luftverteilergehäuse abziehen.
■ Wenn vorhanden, die Abdeckung im Beifahrerfußraum ausbauen.
■ Gestänge für die Mischluftklappen am Luftverteilergehäuse rechts aushängen.
■ Teppichboden im Beifahrerfußraum zurückschlagen und die Schraube rechts am Luftverteilergehäuse, außerdem drei weitere Schrauben herausdrehen.
■ Deckel des Luftverteilergehäuses abnehmen und nach rechts ausbauen.
■ Mischluftklappe so stellen, daß beide oberen Schrauben am Heizkörper herausgedreht werden können.
■ Unten am Heizkörper eine weitere Schraube herausdrehen.
■ Heizkörperhalter abnehmen.
■ Heizkörper aus dem Gehäuse herausnehmen. Vorsicht, Kühlmittel läuft aus.
■ Nach dem Einbau das Kühlsystem befüllen und entlüften (Seite 60).

Heizungsbedienung ausbauen

■ Masseklemme der Batterie lösen.
■ Wenn vorhanden, Abdeckkappe aus der Mittelkonsole mit einem Schraubenzieher abdrücken.
■ Schraube herausdrehen und die Mittelkonsole nach hinten aus der Arretierung schieben.
■ Vor und hinter dem Schalthebel die Schrauben-Abdeckungen von der Mittelkonsole abdrücken.
■ Beide Schrauben herausdrehen.
■ Halterasten am Ablagefach mit Schraubenzieher nach unten drücken, und das Ablagefach aus der Mittelkonsole herausziehen.
■ In der Öffnung für das Ablagefach oben zwei Schrauben herausdrehen und die Mittelkonsole aus den hinteren Führungsstiften herausziehen.
■ Mittelkonsole nach vorn entnehmen.
■ Am Luftverteilergehäuse drei Bowdenzü-

ge für Mischluftklappe, Luftverteilung oben sowie unten von den Betätigungshebeln aushängen und abziehen.

■ Schraube an der Heizungsbedienung unten abschrauben. Diese Torxschraube mit Spezialschraubendreher herausdrehen.

■ Heizungsbedienung aus der Konsole aushängen.

■ Leuchte von Heizungsbedienung abziehen.

■ Masseklemme der Batterie lösen.

■ Beide Wischerarme ausbauen (Seite 244).

■ Windlauf ausbauen (Seite 246).

■ Rechte Wasserdüse aus dem Wasserabweiser abziehen.

■ Dichtung von der Stirnwand abziehen.

■ Clip vor dem Lager des rechten Wischers abnehmen.

■ Mutter vom Lager des rechten Wischers abschrauben.

■ Wasserabweiser abnehmen.

■ Heizungsbedienung aus der Konsole herausnehmen.

■ Beim Einbau die Bowdenzüge in dieser Reihenfolge auf die Betätigungshebel einhängen: Zuerst den kurzen Zug links für die Luftverteilung oben, dann den langen Zug links für die Mischluftklappe, zuletzt den kurzen Zug rechts für die Luftverteilung unten.

■ Kabelstecker für Gebläsemotor abziehen.

■ Zwei Schrauben für die Motorwanne am Luftverteilergehäuse herausdrehen.

■ Gebläsemotor mit Wanne herausnehmen.

■ Mehrfachstecker vom Gehäusedeckel abziehen.

■ Gehäusedeckel abnehmen.

■ Zwei Schrauben seitlich der Kollektorwelle herausdrehen und den Motor mit Gebläserad aus der Wanne herausnehmen.

Gebläsemotor ausbauen

Die Teile der Heizanlage. 1 – Instrumententafelverkleidung; 2 – Stirnwand; 3 – Gebläsemotor; 4 – Luftverteilerkanal, Mitte; 5 – Frischluftdüse, Mitte; 6 – Einsatz für Thermo- und Frischluftdüsen; 7 – Bedienungsgerät; 8 – Seitenscheiben-Entfrosterdüsen; 9 – Thermodüse, Fahrerseite; 10 – Thermodüse, Beifahrerseite; 11 – Luftverteilerkanal, seitlich; 12 – Luftverteilerschlauch, Frontscheibe; 13 – Luftverteilergehäuse, Oberteil; 14 – Luftverteilergehäuse, Unterteil; 15 – Heizkörper; 16 – Luftverteilergehäusedeckel; 17 – Bowdenzug für Mischluftklappe; 18 – Bowdenzug für Luftverteilerklappe, oben; 19 – Bowdenzug für Luftverteilerklappe, unten; 20 – Mischluftklappen; 21 – Luftverteilerklappe, oben; 22 – Luftverteilerklappe, unten.

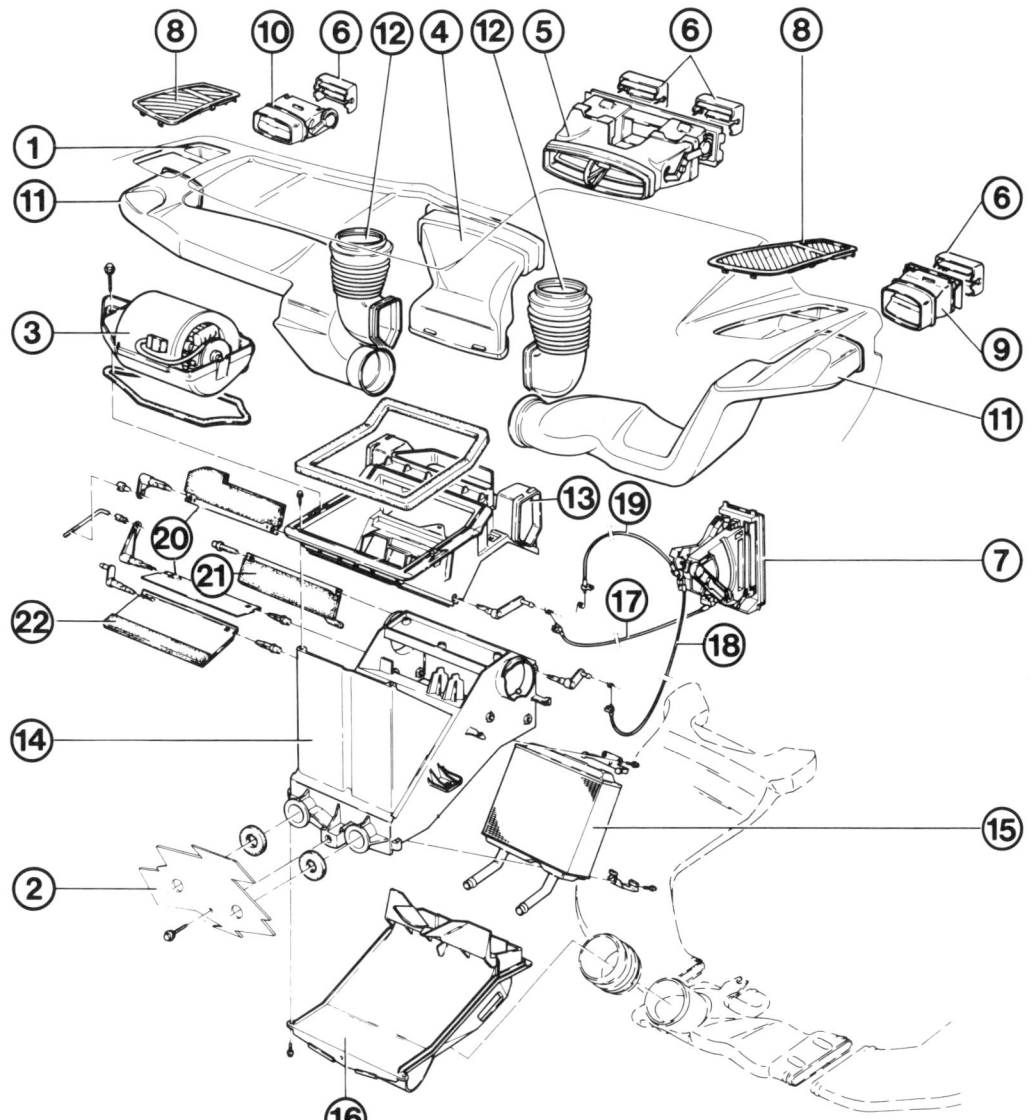

Der Gebläsemotor befindet
sich unterhalb des Wind-
laufs. 1 – Gummiwulst;
2 – Teil des Windlaufs;
3 – Gebläsemotor; 4 – Wanne für den Motor.

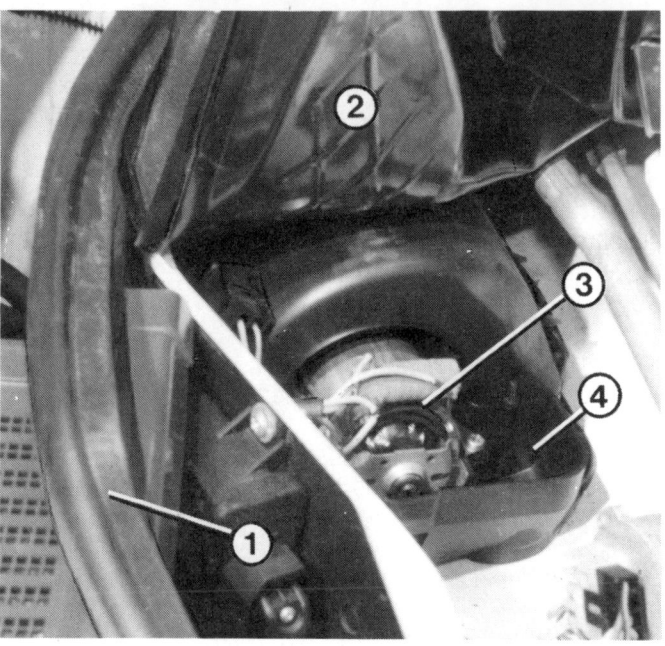

Gebläseschalter ausbauen

- Schalter mit der Hand etwas anziehen.
- Dabei mit schmalem Schraubenzieher waagrecht rechts, dann links zwischen Schalterrosette und Schaltersitz die Rastfedern beidrücken.

- Schalter aus der Instrumententafel herausziehen.
- Mehrfachstecker vom Schalter abziehen.

Luftdüsen ausbauen

- Der Ausbau kann nicht ohne Beschädigung der Thermodüse erfolgen.
- Einsätze für die mittlere und seitliche **Frischluftdüse** ganz nach unten schwenken und herausziehen.
- Seitenscheiben-**Entfrosterdüsen** mit seitlich angesetztem Schraubenzieher aus der Instrumententafelpolsterung herausdrücken.
- Seitliche **Thermodüse** an der Fahrerseite nach unten schwenken und aus dem Gehäuse herausziehen. Dann
- Schraube am oberen Rand herausdrehen.

- Äußere Rasten der Thermodüse nach innen biegen und abbrechen.
- Mittlere Rasten mit einem Haken ausrasten.
- Thermodüse aus der Verkleidung herausnehmen und Luftverteilerkanal abziehen.
- Zum Einbau die Thermodüse einsetzen, bis die Rasten verriegeln.
- Schraube oben eindrehen.
- Luftverteilerdeckel von unten hinter der Instrumententafelverkleidung auf die Thermodüse aufstecken.
- Einsatz einsetzen.

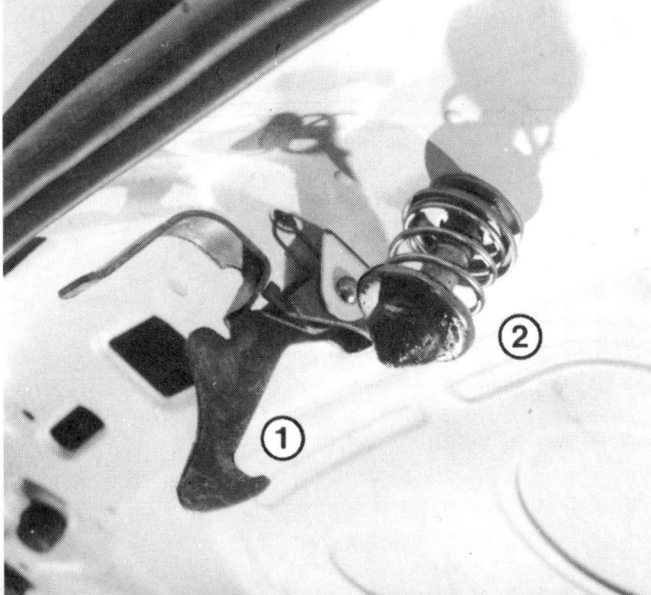

Motorhauben-Schließteile:
1 – Haubenverschluß (Haken);
2 – Schließzapfen.
Näheres zur Einstellung siehe
rechte Seite.

Förmlichkeit

Für den Aufbau werden Bleche mit unterschiedlichen Stärken verwendet. Durch besondere Profilgebung läßt sich die nötige Stabilität erreichen, wobei trotzdem das Gewicht niedrig gehalten werden kann.

Mit einiger Geschicklichkeit kann man die Verkleidungen einschließlich der Stoßfänger vorn und hinten sowie die vorderen Kotflügel allein ausbauen. Wollen Sie aber die Motorhaube, hintere Klappe oder Türen demontieren, brauchen Sie unbedingt einen Helfer, der diese großen und schweren Teile hält, während Sie schrauben. Andernfalls ist schnell irgendwo der Lack zerkratzt.

Fingerzeig: *Den Wiedereinbau der bisherigen Motorhaube, Heckklappe oder Tür kann man sich erleichtern, wenn die Lage der Scharniere vor der Demontage angezeichnet wird. Das geschieht am besten mit einem wasserfesten Filzschreiber.*

Demontierbare Teile

- Haube öffnen.
- Elektrische Leitung zur eventuell vorhandenen Motorraumbeleuchtung abziehen.
- Auf jeder Seite zwei Schrauben zur Verbindung der Haube mit dem Scharnierbügel herausdrehen.
- Nach dem Einbau die Einstellungen von Haube und Schließzapfen prüfen.

Die Motorhaube

Haube ausbauen

Die Anbauteile der alten Haube werden für die neue Haube übernommen.
- Zwei Gummipuffer vorn unten einschrauben.
- Moosgummi seitlich am Scharnierbügel ankleben.
- Haubenverschlußhaken am Haubenhalter festnieten.
- Spiralfeder in den Halter einhängen.
- Neuen Niet in die Halterbohrung einführen und das offene Nietende mit einer Zange plattdrücken.
- Schließzapfen in die Gewindeplatte einschrauben.

Ersatzteil-Haube einbauen

- Schließzapfen mit Schraubenzieher so drehen, daß zwischen Haubenblech und hochgezogenem Rand der Scheibe ein Abstand von 40 bis 45 mm besteht.

Schließzapfen und Haube einstellen

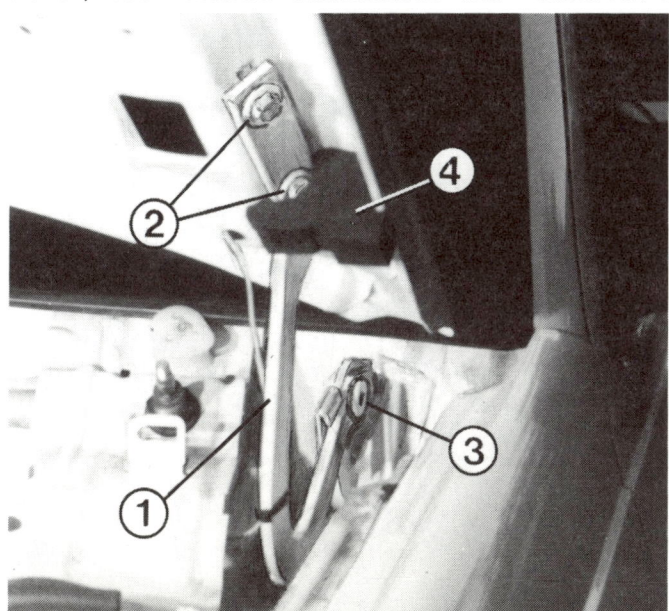

Der Scharnierbügel (1) ist durch zwei Schrauben mit der Motorhaube verbunden (2). 3 – Gelenk des Scharnierbügels; 4 – Moosgummi.

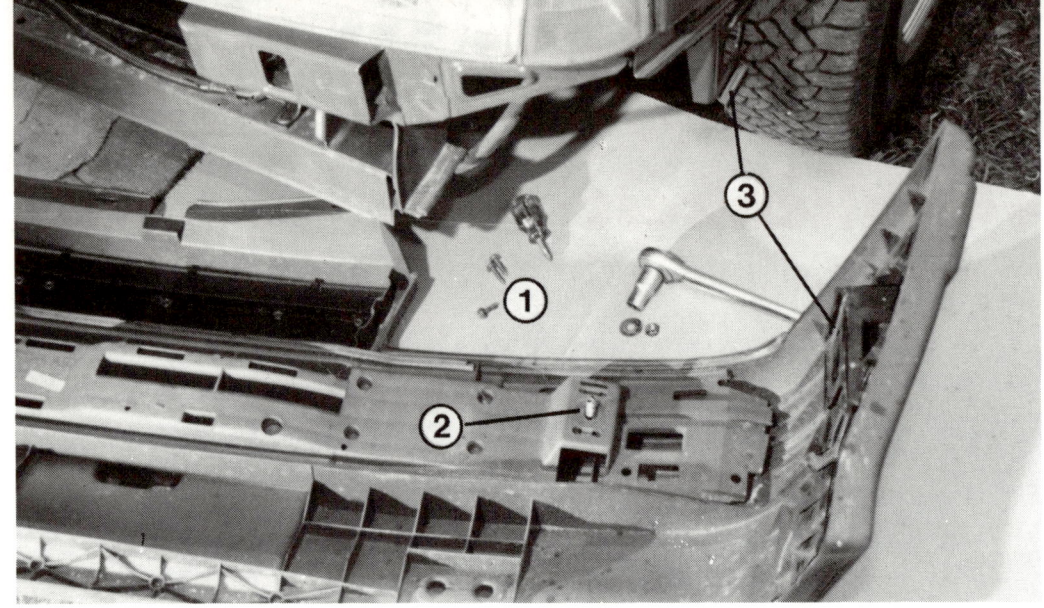

Zum Ausbau der vorderen Verkleidung: 1 – Schrauben zur Befestigung des Grills; 2 – Befestigungsbolzen, Mutter ist im Bild abgeschraubt; 3 – seitliche Führung.

■ Schließzapfen mit Schraubenzieher gegenhalten und die Sechskantscheibe kontern.
■ Die geschlossene Haube soll ausgemittelt zu den angrenzenden Karosserieteilen ausgerichtet sein.

■ Diese Einstellung läßt sich gewöhnlich erreichen, indem man die Schrauben am Scharnierbügel lockert und die Haube entsprechend ausrichtet.

Vordere und hintere Verkleidung ausbauen

Frontverkleidung mit Kühlergrill und die hintere Verkleidung dienen zugleich als Stoßfänger. Beide Verkleidungen bestehen aus Kunststoff.
■ **Vorn:** Motorhaube öffnen.
■ Drei Schrauben oben am Grill herausdrehen.
■ Je eine Mutter unterhalb der Scheinwerfer abschrauben.
■ Bei Nebelscheinwerfern die Kabel trennen.
■ Frontverkleidung aus den seitlichen Führungen nach vorn herausziehen.

■ **Hinten:** Kennzeichenleuchte ausbauen (Seite 229).
■ Innenverkleidung am Rückwandblech ausbauen.
■ An der Rückwand zwei Muttern und in den Radläufen je zwei Schrauben abschrauben.
■ Verkleidung aus den seitlichen Führungen nach hinten herausziehen.

Die Heckklappe

■ Elektrische Leitung für heizbare Heckscheibe abziehen.
■ Eventuell vorhandenen Schlauch für die Heckscheiben-Waschanlage abziehen.
■ Züge für die Gepäckraumabdeckung ausbauen.
■ Sicherungsring am oberen Kugelkopf der

Gasfeder abziehen und die Gasfeder oben von der Befestigung abnehmen.
■ Sicherungsring von beiden Scharnierbolzen abziehen.
■ Jeden Scharnierbolzen zur Wagenmitte herausdrücken.
■ Rückwandklappe abnehmen.

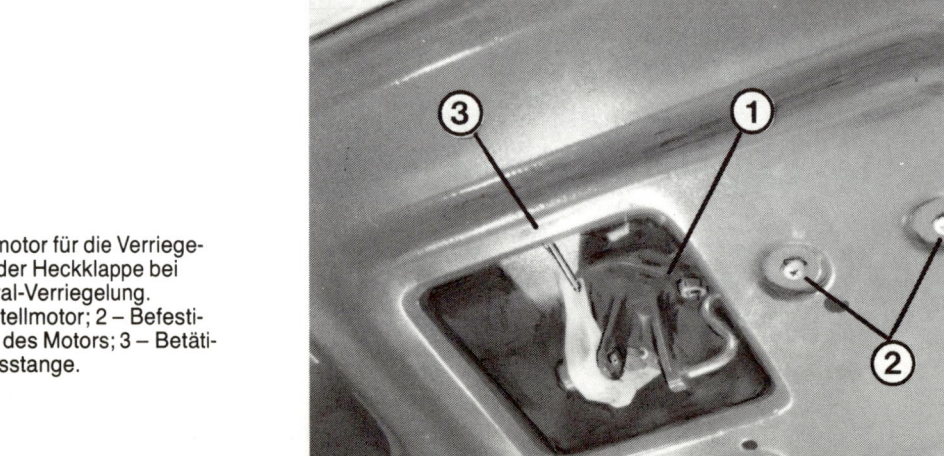

Stellmotor für die Verriegelung der Heckklappe bei Zentral-Verriegelung.
1 – Stellmotor; 2 – Befestigung des Motors; 3 – Betätigungsstange.

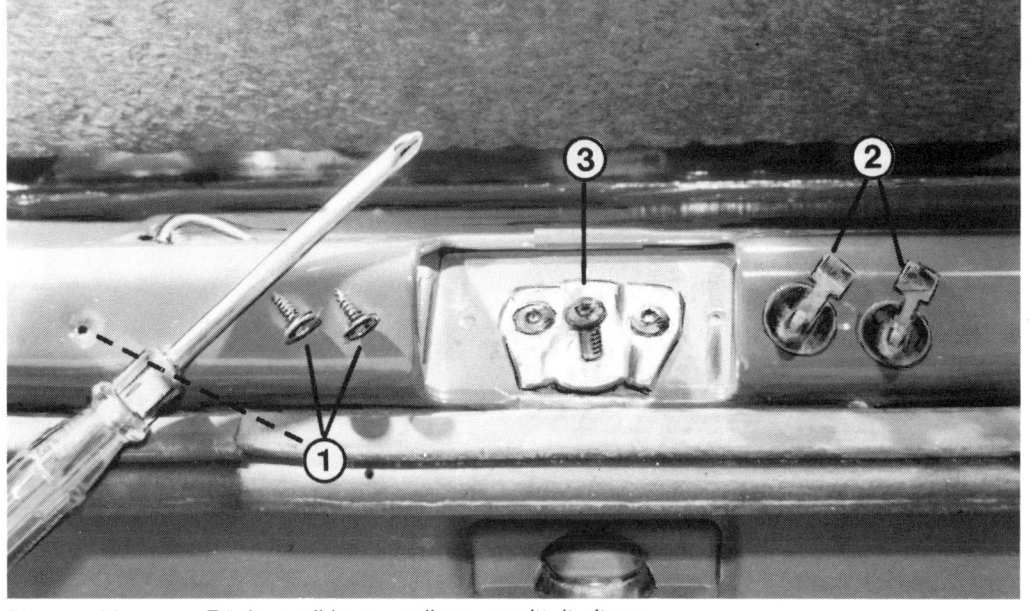

Zum Abheben der Kunststoffabdeckkung über der Gepäckraumkante sind die Schrauben (1) herauszudrehen. Der Filzbelag wird von den Klammern (2) gehalten. Die Schließplatte (3) ist mit Kreuzschlitzschrauben befestigt, zum Justieren der Schloßfalle wird ein Außensechskantschlüssel SW 5 benötigt.

Rückwandklappe einstellen

Die geschlossene Rückwandklappe soll ausgemittelt sitzen.

■ Zur Einstellung die Scharnierschrauben lockern und die Klappe entsprechend ausrichten, danach die Schrauben wieder festziehen.

■ Bei klappernder oder schlecht schließenden der Klappe die Schrauben der Schließplatte etwas lockern.

■ Schließplatte entsprechend verschieben und festschrauben.

Schloß der Rückwandklappe ausbauen

■ Innenverkleidung an einer Ecke mit Schraubenzieher vorsichtig abdrücken und mit beiden Händen abziehen.

■ Drei Schrauben (Caravan: vier) am Schloß herausdrehen.

■ Zwei Muttern am Schließzylindergehäuse abschrauben.

■ Betätigungsstange am Schließzylinder aushängen.

■ Schloß ausbauen. Klemmfeder an der Stange abdrücken und die Stange abnehmen.

Kofferraumklappe ausbauen

■ Bei geöffneter Klappe die Schrauben an beiden Scharnieren losdrehen.

■ Klappe von den Scharnieren abnehmen.

Heckklappendichtung

Wenn Staub oder Feuchtigkeit eindringen, obgleich die hintere Klappe einwandfrei in ihrem Ausschnitt sitzt, kann die Gummidichtung spröde oder eingerissen sein.

■ Alte Gummiumrandung abziehen.

■ Neue Dichtung aufstecken und mit einem Plastikhammer aufschlagen. Die Gummiumrandung muß rundum gleichmäßig hoch sitzen.

■ Die Stoßstelle des Dichtgummis befindet sich in der Mitte unten.

■ Zur Abdichtung die Stoßstelle mit dem integrierten Schlauchstück überbrücken.

Links: Der Schloßbolzen einer Tür läßt sich mittels Außensechskantschlüssel so einstellen, daß die geschlossene Tür flächenglatt zur benachbarten Karosseriekante anliegt. Rechts: Bei der Heckklappe muß zu diesem Zweck die Befestigungsschraube etwas gelockert werden.

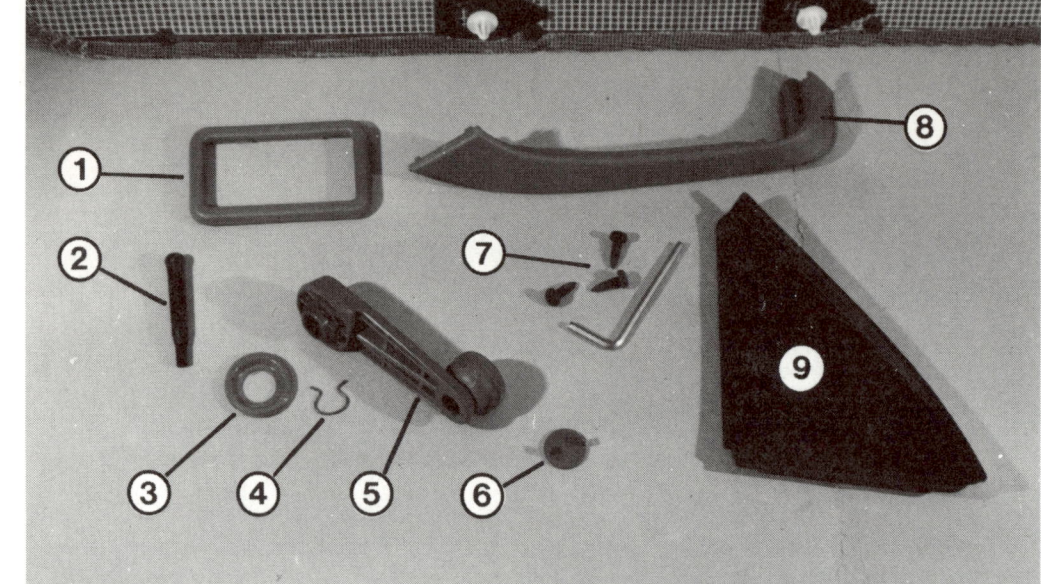

Zum Ausbau der Türinnenverkleidung sind diese Teile abzubauen:
1 – Rosette für Öffnungsgriff;
2 – Kopfschraube der Innenverriegelung; 3 – Rosette für Fensterkurbel;
4 – Haltefeder auf der Fensterkurbelwelle; 5 – Fensterkurbel; 6 – Abdeckung; 7 – Schrauben der Armlehne;
8 – Armlehne;
9 – Abdeckung, nur bei elektrisch verstellbarem Außenspiegel.

Die Türen
Innenverkleidung ausbauen

■ Verriegelungsknopf abschrauben.
■ Rosette für den Türöffnungsgriff mit Schraubenzieher abdrücken.
■ Kunststoffring der Fensterkurbel mit Schraubenzieher etwas abheben und mit zweitem Schraubenzieher auf der Welle von der Fensterkurbel abdrücken. Kurbel und Ring abnehmen.
■ Armlehne abschrauben, dazu am Haltegriff drei Schrauben herausdrehen, eine sitzt unter der runden Abdeckung.
■ Bei Armlehne eine Blechschraube vorn in die Abdeckung drehen und Stopfen herausziehen, der zerstörte Stopfen ist zu erneuern.
■ Vorn zwei Innenvielzahnschrauben und hinten eine Blechschraube herausdrehen.
■ Falls vorhanden, Ablagekasten abschrauben.

■ Bei Sonderausstattung eine Schraube oberhalb des Türschlosses herausdrehen.
■ Bei elektrischem Außenspiegel auch die dreiwinklige Abdeckung in der vorderen Fensterecke ausbauen.
■ Verkleidung am Rand mit einem gabelförmigen Holzkeil von der Tür abdrücken.
■ Wenn einzelne Clips aus der Verkleidung reißen und im Türblech sitzen bleiben, die Clips heraushebeln und in die Löcher der Verkleidung eindrehen.
■ Folie vom Türausschnitt abziehen.
■ Beim Einbau die Schutzfolie sorgfältig auf den Türausschnitt kleben, er ist mit dauerplastischer Klebmasse an den Rändern bestrichen.

Türfenster vorn aus- und einbauen

■ Türinnenverkleidung ausbauen.
■ Hintere Fensterführungsschiene abschrauben und Abdichtung herausziehen, die Schiene nach unten herausnehmen.
■ Fenster nach unten kurbeln.
■ Fenster an der vorderen Führungsschiene und am Kurbelarm aushängen.
■ Bei elektrischer Betätigung zwei Schrauben an der unteren Fensterschiene herausdrehen.
■ Fenster schräg aus dem Türschacht nehmen.

■ Fensterschiene vor dem Einbau mit Moly-Paste fetten.
■ Fenster schräg einsetzen und waagrecht ausrichten.
■ Fenster mit unterer Schiene in den Kurbelarm einsetzen.
■ Fensterschiene oben in die Steckverbindung einrasten und am Türinnenblech festschrauben.
■ Abdichtung für die Schiene eindrücken.
■ Fenster probeweise auf- und abkurbeln, dann die Innenverkleidung anbauen.

Türfenster der Hintertür aus- und einbauen

■ Türinnenverkleidung ausbauen.
■ Fensterschachtabdichtung an einem Ende mit Schraubenzieher abhebeln und herausnehmen.
■ Zwei Schrauben am oberen Türrahmen und zwei Schrauben am Türinnenblech für die senkrechte Führungsschiene herausdrehen.
■ Feststehendes Fenster mit Dichtung abnehmen.

■ Türfenster herunterkurbeln und aus dem Scherenheber aushängen.
■ Fenster nach oben herausnehmen.
■ Den Einbau in umgekehrter Arbeitsfolge vornehmen, vorher die Führungsschiene am Scherenheber mit Moly-Paste bestreichen.

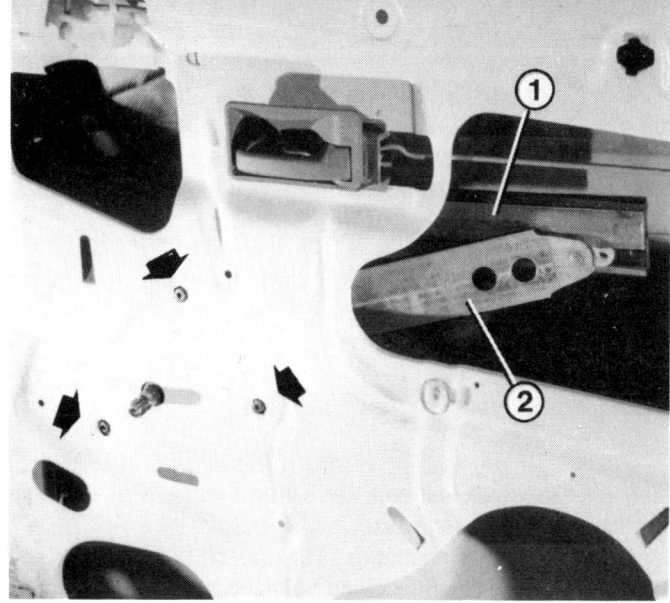

Bei ausgebauter Türinnenverkleidung sind durch die Montageöffnung zu sehen: 1 – Gleitschiene des Fensters; 2 – Arm des Scherenhebers. Die Pfeile zeigen auf die Befestigungsnieten des Hebers.

- Türinnenverkleidung ausbauen.
- Hintere Führungsschiene ausbauen.
- Schachtleiste ausbauen.
- Fenster halb herunterkurbeln und mit Holzkeil im Türschacht festklemmen.
- Vier Niete für den Heberhalter mit 8,5-mm-Bohrer anbohren.
- Heber aus der Fensterschiene herausziehen und durch die Montageöffnung herausnehmen.

- Kabel zum Fensterhebermotor trennen.
- Je zwei Niete an der Heberschiene oben und unten sowie drei Niete für den Motor abbohren.
- Zwei Schrauben für die Heberbetätigung abschrauben.
- Motor und Heberbetätigung aus der Montageöffnung herausnehmen.

- Türinnenverkleidung ausbauen.
- Klammer vom Schließzylindergehäuse nach vorn abdrücken.
- Schlüssel in den Zylinder einsetzen und den Zylinder nach außen herausheben.
- Mitnehmer mit zwei Schraubenziehern vom Gehäuse abdrücken.
- Schließzylinder aus dem Gehäuse ziehen. Dabei auf die Spiralfeder achten.

- Nietreste entfernen.
- Vor dem Einbau die Funktion des Scherenhebers kontrollieren.
- Gleitstücke des Hebers in die Schiene einsetzen.
- Heber mit Stahlblindnieten festnieten, dazu eine Blechnietzange verwenden. Oder den Heber mit passenden Schrauben und Muttern befestigen.
- Alle beweglichen Teile einfetten.

- Heber und Motor am Türblech festnieten oder anschrauben.
- Eventuell den Seilzug am oberen oder unteren Kunststoffeinsteller nachspannen. Dazu den Steller um 90° drehen und mit Halterille auf dem Blechhalter umsetzen.
- Der Motor muß das Fenster ruckfrei bewegen.

- Vor Abziehen des Schlüssels den Schließzylinder mit Klebeband umwickeln, sonst fallen die Schließplatten heraus.
- Zusammenbau von Schließzylinder und Gehäuse siehe Bild unten.
- Die Schlüssel-Nummer ist am Schließzylinder der Rückwandklappe eingeprägt. Zum Ausbau siehe Bild Seite 258.

Fensterheber aus- und einbauen

Elektrischen Fensterheber aus- und einbauen

Schließzylinder aus- und einbauen

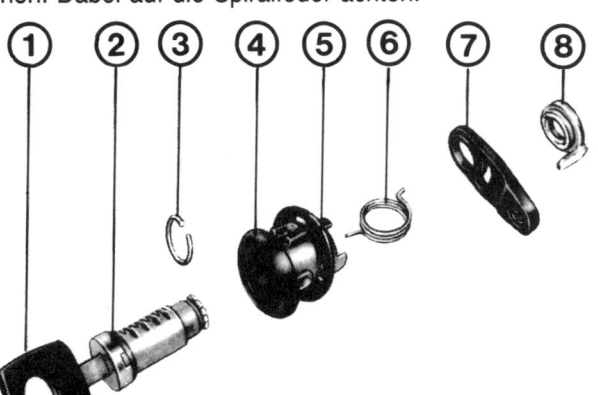

Schließzylinder der Vordertür.
1 – Schlüssel; 2 – Schließzylinder;
3 – Sprengring; 4 – Gehäuse;
5 – Dichtung; 6 – Feder; 7 – Mitnehmer; 8 – Gußstück.

Schloß der vorderen Tür ausbauen

- Türinnenverkleidung ausbauen.
- Drei Schrauben für das Schloß herausdrehen.
- Beide nach oben gerichteten Betätigungsstangen aushängen, dazu jeweils den Clip abdrücken.

- Die Stange für die Innenbetätigung bleibt eingehängt.
- Beim Einbau zuerst das Schloß am Mitnehmer des Schließzylinders einsetzen.

Schloß der hinteren Tür ausbauen

- Ascher ausclipsen und Türinnenverkleidung ausbauen.
- Clipse am Betätigungsgestänge hochdrücken und die Stangen am Schloß aushängen.

- Drei Schrauben herausdrehen und das Schloß abnehmen.

Türschloßanlage einstellen

Bei älteren Fahrzeugen können sich die Gummidichtungen der Türen setzen. Das führt zu Klappergeräuschen, Zugluft und Eindringen von Regenwasser.

- Stellung des Schloßbolzens am Türblech mit Filzstift kennzeichnen.
- Schloßanschlag mit Sechskantschlüssel SW 10 um eine halbe Umdrehung lösen.
- Bolzen etwas nach innen schieben und festziehen.

- Bei neuer Tür diese bei gelockertem Schloßanschlag vorsichtig schließen.
- Die Tür wieder vorsichtig öffnen und den Schloßanschlag in dieser Stellung festschrauben.

Tür aus- und einbauen

Eine beschädigte Tür muß ausgebaut werden. Oft müssen auch die Türscharniere gerichtet werden. Der Niet der Türbremse ist abzuschleifen und durch einen Halbrundniet zu ersetzen. Beim Tausch gegen eine Rohbautür müssen alle noch verwertbaren Anbauteile für die neue Tür übernommen werden.

- Bei Fahrzeug mit elektrischen Fensterhebern oder Spiegelverstellung die Türinnenverkleidung abbauen und die Kabelverbindungen trennen.
- Türbremse abbauen.
- Schrauben der Türscharniere herausdrehen und die Tür abnehmen.
- Beim Einbau die Scharnierschrauben zunächst nur so fest eindrehen, daß sich die Tür noch nach allen Seiten verschieben läßt.
- Tür in den Türausschnitt drücken und so ausrichten, daß das Türblech flächenglatt mit

dem benachbarten Karosserieblech abschließt und mit rundum gleichmäßigem Spalt im Türausschnitt sitzt.
- Prüfen Sie vom Wageninnern aus, ob die Tür gleichmäßig an ihrer Gummidichtung anliegt.
- Bei richtigem Sitz Scharnierschrauben anziehen.
- Tür mehrmals öffnen und schließen. Rastet das Türschloß nicht richtig ein, ist die Einstellung des Schloßanschlags zu berichtigen.

Die Scheiben

Die Windschutzscheibe besteht aus Verbundglas. Im Werk wurde sie mit einer elastischen Butyl-Dichtung zwischen Glas und Gummidichtung eingesetzt. Verbundglas zerfällt bei

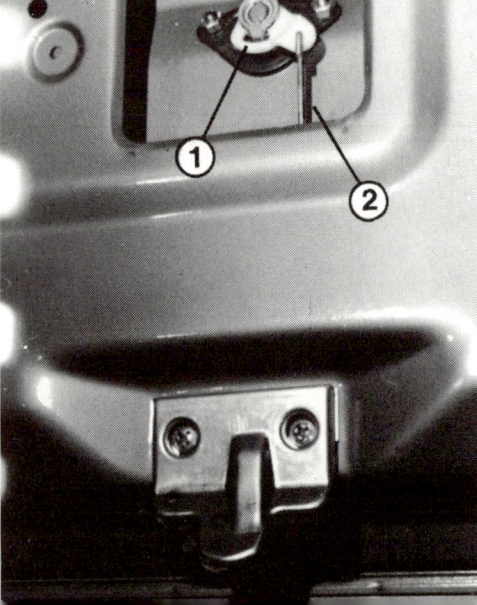

Links: Schloßbetätigung der Heckklappe. 1 – Mitnehmer am Schließzylinder; 2 – Betätigungsstange.
Rechts: Vordertür. 1 – Schließzylindergehäuse; 2 – Befestigungsmuttern für Türgriff (verdeckt); 3 – Betätigungsstange.

Beschädigung nicht in tausende von Krümeln, sondern an der Schadensstelle bilden sich mehr oder minder große Risse.

Der eigenhändige Einbau der Verbundglasscheibe ist problematisch. Zu kräftiges Klopfen beim Einsetzen bewirkt leicht eine Verspannung, wodurch sie reißen kann. Deshalb empfehlen wir, den Einbau einer Werkstatt zu überlassen.

Die nachfolgende Arbeitsbeschreibung gilt sinngemäß auch für die Rückscheibe beim Wagen mit Stufenheck.

Die Heckklappenscheibe beim Wagen mit Schrägheck sollte in jedem Fall von der Werkstatt ersetzt werden. Sie ist eingeklebt, und der Kleber wird mit besonderem Schneiddraht durchschnitten. Wegen Unfallgefahr sind Schutzbrille und Schutzhandschuhe aus Leder zu tragen. Es kommt leicht zu Lackbeschädigungen. Das Einkleben der Heckklappenscheibe erfordert besondere Maßnahmen, und auch die Abdichtung kann Schwierigkeiten bereiten.

Feste Scheiben aus- und einbauen

Zum Aus- und Einbau einer Scheibe brauchen Sie unbedingt einen Helfer, damit es keinen Bruch gibt.

■ Bei einer Verbundglas-Scheibe die Dichtung mit einem scharfen Messer zerschneiden und die Scheibe gemeinsam mit dem Helfer abnehmen.

■ Bei Einschichtglas mit einem Holz- oder Kunststoffspachtel die möglicherweise angeklebte Scheibendichtung rundum vorsichtig abheben.

■ Im Wageninnern mit den Füßen gegen die Scheibe drücken. Dabei nicht ruckartig gegegen das Glas treten, sondern kraftvoll drücken. Beginnen Sie an einer der oberen Ecken.

■ Sobald sich die Scheibe mit der Dichtung aus ihrem Rahmen ein klein wenig löst, an der Stelle daneben drücken. Außen muß der Helfer die gelöste Scheibe auffangen (sie löst sich oft blitzschnell) und abnehmen.

■ Reste der Dichtmasse im Rahmen mit Holzkeil entfernen.

■ Neue Gummifassung auf den Scheibenrand aufstecken.

■ Kein Gleitmittel auf die Gummifassung aufbringen.

■ Gardinenschnur in die Dichtlippe der Gummifassung auf der Scheibeninnenseite einlegen, wobei sich die Schnurenden unten in der Mitte kreuzen.

■ Scheibenrahmen 8 mm dick mit Dichtmasse belegen.

■ Dichtmasse auch in den Scheibenrahmen oben bis über die seitlichen Rundungen anbringen.

■ Scheibe mit Gummifassung am Rahmen ansetzen und ausrichten.

■ Schnurende zum Innenraum hin ziehen. Dadurch wird die Dichtlippe über die Kante des Rahmens gezogen.

■ Gleichzeitig muß der Helfer von außen mit der flachen Hand leicht auf die Scheibe schlagen.

Die Kotflügel

Lediglich die vorderen Kotflügel lassen sich abschrauben. Die hinteren Seitenteile bilden dagegen eine verschweißte Einheit mit der restlichen Karosserie.

Kotflügel aus- und einbauen

Zum Schutz gegen Steinschlag und Korrosion besitzen die Kadett-Modelle in den vorderen Radkästen Verkleidungen aus Kunststoff.

■ Frontverkleidung abbauen (Seite 254).

■ Blinkleuchte ausbauen (Seite 229).

■ Sieben Befestigungsschrauben des Kotflügels oben an der Kammlinie herausdrehen.

■ Eine Schraube am Windabweiser herausdrehen.

■ Bei geöffneter Türe eine Schraube oben an der A-Säule herausdrehen.

■ Eine Schraube ganz unten an der A-Säule herausdrehen.

■ Zwei Schrauben vorn unten am Kotflügel herausdrehen.

■ Fahrzeug aufbocken und das betreffende Rad abnehmen.

■ Im Radkasten mit einem Durchschlag den Stift aus vier Spreiznieten heraustreiben.

■ Schutzverkleidung an zwei Stellen ausclipsen und abnehmen.

■ Kotflügel abnehmen.

■ Alle Abdichtreste entfernen und die Auflageflächen mit Versiegelungsmasse abdichten.

■ Kotflügel ansetzen und ausrichten.

■ Besfestigungsschrauben eindrehen.

■ Auf die Kotflügelinnenseite Schutzwachs auftragen.

■ Schutzverkleidung einclipsen und mit Spreiznieten befestigen.

■ Blinkleuchte und Frontverkleidung einbauen.

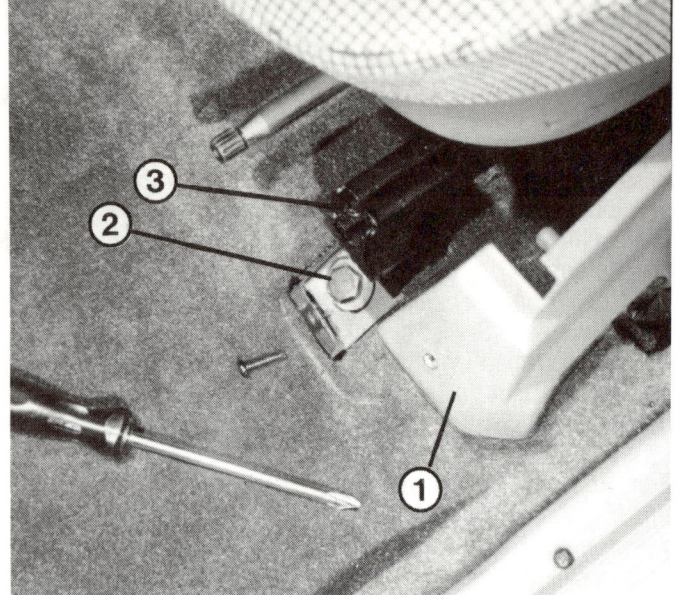

Befestigung eines Vordersitzes. 1 – Abdeckung über Sitzschiene, abgenommen; 2 – vordere Befestigungsschraube; 3 – Sitzschiene.

Das Glaskurbeldach

Der Glasdeckel läßt sich sowohl nach hinten kurbeln als auch hinten anheben. Ist die Funktion der Betätigung gestört oder müssen Führung, Wasserleitblech oder Sonnenschutz ersetzt werden, so sind damit umfangreiche Arbeiten verbunden. Diese sollten einer erfahrenen Opel-Werkstatt überlassen werden.

Glasdeckel ersetzen

■ Glasdeckel in Schließstellung kurbeln.
■ Sonnenschutz nach hinten schieben.
■ Glasdeckel von beiden Kulissenführungen abschrauben. Dazu auf jeder Seite den Clip entfernen, Schraube herausdrehen und Sicherungsscheibe abnehmen.
■ Glasdeckel herausheben.
■ Der Abstand zwischen den Abschraubflanschen soll 722 mm betragen. Die Flansche können mit der Hand nachgebogen werden.
■ Beim neuen Glasdeckel befindet sich die breite Rasterung vorn und das Sicherheitskennzeichen hinten.
■ Neue selbstsichernde Schrauben zunächst nur leicht einschrauben.
■ Glasdeckel in Schließstellung kurbeln und Deckelhöhe messen. Vorn muß der Deckel 1 mm unter der Dachkante liegen, hinten 1 mm darüber.
■ Die beiden Einstellschrauben befinden sich an den Seiten vorn.
■ Abschließend die selbstsichernden Schrauben mit 5 Nm anziehen.

Randspaltabdichtung ersetzen

■ Glasdeckel ausbauen.
■ Dichtung vom Deckel abziehen.
■ Klebereste mit Waschbenzin entfernen.
■ Wasserfeste Klebemasse an der Glaskante und am Deckelrahmen ringsum auftragen.
■ Neue Dichtung fest aufstecken, dabei hinten außerhalb der Mitte beginnen.
■ Deckel einlegen und die Passung der Dichtung prüfen. Solange die Klebemasse noch elastisch ist, kann die Dichtung zur Dachausschnittskante gedrückt werden.

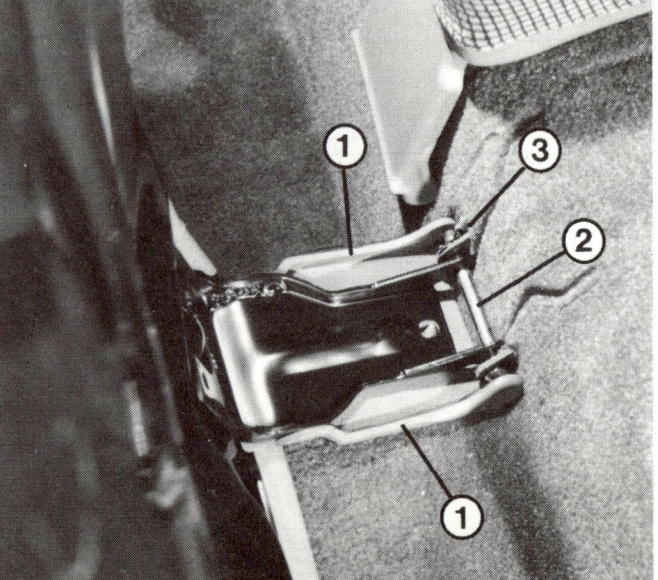

Scharnier der hinteren Sitzbank. 1 – Kunststoffkappe; 2 – Scharnierstift; 3 – Sicherungsring.

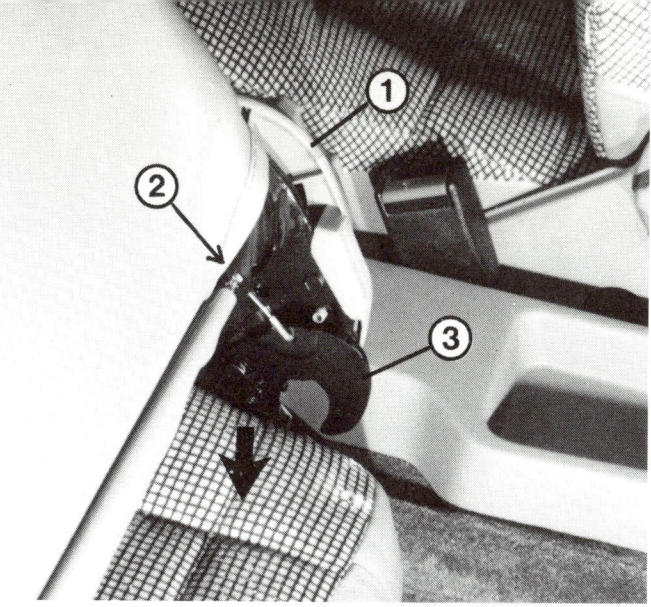

Lehnenentriegelung des Vordersitzes. 1 – Abdeckung; 2 – Zugseil; 3 – Haken der Lehnenarretierung. In Pfeilrichtung wirkt eine am Haken befestigte Zugfeder.

■ Abdeckung von der Sitzschiene ausclipsen.
■ Befestigungsschrauben für die Führungsschienen herausdrehen.
■ Sitz herausnehmen.

■ Sitz nach vorn klappen.
■ Blende an den Scharnieren abnehmen.
■ Sicherungsscheibe abdrücken und den Scharnierstift herausziehen.
■ Sitz abnehmen.

■ Kopfstütze bis zur Endstellung hochziehen.
■ Beim Vordersitz den Arretierungsknopf in Fahrtrichtung links eindrücken und gleichzeitig die Kopfstütze herausziehen.

■ Beim Einbau die Sitzschiene hinten spielfrei, aber noch verstellbar anschrauben.
■ Sitzschienen vorn festschrauben.
■ Zuerst die äußere Schiene, dann die innere hinten festschrauben.

Die Sitze
Vordersitze ausbauen

■ Rückenlehne an beiden Radhäusern von den Lagern der Schließplatte abschrauben.
■ Bei geteiltem Sitz auch die Schraube an der Lagerkappe zwischen beiden Lehnen unten herausdrehen.

Hintersitze ausbauen

■ Bei den hinteren Sitzen befindet sich der Arretierungsknopf rechts.

Kopfstützen ausbauen

Zeigen die Gurte einen der nachfolgend genannten Mängel, sollten sie ausgewechselt werden, damit sie im Notfall wirklich schützen können:
□ bei welligem Gurtband;
□ bei ausgefransten Kanten;
□ bei aufgeriebenem Gewebe;
□ bei angerissenen Nähten oder
□ wenn ein »lahmer« Automatikgurt öfter zwischen Tür und Karosserie eingeklemmt wurde, wodurch er mit der Zeit an Festigkeit verliert.

Die Sicherheitsgurte

Fingerzeig: *Schmutzige Gurte werden ausschließlich mit Seife und Wasser gesäubert. Benzin oder chemische Reinigungsmittel greifen die Gewebestruktur an.*

Störungsdienst

Wir gehen bei unserer Fehlersuche davon aus, daß der Motor keine mechanischen Leiden hat. Weiter nehmen wir an, daß das Triebwerk unvermittelt stehenblieb bzw. nicht mehr anspringen will.

Dreht der Anlasser den Motor durch?

Tut er's nicht oder nur unwillig, lesen Sie bitte rechts weiter unter »Fehlerquelle Elektrik«. Wird der Motor dagegen flott durchgedreht, müssen zur weiteren Eingrenzung zwei der folgenden drei Fragen (je nach Motor) der Reihe nach beantwortet werden.

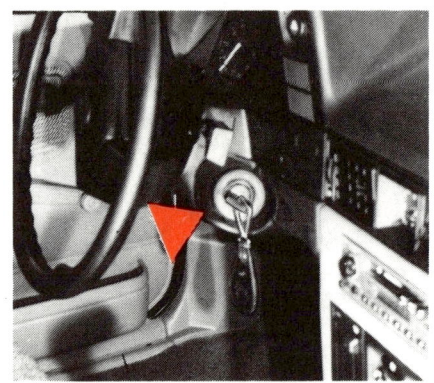

Funken an den Zündkerzen?

Einen Kerzenstecker abziehen, Zündkerze herausschrauben, in den Kerzenstecker hineinstecken und auf blankem Motorblockmetall ablegen. Noch besser: Kerze elektrisch leitend mittels eines Starthilfekabels mit dem Motorblock verbinden. Von einem Helfer den Anlasser durchdrehen lassen. **Zündkabel und Kerze nicht berühren,** siehe Seite 209. Springen Funken über?
Wenn ja, nächste bzw. übernächste Frage abklären. Falls nicht, rechts weiterlesen unter »Fehlerquelle Zündung«.

Wird der Vergaser mit Kraftstoff versorgt?

Benzinschlauch am Vergaser abnehmen, in einen Behälter (z. B. Kappe der Warndreieck-Hülle) halten und von Helfer den Anlasser betätigen lassen.
Spritzt Benzin in den Behälter, ist die Kraftstoffversorgung intakt. Der Vergaser könnte gestört sein (Seite 95). Kommt kein Benzin, lesen Sie bitte auf der folgenden Seite weiter unter »Fehlerquelle Kraftstoffversorgung«.

Bei Multec-Einspritzung siehe Vergaser, vorige Seite, sonst:
Am Verteilerrohr eine der vier Kraftstoffleitungen zu den Einspritzventilen lösen, Lappen bereithalten und von einem Helfer den Anlasser kurz durchdrehen lassen. Spritzt Benzin heraus – Vorsicht –, ist die Kraftstoffversorgung intakt. Die Einspritzanlage kann die Ursache sein, siehe Störungsbeistand auf Seite 114. Kommt kein Benzin, lesen Sie bitte unten weiter unter »Fehlerquelle Kraftstoffversorgung«.

Wird die Einspritzanlage mit Kraftstoff versorgt?

☐ Ist ein Kabelstecker an Teilen der Zündanlage, am Vergaser bzw. an einem Teil der Einspritzanlage abgefallen?
☐ Kontrollieren Sie den festen Sitz der Zündkabel am Verteiler und an den Kerzensteckern (die Zündung darf nicht eingeschaltet sein!).
☐ Sämtliche Unterdruckschläuche im Motorraum auf ihren entsprechenden Stutzen aufgesteckt?
☐ Kondenswasser am und im Verteilerdeckel? Alle Teile der Zündanlage – auch die Zündspule – müssen sauber und trocken sein, sonst besteht die Gefahr von Kriechströmen und Spannungs-Überschlägen.
☐ Benzingeruch im Motorraum? Ist ein Kraftstoffschlauch undicht oder hat er sich gar gelockert?

Zuerst die Sichtprüfung

☐ Die Kontrollampen im Armaturenbrett brennen nicht bei eingeschalteter Zündung: Batterie ist völlig entladen (Seite 196) oder die Batterieklemmen sind lose.
☐ Kontrollampen verlöschen beim Betätigen des Anlassers: Batterie stark entladen oder altersschwach (Seite 197) oder Anlasser hat Kurzschluß.
☐ Kontrollampen werden beim Schlüsseldreh geringfügig dunkler: Magnetschalter klemmt bzw. defekt oder Anlasser defekt (Störungsbeistand Seite 205).
☐ Kontrollampen brennen hell beim Schlüsseldreh: Klemme-50-Kontakt im Zündschloß defekt (Seite 241), Klemme-50-Leitung am Magnetschalter lose (Bild Seite 205) oder Magnetschalter defekt.

Fehlerquelle Elektrik

☐ Alle Steckeranschlüsse im Bereich Schaltgerät, Zündspule und Zündverteiler richtig aufgesteckt?
☐ Verteilerdeckel abnehmen. Sind Kriechstromspuren an seiner Innenseite sichtbar (Seite 214)? Federt die Kontaktkohle in der Deckelmitte einwandfrei? Gründspan an den Kontaktstiften?
☐ Als letztes hilft nur die Durchprüfung von Zündspule, Hallgeber und Steuergerät (ab Seite 213).

Fehlerquelle Zündung

☐ Kein Benzin im Tank – das ist nicht so abwegig, wie Sie vielleicht denken. Wagen aufschaukeln und horchen, ob es im Tank plätschert.
☐ Benzinpumpe (Seite 71) bzw. elektrische Kraftstoffpumpe (Seite 73) arbeitet nicht.
☐ Benzinsiebe verstopft, siehe Seite 72, 73 und 93.
☐ Bei intaktem Benzinnachschub gerät – z. B. bei ständigen Startproblemen – der Vergaser bzw. die Einspritzanlage in Verdacht. Den entsprechenden Störungsbeistand finden Sie ab Seite 95 bzw. 114.

Fehlerquelle Kraftstoffversorgung

Fingerzeig: *Eine komplette Aufstellung der Anleitungen zur Störungsbeseitigung finden Sie auf der Innenseite der hinteren Buchklappe.*

Sortiment

Beinahe alle Angaben über ein Auto lassen sich in irgendeiner Form in Zahlen wiedergeben – die »Technischen Daten«. Dazu gehören auch die Kurzbeschreibung von Motor, Fahrwerk und Elektrik.

Seit Modelljahr 1982 werden weltweit 17stellige Fahrgestell-Nummern verwendet. Eine solche Nummer beginnt mit dem Opel-Code WOL, gefolgt von viermal 0, dann erscheint eine zweistellige Zahl für den betreffenden Opel-Typ. Der nächste Buchstabe nennt das Baujahr (1984 = E, 1985 = F, 1986 = G, 1987 = H usw.). Eine weitere Zahl gibt die Modellausführung an, und die sechs letzten Ziffern benennen die eigentliche Herstellungsnummer in dem jeweiligen Jahr.

Die Kennzeichnungen für die Kadett E-Modelle lauten wie folgt:

Karosserieform	Modell-Code GM	Opel	Kurzbezeichnung
Limousine 2türig, Heckklappe, Standard	C 08	33	LZ-H, LS
Limousine 4türig, Heckklappe, Standard	C 48	34	LV-H, LS
Caravan 3türig, Standard	C 15	35	KD, LS
Caravan 5türig, Standard	C 35	36	KF, LS
Lieferwagen 3türig, Standard	C 70	37	LD, LS
Lieferwagen Spezial 3türig, Standard	C 25	38	LDS, LS
Limousine 4türig, Formheck, Standard	C 19	39	LV, LS
Limousine 2türig, Heckklappe, Luxus	D 08	43	LZ-H, GL
Limousine 4türig, Heckklappe, Luxus	D 48	44	LV-H, GL
Caravan 3türig, Luxus	D 15	45	KD, GL
Caravan 5türig, Luxus	D 35	46	KF, GL
Lieferwagen 3türig,	D 70	47	LD
Lieferwagen Spezial 3türig, Luxus	D 25	48	LDS, GL
Limousine 4türig, Formheck, Luxus	D 19	49	LV, GL

Motor

	1,2 S 9/84–1/86 12 SC	1,3 N 9/84–5/86 13 N	1,3 ab 5/86 E 13 NB	1,3 S 9/84–8/87 13 S	1,3 i ab 8/85 C 13 N	1,6 S 9/84–8/86 16 SH	1,6 S ab 8/86 16 SV	1,6 i 8/86–9/87 C 16 LZ	1,6 i ab 9/87 E 16 NZ	1,8 i 9/84–3/86 18 E	1,8 i 3/85–8/85 C 18 NT	1,8 i 8/85–8/86 C 18 NE	1,8 S ab 3/87 E 18 NV	2,0 i ab 8/86 C 20 NE	2,0 i ab 8/86 20 SEH
Typ / Bauzeit / Motor-Bezeichnung	(siehe Kopf)														
Bauart	Wassergekühlter Viertakt-Reihenmotor, quer eingebaut														
Zylinderzahl	4	4	4	4	4	4	4	4	4	4	4	4	4	4	4
Bohrung mm	79	75	75	75	75	80	79	79	79	84,8	84,8	84,8	84,8	86	86
Hub mm	61	73,4	73,4	73,4	73,4	79,5	81,5	81,5	81,5	79,5	79,5	79,5	79,5	86	86
Hubraum effektiv cm³	1196	1297	1297	1297	1297	1598	1598	1598	1598	1796	1796	1796	1796	1998	1998
nach Steuerformel cm³	1187	1281	1281	1281	1281	1587	1587	1587	1587	1771	1771	1771	1771	1984	1984
Verdichtung	9,0	8,2	8,2	9,2	9,0	9,2	10,2	8,6	9,2	9,5	8,9	8,9	9,2	8,2	10,0
Höchstleistung nach DIN kW/PS	40/55	44/60	44/60	55/75	44/60	66/90	60/82	55/75	55/75	85/115	66/90	73,5/100	62/84	85/115	95/130
bei 1/min	5600	5800	5800	5800	5600	5800	5400	5200	5200	5800	5600	5800	5400	5400	5600
Höchstes Drehmoment Nm	84	94	96	130	96	126	130	121	127	151	135	140	143	170	180
bei 1/min	3600	3400–3800	3200	2600	3400	3800–4200	2600	3400	2600	4800	3000	3000	2600	3000	4600
Ventiltrieb	Seitlich liegende Nockenwelle, Antrieb durch Rollenkette	Obenliegende Nockenwelle, Antrieb durch Zahnriemen (ab 13 N)													
Ventilspiel (warm) Einlaß mm	0,15	–	–	–	–	–	–	–	–	–	–	–	–	–	–
Auslaß mm	0,25	–	–	–	–	–	–	–	–	–	–	–	–	–	–
Hydr. Ventilspielausgleich	–	Hydro-bolzen	Hydro-bolzen	Hydro-bolzen	Hydro-bolzen	Hydro-bolzen	Hydro-bolzen	Hydro-bolzen	Hydro-bolzen	Hydro-bolzen	Hydro-bolzen	Hydro-bolzen	Hydro-bolzen	Hydro-bolzen	Hydro-bolzen
Steuerzeiten Einlaß öffnet vor OT	46°	24°	24°	24°	18°	29°	18°	18°	18°	28°	34°	34°	22°	23°	23°
Einlaß schließt nach UT	90°	73°	73°	78°	56°	80°	56°	56°	56°	89°	83°	83°	61°	71°	71°
Auslaß öffnet vor UT	70°	66°	66°	68°	60°	68°	60°	60°	16°	72°	78°	78°	67°	60°	60°
Auslaß schließt nach OT	30°	30°	30°	36°	25°	42°	25°	25°	25°	45°	39°	39°	33°	35°	35°
Schmiersystem	Druckumlaufschmierung mit Wechselfilter im Hauptstrom														
Ölpumpe	Zahnrad-pumpe	Sichel-pumpe	Sichel-pumpe	Sichel-pumpe	Sichel-pumpe	Sichel-pumpe	Sichel-pumpe	Sichel-pumpe	Sichel-pumpe	Sichel-pumpe	Sichel-pumpe	Sichel-pumpe	Sichel-pumpe	Sichel-pumpe	Sichel-pumpe
Öldruck bei Leerlauf bar	1,5	1,5	1,5	1,5	1,5	1,5	1,5	1,5	1,5	1,5	1,5	1,5	1,5	1,5	1,5
Katalysator	Siehe Seite 65	–	–	–	geregelt	–	–	geregelt	–	–	geregelt	geregelt	–	geregelt	–
Kraftstoffbedarf															

Kraftstoffanlage

	12 SC	13 N	E 13 NB	13 S	C 13 N	16 SH	16 SV	C 16 LZ	E 16 NZ	18 E	C 18 NT	C 18 NE	E 18 NV	C 20 NE	20 SEH
Motor	12 SC	13 N	E 13 NB	13 S	C 13 N	16 SH	16 SV	C 16 LZ	E 16 NZ	18 E	C 18 NT	C 18 NE	E 18 NV	C 20 NE	20 SEH
Kraftstoffpumpe	Mechan.	Mechan.	Mechan.	Mechan.	Elektrisch	Mechan.	Mechan.	Elektrisch	Elektrisch	Elektrisch	Elektrisch	Elektrisch	Mechan.	Elektrisch	Elektrisch
Förderdruck bar	0,18–0,24	0,18–0,24	0,18–0,24	0,18–0,24	0,75	0,18–0,24	0,18–0,24	0,75	0,75	60	60	60	0,18–0,24	2,5	2,5
Fördermenge l	–	–	–	–	80–100	–	–	80–100	80–100	–	–	–	–	–	–
Gemischaufbereitung	Einfach-Vergaser	Einfach-Vergaser	Einfach-Vergaser	Register-Vergaser	Zentral-Einspritz.	Register-Vergaser	Register-Vergaser	Zentral-Einspritz.	Zentral-Einspritz.	Elektron. Einspritz.	Elektron. Einspritz.	Elektron. Einspritz.	Elektron. Vergaser	Elektron. Einspritz.	Elektron. Einspritz.
Hersteller	Weber	Pierburg	Pierburg	Pierburg	Rochester	GMF	Pierburg	Rochester	Rochester	Bosch	Bosch	Bosch	Bosch/ Pierburg	Bosch	Bosch
Typ	32 TL	35 PDSI	1 B 1	2 E	Multec	Varajet II	2 E 3	Multec	Multec	LE-Jetronic	LU-Jetronic	LU-Jetronic	2 EE BPS	Motronic	Motronic
Starterklappe bei Schaltgetriebe	Manuell	Manuell	Manuell	Automat.	–	Manuell	Automat.	–	–	–	–	–	Automat.	–	–
bei Automatik	Manuell	Automat.	Automat.	Automat.	–	Automat.	Automat.	–	–	–	–	–	Automat.	–	–
Leerlaufdrehzahl 1/min	900–950	900–950	900–950	900–950	900–950	900–950	900–950	900–950	900–950	900–950	900–950	900–950	900–950	720–780	720–780
Schnelleerlauf-Drehzahl 1/min	3600–4000	3400–3800	3800–4200	2100–2500 Automatik: 2400–2800	–	2100±50 Automatik: 2300±50	2100–2500 Automatik: 2400–2800	–	–	–	–	–	–	–	–

265

Kühlsystem

Kühlung: Wasserumlaufkühlung mit Flügelradpumpe und Thermostat, Querstromkühler, temperaturgeschalteter Elektrolüfter

	12 SC	13 N	E 13 NB	13 S	C 13 N	16 SH	16 SV	C 16 LZ	E 16 NZ	18 E	C 18 NT	C 18 NE	E 18 NV	C 20 NE	20 SEH
Antrieb der Wasserpumpe	Keilriemen	Zahnriemen	Zahnriemen	Zahnriemen	Zahnriemen	Zahnriemen	Zahnriemen	Zahnriemen	Zahnriemen	Zahnriemen	Zahnriemen	Zahnriemen	Zahnriemen	Zahnriemen	Zahnriemen
Thermostat Öffnungsbeginn °C	87	92	92	91	91	91	91	91	91	91	91	91	91	91	91
volle Öffnung °C	102	107	107	103	103	103	103	103	103	103	103	103	103	103	103
Thermoschalter Lüfter schaltet ein °C	97	97	97	97	97	97	97	97	97	97	97	97	97	97	97
schaltet aus °C	93	93	93	93	93	93	93	93	93	93	93	93	93	93	93
Lüfter Durchmesser mm	280	280	280	280	280	280	280	280	280	280	280	280	280	280	280

Kraftübertragung

Kupplung: Einscheiben-Trockenkupplung mit zentraler Tellerfeder »Belleville«

	12 SC	13 N	E 13 NB	13 S	C 13 N	16 SH	16 SV	C 16 LZ	E 16 NZ	18 E	C 18 NT	C 18 NE	E 18 NV	C 20 NE	20 SEH
Kupplungsscheibe Zoll	7,5	7,5	7,5	7,5	7,5	8	8	8	8	8,5	8,5	8,5	8,5	8,5	8,5
Belagdicke mm	3,5	3,5	3,5	3,5	3,5	3,5	3,5	3,5	3,5	3,5	3,5	3,5	3,5	3,5	3,5
Belag ⌀ außen mm	190	190	190	190	190	203	203	203	203	216	216	216	216	216	216
Belag ⌀ innen mm	134	134	134	134	134	131	131	131	131	144	144	144	144	144	144

Schaltgetriebe 4-Gang / 5-Gang – Übersetzungen

	12 SC	13 N	E 13 NB	13 S	C 13 N	16 SH	16 SV	C 16 LZ	E 16 NZ	18 E	C 18 NT	C 18 NE	E 18 NV	C 20 NE	20 SEH
1. Gang	3,55/3,55	3,55/3,55	3,55/3,55	3,55/3,55	3,55/3,55	3,42/3,42	3,55/3,55	3,55/3,55	3,55	3,42	3,42/3,42	3,42/3,42	3,42	3,42	3,42
2. Gang	1,96/1,96	1,96/1,96	1,96/1,96	1,96/1,96	1,96/1,96	1,95/1,96	1,96/1,96	1,96/1,96	1,96	2,16	1,95/1,95	1,95/1,95	1,95	2,16	2,16
3. Gang	1,30/1,30	1,30/1,30	1,30/1,30	1,30/1,30	1,30/1,30	1,28/1,28	1,30/1,30	1,30/1,30	1,30	1,48	1,28/1,28	1,28/1,28	1,28	1,48	1,48
4. Gang	0,89/0,89	0,89/0,89	0,89/0,89	0,89/0,89	0,89/0,89	0,89/0,89	0,89/0,89	0,89/0,89	0,89	1,12	0,89/0,89	0,89/0,89	0,89	1,12	1,12
5. Gang	–/0,71	–/0,71	–/0,71	–/0,71	–/0,71	–/0,71	–/0,71	–/0,71	0,71	0,89	–/0,71	–	0,71	0,89	0,89
Rückwärtsgang	3,18/3,18	3,18/3,18	3,18/3,18	3,18/3,18	3,18/3,18	3,33/3,33	3,31/3,31	3,31/3,31	3,31	3,33	3,33/3,33	3,33/3,33	3,33	3,33	3,33
Achsübersetzung	3,94/4,18	3,94/4,18	3,94/4,18	3,94/4,18	3,94/4,18	3,74/3,94	3,74/3,94	3,74/3,94	3,43	3,74	3,74/3,74	3,33/3,74	3,72	3,55	3,55

Zweiter Block (ab 8/86 / GT. / GT, GSI):

	13 N (ab 8/86)	E 13 NB (ab 8/86)	13 S (ab 8/86)	C 13 N (ab 8/86)	16 SH (GT.)	16 SV (ab 8/86)	C 16 LZ (ab 8/86)	C 18 NE (GT, GSI)
1. Gang	3,55/3,55	3,55/3,55	3,55/3,55	3,55/3,55	3,42	3,55/3,55	3,55/3,55	3,42
2. Gang	1,96/1,96	1,96/1,96	1,96/1,96	1,96/1,96	2,16	1,96/1,96	1,96/1,96	2,16
3. Gang	1,30/1,30	1,30/1,30	1,30/1,30	1,30/1,30	1,48	1,30/1,30	1,30/1,30	1,48
4. Gang	0,89/0,89	0,89/0,89	0,89/0,89	0,89/0,89	1,12	0,89/0,89	0,89/0,89	1,12
5. Gang	–/0,71	–/0,71	–/0,71	–/0,71	0,89	–/0,71	–/0,71	0,89
Rückwärtsgang	3,31/3,31	3,31/3,31	3,31/3,31	3,31/3,31	3,33	3,31/3,31	3,31/3,31	3,33
Achsübersetzung (Caravan)	3,94/4,18, 4,18/4,18	3,94/4,18, 4,18/4,18	3,94/4,18, 4,18/4,18	3,94/4,18, 4,18/4,18	3,94	3,74/3,94, 4,18/4,18	3,74/3,94, 4,18/4,18	3,74

Automat. Getriebe Übersetzungen

	12 SC	13 N	E 13 NB	13 S	C 13 N	16 SH	16 SV	C 16 LZ	E 16 NZ	18 E	C 18 NT	C 18 NE	E 18 NV	C 20 NE	20 SEH
1. Stufe	–	2,84	2,84	2,84	2,84	2,84	2,84	2,84	2,84	–	–	2,84	2,84	–	–
2. Stufe	–	1,60	1,60	1,60	1,60	1,60	1,60	1,60	1,60	–	–	1,60	1,60	–	–
3. Stufe	–	1,00	1,00	1,00	1,00	1,00	1,00	1,00	1,00	–	–	1,00	1,00	–	–
Rückwärtsgang	–	2,07	2,07	2,07	2,07	2,07	2,07	2,07	2,07	–	–	2,07	2,07	–	–
Übersetzung	–	3,74	3,74	3,74	3,74	3,43	3,43	3,43	3,74	–	–	3,43	3,74	–	–

Fahrwerk (Serienausrüstung = S, Sonderausrüstung = O)

Vorderradaufhängung: Einzelradaufhängung mit unteren Querlenkern, McPherson-Federbeine

	12 SC	13 N	E 13 NB	13 S	C 13 N	16 SH	16 SV	C 16 LZ	E 16 NZ	18 E	C 18 NT	C 18 NE	E 18 NV	C 20 NE	20 SEH
Stoßdämpfer	Hydraul.	Hydraul.	Hydraul.	Hydraul.	Hydraul.	Hydraul.	Hydraul.	Hydraul.	Hydraul.	Gasdruck	Hydraul.	Hydraul.	Hydraul.	Gasdruck	Gasdruck
Drehstab-Stabilisator Limousine	O	O, ab 8/85 4türig: S	4türig: S	4türig: S	4türig: S	S	S	S	S	S	S	S	S	S	S
Caravan	S	S	S	S	S	S	S	S	S	S	S	S	S	S	S

Fahrwerk (Fortsetzung)

	1	2	3	4	5	6	7	8	9	10	11	12	13
Vorderradeinstellung	Siehe Seite 134												
Lenkung	Zahnstangenlenkung												
Servolenkung													
Übersetzung	–	–	0	0	0	0	0	0	0	0	0	0	0
Servolenkung	22:1	22:1	22:1	22:1	22:1	22:1	22:1	22:1	22:1	22:1	22:1	22:1	22:1
mit Automatik	24,5:1	24,5:1	24,5:1	24,5:1	24,5:1	24,5:1	24,5:1	24,5:1	–	24,5:1	24,5:1	–	–
Servolenkung	18:1	18:1	18:1	18:1	18:1	18:1	18:1	18:1	18:1	18:1	18:1	18:1	18:1
Hinterradaufhängung	Verbundlenkerachse mit Miniblockfedern und Teleskopstoßdämpfern												
Drehstab-Stabilisator	Siehe Vorderradaufhängung												
Felgen	Siehe Seite 162												
Reifen	Siehe Seite 162												

Bremsanlage

Bauart	Hydraulische Diagonal-Zweikreisbremse
Hauptbremszylinder	
Hersteller	ATE, GMF
Nenndurchmesser	13/16″ = 20,64 mm
Bremskraftverstärker	
Hersteller	ATE, GMF
Nenndurchmesser	8″
Bremskraftregler	
Umschaltdruck Kennzahl	1,2 S bis 1,3 i: 3/35, 1,6 S bis 2,0 i: 3/30, Caravan mit lastabhängigem Bremskraftregler: 27/75
Fußbremse vorn	Einkolben-Scheibenbremse (Schwimmsattel), 1,8 i und 2,0 i: belüftet
Kolbendruckmesser	48 mm, 1,8 i und 2,0 i: 52 mm
Bremsscheibe	
Durchmesser	236 mm
Dicke neu	12,7 mm, 1,8 i und 2,0 i: 20 mm
nach Feinstdrehen	11,7 mm, 1,8 i und 2,0 i: 19 mm
mindest	10,7 mm, 1,8 i und 2,0 i: 18 mm
Bremsbelag	
Länge x Breite x Dicke	98 x 44 x 11 mm
Gesamtstärke	15,9–15,5 mm (mit Platte)
Reststärke	11 mm (mit Platte)
Fußbremse hinten	Simplex-Innenbacken-Trommelbremse, selbstnachstellend
Bremszylinder	
Durchmesser	12 SC, 13 N: 9/16″ = 14,29 mm; 13 N Automatik, alle Limousinen ab 13 NB, Caravan 16 SH: 11/16″ = 17,46 mm; Alle Caravan ohne 16 SH: 3/4″ = 19,05 mm
Bremstrommel	
Durchmesser	200 mm, nach Feinstdrehen 201 mm, außer: 1,3 N und 1,3 S Automatik, 16 SH: 230 mm, nach Feinstdrehen 231 mm
Bremsbelag	
Länge x Breite x Dicke	12 SC, 13 N Schaltgetriebe: 196 x 28 x 5 mm; 12 SC, 13 N Automatik, 13 NB bis 2,0 i: 196 x 45 x 5 mm; Caravan ab 13 NB Automatik: 228 x 50 x 5 mm
Verschleiß	Bis max. 0,5 mm über Nietkopf
Handbremse	Seilzug auf Hinterräder

Füllmengen (Liter)

	1	2	3	4	5	6	7	8	9	10	11	12	13
Kühlsystem	5,7	7,0	7,0	7,0	7,7	7,5	7,5	7,5	7,5	7,5	7,5	7,5	7,5
Motor mit Filterwechsel	2,75	3,0	3,0	3,0	3,25	3,25	3,25	3,25	3,25	3,25	3,25	4,0	4,0
Kraftstofftank													
Limousine bis 8/85	42	42	42	42	42	42	42	–	–	–	–	–	–
Limousine ab 8/85	52	52	52	52	52	52	52	52	52	52	52	52	52
Caravan	50	50	50	50	50	50	50	50	50	50	50	50	50
Vierganggetriebe mit Ausgleichgetriebe	1,75	1,75	1,75	1,75	1,75	2,0	2,0	–	2,0	2,0	–	–	–
Fünfganggetriebe mit Ausgleichgetriebe	1,85	1,85	1,85	1,85	2,1	2,1	2,1	2,1	2,1	2,1	2,1	2,1	2,1
Automatik mit Ausgleichgetriebe	–	7,0	7,0	7,0	7,0	7,0	7,0	7,0	–	–	7,0	–	–
Bremssystem	0,4	0,4	0,4	0,4	0,4	0,4	0,4	0,4	0,4	0,4	0,4	0,4	0,4
Scheibenwaschanlagen	2,5	2,5	2,5	2,5	2,5	2,5	2,5	2,5	2,5	2,5	2,5	2,5	2,5
Scheinwerfer-waschanlage	5,5	5,5	5,5	5,5	5,5	5,5	5,5	5,5	5,5	5,5	5,5	5,5	5,5

Elektrische Anlage

Motor	12 SC	13 N	E 13 NB	13 S	C 13 N	16 SH	16 SV	C 16 LZ	E 16 NZ	18 E	C 18 NT	C 18 NE	E 18 NV	C 20 NE	20 SEH
Bordspannung	12 V														
Batterie	36 Ah	36 Ah	36 Ah	36 Ah	36 Ah	44 Ah	44 Ah	44 Ah	44 Ah	44 Ah	44 Ah	44 Ah	44 Ah	44 Ah	44 Ah
Generator	45 A	45 A	45 A	45 A	55 A	45 A	55 A	55 A	55 A	45 A	45 A	45 A	55 A	55 A	55 A
Keilriemen Länge/Breite	950/9,5 mm	875/9,5 mm	875/9,5 mm	875/9,5 mm	875/9,5 mm	888/9,5 mm	900/9,5 mm	900/9,5 mm	900/9,5 mm	888/9,5 mm	900/9,5 mm	900/9,5 mm	900/9,5 mm	900/9,5 mm	900/9,5 mm
Zündanlage	Kontaktgesteuerte Spulenzündung	Kontaktlose Transistorzündung	Elektronische Kennfeldsteuerung	Kontaktlose Transistorzündung	Elektronische Kennfeldsteuerung	Kontaktlose Transistorzündung	Elektronische Kennfeldsteuerung	Elektronische Kennfeldsteuerung	Elektronische Kennfeldsteuerung	Kontaktlose Transistorzündung	Elektronisch gesteuerte Kennfeldsteuerung	Elektronische Kennfeldsteuerung	Elektronische Kennfeldsteuerung	Elektronische Kennlinien-steuerung	Elektronische Kennlinien-steuerung
Zündkerzen	AC R 42-6 FS AC R 42 XLS	AC R 42 XLS	Bosch WR 6 DC	AC R 42 XLS	AC R 42 XLS	AC R 42 XLS	AC R 42 XLS	AC R 42 CXLSX	AC CR 42 CXLS	AC R 42 XLS	AC R 42 XLS	AC R 42 XLS	AC R 42 CXLS	AC R 42 XLS	AC R 42 XLS
Elektrodenabstand	0,7–0,8 mm	0,7–0,8 mm	0,7–0,8 mm	0,7–0,8 mm	0,7–0,8 mm	0,7–0,8 mm	0,7–0,8 mm	0,7–0,8 mm	0,7–0,8 mm	0,7–0,8 mm	0,7–0,8 mm	0,7–0,8 mm	0,7–0,8 mm	0,7–0,8 mm	0,7–0,8 mm
Zündfolge	1 – 3 – 4 – 2														
Glühlampen	Siehe Seite 226														

Fahrwerte und Kraftstoffverbrauch (Werksangaben)

Motor	Getriebe	Höchstgeschwindigkeit km/h Limousine	Caravan	Beschleunigung 0–100 km/h s Limousine	Caravan	Kraftstoffverbrauch nach DIN 70030 auf 100 km Limousine (Stadtzyklus / 90 km/h / 120 km/h)	Caravan	Ölverbrauch auf 100 km l
12 SC	4-Gang-Schaltgetriebe	155	150	17,0	17,5	8,4 / 5,1 / 6,7	8,6 / 5,4 / 7,3	0,075
	5-Gang-Schaltgetriebe	155	150	16,5	17,5	8,6 / 4,8 / 6,4	8,6 / 5,0 / 6,8	
13 N	4-Gang-Schaltgetriebe	160	155	15,5	16,0	9,3 / 5,4 / 7,0	9,6 / 5,7 / 7,6	0,05
	5-Gang-Schaltgetriebe	160	155	15,0	16,0	9,6 / 5,2 / 6,8	9,6 / 5,4 / 7,2	
	Automatik	155	150	18,0	19,5	9,6 / 6,4 / 8,0	9,8 / 6,6 / 8,4	
13 NB	4-Gang-Schaltgetriebe	160	160	15,5	15,5	8,8 / 5,4 / 7,0	8,8 / 5,4 / 7,0	0,05
	5-Gang-Schaltgetriebe	160	160	15,0	15,0	9,1 / 5,2 / 6,8	9,1 / 6,4 / 8,0	
	Automatik	155	155	18,0	18,0	9,4 / 6,4 / 8,0	9,4 / 6,4 / 8,0	
13 S	4-Gang-Schaltgetriebe	170	170	13,5	13,5	8,7 / 5,2 / 6,7	8,7 / 5,2 / 6,7	0,05
	5-Gang-Schaltgetriebe	170, GT: 173	170	13,0	13,0	8,9 / 5,0 / 6,5	8,9 / 5,0 / 6,5	
	Automatik	165	165	15,5	16,5	9,2 / 6,2 / 7,7	9,2 / 6,2 / 7,7	
C 13 N	4-Gang-Schaltgetriebe	160	160	16,5	16,5	8,9 / 5,6 / 7,3	8,9 / 5,6 / 7,3	0,05
	5-Gang-Schaltgetriebe	160	160	16,5	16,5	8,9 / 5,2 / 6,8	9,2 / 6,3 / 8,0	
	Automatik	155	155	19,5	19,5	9,5 / 6,3 / 8,0	9,9 / 6,4 / 8,6	
16 SH	4-Gang-Schaltgetriebe	180	175	11,5	12,5	9,4 / 5,5 / 7,2	9,6 / 5,7 / 7,6	0,075
	5-Gang-Schaltgetriebe	180, GT: 183	175	11,0	12,0	9,5 / 5,2 / 6,8	9,8 / 5,4 / 7,2	
	Automatik	175	170	14,0	15,5			
16 SV	4-Gang-Schaltgetriebe	175	170	12,5	13,0	8,1 / 5,1 / 6,9	9,9 / 6,3 / 8,2	0,075
	5-Gang-Schaltgetriebe	175	170	12,0	12,5	8,2 / 4,9 / 6,6	8,1 / 5,4 / 7,4	
	Automatik	170	165	15,5	15,5	8,7 / 5,9 / 7,9	8,2 / 5,2 / 7,1	
C 16 LZ	4-Gang-Schaltgetriebe	170	165	13,5	14,0	9,3 / 5,4 / 7,1	8,7 / 6,2 / 8,4	0,075
	5-Gang-Schaltgetriebe	170	165	13,5	14,0	9,8 / 6,5 / 8,5	9,3 / 5,7 / 7,6	
	Automatik	165	160	16,0	16,5	8,9 / 6,0 / 6,6	9,8 / 6,7 / 9,0	
E 16 NZ	5-Gang-Schaltgetriebe	165	160	15,5	13,5		8,6 / 5,3 / 7,1	0,075
	Automatik	165	—	16,0	16,0		9,4 / 6,3 / 8,1	
18 E	5-Gang-Schaltgetriebe	203	—	9,0	—	11,3 / 5,6 / 7,2	—	0,075
C 18 NT	4-Gang-Schaltgetriebe	182	177	11,0	12,0	11,3 / 6,7 / 8,4	11,5 / 6,9 / 8,8	0,075
	5-Gang-Schaltgetriebe	182	177	11,0	12,0	11,3 / 6,1 / 7,7	11,5 / 6,3 / 8,1	0,075
C 18 NE	4-Gang-Schaltgetriebe	188	183	10,5	11,5	11,2 / 6,6 / 8,3	11,2 / 6,8 / 8,7	0,075
	5-Gang-Schaltgetriebe	188	183	10,5	11,5	11,2 / 6,0 / 7,6	11,2 / 6,2 / 8,0	
	Automatik	183	178	13,0	14,5	11,3 / 7,3 / 8,9	11,3 / 7,5 / 9,3	
E 18 NV	5-Gang-Schaltgetriebe	178	173	11,5	12,5	9,6 / 5,1 / 6,7	10,6 / 5,9 / 7,1	0,075
	Automatik	173	168	13,0	14,5	10,1 / 6,3 / 8,0	10,1 / 6,5 / 8,4	
C 20 NE	5-Gang-Schaltgetriebe	200	—	9,0	—	10,7 / 5,9 / 7,6	—	0,075
20 SEH	5-Gang-Schaltgetriebe	206	—	8,5	—	10,1 / 5,7 / 7,2	—	0,075

Jahresringe

Im Rahmen der Modellpflege werden an den Fahrzeugen immer wieder Verbesserungen vorgenommen, außerdem ändert sich gelegentlich die Modellpalette. Über diesen Wandel informiert Sie dieses Kapitel.

1984

September: Verkaufsbeginn des Kadett E als Nachfolger des seit 1979 gebauten Kadett D. Das Programm besteht zunächst aus der 3- und 5türigen Schrägheck-Limousine sowie aus der 3- und 5türigen Kombilimousine »Caravan«. Die aerodynamisch äußerst günstig gestaltete Karosserie wartet in dieser Fahrzeugklasse mit Bestwerten auf: Für die Limousine beträgt der c_w-Wert 0,32, für den GSi mit Spoiler an der Heckklappe 0,30.

Es kommen sechs schon bekannte Triebwerke zum Einsatz, vier Vergasermotoren, ein Einspritzer und ein Dieselmotor. Es handelt sich um den Motor 12 SC mit seitlicher Nockenwelle und 40 kW, um die OHC-Motoren 13 N mit 44 kW, 13 S mit 55 kW, 16 SH mit 66 kW und 18 E mit 85 kW sowie um den im vorliegenden Buch nicht behandelten 16 D mit 40 kW.

Serienmäßig sind die Fahrzeuge bis einschließlich Modell 1,6 S mit 4-Gang-Schaltgetriebe ausgerüstet, ein 5-Gang-Getriebe wie beim 1,8 i gehört zur Sonderausrüstung. Ausgenommen 1,2 S und 1,8 i können die Wagen auch mit 3-Stufen-Automatik geliefert werden. Das Differential ist mit dem Getriebe verblockt. Vorn Einzelradaufhängung mit McPherson-Federbeinen und auswechselbaren Stoßdämpferpatronen, die Federn verjüngen sich an den Enden spiralförmig. Hinten Verbundlenkerachse mit doppelkonischen Miniblockfedern. Die Schwimmsattelbremsen vorn sind beim GSi innenbelüftet, alle Modelle verfügen über selbstnachstellende Trommelbremsen hinten. Gegenüber dem Vormodell um 1,5 kg leichtere Stahlräder.

Es gibt fünf Ausstattungsvarianten: LS, GL, GLS, GT und GSi, letztere nur in Verbindung mit 1,8-l-Motor.

Als Parallelmodell zum Kadett E baut Vauxhall Motors in England den Typ Astra.

Zum Jahresende wird der Kadett zum »Auto des Jahres 1985« gekürt.

1985

März: Neuer 1,8-l-Einspritzer mit 66 kW auch als 5türige Limousine, mit LU-Jetronic und schadstoffarm durch Lambda-Regelung und Dreiwege-Katalysator. Der Wagen wird auch mit Vorkehrungen zum nachträglichen Einbau des Katalysators geliefert.

Juni: Auslieferungsbeginn des vom Caravan abgeleiteten Lieferwagens, 3türig mit fensterlosen hinteren Seitenwänden und mit Heckklappe. Nutzlast bis zu 535 kg, Stauvolumen 1570 l. Eingesetzt werden die Motoren 12 SC und 13 N.

September: Produktionsbeginn der 4türigen Stufenheck-Limousine, Verkaufsbeginn ab November. Luftwiderstandsbeiwert ebenfalls c_w 0,32, Ausstattungsvarianten LS, GL und GLS. Wegfall des Motors 12 SC. Neues Modell 1,3 i mit Multec-Zentraleinspritzung, digitaler Elektronik, Schubabschaltung und Dreiweg-Katalysator, Leistung des Motors C 13 N: 44 kW. Modell 1,8 i mit neuem 74-kW-Motor und Katalysator. Fahrwerk der Stufenheck-Limousinen grundsätzlich mit Stabilisator vorn und hinten.

Alle Limousinen jetzt mit 52-Liter-Tank.

IAA Frankfurt: Präsentation des Kadett Rallye 4 × 4 mit 16-Ventil-OHC-Motor, mit permanentem Allradantrieb und stufenlos variierbarer Kraftverteilung auf beiden Achsen.

1986

Februar: Schrägheck-Limousine in Sonderausführung »Sprint« mit den Motoren 13 S und 16 SH. In Wagenfarbe lackierte Front- und Heckspoiler, Schutzleisten und roten Zierstreifen.

März: Vorstellung des Kamei X1 Multicar, ein auf Caravan-Basis entwickeltes Vielzweckfahrzeug mit drei hinteren Karosserie-Oberteilen: Kombi-Top, Cabrio-Hardtop und Pick-up-Unit.

Mai: Einführung des Euronorm-Motors 13 NB mit 44 kW, Kennfeld-Zündanlage und Vergaser mit Schub-Gemisch-System.

Produktionsende des gleichstarken Motors 13 N.

August: Neues Modell 1,6 i mit 55-kW-Motor C 16 LZ und Multec-Zentraleinspritzung, mit und ohne Katalysator lieferbar.

Neue 2-l-Motoren für den GSi mit elektronisch gesteuertem Motronic-System und Eigendiagnose-Funktion, Leichtbau-Kolben mit leichteren Pleueln, neue Brennraumform, Zylinderblock in Dünngußtechnik. Motor C 20 NE mit 85 kW und mit Katalysator, Motor 20 SEH mit 95 kW ohne Katalysator.

Produktionsende der Motoren 16 SH und C 18 NE.

November: 4türige Stufenheck-Limousine auch als GT lieferbar. Neuer langhubiger OHC-Motor 16 SV mit 60 kW, hohe Kraftentfaltung bei niedrigeren Drehzahlen.

Sechsjährige Garantie gegen Karosserie-Durchrostung rückwirkend ab Modelljahr 1987, Nachkonservierung nicht erforderlich.

1987

Januar: GL mit erweiterter Serienausstattung: Nebelschlußleuchte, Höheneinstellung für Fahrersitz, vorn geschlossene Kopfstützen, in Höhe und Neigung einstellbar, Kofferraumhaube mit Druckknopf-Schloß, Zierleisten auf Stoßfängern und Seitenschutzleisten, Stahlgürtel-Reifen 175/70 TR 13. Gleiche Reifen für GLS, dazu zwei elektrisch einstellbare und heizbare Außenspiegel, elektrische Tür-Zentralverriegelung und Höheneinstellung für den Fahrersitz.

Besonderes Ausstattungspaket für die LS-Version verfügbar.

Februar: Der in Korea von General Motors-Tochter Pontiac gebaute Typ LeMans wird in den USA importiert. Diese Kadett-Version besitzt den 1,6-l-Motor mit 55 kW.

März: Vorstellung des Kadett GSi Cabriolet, gebaut von Bertone in Grugliasco, Italien. Typ 1,6 S mit 60 kW und ohne Katalysator, Typ 1,6 i mit 55 kW und Katalysator, sowie Typen 2,0 i mit oder ohne Katalysator, jeweils 85 kW, ab Mai 1987 lieferbar.

April: Schadstoffarmer 1,8-l-Motor ohne Katalysator, mit Ecotronic-Vergaser und elektronischem Steuergerät mit integriertem Zünd-Kennfeld, 62 kW bei 5400/min. Einsatz zunächst im Sondermodell Jubilee.

September: Schadstoffarmer 1,6-l-Motor ohne Katalysator, mit Zentraleinspritzung, Kennfeldsteuerung und Schubabschaltung, 55 kW bei 5200/min.

Wegfall des 1,3 S mit 55 kW.

1988

Februar: Sondermodell »Tiffany« mit teilweise reflektierender Mica-Lackierung, auf Wunsch mit Leder-Ausstattung.

Sportliches Sondermodell »Top«.

März: GSi mit 16ventiligem 2-l-Motor und Motronic, 110 kW.

Produktionsanlauf des Kadett in Azambuja (Portugal).

1989

Februar: Kühlergrill und Stoßfänger zweigeteilt. Überarbeiteter Innenraum, Rahmenkopfstützen, verbesserte Geräuschdämmung.

CS mit 1,3-l-Euronorm-Motor, 44 kW, auf Wunsch mit ABS.

Stichwortverzeichnis

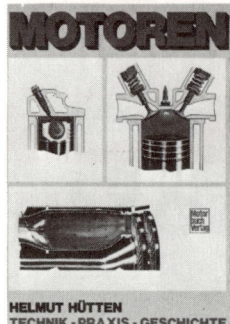
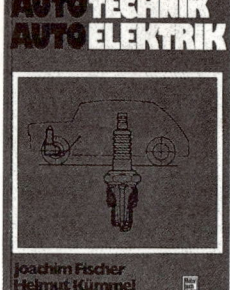

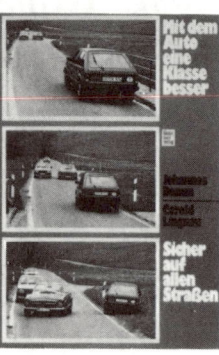